宁波微萌种业有限公司组编

Breeding of characteristic superior vegetable varieties

特色优势蔬菜品种选育

吴新胜　包卫国　吕路生　吴保良　薄永明　主编

中国农业科学技术出版社

图书在版编目（CIP）数据

特色优势蔬菜品种选育／吴新胜等主编. --北京：中国农业科学技术出版社，
2022. 12

ISBN 978-7-5116-6099-2

Ⅰ.①特… Ⅱ.①吴… Ⅲ.①蔬菜-作物育种 Ⅳ.①S630.38

中国版本图书馆 CIP 数据核字（2022）第 241533 号

责任编辑	崔改泵
责任校对	李向荣
责任印制	姜义伟　王思文

出 版 者	中国农业科学技术出版社
	北京市中关村南大街 12 号　　邮编：100081
电　　话	（010）82109194（编辑室）　　（010）82109702（发行部）
	（010）82109709（读者服务部）
网　　址	https://castp.caas.cn
经 销 者	各地新华书店
印 刷 者	河北鑫彩博图印刷有限公司
开　　本	185 mm×260 mm　1/16
印　　张	23.75　彩插 4 面
字　　数	563 千字
版　　次	2022 年 12 月第 1 版　2022 年 12 月第 1 次印刷
定　　价	168.00 元

前　言

蔬菜是人类不可缺少的重要食物，是人体维生素、矿物质、蛋白质和碳水化合物等营养物质的重要来源，而且能刺激食欲、调节体内的酸碱平衡、促进肠的蠕动帮助消化，在维持人体正常生理活动和增进健康方面具有非常重要的甚至是不可替代的营养价值，尤其是对中国人民以素食为主的饮食习惯和食物结构而言，蔬菜的地位尤为重要。随着社会经济与科学技术的发展，以及人们环境意识和保健意识的提高，蔬菜生产不仅要求在栽培面积、生产总量上不断增长，而且对蔬菜从色、香、味、形、营养等品质特性上也提出了更高的要求，科学家和生产者已开始把注意力从提高产量转移到改善品质上来。

中国蔬菜栽培历史悠久，资源极为丰富，是 120 多种（亚种、变种）蔬菜的起源地。在生产上栽培的蔬菜种类繁多，至少有 298 种（亚种或变种）。中国有着辽阔的疆域，地跨 5 个气候带，有多种适于不同生态条件的特色蔬菜作物。中国人消费蔬菜，习惯以熟食为主，需求量大。蔬菜已成为我国农业生产中典型的"小作物，大产业"，是我国的第一大种植业。蔬菜产业占用 10% 的农业土地，贡献了种植业近 40% 的产值。而蔬菜产业中的种业，更是一项值得关注的行业，它是蔬菜产业的源头，对蔬菜产业科技进步的贡献率约为 40%。蔬菜产业已成为我国农业增效、农民增收、农村发展的支柱产业，在提高人民生活水平和发展国民经济中具有十分重要的作用。

2020 年，我国蔬菜种植面积约 3.2 亿亩；产量约为 7.22 亿 t，较 2019 年增长 0.14%，其中，商品产量 5.50 亿 t，较 2019 年增长 0.3%；受疫情影响，国内消费量略有下降，为 5.38 亿 t，全年人均鲜食消费量 92 kg；进口量减少，出口量增加，贸易顺差约 138.9 亿美元，主要出口目的地为印度尼西亚、越南、美国，主要进口来源地则为印度。

众所周知，要获得高产优质的各种蔬菜，以满足人民日常生活的需要，必须从以下两条途径着手：一是改善蔬菜作物的生长环境，采用优良的栽培技术，对蔬菜作物进行精耕细作、灌溉施肥、防治病虫害，使其生长良好。二是选育优良品种。因为不同的品种在产量、品质、熟期、抗逆性等方面均有明显的区别。良种是获得高产优质产品的根本，是决定蔬菜作物产量、品质和抗性的内因。研究表明：蔬菜品质既受遗传因素的制约，也受环境条件和栽培技术等因素的影响，蔬菜作物的诸多性状，例如形状、大小、色泽、厚薄等形态品质，蛋白质、糖类、维生素、矿物质含量及氨基酸组成等理化品质，都受到遗传因素的控制。同时也受到环境因素——包括气候因子（温度、光照、降雨等）和土壤因子（水分、养分状况等）的制约。遗传因素是蔬菜能否优质高产的内因，良好的栽培技术是人为创造适宜环境的外在条件，外因必须通过内因才能起作用。有了优良品种再使用良好的栽培技术，就可以获得高而稳定的产量与品质优良的产品。如果有了优良品种，而不采用良好的栽培管理措施，该品种的优良性状也不能充分地表现出来，也不能达到高产优质的目的。因此，任何强调"品种万能"，忽视栽培管理的作用，或者强调栽培管理条件，认为只要栽培技术跟上去，任何品种都能高产，忽视品种内因重要性的做法都是错误的。只有因地制宜地选育优良品种，采取相应的技术措施，才能达到高产稳产的目的，实现农业生产的持续跃升。

我国蔬菜品种选育历史悠久，在汉代《氾胜之书》中就有关于选留种株、种果和单打、单存等选种留种方法的记载。北魏贾思勰的《齐民要术》中有论述种子混杂的害处，以及主张穗选，设置专门留种地和去劣等选种、留种方法的记载。由此可见，我国古代劳动人民在长期的生产实践中已积累了丰富的关于蔬菜选种、留种的经验。但我国真正开展科学的蔬菜育种工作历史并不长。20 世纪 40 年代只有少数高等院校及农事实验场开展蔬菜育种科研工作。中华人民共和国成立后，蔬菜育种工作才得到迅速发展，取得了显著成绩。

据不完全统计，自新中国成立以来，我国通过有性杂交育种、杂交优势利用及其他各种育种手段，已先后培育了各种蔬菜品种 6 000 多个。宁波市在蔬菜选种育种中也同样是成绩斐然。

蔬菜品种的选育与推广包括两个方面的内容：一是蔬菜育种。蔬菜育种是指人们利用自然变异选育优良品种，或利用现有品种类型从外地引进驯化新品种，或利用品种间杂交、远缘杂交、杂种优势、理化因素和生物技术等方法，人工创造蔬菜的新品种、新类型，并对这些育成的品种应用严密的鉴定方法和田间试验方法，准确地评选优良类型，从而创造更符合人类要求的新品种，甚至新物种。二是良种繁育。良种繁育是新品种选育工作的继续。有了新品种，必须加速繁育，尽快地推广种植，并在繁育推广过程中防止品种混杂、退化，保持良种的增产性能。已推广的品种，要不断提纯复壮，延长良种的种植年限。同时要做好良种的经营管理，健全良种繁育体系，以确保良种繁育工作的顺利进行。选择培育新品种并做好优良品种的繁育推广，是种子公司承担的职责与任务。

对于中国蔬菜作物育种的理论与技术，前人已经进行了许多卓有成效的研究和总结，编写出版了众多著作，但从宁波地区来说，尚缺少一部结合宁波地区特点，反映宁波地区特色优势蔬菜品种选育的图书。为总结宁波地区自新中国成立以来取得的成绩，进一步做好宁波市蔬菜的选种、育种、良种繁育，进一步提升蔬菜生产水平，宁波微萌种业有限公司组织编写了《特色优势蔬菜品种选育》一书，并交由中国农业科学技术出版社出版发行，以普及蔬菜选种育种知识与相应技术，推动蔬菜选种育种更上一个新台阶。本书编写的材料以我们亲身的实践材料为基础，以宁波市特色优势蔬菜为主题，概述了目前国内外蔬菜育种工作现状、我国蔬菜育种的主要成就及发展趋势；从理论上叙述了蔬菜作物遗传育种和良种繁育的原理、方法；对白菜、青菜、雪菜、结球甘蓝、萝卜、番茄、茄子、辣椒、西瓜、甜瓜、黄瓜、丝瓜、豇豆、甜玉米等14个特色优势蔬菜主要种质资源、育种的目标要求、育种方法、栽培技术要点、病虫防治、灾害性气象因素的防范等进行了较为详细的介绍。全书共分8章，共计56.3万字。本书可作为各级育种单位的参考书，也可作为蔬菜育种人员的培训教材。

在本书编写过程中，得到了宁波市绿色食品办公室蔬菜权威专家张庆老师和浙江省科普作家协会农业专业委员会叶培根等老师的大力帮助，在此谨表谢意。

由于各方面的原因及编写经验不足，书中定有一些疏忽与不当之处，敬请读者批评指正。

编者

2022 年 10 月 20 日

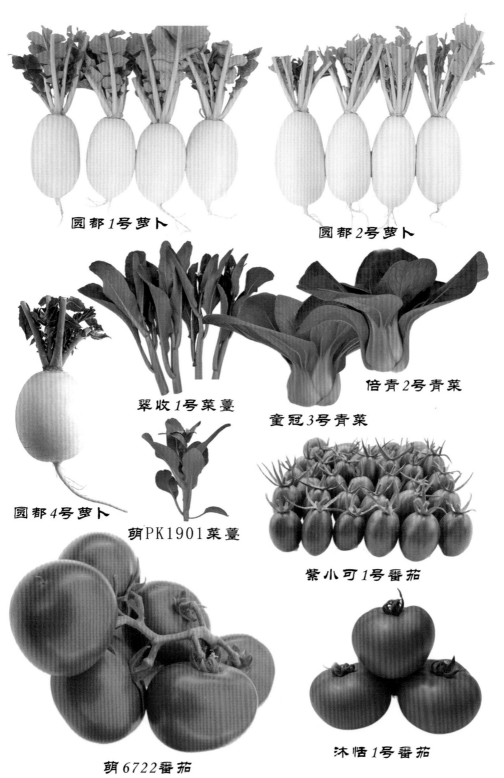

圆都1号萝卜

圆都2号萝卜

翠收1号菜薹

倍青2号青菜

童冠3号青菜

圆都4号萝卜

萌PK1901菜薹

紫小可1号番茄

萌6722番茄

沐恬1号番茄

宁波微萌种业选育的品种（一）

望春亭80菜薹

铟青1号黄瓜

黄小可番茄

铟青2号黄瓜

翠晓1号甘蓝

风帘3号丝瓜

宁波微萌种业选育的品种（二）

酥灿一号薄皮甜瓜

美都西瓜　　　　　恬口一号甜瓜

宁波微萌种业选育的品种（三）

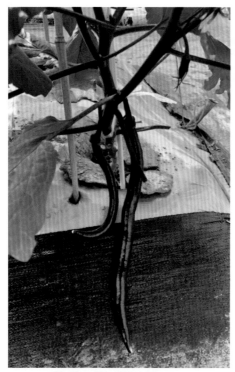

紫红线茄2020

初照人辣椒

萌玉H15甜玉米

萌玉H25甜玉米

宁波微萌种业选育的品种（四）

目　　录

第一章 综 述

第一节 国外蔬菜育种现状和发展趋势

蔬菜育种是改良蔬菜经济性状遗传模式的技术。在一些发达国家，由于第二次世界大战后的稳定发展和长期注重科学技术的投入，在蔬菜育种技术上、种业经营管理上，目前均已达到较高水平（图1-1）。如欧美和日本的蔬菜种子企业，都十分重视新技术、新方法的运用，以期提高育种效率，特别是在利用生物技术进行种质创新方面取得了很好的效果。例如，美国的孟山都生命科学中心，已

图1-1 太空诱变育种的南瓜

完成大豆、玉米、番茄、西瓜、马铃薯等品种的基因测序，根据基因测序，可以有效地按照育种目标，选择目的基因进行电脑配组，从而大大地提高了育种的速度，以及达到育种目标和选择优良性状的准确度；又如先正达集团、杜邦公司，他们买断了当时世界最大的种子生产公司——先锋种子公司，将育种、种子生产、蔬菜生产与农户、市场（国内外）、消费者有机整合，形成一个完整蔬菜种子产业化生产及应用体系，实现由种子到餐桌的全程管理与控制。

就育种措施而言，常规育种仍是目前国外主要农作物应用最广泛和最有效的育种途径。美国主要蔬菜作物的新品种80%以上为一代杂种。很多科技人员仍依靠传统的逆境或接种鉴定方法，从遗传资源中鉴定筛选优异的基因，再用杂交、回交的方法，筛选优良的自交系作为杂交的亲本材料。例如，在美国纽约州用常规的方法已获得4个可抗花叶病毒的甜瓜、可抗6种病毒的葫芦。除常规育种之外，一些现代的先进育种措施也已在国外得到广泛应用，比较突出的措施或趋势表现在以下6个方面。

一是利用杂种优势。由于一代杂种蔬菜一般都具有丰产、早熟、生长一致、成熟集中、品质优良、抗病虫和抗逆力强等优点，加之培育时间短，通常4~6年即可育成，因此近年来被广泛采用。日本是研究和普及蔬菜杂种优势利用最早的国家之一。20世纪20—30年代日本就开展了茄子、黄瓜、番茄等作物杂种优势利用的研究；20世纪60

年代中期，甘蓝、番茄、大白菜、茄子、黄瓜的一代杂种已占总栽培面积的80%；目前，番茄、白菜、甘蓝、萝卜等几乎100%是杂交种；利用杂交种的蔬菜种类多，如小葱也利用杂交种。杂交种的制种途径，十字花科蔬菜是利用杂交不亲和系，其中白菜、甘蓝为单交种，萝卜为双交种。

二是广泛应用雄性不育系育种。一代杂种的利用发展很快，但杂种种子的获得通常都要耗费大量人工，成本高，产量低。如果利用雄性不育这个特点，可以以较低的制种成本获得大量杂种种子。1966年美国北部产区，雄性不育杂种洋葱就已达25%，近年来在甜椒、南瓜、甘蓝和花椰菜等方面，也已陆续发现了可以利用的雄性不育系。日本也利用雄性不育系培育出洋葱和胡萝卜的新品种，正在向葱、番茄和芹菜等方面发展。

三是雌性系育种发展迅速。只有雌花而无雄花的植物品系称为雌性系。利用这种特性可以简化一代杂种培育，加速新品种的育成。例如，一些雌性系黄瓜的加工用新品种及以其为母本生产的杂交品种，已经在美国国内投入生产，并被全球广泛引种。近年来，美国还培育出了适应于全国各产区的丰产、早熟、宜于机收、抗病的黄瓜新品种，发展极其迅速，制罐工业也由于适应此情况而进行了相应的改革。日本近年来也一直在研究利用化学激素来培育雌性系黄瓜新品种。

四是利用多杂交法育种。近年来，对蔬菜新品种的要求往往需要兼备多种优良性状，不仅需要高产、优质、抗病，而且要求适于机收。要把这些复杂的性状结合在一起，必须采用多杂交、双交、三交的方式。例如，美国即将投入生产的番茄新品种克瑞柯，具有丰产、抗四种常见病害、抗热、抗裂及抗生理褪色等多种优点，就是用多杂交法育成的。多杂交法已成为获得大量杂种种子来源的重要措施。

五是采用激素育种。利用较高剂量的赤霉素 A_3、赤霉素 A_7 或赤霉素 A_4 与赤霉素 A_7 的混合液处理雌性系黄瓜，可以产生雄花，获得种子。赤霉素 A_3 还可刺激自花授粉的番茄花簇，使花柱增长，变为不能自花授粉，从而为人工和自然杂交、创造新品种提供了有利条件。

六是生物技术育种。近年来，国外发达国家特别重视生物技术在育种上的应用。生物技术的应用，包括分子标记技术及转基因工程、组织培养（包括胚培养、胚珠培养、愈伤组织培养、花药及小孢子培养）、细胞融合（原生质体融合）等。同时，所研究的性状已由过去的质量性状向数量性状延伸。转基因技术已在培养抗病、抗虫、耐贮蔬菜作物新品种中得到应用。美国 Calgene 公司推出的蔬菜转基因植物已有番茄、马铃薯、南瓜、黄瓜、甜瓜、甜椒、茄子、甘蓝等。日本近年在生物技术育种上发展也很快，该国除了国家层面资助生物技术育种研究外，县级实验场及一些大的种苗公司也在自主进行研究。已取得的成功例子有：①胚培养。甘蓝和白菜杂交胚培养，育成了白蓝，用其作为亲本育成了杂交种歧阜绿。芥菜和甘蓝杂交胚培养，育成千宝菜1号和千宝菜2号。②花药培养。用白菜和芜菁进行杂交，对杂种的花药进行培养、加倍、选择，育成了心叶为橘红色的大白菜新品种。③组织培养。通过组织培养大量繁殖大葱雄性不育亲本，繁殖石刁柏雌株及三倍体的西瓜以及脱毒快繁马铃薯、山药、白薯、魔芋等。④细胞融合。十字花科种间内融合成功的有甘蓝×芥菜、甘蓝×芜菁、甘蓝×白菜、萝卜×白菜。此外，还有栽培马铃薯和野生马铃薯细胞的融合已获得成功。

生物技术的具体应用各有千秋，同一蔬菜品种采用的生物技术有多种多样，如萝卜，日本是利用不亲和系，而不用雄性不育系，胡萝卜、洋葱、小葱则用雄性不育系，黄瓜、番茄、甜椒、甜瓜、西瓜、茄子等主要是人工授粉。自交不亲和性的鉴定采用人工授粉和荧光显微镜鉴定技术相结合，不亲和系的繁殖仍采用蕾期授粉，抗病及优质材料选育利用远缘杂交或生物技术方法，如心叶为橘红色的白菜是白菜和芜菁的后代经选育分离出来的，既抗根肿病也丰富了蔬菜品种。而俄罗斯目前蔬菜育种仍以常规育种技术为主，而且利用杂种优势比较晚。20 世纪 80 年代以前，番茄、甘蓝等主要蔬菜作物主要为常规品种，一代杂种比较少，20 世纪 80 年代以来才逐步关注并开始研究利用一代杂种，在胡萝卜、洋葱、甜椒等作物雄性不育系选育方面有较高的成就。目前，俄罗斯生产上有不少优良的番茄、甘蓝、胡萝卜是一代杂种，其中也有一些是从荷兰、美国、日本引进的一代杂种。俄罗斯的生物技术研究比较晚，但花药培养研究取得的进展比较突出，番茄、黄瓜、胡萝卜等作物，应用基因工程、分子标记技术辅助育种也已相当普遍。

国外除重视上述育种技术措施研究外，在理论上对蔬菜育种的理论基础如遗传性及变异性规律的研究也十分重视，尤其注重抗病丰产育种和适于加工、机收等遗传性状方面的研究。

第二节　国内蔬菜育种现状和发展趋势

我国蔬菜栽培历史悠久，是世界蔬菜种植大国。国家统计局数据显示，中国"十三五"规划的第二年——2017 年我国蔬菜播种面积与产量连续 11 年稳步增长，其中蔬菜播种面积为 2 279.72 万 hm^2，比"十二五"开局之年累计增长 16.1%，比"十二五"收官之年增长 3.6%，蔬菜总产量 8.22 亿 t，比"十二五"开局之年累计增长 21%，比"十二五"收官之年增长 4.6%。全国蔬菜供应充裕，总体上满足了城乡居民对蔬菜数量、质量、品种日益增长的需要。进入"十四五"以后，受新冠肺炎疫情影响，2021 年，全国蔬菜种植总面积、总产量略有下降，栽培总面积 2 187.22 万 hm^2，蔬菜总产量约为 7.67 亿 t。2021 年全国出口鲜菜或冷藏蔬菜数量为 590 万 t，同比下降 14.7%；鲜菜或冷藏蔬菜出口金额为 59.61 亿美元，同比增长 3.3%。其中 2021 年鲜或冷藏马铃薯出口金额为 2.12 亿美元，同比下降 26.8%；鲜或冷藏的番茄出口金额为 4.36 亿美元，同比增长 59%；鲜或冷藏的洋葱、青葱、大蒜、韭葱及其他葱属蔬菜出口金额为 2.54 亿美元，同比下降 3.1%；鲜或冷藏的卷心菜、菜花、球茎甘蓝、羽衣甘蓝及类似的食用芥菜类蔬菜出口金额为 7.88 亿美元，同比增长 13.7%。2021 年中国蔬菜消费量约为 7.4 亿 t，同比增长 2.2%。在蔬菜品质要求上，随着居民生活水平的提高，人们吃蔬菜越来越追求营养化，在追求营养化的同时也注重蔬菜的品质。如今各种蔬菜的种类繁多，经过科学研发的新品种更吸引人的眼球。

在蔬菜育种方面，我国自 20 世纪 60 年代加强了蔬菜种质资源的收集、鉴定和挖掘利用工作，截至 2020 年底，我国蔬菜种质资源中期库保存有近 4 万份品种资源，分别属于 27 科、67 属、130 多个种，品种资源位居世界第 4 位，对蔬菜新品种选育起到了重要作用。

在蔬菜育种上，自新中国成立以来，我国取得的主要成就有以下几方面。

（一）杂种优势育种取得突破，跨入世界先进行列

19 世纪中叶，孟德尔遗传学说的问世敲开了现代育种的大门，促进了以有性杂交创造遗传变异为主要特征的育种技术革命，结束了人们主要利用自然变异改良品种的漫长历史，步入了杂交育种的发展轨道。与世界发达国家类似，我国蔬菜育种的发展也经历了人工驯化选择、提纯复壮、常规育种、杂交育种、分子育种等重要发展阶段。

我国的大规模杂交育种始于 20 世纪 70 年代，由于优良的 F_1 代（也简称 F_1）有明显的杂交优势，表现丰产、抗病、适应性广、主要经济性状整齐一致等特点，在较短的时间内，杂种优势育种制种技术途径及应用基础理论研究取得了突破性进展，培育出一大批优良甘蓝、白菜和萝卜的自交不亲和系、雄性不育系和雄性不育两用系。番茄和辣（甜）椒雄性不育系、保持系、恢复系三系配套研究，黄瓜的雌性系，大葱、洋葱雄性不育系的选育与利用等，均取得了重要进展，同时在主要蔬菜性状遗传、杂种优势形成及如何提高亲本配合力等研究方面，也做了大量工作。从而大大促进了我国蔬菜杂交一代品种种子的大规模商品化生产，遗传机制研究及利用方面快速接近国际先进水平。目前，杂种优势育种已成为我国蔬菜作物育种的主要方法和途径。据统计，我国开展杂种优势育种的蔬菜作物已达 27 种，大白菜、甘蓝、辣椒、番茄、黄瓜、西瓜、甜瓜、西葫芦、萝卜、茄子等主要蔬菜应用品种的 50%～90% 为 F_1 代杂交种。我国杂种优势利用已进入国际先进行列。杂种优势育种已成为主要蔬菜作物最重要的育种途径。

在开发杂种一代的同时，部分单位也开展了主要蔬菜作物花药、幼胚及原生质体培养等生物技术研究，花药培养在茄子和辣椒等蔬菜作物上获得突破。

（二）抗病育种取得可喜成绩，缩小了与发达国家的差距

随着蔬菜生产面积的不断扩大，蔬菜生产中的病害日益严重，致使单产大幅度下降。1983 年，国家启动了科技攻关计划，番茄、黄瓜、甜（辣）椒、甘蓝和大白菜 5 种主要蔬菜作物抗病育种被列入"六五""七五"国家重点攻关项目，摸清了主要病害病原的种群分布、生理小种或株系分化情况，研究制定出主要病害苗期人工接种鉴定的方法和标准，筛选出一批可抗主要病害的抗原材料，通过全国主要蔬菜抗病育种协作攻关，已经基本掌握了主要蔬菜病害的病原种群分布、生理小种或病毒株系分化；基本明确了芜菁花叶病毒（TuMV）、烟草花叶病毒（TMV）、十字花科蔬菜黑腐病和霜霉病、番茄叶霉病、瓜类蔬菜枯萎病等主要病害的抗性遗传规律；制定了主要病害病原分离、纯化、保存和苗期人工接种鉴定方法；筛选出了一批抗原材料，其中大白菜、黄瓜、番茄、辣椒、甘蓝等蔬菜兼抗 2～3 种病害的抗原材料 100 多份；育成抗 1～3 种病害的新品种 300 多个。在蔬菜抗病育种方面，缩小了与发达国家间的差距。

（三）蔬菜优质多抗育种取得成效

在育种工作中，蔬菜育种工作者重视育成品种的商品外观品质，以使新品种能够适应市场和消费者的需求。从"八五"攻关开始，优质被列为蔬菜育种的目标之一，迄今已取得了较为瞩目的成绩，尤其是在育种理论和育种方法的研究方面有许多重要进展。如在一些主要经济性状的遗传规律、花药和小孢子培养、组织和细胞培养、多倍体诱导、辐射诱变、克服自交不亲和性和远缘杂交困难等方面开展了较为系统的研究；同时，在同工酶技术、DNA 分子标记技术和转基因技术方面也开展了较多研究。同时，开始注重主要蔬菜作物营养品质和风味品质的研究。例如，有关育种工作者先后开展了黄瓜苦味遗传、黄瓜风味物质组成及影响因素，大白菜主要营养成分组成及其遗传，提高番茄可溶性固形物和番茄红素含量等方面的研究。

在生态育种方面，培育了适于日光温室等设施栽培、耐低温耐弱光的黄瓜、番茄、西葫芦、辣椒品种；培育了适于设施栽培，适应设施环境的厚皮甜瓜、微型西瓜等新品种；培育了适于不同季节栽培的耐寒、晚抽薹的春大白菜、春萝卜品种，以及耐热、抗病的夏大白菜、夏萝卜品种。这大大缩小了与日本、韩国等国家的差距，并在耐热、耐寒、晚抽薹等性状的鉴定、选择技术和种质创新等方面取得了很大的进步。

（四）解决了大葱、生姜、大蒜、莲藕等蔬菜的新品种选育的老大难问题

大葱生育周期长、育种难度大；生姜、大蒜、莲藕则是我国大面积种植且为无性繁殖的蔬菜作物，育种也很难。但通过山东、湖北等省立项研究，葱、姜、蒜和莲藕等蔬菜育种难的问题已得到解决。山东省有关单位已先后通过杂种优势利用、辐射育种、系统选育等途径，育成鲁大葱 1 号、2 号，鲁葱杂 1 号、2 号等系列大葱品种；育成山农 1 号大姜、金昌大姜等生姜品种；育成 VF681、VF684 等系列大蒜品种。一系列新品系使葱、姜、蒜品种更新成为可能，而且，在诱导大蒜开花技术，大蒜、生姜组培快繁技术，以及良种繁育体系建设等方面均取得了突破性进展。武汉市蔬菜研究所采用实生无性系选种等方法，已经育成并大面积推广了鄂莲 3 号、鄂莲 5 号、3735 等系列莲藕品种。

（五）现代技术与常规技术相结合的育种技术研究取得成效

2000 年《中华人民共和国种子法》（简称种子法）颁布后，国内蔬菜市场对外资全面开放，国外高端蔬菜种苗的进入对我国蔬菜育种家而言是挑战也是机遇。科研单位和大学的蔬菜育种研究人员通过学习跟踪跨国公司先进的育种技术和育种理念，不断提升自身的创新能力。在单倍体育种方面，先后在辣椒、白菜、茄子、甘蓝、萝卜、芥菜和黄瓜单倍体的研究上取得突破，培育了北京桔红心、豫白菜 7 号等多个蔬菜品种并在生产上推广应用。在马铃薯、大蒜、生姜等无性繁殖蔬菜茎尖培养脱毒快繁方面，已研究并建立了可靠的技术体系和可行的良繁体系，并逐步形成了产业化开发的局面。

国内多个研究单位，已分别研究建立了大白菜、白菜、甘蓝、萝卜、胡萝卜、番

茄、辣（甜）椒、茄子等蔬菜小孢子（或花药）培养的技术体系，以及黄瓜、西葫芦等蔬菜大孢子培养的技术体系，为迅速纯化育种材料，以及开展分子标记辅助育种提供了支撑。

（六）生物技术育种获得快速进展

我国分子标记研究始于 20 世纪 90 年代，起步迟，但发展快，现在已成为世界上最早使用新一代测序技术开展蔬菜基因组研究的国家。

2009 年，我国科学家主持完成了世界上第一个蔬菜作物——黄瓜全基因组的测序和分析。目前，测序的蔬菜作物已超过 50 多种，其中由我国科学家主导完成的有黄瓜、西瓜、番茄、白菜、甘蓝、芥菜、辣椒、茄子、菠菜、南瓜、冬瓜、丝瓜、苦瓜和芹菜等主要蔬菜的基因组测序，先后绘制完成了黄瓜、番茄、西瓜、大白菜、甘蓝等蔬菜作物的全基因组序列图谱和变异图谱，发现了作物驯化和种群分化的遗传基础。在主要蔬菜高通量分子标记辅助育种和基因编辑技术研发方面也处于世界先进水平。在此基础上，由我国科学家主持，通过规模化重测序，建立了蔬菜作物变异组数据库，揭示了白菜和甘蓝类蔬菜叶球形成和根茎膨大、西甜瓜的"甜蜜基因"、黄瓜苦味、番茄风味物质驯化的分子机制。相关成果在《Nature》《Cell》《Science》《Nature Genetics》等权威学术期刊发表。这些大数据为物种进化、功能基因挖掘、全基因组高通量分子标记开发及各类组学研究提供了全视角、高效的技术方案，奠定了我国在蔬菜基因组研究领域的国际领先优势。

在生物育种技术成果推广上，国内主要蔬菜研究单位已先后应用 RAPD、AFLP、SSR、SRAP 等分子标记方法，用于分子标记构建遗传图谱和具体性状的分子标记辅助选择，从而使我国蔬菜作物分子标记辅助育种取得了显著进展。近年来，中国农业科学院蔬菜花卉研究所还先后开发了 ERPAR 标记技术、多重 PCR 标记技术和共显性 SCAR 标记技术，并初步应用于蔬菜的分子标记辅助育种。

同时，国内多个科研院所开展了系统的蔬菜作物分子标记作图研究。农业农村部蔬菜遗传与生理重点实验室开展了大白菜、甘蓝、番茄、辣（甜）椒、黄瓜、马铃薯等蔬菜作物的分子标记作图研究，利用 DH 群体已完成了一个包含 400 多个 AFLP 标记的甘蓝类蔬菜分子标记连锁图构建，并完成了多个大白菜分子标记连锁图，定位了甘蓝显性核雄性不育基因、大白菜自交不亲和性相关基因。此外，还获得了黄瓜苦味、高番茄红素、番茄抗晚疫病和抗根结线虫等许多重要性状的分子标记，为开展蔬菜作物的分子标记辅助育种奠定了基础。

（七）蔬菜基因工程技术得到广泛应用

蔬菜基因工程技术，已在我国得到广泛应用，国内已先后建立了大白菜、甘蓝、萝卜、番茄、辣（甜）椒、茄子、甜瓜等多种蔬菜的高效再生和遗传转化体系，为利用基因工程创新种质创造了条件。各研究单位先后克隆了一批有价值的基因，并进行了遗传转化。例如，山东省设施蔬菜生物学重点实验室先后克隆并在 GenBank 登录了甜瓜酸性转化酶基因、蔗糖磷酸合成酶基因、大白菜 *TuMV-Nib* 基因和 *LFY* 基因、萝卜花青素调控基因、黄瓜活化蛋白激酶基因、抗根结线虫基因和病程相关基因 *APX* 等众多基因，分别构建了植物表达载体，采用农杆菌介导法、真空渗透法、花粉管通道法等方法进行了遗传转化，创新了大白菜、甜瓜、番茄等蔬菜作物的种质。宁波市在 21 世纪初，为选育雪菜高抗芜菁花叶病毒品种，也曾由宁波市鄞州区雪菜开发研究中心与杭州师范学院生物系教授施曼玲博士合作进行了转基因的试验研究。

（八）分子标记辅助育种快速发展

"十三五"期间，国内已建立了获取分子标记大数据的大型自动化设备和平台（如中国农业科学院蔬菜花卉研究所和北京市农林科学院蔬菜研究所分别建立了高通量 KASP 分子标记分型平台），建设了如国家蔬菜改良中心、农业部园艺作物生物学与种质创制重点实验室、薯类作物表型组平台等。基于基因组后时代的蔬菜作物生物信息学、系统生物学、分子辅助育种、合成生物学的研究也得到了快速发展，为我国在蔬菜作物基因组分子标记育种进一步夯实了技术基础。

（九）挖掘和创制出一批重要的种质资源

我国通过资源筛选，已挖掘出番茄抗旱、耐盐、高 β-胡萝卜素、高可溶性固形物的种质资源，创制出了番茄粉果、紫果、高 γ-氨基丁酸和耐旱材料。在"十三五"期间，国内多家育种单位对番茄资源进行了精准鉴定，构建了多种野生番茄的渐渗系，利用已构建的渐渗系和国外引进的渐渗系，挖掘出一批优异的性状。在番茄育种材料创制方面，历经 4 年完成了第 1 次超级群体资源库的构建。通过利用搜集到的辣椒材料，挖掘出辣椒耐盐、耐热、抗旱资源。中国农业科学院蔬菜花卉研究所辣椒课题组对我国种质库中的 1 904 份辣椒种质资源进行遗传多样性分析，最终选择了 248 份材料作为核心种质。近 5 年来，国内主要甘蓝育种单位共搜集和引进国内外甘蓝种质资源超过 500份，鉴定出了一批甘蓝抗枯萎病、抗根肿病资源，通过小孢子培养、远缘杂交、基因编辑技术等创制了一批优良的育种材料。"十三五"期间，利用表型评价和分子鉴定技术，挖掘了黄瓜耐低温、耐高温资源等。据不完全统计，"十三五"期间，国内的大白菜育种单位引进国内外性状优良的大白菜种质资源 889 份。利用抗根肿病大白菜与甘蓝进行远缘杂交，又结合胚挽救，获得了具有根肿病抗性的种间新种质。

（十）蔬菜遗传学和基因组学的发展迅速

此期间，先后定位克隆了抗性、产量、品质、株型、育性等一批重要农艺性状的基因或 QTL（Quantitative Trait Locus），解析了部分基因的调控机理。例如，鉴定到甘蓝抗枯萎病基因 *FOC1*；定位了甘蓝对黑腐病 1 号生理小种和 3 号生理小种的抗性；鉴定了大白菜叶球驯化相关的重要候选基因，精细定位了抗根肿病基因；利用一个大白菜 DH（双单倍体）群体，定位了抗干烧心的主效 QTL；克隆到番茄产量、茎发育、开花和花序结构调控基因 *SlGID1a*、*SD1*、*ALOG*，揭示了 *SlSBPASE* 调控碳同化和氮代谢、转录因子 *SlZFP2* 影响番茄产量和分枝；辣椒抗白粉病、辣味大小和辣椒素含量调控基因 *PMR1*、*Pun3*、*CaMYB48*；在辣椒素含量的调控方面发现转录因子 *MYB31* 的表达决定了辣椒素的含量；辣椒抗疫病、抗炭疽病、抗线虫等基因被定位或克隆；鉴定到黄瓜心皮发育、果实长度、花发育、瓜把长度调控基因 *CsWIP1*、*CsFUL1*、*CsLFY*、*CsGL2-LIKE*、*CsFnl7.1*。

黄瓜、马铃薯、西瓜、大白菜、番茄、甘蓝、辣椒等蔬菜作物的基因组测序工作相继完成，中国农业科学院蔬菜花卉研究所通过增加 2 代和 3 代测序数据，改善了大白菜染色体挂载，完善了大白菜 A 基因组的全基因组序列图谱，发表了 V2.0 和 V3.0 版本基因组序列，其对于组学的研究方法日益成熟，大量的基因组学数据为后来的组学和遗传学的开发利用奠定了良好基础。研究解析了番茄风味的形成原因和设计了新的育种理念，揭示了黄瓜苦味的代谢机理，揭示了白菜叶片脂肪族硫苷积累的物质基础和遗传改良路径。基于多种代谢物分析方法，建立了以优势方法、特有方法和成熟方法相结合的代谢物测定技术，形成了对挥发性风味物质代谢组、黄酮及黄酮苷类代谢组、糖类及糖苷类代谢组和脂肪酸代谢组等方面的技术积累。

（十一）培育了一批有影响力的蔬菜新品种

通过全国蔬菜育种单位共同努力，已培育出一系列蔬菜优良新品种。如方智远院士团队完成"甘蓝雄性不育系育种技术体系的建立与新品种选育"项目，利用分子标记辅助选择选育了不育株率达到100%的显性核基因雄性不育系，培育出中甘21等具有突破性的甘蓝新品种；邹学校院士团队利用杂交聚合、花药培养和分子标记辅助选择等技术创制了多份核心育种材料，完成了"辣椒骨干亲本创制与新品种选育"项目，骨干亲本在"湘研""兴蔬"等品系中使用取得良好效果；金黎平研究员团队完成"早熟、优质、多抗马铃薯新品种选育及应用"项目，开发了早熟、薯形好和抗病等实用分子标记，建立了高效早熟育种技术体系，育成了以中薯3号和中薯5号为代表的早熟、优质、多抗系列新品种；顾兴芳研究员团队完成"黄瓜优质、多抗种质资源创制与新品种选育"项目，创建了国际领先的分子标记多基因聚合育种技术，攻克了优质和抗病基因难以聚合的技术难题，育成了中农16号等多抗系列新品种。另外，"京研"系列的大白菜、"津研"系列的黄瓜等都取得了很好的推广效果。中国农业科学院蔬菜花卉研究所辣椒课题组通过分子辅助育种技术，创制出抗辣椒轻斑驳病毒（PMMoV）和番茄斑萎病毒病（TSWV），且多抗、优质的'0516''0516Tsw'等优异甜（辣）椒种质自交系，育成中椒105等国内首批抗新型流行病害 PMMoV 和 TSWV，兼抗黄瓜花叶病毒和疫病、品质优异的新一代甜（辣）椒系列新品种，推广上也取得了较好的成果。

近年来，特别是在"十三五"之后，在国家重点研发计划、国家自然科学基金、农业农村部大宗蔬菜产业技术体系及地方专项财政等项目的支持下，我国蔬菜生物育种从资源鉴定、挖掘到种质创新又取得了长足的发展。截至2020年，我国育成的蔬菜新品种已达6 500余个，蔬菜良种经过4次更新换代，品种自主率达87%，其中甘蓝、辣椒、白菜、番茄、黄瓜等大宗蔬菜自育品种发挥了决定性的作用，强力支撑了我国蔬菜产业的持续、稳定发展。

第二章 蔬菜作物遗传育种

第一节 蔬菜遗传育种的概念和任务

一、蔬菜遗传育种的概念

蔬菜遗传育种是为了最大限度地挖掘遗传资源，揭示其遗传和变异规律，并根据这些规律，按照预先设定的目标，人为地采取有效措施，改良目标蔬菜品种（系）和创造新品种（系）的过程（图2-1）。在研究蔬菜遗传变异规律过程中，为了达到充分利用遗传资源的目标，不仅要涉及已有蔬菜栽培品种（系）材料，而且要将其野生种及近缘种考虑在内，揭示它们的遗传变异现象及其内在规律，分析产生遗

图2-1 应用遗传变异理论进行蔬菜杂交育种

传变异的原因和内在本质，从而有效指导育种实践，使人们运用各种育种手段，能动地改良它的遗传性，创造优质、高产和稳产的新种质，以达到预定的育种目标。

显而易见，蔬菜的遗传育种涉及遗传与育种两个方面的内容，且这两个方面内容又是密不可分的。遗传理论源于育种实践，它揭示了某种特定的蔬菜作物的本质，为指导育种实践提供理论支撑，而育种过程中实施的各项技术则必须依赖于遗传的原理；而育种实践反过来又可为验证遗传理论的真实性及充实遗传规律的内容服务，使遗传理论得到丰富与发展。总体而言，遗传的内容主要包括：经典遗传的分离、自由组合和连锁互换定律，细胞质遗传、数量遗传、基因突变及染色体变异及现代的分子遗传等；育种技术主要涉及：育种目标制定及其实现目标的相应策略，种质资源搜集、保存、研究、利用和创新，选择育种的方法，人工创造变异的途径、方法与技术，杂交育种及杂种优势利用，良种审定和推广及良种繁育等。

蔬菜遗传育种学是一门综合性非常强的学科，在理论指导和具体工作中要涉及许多相关学科，这些学科包括植物学、植物生理生化、蔬菜栽培学、蔬菜植物病理学和昆虫学、生物统计学、细胞生物学、分子生物学、现代生物技术、植物生态学、土壤学、园艺产品的贮藏加工等。

为了实现高效育种的目标，必须强调采取多学科相互渗透、协作攻关的现代育种理念，综合运用相关学科的成就和现代先进技术，最大限度地提高育种科学水平、加速育种进程，为农业生产繁育出更加优良的蔬菜新种质。

二、蔬菜遗传育种的基本任务

蔬菜遗传育种的基本任务是要奋起直追，努力赶超发达国家的育种先进水平；要研究和掌握蔬菜植物性状遗传变异规律及其本质；科学地制定先进而切实可行的育种目标；搜集、评价和利用种质资源；开发和利用适当的育种途径和方法，选育符合市场需求的优良品种（系），乃至新的蔬菜品种；在繁殖、推广的过程中保持及提高其种性，提供数量充足、质量可靠、成本低廉的繁殖材料，促进优质、高产、高效蔬菜产业的发展。同时，在育种过程中，要切实做到蔬菜与高产育种、抗逆育种和不同熟性育种等结合进行，这样才能育成综合性状优良的新品种，达到两高一优，为生产者和消费者所青睐。不过蔬菜品种的优质性状常与其高产性状和抗逆性状存在一定的负相关性。例如，以品质优良著称的胶州二叶大白菜，由于其抗病性弱和产量不高，终难推广；而品质中等、抗病性强、丰产性好的青杂三号大白菜却能在生产上大面积推广应用。又如番茄果实中的可溶性固形物含量较高，常表示其品质较好，但可溶性固形物含量高的品种单产常较低。因此，当前对蔬菜优质育种的技术要求不能太高，必须从实际出发，相比原有品种产量和抗逆性基本上不降低的前提下，适当提高其品质。也就是要使其高产基因、抗逆基因与优质基因在一个新品种上找到较好的结合点，以达到统筹兼顾、逐步提高的目标，这样才能较快地育出新品种，较快地转换为新的生产力，不断实现蔬菜品种的优胜劣汰和更新换代。

第二节　蔬菜育种的原理和方法

一、蔬菜育种的原理

（一）蔬菜育种的基本概念

蔬菜品种选育是人们根据市场和产业发展的需求，通过自交、杂交、回交、诱变、选择等途径改良蔬菜作物的遗传特性，培育蔬菜新品种的一个过程。

蔬菜育种可通过多种方法，或利用自然变异选育优良品种；或利用现有品种进行筛选培优；或从外地引进驯化新品种；或利用品种间杂交、远缘杂交；或利用杂种优势；或在人为的条件下，利用物理因素（如 X 射线、γ 射线等）或化学等因素（如亚硝酸、秋水仙素等各种化学药剂）；或空间诱变育种（用宇宙强辐射、微重力等条件）进行处理，诱发基因突变；或利用现代生物技术处理，人工创造新品种、新类型。然后，再应用严密的鉴定方法和田间试验方法，准确地评选优良类型，从而创造更符合人类要求的新品种，甚至新的物种。

良种繁育则是新品种选育工作的继续。有了新品种，必须加速繁育，尽快地推广种植，并在繁育推广过程中防止品种混杂、种性退化，保持良种的增产性能。已推广的品种，要不断提纯复壮，延长良种的种植年限。同时要做好良种的经营管理，健全良种繁育体系，以确保良种繁育工作的顺利进行。

（二）蔬菜育种的基本原理

蔬菜育种的基本原理是遗传变异，即应用多种育种方法中的一种或一种以上，使某种特定蔬菜的基因产生变异，在定向选育下，以达到预定的育种目标。

遗传学是育种的理论基础。它是研究生物遗传和变异的科学；遗传和变异是生物界最普遍和最基本的 2 个特征，也是各种生物的共同特性，二者密切相关。遗传学研究的主要内容是生物遗传和变异的基本规律、遗传的物质基础，尤其是遗传物质的化学本质和遗传物质的传递、表达以及人类对遗传物质的控制和利用等。这些问题的阐述直接涉及生命的起源和生物进化的机理，对探索生命起源、细胞起源与生物进化等重大课题将起着十分重要的作用。同时，遗传学也是一门密切联系实际的基础科学，是指导动物、植物和微生物育种工作的理论基础。

遗传学研究的任务在于阐明生物遗传与变异的现象及其表现规律；探索遗传和变异的原因和物质基础，揭示其内在的规律；从而进一步指导育种实践。

二、蔬菜育种的方法

育种方法很多，现在常用的育种方法有以下几种。

（一）选择育种

蔬菜在种植过程中，会产生很多性状变异，人为地对这些自然变异或人工授粉变异进行选择和繁殖，从而培育出新品系的过程，称为选择育种。这是蔬菜常规育种中的重要手段之一。中国在 1 500 多年前就从实生莲藕中选出重瓣的荷花品种（图 2-2）。

图 2-2　1 500 年前从实生莲藕中选出重瓣的荷花品种

选择不仅是独立培育优良品种的手段，也是引种、杂交育种、倍性育种、辐射育种等育种方法中不可缺少的环节。它贯穿于育种工作的每一步骤。例如，原始材料研究、杂交亲本的选配、杂种后代以及其他非常规手段所获得的变异类型的处理，都离不开选择。没有选择，不去劣留优，就不可能培育出符合要求的优良品种。

由遗传的分离定律和自由组合定律，可以得知同属蔬菜相互授粉就会产生染色体重组，再加上染色体重组过程中发生片段置换、错位、丢失，会导致下代个体发生很多性状变异。此外，环境的急剧变化也会影响到蔬菜本身的遗传物质组成，如化学药剂、射线等，从而产生育种上可利用的遗传变异。不同蔬菜在育种时要考虑蔬菜的实际用途。例如，雪菜育种主要应考虑其经济性状的变异，如株型、开展度、分枝数、叶梗的粗细、抽薹期的迟早，同时还应着重考虑对芜菁花叶病毒的抗性或耐性。从遗传角度看，蔬菜的变异存在不可遗传的变异和可遗传的变异。不可遗传的变异通常只发生于某株或某代，主要是环境变化引起的。例如，缺肥的环境可导致植株瘦小、渍水的环境导致根系发育不良等。而遗传的变异则不受环境变化的影响，是遗传物质变异的结果，是选择育种的基础。

(二) 诱变育种

诱变育种（mutation breeding）是指在人为的条件下，利用物理因素（如 X 射线、γ 射线、紫外线、中子、激光、电离辐射等）、化学因素（如亚硝酸、碱基类似物、硫酸二乙酯、秋水仙素等各种化学药剂）、空间诱变（如利用宇宙强辐射、微重力等条件）育种来处理生物，诱发生物体产生基因突变，再从变异群体中选择符合人们某种要求的单株，进而培育成新的品种或种质的育种方法。其作用原理是基因突变，它是继选择育种和杂交育种之后发展起来的一项现代育种技术。

1. 诱变的方法和机理

（1）物理诱变。应用较多的是辐射诱变，即用 α 射线、β 射线、γ 射线、X 射线、中子和其他粒子、紫外辐射以及微波辐射等物理因素诱发变异。当通过辐射将能量传递到生物体内时，生物体内各种分子便产生电离和激发，接着产生许多化学性质十分活跃的自由原子或自由基团。它们继续相互反应，并与其周围物质特别是大分子核酸和蛋白质反应，引起分子结构的改变。由此又影响到细胞内的一些生化过程，如 DNA 合成的中止、各种酶活性的改变等，使各部分结构进一步深刻变化，其中尤其重要的是染色体损伤。由于染色体断裂和重接而产生的染色体结构和数目的变异即染色体突变，而 DNA 分子结构中碱基的变化则造成基因突变。那些带有染色体突变或基因突变的细胞，经过细胞世代将变异了的遗传物质传至性细胞或无性繁殖器官，即可产生生物体的遗传变异。

诱变处理的材料宜选用综合性状优良而只有个别缺点的品种、品系或杂种。由于材料的遗传背景和对诱变因素的反应不同，出现有益突变的难易程度各异，因此进行诱变处理的材料要适当多样化。由于不同科、属、种及不同品种植物的辐射敏感性不同，其对诱变因素反应的强弱和快慢也各异。如十字花科白菜的敏感性小于禾本科的水稻、大麦，而水稻、大麦的敏感性又小于豆科的大豆。另外，辐射敏感性的大小还与植物的倍数性、发育阶段、生理状态和不同的器官组织等有关。如二倍体植物大于多倍体植物、大粒种子大于小粒种子、幼龄植株大于老龄植株、萌动种子大于休眠种子、性细胞大于体细胞等。根据诱变因素的特点和作物对诱变因素敏感性的大小，在正确选用处理材料的基础上，选择适宜的诱变剂量是诱变育种取得成效的关键。适宜诱变剂量是指能够最有效地诱发作物产生有益突变的剂量，一般用半致死剂量（LD_{50}）表示。不同诱变因素采用不同的剂量单位。X 射线、γ 射线吸收剂量以拉德（rad）或戈瑞（Gy）为单位，照射剂量以伦琴（R）为单位，中子用注量表示。同时要注意单位时间的照射剂量（剂量率、注量率）以及处理的时间和条件。

辐照方法分外照射和内照射 2 种，前者指被照射的植物接受来自外部的 γ 射线源、X 射线源或中子源等辐射源辐照，这种方法简便安全，可进行大量处理。后者指将放射性物质（如 ^{32}P、^{35}S 等）引入植物体内进行辐照，此法容易造成污染，需要防护条件，而且被吸收的剂量也难以精确测定。干种子因便于大量处理和便于运输、贮藏，用于辐照最为简便。

（2）化学诱变。化学诱变除能引起基因突变外，还具有与辐射相类似的生物学效应，如引起染色体断裂等，常用于处理迟发突变，并对某特定的基因或核酸有选择性作用。化学诱变剂主要有：①烷化剂。这类物质含有 1 个或多个活跃的烷基，能转移到电子密度较高的分子中去，置换其他分子中的氢原子而使碱基改变。常用的有甲基磺酸乙酯（EMS）、乙烯亚胺（EI）、亚硝基乙基脲烷（NEU）、亚硝基甲基脲烷（NMU）、硫酸二乙酯（DES）等。②核酸碱基类似物。为一类与 DNA 碱基相类似的化合物。渗入 DNA 后，可使 DNA 复制发生配对上的错误。常用的有 5-溴尿嘧啶（BU）、5-溴去氧尿核苷（BudR）等。③抗生素。如重氮丝氨酸、丝裂毒素 C 等，具有破坏 DNA 和核酸的能力，从而可造成染色体断裂。

化学诱变主要用于处理种子，其次为处理植株。种子处理时，先在水中浸泡一定时间，或以干种子直接浸在一定浓度的诱变剂溶液中处理一定时间，水洗后立即播种，或先将种子干燥、贮藏，以后播种。植株处理时，简单的方法是在茎秆上切一浅口，用脱脂棉把诱变剂溶液引入植物体，也可对需要处理的器官进行注射或涂抹。应用的化学诱变剂浓度要适当。处理时间以使受处理的器官、组织完成水合作用和能被诱变剂所浸透为度。化学诱变剂大都是潜在的致癌物质，使用时必须谨慎。

2. 诱变处理的优缺点

诱变处理的优点是：能提高变异频率，加速育种进程，可大幅度改良某些性状，创造人类需要的变异类型，从中选择培育出优良的生物品种；变异范围广。缺点是：有利变异少，需要大量处理材料；诱变的方向和性质不受控制，具有随机性。

3. 诱变处理的成功案例

巩振辉等（2003）利用 ^{60}Co-γ 射线与 HNO_2 复合处理辣椒种子 M_1，在发芽时间、发芽势、根长、成株率、株高性状上的生物学损伤效应表现为累加或协同效应，复合处理最优诱变剂量为 30（1×10）Gy γ 射线与 0.05 mol/L 的 HNO_2 浸种 70 min，并认为发芽势、成株率和株高可作为早期测定复合处理生物学效应的可靠参考指标。李晓爱等（2006）开展了 Ti^+ 离子注入甜椒诱变相关育种效应的研究，发现低能 Ti^+ 离子注入后能引起甜椒形态特征的变化。在小剂量时表现为改善植株的生长发育状况，促进生长与分枝；在大剂量时表现为突变株增加，诱发新变异。另外，离子的注入引起辣椒叶片中Na、Mg、K、Ca、Si 等元素含量下降，而 Al、Fe 的含量上升。郝丽珍等（2002）的研究表明，低剂量 CO_2 激光辐照可提高青椒种子的发芽指数和活力指数，促进发芽种子的胚根及下胚轴生长。杨群等（2006）的研究则表明，经航天诱变的甜椒种子主要化学成分和基本结构并未发生变化，但其蛋白质和碳水化合物含量有所增加。武宝山等（2003）开展了番茄 N^+ 注入诱变效应研究，结果表明，N^+ 离子注入处理后，番茄单果重、坐果数等性状变幅大，且变异率高；而对发芽率和果实的品质性状影响较小，其中，以 $4×10^{16}\,N^+/cm^2$ 和 $6×10^{16}\,N^+/cm^2$ 注入剂量处理，产量提高明显。梁秋霞等（2003）研究也表明，低能离子束辐照番茄干种子，对番茄农艺学性状有一定影响。在 M_D 代 N^+ 处理发芽率随着剂量升高（能量不变）有所下降，但不明显，出苗时间随剂量增加逐渐推迟 $1\sim2\,d$，但 N^+ 处理株高多数比对照增高。武宝山等（2004）以'87-5'制罐番茄种子为处理材料，用 N^+ 离子作为诱变源，以 35 keV 的能量，分别以 20 次、40 次、50 次、60 次脉冲，注入剂量 $2×10^{16}$、$4×10^{16}$、$6×10^{16}$、$10×10^{16}\,N^+/cm^2$ 进行激发诱变，变异显著，表现为出苗率降低，坐果提前。在果实的品质性状变化不大情况下坐果数明显增加，部分处理材料的产量明显提高。李金国等（1999）对航天搭载的番茄种子进行了选育，SP_2 代植株高度比对照增加 44.74%，果穗增多 13.3%，病情减轻56.8%，并获得优良新品系"TF873"。汤泽生等（2004）通过卫星搭载番茄种子，从 SP_1 代中发现雄性不育突变株南航 1 号 A。黑龙江省农业科学院通过将番茄干种子搭载于科学返地卫星上，种子随卫星飞行，接受空间条件处理，返回陆地后，进行田间培育及突变体筛选，先后选育出宇番 1 号和宇番 2 号番茄新品种。郝丽珍等（2003）采用功率密度为 $825\,MW/cm^2$ 的 Co 激光，对茄子干种子进行不同时间的辐照处理，在催芽过程中，每天观察发芽的种子数，计算发芽势和发芽率。通过多项式模拟，建立各处理的发芽模型，比较不同处理对茄子种子发芽的影响，进行辐照时间与发芽势、发芽率的数学模拟，筛选出了激光辐照的刺激剂量范围、最佳刺激剂量及半致死剂量。李加旺等（1997）利用 23.22 C/kg ^{60}Co-γ 射线辐射处理具有优良特性的黄瓜自交系干种子并在其变异后代群体中，筛选出 2 个综合性状优良的单株，经 3 代系选，从中分选出主要性状能稳定遗传的株系'辐 M-8'，并以其为亲本育成适于日光温室栽培的耐低温、弱光的杂交一代新组合 93-5 黄瓜。类似成功案例，多不胜举。

（三）杂交育种

杂交育种（hybridization）指不同种群、不同基因型个体间进行杂交，并在其杂种后代中通过选择而育成纯合品种的方法。杂交可以使双亲的基因重新组合，形成各种不同的类型，为选择提供丰富的材料；基因重组可以将双亲控制不同性状的优良基因结合于一体，或将双亲中控制同一性状的不同微效基因积累起来，产生在各（该）性状上超过亲本的类型。科学、合理地选择亲本并予以合理组配是杂交育种成败的关键。

根据育种目标要求，一般应按照下列原则进行杂交育种：

（1）亲本应有较多优点和较少缺点，亲本间优缺点力求达到互补。

（2）亲本中至少有一个是适应当地条件的优良品种，在条件严酷的地区，亲本最好都是适应环境的品种。

（3）亲本之一的目标性状应有足够的遗传强度，并无难以克服的不良性状。

（4）亲本的一般配合力较好，主要表现在加性效应的配合力高。

杂交的原理是基因重组。杂交可以使生物的遗传物质从一个群体转移到另一群体，这是增加生物变异性的一个重要方法。不同类型的亲本进行杂交可以获得性状的重新组合，杂交后代中可能出现双亲优良性状的组合，甚至出现超亲代的优良性状，当然也可能出现双亲的劣势性状组合，或双亲所没有的劣势性状。育种过程就是要在杂交后代众多类型中选留符合育种目标的个体进一步培育，直至获得优良性状稳定的新品种。

由于杂交可以使杂种后代增加变异性和异质性，综合双亲的优良性状，产生某些双亲所没有的新性状，使后代获得较大的遗传改良，出现可利用的杂种优势。在杂交育种中应用最为普遍的是品种间杂交（2个或多个品种间的杂交），其次是远缘杂交（种间以上的杂交）。

通过杂交，可以产生杂种优势。杂种优势是指2个遗传组成不同的亲本杂交产生的杂种第一代，在生长势、生活力、繁殖力、抗逆性、产量和品质上比其双亲优越的现象。杂种优势是许多性状综合表现突出，杂种优势的大小，往往取决于双亲性状间的相对差异和相互补充。一般而言，亲缘关系、生态类型和生理特性上差异越大的，双亲间相对性状的优缺点能彼此互补的，其杂种优势越强，双亲的纯合程度越高，越能获得整齐一致的杂种优势。

杂种优势往往表现于有经济意义的性状，因而通常将产生和利用杂种优势的杂交称为经济杂交。经济杂交只能利用杂交种子一代，因为杂种优势在子一代最明显，从子二代开始逐渐衰退，如果再让子二代自交或继续让其各代自由交配，结果将是杂合性逐渐降低，杂种优势趋向衰退甚至消亡。

杂交的方法：杂交创造的变异材料要进一步加以培育选择，才能选育出符合育种目标的新品种。培育选择的方法主要有系谱法和混合法。系谱法是自杂种分离世代开始连续进行个体选择，并予以编号记载直至选获性状表现一致且符合要求的单株后裔（系统），按系统混合收获，进而育成品种。这种方法要求对历代材料所属杂交组合、单株、系统、系统群等均有按亲缘关系的编号和性状记录，使各代育种材料都有家谱可查，故称系谱法。典型的混合法是从杂种分离世代 F_2 开始各代都按组合取样混合种植，不予选择，直至一定世代才进行一次个体选择，进而选拔优良系统以育成品种。在典型的系谱法和混合法之间又有各种变通方法，主要有：改良系谱法、混合系谱法、改良混合法、衍生系统法、一粒遗传法。不同性状的遗传力高低不同。在杂种早期世代往往又针对遗传力高的性状进行选择，而对遗传力中等或较低的性状则留待较晚世代进行。选择的可靠性以个体选择最低，系统选择略高，F_3 或 F_4 衍生系统以及系统群选择为最高，选择的注意力也最高。因此随杂种世代的进展，选择的注意力也从单株进而扩大到系统以至系统群和衍生系统的评定。试验条件的一致性对提高选择效果十分重要。为此需设对照区，并采取科学和客观的方法进行鉴定，包括直接鉴定、间接鉴定、自然鉴定、田间鉴定、诱发鉴定或异地鉴定。杂种早代材料多，一般采取感官鉴定。晚代材料少，再作精确的全面鉴定。

蔬菜杂交育种程序在我国一般包括以下环节：原始材料观察、亲本圃、选种圃、产量比较试验。杂交育种一般需 7~9 年才可能育成优良品种，现代育种都采取加速世代的做法，结合多点试验、稀播繁殖等措施，尽可能缩短育种年限。

批量生产杂交一代种子时，为减除人工去雄的麻烦，常通过连续自交，培养母本的不亲和系的方法来实现，生产杂种一代时，以自交不亲和系作母本，以另一个自交亲和的品种作父本，就可以省去人工去雄的麻烦。如果双亲都是自交不亲和系，对正反交差异不明显的组合，就可在双亲上采收杂种种子，供生产使用，大大降低了制种成本。原鄞县雪菜开发研究中心和宁波鄞州区三丰可味食品公司合作，在选育雪菜品种时，曾选择了 145 对亲本组合，用连续自交的方法培养自交不亲和系，进行雪菜杂交育种试验。但由于花费人工较大、成本偏高，加上雪菜又不是主要农作物，在宁波、浙江以至全国种植面积不大，没有必要年年制种，这一工作没有继续。改为有性杂交，从变异株中选择优良变异，再定向培育的常规育种方法，选出了鄞雪 18 号、超高产二号、鄞雪 36 号、紫雪 1 号、紫雪 4 号等高产、优质、高耐雪菜芜菁花叶病毒的优良品种。

杂交育种的优点是：能使同种生物的不同优良性状集中于同一个个体，具有预见性。缺点是：育种年限长。

生产上，常常把用杂交方法培育优良品种或利用杂种优势都称为杂交育种，事实上，两者之间是有区别的。杂交育种过程就是要在杂交后代众多类型中选留符合育种目标的个体进一步培育，直至获得优良性状稳定的新品种。杂交育种不仅要求性状整齐，而且要求培育的品种在遗传上比较稳定。品种一旦育成，其优良性状即可相对稳定地遗传下去。而杂种优势则是生物界普遍存在的现象。它是指基因型不同的亲本个体相互杂交产生的杂种第一代，在生长势、生活力、繁殖力、抗逆性、产量和品质等一种或多种性状上优于 2 个亲本的现象。杂种优势主要是利用杂种 F_1 代的优良性状，而并不要求遗传上的稳定。作物育种上就常常在寻找某种杂交组合，通过年年配制 F_1 代杂交种用于生产的办法，取得经济性状，而并不要求其后代还能够保持遗传上的稳定性。

第三节　现代生物技术在蔬菜育种上的应用

一、细胞工程在蔬菜育种上的应用

细胞工程是以细胞为基本单位，在离体条件下进行培养、繁殖或人为地使细胞的某些生物学特性按人们的意志发生改变，从而改良生物品种和创造新品种，加速动物和植物个体的繁殖，或获得某些有用的物质的过程，细胞工程主要包括单倍体育种、组织培养、细胞融合、多倍体育种、人工种子、突变体筛选等几个方面。

（一）单倍体育种

单倍体，也亦称"单元体"。细胞仅含有一组染色体的个体。植物的配子体和少数动物（如蜜蜂的雄体）都是单倍体。

需要注意的是，单倍体与一倍体（体细胞含一个染色体组的个体）是有区别的。有的单倍体生物的体细胞中不只含有一个染色体组。绝大多数蔬菜均为二倍体。

由于单倍体技术能够快速、高效地纯化育种材料，在蔬菜品种改良、加速品种选育进程方面具有重要意义，因此越来越受到育种家的重视。蔬菜作物自然产生单倍体的频率极低，主要通过离体诱导的方法获得单倍体。利用单倍体植株快速培育纯系在作物育种中可以缩短育种年限，加速育种进程，降低误选。因此，利用植物游离小孢子培养获得单倍体植株已成为现代育种技术中的一个重要手段。

1964 年印度学者 Guha 和 Ma–heshwari 成功地将毛叶曼陀罗（*Datura irmoxia Mill.*）的成熟花药离体培养获得单倍体植株，自此，植物花药单倍体育种技术得到了快速发展。

我国于 1970 年开始在单倍体育种方面进行研究，目前，已有 40 种以上植物的花粉或花药发育成单倍体。其中，辣椒甜菜、白菜等的单倍体植物为我国首创。并先后在胡萝卜、芹菜等蔬菜的开发应用上取得阶段性成果。在花药单倍体育种方面，邓立平等选花粉发育为单核中期的花药进行离体培养，通过愈伤组织及胚状体的途径获得了花粉植株，培育出了抗病、高产、质佳的茄子新品系 86-1 植株。花粉（小孢子）培养是指把花粉从花药中分离出来，以单个花粉粒作为外植体进行离体培养的技术。1998 年有学者利用小孢子培养技术，建立了完善的大白菜游离小孢子培养体系，且获得一大批纯系，迅速地组配出适合春、夏、秋季栽培的系列大白菜品种（杂交种）。单倍体在蔬菜遗传育种研究中主要应用于以下几个方面。

1. 用于转基因供体

单倍体胚及其再生植株等都可以作为转基因受体进行遗传转化，且转化后获得的植株不存在基因显隐性问题，可经加倍获得纯合的转基因株系，并能稳定遗传。刘凡等（1998）利用大白菜小孢子胚状体为受体获得了抗除草剂 T_0 代植株。Tsukazaki 等（2002）利用甘蓝双单倍体材料的下胚轴作为受体，建立了稳定的根癌农杆菌介导的转化体系。Cogan 等（2001）利用青花菜、花椰菜、甘蓝、羽衣甘蓝的双单倍体下胚轴作为受体，建立了发根农杆菌介导的转化体系，后代没有发生明显的分离。

2. 构建遗传连锁图

DH（双单倍体）群体在遗传上具有绝对的纯合性，是构建分子标记遗传图谱的重要材料。利用 DH 群体构建遗传连锁图可以大大提高基因定位、作图的准确性。由于所有的等位基因都是固定的，可以无限繁殖，并且保证长期性利用，因此 DH 群体是永久性群体。Pradhan 等（2003）利用源于印度芥菜杂交 F_1 代的 DH 群体构建了高密度的连锁图。Kuginuki 等（1997）利用 DH 群体确定了与大白菜抗根肿病基因连锁的 3 个 RAPD 标记，为构建遗传连锁图奠定了基础。张晓芬等（2005）利用大白菜 F_1 代游离小孢子培养建立的 DH 群体，筛选获得了 346 个 AFLP 多态性标记，构建了大白菜遗传连锁图谱。张立阳等（2005）以大白菜高抗 TuMV 白心株系 91-112 和高感 TuMV 橘红心株系 T12-19 为亲本建立的小孢子培养 DH 群体作为图谱构建群体，构建了包含 406 个标记、10 个连锁群的遗传图谱。王晓武等（2005）利用芥蓝和青花菜杂交 F₁ 代经小孢子培养获得的 DH 群体，获得了 337 个 AFLP 标记，构建了一个甘蓝类作物较高密度的遗传连锁图谱。Minamiyama（2006）、Mimura（2009）等利用辣椒 DH 群体，构建了基于 SSR 标记和 AFLP 标记的连锁图。

3. 数量性状的遗传分析

DH 群体是数量性状分析的理想材料，可以重复进行检验，特别适合于品质、产量等数量性状的分析。DH 群体是永久纯合的，不需要通过反复自交、回交，而且可以减少群体规模，大大减少了环境造成的遗传分析误差。

张树根等（2008）利用牛角椒 DH 群体对果实性状进行了遗传力分析，认为影响单果质量和果实横径的多基因间存在互补作用，控制果肉厚度的多基因间可能存在互补，而果实纵径、果形指数各自的基因间无互作关系。张晓伟等（2009）对来自抗病亲本 Y195293 和感病亲本 Y177212 的 DH 群体的 TuMV 抗性进行 QTL 分析，共检测到 3 个 QTLs，分别位于 R03、R04 和 R06 连锁群上。缪体云等（2008）利用结球甘蓝 DH 群体建立了主要农艺性状的数量性状主基因+多基因混合遗传模型，分析了 8 个主要农艺性状的遗传效应，认为数量性状主基因遗传率中最高的是最大外叶柄长，外短缩茎长和中心柱长的主基因遗传率较高，叶球高度的主基因遗传率最低；多基因遗传率中最高的是叶球高度，开展度受环境的影响最大，而外叶柄长受环境的影响最小。

4. 突变体及抗病材料筛选

通过传统的人工诱变育种方法选择突变体时往往受到许多因素干扰，存在着性状的显隐性关系，很难做到正确的选择。而且为了增加成功选择的概率，往往群体过大，很容易漏选或者误选。单倍体只有一套染色体组，不存在基因位点的显隐性，一旦发生突变就会在植株性状上表现出来，隐性基因也可以直接表达，非常有利于对突变体进行筛选。Zhang 和 Takahata（1999）利用小孢子培养系统，结合紫外线照射处理，筛选出了大白菜抗软腐病突变体。Kuzuya 等（2003）筛选出了抗霜霉病的甜瓜单倍体植株。Valkonen 等（1999）从源于花药培养的马铃薯品系中筛选出了 GAs 合成途径部分受阻的矮化突变体。Jensen 等（1999）在青花菜 DH 群体中评价霜霉病抗性，筛选出抗霜霉病的青花菜植株。Vicente 等（2002）从甘蓝中筛选出了抗黑腐病 3 号生理小种的 DH 系。获得的这些突变体，若是双单倍体，可以直接得到性状稳定的新种质；若是单倍体，需进一步通过加倍得到稳定的纯合二倍体后，才能直接应用于育种。

单倍体育种原理是利用染色体变异。单倍体育种的优点是自交后代不发生性状分离，能明显缩短育种年限，加速育种进程。缺点是技术相当复杂，需与杂交育种结合，其中的花药离体培养过程需要组织培养技术的支持。

（二）组织培养

蔬菜组织培养已广泛应用于园艺植物育种中，许多蔬菜生产中有的是以无性繁殖的方式繁衍后代，如马铃薯、大蒜、姜、魔芋等，尤其以马铃薯的栽培面积大，种薯退化严重。马铃薯在栽培过程中，易感染多种病毒，目前尚没有药剂能不伤害马铃薯只杀死其植株体内的病毒，唯一的方法是利用马铃薯茎尖组织培养技术，获得脱毒植株和种薯。目前这种方法在农业和商业生产中取得巨大成功。近年来对蔬菜的组织培养研究中，雄性不育系和自交不亲和系研究较多，李春玲等采用芽繁芽的组培方式，将韭菜雄性不育单株迅速繁殖为雄性不育无性系并用于杂交育种工作。

大白菜腋芽组织培养也是一个成功的案例。其操作方法如下。

1. 取样及消毒

首先，切下所选叶球和周围叶子的上半部分，将所有腋芽留在叶球的中间行。用70%酒精消毒表面，然后用无菌水冲洗2~3次，在10%漂白粉溶液中浸泡20~30 min，再用无菌水冲洗2~3次。每个腋下有一个腋芽。将茎的一部分切成2~4 mm的长度，并用刀切出腋芽。接种前，用滤纸吸干表水并接种于100 ml锥形瓶。接种后将锥形瓶置于培养室中进行培养。培养室的温度保持在23~25 ℃。每天用荧光灯照明12 h。荧光灯距离锥形瓶约30 cm。

2. 培养基及处理

基本的培养基均用Murashige-Skoog（MS）培养基，并补充以萘乙酸（NAA）及激动素（KT）。在用锥形烧瓶的培养过程中，每周观察1次愈伤组织的大小、幼苗的高度、叶的数量、根的数量以及试管幼苗的生长状况。

3. 由培养基移栽到盛有麸皮和细沙的混合物的花盆中

接种后，直到春季（3月17日）在培养基中培养之后，将其从温室的锥形瓶中移植到盛有麸皮和细沙的混合物的花盆中，花盆的直径为15 cm。移植开始时，花盆用塑料盖覆盖以保持恒定的湿度。

4. 试验结果

（1）试管苗的分化与生长。将腋芽接种到锥形瓶中并在培养室中培养10 d后，愈伤组织就分化了。当愈伤组织生长到直径0.3~0.4 cm时，根开始分化，腋芽也开始生长。栽培1个月后，芽长为2~3 cm，叶子长为4~5 cm，并且将出现许多新的根，可以将其移植到花盆中。作为组织培养的腋芽，花芽已经分化。因此，在培养基中生长的试管幼苗可以有芽，甚至有花。在该试验中，约1个月的栽培后，有20%~50%的年轻植物形成了花蕾。锥形烧瓶中年轻植物上出现的花蕾可以移植到土壤中后产生种子，但大多数会死亡。在生产中，预计这些花蕾不会形成种子，但是在移植后，会有营养期，在此期间后可以生产更多的种子。

（2）培养基中激素含量对试管苗生长的影响。该试验添加了2个激素配方：①在MS培养基中添加A-11、KT 0.1 mg/L和NAA 1.0 mg/L。②在MS培养基中添加A-12，补充KT 1.0 mg/L和NAA 1.0 mg/L。在栽培的早期，两种激素配方都可以促进根和芽的生长，并且生长速率没有显著差异。但是，经过训练的第4周，A-12（KT与NAA的比率小于1）枝条的生长速度大大高于A-11（KT与NAA的比率小于1）。叶子的数量和大小也大于A-11。然而，在栽培的第40天，愈伤组织基本停止生长，并且幼苗的高度、叶的数量和根的长度增加。这表明KT与NAA之比接近1是优选的配方。郭忠基等对大白菜腋生组织培养中使用了BA和NAA的不同混合物，认为BA与NAA的比率大于 1 可以促进枝条生长。

（3）移栽后的生长与管理。将供试幼小植株从锥形瓶转移到温室盆中，然后将植株从"异养型"转变为"自家种植"，有一个适应环境的过程。该试验的处理与花椰菜的处理相同。但是，在移植开始时需用塑料盖（15 cm×15 cm）覆盖幼苗。在塑料盖底部的每一侧钻 4~6 个圆形孔，直径为 1 cm，以确保良好的通风和恒定的湿度。除一般管理外，花盆种植过程还要切掉出现的花蕾以促进幼苗的营养生长。

（4）采种田的植株生长与管理。当幼小的植株在温室盆中生长超过 10 d 时，它们会长出许多根和叶子，并于当年 3 月 28 日移栽到收割场。用塑料薄膜（离地面 1.8~2.2 m）覆盖地面，以防雨淋。周围使用尼龙纱防止杂交。根据试验，这样处理的植株于 4 月初开始开花结果，种子 5 月底收获。由于播种时间晚，将其移植到温室盆中时，已经是 3 月中旬，株高偏短，就已开花，但花期较长。因此，每株植株分枝不多，一般只有 3 个分支左右，每株种荚的数量大约为 100 个，每株植株的平均种子产量为 2 g 左右。据测试，其发芽率与正常收获的种子相同。

（三）细胞融合

现代生物技术中细胞融合手段主要用于改良蔬菜的品种，以实现蔬菜遗传物质的转移和重组，跨越种属的界限，其中最典型的就是通过原生质体融合技术与体细胞杂交来实现蔬菜品种的改良，实现蔬菜优良性状的结合，创造出符合人们消费需求的蔬菜新品种。例如，梁丹等（辽宁师范大学生命科学院）曾进行了甘蓝与大白菜的原生质体融合试验，该试验利用 PEG（聚乙二醇）法将大白菜与甘蓝原生质体进行了融合。首先，利用培养好的甘蓝与白菜的幼苗在果胶酶与纤维素酶的作用下分离出原生质体，再利用 PEG 融合液将这两种原生质体融合，为进一步的原生质体培养及再生奠定了基础。

由于不同的材料所用酶种类、酶量、酶解时间及渗透势不同，所以要对分离条件一一进行优化筛选。通过观察发现，在 9% 甘露醇+1% 纤维素酶+1% 果胶酶，6.5 h 的酶解时间的条件下，原生质体的产量及质量较高。

现在广为使用的原生质体融合方法有聚乙二醇（PEG）法、高 Ca 高 pH 值法和电融合法。在试验中观察到，PEG 法与高 Ca 高 pH 值法结合使用能够让原生质体更好地融合，PEG 使原生质体发生粘连，而高 Ca 高 pH 值溶液则可以起到刺激作用，使粘连的原生质体发生融合。

该试验是近缘物种间的原生质体融合，这种融合方式可以获得稳定的、可育的细胞杂种植株，可以直接作为育种的种质材料。通过该试验，可以为远缘杂交奠定基础，远缘不亲和的物种间的原生质体融合，可以获得常规有性杂交得不到的无性杂交植株，这不仅克服了远缘杂交不亲和性，还可以扩大变异范围，产生新的种质。

（四）多倍体育种

多倍体亦称"多元体"，是细胞含有三组以上染色体的个体。例如，一个个体有 n 个染色体，$1n$ 是单倍体、$2n$ 是二倍体、$3n$ 是三倍体、$4n$ 是四倍体，以此类推。$3n$ 以上称为多倍体。常见于高等植物中。各组染色体来自同一物种的，称为"同源多倍体"，常不育；来自不同物种的，称为"异源多倍体"，一般是由种间杂交所产生的不育子代，经染色体加倍后所形成的"双二倍体"。多倍体形成是自然界植物进化途径之一。用生物碱秋水仙素等人工引起多倍体的产生，是植物育种方法之一，称多倍体育种。多倍体育种的原理是染色体变异。

自然界的植物多数是二倍体，但有些物种曾经过染色体的自然或人工加倍，形成了含有多个染色体组的新物种，称之为多倍体，如三倍体、四倍体、六倍体、八倍体等。植物多倍体表现出部分器官增大、生长发育慢、低育或不育、次生代谢成分增加和抗逆性提高等特性。

蔬菜多倍体育种是培育优质高产蔬菜品种的重要途径之一。多数蔬菜利用多倍体的巨大性、无籽性、营养成分含量高及抗逆性强等优异特性，而不受多倍体的低育或不育的影响；但少数以种子及部分以果实为食的蔬菜多倍体的利用受到低育性的限制。主要蔬菜作物是染色体数较少的二倍体十分适合进行多倍体育种。

蔬菜多倍体育种至今已有 70 多年历史，迄今人们已培育出了西瓜、甜瓜、黄瓜、番茄、马铃薯、不结球白菜、花椰菜、芹菜、萝卜、莴苣、菠菜、辣椒、大白菜、丝瓜、石刁柏、生姜、茄子、黄花菜、菜心、芜菁等许多蔬菜多倍体优良品种，但在生产上只有西瓜、萝卜、白菜、马铃薯等少数品种得到推广应用。

1. 蔬菜多倍体的来源

（1）自然产生多倍体。植物自然形成多倍体的途径主要有 2 条：①体细胞中染色体自然加倍；②二倍体所形成的未减数配子的受精结合。如：甜菜、地瓜都是多倍体，马铃薯、芋头、香葱、菊芋、食用菊、辣根、山药、刀豆等蔬菜也是天然多倍体，它们具有比二倍体对环境更强的适应性。

（2）人工诱变获得多倍体。人工诱导蔬菜多倍体的主要方法有：①物理诱变法；②化学诱变法；③组织培养结合化学诱变法；④组织培养无性系克隆变异；⑤体细胞杂交法。其中物理诱变法包括利用各种射线、异常温度、高速离心力、机械损伤等使体细胞加倍获得多倍体，其诱变效果不稳定、重复性差、难以在育种实践中应用。其他 4 种方法各有优缺点。利用这 4 种方法已成功诱变获得多种蔬菜多倍体。例如，应用化学诱变在瓜类、茄果类、根菜类、叶菜类、花菜类等蔬菜上获得了同源四倍体、三倍体等多倍体品系；应用组织培养结合化学诱变培育多倍体，成功率高，能减少或避免异倍性嵌合体产生；应用体细胞融合结合细胞培养，已在近百种植物种内、种间和属间获得了异源多倍体再生植株。

成功的案例有"无籽西瓜"的培育，就是采用了人工诱导多倍体的方法。其操作方法是：首先利用秋水仙素等化学试剂诱导二倍体西瓜染色体数目加倍，形成四倍体，再以该四倍体为母本，与二倍体西瓜杂交，获得三倍体西瓜，该三倍体西瓜由于减数分裂时，同源染色体联会紊乱无法形成正常配子，从而无法完成受精作用，最终子房膨大发育成"无籽西瓜"。湖南的殷兆炎采用多倍体育种与激光相结合的方法培育成功三倍体无籽西瓜。

2. 多倍体育种的优缺点及应用

多倍体的优点是：可培育出自然界中没有的新品种，且培育出的植物器官大、产量高、营养丰富；缺点是：结实率低，发育延迟。影响蔬菜多倍体应用的因素，一是多倍体本身存在的局限性；二是诱导方法与育种技术问题。如何克服多倍体育种与应用的障碍，已成为蔬菜多倍体育种的关键。

（1）克服人工诱变蔬菜多倍体出现嵌合体的方法。在诱变蔬菜多倍体时，组织中常同时存在二倍体、四倍体甚至八倍体细胞导致嵌合体形成。嵌合体严重影响多倍体的应用。如何处理嵌合体是多倍体育种有待解决的关键问题之一。利用组织培养与化学诱变相结合技术，是克服多倍体中出现嵌合体的主要手段。谭德冠等通过组织培养与秋水仙碱诱导相结合，成功培育出睡莲、芋头、生姜、黄花菜、黄瓜、白菜、莴苣、马铃薯、辣椒、百合等的多倍体。

（2）克服蔬菜作物多倍体性状不稳定的方法。初诱变的同源多倍体、远缘杂交与染色体加倍和体细胞杂交所得的异源多倍体，它们的基因组发生了广泛的遗传及后遗传变化，这些变化包括亲本 DNA 序列丢失、核仁显性、DNA 甲基化模式改变、基因沉默、反转座子激活等，其基因平衡遭到破坏，出现育性低、种子不够饱满、开花晚、生长期延长等缺陷且遗传稳定性差，个体间存在很大的差异。需对其后代群体进行选择，提高后代的稳定性，改善不良性状，才能在生产上发挥多倍体的生产潜力。

（3）克服蔬菜多倍体育性低的方法。人工诱变的蔬菜四倍体早期世代往往存在育性低的现象。提高多倍体的育性主要通过加强选择，利用有性多倍体等措施进行。中国农业科学院刘文革研究员等对育性低的同源四倍体西瓜进行多优选择，使其育性逐渐恢复。刘学岷等用 5 个不同包球类型，并将含有 $2n$ 配子的二倍体大白菜与四倍体大白菜杂交，选育出具有不同熟性、抗逆性强、品质优良的大白菜材料和多育 1、2、3 号杂交一代。此外，加强田间管理，增施磷、钾、镁、硼等微量元素能促进同化物质的运转、改善生长条件等，也能提高多倍体的育性。

（五）人工种子

人工种子的概念是由美国生物学家穆拉希格（Murashige）于 1978 年在国际园艺植物学术讨论会上首先提出的，它是指将植物离体培养中产生的体细胞胚或能发育成完整植株的分生组织（芽、愈伤组织、胚状体等）包埋在含有营养物质和具有保护功能的外壳内形成的在适宜条件下能够发芽出苗的颗粒体。人工种子与天然种子非常相似，包括具有活力的体细胞胚、人工胚乳和人工种皮，又称合成种子、人造种子或无性种子。植物人工种子具有生产不受环境影响、节约良田、提高育种效率、缩短育种时间、节约劳动力等优点。在植物生物技术领域中新近发展起来的人工种子技术具有诱人的前景。我国从 1987 年开始将人工种子研究纳入国家高新技术发展计划项目，先后在胡萝卜、芹菜等蔬菜的开发应用上获得了阶段性成果。此外，汤绍虎等以蕹菜小叶品种带芽节段为繁殖体，用质量分数 4% 的海藻酸钠包裹制作了人工种子。沈颖等以抱子甘蓝下胚轴为外植体诱导再生植株，并制作人工种子，为抱子甘蓝及人工制种的推广应用奠定了基础。

（六）突变体筛选

近年来，在园艺植物上研究较多的是抗盐和抗病突变体的筛选，在突变体筛选时多采用离体培养。中国科学院植物研究所利用细胞工程，通过体细胞培养突变体筛选和抗盐基因转化等途径开展生物技术培育抗盐耐海水蔬菜的研究，目前已获得突破，先后培育出芹菜等 10 余种能够在 1/3 甚至 1/2 海水含量的水中正常生长的蔬菜。并且，相对于淡水对照，获得减产率低于 20% 的抗盐耐海水蔬菜材料。针对茄子黄萎病育种中缺乏高抗材料，刘君绍等利用细胞工程技术，开展了茄子抗黄萎病突变体的离体筛选，并获得了 1 株黄萎病抗性为中抗（病情指数为 23.0）、农艺性状较好的"三月茄"突变体（142-E），其自交群体的染色体也与"三月茄"野生型相同。抗病突变体的筛选方法主要分为一步选择法（即在选择培养基上用致死培养基只选 1 次）和多步选择法（即用足够长的时间多次在选择培养基上选择，剂量逐步加大）。在番茄的子叶、下胚轴愈伤组织培养基中分别加入制霉菌素的临界致死浓度（仅存活 2% 微型愈伤组织时的浓度），筛选出了番茄抗晚疫病突变体。

二、基因工程在蔬菜育种上的应用

（一）抗病毒基因的转化

蔬菜抗病毒基因的转化是通过遗传转化将病毒外壳蛋白编码基因转入受体细胞中表达，目前这种技术已在辣椒、甘蓝、菠菜、芥菜、马铃薯、豌豆、番茄、黄瓜、南瓜、甜瓜和生菜等蔬菜上应用。近 10 年来，人们利用转基因技术在植物抗病毒病育种研究上取得了较大进展，1986 年英国科学家 Harrison 等首次将黄瓜花叶病毒（CMV）的 Sat-RNA 反转录成 cDNA 后转入植物中，获得了抗 CMV 的转基因植株。1993 年 McGarvey 等利用卫星 RNA 技术得到了抗 CMV 的番茄。1990 年赵淑珍等利用卫星 RNA 的互补 DNA（cDNA）单体和双体基因构造成抗黄瓜花叶病毒（CMV）的转基因番茄。这种番茄能够干扰 CMV 的复制，表现出对 CMV 的显著抗性，且这种抗病特性可以遗传。此外，将西瓜花叶病毒 1 号（WMV-1）CP 基因导入西瓜，将芜菁花叶病毒的 CP 基因（TuMV-CP）导入大白菜等也有报道。毕玉平等构建了烟草花叶病毒外壳蛋白基因 TMV-CP 和 CMV-CP 双价质粒载体，通过农杆菌介导转化辣椒栽培品种农大 40 和湘研 1 号，获得了对 TMV 和 CMV 同时表现免疫的辣椒植株。

（二）抗虫基因的转化

虫害是制约蔬菜高产的重要因素，通过基因工程手段培育抗虫新品种，可从根本上解决常规化学农药容易对环境造成污染、生物农药成本昂贵的问题，具有广阔的应用前景。当前应用于蔬菜抗虫育种的抗虫基因主要有 2 类：即来源于苏云金芽孢杆菌的毒素基因（Bt）和来源于植物的蛋白酶抑制因子基因（Pt），目前研究较多的是 Bt 基因。

1986 年 PGS 公司首次进行 *Bt* 基因的烟草田间试验。2005 年吴涛通过农杆菌介导法，用含有转 β-葡糖醛酸酶（*GUS*）基因和抗卡那霉素的新霉素磷酸转移酶 npt Ⅱ 基因的双元载体质粒 pKUC 将 *cry I*（*c*）基因导入辣椒外植体，然后在含有卡那霉素的选择培养基上进行筛选培养，获得了一批转 *Bt* 基因植株。在我国，当前应用于蔬菜抗虫育种的抗虫基因主要有毒素基因（*Bt*）和蛋白酶抑制因子基因（*Pt*），蔬菜转基因的抗虫品种还没有用于生产的报道。目前，仅见 2005 年吴涛在辣椒上获得转 *Bt* 基因植株。此外，生产中获得的蔬菜转基因植株的还有番茄、甘蓝等。

（三）抗逆基因的转化

目前，抗逆基因工程的研究主要集中在逆境条件下才能表达的某些基因的研究上，现已分离出大量与抗逆代谢相关的基因。如与耐盐有关的脯氨酸合成酶基因（*proA*）；与抗冻有关的鲽鱼的抗冻蛋白基因（*AFPs*）、抗冻糖蛋白基因（*AFGPs*）及昆虫的温衡蛋白基因；与抗旱有关的肌醇甲基转移酶基因、茧蜜糖合成酶基因等。由于植物的抗冻基因主要是鱼类的抗冻蛋白，有人利用农杆菌将比目鱼体内的抗冻蛋白基因（*AFP*）转入番茄，发现转基因番茄不但稳定转录 *AFP* 的 mRNA，还产生一种新的蛋白质。这种转基因番茄的组织提取液在冰冻条件下能有效地阻止冰晶的增长，经鉴定，转基因植株抗冻能力明显提高。王淑芳等将催化胆碱生成甘氨酸甜菜碱的胆碱脱氢酶基因转入番茄，获得了耐盐性高于对照的转基因番茄植株。

（四）抗除草剂基因转化

杂草是危害蔬菜生产的因素之一，鉴于人工除草花费人工较大等弊端，通过化学方法来控制杂草已成为现代化农业生产中不可缺少的一部分。但除草剂在杀死杂草的同时也会污染环境，对蔬菜作物会产生不可预测的后果。而通过基因工程，增加了对除草剂的选择性和安全性，就能有效地解决这些问题。抗除草剂基因转化有 2 条途径：一是使除草剂的敏感性改变；二是导入外源基因使除草剂解毒。在蔬菜作物中，对番茄耐除草剂的研究开展得较早。Fillatti 等将 *aroA* 突变基因编码 EPSP 合成酶经农杆菌导入番茄，获得了抗草甘膦的转基因植株。钟蓉等将溴苯腈除草剂基因（*bar*）导入了甘蓝型油菜（*B. napus* L.），获得了抗溴苯腈的植株。金红等将从潮湿霉菌（*S. hygroscopicus*）中分离克隆的 *bar* 基因导入到黄瓜制种亲本中，获得转基因抗除草剂亲本。

（五）基因工程在蔬菜品质改良上的应用

蔬菜品质改良已成为蔬菜选育的主要目标，一些有价值的外源基因的导入无疑是一条有效的途径。1997 年，中国第一个获准进行商品化生产的基因工程番茄品种华番 1 号，解决了由于番茄具有呼吸跃变期而难以贮藏的难题，大大延长了保鲜期。实践证明，利用基因工程可以有效改善作物的品质，目前已取得了很好的效果。2002 年郑回勇等将人乳铁蛋白基因插入 pBINl21 质粒中 *Xba* 和 *Sac* 基因之间，经农杆菌介导转入胡萝卜受体，经 PCR 检测，初步确定抗性植株为转人乳铁蛋白基因植株。

三、分子标记在蔬菜育种上的应用

分子标记技术应用于育种过程中可作为鉴别亲本亲缘关系、回交育种中数量性状和隐性性状的转移、杂交后代的选择、杂交优势的预测及品种纯度鉴定等育种环节中。主要应用于以下几个方面。

（一）构建遗传图谱

该项技术以植物遗传育种和分子克隆等应用技术为研究的理论基础，但由于传统的遗传标记技术，标记的数目较少，很难形成完整的遗传结构图谱。通过分子标记技术能够较好地解决这一难题，该项技术不受季节环境的限制，而且数量极多、多态性高，可以提供完整的遗传信息。目前利用这一技术已经构建了番茄、胡萝卜等20多种蔬菜作物的图谱，为研究蔬菜育种奠定了良好基础。

例如，中国农业科学院蔬菜花卉研究所科研团队对115个黄瓜品系进行了重测序，共发现330多万个单核苷酸多态性位点，33万多个小插入、删除和594个获得、缺失变异，基于这些数据，研究人员构建了单核苷酸分辨率的黄瓜遗传变异图谱。研究中所挑选的115个黄瓜品系可分为印度类群、欧亚类群、东亚类群和西双版纳类群，其中印度类群主要来自野生变种。通过比较分析发现，印度类群遗传多样性远远超过其他3个栽培变种。由此也证实了印度是黄瓜的发源地，也意味着野生资源中尚有很多待挖掘的基因资源。野生黄瓜原本在印度被作为草药使用，果实小、口味苦，经过人类驯化，果实和叶片变大了，也没了苦味，变成了可口的蔬菜。该研究发现黄瓜基因组中有100多个区域受到了驯化选择，包含2 000多个基因。其中7个区域包括了控制叶片和果实大小的基因，果实失去苦味的关键基因已经明确地定位在染色体5上，其中一个包含67个基因的区域里，这为下一步克隆重要蔬菜驯化基因打下了基础。同时，研究还创造性地运用了群体分化这一新分析算法，发现了一个西双版纳黄瓜特有的突变，这个发现不仅为培育营养价值更高的黄瓜品种提供了分子育种工具，也为通过变异组快速挖掘重要性状基因提供了新思路。

（二）种质资源研究

通过分析表及技术可以对蔬菜种质资源进行跟踪分类，有效地区别同一种蔬菜不同品种的品质，从而对蔬菜进行比较分析，探索优质种质的特征，推进品种改良。除此之外，该项技术还有基因定位、蔬菜品种纯度鉴定、分子标记辅助选择3种应用功能，对蔬菜育种均有比较重要的作用。

第四节 太空诱变在蔬菜育种上的应用

太空育种主要是利用返回式卫星和高空气球所能达到的空间环境，通过强辐射、微

图2-3 太空诱变育种

重力和高真空等条件诱发植物种子的基因发生变异的作物育种新技术。经历过太空遨游的农作物种子返回地面后再进行种植，不少品种植株明显增高增粗、果型增大，而且品质也可能得到提高（图2-3）。我国从1987年开始太空育种。1987年8月5日我国发射的第9颗返回式卫星首次搭载了青椒、小麦、水稻等一批种子，开始了我国太空育种的尝试。至今，我国已先后8次进行了太空育种试验。经过太空育种的许多青椒、番茄、黄瓜、水稻等作物品种，高产优质、抗病性强。但也有产生不利变异的情况，如倒伏、无叶绿素、雄蕊发育不良等。

受益于航天技术的高速发展，运送种子资源进入太空进行培育已经不再是一种奢望，利用外太空高辐射、失重等条件，可以加速蔬菜种子的变异过程，从而帮助人们研究和挑选优质种子进行培育种植，促进蔬菜资源向优质化发展。蔬菜种子在自然生长和繁殖的过程中，基于自身基因的突变和受到外在自然环境的影响，种子会不断地发生变异，这也是种子不断升级换代的原因。但在自然条件下，这种变异过程十分缓慢，而在外太空条件下，外部环境的巨大差异可以加速种子变异过程。但由于其不同于转基因技术，不需要往蔬菜种子原有基因里面加入其他物种基因，因此对蔬菜食用安全性不会产生影响。而且已有研究表明，利用航空诱变技术进行育种，选育出来的蔬菜不会对人体产生伤害，反而对蔬菜本身却有非常好的优选效果。因此，该项技术已成为蔬菜育种的一项重要而被普遍运用的技术。

第五节 数据信息化技术在蔬菜育种上的应用

每年蔬菜大田育种和分子育种产生大量表型和基因型数据，这些数据一般以Excel表格的形式存储。由于Excel表格本身的功能所限，表型数据背后的系谱和性状在年代之间的迭代和相关性不能有所体现，同时表型和基因型数据之间的关联也不能进行深度挖掘。因此，需要通过数据库对不断积累的数据进行有序的信息化管理，合理整合大田表型和分子数据，深度挖掘其内部相关性，最终提高蔬菜质量性状和数量性状的育种效率。

一、数据信息化技术和应用

目前，数据信息化在我国蔬菜育种上的应用处于起步阶段，包括大田育种的应用、分子育种的应用。

(一) 应用于蔬菜大田育种

早年的蔬菜育种数据主要靠纸和笔记录，性状数据的采集在数量上很难达到突破；图片记录和管理因关联度差，在后期展示上存在很大的问题，数据分析容量小，且无法进行复杂的基因环境互作等深度分析。

1. 系谱管理

通过信息化软件的应用，蔬菜育种家可以非常简单、直观地查看系谱，调取系谱图，查看骨干父母本的来源和选育过程。

目前，系谱管理软件试用较多的是荷兰 Wageningen 大学开发的 PediMap 软件和美国 National Institute of General Medical Sciences 研发的 CytoSpace 系统。

2. 性状记载

蔬菜的性状表现相当复杂，需要从苗期开始一直观测到收获期，涉及的性状包括数量性状和质量性状，性状记录类别包括数字、文字、日期、图片和描述文字等。如果是用纸笔记录，存在记录量小、记录准确度低、耗费时间过长等弊端。目前，国内外有多款大田温室数据采集器可供选择，如大田数据采集系统（国产）、FiddB（美国产）和 FieldLab（菲律宾国际水稻研究中心）等，已经完全解决了人工手输数据采集带来的各种问题。

3. 图片记录

在智能手机普及之前，整个育种过程只能用寥寥几张照片描述。然而，随着信息技术的发展，手机拍照类 APP 层出不穷，图片的拍摄量已经不受技术的限制。育种家对图片有更多的要求，如需要与育种材料或田间位置一一对应，这些功能已经通过新型的 APP 软件开发实现，用户可以在田间任意位置给任意育种材料拍摄照片，记录育种过程，后期直接观看，决定选育结果。

(二) 应用于蔬菜分子育种

随着育种技术的发展，分子数据被大量产生，并直接应用于蔬菜的分子辅助育种中。目前，分子辅助育种的主要流程是：芯片或者程序产生分子数据—构建遗传图谱—与表型有关的基因型定位—定位片段应用到分子育种中。这些过程需要应用大量的软件参与分析和决策。例如，大量分子数据首先要通过数据清洗，然后使用 JoinMap 5.0（荷兰）构建遗传图谱，再结合表型数据，通过 MapQTL（荷兰）进行 QTL 定位，最后使用 GGT 2.0（美国）选育品种。

(三) 应用于数据分析

相对于作物育种来说，蔬菜育种的数据规模小，数据分析需求弱，但随着分子数据的不断增多，育种家逐渐意识到数据分析的重要性和急迫性。目前，蔬菜育种的数据分析处于初级阶段，大田数据一般使用 R 语言、SAS 语言，甚至 Excel 的分析功能也能完成育种家需要的 ANOVA（方差分析）、异常值和极值分析等基本功能。而分子数据分析则需要专业的软件和平台才能运行，如 Linux 系统平台下运行 Python 程序进行分子数据计算。

二、展望

当今全球育种信息化发展已经到了跨多数据库、跨平台、跨作物、跨学科综合全面发展的阶段，在育种科研、生产销售、财务管理上做到了全球联动同步推进的效果。某些大公司蔬菜育种信息化是在作物育种信息化的引导下发展起来的，已经做到了大田作物和蔬菜作物共用一个育种信息平台，从而推动所有品类植物科研工作的共同开展。但是，目前，我国蔬菜育种领域的信息化发展进程远远落后于作物育种领域。

首先，蔬菜育种队伍趋于老龄化，长时间纸笔记录、口口相传的育种习惯不易改变，信息化的使用带来的是整体习惯的改变，需要一段时间的学习过程。例如，2015年北京市农林科学院蔬菜研究中心为育种科研人员选择并建立了一套国际上使用较多的蔬菜育种信息化系统，经过近5年的内部培训和推广使用，目前出现的情况是青年科技人员对系统有使用的想法和意愿，但由于多方面原因，育种软件的使用率及对育种工作的贡献率还有待提高。其原因是软件的使用有一个较长的适应过程，使用人员对传统育种记录及使用方式有依赖性，对于改变为电子化的记录工作方式有排斥意识。导致排斥的主要原因有两点，一是因为蔬菜作物的育种性状数据复杂，在作物生长周期需要采集记录的数据繁多，这就要求育种软件必须结合实际育种工作的流程和细节进行定制开发。因此，要求开发人员与育种家紧密合作，根据育种家育种经验及要求对系统进行系统化、公式化、流程化的设计，提升用户体验，这是目前多数蔬菜育种系统需要进一步完善的功能。二是信息化育种系统要求使用者具有一定的电脑使用基础和问题处理能力，电子化育种数据记录依赖于信息设备，对于对电子化信息系统使用不熟练的育种家来说，这是一个较大的障碍，导致其对新系统的应用产生排斥。另外，根据育种学科的特点，一个高效育种团队内人员年龄呈老、中、青梯队结构，分工明确，育种记录形式要求高度统一，因团队带头人普遍是具有经验的育种家，这就要求育种记录形式要符合育种带头人的记录、分析和管理形式和逻辑，因此，要在短时间内转变育种记录和分析方式是具有一定难度的，这也是青年育种家在实际使用育种信息系统中需要克服的问题和难点，如果要转换育种记录及分析方式，必须在育种工作中既按照原有的统计分析方式记录，也需要建立新的育种数据库，以便通过长期的数据积累和分析新的育种信息数据库，这就需要育种人员花费大量的时间记录两套不同的数据或进行数据形式转换，需要经历一个相对较长的过渡期，这也是导致育种信息系统推进缓慢的主要原因。

其次，技术转化和应用与基础科研脱节，导致分子设计育种滞后于研究。尤其在全基因组选择和预测方面，由于分子生物学数据量不足、群体构建困难、表型数据采集不易等原因，直接影响了蔬菜分子设计育种的发展。

最后，信息化人才的培养需要多方面知识的汇集。如计算机、育种、大田实践和大数据分析能力等，这对于我国的遗传育种学科建设提出了更高的要求，需要在长期的育种工作开展过程中对使用信息化育种系统进行培训和推动，提高育种家对信息化育种系统的使用率，缩短过渡周期，实现育种效率的提高。

第三章　十字花科蔬菜育种

第一节　大白菜

大白菜学名 *Brassica campestris* L. ssp. *pekinensis*，别名黄芽菜、包心白菜，英语叫 Chinese cabbage，为十字花科芸薹属植物，以其柔嫩的叶球、莲座叶或花茎供食用。大白菜原产于中国，有叠抱、合抱、拧抱和花心等类型，品种很多，可四季栽培。大白菜营养丰富，含有蛋白质、脂肪、多种维生素和钙、磷等多种矿物质及大量的膳食纤维，其栽培面积和消费量在我国居各类蔬菜之首，素有蔬菜之王之称（图 3-1）。

图 3-1　大白菜

据资料考证，大白菜原产于中国。古扬州地域是大白菜分化发源的重要地点。唐朝至宋朝（公元 7—10 世纪）白菜才传入北方。其原始类型产生于公元 7 世纪以前。元明代（大约在公元 1300 年）形成了结球白菜，明代中叶（15—16 世纪）首先在杭嘉湖地区培育成功（叶静渊，1991），明清时在北方迅速发展。

大白菜在我国有悠久的栽培历史。明朝时，大白菜由中国传到朝鲜，之后成了朝鲜泡菜的主要原料。1875 年，大白菜传到日本，但试种没有成功。直到 1902—1905 年，才在茨城、宫城县试种相继获得成功。

大白菜传入东南亚、欧洲、美洲一些国家很晚，基本上都是在 20 世纪 20 年代以后。目前，大白菜已遍布全球，在东亚、东南亚、欧美各国都已普遍栽培。

我国大白菜种质资源丰富，据统计，截至 2000 年底，我国已搜集大白菜种质资源 1 688 份，98%的白菜类蔬菜种质资源来自国内不同地区。同时还引进一批国外资源，大白菜种质资源得以进一步丰富。保存条件也得到极大改善，国家种质库于 1986 年建成，各地收集的资源集中保存于国家种质库中。此外，中国农业科学院蔬菜花卉研究所建立了蔬菜种质中期库，广西、河北、湖北、黑龙江等十几个省（区、市）的农科院也相继建成中期库，保证了种质的长期保存。

2020 年，我国大白菜全年播种面积约 4 000 万亩（15 亩 = 1 hm²，全书同），约占全国蔬菜总播种面积的 15%，成为我国北方冬贮数量最大的蔬菜，其产值超过 600 亿元，在均衡市场供应、稳定蔬菜价格等方面举足轻重。而且大白菜的生产格局也发生了明显的变化：在生产区域上，全国已形成 7 个大白菜优势产区，包括东北秋大白菜产区、黄淮流域秋大白菜产区、长江上中游秋冬大白菜产区、云贵高原湘鄂高山夏秋大白菜产区、黄土高原夏秋大白菜产区、云贵和华南越冬大白菜产区以及华北春大白菜产区；在生产茬口上，在市场需求、品种创新及技术进步的推动下，我国大白菜栽培由过去的秋季一季栽培，发展为春、夏、秋、冬四季栽培，基本形成春季设施、夏季高原、秋季北方、冬季南方的周年生产供应格局。在品种布局上，近年来，国内相继培育出苗用型大白菜专用品种，育成的品种已在生产中大面积推广应用，代表品种有京研快菜、早熟 5 号、速生快绿、德高 536 等。但还是存在着品种类型单一、同质化程度高等问题。另外，随着人们生活质量的提升，市场对叶形、叶色、光泽度等性状方面的要求也越来越高。

"十三五"（2016—2020 年）期间，在国家重点研发计划、大宗蔬菜产业技术体系、国家自然科学基金及省市创新团队和科技计划项目的支持下，我国大白菜遗传育种研究取得了显著进步。据不完全统计，5 年间获省（部）级科技进步奖一等奖 3 项、二等奖 1 项，获授权国家发明专利 80 余项，获植物新品种授权 39 个，申请植物新品种保护品种 112 个，截至 2020 年 11 月 26 日完成农业农村部非主要农作物品种登记公告品种 2 277 个。常规育种和细胞、分子育种技术相结合，创制出一批新抗流行病害、复合抗性突出的育种材料，进一步完善了双单倍体育种技术体系，双单倍体育种技术和高通量分子标记辅助育种技术更广泛地应用于育种中，大大提高了大白菜育种效率和水平，应用基础研究也取得了突破性进展。同时，为满足人们对大白菜质量提升的需求，以国家蔬菜工程技术研究中心、浙江省农业科学院蔬菜研究所、天津科润蔬菜研究所、德高蔬菜种苗研究所等单位为主相继进行了苗用型大白菜品种的育种研究，育成的品种包括京研快菜、早熟 5 号、30 快菜、德高 536 等在生产中被大面积推广应用；我国台湾省利用南方耐热资源也育成了一批极早熟小型耐热耐湿的亚蔬型品种，在南方的潮热地区及北方部分地区的夏季栽培中被推广应用。此外，欧洲的先正达等种苗公司近年来也育成了如'强春大白菜'等一些早熟、晚抽薹的品种，在南方地区秋、冬、春季均可栽培。

一、育种

我国自 20 世纪 70 年代初开始进行大白菜杂种优势利用研究，先后在全国科研单位开展了大白菜育种研究工作，经过多年辛勤的耕耘育成了一大批优良品种应用于生产。

在生产中先后发挥作用较大的大白菜品种有：青杂中丰、山东 4 号、鲁白 3 号、鲁白 6 号、北京 106、北京小杂 56、秦白 2 号、秦白 3 号、早熟 5 号、沈阳快菜、北京小杂 60、丰抗 70、丰抗 78、改良青杂 3 号、北京新 1 号、北京新 3 号、郑白 4 号、鲁春白 1 号、山东 19、青庆、晋菜 3 号、太原 2 青、秋绿 60、秋绿 7、北京 68、京夏 1 号等。

2000—2021 年，宁波微萌种业有限公司育种团队收集到一批苗用型大白菜资源，这批资源以浙江、江苏、上海、安徽等地方品种为主，兼顾湖北、湖南、江西、贵州、云南、四川、广东、广西、山东、陕西等省、自治区的地方品种。经过鉴定和评价分析，有以下几种类型。

（1）耐热种质资源。通过大规模田间筛选，重点考察株型、长势、叶片表型（凹、皱）、拔节程度、高温缺钙程度、病害等性状，选育的耐热种质资源如下。

PK15047B11：该系统生长习性直立，耐热，植株高度中等，近圆叶，叶色中绿，适宜春、夏、秋季栽培。

萌 HC18043B34：该系统生长习性直立，耐热，植株高度中等、近圆叶、叶色浓绿。

V02A128741：该系统生长习性直立，耐热，植株高度中等、近圆叶、叶色油绿。

（2）耐抽薹种质资源。大白菜是低温春化类型，在低温下容易抽薹，会极大地影响其商品性及产量，因此，选育耐抽薹的苗用型大白菜品种对生产具有十分重要的意义。对于耐抽薹的筛选指标有抽薹期、抽薹指数及薹长，将抽薹期作为主要筛选指标选育出如下材料。

PK-2013050B12：该系统生长习性半直立，耐抽薹性较好，植株高度中等，近圆叶，叶色中绿。

HC-18001B11：该系统生长习性直立，耐抽薹性较好，植株高度中等，近圆叶，叶色中绿，叶片凹，叶缘锯齿。

萌 HC-18050A1：该系统生长习性直立，耐抽薹性好，植株高度中到高，长椭圆叶，叶色浅绿。

萌 HC-18050B1：该系统生长习性直立，耐抽薹性好，植株高度中到高，长椭圆叶，叶色浓绿，叶片皱，叶缘锯齿。

（3）品质优质种质资源。定植后 30 d 将各苗用型大白菜材料沸水煮熟，由 10 人以上组成的品鉴小组共同鉴定（有无苦味，口感是否脆嫩或软糯，菜味是否浓郁，有无特殊香味等），筛选出品质佳的苗用型大白菜材料如下。

PK-16093A31：该系统生长习性开展，植株高度中等，近圆叶，叶片颜色黄白，叶缘锯齿，品质软糯浓香。

HC-1703811：该系统生长习性半直立，植株高度中等，卵圆叶，叶片颜色浅绿，叶缘锯齿，品质叶软香脆。

萌 HC-19001A1：该系统生长习性半直立，植株高度中到高，长圆叶，叶片颜色黄绿，叶缘波浪，品质软糯微香。

萌 HC-19001B3：该系统生长习性半直立，植株高度中到高，长圆叶，叶片颜色浅绿，叶缘波浪，品质软糯有香味。

二、育种目标要求

不同的大白菜种群都具有很强的栽培区域适应性（适应当地的消费习惯和栽培环境）。有很多品种在育种地表现优良而在异地各方面却表现不尽如人意，因此育种目标要针对不同区域的环境特点、消费习惯、生产方式以便选育出适应本地区栽培的优势品种。

（一）品质

随着社会消费水平的不断提高，人们对膳食营养的重视，改善苗用型大白菜的商品品质已成为白菜育种的重要目标。

1. 外观品质

株型、株高、叶色、叶形要符合推广地区的消费习惯。宜选育株型直立、叶色绿、叶片平展的苗用型大白菜。

叶球大小因季节不同有不同要求，春播品种要求达到中小叶球大小，单球重 1.5~2.5 kg；夏播品种以 1~2 kg 为宜；早秋播品种的单球重为 2~3 kg，秋播品种单球重为 4~5 kg 为宜。叶球形态在不同地区有不同要求，一般可选用合抱卵圆类型或中桩直筒类型、高桩叠抱直筒类型、叠抱头球类型或青麻叶类型品种等。

叶球叶色，春播品种叶球叶色按不同需求对象有不同要求，出口日本、韩国的品种要求球内叶黄色；叶球原本是黄色的品种要求达到鲜黄色；夏播品种、早秋播品种、秋播品种叶色要求白色、浅黄色。

2. 风味品质

在口感上，各茬品种均要求叶片、叶柄软糯，菜味浓郁、不能有异味。口感生食无辛辣、苦味，略带甜味；熟食时易煮烂，味鲜美，粗纤维含量少，营养较丰富，也适于腌渍和加工。

（二）抗病性

不同茬口有不同要求：春播品种要求抗霜霉病和软腐病，低海拔地区还要求抗病毒病和干烧心病。根肿病严重的地区需抗根肿病。在抗逆性上，由于春播大白菜生长前期气温低，而生长后期的气温又较高，因此春播品种需具备苗期和定植前期较耐低温、结球期较耐高温的特性。夏播品种由于夏季高温、多雨，要求耐热品种抗软腐病和霜霉病、抗病毒病并要求耐高温、高湿。早秋播品种要求高抗病毒病，兼抗霜霉病、软腐病和黑腐病等病害。同时由于早秋播品种一般在 7 月中下旬播种，生长前期气温仍然较高，因此早秋播品种一般还要求具有一定的耐热性。秋播品种要求抗病毒病、霜霉病和软腐病，兼抗黑斑病和黑腐病等病害并抗干烧心。

（三）丰产性

大白菜单位面积的产量（经济产量）构成因素包括单株重和单位面积株数。通过田间长势及称重选出单株重的种质资源，宜选育株型直立的材料来增加单位面积株数，从而提高产量。

（四）生育期和生态适应性

晚抽薹春播品种必须具备晚抽薹的特性并有适宜的营养生长期，直播栽培的，从播种到收获一般以 60~75 d 为宜；育苗移栽的，从定植到收获以 45~60 d 为宜；夏播品种的全生长期处于炎热的夏季，要具有较强的抗热性，一般要求品种在日平均温度 25 ℃以上、日最高气温 32 ℃以上时能正常结球。早熟性夏播品种生长速度快，宜选择极早熟品种，直播栽培的从播种到收获以 45~55 d 为宜。早秋播品种一般在 7 月中下旬播种，生长前期气温仍然较高，因此早秋播品种一般要求具有一定的耐热性并较早熟，直播栽培从播种到收获以 60~65 d 为宜，能在 9 月中下旬至国庆节前后上市。

三、育种方法

（一）杂交育种

杂交育种是通过 2 个遗传性不同的个体进行杂交而获得杂种，再经过选择培育创造新品种。由于有性杂交能够把不同品种的优良性状集合到子代，因此，可选育出比双亲更优良的新品种。

目前，多通过自交不亲和系或雄性不育系进行杂交育种，以配制 F_1 代种子。这是常见的制种方法，制种成本低，杂种一代纯度高，可以有效解决常规种制种产量低及自交退化问题。

1. 杂交育种的一般步骤

（1）选择亲本。亲本应根据育种目标确定，尽管育种目标因不同地区有所差别，但对选出的新品种则都要求具有丰产、优质、抗病、生态适应性强，是育种的共性要求。

①丰产性。大白菜单位面积产量是由平均单株重，合理单位面积株数和净菜率（平均单株净菜重除以平均单株毛菜重）构成的。单位面积的合理株数主要由株幅（叶片长度和叶片开展度）决定，净菜重决定于球重，而球重除受叶球充实度影响外，是由叶球的叶片数和平均单叶重构成的。

②抗病性。影响白菜高产、稳产、品质的主要病害是病毒病、霜霉病、软腐病、干烧心、黑斑病、白斑病。

（2）杂交的方式

①成对杂交。2 个亲本进行杂交，通常以优良性状较多的品种或地方品种作母本，选择具有母本所缺少的优良性状的品种作父本。当父母本的亲缘关系较近时，在大多数情况下正反交的后代性状差异不大。反之，差异明显。因此，当两亲本的花期、性状和亲缘关系差别较大时，通常以花期较晚、优良性状多的品种作母本，在栽培品种与野生品种杂交时，通常以栽培品种为母本。

②添加杂交。用子一代再继续与其他品种进行杂交，使优良特性更加丰富起来，每次杂交，只添加一个品种，如：甲×乙→F_1×丙→F_1×丁。

③合成杂交。是通过单交系或多交系之间的交配，一次综合 4 个以上亲本优良性状的方法，如 4 个亲本的合成杂交，首先进行甲×乙和丙×丁的交配，然后用（甲×乙）F_1×（丙×丁）F_1 相交配。此法须栽种较大数量的个体，才有可能获得综合 4 个亲本优良性状的单株。

④多父同代杂交和多品种混合杂交。即采用几个优良品种或自交系组成一个组合。多父同代杂交是在杂交时确定了母本品种，而多品种混合杂交则不需要确定母本品种。

⑤回交。2个亲本杂交后，利用子一代再与亲本之一杂交，如（甲×乙）F_1×甲。回交的目的是使优良性状在回交后代中不断地得到增强，通过选择直到获得具有父母双方优良性状的个体为止。

（3）杂交技术

①花器结构与开花授粉习性。白菜为两性花，花瓣、萼片各4个，雄蕊6个，成熟后自然开裂，散出花粉，雌蕊1个，位于花的中央，受精后发育成果实（种荚）。

大白菜为总状花序，在主茎叶腋间生出一级侧枝，一级侧枝叶腋间生出二级侧枝，二级侧枝叶腋间还可以生出三级侧枝，花序为无限型。单株花期为20~30 d，一个品种的花期为30~40 d，每一花枝上每天开放3~4朵花。有效结荚率是主枝稍高于一级侧枝。一级侧枝显著高于二级侧枝。

就一朵花来讲，柱头的有效接受花粉期较长，从开花前4 d到开花后2 d之间的杂交结实率差异不大。花粉在花未开放前不成熟，在自然条件下开花次日花粉的授精力就大大降低。

②亲本植株和花朵的选择。需选择发育正常、生长健壮、无病虫害并具有本品种典型特性的植株的主枝和一级侧枝作杂交用，每一花序杂交的花数应根据所需种子量和母本株第一侧枝数的多少来定，一般以10~30朵为宜。

③去雄。选择第2~4天将开放的母本花蕾进行去雄，去雄时用镊子夹住花丝，把6个雄蕊全部除净，去雄后立即套上隔离袋。

④花粉采集。在去雄同时将父本植株的花枝套袋，把已开放的花朵摘除。授粉时将袋内开放的花朵取下，采集花粉的数量依杂交量而定，一般一朵雄花的花粉可授粉10朵雌花。

⑤授粉。由于白菜在开花前3~4天柱头即可接受花粉受精结荚，再加上花粉在开花时才成熟散粉，以及白菜对异系花粉亲和性更强的特点，可在去雄当天或选择开花前2~4 d的花蕾进行剥蕾不去雄的蕾期授粉。但进行远缘杂交时不宜采用不去雄蕾期授粉法。

⑥杂交后的管理。杂交后要经常进行观察，隔几天将袋向上移动一下，以免由于花枝继续伸长而发生弯曲或折断。花瓣脱落后应及时除去隔离袋，以利通风透光和种子的发育。

此外，要注意防止花枝倒伏或折断，并要适时追肥、灌水，加强对病虫害的防治。

（4）杂交后代的选择方法。杂交后，杂种后代将会出现大量的变异，如何在大量变异中选出符合育种目标的优良后代，是值得注意的问题。

杂种后代的选择方法有：

①混合选择法。将各杂交组合的第1代（F_1）与当地主栽品种（对照）进行比较，淘汰那些主要经济性状不如对照品种的组合，然后在入选组合内，每组合选择综合性状优良的植株50株以上，于第2年春栽植在隔离区内任其株间自然授粉，收获的种子为第2代（F_2）。F_2于秋季播种，仍用当地主栽品种作对照进行比较，如F_2的经济性状

不如对照，且个体间差异不大，可重新选配亲本另配组合。如 F_2 主要经济性状优于、近似或稍低于对照，但显著优于 F_1，且 F_2 个体间的变异幅度很大，则应继续选留种株，按照繁殖 F_2 一样的方法来繁殖 F_3 及以后世代，直到群体的一致性符合生产要求为止。

②母系选择法。F_1 母株培育工作与混合选择法相同。第 2 年春季在隔离区内采种，以后分株收获种子和分株系播种，并与对照进行比较，淘汰不良株系。在入选株系内继续选优良植株再按 F_1 方法进行。为了能真正反映母株的遗传性差异，要尽可能使入选株之间能充分相互授粉，最好在自然授粉的同时，再将各株花粉混合后进行一次人工辅助授粉。

③自交选择法。从 F_1 中选择优良单株，分别进行自交留种并与对照进行比较，淘汰不良自交系，在入选的自交系内继续选优良株系，再按上一代方法进行，为了避免连续自交引起生活力退化，可以在自交一、二代后采取同一自交系后代的株间交配。在得到超过对照而又基本定型的系统后，应该把主要经济性状相似的系统合并采种，使育成的品种恢复生活力（注：引自超星图书馆）。

2. 培育自交不亲和系，进行大白菜杂交育种

自交不亲和系的选育一般是通过连续多代单株自交、分离，并对其后代进行自交不亲和测定和选择得来。理想的自交不亲和系，除了要求系统内所有植株花期自交不亲和外，还要求同一系统内所有植株在正常花期内相互授粉也表现不亲和（系内近交不亲和），只有这样才能保证制种时有最低的假杂种率。育成一个自交不亲和系一般需要 5~6 代。利用自交不亲和系进行杂交育种需注意以下几个问题。

（1）杂交育种前，必须对所选大白菜自交系进行亲和指数鉴定。亲和指数＝花期人工授粉结籽数÷单株花期人工授粉花数，花数以 30~60 朵为宜，其亲和指数应小于 2。有些品种不亲和性受温度影响较大，温度增高亲和性增高，这些稳定性较差的不亲和系应淘汰。

（2）在自然授粉条件下，由于昆虫传粉不及时，会出现一批未授粉的花。这些花多数属于一些老龄花和花枝末端的花。这些花自交不亲和性低，自交结实率高，不宜留做亲本。

（3）大白菜自交不亲和系之间存在着不亲和现象，用不同自交不亲和系配置杂交种时，需注意选择杂交结实率高的自交不亲和系为双亲，以提高制种产量。

（4）应选择具有特异性状（如品质好、抗病性强等）的自交系。经济性状优良的植株多为杂合体，应尽量少选。

（5）对选育成的优良自交不亲和系，要集中在一年内多繁种子，低温低湿保存，供以后数年使用，防止多年加代亲本退化。

（6）调整花期。花期通过播种期来进行调整，父母本中，开花早的适当晚播，开花晚的适当早播，使父母本花期相遇。如果发现大白菜制种田花期不遇，就应积极采取措施，对开花早的亲本多施氮肥，同时摘掉初期所开的花；对开花晚的亲本多施磷、钾肥，促进开花。

（7）对只收母本株杂交种子的制种田，在花期结束时尽早拔掉父本，减少收种时

人为机械混杂，确保杂交种子纯度。

3. 利用雄性不育系进行大白菜育种

雄性不育系，是指雌雄同株植物中，雄蕊发育不正常，不能产生有功能的花粉，但它的雌蕊发育正常，能接受正常花粉而受精结实，并能将雄性不育性遗传给后代的植物品系。雄性不育按基因型可分为 3 类。

（1）细胞核雄性不育（genic male sterility，GMS），简称核不育，雄性不育受细胞核基因控制。可分为显性核不育、隐性核不育及基因互作核不育。GMS 十分普遍，其中隐性核不育占 88%，显性核不育仅占 10%，基因型为 S（rr）。

（2）细胞质雄性不育（cytoplasmic male sterility，CMS），简称质不育，雄性不育的性状完全受细胞质控制，遵循母性遗传规律，任何品种都是保持系，找不到恢复系。

（3）核质互作雄性不育（genic-cytoplasmic male sterility，g-CMS），雄性不育的性状受细胞核基因和细胞质基因共同控制，该型不育系可实现"三系配套"。

利用雄性不育系配制杂交种是简化制种的有效手段，可以降低杂交种子生产成本，提高杂种质量，扩大杂种优势的利用范围，是杂种优势利用最优化的制种途径。

近年来，大白菜利用核基因雄性不育系育种成功的报道屡见不鲜，如：2000 年，许明等报道了大白菜核复等位基因向可育品系 92-11 的转育；2002 年，辽宁省农业科学院的王鑫等对照"复等位基因遗传假说"，将 91 个大白菜可育品系的核不育基因型分成 MsfMsf、Msfms 和 msms 三组，提出了相应基因型可育品系转育不育系的遗传模式，这些转育模式揭示出怎样将已知基因型不育材料的核不育基因转入其他育种材料中，以获得雄性不育系材料，这对大白菜育种者有一定的指导意义；2002 年，WANG Guan-Lin 等报道了抗菌肽基因转化大白菜获得抗病转基因植株及稳定遗传的研究；2003 年，许明等进行了大白菜显性核基因雄性不育系向紫菜薹的转育初报，利用现有的大白菜细胞核显性雄性不育系向紫菜薹转育，仅转育成含有 50% 紫菜薹基因的雄性不育系，其植物学性状介于大白菜和紫菜薹的中间性状，要转育成遗传物质接近 100% 的细胞核显性雄性不育系，还需要进行进一步的转育和植物学性状选择工作；2004 年，沈阳农业大学冯辉等以大白菜核基因雄性不育材料为不育源，根据细胞核复等位基因遗传假说，采用有性杂交方法，将大白菜核不育复等位基因转入小白菜获得了成功，在国内率先育成了不育株率和不育度均为 100% 的小白菜核基因雄性不育系，并提出了小白菜核基因雄性不育系转育模式。在此基础上，利用该不育系配成的小白菜强优势组合'超级上海青'和'超级奶白菜'已经在生产上大面积推广应用。而且，由冯辉教授主持的"大白菜核基因雄性不育系转育新方法的研究"被列入国家自然科学基金项目。现已利用新设计的核不育系定向转育方案，获得一些蔬菜核不育系定向转育的中间材料，并有望获得目标不育系。此外，对温敏型雄性不育系的研究也已取得成果，获得了大白菜温度敏感型雄性不育材料，并且，用"两系法"选育成功大白菜杂种一代新品种。不仅如此，冯辉等据温敏型雄性不育遗传特性，在大白菜品种间以及向小白菜亚种中转育温敏不育基因获得了成功，其中，利用大白菜温敏型雄性不育系"两系法"制种，育成了新品种'沈农超级白菜'和'沈农超级 2 号'，已通过辽宁省品种审定委员会审定。

（二）杂种优势利用

通过杂交，大白菜杂种一代在生长势、产量、抗病性、抗逆性及整齐性等方面均表现出明显的优势。自交不亲和系和雄不育的选育以及配合力的测定是杂交优势育种的核心程序。

我国对普通白菜杂种优势利用的研究始于 20 世纪 50 年代初期，但直到 60 年代初尚未在生产中应用。60 年代后期至 70 年代初，我国第 1 批优良的普通白菜一代杂种逐渐问世。1973 年曹寿椿等利用耐热品种资源'常州短白梗'为父本，以'南京矮脚黄'两用系为母本，育成抗高温、暴雨、高产、优质的'矮杂 1 号'抗热新品种，较对照增产 30%~152%。1977 年分别利用耐寒品种资源'南京亮白叶'和'合肥黑心乌'为父本，以'南京矮脚黄'两用系为母本，育成耐寒性强的'矮杂 2 号'和'矮杂 3 号'一代杂种。

（1）杂种优势表现。普通白菜的杂种优势一般表现为抗病性增强，产量提高；抗逆性增强，品质提高等多个方面。普通白菜一代杂种优势十分明显，主要表现为叶片大而多、生长速度快、健壮旺盛、抗病力强。中国自 20 世纪 70 年代开始进行杂种优势的研究。在普通白菜杂种优势利用中，主要有 3 种育种途径：利用雄性不育两用系、细胞质雄性不育系及自交不亲和系。其中，自交不亲和系育种途径的突出优点是易于选育和制种，种子产量高；而雄性不育系的应用因能够生产高质量的杂交种子而具有极大的诱惑力，成为国内外竞相研究的热点。杂种优势育种的一般程序为：确定育种目标—搜集原始材料—自交系的选育—亲本配组及配合力测定—确定制种途径—品比、区域、生产试验—推广应用。其中自交系的选育和配合力的测定是杂种优势育种的核心程序。

（2）育种程序。

①自交系的选育。自交系的培育过程就是对选定做亲本的品种连续自交和选择的过程。采用系谱法经过 4~6 代自交选择，即可获得主要性状不再分离、生活力不再明显衰退的高度纯合的自交系。当选定的亲本材料已经是一个自交系，但存在个别需要改良的性状时，可采用轮回选择法、回交法和多亲聚合杂交法来改良自交系。为了加速自交系的选育过程，可以采用花粉（药）培养法，获得纯合的双单倍体（DH）植株，直接用于亲本自交系的选育，能够缩短育种年限，加速新品种选育过程。还可采用保护地内加代繁殖或异地加代繁殖，以加快育种进程。

②亲本的选择选配。杂种优势利用的关键是要正确选择亲本，配成理想的组合。首先，要根据育种目标的要求，尽可能选用不同类型的亲本配组；其次，要根据目标性状的遗传规律，注意构成综合性状的各目标性状之间的互补，使亲本优良性状在 F_1 充分表现出来。

③配合力测定和品比试验。在亲本材料的自交纯化、自交不亲和系和雄性不育系选育成功后，可以通过一般配合力和特殊配合力的测定，确定符合育种目标要求的优良杂交组合，并配置杂交种进入品比试验。品比试验通常需要 2~3 年。在进行品比试验的同时，也可进行播期、密度、水肥等栽培试验，同时参加省内外多点试验。这样经过 1~2 年的品比试验，就可选出表现突出的新品种，并了解和掌握该品种适宜推广的地

区和相应的配套栽培技术。从品比试验中选出具有超亲优势或超标优势的杂交组合，申请进行区域试验和生产试验，并准备报审新品种。

（三）其他育种方法

1. 细胞工程育种

细胞工程技术在大白菜育种中的应用包括以下 3 个方面：一是利用离体培养物作为育种材料加速育种繁育进程；二是直接利用离体培养物育种，如基于游离小孢子培养的双单倍体育种技术；三是利用离体培养物作为基因工程技术育种中的转基因受体，并在转化后再生植株。

（1）游离小孢子培养。大白菜为二年生常异交作物，天然杂交率很高，自交提纯时又会导致退化严重。获得一个纯系需 5~6 年时间。获得一个新品种需 8~10 年时间。因而采用单倍体育种很有意义。游离小孢子培养，是将发育至一定阶段的花粉接种到人工培养基上进行培养，以诱导其改变发育进程，形成花粉胚或愈伤组织，进而发育成单倍体植株的技术。其后再将单倍体植株加倍，获得纯合二倍体，这种染色体加倍产生的纯合二倍体是双单倍体，在遗传上非常稳定，不会发生性状分离。获得一个纯系只需 2~3 年时间，获得一个新品种只需 3~5 年时间，因此，游离小孢子培养育种能极早稳定分离后代，缩短育种年限 5 年左右。1989 年以来，河南省农业科学院生物技术研究所应用小孢子培养双单倍体技术，先后培育出豫白菜 7 号、豫白菜 12 号、豫早 1 号、豫新 3 号、豫新 5 号、豫新 60、豫园 50、豫园 60 等品种。

研究发现，双单倍体育种体系的关键是诱导产生小孢子胚和由其所产生的再生植株。试验表明，大白菜自身的基因型是影响组织培养的关键因素之一，不同基因型的大白菜进行培养时，有不同效果，有些大白菜容易得到小孢子胚，而有些基因型的大白菜则无法通过小孢子培养的途径获得小孢子胚及再生植株。邹金美通过细胞学观察表明，当花蕾长为 2.0~3.0 mm，花瓣与花药长度之比为 1∶2、4∶5 时，50%~70% 的小孢子发育处于单核晚期，最适合进行花药和游离小孢子培养，容易获得成功。同时研究还发现，小孢子培养效果同培养基有关，在不加任何激素时，加入蔗糖效果较好。刘公社等还发现：若以高温诱导的小孢子分裂频率为评价指标，小孢子接受高温处理的敏感期在开始培养的 12 h 内，但以胚胎发生频率为指标，敏感期在开始培养的 24 h 内。

（2）胚培养。十字花科作物的远缘杂交在育种工作中很重要，但是，由于远缘杂交的不亲和性和杂种不育性，很难采用常规的有性杂交方法获得成熟的种子，因此常使用培养杂种幼胚的胚培养技术来培育杂种，并使其成为双二倍体，以恢复杂种育性。但在通常情况下，此种胚培养的成活率不高，有的甚至不能获得杂种苗。1992 年李明山等使用改良的液体进行了大白菜和萝卜杂种幼胚的培养，发现 3 个组合的改良液体培养成活率均显著高于固体培养的成活率。江面浩等在利用组织培养选育抗软腐病大白菜的试验中，为了使作为父本的带有抗软腐病抗性基因的结球甘蓝与大白菜杂交后形成的胚能进一步发育，采取胚培养的方法，结果发现，胚培养育成的群体与种子育成的群体相比，形态上类似父本的个体比例大，软腐病的病情指数也低，表明对于结实率低的杂交组合，如果利用胚培养，不仅能有效地克服远缘杂交不育，育成杂种，而且能以很大的概率获得类似于父本的个体。

2. 转基因技术

基因工程一般是指在体外用人工方法将不同生物的遗传物质（基因）分离出来，人工重组拼接后，再将重组体置入欲改良作物细胞内，使新的遗传物质在宿主细胞或个体中表达的技术。其主要环节包括：目的基因的克隆；目的基因的功能验证及表达载体构建；目的基因导入目标材料即遗传转化；转基因材料的筛选、鉴定、选择与利用。

转基因技术已被应用在大白菜抗病性、丰产性、生态适应性品质等多方面的育种中，目前已育成一批品种，作为植物基因转化的受体。单倍体材料因不存在杂合和分离问题，要优于二倍体材料。小孢子就是非常合适的单倍体受体材料，但目前小孢子受体应用和研究还很少，1998年刘凡等利用大白菜小孢子胚状体获得抗除草剂转基因植株。

由于大白菜遗传转化所使用的受体还是以二倍体材料为主（主要用无菌苗的子叶或子叶柄，还有用花茎、原生质体、下胚轴、真叶等），这些材料转化后的高频再生就是一个关键问题，人们对此做了大量的研究工作。杜虹等研究发现添加不同浓度的 $AgNO_3$ 有助于大白菜子叶组织的再生。韦健琳等则根据自己的试验结果及前人经验分析，添加 $AgNO_3$ 后，Ag^+ 可能取代了乙烯受体位点上的金属，而使受体无法与乙烯结合，从而抑制乙烯对外植体不定芽分化的影响，因此使得不定芽的分化率明显提高。张松等研究了子叶的放置方式、子叶的不同部位以及子叶的切割方式对大白菜高频再生的影响。刘世雄等则认为大白菜花茎的分化成苗必须添加适当浓度和种类的激素。

目前，使用最多且最有效的转化载体仍是根癌农杆菌的 Ti 质粒，另一个应用前景比较广阔的载体是花椰菜花叶病毒。2001年成细华等采用农杆菌共培养法，把外源基因 $C58/pV11$ 导入结球白菜，获得转基因植株，其中抗性植株的抗草丁膦试验，转基因植株 DNA 的 PCR 及 PCR-southern 斑点杂交鉴定结果表明：50%的抗性植株的基因组中有外源基因的整合。朱常香等将芜菁花叶病毒的病毒外壳蛋白基因 $TuMV$ 导入大白菜中，获得转化植株，抗病性测定结果显示，转基因植株有明显的抗芜菁花叶病毒侵染能力。

软腐病是大白菜的三大病害之一。而抗菌肽对软腐病菌有很强的杀伤作用。王关林等建立了农杆菌 EHA105（pMOG410）工程菌的高频转化载体系统，将抗菌肽基因导入目前推广种植的大白菜'AB-81'自交系，获得了转基因植株。转基因植株提取液的体外抑菌试验、试管苗及盆栽转基因植株的病原菌接种抗病测试结果表明：转基因植株具有明显的抗病特性，并且能稳定遗传，R5 的转基因植株保持抗 Km 和抗病特性，可望以其为亲本选育出大白菜抗软腐病的新品种。

杨广东等研究大白菜转修饰豇豆胰蛋白酶抑制剂基因获得抗蚜虫植株，之后杨广东等通过农杆菌介导法将雪花莲外源凝集素基因（gna）导入了大白菜自交"282"。转基因植株较非转化对照植株有一定的抗蚜虫能力，抗虫性好的植株可以检测到较强的 gna 基因转录产物。

真空渗入法是简便、快捷且无须经过组织培养阶段即可获得大量转化植株的新的基因转移方法。这种方法转化率相对较高，也没有传统组织培养过程中体细胞变异而影响目的基因的正确表达的问题，为一些不易进行组织培养的作物提供了应用转基因技术的可能性。张广辉等对影响大白菜、油菜的真空渗入的有关因子进行了探索。曹鸣庆等利用原位真空渗入法获得了转基因白菜。

3. DNA 分子标记技术

分子标记辅助选择是指在品种遗传改良中利用分子标记来提高选择效率的方法。分子标记辅助育种主要包括重要性状的基因聚合、重要性状的基因渗入、QTL 的分子标记辅助选择。

分子标记能直接从 DNA 水平上反映各材料间的遗传差异，是研究生物遗传多样性的工具。DNA 分子标记技术在遗传图谱构建、基因定位与辅助选择育种等研究方面均已有很好的应用，它可用于转基因植株的检测，以确定外源基因是否在转基因植物中正常表达。朱常香、王关林等建立和完善了大白菜的重要病害抗病基因的分子标记辅助选择技术体系，对一些重要的数量性状，如抗病、抗虫、抗除草剂性状等，采用了分子标记辅助选择技术并用以鉴定出目标基因已整合到大白菜基因组。

刘秀村等在大白菜的小孢子培养 DH 系群体中采用 BSA 法进行了分子标记研究，筛选了与橘红心基因连锁的 RAPD 标记。王美等以白菜高抗 TuMv 白心株系'91112'和高感 TuMv 橘红心株系'T1291'为亲本建立的小孢子 HD 系作为图谱构建群体，以 AFLP 标记来构建白菜连锁图谱，为进一步开展大白菜球色分子标记辅助育种打下了基础。

以上各项现代生物技术在大白菜育种中的应用和作用是相互制约又相互促进的。以小孢子培养为代表的单倍体培养技术的发展，将极大地促进直接以单倍体为出发材料的育种和以单倍体材料为受体的育种，从而加速转基因育种技术进程；采用 AFLP、RAPD、RFLP 等技术绘制大白菜的遗传图谱，并获得一些与农艺性状有关且日趋成熟的分子标记技术，为大白菜今后的品种选育、基因克隆和分类研究提供了理论依据。而转基因技术的完善，反过来又有利于鉴定影响离体培养的遗传因素，并推动分子标记技术的发展，因此预计以后大白菜育种技术研究的活跃领域有以下 3 个方面：一是大白菜小孢子培养以及以小孢子为受体的遗传转化技术；二是与大白菜抗病性、丰产性、生态适应性、品质等相关遗传基因的鉴定和分离、转移技术，这方面的研究已有很多报道，但还没有直接应用于育种；三是分子标记技术。所有这些研究可望共同将大白菜育种推向新的发展阶段（荣海燕，2006）。

四、品种类型及主要品种介绍

（一）品种类型

根据进化过程、叶球形态和生态特性，大白菜品种类型可分为 4 个变种。

1. 散叶变种

散叶变种是结球白菜的原始类型，叶片披张，不形成叶球。抗逆性强，纤维较多，品质差，食用部分为莲座叶，已逐渐被淘汰。代表品种为山东莱芜擘白菜。

2. 半结球变种

半结球变种叶球松散，球顶开放，呈半结球状态。耐寒性较强，对肥水要求不严

没有

格，莲座叶和叶球同为产品。代表品种有辽宁兴城大矬菜、山西阳城大毛边等。

3. 花心变种

花心变种球叶以褊褶方式抱合成坚实的叶球，但球顶不闭合，叶片先端向外翻卷，翻卷部分呈黄、淡黄或白色。耐热性较强，生长期短，不耐贮藏，多用于夏秋早熟栽培。代表品种有北京翻心白、山东济南小白心等。

4. 结球变种

结球变种是大白菜进化的高级类型，球叶抱合形成坚实的叶球，球顶钝尖或圆，闭合或近于闭合。栽培普遍，要求较高的肥水条件和精细管理，产量高，品质好，耐贮藏。

结球变种又可分为 3 个类型：

（1）卵圆型。卵圆型又称"海洋性气候生态型"。叶球卵圆形，球形指数（叶球高度与横切面直径之比值）约为 1.5。叶球抱合方式为褊抱或合抱。球叶数目较多，属"叶数型"。它要求气候温和、湿润、变化不剧烈的环境。栽培的中心地区为中国的山东半岛。代表品种有山东福山包头、胶县白菜等。

（2）平头型。平头型又称"大陆性气候生态型"。叶球倒圆锥形，球形指数近于1，球顶平，完全闭合，叠抱。球叶较大，叶数较少，属"叶重型"，它要求气候温和、昼夜温差较大、阳光充足的环境，对气温变化剧烈和空气干燥有一定的适应性。栽培的中心地区为河南中部及山东西部、河北南部。代表品种有河南洛阳包头、山东冠县包头、山西太原包头等。

（3）直筒型。直筒型又称"交叉性气候生态型"。叶球细长圆筒形，球形指数约为4，球顶钝尖，近于闭合拧抱。球叶长倒卵形。栽培的中心地区为河北东部近渤海湾地区，基本为海洋性气候，但因靠近内蒙古，常受大陆性气候冲击，使该生态型形成了对气候适应性强的特点。代表品种有天津青麻叶、河北玉田包尖、辽宁河头白菜等。这 3 种生态型之间及与其他变种之间相互杂交，又派生出次级类型，如平头直筒型、平头卵圆型、圆筒型、花心直筒型、花心圆型等。中国于 20 世纪 60 年代中期，开始进行该类大白菜杂种优势利用的研究，70 年代中期用于生产，种植面积较大的杂种一代有青杂中丰、山东四号、北京 106 等。

（二）大白菜主要代表性品种

1. 初绿夏翠

生长势强，株型半直立，植株高度高，叶片黄绿色，长倒卵形，叶缘圆齿，叶柄颜色白，适合春、夏、秋季种植，秋季播种后 45 d 单株质量 145 g 左右。

2. 初绿夏翠 2 号

生长势强，株型半直立，植株高度中等，叶片浅绿色，倒卵形，叶缘全缘，叶柄颜色白。适合春、秋季种植，秋季播种后 45 d 单株质量 165 g 左右。

3. 京翠 60 号

北京市农林科学院蔬菜研究中心、北京京研益农科技发展中心育成。该品种为秋播早熟大白菜一代杂交品种。播种后 65 d 收获，株型较直立，青麻叶类型，叶球长筒形，顶部舒心，心叶浅黄色。区试结果：株高 52 cm，开展度 57 cm，叶球高 42 cm，球形指数 3.5，叶球重 2.0 kg，净菜率 65.4%。苗期人工接种抗病性鉴定结果为高抗病毒病，抗霜霉病和黑腐病。2007—2008 年 2 年区域试验净菜平均亩产 4 472 kg；2008 年生产试验净菜平均产量 4 182 kg/亩。

栽培要点：北京地区 7 月底到 8 月初播种，行株距 53 cm×40 cm，亩种植 3 000 株左右，高垄栽培，10 月上旬收获。其他同常规早秋大白菜管理。

4. 夏优 1 号

该品属夏播品种，株高 17.5 cm，开展度 44.2 cm。叶片无茸毛。球形指数 1，短倒圆锥形，叠抱，球内叶片色泽黄白，结球紧实，平均单个叶球净重 0.61 kg。质嫩、纤维少、品质优、风味好。对病毒病、霜霉病和软腐病抗性较强。早熟，生长期 51 d。产量为 1 668 kg/亩。由于生育期短、株型小，宜适当密植。

5. 早熟 5 号

该品种由浙江省农业科学院育成。早熟，耐热、耐湿，高抗病毒病、霜霉病、软腐病、炭疽病，适于高温、多雨时期作小白菜栽培，播种后 25 d 就可收获。也可早秋作结球白菜栽培，生长期 50~55 d，叶球重 1.5 kg 左右，亩产 4 000~5 000 kg。

6. 福山包头

福山包头属叶数型品种，株高 43 cm，开展度 95.8 cm。叶片数量多，帮薄，外叶深绿色，叶面密生茸毛，软叶率 50%~60%。叶柄白色，叶面皱。叶球矮桩形，球叶合抱、舒心、尖顶。叶球重 5.5 kg。生长期 100 d。商品性好，中晚熟，耐贮性中等，品质较好。产量 6 500 kg/亩左右。是山东省主要的地方品种之一。山东省从 20 世纪 60 年代初就开始对福山包头进行选育、提纯，用该品种选育出的自交系育成了国内第一个大白菜杂交种青杂早丰，以福山包头为种质材料先后育出福 15-5-16、福 77-65、福 77-105、福 77-107、F91-3-3-1-5-1 等几十个自交系，育成的品种在生产中起到重要作用。

7. 北京小青口

北京小青口是国内少有的几个品质与抗性都较为突出的地方性品种资源，国内用该品种为材料育出 2039-5、青 221、72049（郑州）等一批优良自交系和品种。

8. 天津绿

天津绿白菜曾经出口海外，是中国原产的代表性白菜，国外叫中国绿。该品种是天津蔬菜中最好的蔬菜之一，叶色鲜绿、梗薄水分少，菜质脆嫩，叶肥心紧，而且极耐贮存。

9. 早皇白

早皇白为广东省潮安县地方品种，具有较广泛的地区适应性，其最大特点是早熟、耐热，先后被引种到全国各地及日本等，作为早熟、耐热资源，在国内推广的早熟、耐热品种中许多都含有它的血统，如六十早、牛牌 19 号、秋珍白六号、鲁白 14 号及一大批夏播品种和快菜类型品种。

除上述品种以外，还有许多有名品种，如河北的玉田包尖、正定包头，山东的济南大根、唐王小根、卫固包头，河南的安阳包头、郑州包头，北京的抱头青、翻心黄，东北地区的二牛心、兴城大矬、河头早、沈阳快菜等。

五、栽培技术要点

(一) 栽培季节

秋季栽培一般在8月中旬至9月初播种，11月至翌年1月收获、贮藏，供冬春食用，素有"一季栽培半年供应"的说法。

春季栽培属于反季节栽培，露地栽培一般于3月中旬直播；大棚栽培则多于2月下旬至3月上旬育苗，3月下旬定植，5月下旬至6月中旬采收上市。

夏秋季早熟栽培也属于反季节栽培，多于7月下旬或8月上旬播种育苗，9—10月陆续采收上市。宁波地区还可秋冬栽培。

(二) 种植地的准备

1. 选地

选择地势较高、排灌方便、土层深厚、肥沃疏松、富含有机质、团粒结构好、保水保肥、酸性至弱碱性的壤土、沙壤土或轻黏壤土种植。忌与十字花科蔬菜连作，前作以西瓜、冬瓜、葱蒜类、豆类等蔬菜和水稻为最适。前茬是十字花科蔬菜的留种田，以及番茄、辣椒、西葫芦等病毒病害发病重的地块，以及地势低洼、雨后积水或不能及时灌溉的地块，均不宜选用。

2. 施足基肥

种植地应施足基肥，一般可亩施腐熟的有机肥3 000~5 000 kg，同时配施三元复合肥30~40 kg和钾肥10~15 kg。施足基肥既可满足白菜生长所需的营养，又能改善土壤的通气性，提高土壤保肥、保水性能，有利于大白菜根系的生长发育，增强抗逆性。

3. 精细整地

基肥施用后进行深翻，整平作畦，宁波地区一般畦宽1.5 m（连沟）、沟深30 cm，旱能浇、涝能排，田间管理方便。

(三) 品种选择

在选择大白菜品种时，须注意以下三点：一要考虑到当地的食用习惯，选用适于当地栽培的品种，提高销售的竞争力。如有的地方喜欢叠抱平头型品种，有的则喜欢合抱炮弹型品种，还有的喜欢直筒型品种，要因地制宜，分别选用。二要注意当地的气候条件、栽培季节和茬口安排。如秋季栽培，要选用中熟或迟熟、丰产、耐贮藏的品种；春季栽培宜选用抗病、早熟、品质好、耐抽薹品种；夏秋季早熟栽培，则要选择具有早熟、耐热、耐涝、抗病、高温下结球性强的品种。三要避免品种过于单一，每年的气候条件总有变化，品种的表现总有差异，在安排好主栽品种的同时，宜搭配种植1~2个其他品种，避免某个品种因气候不适或突然大面积发病等造成严重减产的被动局面。选用一代杂交种时尤应注意此点。

（四）种植方式

1. 直播法

方法简便、省工，但播期要求严格，播种方式一般多以点播为宜，也可条播。播种前采用混合磷肥撒播。播种时，先按预定的行株距开好宽 4~5 cm、穴深 1~1.5 cm 的浅沟，先于穴内浇水，待水渗入后，每穴播种子 2~3 粒（用种量为 250 g/亩左右），播种密度要适当，使苗生长均匀，避免播种过密，浪费种子，增加间苗工作量，而且幼苗纤弱，不利生长。播后覆土、踏实。气温较适宜时，苗用型大白菜生长快，种植密度可适当增大。播后如果土壤水分不足，要随即浇水，并在第 2 天可再浇 1 次，2~3 d 后即可齐苗。播种时若土壤水分充足，播种覆土后则不必踩压，只要在第 2 天清晨用绑缚好的树枝拖拉畦面，并在当日下午或第 3 天上午浇 1 次水，即可出齐苗。播种时还要注意两点：一是不要在大雨前播种；二是夏天播种后可用黑色遮阳网遮盖畦面，以减轻强光和高温的危害、防止大雨冲刷，畦面要始终保持湿润，不能发白落干，避免出苗不齐、缺苗断垄。条播的齐苗后要及时间苗，间苗后的株行距在 13 cm×13 cm 左右。

2. 育苗移栽法

育苗移栽可减少苗期占地，管理方便，有利于前茬作物的延后生长。

（1）配制营养土。应选择土层深厚、富含有机质、排灌方便，前作为非十字花科蔬菜的田块作苗床，种植一亩大田需苗床 20~30 m²。营养土可根据本田面积计算，一般每亩本田所需的营养土，可用 750 kg 无菌床土加充分腐熟的有机肥 200~250 kg 或三元复合肥 2~3 kg 混合配制，拌和均匀，同时要在其中拌入多菌灵、绿亨一号等农药，加水至手握成团，堆闷 20 h 待用。苗床要整平，并做成宽 1.5 m、沟深 0.35 m 的高畦。畦面泼浇 50% 辛硫磷 1 000 倍液防治黄曲条跳甲和地下害虫，同时喷施噁霉灵等药剂消毒苗床土。

（2）装钵。将调配好的营养土装在营养钵内。

（3）播种。播种前将营养钵整齐地排放在苗床上，钵与钵之间空隙要小，然后充分喷水，使床（钵）土湿透，每钵播 2 粒种子，播种后覆盖 1 cm 厚筛过的细土，然后盖上薄膜和遮阳网，以免暴雨冲刷。育苗移栽用种量少，一般只要 100 g/亩左右。

（五）苗期管理

不论是直播还是营养钵育苗，齐苗后都要做好 6 项田间管理措施：

一是齐苗后，凡播种后覆有遮阳网的，都要把遮阳网架高 1 m，并做到上午 10 点至下午 4 点及雨前遮盖，早晚及阴天揭开。

二是要及时进行间苗。营养钵育苗的，一般每钵留 1 棵壮苗；直播的，要在幼苗出土后，要结合中耕（以锄破表土为度）及时间苗，对过分密集的"疙瘩苗"及时间除，并淘汰出苗过迟的小苗和子叶形状不正常的劣苗、杂苗和病苗。要避免下胚轴拔高形成徒长苗。第 1 次间苗后，喷 1 次 500 倍液的杀菌剂，以防猝倒病的发生，此后视苗色的浓淡再喷施 1~2 次叶面肥，如壮多收、富尔 655 等。幼苗拉十字后，进行第 2 次间苗，苗距 7~8 cm。幼苗 3~5 片真叶时，进行第 3 次间苗，苗距 15 cm 左右。每次间苗后施 3% 浓度的尿素液提苗，并注意苗期蚜虫、跳甲、夜蛾类幼虫等的防治工作。

三是要管好水。播后要每天浇一次水，确保 2~3 d 齐苗。做到"三水齐苗，六水定苗"。幼苗期若遇上干旱，须 3 d 浇 1 次水。始终保持地面湿润、降低高温对幼苗的不良影响。幼苗后期 5~6 d 浇 1 次水，不蹲苗，一促到底。但如此期间天气多雨积涝，则应及时排水，以改善土壤的通气性，避免幼苗根系因缺氧而窒息死亡。

四是要施好肥。特别是夏秋大白菜，属外叶与叶球同时生长类型，生长期短，生长速度快，从定植到采收仅 40~60 d，没有明显的莲座期，在肥水管理上，前期应加紧中耕除草，并结合施肥，以促进快速生长。除施足基肥外，播种后每亩地可再施盖厩粪 1 000~1 500 kg，既可供肥又可保湿降温。追肥以速效化肥为主，第一次追肥可亩用三元复合肥 10~14 kg，兑水浇施，或在行间挖穴深施。并在封行前再重施一次追肥，一般每亩地可施尿素 12 kg、草木灰 100 kg 或硫酸钾 10 kg，或亩施复合肥 20 kg。施肥方法与第 1 次相同，以后视苗情再酌情施追肥 1~2 次。

五是避蚜防病。蚜虫等害虫是传播芜菁花叶病毒和黄瓜花叶病毒的主要媒介，应及早防治，减少其传毒机会。干旱年份，蚜虫往往较多，在大白菜出苗前，最好能在菜田附近的作物甚至杂草上全面喷布 1~2 次"一遍净"等药剂。并在大白菜出苗后继续喷药防治。如有条件也可在夏秋早熟大白菜田周围，将银灰色塑料薄膜裁成窄条，挂在竹竿上飘动避蚜。7—8 月大雨偏多的年份蚜虫较少时，可减少喷药次数。

六是要注意温度变化。早春育苗特别要注意营养钵体和室内温度变化，适时进行调整，关注天气预报，如有恶劣天气，提早预防并采取相应的防寒保温措施。

（六）定植

1. 苗龄

早熟品种的苗龄不得超过 15 d，中熟与迟熟品种不超过 20 d。一般当菜苗长出 6~7 片真叶时，即可移栽定植。苗龄越大，移栽成活率越低，苗期覆有遮阳网或棚膜的，定植前 1 周要揭除遮阳网或棚膜，经炼苗后才能定植。

2. 定植方法

凡营养钵育苗的，要先脱去营养钵，再移栽到土壤已杀菌消毒的温室、拱棚或大田内。定植时要尽量做到不伤根，栽种不宜过深，以子叶平畦面为宜。同时要边栽边浇"定根水"，浇水时，要避免泥土淤心或积水，以防引发软腐病，定植 3 d 后及时查苗补缺。

3. 定植密度

定植的株行距按栽培季节、品种、土壤肥力、种植方式确定。季节、品种、种植方式相同，肥水条件好的，可种得密一些，反之，要稀一点。育苗移栽的，定植的株行距采用 18 cm×18 cm 或 25 cm×25 cm，气温较高可适当密植，气温较凉可采用较宽的株行距。直播的定植密度可高于移栽。一般春栽的早熟品种每亩田可种植 2 300~2 500 株；秋栽的中熟品种为 2 200 株左右；迟熟品种为 2 000 株左右；夏秋季的早熟栽培品种因生长期短、植株小，可栽 4 000 株左右。

（七）定植后的管理

定植后要求做好肥水管理，在水管理上，由于苗用型大白菜根系分布浅，耗水量多，因此不耐旱，整个生长期要求有充足的水分。阳光强烈的天气，需每天淋水，以保证植株正常生长，在雨季栽培时注意排水，做到畦面无积水即可。在肥料上，由于苗用型大白菜生长期短，在种植前可不施基肥，追肥一般在定植后 3 d 或直播地苗龄 15 d 后开始施用，一般每 6~7 d 追肥 1 次，全期追肥 3~4 次，前 2 次可用较稀薄的肥水，以后每亩地用 15~20 kg 复合肥淋施或撒施，最后一次在植株封行前进行。

具体应用时还应根据土壤肥力、栽培季节、气候、品种、长势长相，合理施用。

1. 春白菜

定植后，实施大棚及小拱棚覆盖栽培的特别要注意温度变化，生长前期以保温为主，生长后期根据温度回升情况，要及时揭膜通风，力求棚内白天能稳定保持 22 ℃ 左右的最适温度，夜温 15 ℃ 左右。4 月中下旬，最低气温升至 15 ℃ 以上时揭掉所有覆盖，进行露地栽培。要多施速效基肥，以加速营养生长，抑制生殖生长，使花芽分化前形成更多叶片。一般在定植缓苗后，可亩施施 20 kg 复合肥，促使其 30 d 左右进入莲座期。进入莲座期后，大白菜转入旺盛生长，此时可喷施 1 次叶面肥。结球前、中期每亩地再追施 20 kg 复合肥。追肥后要及时浇水，但不能大水漫灌，以保持土壤湿润为度，避免高温多湿发生病害。

2. 夏秋早熟白菜

夏秋早熟白菜生长期短，为达到早熟丰产，应及时追肥、浇水，促其快长。一般应结合中耕施 3 次肥，并以速效肥为主，第 1 次是生长前期、定植缓苗后，每亩地可施尿素 10~15 kg，以促进外叶生长。第 2 次在叶片生长量骤增的莲座期。一般距植株根部 18~20 cm 处，开一条 8~10 cm 深的浅沟，亩施三元复合肥 20~25 kg 于沟内，然后埋土封沟，如遇天气干旱，要及时浇水。第 3 次在莲座末期、结球初期追施，亩用尿素 25 kg 或三元复合肥 20~25 kg，并结合防治病虫害喷施富尔 655 以满足包心结球的需要，每次追肥后要立即浇水，特别是在莲座期及结球期，如天晴无雨，可隔 4~5 d 浇 1 次水，以促进大白菜尽快包心结球高产。

3. 秋白菜

秋大白菜生长期长，产量高，需肥量大。在施足基肥的基础上，应及时进行追肥。试验证明，从秋大白菜团棵到结球前期、中期追施氮素化肥，增产效果最大。用有机肥作基肥的地块上，以亩产 10 000 kg 的毛菜为目标，氮素化肥的总追肥数量可按亩施 75 kg 尿素或复合肥来安排，并分次进行追施：第 1 次在 2~4 片真叶期，亩施尿素或复合肥 10 kg，撒于幼苗两侧，并立即浇水（雨天可在雨前撒施），此次追肥称为"提苗肥"。第 2 次在定苗后或育苗移栽缓苗后，亩施复合肥 20 kg。起垄栽培的，可于垄两侧开浅沟施入；此次追肥称为"发棵肥"。第 3 次在莲座末、结球初期，亩施复合肥 30 kg。起垄栽培的可在浅锄垄、深锄沟数天后，将肥料施入沟内，再稍加培土扶垄，追肥后浇水。此次追肥称为"大追肥"。第 4 次在结球中期，亩施复合肥 15 kg，可随水冲施，此次追肥称为"灌心肥"。如有腐熟的畜粪、鸡粪等优质有机肥，第 3 次追肥可不追氮素化肥，而亩施畜粪或鸡粪 500~600 kg 或充分腐熟的饼肥 100~200 kg。第 4 次追肥也可不施化肥而随水冲施腐熟的人粪尿 700~800 kg。大白菜进入结球期吸收钾肥较多，在第 3 次追肥时，可同时亩施硫酸钾 20~25 kg，或干草木灰 100 kg。

大白菜从团棵到莲座末期，气温日渐下降，气候温和，此期间可适当浇水，并配合进行浅中耕除草，中耕时要掌握"近苗宜浅，远处宜深"的原则，切忌中耕伤根，并要做好清沟培土等工作。在莲座末期，中耕后可适当控水数天，到第 3 次追肥后再浇水。大白菜进入结球期需水量很大，天气无雨时，一般 5~6 d 浇 1 水，保持地面湿润。收获前 7~10 d 停止浇水，以利收获和冬季贮藏

（八）病虫草害防治

虫害应以预防为主，定植后每隔 6~7 d 喷 1 次吡虫啉药液或甲维盐药液，可有效防治菜青虫、跳甲、蚜虫。采收前 10~15 d 停止用药。

苗期要注意及时除草，防止杂草与幼苗争夺养分而使幼苗生长纤细，影响幼苗后期的正常生长。

主要病虫害防治技术参阅本书第七章。

（九）采收

各季菜用大白菜的全生育期因品种、栽植季节的不同而各不相同，应根据不同情况及时组织采收上市。凡在定植后，发现植株中心叶片有明显蜡粉，表明该植株即将抽薹，此时就应视叶片多少进行处理或首批上市。其余正常植株，一般在叶球包至七八成开始分期分批收获上市，以确保丰产丰收。采收过早，产量不高；如采收过迟，易诱发病害而造成减产。

第二节 青菜

青菜属十字花科芸薹属普通白菜不结球白菜亚种，是指不结球白菜中的青梗类型（为不与各地口语中青菜混淆，以下多称为青梗菜）。青梗菜原产于我国。青梗菜以绿叶为产品，品质柔嫩，营养丰富，是我国南方最大众化的蔬菜，在南方城市"菜篮子"工程和蔬菜周年供应中占有举足轻重的地位。

青梗菜叶片亮绿、束腰、品质优良（图 3-2）。青菜中含有丰富的维生素 C、蛋白质、胡萝卜素，以及钙、铁、钾、钠、镁

图 3-2 青梗菜

等微量元素，有研究表明，青菜中的维生素 C 含量是大白菜的 3 倍。

据考证，青梗菜起源于中国南方地区，明朝时期，由中国传到朝鲜；19 世纪传入日本及欧美国家。现今，世界各地许多国家都有引种。

据 2019 年不完全统计，全国青梗菜全年种植面积 500 万~600 万亩。青梗菜是浙江省种植面积最大的蔬菜种类之一，2017 年浙江省种植面积达 111.45 万亩，宁波及浙东地区是青梗菜种植的主要区域，主栽培品种以'上海青''矮抗青''抗热 605''苏州青'等常规品种居多，整齐度较低，束腰较慢，商品性稍差，高温时生长缓慢、纤维含量偏高、束腰不明显、品质较差，不能满足生产需要。

在国际上，青梗菜研究较为深入的国家主要以东亚的日本和韩国为主，其中，在种质资源的鉴定与评价上，日本蔬菜与茶叶研究所具有较好的研究基础；在品种选育上，日本的"武藏野农园"做得较为出色，其选育出的杂交一代品种'早生华京'和'华冠'在我国至今仍具有一定的种植面积。这些品种整齐度高，柄叶质量比大，束腰好、外观好、品质佳，适合作中、大棵菜栽培，种子精加工程度高，具有极佳的商品性，但种子价格昂贵，每千克高达 300 元以上。

我国青梗菜杂交育种起步时间较晚，近年来国内科研单位及种业企业对青梗菜杂交育种开展了大量的工作，其中京研益农（北京）种业有限公司的'京冠 1 号'和春油系列、福建金品农业科技股份有限公司的'改良 28'和'金品 1 夏'、山东德高种苗有限公司的'黑旋风'和'青浪 101'、宁波微萌种业有限公司的'夏尊'和'夏闪'等杂交青梗菜品种因价廉物美，迅速占据了不少市场份额，逐渐实现进口替代，并开始对常规种的全面杂交化更换。但是国内选育的青梗菜品种仍然存在品质较差、不耐高温、商品性差、种子精加工程度低、种子纯度差、整齐度较低等缺点。

青梗菜种质资源丰富，据中国农业科学院统计，截至 2016 年，国家农作物种质资源库按品种数计算已保存普通白菜种质资源 1 392 份。其中，青梗菜占有相当份额。

宁波微萌种业有限公司青梗菜育种团队从 1996 年开始进行青梗菜资源收集与品种选育工作，到 2021 年为止，已经搜集保存青梗菜资源 1.1 万余份（按育成的株系计算）。其中，品质特别优异的资源如下。

Qgc151：该系统生长习性直立，耐抽薹性较好，植株高度中等，束腰中等，阔椭圆形叶，叶片颜色中等绿色，叶柄颜色中等绿色。

Qgc182：该系统生长习性直立，耐抽薹性好，植株高度中到高，束腰性弱，窄椭圆形叶，叶片颜色中等绿色，叶柄颜色中等绿色。

Qgc03628：该系统生长习性直立，植株高度矮，束腰性强，阔椭圆形叶，叶片颜色中等绿色，叶数中到多，叶柄颜色中等绿色，品质软糯。

Qgc11262：该系统生长习性直立，植株高度矮到中，束腰性弱，椭圆形叶，叶片颜色中等绿色，叶数中到多，叶柄颜色中等绿色，品质软糯。

Qgc301：该系统耐热，生长习性直立，束腰性弱，植株高度中到高，阔椭圆形叶，叶缘微齿，叶片颜色浅绿色，叶柄颜色深绿色，高温不苦，品质软糯。

Szq635：该系统生长习性半直立，植株高度矮，束腰性弱，阔椭圆形叶，叶面平展，叶片颜色墨绿色，叶柄颜色中等绿色，品质软糯，菜味浓郁。

一、育种目标要求

青梗菜育种目标涉及的性状较多，不同时期往往有不同的要求。一般来说，凡是通过品种选育，可以得到改进的性状都可以列为育种的目标性状，其中包括丰产性、品质、抗病性、适应性、熟性、耐热性、晚抽薹性等。但对于这些目标性状，特别是体现这些目标的具体性状指标，在不同地区、不同季节及生产发展的不同时期，对品种要求的侧重点和具体内容则不尽相同。

（一）品质

随着社会消费水平的不断提高，人们对膳食营养的重视，改善青梗菜的商品品质已成为育种的重要目标。

（1）外观品质。株型、株高、叶色、叶型、柄色、柄形要符合推广地区的消费习惯。例如：这两年在上海，主流品种人称矮脚菜或矮脚青，株型矮小、叶色深、束腰明显；南京市则喜爱株矮、束腰、菜头大、叶色浅绿、叶近圆形。

（2）风味品质。叶片、叶柄要达到软糯、菜味浓郁、鲜香，不能有异味。

（3）营养品质。叶片和叶柄内的平均含量：干物质不低于 6%；维生素 C 每 100 g 鲜重不低于 35 mg；可溶性糖不低于 0.8%；有机酸 1.5%～2.0%；粗纤维 0.55%～0.65%；总氨基酸不低于 1.2%。

（二）抗病性

青梗菜常受各种病害的严重危害，造成大幅度减产，质量下降。再者，青梗菜复种指数高，重茬率高，从而导致病害更严重。因此，抗病育种成为青梗菜育种的主要目标。

主要危害青梗菜生产的病害有病毒病、霜霉病、根肿病、菌核病，其次是白斑病、细菌性角斑病、黑腐病等。

（三）丰产性

丰产性既是衡量作物品种经济性能的基本内容，也是在生产实践中确定品种应用范围的主要依据，直接关系到农民种植收入。因此，青梗菜育种目标比市场上的品种在产量上有所增加（例如，比日本武藏野品种'依伶'增产 6% 以上）。

（四）生育期和生态适应性

青梗菜周年可种植，由于生长周期短，采收期灵活，复种指数高，一般播种后 20～45 d 即可采收，但是随着耕地减少，地租不断增加，所以选育早熟品种、缩短生育期、减少农药使用，从而在相同时间内增加茬数，对提升农民收入意义重大。

青梗菜虽然可周年种植，由于气候变化多样，将青梗菜按照适宜播种分类如下。

冬播品种：冬季或早春种植，应具有耐寒性强、高产、晚抽薹等特点。

春秋两季播种品种：春秋季气温适合青梗菜生长，应具有株型优美、头大、叶柄肥厚、风味浓郁等特点。

夏播品种：播期6—9月，夏季高温季节种植栽培，应具有生长势快、抗高温、耐雨水、耐高湿度、抗病虫害、抗逆性强等特点。

二、育种方法

（一）杂交育种

生产上使用的青梗菜有相当一部分是地方农家品种，是通过收集、鉴定、开发利用青梗菜品种资源得来。这些品种对当地自然环境条件和栽培条件有良好的适应性，又基本符合市场的需求。利用优良的育种原始材料，通过杂交育种选育出一些青梗菜新品种。例如，耐热品种'夏尊''夏升1号'；优质品种'菱歌''倍青2号'等。

杨锦华、姜永平（2014）总结归纳了国内小白菜（青菜）杂交制种有以下几种方式。

1. 应用细胞核雄性不育两用系杂交

20世纪70—80年代，曹寿椿等利用'矮脚黄'雄性不育两用系杂交，育成'矮杂1号''矮杂2号''矮杂3号'。但采用雄性不育两用系制种，需拔除可育株，这不仅费工费时，而且杂交率不能保证。为克服这一缺点，韩建明等利用组织培养手段来获得核型不育株的无性系，以提高杂交种子的产量和质量，但因采用组培苗培育，种子生产成本高，这种育种方法已基本淘汰。

2. 应用自交不亲和系杂交

目前，我国生产上推广的杂交小白菜多是利用自交不亲和系育成，如南京农业大学培育的'暑绿''暑优1号'，正大种业培育的'正大抗热青1号'等。但由于自交不亲和性是可遗传的，且自交不亲和系为亲本之一，因此，其亲和指数的高低、性状的优劣等都会影响一代杂种的表现。同时，自交不亲和系的亲本需在蕾期进行人工授粉，不仅费工，且自交数代后亲本退化。另外，利用自交不亲和系生产的杂交种种子产量低，一般仅有20~30 kg/亩，且还存在少量自交结实，很难达到100%杂交。以上原因都限制了国内小白菜杂交制种，从而影响了小白菜杂交新品种的推广应用。

3. 应用细胞质雄性不育系杂交

采用细胞质雄性不育系制种，避免了退化现象，降低了亲本扩繁的成本，多年来一直受到小白菜育种家们的关注。

20世纪90年代，曹寿椿等首次将波里马胞质雄性不育源转到普通小白菜上，获得优良的小白菜胞质雄性不育系，幼苗生长正常，结实也正常。但对温度敏感是波里马胞质雄性不育较为普遍的问题，在制种时如出现低温天气，产生的微量花粉大部分具有活力，会影响杂交率。侯喜林等获得小白菜白菜原生质体非对称融合新型Ogura胞质雄性不育系，克服了 Ogura 雄性不育系苗期黄化、缺少蜜腺等缺陷，花药败育彻底稳定，杂交率可达 100%，且种子产量高，为小白菜杂交开辟了一条新途径。应用 Ogura 胞质雄性不育系，可大大加快杂交小白菜新品种的选育进程。

例如，宁波微萌种业有限公司以'Qgc147'作母本，'297-S-23-2-10-1-S'作父本，于 2016 年春组配获得的杂交一代品种，其母本'Qgc147'是以 2007 年引进日本武藏野种苗园的品种'P0414'，通过 9 代单株自交分离，选育出的自交不亲和系。父本'297-S-23-2-10-1-S'是以 2008 年引进日本 TOHOKU 公司的矮脚品种'青梗菜 297'，通过 7 代单株自交分离，选育出的自交不亲和系。主要性状表现为：耐热性好，长势强，株型直立，束腰性好，叶片平展，阔椭圆叶，叶色中等绿，叶柄宽厚，中等绿，适合春、夏、秋季播种，播种后 60 d 的单株质量 180 g 左右。

（二）杂种优势利用

通过杂交，青梗菜的杂种一代在产量、抗病性、抗逆性、生长势、早熟性及整齐度等方面均表现出明显的优势。

杂交优势育种一般流程为：确定育种目标—搜集材料—自交系的选育—亲本配组季配合力测定—确定制种途径—品比、区域、生产试验—推广应用。其中，自交系选育和配合力的测定是杂交优势育种的核心程序。

例如，宁波微萌种业有限公司选育的青梗菜'望春亭 80'（图 3-3），生长势强，中晚熟，播种后 80~100 d 采收。株型直立，叶色中等绿，叶数少，薹色中等绿，有蜡粉，薹高 40~60 cm，薹粗 3.5 cm 左右，薹质量 170~250 g，品质香糯清甜。主要性状和产品比宁波当地现有的菜薹品种在生长势、薹的长度和粗度等上有明显的优势。对'望春亭 80'和'东莞三元里坡头'菜心进行品质检测，报告显示'望春亭 80'在蛋白质、可溶性糖、维生素 C、干物质、氨基酸等含量上明显高于'东莞三元里坡头'。

图 3-3　望春亭 80

（三）小孢子培养

小孢子是高等植物生活史中雄配子体发育过程中短暂而重要的阶段，是减数分裂后四分体释放出的单核细胞。游离小孢子培养是指不经过任何形式的花药预培养，直接从花蕾或花药中获得游离的、新鲜的小孢子群体而进行培养的方法。它排除了花药壁和绒毡层组织的干扰，并且能够在较宽的基因型范围内以较高的胚状体发生率获得小孢子胚和再生植株，具有单细胞、单倍体和较高胚胎发生率及较高同步性等特点，而小孢子植株又具有自然加倍成为二倍体的特点，应用此项技术可以迅速获得大量双单倍体纯系。因此，游离小孢子培养在遗传和育种研究方面具有十分诱人的应用前景。

通过小孢子培养快速、有效地获得的纯系，可直接用于培育新品种或作为优良亲本间接应用于品种改良。白菜是异花授粉作物，具有明显的杂种优势，当前生产上广泛应用一代杂种。传统育种方式是通过多代连续的自交授粉获得所需的遗传相对稳定的亲本自交系，费工费时。采用游离小孢子培养技术，需 1~2 年的时间就可以得到纯合的植株，缩短了育种年限。此外，由于所获得的植株是完全纯合的，由隐性基因控制的某些隐性性状能够直接在植株上表达，给人工选择带来了最大的便利。

耿建峰等（2007）对影响普通白菜游离小孢子培养的关键因素进行了单因素和多因素分析研究。单因素研究结果表明：54 个基因型之间的小孢子胚诱导率差异显著；对供体材料的花蕾进行低温处理，在 0~5 d 内小孢子胚诱导率差异不大，超过 5 d 则明显降低；高温诱导在 12~60 h 内差异不大，超过此范围则小孢子胚诱导率明显降低；NLN 培养基中 NAA 和 6-BA 的添加对小孢子胚诱导率影响不大，浓度过大时小孢子胚诱导率反而降低；活性炭的有无和浓度大小对小孢子胚诱导率影响极大。通过基因型、NAA、6-BA、活性炭四因素分析结果表明：基因型之间差异显著，活性炭不同浓度之间差异显著；不同基因型与活性炭不同浓度之间的互作差异显著；其他互作差异均不显著。

（四）分子标记辅助育种

分子标记辅助选择是指在品种遗传改良中利用分子标记来提高选择效率的方法。分子标记辅助育种主要包括重要性状的基因聚合、重要性状的基因渗入、QTL 的分子标记辅助选择。

冷月强等（2007）研究了与抗霜霉病基因紧密连锁的分子标记。利用普通白菜抗病品种'014'和感病品种'010'杂交的 F_2 群体为材料，通过人工接种鉴定，采用高抗单株和高感单株分别构建抗、感病池。结果表明：在所筛选的 560 条 RAPD 引物中只有 1 条引物 AY12 在抗感病池中扩增出多态性片段 $AY12_{1238}$，通过 F_2 单株验证后，证明 $AY12_{1238}$ 是与抗霜霉病基因紧密连锁的，其遗传距离为 6.7 cM。

张波等（2009）研究了与晚抽薹基因紧密连锁的分子标记。利用普通白菜晚抽薹品种'Y5'和早抽薹品种'P120'杂交的 F_2 群体为材料，通过田间调查表明，采用极晚抽薹单株和极早抽薹单株可分别构建晚抽池和早抽池。结果表明：在所筛选的 182 对 SSR 引物中只有 1 条引物 DBC16 在晚抽薹池中扩增出多态性片段 LB，通过 148 株 F_2 单株验证后，证明 LB 与晚抽薹基因紧密连锁，其遗传距离为 5.7 cM。

三、主要品种介绍

1. 初绿翡翠

中株，阔椭圆叶，叶色绿，叶柄浅绿，生长势较强，束腰好。适合春、秋季栽培。

2. 菱歌（品种权号：CNA20140400.6）

矮脚、早熟、大头、叶形阔椭圆、叶色和叶柄绿色、束腰好、较耐抽薹，适合春秋两季栽培。

3. 夏尊（浙江省认定编号：浙认蔬 2021001）

长势强，株型直立，叶片平展，椭圆叶，叶数多，叶片中等绿，叶柄浅绿色，束腰弱，生长速度快，耐热性好，耐雨水。适合夏季播种，小菜采收，播种后 40 d 单株质量 150 g 左右。

4. 翻羽一号

耐热性好，生长势强，株型直立，束腰性好，植株高度中矮，叶片平展，近圆叶，叶色中等绿，叶柄宽厚，叶柄中等绿，适合春、夏、秋季播种。播种后 50 d 的单株质量 170 g 左右。

5. 夏合

耐热性好，长势强，株型直立，植株高度中矮，束腰性好，叶片平展，阔椭圆叶，叶色中等绿，叶柄宽厚，叶柄中等绿，适合春、夏、秋季播种，播种后 50 d 的单株质量 180 g 左右。

6. 赏夏 1 号

生长习性直立，植株高度中等，阔椭圆叶，叶色中等绿，叶柄宽厚，柄色中等绿，适宜春、夏、秋季栽培，春秋季播种后 50 d 左右采收，单株质量 200~230 g；夏季播种后 40 d 左右采收，单株质量 100~150 g。

7. 夏闪 2 号

生长习性直立，植株高度中等，束腰性较好，椭圆叶，叶色中等绿，叶柄中绿色，适宜春秋季栽培，播种后 40~50 d 采收，单株质量 220~250 g。

8. 夏升 1 号

耐热性好，长势中等，株型直立，束腰中等，植株高度矮到中，叶片平展，椭圆叶，叶数中到多，叶片颜色中等绿，叶柄颜色中等绿。适合春、夏、秋季播种，宜小棵菜采收，播种后 50 d 采收，单株质量 197 g 左右。

9. 倍青 1 号

杂交苏州青型，耐热，株型直立，植株高度中等，近圆形叶，叶数中到多，叶片颜色墨绿色，叶柄颜色中等绿色。播种后 50 d 采收，单株质量 248 g 左右。

10. 倍青 2 号

杂交苏州青型，生长势强，株型半直立，植株高度矮，近圆形叶，叶片平展，叶片颜色墨绿色，叶柄颜色中等绿色，叶柄肥厚。适宜春、夏、秋季播种，秋季播种后 55 d 采收，单株质量 150 g 左右。

四、栽培技术要点

（一）精细整地

夏季及早秋种植的青梗菜一般采用直播，而秋冬季种植的青梗菜一般采用育苗移栽的方式。由于青梗菜种子小，故苗床需精耕细作，以便出苗整齐。一般每亩苗床地施用优质腐熟的农家肥 2 000 kg 左右，尽量不用化肥作底肥，否则会影响出苗。施底肥后即可作畦，一般夏季及早秋直播的苗床地做 1 m 宽高畦，而秋冬季苗床地则可根据地块的大小随意而定。

（二）播种

一般华南地区可四季播种，长江中下游地区 4—10 月露地播种。夏季及早秋种植的青梗菜宜采用直播，为节约用种，可采用条点播的方式。播种前一天的下午将苗床地浇透水，第 2 天用竹竿轻划一条浅沟。每沟间距 15 cm 左右，在浅沟内每隔 15 cm 远播 2~3 粒种子，即株行距为 15 cm×15 cm，播后盖细土，厚度约为种子直径的 2~3 倍。2 d 左右即可出苗。由于夏季温度高，蒸发量大，齐苗后要及时浇水，以防缺水死苗，待真叶长出 4 d 后可用 5% 尿素水喷施叶面。以后每 5~7 d 叶面追肥 1 次。秋冬季种植青梗菜时，一般采用育苗移栽的方式，同样播种前苗床地浇透水，播种采用撒播即可。但要控制用种量，播种要均匀，做到疏落有致，播后盖细土，3~4 d 即可出苗。出苗后要视苗地墒情及时浇水，待真叶出来后，每 7~10 d 叶面喷施 5% 尿素水 1 次，20 d 后即可移栽。为防草害，播后喷洒 72% 的金都尔除草剂（80~100 ml/亩）。

（三）定植

秋冬季种植的青梗菜一般在苗龄达 20 d 左右时即可定植大田。其株行距为 20 cm×20 cm，移栽后浇透定植水，约 1 周缓苗后可根部追肥 1 次并再浇 1 次水，追肥用尿素，亩施 20 kg 左右。

1. 水分管理

幼苗期应勤浇水保持土壤湿润，夏季高温干旱，白菜根系浅，吸收能力较弱，生长期间应不断供给肥水，要轻浇、勤浇。晴天每天浇水 1~2 次，保持土壤湿润。依据"三凉"（天凉、地凉、水凉）来确定浇水时间，一般选在清晨和傍晚，清晨要越早越好，傍晚在 17:00 以后浇，浇水时要小心轻浇，以免冲倒幼苗。

2. 合理施肥

青梗菜需肥量大，除施用基肥外，应及时补施追肥，多次追施氮肥，是促进小白菜生长、保证丰产的重要措施；若氮肥不足，植株生长缓慢，叶片少，基部叶易枯黄脱落。施肥可结合间苗、浇水进行，第 1 次间苗后，每亩地用 10~15 kg 复合肥兑水浇施；定苗后，亩用 10~15 kg 复合肥兑水浇施，每次浇施完都要用清水清洗叶面，浇肥多在傍晚进行，中后期视长势再施 1~2 次肥料。

（四）中耕除草

夏季及早秋直播的青梗菜出苗后要及时间苗。3 叶 1 心时进行定苗，及时中耕除草。防止土壤板结。以利幼苗快速生长。秋冬季移入大田的青梗菜也要注意及时中耕除草，疏松土壤。

（五）病虫害防治及逆境预防

青梗菜的主要害虫是蚜虫、菜青虫、小菜蛾。主要病害有病毒病、霜霉病、黑斑病和炭疽病。逆境伤害主要是热害，其症状是叶片畸形卷叶。防治方法参阅本书第七章。

（六）适时采收

菜用青梗菜植株长到一定大小可随时采收。成株采收标准：外叶叶色开始变淡，基部外叶发黄，叶丛由旺盛生长转向闭合生长，心叶伸长到与外叶齐平。夏季采收期一般为 28~35 d，采收最好选择在凉爽的清晨或傍晚进行，收获后要及时遮盖，防止失水萎蔫，影响品质。

第三节　结球甘蓝

甘蓝是十字花科芸薹属甘蓝种的一年生或两年生草本植物，起源于欧洲地中海至北海沿岸，由不结球野生甘蓝（*Brassica oleracea* var. *oleracea*）演化而来。公元 9 世纪，一些不结球的甘蓝类型已成为欧洲国家广泛种植的蔬菜，经过长期的人工栽培和选择，衍生出甘蓝类蔬菜作物的各个变种。大约 13 世纪，在德国，由不分枝的羽衣甘蓝分化出叶球松散的结球甘蓝（Helm，1963），其后经进一步选择培育，逐渐发展进化成为叶球紧实的普通结球甘蓝（图 3-4）。公元 14—16 世纪，在意大利、

图 3-4　结球甘蓝

英国，分化出紫红色甘蓝和皱叶甘蓝（Nien-whofo，1969）。

16 世纪以前，甘蓝主要在欧洲各国之间传播并传入北美的加拿大和亚洲的中国，17 世纪传入美国，18 世纪传入日本（星川清亲，1981）。

传入中国的途径有：一是通过东南亚传入中国云南；二是通过俄罗斯传入中国黑龙江和新疆；三是通过海路传入中国东南沿海地区（蒋名川，1983；叶静渊，1984）。至 2020 年，我国甘蓝的种植面积已达到 90 万 hm^2（杨丽梅等），居世界第 1 位，在全国蔬菜周年供应及出口贸易中占有十分重要的地位。

20 世纪 60 年代，我国开始进行甘蓝品种选育，早期多以扁球甘蓝为主，产量高、抗性好，但口感差，近些年来，随着时代的进步、育种水平的不断提高，我国已育出很多优良圆球品种，如中甘系列，早熟、球形美观但不太耐裂。作为出口创汇的优质品种

主要还是依靠国外进口种子，如日本协和种苗株式会社的'美貌'，日本泷井种苗株式会社的品种'春光珠'、日本坂田种苗株式会社的品种'希望'等，在国内畅销多年不能替代。进口种子具有极优的商品性，但价格昂贵。而且近年来，由于圆球甘蓝的选育越来越注重高产抗病，品质方面却有所下降，并不能满足市场的高端需求。

目前，甘蓝品种的选育主要依赖于传统育种方法，但现代育种技术应用不多。

甘蓝种质资源丰富，世界各国都十分重视甘蓝种质资源的搜集、保存和研究工作。据欧洲芸薹属数据库（The ECP/GR Brassia Database）资料，欧洲搜集、保存甘蓝类种质资源已达 10 414 份，其中结球甘蓝 4 437 份。美国搜集、保存甘蓝类蔬菜种质资源 1 907 份，其中结球甘蓝 1 000 余份（李锡香等，2007）。中国从 20 世纪 50—60 年代开始，从国外引进了一大批甘蓝种质资源，有不少在生产上被直接利用，如丹京早熟、狄特马尔斯克、金亩、北京早熟、黄苗等。随后，在 20 世纪 70—80 年代、1991—2010 年间，又引进了大量国外品种，其中从美国、日本、荷兰、俄罗斯等 20 余个国家引进甘蓝种质资源就有 1 479 份次。在这些种质资源中，很多是这些国家的种子企业或科研、教学单位最新育成的优良一代杂种或常规品种，既有抗黑腐病、抗枯萎病、耐寒、耐热、耐裂球、球型球色好、品质优异的品种，也有珍贵的原始育种材料，如改良的 Ogura 萝卜胞质雄性不育材料'CMSR3625''CMSR3629'等，从而进一步丰富了中国甘蓝种质资源库，促进了甘蓝杂种优势利用和抗病、抗逆、优质育种的发展。

"十三五"以来，在国家重点研发计划、大宗蔬菜产业技术体系、国家自然科学基金及一些省部级科研项目的支持下，我国甘蓝遗传育种又取得了重要进展：获得省部级奖励 3 项，授权发明专利 30 余项；通过远缘杂交、小孢子培养及基因编辑等技术创制出优良育种材料逾 100 份，对重要农艺性状基因进行了定位或克隆，并开发了可用于辅助选择的分子标记，培育出一批优质、多抗、适应性强的甘蓝新品种，显著提升了我国甘蓝遗传育种的水平。此期间，我国甘蓝遗传育种的主要成绩如下。

（1）通过小孢子培养创制了优良的 DH 系。所谓 DH 系，是指由单倍体加倍获得的双单倍体。甘蓝常规育种中，一般需要 6~7 代的连续自交才能育成纯合稳定的亲本自交系，育种周期较长，而通过游离小孢子培养技术可在 2 年内获得纯合的双单倍体 DH 系，大大缩短育种周期，提高育种效率。

（2）通过远缘杂交创制优异育种材料，实现了甘蓝类蔬菜 Ogura 胞质不育资源的利用。

（3）通过基因编辑技术创制优良育种材料，以 CRISPR/Cas9 为代表的基因编辑技术是植物基因功能研究及作物改良的有力工具，目前该技术已在多种作物精准育种方面发挥了重要作用。

（4）进行了甘蓝重要基因/QTL 研究。QTL 指的是控制数量性状的基因在基因组中的位置。

"十三五"以来，为了提高育种效率，加快育种进程，各单位先后开展了与甘蓝抗病、抗逆、雄性不育及无蜡粉亮绿等性状相关的基因/QTL 的定位与克隆研究，并开发了紧密连锁的分子标记，为甘蓝分子聚合育种奠定了基础。重要基因/QTL 研究，主要包括：甘蓝抗病基因/QTL 研究、甘蓝抗逆相关 QTL 研究，如耐抽薹 QTL 定位、甘蓝蜡质缺失基因的定位与克隆、甘蓝雄性不育基因的克隆、甘蓝小孢子胚胎发生能力 QTL 定位等。

宁波微萌种业有限公司育种团队从 1996 年开始甘蓝资源收集与品种选育，收集了国内外优良种质资源。国内向国家种质资源库申领了部分资源，并自行收集各地特色品种，如中国农业科学院的'庆丰'，江苏农业科学院的牛心甘蓝'春丰''探春'，上海'夏光甘蓝'，陕西'秦菜 1 号'。收集国外如日本、荷兰等种苗公司的系列品种，如'格丽丝''春光珠''卡瑞巴'等优质资源。收集中国农业科学院蔬菜花卉所甘蓝显性核不育材料、美国圣尼斯种子公司的甘蓝 CMS 材料、法国威马种子公司的甘蓝 CMS 材料等不育源。

一、育种目标要求

甘蓝的育种目标性状要求主要包括品质、抗病虫、丰产性、耐贮性、加工性、生育期和熟性配套等内容。

（一）品质

（1）外观品质。甘蓝叶球外观要符合该品种固有形态特征，符合市场需求；叶球紧实、球形美观、球色亮绿、圆正、大小适中，叶球内结构匀称，不易裂球、叶质脆嫩，风味优良，叶球紧实度 0.5 以上，球内中心柱长小于球高的 1/2，纤维素含量在 0.8% 左右。达不到要求的按等外次品处理。

（2）风味品质。要求肉质细嫩、汁多味甜。

（二）抗病性

甘蓝的主要病害有黑腐病、枯萎病、软腐病、芜菁花叶病毒病、根肿病、干烧心等，各茬因季节不同，抗病要求有所不同。在抗病性方面，除要求各茬甘蓝都能高抗甘蓝根肿病、枯萎病、软腐病外，还要求春甘蓝能抗干烧心病、黑腐病；夏秋甘蓝能抗 TuMV 和黑腐病。

（三）丰产性和耐贮性

丰产性方面，甘蓝单位面积的产量（经济产量）构成因素包括单球重和单位面积株数。因此，各茬甘蓝在育种上都要选育株幅小、单球重的品种，以增加产量。同时要求选育的春甘蓝冬性强，避免未熟抽薹，导致减产。

在耐贮性方面，20 世纪 90 年代前，我国甘蓝生产主要在城市郊区，运输距离相对较短，但近年来远郊农村甘蓝规模化生产基地面积迅速增加，因此，需要培育适于远距离运输的耐贮运甘蓝新品种。

（四）加工性

近年来，用于脱水加工的甘蓝迅速增加，加工后的产品除部分内销外，大部分出口日、美等国家。因此，需要培育叶球扁圆、绿叶层数多（7层以上）、干物质含量高、适于加工的甘蓝品种。

（五）熟性配套

甘蓝在蔬菜周年供应中作用很大，为了使甘蓝可周年均衡供应市场，除在栽培上进行分期播种外，还需要培育出早、中、晚不同熟性配套的新品种。

（六）生育期和生态适应性

1. 春甘蓝

宁波地区越冬春甘蓝一般于11月播种，幼苗定植于露地越冬，翌年春季3—5月收获上市，可分为早熟品种和中熟品种。早熟品种叶球宜选牛心形，中熟品种宜选扁圆球；育种目标除一般的丰产、优质外，最主要的是要求冬性和抗寒性极强，幼苗越冬时可抗较长时间的-8～-6℃的低温，短期抗-10℃低温，而且在低温作用下也不易完成春化阶段发育而未熟先抽薹。

2. 夏秋甘蓝

可分为一般平原、丘陵地区种植的夏秋甘蓝和高山、高原地区种植的夏秋甘蓝两类。平原、丘陵地区栽培的夏秋甘蓝一般3—4月播种，7月中、下旬到8月中、下旬供应市场。此季栽培正逢各地高温多雨，病虫害多。育种目标：一是要耐热，能在夏季35℃左右高温条件下生长发育、包球的品种；二是要耐涝；三是叶球紧实，扁圆形，品质好，生育期适中，从定植到收获需80~90 d，而且要抗病，抗黑腐病、软腐病、枯萎病和根肿病。

高山种植的夏甘蓝，一般4—5月播种，7—9月收获上市。此时虽然是高温、多雨季节，但1 000 m左右的高山地区气候凉爽，适于甘蓝生长。宜选育中熟扁圆球形品种为主，叶球紧实，不易裂球，抗枯萎病，耐贮运。

3. 秋冬甘蓝

秋冬甘蓝也称秋甘蓝，分早熟和中晚熟2种类型。

早熟秋甘蓝7月上、中旬播种，10月收获；或8—9月播种，11—12月收获。育种目标要求：早熟，从定植到收获需55~60 d；叶球圆球形，紧实，叶质脆嫩，球内中心柱短，不易裂球，耐热，抗黑腐病、病毒病、枯萎病。

中晚熟秋冬甘蓝在宁波地区7—8月播种，11—12月收获。主要育种目标：叶球扁圆，紧实，球形圆正，球色亮绿有光泽，不易裂球，耐热，抗黑腐病、病毒病、枯萎病、根肿病等，12月收获的品种，还需要耐寒性好。

4. 越冬甘蓝

这是近年来新发展起来的一种甘蓝栽培模式，包括宁波地区带球越冬甘蓝和冬季设施栽培甘蓝。

带球越冬甘蓝一般于8—9月播种，12月至翌年1—2月收获。育种目标：能耐-6℃左右的低温，叶球圆正、扁圆或高扁圆，球色绿，紧实，耐裂，耐贮运。

二、育种方法

（一）杂交育种

通过自交不亲和系或雄性不育系进行杂交育种配制 F_1 是常见的制种方法，制种成本低，杂种一代纯度高，可以有效地解决常规种制种产量低及自交退化问题。

通过自交不亲和系杂交制种方法如下。

甘蓝一代杂种是由 2 个品种的自交系相互传粉配制而成的。为了确保种子质量和纯度，田间的 2 个品种必须按一定比例栽植，并通过低温春化，在花期一致的前提下，完成杂交制种。

1. 适期播种

自交不亲和系父母本要求达到花期相近，浙江宁波地区一般在 8 月上旬同期播种。

2. 播前准备

由于育苗时期正值高温多雨季节，要选择土壤肥沃、地势较高、排水良好的地块，做成小高畦苗床，畦宽 1.2 m 或 1.5 m，畦长 12~14 m。畦的周围要有排水沟，防止雨水淹没畦面。

3. 培育壮苗

由于双亲原种都是通过人工蕾期自交繁殖，为节约用种量，采用穴盘育苗为好，以提高成苗率。穴盘育苗采用小拱棚覆盖或避雨大棚，苗床宽 1.2 m，小拱棚高 0.7~0.8 m。采用 72 穴或 128 穴的标准塑料穴盘，基质可直接购买。

穴盘育苗操作程序：①育苗盘中装入基质，基质要装实、刮平；②将装好基质的穴盘浇透水，再打孔，孔深 0.5 cm 左右；③播种，每孔播 1 粒种子；④盖上营养土并刮平，再喷少量水，以营养土湿润为度；⑤放盘，将穴盘直向整齐排放在苗床，每畦放 2排，然后平铺双层遮阳网。

4. 苗期管理

出苗后及时揭开遮阳网。1 叶 1 心期，若遇高温强光照天气，在棚顶仍要在中午前后继续适当加盖遮阳网遮阴。苗期见土表干时浇水，保证床土湿润，浇水要避开中午时段。待苗龄 20 d 后可适当喷施叶面肥，浓度不要太高。播种后 25 d，幼苗长到 2~3 片真叶时移苗 1 次，移苗选阴天进行，苗距 10~12 cm。活棵后要施腐熟稀粪水 1 次。

5. 定植

（1）定植地选择。定植地忌与十字花科作物连作，前茬以茄果类、瓜类、玉米等作物为好，要排灌方便，地势高爽，空间隔离应保证距离其他甘蓝类蔬菜 2 000 m 以上。

（2）整地施肥。翻耕晒垡 15 d 以上，复耕碎土。施有机肥料 2 500~5 000 kg/亩或用三元复合肥（15-15-15）100 kg/亩作基肥。一般畦宽 1.5 m 或 1.2 m，沟深 20~30 cm，沟宽 40 cm。盖上黑地膜。

（3）定植时间。一般在 9 月下旬至 10 月上旬，待小苗长到 7~8 片真叶时，进行选苗，选苗要根据不亲和系的植物学特性来选。性状典型、不带病的优良种株作繁殖原种用，余下表现一般的作为配制杂种一代的亲本，杂、病株要淘汰。定植的苗都要求株态完整、中等大小。

（4）父母本定植比例。一般父母本按 1∶1 比例间隔定植，株行距 45 cm，事先留好株行，一个亲本栽好，再栽另一个亲本。

6. 田间管理

（1）定植后管理。定植后主要加强水分管理，栽后连浇 2~3 d 水，确保活棵。活棵后要用土将定植穴覆好压严，既保持地膜内湿度，又防止大风将地膜吹开。若遇秋旱应根据田间墒情适当浇透水。

（2）去杂去劣。生长期间（莲座期、包心期）要对种株再进行 2~3 次去杂去劣，特别在寒冬来临之前，要及时完成去杂，否则会因叶球受冻后种株的叶形叶色失常而影响选择。

（3）剖球割老叶。冬前结球已紧实的种株，应选晴天中午用利刀在顶部浅划"十"字，该项操作要不断进行，保证球叶松散，尽快变绿，提高抗冻性。开春后，要将四周老叶、病叶清除干净，并带离制种田彻底销毁，每次清叶后都要及时喷洒或涂抹杀菌剂防病。

（4）春后管理。开春后抽薹前，要追肥 1~2 次。种株抽薹以后，每株插 1 根竹竿，随着抽薹的增高，要进行 2~3 次绑缚，防止倒伏。种株抽薹至开花初期，可再追肥 1~2 次，可追施氯化钾 10 kg/亩、尿素 15 kg/亩。抽薹期喷施硼肥。花期叶面喷施磷酸二氢钾，可提高产量 10%~15%，同时能增强植株的抗倒性。一般喷施硼砂 80 g/亩，兑水 150 kg。磷酸二氢钾喷施浓度为 0.3%。若有较短时期的花期不遇，应及时进行摘心、摘花，以调控花期。对始花期早的亲本，当主花茎抽出 30 cm 左右时，适当打顶，使此亲本剩下的花蕾与另一个亲本大小相仿，可使花期相遇，并在每个亲本花期结束后及时摘去梢花及新萌发的幼芽，以促进籽粒饱满。可在花期放蜂，以利辅助授粉。

（5）蕾期授粉。先用镊子轻轻将花蕾顶部剥除，露出柱头，然后取同系的花粉授在花蕾的柱头上。授粉时手和镊子都要用酒精消毒。授粉用的花粉要取当天或前一天开放花朵中的新鲜花粉。授粉的花蕾大小要适当，按开花时间计算，以开花前 2~4 天的花蕾授粉结实最好，如以花蕾在花枝上的位置计算，开放花朵第 5~6 个到第 20 个花蕾授粉结实最好。

7. 病虫害防治

甘蓝主要病害有猝倒病、立枯病、霜霉病和菌核病等。主要发生在苗期、开花至种子收获期；主要虫害有菜粉蝶、小菜蛾、甘蓝夜蛾、斜纹夜蛾、甜菜夜蛾、蚜虫等。有关病虫防治参阅本书第七章。

8. 种子收获

（1）适时采收。花后 55 d 左右、当种荚发黄时，即可在晨露未干时收获。收获时，要将父母本种子分开采收。用快镰刀把主茎割断，不要带根带土。种株收获后，枝条、角果的含水量仍较高，要及时在帆布上晒干脱粒。脱粒时不宜用石磙碾压或脱粒机脱粒，应用连枷、竹片等工具抽打。种子收获如遇到雨天，要注意对种株的保管，堆放要透风，每天翻 1 次，防止种子霉烂。

（2）种子晾晒。脱下的种子须及时在帆布或竹匾上晾晒，不能直接在土场或水泥场上晾籽，还要防止中午太阳暴晒种子，避免种子掺杂土块、石子以及种子烫伤，而影响种子的发芽率和净度。要确保种子质量，要求达到的标准：种子纯度 100%、净度 99% 以上、含水量 7% 以下、发芽率 95% 以上。

9. 杂种一代种子的生产注意事项

（1）保证隔离。甘蓝自交不亲和系开花后易接受外来甘蓝类花粉，因此，制种田应与花椰菜、苤蓝及其他品种的采种田间隔 1 000 m 以上。

（2）根据不同组合决定制种方式。目前，制种方式有以下几种：露地大田制种、薄膜改良畦制种、阳畦露地相间排列制种等。两亲本花期一致的组合，以上几种采种方式均可使用。如果采种面积较大，以露地大田制种为宜。双亲花期相差较大的组合，最好采用阳畦制种，以便调节花期。露地制种于 3 月下旬定植，父母本按 1∶1 隔行种植。两亲本长势差异较大的组合，应采用隔双行定植，以利蜜蜂授粉，一般行距 50 cm、株距 35 cm。

（3）调节花期。可利用半成株或子株制种。这样不仅有利于种株安全贮存过冬，而且能促进花期相遇；或采取冬前定植种株。冬前将种株定植于阳畦或改良阳畦，不仅可使种株生长旺盛，提高种子产量，而且能使开花晚的类型始花期比第 2 年春定植的显著提前。冬前定植开花早的类型，虽然始花期也略有提前，但由于生长势强，每棵植株开花时间拉长了，有利于花期相遇；或利用风障、阳畦的不同小气候调节花期；或通过整枝调节花期。如果制种时已出现花期不遇的局面，可用整枝的方法调节花期。整枝的强度要看花期相遇的程度而定，如果差不多，只将开花早的亲本主薹打掉即可。如果花期相差 7~10 d，应将主薹及一级分枝的顶端花序全部打掉，同时重施氮肥，促其 2~3 级分枝发育。

（二）雄性不育系育种

21 世纪初以前，甘蓝杂交种几乎都是利用自交不亲和系制种。利用自交不亲和系配制甘蓝一代杂种有许多优点：①自交不亲和系配制的甘蓝杂交种，比用一般自交系配制杂交种的杂交率高。②用 2 个自交不亲和系配制杂交种时，互为父母本，双亲上收到的种子都可作杂交种应用。

但用自交不亲和系制种也存在一些缺点：其一，杂交种的杂交率很难达到 100%，特别是双亲花期不遇时，杂交率通常只有 80% 左右；自交不亲和系长期连续自交繁殖易发生自交退化。其二，自交不亲和系亲本靠人工蕾期授粉繁殖，成本高等。

而用雄性不育系生产杂交种与用自交不亲和系制种相比有明显的优点：一是杂交种的杂交率一般可达到 100%，比用自交不亲和途径杂交率可提高 5%~8%；二是杂交种的父本及雄性不育系的保持系均可用自交亲和系，可在隔离条件下用蜜蜂授粉繁殖，降低种子生产成本。因此，国内外甘蓝育种工作者多年来十分重视甘蓝雄性不育系的选育工作。

江苏丘陵地区镇江农业科学研究所戴忠良等（2008）成功进行了甘蓝胞质雄性不

育系的选育，他们选用国外引进的甘蓝胞质不育材料在江苏丘陵地区镇江农业科学研究所试验田进行种植，翌春以该不育系为母本，用18份不同熟期、不同球形的甘蓝自交系（材料）与之杂交，得到18份不同类型的杂交后代。当年秋季时这批杂交后代进行大量种植，由于收获种子数量不等，各后代种植株数66~375株。在生长过程中多次鉴定各植株长势、抗病性、抗逆性以及其他综合农艺性状。到春季开花期间根据杂交后代的开花特性，淘汰蜜腺退化或较小、花蕾败育率高、结籽不正常的后代材料，再利用原来的杂交父本进行回交，得到的回交后代，同样在秋季及下一年春季，分别对回交后代继续鉴定和筛选。回交两代以后，从18份回交后代中选择了4份作为重点进行了进一步的回交转育。每一回交后代除了进行综合经济性状外，还要对其苗期黄化性状、花器正常与否及结籽好坏进行鉴定与选择。经过连续6代回交转育，选育出4个不同熟期、不同球形、综合性状及不育性稳定的甘蓝胞质雄性不育系。

甘蓝雄性不育源的类型有多种，但不是所有类型都能获得良好效果，如隐性核基因雄性不育材料，经中国农业科学院方智远等试验，其测交后代不育株率一般只能达到50%左右，在制种过程中必须拔除50%的可育株，实际应用困难。黑芥胞质甘蓝雄性不育材料，测交后代不育株率也只有33.7%~60.0%，同样无法利用。波里玛油菜胞质甘蓝雄性不育材料，经陕西农业科学院柯桂兰等（1992）用白菜与波里玛油菜胞质雄性不育系进行远缘杂交，通过多代回交，育成波里玛油菜胞质白菜雄性不育系，后又与甘蓝多代回交，育成波里玛油菜胞质甘蓝雄性不育系。这类不育材料的不育株率可达100%，但不育性存在敏感性，不育株常常出现少量花粉，也不十分理想。比较成功的有：Ogura萝卜胞质甘蓝雄性不育材料、显性核基因雄性不育材料。对前一份材料，即Ogura萝卜胞质甘蓝雄性不育材料，康奈尔大学Walters（1992）采用原生质体非对称融合的方法，对其进行了改良，成功地将Ogu CMSR17642A不育系的萝卜叶绿体替换成了花椰菜的叶绿体，获得Ogu CMSR$_2$9551、Ogu CMSR$_2$9556等材料，基本上克服了苗期叶片低温黄化问题。方智远等1994年由美国康奈尔大学Dickson先生处引进了这份初步改良的萝卜胞质不育材料并进行转育，筛选出几份开花结实性状较好的不育系，但多数材料在转育5~6代后，植株生长势变弱，雌蕊畸形的花朵数、畸形种荚数较多，配制的杂交组合杂种优势不强，实际应用有局限性（杨丽梅等，1997；方智远等，2001）。

美国Asgrow公司于20世纪90年代后期，进一步用原生质体非对称融合的方法，在原有叶绿体替换的基础上进行了线粒体的重组，获得了两个既有很好的雄性不育性又有很好的雌蕊结构的不育源998.5和930.1。用上述两个不育源为母本，不同类型的甘蓝材料为父本进行转育，获得新改良的萝卜胞质甘蓝雄性不育材料。方智远等于1998年通过国际科技合作项目，由美国引进了这一类型新的改良萝卜胞质甘蓝雄性不育材料CMSR$_3$625、CMSR$_3$629等，其植株性状、开花结实性状和配合力均较好，有较好的应用前景（方智远等，2001、2004）。通过回交转育，已经育成不少优良的甘蓝胞质雄性不育系，配制出一批通过审（认）定或鉴定的新品种，如中甘22、中甘192、中甘96、中甘101、中甘102、中甘828等（方智远等，2001；杨丽梅等，2005）。

对后一份材料即显性核基因雄性不育材料，中国农业科学院蔬菜花卉研究所甘蓝育种课题组于 20 世纪 70 年代在甘蓝原始材料的自然群体中发现雄性不育株 79-399-3，研究发现该不育株及其后代，可育株与不育株的比例为 1∶1，正常可育株自交后代全部可育。低温诱导下可出现微量花粉的敏感不育株，其自交后代育性呈 3∶1 分离。上述结果表明，该不育材料的不育性受 1 对显性主效基因控制，且微量花粉中也携带有雄性不育基因（方智远等，1997）。

研究发现 DGMS79-399-3 这份雄性不育材料部分不育株在低温诱导条件下，少数花朵可产生微量花粉，具有微量花粉的不育株其自交后代可获得显性纯合不育株（MsMs）。目前，已利用这一材料育成十几个雄性不育性稳定、配合力优良的新型雄性不育系，并配制出中甘 17、中甘 18、中甘 19、中甘 21 等优良甘蓝新品种。

研究表明，这类甘蓝显性雄性不育系与用相同自交系回交转育的萝卜胞质甘蓝雄性不育系相比，开花初期死花蕾少，花朵大，花色较深，花蜜多，能更好地吸引蜜蜂授粉。因此，制种时杂种一代种子产量高 16.7%~41.3%（王庆彪等，2011），在以后的中甘 21 大面积制种时，也同样证实了这一点。分析其原因：胞质雄性不育系的异源胞质可能对结实性状存在一定负面影响。另外，可能与两种类型甘蓝雄性不育系花药败育的时期有关系，显性核基因雄性不育主要败育时期在四分体后期，萝卜胞质雄性不育主要败育时期在四分体前期，其败育更早可能对花器官的影响更大。

（三）杂种优势利用

甘蓝杂种优势十分明显。甘蓝杂种优势不仅研究的历史早，而且应用十分普遍。美、日及西欧一些国家早在 20 世纪 20 年代就开展甘蓝杂种优势利用研究，20 世纪 50—60 年代生产上就已使用杂交种。中国在 20 世纪 50—60 年代开始研究甘蓝杂种优势，70 年代以后逐步育成并广泛使用甘蓝杂交种。目前，杂种通过优势育种已成为国内外甘蓝最主要的育种途径，生产上使用的甘蓝新品种 95% 以上都是一代杂种。杂种优势表现在以下方面。

（1）生长势。一代杂种与亲本相比，苗期即表现出根系发达、叶片肥大、茎粗壮、叶片数增加快、最大叶宽等营养生长速度快的特点，直到结球前期，外叶数介于双亲之间，但植株开展度、最大叶宽明显超过亲本。说明甘蓝一代杂种生长速度快、生长势强、营养器官发达、有较大的叶面积，为一代杂种的高产奠定了基础。

（2）产量。优良的甘蓝一代杂种不论在单株产量还是单位面积产量方面，都具有明显的产量优势。20 世纪 70—80 年代，国内育成的一批优良甘蓝一代杂种，产量一般比原有地方品种增产 20%~30%（赵稚雅等，1975；张文邦等，1979；许蕊仙等，1981；周祥麟等，1981）。方智远等（1983）对 345 个甘蓝一代杂种进行了调查，结果表明，90.43% 的一代杂种单株产量超过高产亲本，8.41% 的一代杂种产量介于双亲之间，仅 1.16% 的一代杂种产量低于低产亲本。

方智远等（1982）采用双列杂交的方法，研究分析了几个甘蓝自交系部分数量性状的一般配合力方差分量和特殊配合力方差分量，结果表明，单球重的特殊配合力方差分量大于一般配合力方差分量，而且广义遗传力与狭义遗传力之间有较大的差异，表明它的遗传主要受非加性基因控制。在甘蓝育种中，为提高单球重采用优势育种较为有利。

（3）抗病性。病毒病、黑腐病是危害甘蓝的重要病害，病毒病的种群中，以芜菁花叶病毒（TuMV）为主。对这两种病害的抗性，F_1 代常表现为部分显性。方智远等（1983）将5个自交系用双列杂交半轮配法配制了10个 F_1，田间试验4次重复，随机排列。对病毒病、黑腐病的调查结果表明，除1个组合的抗病性超过双亲外，其余9个组合的病情指数介于双亲之间，其中有8个组合的病情指数偏向于抗病亲本。

来源于同一个品种，甚至来源于同一原始单株的不同姊妹自交系，抗病性也可能差异很大。例如，方智远等（1978）调查了'黑平头'自交系'20-2-5'的病毒病病情指数为2.4，而来源于同一原始单株的姊妹系'20-2-4'病情指数高达33.3，这说明通过自交分离，可以筛选出一些抗病性超过原始品种的抗病材料，用这些抗病材料作亲本配制一代杂种，其抗病性可明显超过一般地方品种。1983年，方智远等用18个抗病性较好的自交系配制了71个杂交组合，秋季鉴定结果，对病毒病的抗性超过北京秋甘蓝地方品种'黑平头'的有54个组合，占配制组合数的76.1%；抗黑腐病超过'黑平头'的有52个组合，占73.2%。

（4）提早成熟。甘蓝一代杂种的成熟期往往介于双亲之间偏于早熟亲本。方智远等（1983）调查了269个杂交组合，结果表明，成熟期中间偏早的193个，占组合数的72.0%；中间偏晚的46个组合，占17.0%；有3个组合的成熟期与早熟亲本相同或超过早熟亲本，占11.0%。在甘蓝这类异花授粉作物中，同一个品种不同植株间成熟期有差异。在早熟品种中，通过自交、分离、选择，可以选出早熟性超过原品种的自交系，再进行早熟自交系杂交，即可得到成熟期与早熟品种相同，甚至更早熟的一代杂种。一代杂种在熟性上具有较好的整齐度，这也是一代杂种总的成熟期提早的一个重要原因。

（5）品质优。只要亲本选配得当，一代杂种表现为球形美观，球色好，整齐度高，商品一致性好，品质优良。一代杂种的营养品质一般介于双亲之间，如能重视自交系选育中营养指标的选择，再通过适当的组合选配，可以获得营养品质优良的一代杂种。方智远等（1983）对'京丰1号'等13个甘蓝杂交品种进行了营养品质分析，还原糖含量超过双亲的有8个组合，占61.5%；介于双亲之间的有2个组合，占15.4%；低于双亲的有3个组合，占23.1%。维生素C含量超过双亲的有4个组合，占30.8%；介于双亲之间的有8个组合，占61.5%；低于双亲的有1个组合，占7.7%。由此可见，选育出营养品质优良的一代杂种是可能的。

（四）单倍体培养

甘蓝的单倍体培养方法包括花药培养和游离小孢子培养。甘蓝花药培养在20世纪70—80年代获得突破，而小孢子培养直到1989年才由 Lichter 取得成功。

1. 甘蓝小孢子培养

甘蓝类蔬菜常规育种方法是利用不育系和自交不亲和系进行杂交育种，通常需要6~7年的自交才能获得遗传稳定、高度纯合的亲本自交系，育种周期长，选择效率低，而利用游离小孢子培养技术可以短期内获得大量的单倍体，经过加倍后的双单倍体植株变异丰富，遗传稳定，2 年内即可获得纯合的自交系，筛选鉴定后可直接应用于育种程序，能大大加快新品种的选育速度。采用游离小孢子培养方法 1~2 年可获得双单倍体纯合植株，使杂交育种工作缩短 3~5 年，大大缩短杂交育种工作中自交系选育过程。

游离小孢子培养技术是在花药培养的基础上发展而来的一种单倍体诱导技术，减少了花药壁和绒毡层对培养结果的影响，培养出的单倍体植株经自然加倍或者秋水仙素诱导加倍形成纯合的双单倍体植株（Double Haploid，DH）（Yuan et al.，2015）。DH 群体是进行遗传分析、图谱构建和基因定位的理想材料，而经过鉴定获得的优良 DH 系也为杂交育种提供了良好的材料基础（孙继峰等，2012；Lv et al.，2014a，2014b；Liu et al.，2017）。自 Lichter 首次在油菜中利用小孢子培养获得单倍体植株以来，在随后的 30 年间各国学者对这一技术进行了深入的研究，并已在多数十字花科蔬菜包括大白菜、结球甘蓝中获得了胚状体（Lichter，1982；Takahata et al.，1991；Verónica et al.，2015；Mukhlesur & Monika，2016）。在结球甘蓝中，近几年国内外学者从基因型（Takahashi et al.，2012；Shumilina et al.，2015）、供体植株的生长环境、小孢子发育时期（王五宏等，2013；王玉书等，2015）、预处理条件（张振超等，2013；Shmykova et al.，2016）、培养条件（戴希刚等，2012）、植株再生、倍性鉴定及染色体加倍（程芳芳等，2015；祁魏峥等，2015）等方面对游离小孢子培养技术进行了研究和改进，使得一部分基因型的小孢子出胚率在原有基础上得到了提高。然而，结球甘蓝小孢子培养仍存在一些问题：难以出胚的基因型材料依然较多，因而培养条件和体系仍有待优化；研究材料大多集中在一代杂种上，关于高代自交系出胚的研究很少，因而利用差异大的高代自交系材料构建群体、挖掘出胚相关基因的研究鲜见报道。

中国农业科学院蔬菜花卉研究所、农业部园艺作物生物学与种质创制重点实验室苏贺楠等以 25 份不同类型的结球甘蓝为试验材料，研究游离小孢子培养过程中影响胚状体产生的因素，并进行了优化；同时对结球甘蓝高代自交系的诱导出胚情况进行了研究。结果表明：基因型是影响结球甘蓝胚状体产生的关键因素，参试材料中有 11 份（2 份一代杂种和 9 份高代自交系）出胚，其中一代杂种中‘中甘 628’出胚率（19.8 个/蕾）最高，高代自交系中‘01-88’出胚率（47.5 个/蕾）最高，极显著高于其他参试材料；花蕾长度 3.0~3.5 mm，花药长度：花瓣长度为 3:2 至 2:1 时，处于单核靠边期的小孢子比例最高，是适合小孢子培养的最佳取样时期；初花期和盛花期是理想的取蕾时期；添加适量活性炭可以极显著地提高胚诱导率。试验研究取得了理想的效果。

研究表明：游离小孢子培养是提高育种效率、丰富育种资源的重要手段，获得的DH 群体也是进行遗传分析、图谱构建和基因定位的理想材料。近年来，结球甘蓝游离小孢子培养技术取得了较大进展，但仍存在一些问题，如培养体系不够完善、胚诱导的相关分子机制尚不明确等，阻碍了小孢子培养技术在育种中的进一步应用。

在培养体系方面，研究表明，影响小孢子培养成胚的关键因素包括基因型、取蕾时期、活性物质等。基因型是影响小孢子培养出胚的关键因素，不同基因型之间出胚率差异较大，供体植株的基因型不仅影响小孢子的产胚率，而且也影响胚的质量（王超楠等，2010；顾祥昆等，2013）。以往有关研究着重介绍了一代杂种的出胚率，桑玉芳等（2007）比较分析了 19 个结球甘蓝一代杂种游离小孢子的出胚情况，结果发现出胚率>1 个/蕾的品种只有 10 个；关于自交系材料研究较少，杨安平等（2009）分别用 25 份结球甘蓝 F₁ 及其 50 份亲本，产胚困难的 22 份结球甘蓝 F₁ 及其相应的 F₂，1 份产胚能力强的结球甘蓝与 22 份产胚困难材料的正、反交后代，在同等条件下进行小孢子培养，结果发现，结球甘蓝 F₁ 较其亲本产胚能力强，对产胚困难的结球甘蓝 F₁，以其 F₂ 为试材可诱导产胚或提高胚产量，用产胚能力强的结球甘蓝作亲本与产胚困难的材料杂交，正、反交均能明显提高。以产胚困难材料基因型结球甘蓝为试材（其中有 20 份高代自交系），在相同适宜培养条件下进行游离小孢子培养，结果发现，共有 11 个基因型（2 份一代杂种和 9 份高代自交系）产生了胚状体，且不同材料之间小孢子出胚率差异显著，中甘 628 的出胚率极显著高于 2 个亲本自交系'87-534'与'SG643'，可见以产胚率较高的结球甘蓝作亲本与产胚困难的材料杂交，能明显提高杂交后代的产胚能力，这与前人的研究结果相似。

在十字花科蔬菜花药和游离小孢子培养中，单核期和双核早期通常认为是小孢子最适培养的时期（星晓蓉，2011），而不同花蕾的大小对应着小孢子不同的发育时期，选择最佳花蕾长度非常关键。因此，该试验采用石蜡切片技术对结球甘蓝配子体发育进行了详细观察，分别观察到四分体时期、单核早期、单核晚期、双核期，并明确了关键时期（单核期和双核早期）与花蕾长度和花药、花瓣长度比值之间的对应关系，为选取取样最适时期的花蕾提供了细胞学依据。曾爱松等（2015）利用 DAPI 染色对甘蓝花粉发育途径进行观察，发现 6 个品种的花蕾长度基本在 3.5～4.5 mm，处于单核靠边期的小孢子比例最高，该试验对 2 个易出胚的甘蓝材料进行观察，发现花蕾长度在 3.0～3.5 mm，且花药长度：花瓣长度为 3：2 至 2：1 时，处于单核靠边期的小孢子比例最高，该结果中适宜的花蕾长度较前人研究中的稍短，可能与基因型不同有关。

取蕾时期也是影响结球甘蓝小孢子出胚率的重要因素之一。冯辉等（2007）对羽衣甘蓝的研究发现，盛花期是最适宜的取蕾时期；曾爱松等（2010）研究认为，结球甘蓝取蕾时期对易出胚和难出胚的材料影响不一致，对于易出胚材料，花期对胚胎发生影响不大，出胚率都基本稳定，对于难出胚材料，开花初期至盛花中期取样培养易获得成功，而末花期很少有胚状体产生，该试验利用 2 个易出胚基因型进行花期对小孢子培养出胚率影响的研究，结果表明，2 个基因型出胚率最高的花期不同，一代杂种中甘 628 在初花期出胚率最高，达 19.8 个/蕾，高代自交系 01-88 在盛花期出胚率最高，达 47.5 个/蕾，二者出胚率最低时期一致。

在培养基中添加一些活性成分会影响小孢子的产胚能力。蒋武生等（2008）在大白菜游离小孢子培养中发现添加活性炭（0.5 mg/L）较未添加活性炭的对照培养效果好，2 个处理小孢子胚诱导率相差 4～17 倍；韩阳等（2006）在大白菜游离小孢子培养中发现 100 mg/L、200 mg/L 活性炭对大白菜小孢子的胚胎发生有抑制作用。该试验结果表明，加入 0.25 g/L、0.50 g/L 活性炭均有利于结球甘蓝胚状体发生，这可能与活性炭能吸附培养过程中的部分有害物质有关。

目前，关于小孢子培养出胚相关分子机制的研究很少，Malik 等（2007）通过构建 cDNA 文库从甘蓝型油菜 0 h（晚无核到早期双核小孢子）、3 d（32 ℃热激处理诱导小孢子）、5 d（分裂小孢子）和 7 d（胚性小孢子）小孢子中分离出来 *LEC1*、*LEC2*、

BBM，这 3 个基因在小孢子胚胎形成时起着重要的作用。Kitashiba 等（2016）利用高出胚大白菜品种 Ho-Me 和低出胚大白菜品种 CR-Seiga 构建小孢子群体，利用偏分离确定与小孢子胚胎发生相关的基因位点，确定了 3 个与小孢子培养胚产量相关物理位置。然而在结球甘蓝中还未见与小孢子胚胎发生相关的基因及分子机制研究，该试验得到的高、低出胚自交系材料为下一步开展甘蓝小孢子培养出胚机制的研究打下了基础。

该试验从基因型、取蕾时期、活性物质等方面进一步探讨和优化了结球甘蓝小孢子培养的条件；获得的纯合 DH 系为育种提供了材料；获得的出胚率差异大的自交系也为下一步构建群体、挖掘胚诱导相关基因及分子机制的研究做好了铺垫，进一步的工作正在开展中。

2. 花药培养

小孢子处于单核靠边期是花药培养的最佳时期，可以通过镜检或按花瓣与花药的长度比来挑选适合花药培养的花蕾，这是花药培养能否成功的一个先决条件。在温度预处理方面，35 ℃热激处理 24 h 比处理 48 h 的出胚率更高，4 ℃低温预处理也能起到与热激处理相类似的效果；在培养基对花药培养的影响方面，B5 培养基可直接诱导出胚状体，而在 MS 培养基上多产生愈伤组织（Lillo and Hansen，1987；Roulund et al.，1991；Gorecka，1997；张恩惠等，2006）。培养基的碳源方面，使用 13% 蔗糖比 10% 蔗糖的胚胎诱导频率更高，这与 Chiang 等（1985）、Roulund 等（1990）的研究结果中的变化趋势大致相同。此外，还发现添加 2 mg/L AgNO_3 能提高胚状体诱导频率。花药培养中多采用激素组合，如 2,4-D+NAA（陈世儒等，1991）、2,4-D+KT（张恩慧等，2006）。

甘蓝花药培养的关键技术环节之一是单核靠边期的确定，很多刚开始从事花药培养的研究人员或操作人员都不太容易把握。可以采用花瓣长与花药长的比值，也可经显微镜观察确定时期。另外一个关键指标，处于单核靠边期的小孢子的比例也影响到花药培养的出胚率。一般而言，在自然条件下植株开花早期温度适宜，处于单核靠边期的小孢子比例会高一些，而到末花期温度高，小孢子发育的同步性更差，因此应尽量在开花早期、盛花期进行花药培养，在末花期进行花药培养的效果不理想。

（五）分子标记辅助育种

利用分子标记技术，开展农艺性状基因的连锁标记研究，建立可供育种实践的大规模分子标记辅助育种，使甘蓝种质资源的管理、利用和新品种的选育更加有效，减少育种工作量，提高育种效率。同时可应用分子标记建立品种的指纹图谱用于品种纯度鉴定，快速、准确、简便，在幼苗或种子阶段就可鉴定出品种纯度。

国内外甘蓝成功利用分子标记辅助育种的方法很多，如遗传图谱的构建、亲缘关系和遗传多样性分析、基因定位及克隆、基因工程育种等。

甘蓝基因工程技术是指将外源目的基因借助生物或理化的方法导入甘蓝细胞中并与甘蓝 DNA 整合，以改变甘蓝原有遗传特性的技术。利用基因工程技术并配合常规育种手段，可以培育出具有抗病、抗虫、优质等特性的甘蓝新品种。

经过多年努力、全国各科研单位通力合作，我国在筛选抗 TuMV 资源、培育抗 TuMV 甘蓝新品种上已取得巨大突破，已先后筛选出一批抗 TuMV、抗黑腐病兼抗 CMV

或根肿病的抗源和抗 TuMV 的甘蓝代表性品种。如中国农业科学院蔬菜花卉研究所培育的中甘 8 号、中甘 9 号、中甘 18 号、中甘 19 号、中甘 20 号、中甘 22 号；西南大学培育的西园 3 号、西园 4 号；西北农林科技大学培育的秦甘 70、秦甘 80；山西省农业科学院蔬菜研究所培育的秋锦、惠丰 1 号；北京市农林科学院蔬菜研究中心培育的秋甘 1 号、秋甘 2 号；东北农业大学培育的东农 607 等甘蓝品种。

基因工程技术可以创造新的抗病虫害材料，而且在芸薹属等作物抗 TuMV 育种中已经取得了成功。

三、主要品种介绍

（一）早熟与特早熟品种

1. 中甘 21 号

从定植至收获 59~60 d，株高 24.3 cm，开展度 52.6 cm。叶面蜡粉少，外叶约 16.1 片、近圆形，叶面有光泽。叶球圆球形、顶部圆，球高 16.6 cm、横径 15.2 cm，叶球紧实、绿色，平均单球质量 1.2 kg，叶球组织细嫩，口感甜，品质优。平均亩产量为 3 307 kg。

2. 中甘 628

从定植至收获 59~60 d，株高 25.1 cm，开展度 56.2 cm。叶面蜡粉少，外叶 17.2 片、近圆形，叶面有光泽。叶球圆球形、顶部圆，球高 15.7 cm、横径 14.6 cm，叶球紧实、绿色，平均单球质量 1.1 kg，叶球组织细嫩，口感甜，品质优。平均亩产量为 2 875 kg。

3. 中甘 27

从定植至收获 61~63 d，株高 25.7 cm，开展度 52.5 cm。叶面蜡粉中等，外叶 16.8 片、近圆形，叶面有光泽。叶球圆球形，球高 16.2 cm、横径 15.1 cm，叶球紧实、绿色，平均单球质量 1.1 kg，叶球组织细嫩，口感甜，品质优。平均亩产量为 2 889 kg。

4. 中甘 28

从定植至收获 61~63 d，株高 27.8 cm，开展度 54.9 cm。叶面蜡粉少，外叶 16.8 片、近圆形，叶面有光泽。叶球圆球形、顶部圆，球高 16.7 cm、横径 15.6 cm，叶球紧实、绿色，平均单球质量 1.1 kg，叶球组织细嫩，口感甜，品质优。平均亩产量为 3 010 kg。

5. 中甘 D22

从定植至收获 59 d，株高 24.7 cm，开展度 54.8 cm，叶面蜡粉少，外叶 16.1 片、近圆形，叶面有光泽。叶球圆球形、顶部圆，球高 16.3 cm、横径 15.8 cm，叶球紧实、绿色，平均单球质量 1.2 kg，叶球组织细嫩，口感甜，品质优。平均亩产量为 3 213 kg。

6. YR 中甘 21

从定植至收获 59 d，株高 24.4 cm，开展度 52.2 cm，叶面蜡粉少，外叶 16.7 片、近圆形，叶面有光泽。叶球圆球形、顶部圆，球高 16.5 cm、横径 15.5 cm，叶球紧实、绿色，平均单球质量 1.2 kg，叶球组织细嫩，口感甜，品质优。平均亩产量为 3 240 kg。

7. 春丰 007

江苏省农业科学院蔬菜所育成的杂交一代春甘蓝，属早熟品种。植株开展度 55~60 cm，外叶 15~18 片，叶色深绿，蜡粉中等，叶球圆锥形，单球重 1~1.5 kg，品质佳。耐寒，冬性强，不易未熟抽薹，适于春季栽培。

8. 中甘 11

中国农业科学院蔬菜花卉研究所育成的杂交一代甘蓝，早熟。植株幼苗期真叶呈卵圆形，深绿色，叶面蜡粉中等。收获期植株开展度 46~52 cm，外叶 12~14 片，叶色深绿，卵圆形。叶球近圆形，球高 13.8~15.5 cm，横径 12.9~15.3 cm，单球重 0.75~0.85 kg。在北京地区定植 50 d 后收获，亩产 3 000~3 500 kg。适宜春季早熟栽培。

9. 强力 50

由日本引进的一代杂交品种。早熟，定植后 50 d 采收，耐热、耐寒性强，适播期长，平原地区 3—8 月均可种植。外叶初期直立，进入结球期稍平展，宜密植。生育、结球整齐度高，叶球高扁球形，重 1.2~1.5 kg。球色青绿亮泽美观，肉质优良味佳，生熟食均宜。耐运输。适宜春、秋两季和高山栽培。

10. 冠王

由中国台湾地区引进，早中熟。叶球圆形，结球实、颜色翠绿，抗裂球，耐运输，单球重 1.5 kg 左右，抗病性强，适应性广，稳产优质，育苗适温在 20~30 ℃，生长适温在 10~25 ℃，栽培管理方便，定植后约 65 d 收获，适宜春秋两季栽培。

11. 夏王

由泰国引进。突出表现为早熟、抗热性强、高温结球率高，株高 26.2 cm，开展度 38.2 cm，叶球扁圆形，高 15 cm、横径 20~22 cm。外叶少、球紧实，色绿白，净菜率 74.2%。高温结球率 90% 以上，包球适温 28~35 ℃。单球重 0.7~1.0 kg。定植到收获 60 d 左右，抗软腐病和黑腐病能力强。适于夏季栽培。

12. 图翠一号

株型开展，叶色灰绿，蜡粉中等；圆球，球色绿色，程度中等，球内颜色黄色，结球极紧，不易裂球，秋季定植后 60 d 左右采收。

13. 绿宝实

株型开展，叶色灰绿，蜡粉中等；圆球，球色绿色，程度中等，球内颜色浅黄，结球极紧，不易裂球，定植后 60 d 左右采收。

14. 草色烟光 2 号

株型开展，球色中绿，球内颜色浅黄，结球极紧，中心柱短，秋季定植后 50 d 左右采收。

15. 微萌牛心

株型开展，牛心，球色中绿，球内颜色黄，结球紧，中心柱短，不易裂球。秋季定植后 50 d 左右采收。

16. 微萌牛心 2 号

株型开展，叶色灰绿，蜡粉中等；牛心，球色绿色，程度中等，球内颜色浅黄色，结球极紧，不易裂球，秋季定植后 58 d 左右采收。

（二）中熟品种

1. 京丰 1 号

中国农业科学院蔬菜花卉研究所育成的一代杂种。植株生长健壮，株高 40 cm，开展度 70~80 cm，莲座叶 12~14 片，叶色绿色，蜡粉中等，叶球扁圆形，浅绿色，中心柱高 8 cm 左右，从定植到成熟 80~90 d，亩栽植 2 300 株，亩产 5 000 kg。抗病性强，适应性广。适宜春、秋栽培。

2. 中甘 9 号

中国农业科学院蔬菜花卉研究所育成的中熟秋甘蓝一代杂种。该品种外叶 15~18 片，叶色深绿，蜡粉中等，叶球坚实，扁圆略鼓，单球重 2.5~3.0 kg，抗芜菁花叶病毒，从定植到成熟约 85 d，亩栽植 2 500~2 700 株，亩产 5 000~6 000 kg，适宜秋季栽培。

3. 苏甘 65

江苏省农业科学院育成。牛心型甘蓝，越冬栽培生育期 155 d 左右，中熟，植株生长势强，抗病、抗逆性强；外叶蜡粉重，球色绿；典型单球质量 1.4 kg 左右，冬性极强，春天不易抽薹。在长江中下游地区，春季栽培一般 10 月初播种，翌年 5 月前后上市。该品种结球紧实，耐裂球，定植株行距 40 cm×36 cm，亩种植 3 500~4 000 株，产量 4 600 kg/亩左右。经江苏省农业科学院蔬菜研究所生理实验室检测，苏甘 65 的维生素 C、蛋白质、可溶性糖含量较高，口感及营养价值均佳。

4. 紫萱

上海种都种业科技有限公司育成。中熟，秋季定植至收获 70~85 d。植株生长势强，株型直立，外叶数 12~14 片，开展度 50 cm，叶面蜡粉重；叶球圆球形，球高 15.5 cm，横径 15 cm，中心柱长 6.0 cm，外叶淡紫色，内叶紫红色，叶球平均紧实度 0.92；耐裂球，耐贮运，单球质量 1.8~2.0 kg。2012 年经上海农业科学院园艺研究所测定，紫萱类胡萝卜素和花青素含量分别为 7.8 g/kg（鲜质量）、2.6 g/kg（鲜质量），与对照紫云相当。该品种较耐热，田间表现抗黑腐病和病毒病，亩产 4 000~4 500 kg，适宜长江中下游秋季露地栽培。

（三）迟熟品种

1. 夏光

上海市农业科学院园艺研究所育成的杂交种一代，全生育期 100 d 左右，叶球为圆球形，外叶较少，开展度 40~50 cm，亩栽 4 000 株左右，亩产 2 500~3 000 kg。耐热，适宜夏季栽培。

2. 黑叶小平头

上海市农家品种，植株中等，外叶较少，灰绿色，蜡粉多，叶球椭圆形，绿色，结球紧实，单叶球重 1.5 kg，品质中等，中晚熟，适应性强，较耐热抗病。适宜夏、秋栽培。

四、栽培技术要点

（一）春甘蓝栽培

1. 栽培季节

春甘蓝在宁波地区一般 10 月中下旬播种，翌年 4—6 月收获。生产中常会出现"先期抽薹"现象，需掌握播种期并控制苗龄。

2. 品种选择

春甘蓝应选择冬性强、结球早、不易通过春化先期抽薹的品种。

3. 播种育苗

（1）苗床准备。选择地势高燥、排灌方便、前作为非十字花科作物的田块作苗床。苗床基肥施用精制有机肥 150 kg/亩或三元复合肥（15-15-15）10~20 kg/亩，精深翻耕后做成平畦。穴盘基质育苗时，床面还应整平拍实。苗床做好后要用 50% 多菌灵可湿性粉剂对苗床土进行消毒，后浇透水，待播。苗床面积按每亩生产大田面积需苗床 10~15 m² 的标准确定。

（2）播种期。结球甘蓝对种期要求严格，如播种过早，越冬植株过大，易通过春化阶段而早抽薹；如播种过迟，定植时幼苗根系尚未恢复生长，遇到寒冷天气来临，会发生冻害，也难以获得高产。一般'春丰 007'等尖头品种以在 10 月上中旬，'京丰 1号'在 11 月中下旬播种为宜。

（3）种子处理。播前应进行浸种消毒，捞出后放在 20~25 ℃条件下催芽 3 d。种子露白尖播种。

（4）播种方法。根据栽培条件和要求，可选用穴盘育苗和常规育苗等方式。穴盘育苗一般选用 128 孔穴盘和适用基质装盘，刮平盘面，盘底压面，形成 1 cm 深播种孔；用播种机或人工播种都可，一般 1 孔 1 粒，播后将穴盘移入苗床，摆放整齐，四周覆土，浇透水，平铺覆盖物。常规育苗一般大田用种量 30~50 g/亩。播种前要浇足底水，浇水后再均匀播种，播种后盖细土 0.5 cm，并轻拍床面，再盖上遮阳网、薄膜等覆盖物。

（5）苗床管理。结球甘蓝发芽的最适温度为 15~20 ℃，拱棚育苗时，发芽期注意保温，一般不通风。苗床水分管理以见干见湿为宜，土壤相对含水量应保持在 15%~25%，出芽前一般不需要浇水。出芽后第 1 片真叶露出时注意控制温度，温度过高容易形成高脚苗，可通过放风的方式降温。定植前 15 d 左右炼苗，白天逐步将拱棚放风口打开，定植前 7 d 左右放风口全部打开。定植前将病虫株、弱劣株、畸形株全部拔除，选择叶片肥厚、蜡粉多、根系发达的壮苗，拔苗前浇 1 次起苗水，使幼苗尽量带土坨，利于缓苗。

4. 整地作畦

定植前 10~15 d 选择排水良好的土地，结合深翻，亩施腐熟有机肥或人粪尿液

1 500 kg 加三元复合肥 30~40 kg 或多元素有机复合肥 200 kg 加三元复合肥 30 kg 作为基肥。按畦宽 1.5 m（连沟），开沟作畦，沟宽 30 cm，沟深 20~25 cm。

5. 定植

（1）定植时间。尖头类型结球甘蓝苗龄一般为 40~45 d；平头类型的苗龄一般为 60 d 左右，有 6~7 叶时（约在 11 月下旬至翌年 1 月下旬期间），就应及时移栽。

（2）定植密度。应根据不同品种而定，一般京丰 1 号等中熟品种，行株距为 40 cm×45 cm，亩栽 2 500~3 000 株；春丰 007 等早熟、特早熟品种，行株距为 40 cm 见方，亩栽 3 000~3 500 株。选择茎粗 0.6 cm 以下的壮苗，剔除过大的苗，定植后及时浇好定根水。

（3）定植后的肥水管理。甘蓝喜肥，需肥量较大，但春甘蓝为了防止越冬期间通过春化阶段时植株过大，应适当控制肥水。在定植时和还苗阶段各施 1 次稀人粪尿液，每亩每次 1 000 kg 左右；1 月中旬再亩施硫酸钾型三元复合肥 15 kg 或稀薄人粪尿 1 000 kg 作为腊肥。气温回暖后，幼苗生长加快，根据植株生长情况，可分别在莲座期、结球初期、结球中期再各追肥 1 次。每次可结合中耕亩施尿素 10~15 kg 加过磷酸钙 20 kg、硫酸钾 30 kg，或硫酸钾型三元复合肥 25 kg。

浇水应结合追肥进行，整个生长期保持土壤湿润，尤其在结球期需水量大，不能缺水。春季如雨水多，需及时做好排水防渍工作。

（4）春甘蓝病虫害防治。春甘蓝主要病害有黑腐病、软腐病、霜霉病、菌核病、病毒病，以黑腐病危害最重；虫害主要有蚜虫、菜青虫、小菜蛾等，以小菜蛾危害时间最长，危害最重。防治方法参阅本书第七章。

（二）夏甘蓝栽培

夏甘蓝一般在春末夏初播种育苗，夏季栽培，8—9 月收获。其生长前期正是梅雨季节，中后期又遇高温、干旱，因此栽培夏甘蓝有一定的难度，需综合考虑以下关键技术。

1. 品种选择

必须选用耐高温、抗病、丰产、整齐度高的耐热品种。

2. 培育壮苗

夏甘蓝的播种期为 4 月下旬至 5 月下旬，高温条件下，叶球易开裂影响品质，应分期育苗，分期定植，实现分期收获。为保护根系，夏甘蓝育苗时，一般不分苗，播种时要适当稀播，出苗后分别于子叶展开期、1~2 片真叶期、3~4 片真叶期各间苗 1 次，最后 1 次间苗后的苗距以 6~8 cm 为宜，第 2、第 3 次间苗后浇施 0.5%~1.0% 尿素溶液，以促进幼苗健壮生长。

3. 整地作畦

选择灌排良好、通风凉爽的田块，施足基肥，一般可亩施腐熟有机肥 3 000 kg，三元复合肥 50~60 kg，尿素 20 kg，并每亩地用 1 kg 苦参碱或康绿功臣 0.5 kg 防地下害虫。整平后作畦，畦宽 1.5 m（连沟）、畦高 20~25 cm，做到旱能浇、涝能排。

4. 定植

（1）定植时间。夏甘蓝苗龄 30 d 左右，达到 5~6 片真叶时，即可定植。一般以 6 月中旬至 7 月上旬定植为宜。

（2）定植密度。定植时，每畦栽植 2 行，株距 30~33 cm，亩定植 4 000 株左右。定植时间应选阴天或傍晚进行，以防烈日暴晒。做到带土移植，尽量少伤根。夏季栽苗不宜过深，防止将心叶埋入土中，浇水后发生腐烂。定植后要随即浇好定根水，以利发根成活。

（3）定植后的管理。

①中耕除草。夏季气温高，有利杂草滋生，地表蒸发量大。因此，在秧苗活棵后，应施用适宜的除草剂予以防治。同时进行浅中耕 2~3 次，以除净杂草，减少地表蒸发，减轻病虫等危害。中耕时要注意不要伤苗、伤根系。

②肥水管理。夏甘蓝生长期间要注意排水和防止缺水，结球初期水分要足，需及时灌水，结球后期要适当控制浇水，防止水分过多，造成裂球和软腐病发生。灌水时间应在早晨或傍晚进行，避免高温高湿带来的不良影响。要早施追肥，分次追肥，避免发生脱肥。第 1 次追肥在幼苗定植活棵后施用，可亩施 10%~20% 的腐熟人粪尿液，促使新根生长；第 2 次在莲座期施用，可亩施尿素 10 kg，兑水浇施；第 3 次在结球初期施用，亩施尿素 15 kg 加硫酸钾或氯化钾 5 kg，兑水浇施。

5. 病虫害防治

病虫害及其防治同春甘蓝，参阅本书第七章。

（三）秋冬甘蓝栽培

秋冬甘蓝栽培成败的关键是选择优良的品种，确定合适的播种期。根据宁波微萌种业有限公司的实践经验，应掌握好以下几个技术环节。

1. 选好品种

秋冬季种植甘蓝品种应满足：耐低温、抗病、丰产、早熟，整齐度较高的优良品种。

2. 播种育苗

秋季露地种植，浙江省宁波地区，一般应在 7 月中旬至 8 月中旬播种，多采取在塑料大棚内用 50 孔穴盘育苗的方式，晴天中午温度高时播种，播种后覆盖遮阳网降温、保湿。

3. 整地作畦

定植地块每亩施用腐熟有机肥 4 t，过磷酸钙 30 kg 作基肥，深翻 30 cm，然后整地作畦，畦高 12~15 cm，畦宽 1.0~1.2 m，整平畦面，覆盖地膜或不覆盖地膜均可，但要保证定植后有较高的存活率。

4. 定植

（1）定植时间。秋甘蓝定植时正值温度高、土壤湿度小、蒸发量大的季节，应选阴天或晴天傍晚定植。定植前一天，苗床浇透水。定植时要适当浅栽，以利于发根。定根水要浇足，缓苗水要早浇，并做好补苗工作，以保全苗。一般在 25~30 d，即 5~6 片叶时定植。

（2）定植密度。株距 35~45 cm，行距 60~70 cm。

（3）定植后的水肥管理。秋冬甘蓝第 1 次追肥在定植后 1 周左右，结合缓苗水，亩施尿素 5~8 kg、磷酸二铵 5 kg 促进发棵。然后适当蹲苗，促进根系发育。莲座初期，通过株间穴施追肥，亩施尿素 20 kg 左右，促进生长。结球初期株间穴施追肥，亩施复合肥 15~20 kg 以加速叶球膨大，并喷施叶面钙肥，预防干烧心，结球后期停止追肥。生长期间适当用 1%复合肥和 0.2%磷酸二氢钾混合液根外追肥 2~3 次。

未覆地膜时，前期注意松土透气，防旱防草，定植缓苗后及时中耕划锄，防止土壤板结，促进根系深扎。进入莲座期后保持土壤湿润，中期肥水齐攻，旱时及时浇水。采收前半个月控制水肥，以免叶球生长过旺而裂球。定植后注意防治病虫害，病虫害防治同春甘蓝，参阅本书第七章。

5. 适时收获

菜用甘蓝根据市场行情及田间长势确定采收时间，陆续分次适时采收上市。采收过早，叶球不实，采收产量低，影响经济效益；采收过晚，叶球开裂或抽薹开花，影响商品性。采收以叶球大小定型、坚实度达八成为标准。同时，要去除黄叶、老叶、病虫叶，按叶球大小分级包装。

第四节　雪菜

雪菜（图 3-5），学名 *Brassica juncea* var. *crispifolia*，别名雪里蕻、九头芥、烧菜、排菜、香青菜，属被子植物门、十字花科、芸薹属植物，是芥菜（*Brassica juncea*）中分蘖芥的一个变种。

图 3-5　雪菜

雪菜以叶柄和叶片食用，营养价值很高，据分析，每 100 g 鲜雪菜中水分约占 91%，含蛋白质 1.9 g、脂肪 0.4 g、碳水化合物 2.9 g、灰分 3.9 g、钙 73~235 mg、磷 43~64 mg、铁 1.1~3.4 mg。人体正常生命活动所必需的维生素含量丰富，每 100 g 鲜菜中有胡萝卜素 1.46~2.69 mg、硫胺素（维生素 B_1）0.07 mg、核黄素（维生素 B_2）0.14 mg、尼克酸 8 mg、抗坏血酸（维生素 C）83 mg。而且由于它富含硫代葡萄糖苷，腌制时水解形成芥子苷，具挥发性，有特殊香辣味。同时其所含的蛋白质水解后又能产生大量的氨基酸。雪菜所含的氨基酸据测定达 16 种之多，其中以谷氨酸（味精的鲜味成分）最多，所以吃起来格外鲜美。而且谷氨酸、甘氨酸和半胱氨酸合成的谷胱甘肽，是人体内一种极为重要的自由基清除剂，能增强人体的免疫功能。传统医学认为，雪菜性味辛温，归肺、脾、胃经。能温中利气、宣肺豁痰。可解毒消肿、开胃消食、温中利气、明目利肝。主治疮痈肿痛、胸膈满闷、咳嗽痰多、耳目失聪、牙龈肿烂、便秘等病症，是民间常用的草药。《本草求真》指出，"凡因阴湿内壅而见痰气闭塞者，服此痰无不除，气无不通。"但由于易生火，阴虚内热者宜少食。

雪菜的祖先是芥菜。关于芥菜的起源，众说不一，20 世纪 30 年代起就有不少学者对此进行了研究。瓦维洛夫（Vavilov）在 1926 年认为中亚细亚、印度西北部及巴基斯坦和克什米尔为芥菜的原生起源中心，而中国中部和西部、印度东部和缅甸、小亚细亚和伊朗是 3 个次生起源中心。而到 1935 年，瓦维洛夫正式发表的《育种的理论基础》一书中，又认为中国中部和西部山区及其毗邻低地、中亚即印度西北部、整个阿富汗、原苏联的塔吉克斯坦和乌兹别克斯坦共和国，以及天山西部是芥菜的原产地，其中中国是芥菜的东方发源地。而前亚（小亚细亚西部、外高加索全部、伊朗和土库曼斯坦）和亚洲南部（印度东部的阿萨姆省和缅甸）为芥菜的次生起源中心。

Burkill（1930）认为芥菜原产于非洲北部和中部干旱地区，由此传入西印度群岛，也可能原产于中国内陆，由此传入马来西亚。

Sinskaia（1928）认为芥菜起源于亚洲，在中国具有多种主要变异类型。

星川清亲（1978）则认为中亚细亚是芥菜的原生起源中心，是由原产地中海沿岸的黑芥与芸薹天然杂交形成。

1979 年出版的《辞海》则认为芥菜原产于中国。

1992 年由农业出版社出版的《农业百科全书·蔬菜卷》也指明芥菜原产于中国。

孙逢吉（1970）认为芥菜起源于史前时期的中东，中国不是芥菜的起源地。因为芥菜的 2 个亲本原始种 *B. campestris* 和 *B. nigra* 均未在中国发现。

谭俊杰（1980）认为原产地中海沿岸的黑芥，由小亚细亚传播到中亚，由中亚传播到印度和中国，传入中国的年代约在纪元前后。在原产中心及毗邻地区的黑芥与 *B. oleracea* 远缘杂交再自然加倍形成了芥菜。所以中国的芥菜既非起源于所谓的"野芥"，也非黑芥的演变新种，而是在中国东部、南部或西部的自然环境中所产生的后生新种。

李家文（1981）根据古籍记载，认为在今陕西、河南、河北、山东以及湖北等省范围内，公元前已普遍栽培芜菁、芥菜等 18 种蔬菜，而当时中国又处于与外界隔绝的条件下，因此这些蔬菜（包括芥菜）应该都是起源于中国。

李曙轩（1982）、陈世儒（1982）、刘后利（1984）、宋克明（1988）等均认为芥菜起源于中国。

集众家之意见，中国多数学者认定芥菜起源于中国的东部、华南或西部地区。

在人类有意识的参与下，芥菜不断地变异、演化和发展，产生了至今得到公认的大头芥、茎瘤芥、笋子芥、抱子芥、大叶芥、小叶芥、分蘖芥、宽柄芥、凤尾芥、花叶芥、长柄芥、白花芥、叶瘤芥、卷心芥、结球芥、薹芥等 16 个变种，每个变种又有很多品种。如分蘖芥中的雪菜，仅由原鄞县雪菜开发研究中心所搜集的地方品种就有 80 多种，加上人工选育的品种，更是丰富多彩，这些品种（或株系）植物学特征各异，经济性状、生理特性、抗逆性、品质等也有不同的差异，叶色有黄、有绿、也有叶缘边带紫色的或叶脉夹带紫色的。近年，经三丰可味食品有限公司郭斯统与原鄞县雪菜开发研究中心叶培根等合作，已选出了全紫雪菜。

鄞县 2002 年 4 月起撤县改区，现为宁波市鄞州区，雪菜栽培历史悠久，据考证，鄞州区种植、腌制雪菜已有 1 000 多年历史，而根据史料记载，年代还可追溯到更远。现在可查资料记载最早见于明末诗人、鄞州人屠本畯（1573—1620）所著的《野菜笺》，书中记曰："四明有菜名雪里蕻（蕻），头昔蓄珍莫比雪深，诸菜冻欲死，此菜青青蕻尤美"。清代汪灏在他所著的《广群芳谱》中也曾写道："四明有菜，名雪里蕻。雪深，诸菜冻损，此菜独青。"谓此菜于雪时反茂。清光绪《鄞县志》中李邺嗣的《贸东竹枝》词中也记有："翠绿新蓝滴醋红，嗅来香气嚼来松，纵然金菜琅蔬好，不及我乡雪里蕻"等赞咏雪菜的诗句。

据上辈鄞州人回忆：20 世纪 30—40 年代，鄞州的雪菜就已远销东南亚的菲律宾、新加坡、马来西亚。至 90 年代前，由于历史的原因，鄞州雪菜的发展缓慢，全区栽植面积不到 2 000 亩，而且由于没有加工企业，粗加工腌制品在销售过程中的包装一直沿用木桶和坛子，咸菜易变质，运输不便，所以市场基本限于宁波本地。90 年代后，特别是 1993 年以来，邱一村与邱二村率先开办雪菜加工企业，提高了雪菜及其腌制品的附加值，为雪菜产业的发展开拓了新路。至 2012 年底，全区雪菜加工企业已遍地开花，发展到 20 家。

目前，雪菜在宁波市种植面积已超过 50 000 亩，鄞州区是雪菜的主产区。据鄞州区雪菜协会统计，2021 年，鄞州区全年种植面积为 20 000 亩左右。

一、育种目标要求

雪菜是叶芥中的分蘖芥的一个变种，以其茎叶腌制食用，属于加工蔬菜范围，其育种要求应符合加工要求。

（一）品质

理想的供腌制用的雪菜，要求其叶片细窄，叶片中肋粗，叶柄细嫩、分枝多，叶梗的占比要大于叶片；味辛辣、香味浓、脆嫩，苦味淡。蛋白质、维生素、花青素含量高。

（二）抗病虫

雪菜主要病害为芜菁花叶病毒（TuMV），其次为软腐病、白锈病、霜霉病；主要虫害为蚜虫、菜粉蝶。育种时，要选育强抗或强耐芜菁花叶病毒，同时也抗其他病虫害的品种。

（三）丰产性和耐贮性

丰产性要好，主要指标要求达到春雪菜分枝数不少于 320 根/株、秋雪菜不少于 250 根/株；开展度大于 70 cm，株高 35~45 cm。亩产量 4 000~8 000 kg。收割后摊放

72 h，不变质；加盐腌制后安全保质期不低于 2 年。

（四）生育期和生态适应性

雪菜生育期长。秋雪菜种植后，秋、冬无抽薹现象，直至收割；春雪菜种植后，翌年 4 月 25 日前无抽薹。生态适应性强，酸、碱性土壤，山地、平原、海滩均能种植，能耐冬季严寒，也能适应夏季高温。

二、育种方法

（一）选择育种

雪菜育种研究起步比较晚。育种的历史不长，因此，选择育种是雪菜育种的主要途径之一。雪菜是一种常异花授粉植物，天然异交率比较高，自然群体中存在较多变异，因此通过选择育种比较容易选育出新品种。由于雪菜多代自交后生活力衰退不严重，因此可进行连续多代的单株选择。

'鄞雪-18 号'育种历程如下。

（1）2000 年 3 月 12 日，叶培根等在嘉兴七星乡专业户王增荣老人的雪菜田发现'上海加长种'变异株，带土挖出，移至宁波邱隘镇种植，隔离取种，编号为 18。

（2）2000 年秋至 2001 年春，在雪菜品种资源圃对 35 个品种进行了对比试验，从中选出了 9 个表现较好的品种，并对编号为 18 的品种套袋自交，采收其形态特征、熟期等有差异的 10 个株系的种子，分别编号为 18-1 至 18-10，于同年秋季继续对比试验，结果 18-1 株系有较好的产量与抗性表现，决定越冬留种。

（3）2002 年春，在选出的 18-1 株系栽植区内，选出 18-1-1 至 18-1-10 共 10 个株系，进行套袋自交，并于同年秋季进行株系间的对比试验，结果 18-1-2 株系在产量、抗性、品质等方面优于其他株系和上海加长种（亲本）及当地主栽品种邱隘黄叶种。

（4）2003 年春分别对 18-1 和 18-1-2 进行株系繁种；同年秋季由鄞州区雪菜协会安排在邱隘、咸祥、瞻岐、云龙等 4 个乡镇 5 个雪菜加工企业的基地，进行试种并进行区域品种对比试验，结果 18-1-2 株系在产量、抗性、品质等方面优于其他株系和上海加长种（亲本）及当地主栽品种邱隘黄叶种。2004 年春继续进行品种对比试验，从 18-1-2 中选出 18-1-2-1 至 18-1-2-10 共 10 个株系，套袋自交。

（5）2003 年冬至春，宁波引发绿色食品有限公司、紫云堂食品有限公司组织较大面积的 18-1-2 试种示范。2004 年 3 月 28 日"雪菜品种资源圃的建立与良种选育"项目通过宁波市科技局鉴定，将 18-1-2-8 品系暂命名为'鄞雪 18 号'。2004 年秋，对 18-1-2-1 至 18-1-2-10 等 10 个株系进行三点对比试验，确认 18-1-2-8 表现较好。

（6）2005 年春，进一步繁育 18-1-2 和 18-1-2-8 株系；同年秋季对 18-1-2-8 与上海加长种（亲本）及当地主栽品种邱隘黄叶种进行对比试验，18-1-2-8 表现突出。

（7）2006 年春，18-1-2-8 株系在鄞州区多点试种，并在雪菜主产区邱隘、瞻岐、咸祥3镇继续进行品种对比试验和种子繁育。同年，"雪菜病毒病成灾流行规律及综合防治技术研究"项目通过宁波市科技局验收，参试的18-1-2-8（鄞雪18号）表现对雪菜病毒病有较强的抗（耐）病性。

（8）2007年春，扩大18-1-2-8示范，并开展'鄞雪18号'品种认定申报工作。2008年获宁波市科技进步奖。申报浙江省品种审定未按原定计划进行。'鄞雪18号'在鄞州区全区推广，横行鄞州的雪菜病毒病基本得到控制。

鄞雪18号等品种的抗性鉴定（病原鉴定）：经浙江大学生物技术研究所对116株呈花叶症状的雪菜病毒样品三抗体夹心（TAS）ELISA检测表明，97株雪菜花叶样本均检测到芜菁花叶病毒（TuMV），所有的样本都没有检测到黄瓜花叶病毒（CMV）和烟草花叶病毒（TMV）；利用免疫捕捉反转录PCR（IC-RT-PCR）对部分TuMV样本中的 CP 和 HC-Pro 基因进行了扩增，所有样品都得到约0.8kb和1.4kb的两条特异条带，因此宁波雪菜病毒病的主要病原是TuMV。通过实验室对雪菜品种的抗（耐）病毒病鉴定，57个雪菜栽培品种分别进行温室和大田人工接种，以鉴定其对TuMV抗性。温室和大田接种实验鉴定出抗TuMV的雪菜品种有7个，耐病品种22个，感病品种28个，未发现高抗品种。利用TAS-ELISA方法对接种雪菜中的TuMV浓度进行了测定，在TuMV接种后10 d、15 d、20 d和30 d，57个雪菜品种中TuMV阳性检出率分别为46.55%、91.38%、100%和100%。

品种资源圃病情调查：经试种来自浙江、上海、河南、湖北、湖南、江西、江苏、四川、安徽和香港特别行政区的66个雪菜地方品种，调查温室雪菜接种后20 d和大田雪菜接种后25 d的病株数及病株率。2003—2004年实验中雪菜4次接种后，在出芽的56个雪菜品种中，感病品种25个、耐病品种20个、抗病品种11个。大田接种实验中出芽的57个品种中，感病品种24个、耐病品种25个、抗病品种8个。发现感病品种大多数是板叶型雪菜，而抗病品种绝大多数是细叶型雪菜。TAS-ELISA检测数据表明'鄞雪18号'（18-1-2株系）属强耐病品种。

田间品种抗性比较试验：2003年10月至2004年4月选择'鄞雪18号'与'邱隘黄叶种'（CK_2）进行田间品种比照试验，'鄞雪18号'发病率为0，产量比'邱隘黄叶种'增加32.8%；'邱隘黄叶种'于12月25日发病，收获时株发病率19.5%。在'鄞雪18号'的选育过程中，18-1、18-1-2、18-1-2-8株系一直未见病株，发病率为0；'上海加长种'（CK_1）株发病率为3%~7%；'邱隘黄叶种'（CK_2）的株发病率20%~40%。

品质考核：雪菜主要通过腌制后进行加工，而不是鲜食，因此腌制品质是雪菜品质的主要指标。为此，宁波市鄞州区绿原雪菜开发研究中心对'鄞雪18号'（18-1-2-8株系）与其他雪菜品种进行了分缸腌制，然后分送市、区有关单位的专家进行咸菜质量评估。评估内容为色、香、味、形四项，按好、较好、一般、较差、差五级评定。评定结果，'鄞雪18号'（18-1-2-8株系）品种综合指标位居第1，'邱隘黄叶种'居第2，'上海加长种'居第3。此外，'鄞雪18号'因其叶柄细长、叶较窄，与'邱隘黄叶种'相比腌制成品度高9%~13%，加工成品率高11%，腌渍后有香味，品质好，适宜作为雪菜加工品种；缺点是腌制产品（咸菜）脆性较差，不如'邱隘黄叶种'。

'鄞雪 18 号'（18-1-2-8 株系）品种主要特性：株高约 46 cm，开展度 76 cm×72 cm，株型直立且紧凑；分蘖性较强，成株有分叉 28 个左右；叶绿色、倒卵形，长44.6 cm，宽 10.9 cm，叶缘大锯齿嵌小锯齿，缺刻自叶尖至叶基由浅渐深，近基部全裂，有小裂片 3~5 对，沿叶缘有一圈紫红色条带，叶面较光滑，无蜡粉和刺毛单株，总叶片 309 张左右；叶柄浅绿色，背面有棱角，长 7.4~15 cm，宽 1.3 cm，厚 0.6 cm，中肋大，横断面呈弯月形；抽薹开花期较上海加长种迟 5~7 d；尚未见病毒病发生。上海加长种株高约 44 cm；分蘖性强，成株有分叉 32 个左右；叶缘草绿色，无红色斑点；叶柄较细，宽 1.1 cm；病毒病株发病率 3%~7%。此外，'鄞雪 18 号'的品质和可加工性状优于'上海加长种'。

适宜推广的区域及目前推广应用情况：本品种适宜在长江流域土壤 pH 值呈微酸性或微碱性的地区栽培推广。目前鄞州区已基本覆盖全区，2007 年春季推广面积10 000 亩，秋季栽培面积 8 000 亩。宁波市其他县市、绍兴市、江西省、江苏省也有一定面积种植，广东、深圳等地已经试种。产量普遍高于当地常规品种。

（二）杂种优势利用

1. 杂种优势的表现与育种程序

雪菜与其他十字花科蔬菜一样，具有明显的杂种优势，主要表现在生长势增强、抽薹期整齐一致、产量高、抗逆性强等方面。

育种程序是先纯后杂，先选育出优良自交系，再进行配合力分析，选出特殊配合力高的组合进行 2 茬以上的品种比较试验，选出优良性状表现稳定的组合升级进行品种区域试验和生产试验。

2. 自交不亲和性的遗传机理

所谓自交不亲和系，就是指同一系统内株间花期交配结籽很少，而系间交配结籽正常的系统。自交不亲和系的雌蕊和花粉的形态、功能正常，只是由于遗传因素，使得同系内株间互相授粉时的受精过程不正常，但蕾期授粉可以结实。自交不亲和系的遗传机理，目前还在研究之中，有多种假说，如"互补刺激说"和"互拒抑制说"。有人认为自交不亲和的原因是柱头能产生一种抑制物，使具有同一基因的花粉不能发芽，但这种抑制物在蕾期没有成熟，所以蕾期授粉可以结实。

3. 优良自交不亲和系的选育

自交不亲和系的选育是采用连续自交分离和定向选择的方法。雪菜一般品种内的自交不亲和株比率是很高的，从品种内自行选育也是比较方便的。鄞州区雪菜开发研究中心，2002 年对雪菜 19 个品种的 215 个单株测定的结果，选出 163 株亲和指数小于 1 的不亲和单株，占总自交株数的 75.8%。

（1）自交不亲和系的选育程序。自交不亲和系的选育方法是：根据确定的选育目标，在搜集和纯化原始材料、亲本经济性状鉴定、组合选配和组合力测定的基础上，从一些经济性状优良、组合力强的品种中，选择一些优良单株（一般 10~20 株），进行花期套袋自交。同时在同株的另一些花枝上进行蕾期自交。但人工自交的结实率高低，受环境条件、授粉技术水平的影响很大。虽然柱头受精有效期能延续到开花后 7~8 d，但结实率从开花后的第 3 天起就会逐渐下降；花粉生活力在自然条件下从开花后也逐渐降低，因此，在一个自交不亲和株花梗上，同时授粉 10 朵以上的花，所得的结实率就可能偏低。此外，授粉不周到或损伤雌蕊、授粉工具和手指消毒不周到，或授粉过程中风吹花粉的污染，或用老花粉授粉都会降低结实率，造成不亲和株的假亲和现象。因此，为了使测定的结果可靠，除应注意授粉操作外，最好在同一花枝上选用开花期不超过两天的花朵，确保每一植株至少授粉 30 朵以上，并做到尽可能选用主轴花枝的中下部花朵。按照 30 朵以上花朵数量分配。每株至少需 3~4 条花枝。并另加 3~4 条花枝作为蕾期授粉之用。

如果株上可用花枝数不多，也可以在同一枝上同时进行蕾期和花期两种授粉。但必须把即将开放的大花蕾摘除 3~4 个，作为蕾期和花期的界线，以免影响以后对花期和蕾期结实指数的统计。花期自交的目的是检验亲和性；蕾期自交的目的是繁殖自交种子。种子成熟后要分别收获并统计亲和指数。亲和指数以"结籽数/授粉花数"表示。目前，在雪菜的杂交育种上，多将亲和指数定为 1，低于 1 者为不亲和，高于 1 者为亲和。由于中选株系的不亲和性在最初几代还会分离，所以对它的自交后代要连续进行花期自交不亲和性的测定，每年都要选择那些亲和指数低、性状优良、整齐一致的植株留种，而且每一系统至少要有 10 株左右，直到不亲和性稳定为止。

自交不亲和系要求系内植株在花期授粉时也表现不亲和，所以在自交不亲和性测定中，还要进行花期系内互交，测定系内不亲和性。最终选择系内交配不亲和和蕾期授粉结实率高的为优良的自交不亲和系。

（2）测定系内株间交配不亲和性的方法。测定系内株间不亲和性有多种方法。但不论选用何种测定方法，都要随机取样，一般样株数定为 10 株，只有客观地进行测定，才能得到比较可靠的结果。可选用的测定方法有：

①全组混合授粉法。是将 10 株植株的花粉混合后，就用这 10 株作母本，分别授以混合花粉。

②半组混合花粉交叉配组法。是将 10 株植株分为甲、乙两组，甲组 5 株的混合花粉分别授给乙组的 5 株；乙组的 5 株混合花粉分别授给甲组的 5 株，相互交换。

③半组混合花粉单向配组法。是将 10 株植株分为两组，每组 5 株，甲组为父本，乙组为母本。把甲组 5 株的混合花粉分别授给乙组的 5 株，不反交。

④对配正反交法。是将 10 株分成 5 对，每对进行正反交，也是 10 个组合。

⑤对配单向交法。是将 10 株配成 5 对，只配制正反交之一。

⑥轮配法。是将 10 株植株的每一株，既作父本又作母本，与其他各株交配，包括全部株间组合的正反交和自交，共计 100 个组合。

⑦隔离区自然授粉法。是将 10 株植株栽在同一隔离区内，任其株间自然授粉。

测定系内株间交配亲和性时，究竟采用哪一种方法，要依据具体情况确定。有设置隔离区条件的，首先应考虑采用隔离区自然授粉法。如果检测结果发现系内株间授粉的结实指数较高，可以再对这些株系采用轮配法测验。若设置隔离区有困难，但又想加快选育过程而对 S_1（杂交第 1 代）或 S_2（杂交第 2 代）就可测定它们的系内株间交配亲和性，最好用半组混合花粉交叉配组法，对同一批试材在整个花期内，要进行两次测验，两次的 5 株混合花粉要各不相同；或采用两次全组混合授粉法或半组单向配组法。在发现系内交配结实指数高的株系时，再对这些株系用轮配法测验。对于 S_3（杂交第 3 代）或 S_4（杂交第 4 代）的株系可以考虑采用一次半组混合花粉单向配组法或对配单向交配法。

（3）优良自交不亲和系应具备的特性

①自交不亲和性要稳定，一个优良自交不亲和系的自交不亲和性的稳定，主要表现在花期自交不亲和，系内株间花期异交也高度不亲和。同时在不同环境条件下，不论在任何地区，在任何年份，在温室还是在塑料拱棚或露地纱罩内，不亲和性也是稳定的。

②蕾期授粉结实率高，才能获得较高的亲本种子产量，节省人工，降低一代杂种的生产成本。这也是衡量一个自交不亲和系有无利用价值的重要标志。

③具有良好的品种特性，植株性状优良，整齐一致。

④生活力衰退慢，退化程度小。

⑤配合力好，自然杂交结实率高，配制的杂种优势显著。这是一个重要条件，如这条不具备，其他条件好也不宜选作杂交亲本。

4. 亲本组合选配和组合力测定

在整个自交不亲和系选育过程中，需要进行自交不亲和性、组合力和经济性状 3 个方面的分离选择工作。根据育种目标，选用恰当的亲本，配置合理的组合，叫做亲本选配，它是杂交育种的一个关键环节。亲本选配得当，后代出现的优良类型多，容易选出优良组合。为了正确选配亲本，必须对亲本材料进行细致的研究，在掌握其特征、特性及遗传规律的基础上，做好选配工作。

（1）选配亲本的原则

①要选择有优良丰产性状和相对性状差异较大的材料为双亲。首先，亲本必须具有符合选育目标要求的优良性状，当双亲都具有优良性状时，杂交后代可能会全部或大部分表现这种优良性状，这些优良性状越多，杂种一代表现越好。实践证明，雪菜双亲某些相对性状如板叶与细叶、叶色深绿的与淡黄绿色的，差异越大，其杂种一代优势越明显。同时，在育种工作中，还应依据选育目标分清主次，如选抗病、丰产的雪菜品种（组合），亲本之一必须具有抗病性、丰产性。此外，还要考虑成熟期、品质、叶色、叶形等性状特征。

②在亲本组合选配中，使双方各自缺乏或不足的性状能够互补。优良性状的互补，一般有两个含义：一是不同性状的互补。如选育雪菜抗病品种（组合），一个亲本有抗病优点，另一个亲本有优质的优点，使之互补。二是同一性状、不同构成因素的互补。如以雪菜丰产性为例，有些品种产量的构成是分蘖性强、分枝多、叶片多，另一些品种则是叶柄较粗、叶片大，用具有这两种不同产量构成因素的品种配组，使它们之间进行优势互补。

③在亲本选配中，一般多以具有最多优良性状的品种作母本，具有需要改良性状的品种作父本。在许多情况下，母本对后代有较强的影响，后代出现综合性状优良的变异类型也多。如选育目标是提高优质品种的抗病性，抗病性是我们需要改良的性状。在雪菜亲本选配中则应以综合性状的优良而又突出优质的品种，如'湖州黄叶''嘉善四月

蔓'等板叶型为母本,以抗病的品种如'浦江细叶九头芥''邱隘黄花叶'为父本。

④选配本地和异地的优良品种为杂交亲本。本地优良品种对本地条件具有良好的适应性,其产品也符合本地群众要求,用它作为亲本之一,再用地理上相距较远的外地优良品种作为另一亲本。一般说来,其杂种一代会表现出性状优良的变异,既具有较强的适应性,也会有显著的产量优势。

雪菜的育种工作目标,应根据当地生产和消费两方面的要求来确定。要突出解决当地该品种存在的主要问题,以便选育出抗病丰产优质并有不同生育期适宜春秋两季栽培不同特点的杂种一代。为便于选择,应多选些亲本,多选配一些组合,可增加提供符合选育目标要求的变异类型的机会。至于组合究竟组配多少,要根据原始材料多少而定。但在所搜集的原始材料中,有时某些品种十分混杂,必须首先将这些品种提纯,才能参与组合力选配。组合力选配时,每一杂交组合的花朵数一般不宜少于40朵花。

(2) 组合力测定。按照组合选配的原则选配组合,并不能完全判断杂种优势的强弱,必须通过实践的测验,才能掌握亲本间的组合力。组合力又叫配合力,主要表现在产量上、抗病性和其他经济性状上。组合力的测定分一般组合力测定和特殊组合力测定两种。

①一般组合力测定。就是以某一个品种或自交系作为测定对象,将它与初步选出的各品种或各自交系分别进行杂交,来比较其产生的杂交优势,从中选出组合力高的品种或自交系作为杂交亲本。在实践中,常以当地某优良品种作为测交者,为改善该品种的某些缺陷,与其他品种或自交系配对,以筛选出优良的杂交组合。因此,这种方法比较简单,在育种中经常采用这种方法。

②特殊组合力的测定。用选出的各个品种或自交系分别两两配对进行杂交,并比较每一个组合的生产力,从中选出最优良的组合。这种测定,工作量大,常在一般组合力测定之后,或品种、自交系较少时采用这种方法。经过组合力测定,选出优良杂交组合后,下一步工作就是对配制的一代杂交种子进行严格的生产鉴定和区域试验,进一步观察该杂种一代的产量、品质、抗性及生育期等,以确定该杂交一代的推广价值与适宜的推广地区及栽培季节,并提出相应的栽培措施和制种技术要点等。

5. 自交不亲和系的繁殖和杂交制种

(1) 自交不亲和系的繁殖。利用自交不亲和系配制一代杂种,需要解决作为亲本的自交不亲和系的繁殖问题。雪菜自交不亲和系的原种要在严格的隔离条件下用人工蕾期授粉的方法繁殖,一般多在10月上中旬播种育苗,11月中、下旬移栽,翌年开春后实施隔离,进行人工蕾期授粉。但由于自交不亲和系是经多代自交育成的,抗逆性较差,应注意加强管理。繁殖自交不亲和系的种株最好在塑料拱棚内栽培,要用纱罩隔离,防止昆虫授粉。授粉时段要求:白天温度不高于30 ℃,夜间温度10 ℃左右,相对湿度60%左右。授粉时要选开花前2~4 d的花蕾,用小镊子将花蕾轻轻拨开,使之露出柱头,然后取同系的新鲜花粉授粉,也可用洁净的毛笔,沾上同系已开花的花上的花粉,往花蕾的柱头上涂抹,种株结荚成熟后分期收获。各个自交不亲和系的种子一定要分收,严防机械混杂。

蕾期授粉比花期授粉费工,这不仅使种子生产成本增加,而且由于连续自交造成的生活力退化比一般自交系严重。为此蕾期授粉要注意以下几点。

①选用蕾期结实率较高的自交不亲和系。

②鉴于蕾龄不同，结实效果不一（将要开花的大花蕾和太小的花蕾结实效果都不好），为提高结实率，应选开花前2~4 d的花蕾授粉。

③为避免自交代数过多而产生生活力过度衰退，已稳定的自交不亲和系，可采用同系内的混合花粉授粉，或一年集中繁殖大量亲本种子，贮藏起来，逐年使用，以减少自交繁殖代数。

对配制单交种的亲本自交不亲和系的繁殖，可以采用青岛市农业科学研究所的隔离区小株自然授粉繁殖法。同时为确保获得一定的种子量，应当比蕾期授粉再多栽一些亲本植株。但由于连续进行花期自然授粉传代，可能会使花期自交亲和性逐渐提高，因此，需要每隔2、3代调查一次系内花期自然授粉结实指数，以便及时发现该系统的自交不亲和性有否发生变异。

（2）自交不亲和系的杂交制种。用自交不亲和系制种，通常有不亲和系×亲和系、不亲和系×不亲和系、（不亲和系×不亲和系）×亲和系、（不亲和系×不亲和系）×不亲和系、（不亲和系×不亲和系）×（不亲和系×不亲和系）等亲本配组方式。

两种单交方式相比，"不亲和系×亲和系"的优点，是只需要选育一种基因型的自交不亲和系，而且可从大量的亲和系中选取经济性状和配合力最好的系统作为父本，从而使整个育种过程变得更为简单，较易育成优良组合。缺点是从亲和系植株上收获的种子，真正的杂种率较低，往往不能用于生产。"不亲和系×不亲和系"需要选育两种不同基因型的自交不亲和系才能保证系间交配亲和。采用这种制种法，为了获得优良杂交组合，需要育成许多自交不亲和系，因而选育较为费事。但制种所得的正反交种子的杂种率都较高。如果正反交后代的经济性状和配合力相似，可采取1：1或2：2配制法，全部种子都可用于生产。

三系交和双交制的优点是可以大大节省亲本保存繁殖自交不亲和系所需的人力和物力，降低种子生产成本。缺点是需要三四种基因型不同的自交不亲和系，选育工作更复杂。一代杂种的一致性较差，制种时每年需要较多的隔离采种圃。配制双交种，不仅应该用正反交都亲和的单元组合，并且一般是正反交种子都能用的。所以单交系采种圃和双交种采种圃都应该采用1：1隔行栽植法。

（3）应用自交不亲和系制种的特点

①不同的自交不亲和系间有时也存在着不同程度的不亲和性。所以制种时必须选择系内高度不亲和而系统间异交高度亲和的系统，以提高F_1代的种子产量。

②两亲本在与其他品种隔离地块要隔行种植，自由杂交制种。如果2个亲本都是自交不亲和系，则可同时产生正反交的F_1代种子，如果正反交后代的经济性状相似，全部种子都可用于生产。如果一个亲本是自交不亲和系甲，另一个是自交系（或品种）乙，则只能从甲上可收到F_1代杂交种子。为提高F_1代种子产量，甲、乙可按3：1或4：1隔行种植。

③因为自交不亲和系的不亲和性不是绝对的，会发生少量系内株间授粉，产生少量非杂交种子，应在间苗定植时，根据苗期标志性状，淘汰伪杂株。

④利用自交不亲和系配制一代杂种，常常会因父母本花期不遇而影响制种效果。为了解决这个问题，可采用错开亲本播种期和种株定植时间、对开花早的亲本进行花序扎心、通过肥水管理，调节亲本花期等方法。

实践案例

案例1：雪菜杂交组合的观察对比

宁波市鄞州区雪菜开发研究中心从2001年开始从雪菜的三大类型（板叶型、细叶型、花叶型）68个品种中先后选择了29个品种、122株单株进行花期套袋、培育自交不亲和株并对其进行经济性状、抗性、品质等指标测定。在此基础上，于2002年春，选择了11个品种、22个株系中不亲和系数达到自交不育指标的150多个单株，于2002年秋季开始进行品种间杂交试配，选择了56个较有希望的杂交组合。2003年秋，又对当年试配的195个杂交组合，进行了初选的杂种一代的经济性状与抗性（重点是观察对雪菜病毒病的抗性）鉴定。经大田试种、观察对比表明：

（1）试配的195个杂交组合均比常规品种有较强的生长优势，但不同配组之间，正交与负交之间差异较大。

（2）试配的195个杂交组合多数都对雪菜病毒病具有较强的抗性，但不同配组之间，正交与负交之间差异较大。

（3）试配的195个杂交组合多数的产量都较高，但不同配组之间，正交与负交之间差异较大。

（4）形态性状变异明显，凡板叶种与细叶种杂交，后代都是花叶种，不见有板叶后代产生；凡细叶种与花叶种杂交后代都是细叶种或近于细叶的花叶种；花叶与板叶杂交的后代都是花叶。只有板叶与板叶杂交才产生板叶后代。

杂交组合有应用前景，但由于试验经费及各种原因的限制，杂交育种未能持续，也未在生产上得到实际应用。

案例2：'甬雪4号'的选育过程

'甬雪4号'是以胞质雄性不育系'07-50A'为母本，以'上海金丝芥'的自交系'07-10'为父本杂交而成。母本'07-50A'是以宁波市农业科学研究院蔬菜研究所选育的榨菜不育系'CMS06-73'与'宁波细叶黄种'雪里蕻稳定自交系'07-14'为亲本杂交，以'07-14'为轮回亲本，经连续5代回交获得的综合性状好、不育性稳定的胞质雄性不育系，田间表现为分蘖性强、叶绿色、倒披针、浅裂、耐抽薹。

'甬雪4号'的父本'07-10'由'上海金丝芥'经过6代系统选育而成。株型塌地，叶黄绿色，倒披针，复锯齿，深裂，叶面平滑，有光泽，无蜡粉，刺毛少。优点是薹粗，叶柄细，加工品质优良；缺点是侧芽少，不耐抽薹，抗病性差，产量低。2011年春在前期进行配合力测定的基础上，以'07-50A'为母本配制20个雪菜杂交新组合，秋季进行品种比较试验，筛选出组合'07-50A'×'07-10'，其整齐度好、抗病性强、产量高、加工性状优良。2012年秋开始在宁波及周边地区开展多点区域试验和生产试验，各地反映良好，定名为'甬雪4号'。'甬雪4号'与'上海金丝芥'相比，叶柄略粗，叶型和叶缘裂刻相似，加工后色泽黄亮，口感好，克服了'上海金丝芥'口感偏软的缺点。2015年2月通过浙江省非主要农作物品种审定委员会审定。目前已在浙江省累计推广种植 1 395 hm²。

案例 3：'甬雪 5 号'选育过程

'甬雪 5 号'是以雪里蕻胞质雄性不育系'07-50A'为母本，以自交系'09-3-1'为父本配制而成的一代杂种。母本'07-50A'与'甬雪 3 号'和'甬雪 4 号'的母本相同（任锡亮等，2015，2017）。父本'09-3-1'是由宁波农户雪里蕻自留种从 2009 年开始自交 5 代选育而成的自交系，植株生长势强，叶浅绿色，裂叶，倒卵形，叶缘锯齿状浅裂；较耐抽薹，田间表现较抗病毒病和软腐病。2014 年春季，以胞质雄性不育系'07-50A'为母本配制雪里蕻杂交组合 35 个，秋季进行品种比较试验，组合'07-50A'×'09-3-1'综合性状表现优良，生长势强，整齐度好，抗病性强，产量高。2015 年秋季继续进行品种比较试验，组合'07-50A'×'09-3-1'综合性状稳定，定名为'甬雪 5 号'。2016—2017 年进行区域试验和生产试验。2019 年 3 月通过浙江省农作物品种认定委员会现场考察，2020 年 4 月取得认定证书（浙认蔬 2020007）。'甬雪 5 号'叶色介于'甬雪 3 号'和'甬雪 4 号'之间，叶绿素相对含量为 28.40%，也介于'甬雪 3 号'（31.26%）和'甬雪 4 号'（25.82%）之间。'甬雪 3 号'主要特征是生长势强，抗病毒病，不耐抽薹，粗纤维含量高，适宜加工梅干菜；'甬雪 4 号'加工后色泽黄亮，适宜制作精加工小包装或罐装雪菜，缺点是不耐抽薹、综合抗病性一般；'甬雪 5 号'加工后色泽黄亮、口感鲜脆，适宜精加工或制作梅干菜，耐抽薹性和抗病性均强于'甬雪 4 号'。'甬雪 5 号'目前已在浙江省累计示范推广 1 395 hm²。

（三）单倍体育种

（1）取雪菜花茎上或分枝上的花序，经 2~4 ℃诱导 12~24 h 后取花序上单核晚期至双核早期的花蕾进行灭菌。

（2）将灭菌后的花蕾放入 NLN-13 培养液中，捣碎、过滤、离心后得到小孢子悬浮液。

（3）将小孢子悬浮液置于 30~32 ℃下热激处理 2~3 d 后，在常温下进行黑暗恒温培养，至肉眼可见胚状体时，再进行黑暗震荡培养，得到子叶期胚状体。

（4）收集子叶期胚状体，接种至分化培养基，在常温下光照培养，分化芽长出后接种到生根培养基，生根炼苗后移入营养土中培养，得到单倍体植株。

（5）用秋水仙素对单倍体植株的根系进行加倍处理，植株恢复正常后移入大田进行正常栽培（万光龙等，2009）。

三、品种类型和主要品种介绍

（一）品种类型

雪菜品种类型可以按叶色分为绿色、黄色、半黄色、紫色等。不同色泽的雪菜所含的维生素种类及含量也不完全相同，因此有不同的营养价值。

绿色的雪菜给人的感觉是明媚、鲜嫩、味美，它同其他绿色蔬菜一样，含有丰富的维生素 C、维生素 B_1、维生素 B_2、胡萝卜素及多种微量元素，对高血压及失眠有一定的治疗作用，并有益肝脏。

黄色雪菜同其他黄色蔬菜一样给人的感觉是清香脆嫩、爽口味甜，它富含维生素 E，能减少皮肤色斑，延缓衰老，对脾、胰等脏器有益，并能调节胃肠消化功能。黄色蔬菜中还含有丰富的 β-胡萝卜素，能调节上皮细胞生长和分化。

紫色雪菜同其他紫色蔬菜一样，富含花青素和维生素 P，食之味道浓郁，使人心情愉快。有调节神经和增加肾上腺素分泌的功效。维生素 P 是人体必不可少的 14 种维生素之一，它能增强身体细胞之间的黏附力，提高微血管的强力，防止血管脆裂出血，保持血管的正常形态，因而有保护血管防止出血的作用。可以降低脑血管栓塞的概率，改善血液循环，对心血管疾病的防治有着良好的作用，对高血压、咯血、皮肤紫斑患者有裨益。花青素则是一种强抗氧化剂，有抗癌作用。

雪菜按叶形区分，基本上可分为板叶型、细叶型、花叶型三大类型。

1. 板叶型

浙江、江苏、上海等省市的主栽品种类型。此类品种的共同特点是：叶片为板叶，分蘖强，产量高。按叶色不同，又可分绿叶、黄叶、半黄叶、紫叶四种，原鄞县雪菜开发研究中心收集的板叶型地方品种有 26 种之多，表现较好的有七星黄叶、嘉善四月蔓、湖州半黄叶、湖州黄叶、上海牛肚雪菜、上海加长种等。金丝菜也属于这一类型，它原产上海，由于腌制后色泽黄亮、梗细、香味好，在市场上颇受客户欢迎。进入 21 世纪后，嘉兴七星乡通过选种、育种所培育的七星黄叶，原鄞县雪菜开发研究中心所选育的鄞雪 18 号及宁波三丰可味食品有限公司和原鄞县雪菜开发研究中心退休人员合作开发的鄞雪 18 新 2 号，黄叶新 1 号，紫雪 1 号、4 号、6 号等都属于板叶类型。

2. 细叶型

湖南，湖北，江西，江苏和浙江省绍兴、台州、金华、富阳等地的主栽品种类型。此类品种的特点是：叶细碎、梗重于叶，腌制后的折率高达 74%～88%，抗病性强、耐寒性强，但鲜重产量一般不如板叶型，腌制后可直接食用，也可晒制梅干菜，味鲜美，闻名全球的绍兴（萧山）梅干菜就是用这种类型的雪菜经腌制后切碎晒干而成的。属于细叶型的雪菜地方品种很多，天台的烧菜，绍兴和浦江、东阳、金华、杭州等地的许多品种，富阳的九头芥，仙居的细叶肖、粗叶肖都属于这种类型。原鄞县雪菜开发研究中心收集的细叶型地方品种有 20 多种。表现较好的有嵊州细叶雪里蕻（九头芥）、东阳细叶雪里蕻（九头芥）、浦江细叶雪里蕻（九头芥）、仙居细叶肖等品种。香港的龙须雪菜也属于这一类型，它的叶片与叶柄很细，白嫩、生长快，在江苏和北方一些地方畅销。

3. 花叶型

湖南，湖北，江西和浙江临海、温岭、宁波，以及上海一带也多有栽培。此类品种的特点是：产量高、抗病性强，但梗粗、品质欠佳。属于这种类型的地方品种也很多，原鄞县雪菜开发研究中心收集的花叶型地方品种近 20 种。表现较好的有邱隘黄花叶、临海花菜等品种。

（二）主要品种

1. 鄞雪 18 新 2 号（鄞雪 182）

该品种属板叶类型。由宁波市鄞州区雪菜开发研究中心、三丰可味食品有限公司合作选育，'鄞雪 18 号'品种是利用上海地方品种'上海加长种'作亲本育成的雪菜新品种，'鄞雪 18 新 2 号'是'鄞雪 18 号'的变异株，经多年定向选育而成，在鄞州区已有较大面积种植，逐步取代了原来的'鄞雪 18 号'。该品种表现迟抽薹、多分枝，播种到采收 175 d 左右，耐寒性强、丰产性好，产量 6 000 kg/亩或以上。对病毒病抗性强。其经济性状经测定：植株半直立，株高 49 cm，开展度 56 cm×57 cm，分枝 61，叶片数 523 片，叶片总长 44 cm，纯叶片长 23 cm，叶宽 7.5 cm，叶柄长 21 cm，柄宽 0.5 cm，厚 0.5 cm，叶色深绿，细长卵形，上部锯齿浅裂、中下部深裂。叶窄、柄细长、抽薹期较'鄞雪 18 号'迟一周左右，小区测试单株平均产量 3.2 kg/株，腌制折率与加工折率均在 75% 以上。该品种生长势强，分枝性强，强耐芜菁花叶病毒病，丰产性好，加工性好，适宜在宁波等地秋冬种植。

2. 甬雪 4 号

该品种为雪菜杂交一代新品种，株型开展，生长势强；株高 51.5 cm，开展度 74.0 cm×69.6 cm；叶浅绿色，倒披针，复锯齿，浅裂，叶面微皱，有光泽，无蜡粉，刺毛少；最大叶叶长 60.8 cm，宽 15.4 cm；叶梗略圆，淡绿色，长 26.2 cm，横径 1.1 cm；平均侧芽数 27 个，单株鲜重 1.38 kg，亩产量 5 500 kg 或以上。

该品种通过浙江省品种审定，编号为：浙（非）审蔬 2014002。

3. 甬雪 5 号

该品种为晚熟雪菜杂交一代新品种，播种至采收约 112 d。株型开展，生长势强，株高 49.1 cm，开展度 80.2 cm；叶浅绿色，倒卵形，叶缘浅锯齿，叶裂刻深裂，叶面微皱、有光泽，无蜡粉，无刺毛；最大叶叶长 55.9 cm、叶宽 14.1 cm，叶柄长 16.8 cm、宽 1.6 cm、厚 0.8 cm；平均有效薹数 26 个，薹长 47.24 cm，薹粗 3.0 cm，单株鲜重约 1.1 kg。抗病毒病（TuMV），加工品质优良，适宜长江流域栽培，一般产量 5 000 kg/亩左右，高产田可达 7 500 kg/亩。

该品种通过浙江省品种审定，编号为：浙认蔬 2020007。

4. 鄞雪 36 号

该品种属板叶类型。由宁波市鄞州区雪菜开发研究中心、三丰可味食品有限公司合作选育。该品种是湖州半黄叶变异株经定向选育而成，从播种到采收 155 d 左右，耐寒性强、丰产性好，亩产量 5 000 kg 以上。对病毒病抗性强。其经济性状经测定：植株半直立，株高 49 cm，开展度 65 cm×63 cm，分枝 59 个，叶片数 429 片，叶片总长 45 cm，纯叶片长 22 cm，叶宽 7 cm，叶柄长 23 cm，柄宽 0.5 cm、厚 0.3 cm，叶色金黄绿色，倒卵形，上部锯齿浅裂、中下部深裂。小区测试单株产量 2.2 kg，腌制折率与加工折率均在 75% 以上。该品种生长势强，分蘖较强，对芜菁花叶病毒病的抗性远强于邱隘黄叶种，并且丰产性、加工性好，适宜在宁波等地秋冬种植。

5. 甬雪 3 号

该品种属花叶类型。由宁波市农业科学研究院蔬菜研究所选育，属杂种一代利用。2012 年通过浙江省品种审定委员会审定。该品种播种至采收约 105 d。株型半直立，生长势强；株高 50.5 cm，开展度 97.6 cm×86.0 cm；叶浅绿色，倒披针，复锯齿，全裂，叶面微皱，有光泽，无蜡粉，刺毛少；最大叶长 60.8 cm、叶宽 14.4 cm，叶柄长 25.2 cm、宽 1.3 cm、厚 0.8 cm；平均有效蘖数 25 个，蘖长 60.1 cm，蘖粗 2.4 cm，单株鲜重 1.1 kg。经浙江省农业科学院植物保护与微生物研究所鉴定抗病毒病。耐抽薹性中等，品质优良，产量高，亩产量 6 419.3 kg，较对照品种宁波细叶黄种雪里蕻增产 32.8%。该品种生长势强、分蘖较强、抗病毒病、丰产性好、加工性状较好，适宜在宁波等地秋冬季种植。

6. 七星黄叶

该品种属板叶类型。原产上海，在嘉兴七星镇已普遍推广。该品种株型直立且紧凑，株高 44.8 cm，开展度 75 cm×70 cm。分蘖性强，成株有分叉 28 个左右。叶绿色、倒卵形，长 44.6 cm，宽 10.9 cm，叶缘大锯齿嵌小锯齿，缺刻自叶尖至叶基由浅渐深，近基部全裂，有小裂片 3~5 对，沿叶缘有一圈紫红色条带，叶面较光滑，无蜡粉和刺毛，叶柄浅绿色，背面有棱角，长 7.4~15 cm，宽 1.3 cm，厚 0.6 cm，中肋大。横断面呈弯月形，单株有叶 309 片左右。

表现迟熟，从播种到采收 166 d，抗病性强，耐寒性强，亩产量 4 000~5 000 kg，适宜加工腌渍，品质好，有香味。

'七星黄叶'现已衍生新品种，由'七星黄叶'与'上海金丝菜'杂交所产生的后代，兼有'七星黄叶'与'上海金丝菜'的特点，株高与'七星黄叶'相仿；柄细、分枝多，与'上海金丝菜'相仿，薹茎扁，同'上海金丝菜'，全株深绿色（'上海金丝菜'为黄色），产量高于'上海金丝菜'，亩产普遍在 5 000 kg 以上；抗病性强，不像'上海金丝菜'那样容易感染病毒病。现在性状已趋于稳定，并有较大推广面积，也适宜在宁波、绍兴等地秋冬栽培。

7. 浦江细叶雪里蕻

原产浙江省浦江县平安乡巧溪沙坵村，是当地主栽品种之一。2002 年，由宋铁从鄞州区邱隘镇转引入江西赣州后，表现良好，高产、优质、高抗病毒病，各方面性状远远超过江西省当地一些品种，已在基地周边地区大面积推广。

该品种属细叶型，株高 59 cm，开展度 83 cm×87 cm，株型直立。分蘖性强，成株有分叉 27 个左右。叶绿色，倒披针形，长 64.8 cm×宽 19.4 cm，叶缘呈不规则粗锯齿状，尖端浅裂，中下部全裂，有裂片 8~10 对，叶面微皱，无蜡粉和刺毛，叶柄浅绿色，背面有棱角，叶柄长 6.3 cm、宽 2 cm、厚 0.7 cm，横断面呈扁圆形，单株有叶片 177 片左右。

该品种迟熟，从播种到采收 169 d，耐寒性强，抗病性强，亩产量 5 000 kg 左右。适宜加工腌渍。

8. 黄花叶

原产宁波镇海。该品种属花叶型，株高 55 cm，开展度 71 cm×66 cm，株型半展开。

分蘖性强,成株有分叉29个左右。叶黄绿色、倒卵形,长61.1 cm,宽12.9 cm,叶缘细锯齿状,尖端浅裂,中下部全裂,有小裂片12~17对,叶面光滑,无蜡粉和刺毛,叶柄浅绿色,背面有棱角,长6.1 cm×宽1.9 cm×厚0.6 cm,横断面呈扁圆形,单株有叶片223片左右。

该品种表现中熟,从播种到采收161 d。耐寒性强,抗病性强。亩产量约4 000 kg。主要缺点是叶柄较粗。

此外,还有'邱隘黄叶''邱隘乌叶'等传统品种,但由于易感芜菁花叶病毒,种植面积很少。

(三)特色品种

1. 紫雪1号

该品种是近年由宁波三丰可味食品有限公司和原鄞县雪菜开发研究中心退休人员合作开发的新一代雪菜品种。属板叶型,株高52 cm,开展度80 cm×69 cm,分枝47个,叶片数419片,叶片总长46 cm,纯叶片长25 cm,叶宽12 cm,叶柄长21 cm、宽0.7 cm、厚0.7 cm,叶绿夹红筋,叶形细长,倒卵形,上部浅裂,基部深裂。单株重2.2 kg,耐寒、抗病,全株紫红,富含花青素,亩产量5 000 kg左右。

2. 紫雪4号

该品种是近年由宁波三丰可味食品有限公司和原鄞县雪菜开发研究中心退休人员合作开发的新一代雪菜品种。腌食与鲜食两用。属板叶型,株高50 cm,开展度54 cm×60 cm,分枝27个,叶片数203片,叶片总长57 cm,纯叶片长26 cm,叶宽13.5 cm,叶柄淡绿色,柄长31 cm、宽1.3 cm、厚0.6 cm,叶全紫夹绿,叶上部卵形,浅缺裂,基部深裂。耐寒、抗病,全株紫红,富含花青素,亩产量5 000 kg左右。

四、栽培技术要点

(一)春雪菜(鲜菜亩目标产量5 000 kg)栽培和制种技术要点

1. 制种区的选定

在制种田周围2 000 m内不准有其他类型的芥菜、芥菜型油菜等。在隔离区间有树林、村庄、山峦等障碍物的情况下,隔离1 000 m以上。制种地忌与十字花科蔬菜连作,最好选择2~3年未种过十字花科蔬菜的地块安排制种。

2. 播种育苗

选择地势平坦、排灌方便、肥力中上等、土质疏松、前茬非十字花科作物、靠近定植田的地块作苗床,苗床与定植田的面积比为1:10,即定植田每亩需净苗床地60~70 m²。施足基肥,苗床每亩施有机肥1 000 kg、过磷酸钙25 kg。施肥后耕翻耙细,做宽1.0~1.5 m的畦。一般9月下旬至10月中旬播种,亩播种量300~400 g。同时根据花期相遇情况错期播种,甬雪4号母本提前20~30 d播种。同时做好不育系和父本扩繁。播种前,苗床要浇足底水,播后覆遮阳网等,以保湿降温,以利出苗。当种子

80%发芽时应将遮阳网揭去，以免造成"长脚苗"。出苗后1~2片真叶时开始间苗，间去密集苗，第2次间苗在3~4片真叶时进行，间去徒长苗、细弱苗、无心苗、病苗及其他劣苗，苗距3~5 cm。间苗匀苗的同时拔除杂草。如苗期干旱，应浇水，保持土壤湿润，但浇水不可太多，否则易造成霉根。苗期追肥可结合浇水、间苗匀苗进行，一般可在4叶期后视苗情亩施尿素2.5~3 kg加水泼浇，移栽前5~6 d施起身肥，亩用尿素8 kg。定植前要彻底去除杂苗和病苗。

3. 移栽大田

11月底至12月初，当雪菜苗5~6片真叶时移栽。移栽前要施足基肥，在起沟前，亩用三元复合肥50 kg、硼肥1 kg和腐熟粪肥1 000 kg作底肥。一般行距40 cm，株距30 cm，每亩移栽4 500株左右。由于制种时在整个生育期里多为南北风，因此南北行向可有效减轻倒伏和双亲相互盖压。定植时，最好选择在晴好天气并带土移栽，以利缓苗。移栽时还可用焦泥灰、过磷酸钙、有机肥等的混合肥料塞根，定植后及时浇施搭根水，提高秧苗成活率。

4. 田间管理

（1）肥水管理及除杂。定植成活后，视墒情，一般在定植7~8 d后浇水1次，水不宜过大，灌水后及时中耕破除板结，及时清除压心淤土，并补栽缺苗及过弱苗。年内追肥分2次施，第1次在栽后20~30 d，第2次在农历年底前。每次亩施尿素5~7.5 kg，过磷酸钙10~15 kg，加水1 000~1 500 kg浇施。同时，结合中耕除草，围土封根，提高幼苗抗冻能力。年外肥也分2次施，第1次雨水前后（2月中旬），第2次在惊蛰与春分之间（3月10—15日），每次可在行间开浅沟条施三元复合肥15 kg并结合清沟覆土，以提高肥效。生长初期根据叶形、叶色除杂2~3次。

（2）抽薹期管理。进入4月，菜苗即抽薹现蕾并陆续开花，此时杂株更易辨别，要严格去杂，还要注意去除路边、沟沿及附近易杂交的十字花科植物，确保制种质量。拔除开花过早的植株。可插竹竿拉线，防止后期倒伏。盛花前用40%氧化乐果加含硼量较大的多元微肥及509速可灵混合喷洒1遍，预防蚜虫及后期菌核病的发生和危害，并提高开花结实率。如果花期不遇，对早花亲本可掐断主茎花序进行调节，视墒情灌水、施肥。

（3）花期管理。盛花后，雪菜处于最旺盛的生育时期，一般盛花期维持30~35 d，对土质黏重的地块不宜再浇水。父本初花期，放蜂授粉。雪菜是虫媒花，蜂量多少与产量关系极为密切，一般要求每亩制种地需设1箱蜜蜂。盛花末期根据田间长势可摘除主茎及侧茎顶部花蕾，以促进其他花蕾结实，增加千粒重，降低秕籽率。叶面喷施吡虫啉加0.3%磷酸二氢钾混合液，防止蚜虫危害。若后期忽视蚜虫危害，仍将严重影响制种产量。6月上旬，为防止制种田父、母本种株上的种子发生机械混杂，在父本花期末拔除父本行。

（4）结实期管理。结实后，植株叶片逐渐干枯脱落，光合作用赖以角果及茎秆完成，因此需防止象甲虫、小菜蛾等啃食角果及茎秆，不得浇水，否则易萎蔫枯死并诱发菌核病大发生。

（5）病虫害防治。雪菜主要虫害有蚜虫、小菜蛾、菜青虫、甜菜夜蛾、小猿叶虫、蜗牛、黄条跳甲等，多发生于苗期。雪菜制种与栽培大田病害主要有芜菁花叶病毒、菌核病、软腐病、白粉病、霜霉病。病虫防治参阅本书第七章。

5. 收获和脱粒

当主茎中上部角果变黄时，于早晨乘露水未干时，用镰刀从地上部割断，一次性收获。为使尚未完全变黄的种荚内种子有一段后熟时间，应将收获后的种株放在晾晒场上晾晒 2~3 d，然后再脱粒。种株千万不能带根带土。脱粒时，不要在地面上直接进行，以防混入泥沙或混杂。最好在水泥场或铺一层篷布或塑料膜都可以，脱粒后要及时晾晒，确保种子的色泽和发芽率。水分达 8% 以下时贮藏待售。如遇阴雨天气，种子未晾晒，要在屋内晾，勤翻，用电风扇吹，以免种子发霉，降低发芽率。

（二）冬雪菜（鲜菜亩目标产量 4 000 kg）的栽培技术

冬雪菜栽培技术与春雪菜基本相似，但因冬雪菜秧苗期和生长前期气温较高，特别在干旱年份，易发生病毒病危害，因此更应重视轮作和选用抗病毒病品种，培育壮苗、带土移栽、深沟高畦、加强肥水管理、增施磷钾肥等综合措施。

1. 适时播种

冬雪菜可适当迟播，冬雪菜的播种期以在处暑（8 月 22—24 日）前后播种为宜，以避开高温，减轻病毒病危害。此外，播种前一天要浇足底水，以利出苗；播后用银灰色防虫网隔离育苗，预防蚜虫，减轻病毒病危害；移栽起苗前，喷施"一遍净"防治蚜虫，带药移栽。

2. 适时移栽搞好本田期管理

冬雪菜移栽时间一般在 9 月下旬，苗龄 25~30 d，移栽的行株距比春雪菜要小一些，一般畦宽（连沟）1.5 m，种 4 行，株距 27 cm，亩定植 6 400 株左右。定植时间最好选择在晴天下午 3 时以后或阴天进行，带土移栽（在移栽的当天上午，将苗床浇透水，起苗时用菜刀在苗床上划块，使根系带土）。移栽时施塞根肥并施搭根水，以利根系和土壤密切接触，提高秧苗成活率。定植后要早晚浇水，有条件的可在畦面覆遮阳网，以利成活。生长前期，如天气干旱时可在傍晚沟灌，但不能漫灌。定植活棵后及时追肥，追肥 3~4 次，每次每亩用腐熟人粪肥 750~1 000 kg 或尿素 7.5~10 kg 兑水浇施，用肥量也可逐步增加。收获前 25 d 施重肥 1 次，亩用尿素 15 kg 或碳铵 30 kg，加氯化钾 10 kg，以提高产量、改善品质。为防治蚜虫，预防病毒病，移栽后每隔 7~10 d 喷施吡虫啉 1 次。

3. 适时采收

菜用冬雪菜生育期较短，除 30 d 左右秧龄外，本田生长期一般为 60 d 左右，多在小雪前后采收。

第五节　萝卜

萝卜（*Raphanus sativus* L.），别名莱菔、芦菔等，是十字花科（Cruciferae）萝卜属

图 3-6 萝卜

（*Raphanus*）蔬菜作物，在世界各地广泛种植（图 3-6）。其中，小型四季萝卜主要分布在欧洲和美洲；大型萝卜主要分布在亚洲，尤其是中国、日本和韩国等地。

萝卜的根、叶、芽苗菜都可食用。肉质根营养丰富，每 100 g 鲜萝卜含有 16~40 mg 维生素 C、2~4 g 还原糖、5~13 g 干物质，还含有其他维生素和磷、铁、硫等矿质元素。萝卜含有的芥子油，使其具有特殊风味。

萝卜不仅可以凉拌、炒食，还能腌渍、干制，也可以药用。萝卜具有助消化、清凉止咳、降低胆固醇和防癌的功效。萝卜中含有的莱菔子素，是一种杀菌物质。民间素有"冬吃萝卜夏吃姜，不用医生开药方""萝卜上场，大夫还乡""十月萝卜赛人参"等说法。

关于萝卜的起源有多种说法，现今一般认为萝卜起源于地中海东部、亚洲中西部，原始种为生长在欧亚温暖地域的野生萝卜。而瑞典著名的植物学家林奈（1707—1778年）在其著作中曾明确指出，中国为萝卜的原产地。

萝卜是世界上古老的栽培作物之一。远在 4 500 年以前，萝卜已成为埃及的重要食品。

中国栽培萝卜历史悠久，已有 2 700 年以上的栽培历史。《尔雅》（公元前 300—前 200 年）对萝卜有明确的释意，称之为葖、芦萉（服）、紫花大根，俗称"苞葖"，又名"紫花菘"。关于萝卜栽培的文字记载，始见于北魏《齐民要术》（公元 533—544年）："种越芦服，与芜菁同""七月初种，根叶俱得。"可见当时在山东一带主要种植秋冬萝卜。到了唐代，"芦服"被转称为"莱菔"。其称谓始见于唐高宗显庆四年（公元 659 年）问世的《唐本草》一书。此后，"莱菔"便成了当时正式称呼，并培育出立夏播种、盛夏收获的萝卜品种。到了唐代后期，直至宋代、元代，生长期短的春种或初夏种的萝卜品种及栽培技术得到普及。萝卜一名也被记入元代王祯所著的《王祯农书》（公元 1313 年），书中曰："芦萉一名莱菔，又名雹葖，今俗呼萝卜。"元代之后，到明代中后期，萝卜种植开始普及，在我国南方一年中几乎随时都有可种可收的萝卜品种。萝卜名也由俗名而多见各种文献书籍，如：《农桑辑要》《农书》等，当时的《便民图纂》中就载有"萝藤三月下种，四月可食；五月下种，六月可食；七月下种，八月可食。"之说。李时珍（公元 1518—1593 年）在其《本草纲目》中也确认了萝卜一名，自此始，萝卜的称谓就一直沿用至今。

我国多数地区，一年四季均可种植萝卜，并多以秋冬萝卜为主。有适于生食、熟食、加工的不同品种。地域范围分布广泛，北起黑龙江漠河，南至海南岛；东起东海之滨，西至新疆乌恰；高至海拔 4 400 m 的青藏高原，低至海平面以下的吐鲁番盆地。无论在城镇郊区，还是偏远的山村，都有萝卜的栽培和分布，其栽培面积和产量在我国栽培的大宗蔬菜中名列前茅，仅次于大白菜，是我国第二大蔬菜作物。中国萝卜常年四季播种面积约 2 000 万亩，已成为全球萝卜的主要生产国和主要出口国。我国萝卜种植面积列前 5 名的省份分别为湖北、河南、四川、湖南和甘肃，总产量列前 5 名的省份分别为河南、湖北、湖南、四川和云南。2020 年播种面积达 127.1 万 hm²，占蔬菜总播种面积的 5.6%，萝卜产量达 4 455 万 t，占蔬菜总产量的 5.6%。

浙江萝卜栽培历史悠久，萝卜作为浙江省的大宗蔬菜品种之一，各地均有栽培。2019 年浙江省萝卜种植面积约 2.93 万 hm²，浙江省萝卜商品化基地集中在兰溪、上虞、仙居、庆元、萧山、金华婺城等地，其中萧山萝卜干、兰溪小萝卜是国家地理标志农产品，远近闻名。萝卜产品除供应本地及周边市场外，还远销韩国、日本等国家，在国内外享有一定的声誉。

我国萝卜种质资源丰富，截至 2000 年，我国国家蔬菜种质资源库中已保存有 2 073 份萝卜种质资源，涵盖有耐抽薹、耐热、抗病等目标优良性状的种质资源，其中尤以水果萝卜品种品质最优、全球领先，国外没有一个国家的水果萝卜品质有超过中国的。萝卜品种资源集中分布在山东、江苏、安徽、浙江、河南、湖北、四川等地，以上地区包含了中国 85% 以上的绿皮萝卜品种、70% 左右的红皮萝卜品种和近 60% 的白皮萝卜品种。研究这些种质资源的遗传多样性是有效利用萝卜资源的基础。

在萝卜育种工作上，我国学者从形态水平、细胞水平、生理生化水平及分子水平等方面对萝卜种质资源的遗传多样性做了诸多研究工作，已取得诸多成就，如利用萝卜雄性不育系配制杂种一代、萝卜的抗病育种、适合不同季节栽培品种的选育等。

宁波微萌种业有限公司近年在发掘地方优良种质资源的基础上，培育出了圆白萝卜品种'圆都 1 号''圆都 2 号'等。

一、育种目标要求

（一）品质

优质品质是重要目标性状，而品质性状包括外观品质（或称为商品品质）、营养品质和风味品质。萝卜的商品品质涉及肉质根皮色（如绿、红、白等）、形状、大小、整齐度等，其中，皮色是较为重要的商品品质性状之一，育种者需高度重视。萝卜的营养品质是指肉质根的糖、维生素 C、淀粉酶、纤维素、木质素，以及其他维生素和矿物质的含量。其中，维生素 C 和淀粉含量是营养品质的重要指标。影响萝卜风味品质的性状，主要与肉质根次生木质部的结构，以及糖、萝卜辣素、水分等含量有关。生食、熟食、腌渍、制干等不同食用和加工性状，常对品质有不同的要求，在制定育种目标时应分别加以确定。

（二）抗病性

抗病性是重要目标性状，它直接影响品种的稳产性，也利于减少防病药剂的使用。

目前萝卜上发生的病害主要有病毒病、霜霉病、黑腐病、软腐病、黑斑病等，其中以病毒病和霜霉病发生较为普遍，造成的损失也大，在育种中应作为重要目标性状。

（三）丰产性和耐贮性

丰产性是重要目标性状。萝卜丰产性的衡量要考虑生长期长短、一定生长期内的单株肉质根重和适于密植的程度。从生理角度上说，影响丰产性的因素是萝卜莲座叶丛的光合能力与肉质根积累同化产物的能力。因此，对萝卜不同品种间丰产性差异的评判可根据一定生长期内单位面积株数、单株肉质根重、肉质根重/叶重（根/叶）比值作为主要指标。在同样生长期内，肉质根长得大，根/叶比值高，品种的丰产性就好。另外，莲座叶丛直立或半直立的品种适于密植，有增产潜力。

耐贮性是秋冬萝卜品种的一个重要目标性状。秋冬萝卜多于初冬收获，经贮藏于冬季和早春供应市场。随着萝卜周年供应和适地适季生产、长途运销供应市场模式的出现和发展，对春夏萝卜和夏秋萝卜品种来说，品种的耐贮运性和长货架期即产品经过贮运后仍能保持鲜嫩的品质而且不发生失水糠心方面提出了新的要求。因而，春夏萝卜和夏秋萝卜的耐贮性也就成了重要目标性状。

（四）生育期和生态适应性

生长期指从播种到肉质根完成膨大所需天数，实际是指从播种出苗到完成肉质根膨大所需的有效积温数。萝卜的不同生态类型，因其生长期内的环境因素（主要是温度，其次是光照和肥水条件等）差异较大，生长期的长短应按生态类型分别确定。在同一生态类型内，如栽培最为普遍的秋冬萝卜，生产上常需要生长期长短不同的品种，如 $50 \sim 60$ d、$70 \sim 80$ d、$90 \sim 100$ d 的早、中、晚熟品种，是育种目标中必须涉及的目标性状。

生态适应性是指适应环境与抗拒不良环境的能力。品种的适应性中包含了部分抗逆特性，但其主要是指一个品种对不同地区，甚至不同季节环境条件的适应能力。因此适应性是一个更为值得关注的重要目标性状。

为满足一年多茬栽培、周年供应的需求，冬春萝卜、春夏萝卜（又称春萝卜）和夏秋萝卜（又称夏萝卜）品种选育正逐步得到重视和加强。冬春和春夏萝卜必须具备耐寒和强冬性等；而夏秋萝卜则应具备耐热、抗病（主要是病毒病）等目标性状；抗逆性还包括耐旱、耐涝、耐瘠等特性。

在综合考虑上述具体目标时，还应根据所选育的具体品种类型，突出重点，宁波微萌种业有限公司以外形美观、商品性好、优质多抗、口感风味好的品种为育种目标，在广泛收集萝卜种质资源、挖掘优良种质的基础上，通过杂交、回交、分离等传统育种方法，结合使用小孢子培养、分子标记技术等现代生物技术进行优良品种的挖掘、改良和种质创新，开展自交系、自交不亲和系和雄性不育系的选育及新品种的培育工作，已选育出符合长三角地区群众喜食习惯的外观好（根型顺直、表皮光滑）、口感好（甜脆爽口、细嫩有味）、品质好（不易糠心、耐抽薹）、抗病性强的各种类型的萝卜杂交新品种。

二、育种方法

（一）搜集资源

种质资源是开展品种选育工作的基础。种质资源收集有多种方法：一是可以向国家中期库及各地方种质资源库提出申请获取种质资源，也可以通过资源交换的方式获取种质资源，还可以自行收集优秀的地方种质品种，以供育种之用。如浙江的'一点红''湖田萝卜''三堡萝卜'，上海的'圆白萝卜'，江苏的'南京五月红''常州新闸红'，安徽的'望江萝卜''合肥圆萝卜'，四川的'胭脂红''满身红''透心红'，广东的'南畔洲'等。同时有条件的单位可以引进国外育成的品种，如韩国博友公司、韩国大一种苗、韩国国立种子院等单位的优良品种。二是进行表型鉴定及种质资源创新。对萝卜种质资源的性状进行准确鉴定，筛选优良种质资源是培育新品种、遗传理论研究的前提。宁波微萌种业有限公司在开展萝卜育种时，依据《萝卜种质资源描述规范和数据标准》《植物新品种特异性、一致性和稳定性测试指南 萝卜》（NY/T 2349—2013）对收集和引进的萝卜种质从叶丛、根型、皮色、肉色、品种等方面进行萝卜性状表型鉴定和分类，重点关注了叶簇、株幅、皮色、肉色、形状、肉质根品质及糠心程度等性状，筛选具有目标优良性状的种质资源。先后共筛选出 100 余份材料，其中已育成的有红皮萝卜自交系 1 份、白萝卜自交系 5 份、自交不亲和系 2 份。

在对种质资源精准鉴定的基础上，宁波微萌种业有限公司通过多元杂交、回交等手段，进行多个优良性状的聚合。通过自交分离，筛选具有多个目标形状的材料，创制新种质。目前正在进行白萝卜和青皮萝卜的种质创制，已经筛选 2 份较好的白萝卜新种质。

（二）杂种优势利用

目前，萝卜的育种方法仍旧是以常规的育种方法为主，选育各地当家的地方品种进行良种繁育，维系大田生产。作为育种新技术，则多采用杂种优势育种。

诸多学者的研究证明，萝卜的杂种优势十分显著，如何启伟等（1993）研究证实，优良杂交组合的 F_1，其莲座叶丛（源器官）具有明显的光合优势，而肉质根（库器官）则具有很强的同化产物贮藏能力，F_1 植株同化产物的制造、运输、积累等生理活性的优势奠定了萝卜杂种优势形成的生理基础。而肉质根积累同化产物的不同类型，则分别体现在产量优势、品质优势等不同方面。

利用萝卜的杂种优势，主要有以下 2 条技术途径。

1. 自交不亲和系的选育和利用

萝卜是异花授粉作物，地方品种往往是杂合的群体。自交不亲和系的选育就是从杂合群体中选育出具有自交不亲和性的自交系。自交不亲和性与其他性状一样，通过自交分离和定向选择，自交不亲和性能稳定提高。

要育成优良的萝卜自交不亲和系，应注意以下几点：一是自交不亲和性的测定要力求准确。为此，授粉过程要严格避免花粉污染，授粉用的花粉一定是新鲜的，所授粉的花须是当日开放的。二是对于一些经济性状和配合力表现优异而自交亲和指数高的植株，不宜过早淘汰，因为通过连续自交，还可能会分离出自交不亲和的植株来。三是一个优良的自交不亲和系，不仅自交不亲和性稳定，还要求主要经济性状优良且整齐一致。为此，在开展自交不亲和性选择的同时，必须配合进行各主要经济性状的鉴定和选择。要获得一个经济性状优良且整齐一致的自交不亲和系，一般需要连续进行 5~6 代的自交、分离和选择，个别性状甚至自交 7~8 代才会一致。

在育种过程中，宁波微萌种业有限公司采用自交授粉。在选拔过程中，发现部分材料个别单株或株系自交授粉时结籽差甚至不结籽。在对这部分材料改用蕾期剥蕾授粉后，发现其中大多数材料结籽情况明显改善，认定这些材料表现出自交不亲和性。据此确定对这些材料后代全部改用蕾期授粉，并在表型鉴定中增加自交不亲和性鉴定。目前，已育成了 2 个自交不亲和系，已经用于制种。

2. 利用雄性不育系制种

所谓植物雄性不育（malesterility）是指植物的雄性器官发育不良，失去生殖功能，导致不育的特性。值得注意的是，对于雄性不育的个体，其花粉败育，但雌性器官仍然发育正常。可遗传的雄性不育分为核质互作不育和核不育两种类型。

实践证明，发现雄性不育株或引进雄性不育源并不困难，关键在于能否找到对雄性不育具有完全保持能力且育性正常的保持系。找到了保持系，其相应的雄性不育系即告育成。

前人研究表明，雄性不育的败育机制十分复杂。就植物雄性不育而言，科学家们已在 150 多种植物中发现过。不同植物、同一植物的不同品种以及不同的雄性不育系统的调控系统往往存在着差异。萝卜的雄性不育由细胞质基因和细胞核基因共同控制。目前在萝卜中已发现至少 5 种类型的雄性不育细胞质（Ogura、NWB、DCGM、Kosena、SUK-1），而在萝卜商业化杂交制种中应用最广泛的是 Ogura CMS 和 NWBCMS。做好萝卜雄性不育细胞质类型鉴别及研究是顺利育成雄性不育系的前提。以不育度好、蜜腺发达、负效应小的雄性不育材料为母本，以优良材料为轮回父本。通过连续回交，筛选接近或达到 100% 且不育率稳定。目前宁波微萌种业有限公司的育种人员，初步掌握对萝卜雄性不育细胞质类型的鉴别技术，完成对现有雄性不育材料的鉴定，正积极开展雄性不育系的选育工作。

（三）小孢子培养

萝卜遗传育种应用小孢子培养技术始于 20 世纪 80 年代，国外学者成功利用小孢子培养技术诱导出萝卜的胚状体，并获得了再生植株。国内学者进行了大量的试验也获得成功，张丽以 20 个不同类型的萝卜品种为材料，应用大量元素减半的 1/2 NLN 液体培养基进行小孢子培养，其中 1 份材料获得了胚状体。付传翠等认为萝卜中普遍存在基因型偏性问题，在预处理过程中保存较高活力是小孢子诱导成功的关键。陈文辉等对 30 份夏秋萝卜进行培养，有 4 份秋萝卜材料获得胚状体，认为基因型与诱导率有很大的相关性，低温预处理花蕾可以显著提高出胚率，33 ℃高温热激处理 48 h 是改变小孢子发育途径的重要条件。周志国等以萝卜游离小孢子再生植株为试验材料，采用形态学观察、根尖染色体鉴定、流式细胞测定等方法进行了倍性检测。结果表明，由游离小孢子培养获得的植株中同时含有单倍体、双单倍体和多倍体，来源不同的小孢子培养获得的植株倍性比例不同，不同倍性植株具有不同的形态特征。熊秋芳在 1/2 NLN-12 培养基中，游离小孢子培养 20~25 d 后，20 个基因型中有 8 个获得了胚状体，占供试材料的 40%。

国内学者通过研究还发现了一个带有共性的规律，普遍认为，在使用小孢子培养技术过程中，由于萝卜属于特殊的农作物，本身具有一定的基因型偏性，需要特别注意活力的保持，以保证小孢子诱导的成功率。如夏秋萝卜，在不同的温度条件下，小孢子的发育状态会因此改变，而用小孢子培养技术培养的再生植株，植株中含有的双单倍体、单倍体、多倍体数量有着一定的差异，这就为多样化杂交研究奠定了坚实的基础。

（四）原生质体融合技术

萝卜应用原生质体融合技术，需要结合紫外线、酶对萝卜的原生质体进行双因素复合处理，通过选择特定的种类，可实现非对称性融合，这就为远缘杂交的实现奠定了基础。该技术方法的发展，让各地能够有效地进行异种遗传物质转移以及属间遗传物质转移。萝卜本身有着较为优良的抗线虫基因，所以不仅仅能够通过原生质体融合技术将其他作物的优良基因用于萝卜育种，同样也可将萝卜的优良基因用在其他作物育种过程中，目前国内已经实现萝卜和黑芥、萝卜和甘蓝的基因转移。但是，不同属、不同种的基因转移目前仍旧存在较大的问题，如油菜和萝卜的远缘杂交，就会导致杂交种存在严重的生殖性障碍，萝卜和小白菜的杂交，会导致作物生长到一定程度后就开始衰败。

（五）诱变育种技术

萝卜诱变育种。诱变实际上是一个"无中生有"的技术，它在创造或改变单基因控制的特殊性状方面具有独特的优势。蔬菜诱变育种始于 20 世纪 50 年代，70 年代后期，随着诱变育种技术与方法日趋成熟，育成的作物品种逐渐增多。近年来，我国科技工作者通过诱变技术已先后育成番茄、辣椒、甜瓜和黄瓜等蔬菜新品种。同属十字花科的油菜诱变育种成绩显著，单采用 $^{60}Co-\gamma$ 射线处理干种子，先后育成了沪油 4 号、111、73-103、秀油 1 号、甘油 5 号等油菜新品种。石淑稳等用 EMS 处理甘蓝型油菜小孢子再生的胚性培养物，获得长角果和矮秆突变体。甘蓝型油菜皖油 518 接受空间诱变后，回收种子 SP_2 代表现出丰富的遗传变异，其中包括早熟、长角、多分枝、矮化、黄籽等突变类型。另外，SP_2 代各株系间产量亦表现出明显差异，为培育高产油菜新品种创造了丰富的遗传资源。萝卜诱变育种在我国起步较晚，目前只有少量资源经卫星搭载，如苏州地方萝卜良种'梅李'经神州一号搭载 60 d，返回地面后经多代系统选育，具备了产量高、品质好、生长速度快、抗病性强的特点。梁秋霞等选取樱桃萝卜'一点红'为材料，用低能 Ar^+ 注入其干种子后的生物学效应进行了研究，结果表明，不同剂量的低能 Ar^+ 注入都会使种子发芽率、成活率及不同阶段的生长和发育产生变异。

诱变育种技术在萝卜育种方面应用效果良好，有着较为广阔的发展前景。

（六）分子标记技术

分子标记应用广泛，目前，在萝卜种质资源遗传多样性分析、利用分子标记对萝卜雄性不育细胞质的鉴定与分类、辅助选择雄性不育系、利用分子标记进行'北斗75''汉青一号'等杂交萝卜品种纯度的鉴定、利用 SSR 标记构建萝卜种质资源分子身份证、进行标记辅助选择等方面都已得到应用。

近几年来，宁波市微萌种业有限公司也积极应用分子标记技术进行萝卜育种，如利用分子标记技术对萝卜雄性不育材料进行细胞质类型鉴定，准确区分 Ougra 类型细胞质雄性不育系和其他类型细胞质雄性不育。初步开发了一套可用于检测萝卜品种圆都1号的 InDel 分子标记，准确、快速地完成了萝卜品种圆都1号的纯度鉴定工作。

（七）基因工程技术

基因工程技术在萝卜遗传育种中的应用案例很多。荆赞革等根据 GenBank 中扩展蛋白序列设计特异引物，从萝卜高代自交系'NAU-LVYH06'中克隆到一个扩展蛋白基因 *RsEXPB1*，该基因主要在萝卜生育前期的幼叶、肉质根木质部和韧皮部中表达，且表达丰度可能与该部位细胞生长分裂状态相关。潘大云等报道了将萝卜抗线虫基因导入油菜的研究结果。邓晓东等进行了萝卜抗真菌蛋白基因 *Rs-AFPs* 转化番茄的研究。李文君等发表了萝卜叶绿体 ATP 酶 β 亚基的 cDNA 克隆及序列特征的研究结果。王玲平等以萝卜品种圆白为材料，根据白菜 *CYP450* 基因 CYP86MF 保守序列设计引物，利用 RT-PCR 和 5′/3′RACE 相结合的方法克隆了一个 *CYP450* 基因的 cDNA 全长序列，并对它进行了序列分析，为 *CYP450* 基因的分离克隆及其在植物发育代谢中的功能研究提供一定的信息；丁云花等开展萝卜 D 染色体在 7 号连锁群定位的研究，证实了定位有抗线虫基因 *HsIRapls* 的 7 号连锁群对应于具线虫抗性效应的萝卜 D 染色体；何启伟等采用 RT-PCR 的方法，先后从萝卜花蕾中克隆了萝卜花青素调控基因和开花关键基因 *LFY* 基因片段，并利用后者构建了 dsRNA 抑制双元表达载体 pPOK-A-I-S-L，转入萝卜品种短叶 13 中，获得了 T_0 代种子。除我国外，许多发展中国家也大力研究转基因技术，以此发展壮大本国的农作物育种产业。据统计，截至 2011 年底，全球转基因作物种植面积已超过 1.6 亿 hm^2，是 1996 年的 100 倍。截至 2015 年底，全世界已有 28 个国家批准可以进行转基因作物商业化生产。

三、品种类型及主要代表性品种

（一）品种类型

萝卜在我国栽培历史悠久，品种类型丰富。按照生态型可分为长白萝卜、樱桃萝卜和油用萝卜；按照栽培季节和冬性强弱可分为秋冬萝卜、冬春萝卜、春夏萝卜和夏秋萝卜；按照皮色及肉色可分为红皮、绿皮、白皮、红肉、绿肉等不同类型；按照用途可分为鲜食萝卜、加工萝卜、饲用萝卜等。

目前，我国萝卜品种市场呈现以下几个特点。

一是主栽萝卜仍以地方品种为主。如北京心里美萝卜、天津沙窝萝卜、浙江兰溪小萝卜、山东潍县萝卜、湖北黄陂脉地湾萝卜、湖南龙山萝卜等栽培历史悠久，特点显著，为当地主栽品种。

二是品种改良成效显著。育种单位在收集鉴定地方品种资源的基础上，对其加以改良选育，培育出更符合市场的品种。如改良满堂红、京脆 1 号、京红 3 号、超级郑研、云萝卜 1 号、云萝卜 2 号等。

三是长白耐抽薹萝卜仍以韩国和日本品种为主，国内替代品种快速跟上。目前，推广面积较大的进口品种主要有世农公司的'白玉春'系列、'世农'系列等，国内品种主要有捷利亚公司的'捷如春'系列、浙江省农业科学院的白雪春 2 号、浙萝 6 号等。

四是利用雄性不育系育成的品种数量迅速增加，近年来就有京研红樱桃、秋萝卜天正秋红 1 号和京红 5 号等多个利用雄性不育系选育的新品种。

（二）代表性品种

1. 秋冬萝卜

（1）白雪春 2 号。浙江省农业科学院蔬菜研究所选育，其特点如下：产量高，商品性好，品质优，抗病性强，耐抽薹性强，株高 51.5 cm，开展度 72.7 cm×71 cm，生长势强，叶簇平展，叶片深裂，叶长 42.2 cm，叶宽 14.3 cm，裂片数 10 对左右，叶片绿色，叶脉浅绿色，肉质根长筒形，皮肉均白色，根长 25～32 cm，根径 7.5～8.2 cm，单根重 1～1.3 kg。生长期 60 d 左右，肉质根不易分叉，须根少，根型漂亮，商品性好，耐抽薹，抗病毒病和霜霉病。

（2）浙萝 6 号。浙江省农业科学院蔬菜研究所选育。浙萝 6 号生长势强，叶丛开展，株高约 52.0 cm，株幅 75.5 cm，叶片长椭圆形，花叶，边缘全裂，最大叶长 57.4 cm，宽 18.3 cm，裂片数 10～12 对，叶色深绿，叶脉浅绿色，叶数 24 左右，叶重约 0.44 kg，根叶质量比约 3.1。肉质根长筒形，白色，表皮光洁，须根少，较少畸形根，长 35～40 cm，粗 8.0～8.5 cm，单根重 1.5 kg 左右，1/4 左右露出土表，商品性好，适宜熟食或腌制。抗病毒病和霜霉病，耐抽薹，杭州地区露地栽培春秋可播种，最适播期为 3 月中旬和 9 月中旬。生长期 65 d 左右，春季栽培亩产量约 5 000 kg，秋季亩产量约 6 000 kg。

（3）白玉春。北京世农种苗有限公司育成。早熟品种，生育期为 60 d，叶数 14 片，叶簇半直立，叶色深绿，羽叶，叶缘缺刻。耐抽薹，糠心晚。根部全白，长圆筒形，根长 22～40 cm，根径 6～10 cm。质脆，味甜，风味好，商品性佳，耐贮运，抗黑腐病和霜霉病。亩产 3 500～4 000 kg。

（4）圆都 1 号。圆都 1 号是宁波微萌种业有限公司以优良地方品种的自交系为亲本杂交育成的萝卜品种。该品种叶丛半直立，叶色深绿色，叶片裂刻中等；肉质根呈椭圆形，根长 14.1 cm，根粗 7.4 cm，根重 560 g；皮色白色，易剥除韧皮，肉色半透明白色；肉质甜脆爽口，不易糠心，播种到采收 60～80 d。

2. 冬春萝卜

（1）白玉春。叶簇开张，长势中等，株高 42 cm，株幅 70 cm。花叶，叶色浓绿亮泽，叶片 21 片，叶长 47 cm。肉质根无颈，直筒形，长 36 cm，横径 7.8 cm，侧根细，根孔浅，外表光滑细腻，白皮白肉，肉质致密，较甜，口感鲜美。单根重 1.2~1.5 kg，最大 4.63 kg。生长期中等，春、夏、秋栽培，播后 70~80 d 采收；冬播 120~140 d 采收，平均亩产 3 500~4 000 kg。种子棕黄色，粒大，千粒重 15.77 g。

（2）天正春玉一号。山东省农业科学院蔬菜研究所育成的种一代。为保护地栽培专用品种。叶丛直立，叶色深绿。肉质根长圆柱形，顶部钝圆，根长 30 cm 左右、横径约 6.5 cm。皮色全白，单根重 800 g 左右，根叶比达 3.5。冬性极强，抽薹晚，生长期 60 d 左右，前期生长速度快，可根据市场需要适当提前或延迟收获，具有高产抗病、商品性好的特点。早春种植亩产量 1 000 kg 左右。可生、熟食。是早春补淡的优良品种。

（3）春雪。该品种由广东农业科学院蔬菜研究所选育，外皮洁白，适期采收根长 35 cm 左右，耐抽薹，不易糠心，抗病性强。口感甜嫩，干物质含量高，商品性好。叶丛半直立，叶数少，叶色深绿，宜适当密植。生长快，肉质根膨大迅速，适温下 55 d 左右可以开始收获。

3. 春夏萝卜

（1）汉白玉萝卜。汉白玉萝卜是韩国大农种苗株式会社育成。直根膨大快，不易糠心，适宜多个时期播种，抗抽薹，整齐度高，表面光洁白亮，无绿肩，品质细脆甜嫩，辣味适中，品质极优，适合保护地和露地栽培及高冷地栽培，表现出耐低温性和抗病毒特性，直根大，直根长 35~40 cm，直根径 8 cm 左右，单根重 1.4~1.8 kg；极少发生裂根须根，商品性佳，生长速度快，播种后 55 d 可开始收获，效益好。

（2）春红一号萝卜。板叶，叶片数 13~15 片，株高约 20 cm，开展度约 45 cm，根长 18 cm，根径 6 cm，红皮、白肉，生育期 70 d 左右，具有抽薹晚、产量高、生长快等特点，亩产 1 500 kg 左右。

4. 夏秋萝卜

（1）勾白萝卜。杭州市郊农家品种。植株较小，叶丛直立，株高 50 cm 左右，叶绿色，根长 10 cm，横径约 6 cm，上小下大，形稍弯。根部 2/3 露出地面，极易收拔。单根重 90~100 g。皮肉均为白色。较耐高温，抗病虫害，质地细密，宜熟食和腌制加工。适宜夏秋栽培。

（2）短叶 13。汕头白沙蔬菜原种研究所选育。植株叶簇直立、叶片疏短厚嫩，倒卵形、叶缘少、无锯齿，向内曲作汤匙形，叶面无茸毛、色浓绿，叶长×宽为 23 cm×8 cm，肉质根长圆柱形，皮肉白色、表面平滑。地上部占全长 70%，入土部分占 30%，根重 0.5~0.9 kg，早熟，耐高温多雨，在月平均温度 28 ℃时，仍能正常生长，播种后 45 d 采收，延至 60 d 采收仍不空心，夏播亩产 1 500 kg，秋播亩产 3 000 kg，肉质根外形美观，品质优良，香甜少渣，6—7 月播种，株行距以 17 cm×20 cm 为宜。生长适温 18 ℃以上。

（3）夏抗 40。极早熟，极抗热的一代交配种。夏季 40 ℃高温下能正常生长，种植

40 d后即可采收。板叶，叶色深绿，肉质根长圆柱形，根长 20~25 cm，横径 5~7 cm，单根重 0.5~0.7 kg。皮白色，肉白色，肉质脆嫩，不易糠心。亩产量 2 500 kg 左右。

四、栽培技术要点

1. 选择优良品种

萝卜是低温感应型蔬菜，在种子萌动、幼苗、肉质根生长及贮藏等时期都可完成春化作用，其温度范围因品种而异，通过春化的温度范围为 1.0~24.6 ℃，在 1.0~5.0 ℃ 最易通过春化。因此在品种选择上要掌握以下原则：4—5月播种的萝卜，要选择冬性强、生育期短的品种；6—7月播种的萝卜，应选择耐热性强、生育期短的品种栽植。

2. 地块选择

选择疏松肥沃、排水良好、土层深厚、未种过十字花科蔬菜的中性或微酸性的沙壤土或壤土种植。地势低洼的，易涝、排水不良或土质黏重或砂砾过多的土壤，不宜栽培萝卜，否则会产生植株徒长、肉质根细小或产生畸形。

3. 整地作畦

（1）精细耕整。播前要早耕多翻，打碎耙平。一般要求播前 15 d 左右就深翻 1 次，耕层 35 cm 以上，使土壤得到充分暴晒，播时再深翻一次，以促进土壤微生物活动，加厚活土层，为萝卜高产创造良好的生长条件。

（2）清除杂物。结合深翻，清除土壤中碎石瓦砾、杂物。

（3）施足基肥。可亩施腐熟有机肥 3 t、三元复合肥 0.07 t 或腐熟有机肥 2 000~2 500 kg、三元复合肥 25~30 kg，另加高含量硼肥 200 g 或优质硼砂 1 kg，以防止缺硼引起萝卜的黑皮和黑心。

（4）耙平作畦。基肥施入后深翻起垄，使土肥混匀，保证排水畅通。畦宽连沟 1.2~1.5 m（沟宽 30 cm），沟深 25~30 cm，做好畦后，亩用 50% 敌磺钠（敌克松）1 kg 兑水 50 kg 喷洒畦面，或用 40% 辛硫磷 200 g 拌成毒土均匀撒施畦面，毒杀蛴螬等地下害虫。

4. 播种

浙江地区适宜播种时间为 8 月下旬至 12 月上旬。8 月下旬至 10 月下旬播种适宜露地栽培，11 月下旬至 12 月上旬播种采用保护地栽培。气温过高会引起萝卜辣味、苦味而影响口感；气温低于 15 ℃ 时需加盖棚膜提温，以防止先期抽薹和生长迟缓。

播种时要掌握好密度，一般按株距 18 cm 左右、行距 20 cm 左右定株，播种时每穴 2~3 粒为宜。播后覆盖厚度 1 cm 左右的细土。播种后酌情灌水 1 次，保持土壤湿润。

5. 田间管理

（1）查苗、间苗及苗期病虫害防治。开始出苗时如畦土干燥再少量灌水，以保证出苗整齐。若雨水过多，需及时排涝，防止死苗。播种 4~5 d 后需查苗 1 次，发现缺苗及时补种以保全苗。若采用地膜覆盖播种，出苗后即要破膜放苗。幼苗出土后一般应间苗 2~3 次，否则易造成幼苗拥挤，纤细徒长。在第 1 片真叶、第 2~3 片真叶和第 4~5 片真叶展开时，分别各间苗一次，将病虫苗、弱苗、高脚苗及杂苗拔去。在第 2、第 3

次间苗时，按行株距的栽植要求，每穴保留一株具有本品种特征的健壮苗，其余全部拔去。

间苗定苗后，结合中耕除草，清沟培土 1 次。苗期注意防治黄曲条跳甲和小菜蛾，防治方法参阅本书第七章。

（2）追肥。追肥要早，一般施 3~4 次，在幼苗 2 叶 1 心时亩追施尿素 3 kg，5 叶 1 心时亩追施尿素 5 kg 加硫酸钾 5 kg，抢雨撒施，"破肚"后每亩可追施硫酸钾型复合肥 15~20 kg 加尿素 5 kg，在萝卜肉质根膨大期每亩可追施硫酸钾型三元复合肥 15 kg。因萝卜后期生长旺盛，每亩可用 0.5% 磷酸二氢钾溶液 50 kg 喷雾 2~3 次，每隔 7~10 d 喷 1 次，可促进肉质根迅速膨大。收获前 20 d 停止施肥。为提高萝卜产量，在肉质根形成初期，还可用 80~120 mg/L 的多效唑进行喷施，促进萝卜肉质根的膨大。注意浇施肥水时不要把肥液直接浇于植株上，而应施于行间。采用地膜覆盖播种的，要一次性施足基肥。

（3）浇水。播种后如果天旱土干，须立即浇水，大部分出苗时再浇一次水。幼苗期高温干旱时应适时浇水，生长盛期要适当控水，中耕、培土、多蹲苗，抑制浅根生长，促根深扎，保持田间地表"见干见湿"，肉质根生长盛期需水最多，必须保持水分充分供应，但又不能过量，经常保持土壤湿润，防止忽干忽湿，同时注意排水防涝，结合清沟进行 1~2 次中耕培土，有利于护根，防止出现青皮现象。

6. 防治病虫害

萝卜主要病害有霜霉病、黑腐病、软腐病、病毒病、立枯病、猝倒病等，主要虫害有蚜虫、小菜蛾、斜纹夜蛾、黄曲条跳甲、猿叶甲、地老虎、蝼蛄等。防治方法参阅本书第七章。

7. 及时采收

菜用萝卜收获时间可根据气候及市场需求确定。一般秋季最佳采收时间在播种后 60 d 左右、单个萝卜肉质根重量 500 g 左右即可采收。冬季随着气温降低，采收期需延长。采收宜在早晨或傍晚进行，冬季气温较低时为避免因温差引起萝卜裂根应选择下午气温回升时采收。采收后将顶部的叶片削去，留 20 cm 左右的叶柄，以减少水分蒸发。萝卜洗净后出售，不能及时出售的要放入冷库储存，以降低呼吸消耗，保证萝卜品质。

第四章　茄科蔬菜育种

第一节　番茄

番茄（学名：*Lycopersicon esculentum* Mill.），别名西红柿、蕃柿、柿子等，归属于茄科（Solanaceae）（图 4-1）。茄科有 90 个属，依胚胎发育形状卷曲与否分为茄亚科（Solanoideae）和亚香树亚科（Cestroideae）。番茄属于茄亚科，是茄科番茄属一年生或多年生草本植物。番茄种类有醋栗番茄、契斯曼尼番茄、克梅留斯基番茄、小花番茄、多毛番茄、秘鲁番茄、智利番茄、潘那利番茄和普通番茄等。

图 4-1　番茄

番茄株高 0.6~2.0 m，全体生黏质腺毛，有强烈气味，茎易倒伏，叶羽状复叶或羽状深裂，花序总梗长 2~5 cm，常 3~7 朵花，花萼辐状，花冠辐状，浆果扁球状或近球状，肉质多汁液，种子黄色，花果期夏秋季。番茄由于具有风味独特、适应性广、容易栽培等特点，早已成为世界上重要的蔬菜作物。据 FAO 统计，2020 年全球番茄种植面积达 505 万 hm²，产量 1.87 亿 t。其中中国番茄的栽培面积约 110.4 万 hm²，产量约 6 515 万 t，为全球番茄产量的 1/3。

番茄原产于南美西部的高原地带，即今天的秘鲁、厄瓜多尔和玻利维亚一带，根据 Jenkins（1948）考证，栽培番茄（*L. esculentum* Mill.）最初起源于秘鲁的矮克度（Ecuador），现今，许多野生的和栽培的番茄近缘植物仍能在这些地区找到。番茄野生种生长在很少有降水的沙漠或戈壁环境中，结露和霜是植株获得水分的重要来源。这些野生种可以多年生，也可以一年生。据推测，现在栽培的番茄是由一种樱桃番茄驯化而来。这种驯化没有发生在起源地，而是发生在墨西哥。人们推测，最早野生番茄的种子通过鸟类的粪便传播到墨西哥新开垦的农田里。墨西哥人对这些地里长出来的野生番茄进行了驯化栽培，培育出了栽培品种。但是也有研究提供一些证据，认为番茄的驯化发生在秘鲁，而不是墨西哥，比较一致的看法是秘鲁、厄瓜多尔、玻利维亚。南美的西部高原地带，均有番茄野生类型存在，可认为是番茄的起源地。苏宝林（1995 年）报道，1978 年在我国的武陵山区的湖南省湘西土家族苗族自治州发现了野生番茄；1994 年调查了野生番茄的分布情况，在湖南省的张家界市、花垣县、保清县、龙山县、永顺县，四川省的秀山县，贵州省的松桃县均有番茄野生种存在，并据此初步认为我国很可能是野生番茄的起源地之一。但许多人对此表示异议，认为仅以番茄野生类型存在与否而作为番茄起源的依据，似乎有些不妥。有必要从番茄的传播途径和古生物学的角度对各地番茄野生类型的真正来源加以探明。因此，番茄是否为多起源中心还有待于进一步深入研究。

非洲最早在16世纪就有番茄栽培，如埃及和突尼斯。在17世纪和18世纪，西班牙和葡萄牙殖民者不断地从欧洲将番茄传播到加勒比海国家，作为一种世界性蔬菜广泛分布在南纬45°至北纬65°的世界各地，19世纪以后得到了长足的发展。美国最早关于番茄的记载是1710年，到1850年美国已经大规模商品生产。番茄于16世纪末或17世纪初的明万历年间传入中国，其最早的记载见于明代王象晋（1621）所著的《群芳谱》，称其为蕃柿，后又传入日本。清代汪灏《广群芳谱》（1708）的果谱附录中也有蕃柿的记载。不过我国真正栽培（推广开来）始于20世纪20年代以后。据园艺学家吴耕民教授考证，我国番茄栽培始于20世纪初。

番茄种质资源丰富，国外早在1778年就开始了番茄的种质资源收集工作，据1987年IBPGR报道，全世界共收集到番茄种质材料有32 000份，到1990年就已经超过了40 000份，这些材料主要被收藏于11个研究单位。其中收藏量超过6 000份的单位有设在中国台湾地区的亚洲蔬菜研究发展中心（AVDCR）和位于科罗拉多州柯林斯堡的美国国家种子贮藏实验室（USDA）。美国加州大学Rick所领导的番茄遗传贮藏中心（TGSC）也收集了3 000多份番茄材料。此外，保存番茄资源较多的还有俄罗斯的瓦维洛夫植物栽培研究所。我国自20世纪80年代开始，也先后组织过2次大规模的番茄种质资源收集工作，共收集到各种番茄材料有1 912份（中国农业科学院蔬菜花卉研究所，1998）。目前，世界各国现在保存的番茄资源估计已达到75 000份；我国引种保存的番茄原始材料已经超过了10 000份（王素等，1998）。宁波微萌种业有限公司根据育种目标、浙江省环境特点以及番茄的生物学特性、有关性状的遗传规律，有针对性地开展番茄品种资源的搜集、鉴定和整理工作。通过分子标记技术、多元杂交、多次回交、定向选择等方式，创制含糖高、口感好、风味浓、特殊果色、抗TY和结果量多等优异性状并按照农艺性状的鉴定分类，共拥有300多份新种质资源。

从20世纪早期开始，人们就着手番茄种质资源多样性研究和种质资源的利用，并在研究手段上不断创新，如对番茄遗传多样性的研究，现在已从最初单纯外观形态研究发展到现代DNA分子水平的研究，分子标记技术检测在种质资源的开发、创新、利用上得到广泛应用。

在种质资源的开发创新上，主要利用转基因、应用于分子设计育种、应用于航空诱变、应用于离子注入技术等。

种质资源还被广泛应用于育种。迄今为止，人们利用搜集到的番茄资源用作育种原始材料，已育出了一大批抗病、高产、优质的蔬菜新品种，并在生产上得到推广应用。据调查，几乎所有严重的番茄病害都可在番茄野生种和近缘野生种质资源中找到相应的抗源。在野生番茄中已发现的抗病性，已有半数通过杂交转入普通番茄中。如国外引入的抗番茄TMV材料，在我国番茄抗病育种上发挥了极其重要的作用，使我国番茄抗病毒育种达到国际先进水平。其中最突出的是含有抗番茄 TMV 基因的材料 Manapal Tm-2nv，其抗病基因 *Tm-2nv* 来自秘鲁番茄，是经美国人将其和普通番茄杂交后而选育获得的。我国先后有 l0 余个番茄育种单位利用 Manapal Tm-2nv 育成了近 50 个抗 TMV 番茄新品种，如苏抗 1-9、中杂系列、中蔬系列、红杂系列番茄，以及毛粉 802、西粉 3 号、早丰、早魁、中丰等番茄新品种。这些品种已在我国蔬菜生产上创造了巨大的经济效益和社会效益。

除此之外，番茄种质资源还被应用于国民经济其他领域。如利用番茄富含的番茄碱为原料生产新型生物碱类植物源杀虫剂，不仅对菜青虫有明显的拒食作用，而且对菜粉蝶有明显的产卵忌避作用，对蝗虫和番茄果虫也有毒性和抗虫作用，对许多害虫都有一定的驱拒性；利用番茄富含茄红素生产番茄红素用于防止紫外线灼伤，保护皮肤，延缓衰老，以及前列腺癌防治等方面，在医药、食品、化妆品等领域都有着良好的应用前景，其开发应用将给农业、食品加工业、医药行业、美容业等与之相关的行业带来可观的经济效益，市场前景广阔。

一、育种目标要求

随着社会经济发展，番茄育种主要目标，既要针对当前生产中存在的主要问题，又要考虑生产发展和人们对番茄品种的需求，培育适合不同生态条件下栽培和不同用途的优质、多抗、丰产的番茄品种。育种的重点是研发高可溶性固形物含量（大番茄可溶性固形物 6% 以上，小番茄可溶性固形物 9% 以上）、口感好（大番茄口感脆嫩汁多、风味浓；小番茄皮薄、脆嫩汁多、风味浓）、特殊果色（黄色、橙色、棕褐色等）、较耐贮运、耐低温弱光以及抗 TY 病毒等番茄新品种。在具体育种目标上，还应突出抗多种病害、抗逆（耐低温弱光、耐热）、改进品质、耐贮运、早熟、丰产等主要目标性状。

（一）品质

品质性状包括外观商品品质、风味和营养品质等。优质的番茄品种要求有较好的外观、良好的风味、较高的营养价值和果实硬度。

1. 外观品质

番茄外观品质包括果实的大小、形状、外部颜色、光滑和整齐度。鲜食用的番茄要求果实较大、整齐一致、颜色鲜艳、着色均匀、果形指数接近 1、果形圆整、果面光滑无棱褶、果蒂小，梗洼木质化部组织小，无纵裂和环裂，果肩和近果梗部分同时成熟并同一果色。在色泽上，要满足多数消费者喜欢大红或粉红的果色、少数喜欢橘黄或橙黄色的倾向。但不同地区因产品利用方式及食用习惯的不同，要求亦有差异。如中国北方客户多喜欢鲜色大果、汁多、果肉肥厚、种子少、种腔小的果实；而南方客户，特别是广东则要求果色大红、中果、汁少、肉厚而较坚硬的果实；浙江多喜欢中果、果色大红、汁多味鲜、皮薄肉厚的果实。

2. 质地和硬度

果实的质地，特别是果实的硬度以及果肉与心室内含物的比例，在消费者对新鲜番茄品质的感觉中起重要作用。因为较硬的番茄可以减少机械损伤进而增加其耐贮运性。影响番茄硬度的因素很多，如表皮坚度、果肉硬度及果实内部结构（果肉/心室），但番茄果实也不是越硬越好，在加强果实硬度的同时，应注意和果实的良好风味品质相统一。

3. 风味

糖、酸及糖酸比对番茄的整体风味影响很大。高酸低糖的番茄味酸，而高糖低酸的番茄淡而无味，当两者都很低时则果实无味。果实要有良好的风味，必须有较高的含糖量，更要求有适宜的糖酸比，因此一定的含酸量也是良好风味所必需的，否则即使有较高的含糖量，也会感到缺乏甜酸适度的口味。

4. 营养成分

除糖、酸外，还要考虑维生素 C 和维生素 A 的含量。番茄果实中的胡萝卜素能转变成维生素 A 原，某些橙色品种维生素 A 原的水平高出红果品种 8~10 倍。高色素基因是提供维生素 A 原和维生素 C 含量的基础，但这种高色素基因又会对生长速度、产量和果实大小产生不利的影响。

（二）抗病性

一个优良的番茄品种首先必须能保证高产、稳产，而高产、稳产的基础是抗病。如果一个品种不抗病或不耐病，将失去生产价值。因此，抗病育种已成为番茄育种的突出目标。这不仅因为番茄的抗病性与丰产性及品质等密切相关，而且还由于番茄是一种多病的蔬菜，迄今为止已发现危害番茄的病害高达 200 多种。其中，由真菌及细菌引起的有 19 种，由病毒引起的有 6 种，由昆虫及根结线虫引起的有 3 种。此外，尚有 7 种非寄主性病害。以上还不包括近年因不明原因引发的病害。近年来，我国番茄生产中不断有大面积新流行的病害发生。因此，依靠遗传改良来提高番茄的抗病性，选育抗病或免疫品种，利用寄主的抗性来减轻病害的危害，是番茄育种重要目标。

（三）丰产性和耐贮性

1. 丰产性

高产、稳产是优良品种的基本特征，也是当前番茄品种选育的重要目标。然而，根据产量本身来选择往往难以奏效，必须将选择重点放在对产量有影响的重要目标的成分上，如可密植、单位面积枝头数量多、单果大、单果重、花期与果期长、熟性适宜、能早熟等。

2. 耐贮运性

番茄都是异地栽培、异地消费为主，所以必须要求果实耐贮运性要好。特别是中国目前蔬菜运输工具比较落后，短期内还不能实现全冷链流通，相当程度上要依靠品种自身耐贮运性的增强以降低运输过程中的损耗，增加运输收益，扩大外销范围和数量。因此，需选育耐贮运、货架期长、适合长距离运输和大型超级市场销售及出口的番茄品种。

（四）生育期和生态适应性

1. 生育期

要求早熟、中熟、晚熟品种的配套，不同栽培方式（塑料大棚、温室、露地等）品种配套，不同用途（鲜食、加工、出口等）品种配套。同时要注意选育适合机械化采收，特别是加工品种一定要适合机械化收获，植株要求矮生，茎秆坚硬，果柄无结节，果实易与花萼分离，采收后的果实上不带小果柄和花萼；果实硬度大，果肉致密不易过熟软化，抗倒伏，不需要支柱，叶片较小，株型紧凑，以利于密植；熟期比较集中，果实大小整齐一致、果皮厚、韧性强，具有一定的弹性，耐机械损伤。

2. 生态适应性

番茄在其生长发育过程中，经常受低温、高温、干旱、水涝、土壤盐渍化以及土壤、水分和空气污染等逆境的影响而使其产量和品质下降。解决这些问题，除了改善生产条件和控制环境污染外，进行抗逆育种是一条经济有效的途径，尤其是对培育耐低温或耐高温品种尤其重要，这已成为中国番茄育种主要目标之一。

番茄是起源热带的作物，试验表明：番茄对温度反应比较敏感，温度过高或过低都会使其生长发育不良，严重时甚至受害或死亡。当气温达到 10 ℃或低于 10 ℃时，绝大多数品种会受到冷害。在低于 6 ℃条件下，时间一长，植株就会死亡，即使是短期的低温，植株的生长也会受到阻碍。当气温低于 13 ℃，番茄就不能正常坐果，即使坐果也会产生大量畸形果或顶裂果。反之，番茄也不耐高温，大多数品种在昼温 34 ℃，夜温 20 ℃以上或有 4 h 左右 40 ℃的高温即受严重伤害，引起大量落花。高温下，番茄叶片萎蔫，呈水浸状，发育期显著缩短，茎变细而节间距变长，根系萎缩或停止生长。45 ℃时，短时间内出现日灼，叶脉变成灰白色，继而成黄色，引发坏死或幼嫩组织变色缢陷，很快坏死。因此，番茄耐温的选育目标是：低温能耐 12～14 ℃，夏季高温能耐 34 ℃/20 ℃（日/夜）以上或短期耐 38～40 ℃。同时要求在高温条件下，提高品种抗病能力，如青枯病、病毒病等。

设施栽培品种还要求提高对低温弱光环境的适应性，确保在较低的温度和较弱光照条件下，能够正常开花坐果，果实正常发育膨大，同时不裂果，果实着色正常，株型有利于透光，不易发生郁闭。并要求能抗主要的设施病害，如病毒病、叶霉病、枯萎病、根结线虫病等。适合连栋温室长季节栽培的品种要有较强的持续结果能力，不易发生早衰。

（五）加工性

中国是番茄酱生产及出口大国。因此，加工用番茄品种的选育一直是中国番茄育种的重要内容之一。加工番茄育种的重要目标性状包括抗裂、耐运输、高可溶性固形物含量、高番茄红素含量。优良的加工栽培品种，其可溶性固形物含量应高于 5.5%，与可滴定酸含量之比（糖酸比）应不低于 8。目前中国罐藏加工番茄品种一般为每 100 g 鲜重含番茄红素 9 mg 以上。必须指出，片面追求品种的高可溶性固形物含量，有可能降低成品的番茄红素含量。因为在品种之间番茄红素含量相同的条件下，可溶性固形物含量越高,生产一定浓度的番茄酱(汁)所需的原料越少,因而产品的番茄红素含量就越低。对酱用品种来说,番茄红素的增加幅度大于可溶性固形物含量增加的幅度。生产浓度为28%的番茄酱,番茄红素含量要求每100 g酱中含42 mg。原料品种可溶性固形物含量每增加1%,其番茄红素含量每100 g相应地增加1.5 mg。pH值也是加工番茄品种十分重要的质量指标,果实的pH值影响加工产品需要的加工时间。当产品的pH值升高时,需要较长的加热时间。pH值不能大于4.5。在pH值高于4.5的情况下,番茄罐装制品容易发生酸腐败。贮藏的番茄汁的稠度会因酸度的下降而降低,因此要选择高酸度,即低pH值的番茄品种用作原料。此外,黏稠度也是一个重要的加工番茄的品质指标。

二、育种方法

(一) 选择育种

选择育种方法通常有3种:混合选择法、单株选择法和改良混合选择法。

1. 混合选择法

混合选择法是在采种田里选择若干符合原品种特征、特性的单株,进行混合留种,或把采种田出现的杂株、劣株、病株淘汰后,留下的植株再混合采种。混合选择法简单易行,节省劳力,采种量大,普遍用于生产田用种的种子生产。

2. 单株选择法

单株选择法是在采种田里选择优良单株,分株留种,第2年分别种植,从不同株系间相互比较中选出最优单株,再扩大繁殖。单株选择法工作量较大,选择效果比较好,多应用于原种的繁育。

3. 改良混合选择法

改良混合选择法是把混合选择法和单株选择法结合起来,在多代混合选择的基础上,进行1次单株选择,以鉴定各入选单株的优劣,再将最优的单株混合留种。

(二) 杂交育种

常规杂交育种方法很多,番茄杂交常用的方法有:单交法、多系杂交法、回交法。

1. 单交法

单交又称成对杂交。方法是选取2个亲本材料杂交,经过多代选择选育出综合性状好的材料,单交方法简单,变异程度较小,易于控制。

单交的操作程序(图4-2)如下。

(1) 选择杂交亲本植株花序和花朵。杂交亲本植株花序以第2或第3花序为最好。在每花序中应选择近基部的发育正常的3~4朵花作杂交用,每花序以获得2~3个杂交果实为宜,小果品种留果可适当多一些。

(2) 去雄。关键是要掌握去雄的时期。适宜的去雄时期是在花粉尚未成熟以前,这时花冠已经露出萼片,但还未开裂。去雄时将母本花用镊子尖端把花瓣轻轻拉开,露出"雄蕊筒",然后把镊子从花药筒基部伸入,将花药撑开,夹断花丝,就可将雄蕊全部去除。去雄后立即进行套袋隔离,并挂牌记载。

（3）花粉采集及贮藏。作为父本用的花朵在蕾期先进行套袋隔离,经2~3 d,在早晨露水干后,将当日开放的花朵摘下,放入纸袋中,带回室内,取出花药,摊开晾干,花粉即可散出。也可用电动采粉器采集。番茄花粉寿命较长,采集后可以在干燥、冷凉、黑暗的条件下贮藏备用。

（4）授粉。已去雄的花朵经2 d左右,当花冠充分开放,颜色鲜艳,柱头上分泌有黏液时,是授粉的适宜时期。如为了省工,也可在去雄的同时进行蕾期授粉。

（5）除袋及采果。授粉后5~6 d,当花瓣凋谢,柱头萎蔫时,即可将隔离纸袋除掉（注意:除掉纸袋时不要触动幼果）。当杂交果实成熟后,连同纸牌一并采下,进行观察记载,并按杂交组合分别采种。

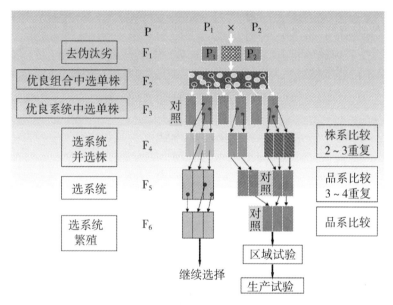

图4-2 番茄有性杂交育种程序（单交法）

案例:如宁波微萌种业有限公司选育的'艳雅183'番茄,就是用'JF763'番茄和'浙樱粉1号'番茄杂交育成的。育种流程见图4-3。

2. 多系杂交法

多系杂交又称复合杂交。按照第3个以上亲本参加杂交的次序又可分为添加杂交和合成杂交。

（1）添加杂交。以单交产生的杂种或从其后代中选出综合双亲优良性状的个体,再与第3个亲本杂交,它们所产生的杂种还可再与第4、第5个亲本杂交,每杂交1次添入1个亲本的基因与某些性状。添加的亲本越多,杂种综合的优良性状越多。但育种年限延长,因而采用添加杂交时,亲本不宜过多,通常以不多于3个亲本较好。

例如,宁波微萌种业有限公司选择育的'OC356541'番茄,就是用添加杂交育成的。育种流程见图4-4。

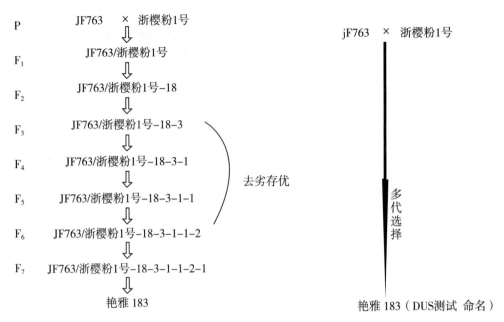

图4-3 '艳雅183'番茄选育系统图示

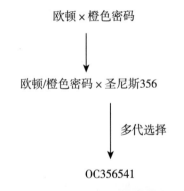

图4-4 'OC356541'番茄的选育系谱

添加杂交的各亲本参加交配的先后顺序安排，决定了各个亲本在杂种中核遗传组成的比率不同。三亲添加杂交时，第1、第2亲本的核遗传组成各占1/4，而第3亲本占1/2。四亲添加杂交时，最后1次参加杂交亲本的核遗传组成也是1/2，而第1、第2亲本各占1/8，第3亲本占1/4。因此，最后1次参加杂交的亲本性状对杂种的性状表现关系甚大。育种目标要求的性状包括遗传力高的和遗传力低的性状时，为了防止遗传力低的性状在添加杂交时被削弱，应先按遗传力高的性状进行亲本配组，再按遗传力低的性状进行亲本配组。

（2）合成杂交。合成杂交与添加杂交的不同点在于每次杂交不是添加1个亲本，而是先进行亲本配对育成2个单交杂种，再进行两个单交杂种的杂交和后代选择。

例如，宁波微萌种业有限公司选择育的'STG6026'番茄，就是用合成杂交育成的。

选育流程见图4-5。

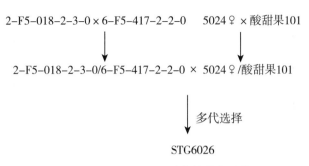

图4-5　'STG6026'番茄的选育系谱

多系杂交方法可以将分散的优良性状综合于杂种之中，然后通过多代选择，选育出综合性状优良、适应性广、多用途的优良品种。国外现代有性杂交育种多采用多系杂交的方式。例如，国内育成的'沈农2号''南农508'，日本育成的'春丽''瑞健''晚霞''舞姬'，美国育成的'克瑞柯子'等品种均为多系杂交。

3. 回交法

回交是杂交育种的一种形式。即从杂种一代起多次用杂种与亲本之一继续杂交，从而育成新品种的方法。由于一再重复与该亲本杂交，故称回交。回交可以增强杂种后代的轮回亲本性状，可以定向改良一两个性状。

例如，宁波微萌种业有限公司选育的'T9011TY2'番茄，就是用回交方法育成的。选育流程见图4-6。

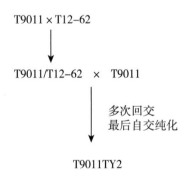

图4-6　'T9011TY2'番茄的选育系谱

（三）杂种优势利用

1. 杂种优势的一般表现

番茄杂种优势主要表现在早熟性、丰产性、抗逆性、生长势和果实整齐度上都优于常规品种，其中尤以早熟性最为突出。

（1）早熟性。番茄的早熟性体现在2个方面：一是熟期提早，具体表现显蕾期提早2~4 d、开花期提早1~4 d、坐果期提早2~10 d、成熟期提早1~4 d；二是早期产量高。因为番茄的杂种在成熟期方面，一般表现为两亲本的中间而偏向早熟，极少有超亲现象，即或有少数的杂种有超亲现象，一般的超亲天数也只是几天（多为 1~5 d）。且生育期比亲本早熟的杂种，不一定早期产量较亲本高，而有些一代杂种虽然不如亲本早熟，但早期产量特别高，而且成熟集中。

（2）丰产性。番茄杂种的产量优势比较明显，大多数杂交组合产量往往比对照增产 20% 以上，比亲本增产 20%~40%，个别增产幅度更大的也多有报道。番茄杂种一代产量的提高，主要是由于杂交一代单株结果数和单果重的增加。

（3）抗逆性。丰产的杂交种，一般都表现比亲本抗性（抗病、抗盐碱、抗寒、抗高温能力）增强，尤其是抗病能力增强。这就使杂种具有较强的适应力与丰产的稳定性，是构成杂种高产的重要因素之一。

（4）生长势。杂种 F_1 的生长势比亲本都有不同程度的增强，表现为植株生长健旺、叶片肥厚、光合能力强。在株高、茎粗方面杂种优势表现不恒定，有些能超出亲本，有些则不然，以中间偏高者居多。而在叶量大小方面，杂种优势表现比较明显。

由于杂种优势具有诸多优点，现在已被广泛利用。有些国家番茄一代杂种的栽培面积已达到 90% 以上。我国近年来也发展很快，不少地区和单位都先后选配了一批强优势的优良杂交组合。

2. 杂种优势的开发与利用

国外蔬菜杂种优势利用开始较早，并且 Wellington 早在 1912 年就已发现杂种第 1 代产量高，但第 2、第 3 代产量低；柯仑斯（Collens）在 20 世纪 40 年代对番茄杂交一代种的产量提高效果作了统计，结果表明，番茄杂交一代种比当地最优良的商业品种一般可提高 19%~52%。日本在 20 世纪 40 年代，在生产上广泛采用了蔬菜杂交一代种，50 年代以后很多蔬菜杂交一代种得到了普及推广。20 世纪 60 年代，各国均选育了一批优良番茄杂交种应用于生产，至 20 世纪 70—80 年代，欧、美、日等发达国家就实现了番茄生产用品种的杂种一代化。

我国在 20 世纪 50 年代开始进行蔬菜杂种优势利用的研究，当时的华东农业科学研究所首先开展了洋葱、胡萝卜、番茄、茄子等蔬菜杂种优势利用的研究，取得了一些研究成果，但推广面积不大。1959 年黄小玲发表了番茄杂交组合力测定及杂种优势表现的报道；1963 年黄真诏等选用 20 个番茄品种做亲本，共组配了 83 个杂交组合，对杂种优势表现进行了研究；改革开放以来，蔬菜杂种优势利用的研究和杂交种的推广应用得到了突飞猛进的发展，我国一些科研单位先后组配一些番茄杂交种用于生产，如中杂 4 等，至 20 世纪 90 年代，我国基本实现番茄品种的杂种一代化。

（四）雄性不育系的选育与应用

目前，开发利用番茄的杂种优势，主要是通过利用雄性不育系制种这一技术途径。

1. 雄性不育的类型

番茄雄性不育的形态表现有 4 种类型，即部位不育（长花柱）、功能不育、雄蕊退化和花粉败育。

（1）部位不育型。部位不育型的形态表现是花柱高出雄蕊筒，故不能自花授粉。这种长花柱型的雄性不十分稳定。日本长野农业试验场正在培育柱头高、雄蕊短的不育类型。北京市蔬菜研究所曾从日本的大型'福寿'品种中分离选出一种长花柱型的雄性不育系，已用作生产杂种一代的亲本。

（2）功能不育型。功能不育型的典型代表是 John Baer 雄性不育系（赞贝尔型），简称 J 型雄性不育系。该不育系的表现是植株生长繁茂，叶病少，花冠封闭，花冠皱缩连成一团锥体与雄蕊粘连，因而花不开放。花药表皮细胞有黏韧性，花药不能自然开裂散粉，故极少自然结实。但是，花药内仍有少量可育花粉，如果人工取出进行辅助授粉，可正常结实。据报道，还有一种花冠开放式的功能不育类型，如矮生符尔比斯兰克。

（3）雄蕊退化型（包括无雄蕊类型和花药畸形型）。①无雄蕊型：表现为花瓣畸变，萼片与花瓣呈绿色，花萼色深、萼片细长、顶端内卷，花瓣浅绿比萼片短，雄蕊严重退化成为丝状的残迹呈绿色自下而上贴附于雌蕊上，仅在柱头外分开；雌蕊变形，花柱短而粗，形如蒜头状。如北京早红。②花药畸形型：表现为花萼在蕾期和花期比正常类型的长，花瓣颜色较淡，花药退化扭曲成鸡爪形、色淡，散乱于花柱周围；雌蕊柱头较粗，花柱有的扭曲、多棱，退化雄蕊也与子房愈合呈蒜头状。

（4）花粉败育型。这种雄性不育的表现包括无花粉及花粉皱缩败育等类型。Rick 指出，许多隐性基因的雄性不育突变，都不能产生可育花粉。西北农学院曾在番茄生产田中发现这种不育型。其表现是全株只开花不结果，生长旺盛，尤其花序、花萼特别粗大，花药外观一般正常或较小，药囊空瘪无花粉，或虽有少量花粉，但通过花粉发芽实验或用染色法鉴定无生活力。花粉败育的突变型在番茄田常有发现，但由于缺少具有正常生活力的花粉，故不易进行保存；此外，这种不育突变体常伴随着一定程度的雌性不育，在异交下其结实率也很低。

2. 雄性不育系的选育及利用

番茄雄性不育系的主要用途是用来配制杂交种种子。早在 20 世纪 60 年代，保加利亚就开展了番茄杂种优势利用的工作。他们特别重视雄性不育材料的选育，于 20 世纪 50 年代就有这方面的报道。目前，每年生产番茄一代杂种种子 3 000 kg，全部用雄性不育系制种，最成功的利用是不育基因 $ms-10$ 和绿茎基因 aa。

如前所述，番茄各类雄性不育系均各有优点和缺点。部位不育型，虽自花传粉有困难，但花药仍能少量散粉，在群体种植情况下，容易发生邻株、邻花之间的传粉。因此天然花传粉率较高，从不育系的角度来看，不能完全避免自交的可能性。另外，该类型易受环境影响，不育性不够稳定。赞贝尔型，由于花药开裂受到限制，基本上可避免自交的可能性。但因花柱短于雄蕊花药筒，造成人工授粉操作困难，而且有组合力低、熟期较晚等缺点。无雄蕊型，可完全避免自交，但结实率较低，果面畸变，果实内种子含量少，而且后代常有分离的缺点。雄蕊退化型，因花药中可产生少量正常花粉，故有一定的自交的可能性，大量繁殖时有困难。所以各不育类型直接用于生产尚不够完善，需做相应的改进。比如，可通过赞贝尔型与长花柱型杂交，这样既能克服长花柱自然散粉的缺点，又能弥补短花柱的不足，花粉充足，便于大量繁殖。赞贝尔型本身具有双隐性标记性状，它和长花柱型都是由一对因子控制，并且可以自由组合，容易转育。此外，在利用雄性不育系与父本杂交配制杂种时，由雄性不育株上采收的种子就是杂种一代种子，但是，仍有一定数量的自交种子，因此需采用指示性状加以区分。Courtence等育成了具有马铃薯叶和绿茎 2 种隐性性状的不育系。用其配制的杂交种在苗期就显示叶片缺刻、茎紫色的性状，而自交苗则表现马铃薯叶、绿色茎的性状。这样，在定植时可将杂种苗用于大田生产，自交苗用于雄性不育系的繁殖。

（1）雄性不育材料的来源。原始不育材料主要来源于以下几个方面：①自然突变。雄性不育性的自然突变频率约为 0.02%，故可通过田间选择鉴定，从大量植株中获得个别雄性不育株作为杂交选育的原始材料。②人工诱变。人工诱变的主要途径有：物理诱变，即利用 X 射线、γ 射线、快中子、紫外线、激光、微波、离子束等处理番茄种子或植株，获得突变体库，挑选雄性不育株；化学诱变，目前主要利用烷化剂甲基磺酸乙酯（EMS）处理番茄种子，获得突变体库，从中挑选雄性不育株；生物诱变，借助遗传转化，获得 Ac/Ds、T-DNA 和 Enhancer-trap 等突变体库，从中挑选雄性不育株。③远缘杂交。通过远缘杂交获得突变体库，从中挑选雄性不育株。④基因工程。利用基因工程定向地对某一个基因进行遗传修饰，创造雄性不育系。

（2）雄性不育株（系）的鉴别和保存。雄性不育株，主要通过形态特征识别，凡植株粗壮、色深绿，不结果或结果甚少，其花梗与花萼特别肥大，而其他花器较小、颜色淡、花药苍白瘦小或皱缩者，可确认为不育株的入选对象，可作进一步检验。方法是对其花粉镜检，无花粉者即属花粉不育，对有花粉者可进行花粉形态和生活力的鉴定。正常花粉的形态、大小整齐一致（番茄干燥花粉为椭圆形）；不育花粉的形态不规则，大小不一致，且花粉数量显著减少。

无雄蕊型雄性不育系，保存比较困难和复杂，需选用一个与此不育系容易杂交的品系与之杂交，得到 F_1 后使之自交，在 F_1 代中可分离出 1/4 的不育株。

花药退化型雄性不育系，此类型雄性不育系，其花药内有少量不育花粉，可选取有花粉的花药，用镊子将药囊拨开取出花粉，人工授在雌蕊柱头上，使其结实，以此保存其不育性。

功能不育型不育系，此类不育系主要是由于花冠不张开、药囊闭合、花粉散不出来而不能自花传粉，可人工将花瓣拨开，取出花药将其拨开，即可得到花粉，经人工授在柱头上，将不育性保持下来。

花粉不育型雄性不育，如属花粉全败育型，可以采取与另外品系杂交然后自交分离的方法或无性繁殖法加以保持；如是少粉型因有少量可育花粉，可以人工拨离花药取粉进行人工自交予以保持。

位置不育型雄性不育，可采取同株异花或异株人工授粉的方法予以保持。

3. 雄性不育的转育

上述几种不同的雄性不育系均具有一定的利用价值，但也各有不同缺欠。如无雄蕊型可完全避免自交，但结实率较低，果实畸形，果实内种子含量少，而且后代常有分离的缺点。雄蕊退化型（St 型）因花药内含少量正常花粉，故有一定的自交的可能性，影响种子纯度，大量繁殖时有困难。J 型不育系（赞贝尔型功能不育）由于花药开裂受到限制，虽然可避免自交，但因花柱低于药筒，人工授粉有困难。少粉型因部分花粉有生命力，影响种子纯度。L 型（长花柱型）虽然授粉方便，但不育性不够稳定，易受环境影响，同时易与邻株、邻花之间传粉，产生一定的天然杂交。几种不育系除具有上述缺欠外，还较普遍地存在配合力低的缺欠。个别的还存在熟期较晚，果形、果色、果重等不符合要求等缺欠。因此，不宜将这些不育系直接用于制种，而必须先把有关的不育系转育到配合力高、产量构成性状较好并具有较好早期标记性状的品系上去，才能加以利用。

转育雄性不育系最常用的方法可用饱和杂交法（重复回交），即自交一代紧接着回交一代的方法，每回交一代所增加父本性状百分率可用公式 $(2^r - 1/2^r)^n$ 计算出来。式中，n 为异质基因对数，r 为回交代数。利用雄性不育系作母本，与配合力优良的可育性品种（做回交父本）杂交，F_1 都是可育的，F_1 约分离出 3/4 可育株和 1/4 不育株。这时，已具有 50% 的父本性状。如此交替回交与自交，每回交一代，父本性状增加一半，每自交一代可以分离约 25% 的雄性不育株。经过 4 代左右的回交和反复选择，就可把回交品种转育成新的雄性不育系，而又基本上保持父本性状。以后每年用同样的方法保持和繁殖雄性不育系。每回交一代必须接着自交一代，才能分离出雄性不育株，这样便使育种过程延长 1 倍。Rick 提出一个比较简便的方法来转移雄性不育系，即先连续进行回交，至回交第 4 代时，再自交 1~2 代，将具有隐性不育基因的植株分离出来。此法的优点是可以节省几年自交的时间，而缺点是每代需要种植大量植株才能保证在每个回交世代中使杂合不育基因不丢失。总之，其特点是需要时间较少而占用空间较大。通常育种工作应以缩短时间为主，故此法仍有利用价值。

关于雄性不育的转育，选择转育的亲本材料十分重要，番茄雄性不育系大多在产量和品质方面具有某些缺欠，如坐果率低、种子少、果形不整、果实疤痕大等，因此所用的转育材料应尽量避免这些缺欠，否则父母本双方的不利特性加以重合，将会导致转育后的材料失去生产上的使用价值。

（五）基因工程育种

番茄是进行基因工程育种研究最早和研究最多的重要蔬菜作物。1994 年世界上第一例商业化的转基因植物品种（延熟番茄）被批准生产以来，到目前为止，据不完全统计，全世界转基因番茄商业化品种已有 60 多个，其中包括了抗病毒、抗真菌、抗病虫、抗除草剂、耐寒、耐盐、耐贮藏、高色素、含甜蛋白及雄性不育等转基因番茄。美国已批准多个转基因番茄品种进入商业化生产，基因工程番茄育种已显示出常规育种方法不可替代的巨大优越性。

（六）分子标记辅助育种

分子标记辅助选择技术不仅可用于单个基因或性状的转育，还可加速多个目标基因的聚合。在外源野生资源开发利用中，分子标记可以加快不良性状的连锁打断和剔除。建立分子连锁图是开发分子标记的基础，尤其对于开发数量性状的分子标记，高密度图谱的创建是重要的前提。

目前，分子标记技术已广泛用于遗传图谱的构建以及番茄许多重要农艺性状的基因和 QTL 的鉴定，包括抗病虫、抗非生物胁迫，花和果实发育相关特性等。该技术还被用于几个重要经济性状的辅助育种，尤其是抗病性上。对于番茄的许多简单的抗病性状，分子标记辅助育种不但快于传统育种，而且更便宜、更有效。分子标记技术可以从DNA水平上准确、快速地鉴定抗病位点，显著提高育种效率。目前，番茄中超过35种病原体的抗性基因已被识别和定位。

宁波微萌种业有限公司成功地将分子标记技术应用于番茄育种。例如，'（1190×1265）-F4-3-2-7'是由微萌种业公司的'贝妮2号'与农友种苗（中国）有限公司的'1265'品种，通过杂交分离并苗期分子标记鉴定，挑选含有 $Ty2$ 抗性基因的植株，最后经5代分离选拔，选育出的自交系。该品种为有限生长类型，成熟期早，红色椭圆形果，果重14 g，可溶性固形物含量最高可达11%，果实细嫩多汁，风味浓郁，耐黄化曲叶病毒。

（七）细胞工程育种

番茄细胞工程育种主要应用于育种材料的加代、克服远缘杂交不育、创造DH群体、创造新的育种材料等方面。主要技术手段有：胚培养、原生质体融合、花粉和小孢子培养等。

（八）系谱法育种

系谱法是杂交育种中最常用的选择方法。在番茄杂交育种中，从第1次分离世代开始，根据育种目标针对株高、生育期、抗病性等遗传力较高的性状，逐代连续选择符合要求的个体，直到纯合程度达到要求时，再按系混收进行评比的杂种后代处理方法。由于当选后代单株都有组合、世代、亲缘、系谱可查，故称系谱法。

系谱法（以单交组合为例）的方法和程序见图4-7。即自杂种第2代（F_2）出现分离开始，严格按育种目标选择单株，中选单株分别脱粒、考种后决定去留。下年按组合和类型将 F_2 入选单株分别种植成株行，称为 F_3 "系统"（家系）。第3代（F_3）系统间的差异比系统内个体间的差异大，故应先选择优良系统，而后在中选系统内继续选株。第4代（F_4）时，来自 F_3 同一系统各单株种成的各 F_4 系统组成一个"系统群"。同一系统群内的系统称为"姊妹系"。系统群间的差异常常大于系统群内系统间的差异。所以 F_4 代也应首先评选优良的系统群，从中选择优良系统，再从优良系统中选优良单株。F_4 代以后各个世代的做法大体与 F_4 代类同。一般从 F_5 代起，凡性状已趋整齐一致而又符合育种目标要求的优良系统，可按系统收割脱粒，下年升入鉴定圃比较产量。对仍能分离的系统可继续点播选株，直到纯合程度符合要求为止。杂种性状基本稳定后，继续选株效果不大。

单株选择代数的多寡，随不同国家、地区或育种家的做法以及材料的不同而异。欧洲国家对品种纯度要求高，单株选择至少进行到 F_7 甚至 F_8 代。美国一般不主张选株代数过长，理由是品系过于纯合，带来基因基础较贫乏的后果；而较早混合的系统由于具有一定的"剩余异质性"，因而有可能更适应变化不定的环境条件，并相对地不易丧失抗病（虫）性。

典型的系谱法在分离世代都采用等距粒播，并特别注意培育条件的均匀一致，以利

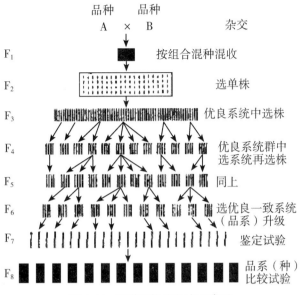

图4-7　系谱法操作程序示意图

准确选择优株。为了便于核查育种材料的系统历史及其亲缘关系，对各世代中选单株进行系统编号，用简明数字表示年份、组合、世代及中选株号。如80（23）-1，表示1980年杂交的第23个组合第2代中选的第一个单株。以后如在该单株后代中继续选株，则在1的后面每世代标加一个短线并记其当代株号。

采用系谱法可在早代针对生育期、株高、抗病性等遗传力较高的性状进行有效的选择，淘汰一部分基本性状未过关的材料之后，再对产量、品质等一些遗传力较低的数量性状适当延迟在纯合程度稍高的较后世代进行选择，这样既可加速选择进程又能收到较好的效果。其另一优点是株、系、群间的家谱关系清楚可查，便于总结经验，并可全面地根据前后代和旁支的表现较准确地鉴别基因型真正较优的株系，从而较早地把精力集中于少数优异材料的选育。系谱法的缺点是早代开始进行单株选择势必不可避免地丢失一部分受数量性状支配的优良基因型。另外，由于系谱法工作细致，需要较多人力物力，与扩大育种规模有矛盾。近年在中国以及欧洲的一些国家仍在广泛应用，但在美国和其他一些国家则多以派生系统法或不同形式的改良系谱法代替典型的系谱法。

宁波微萌种业有限公司利用系谱法成功选育了'萌珠2号'［GPD番茄（2018）330389］、'黄小可'［GPD番茄（2020）330476］、'粉小可3号'［GPD番茄（2020）330535］、'红小可GPD'［番茄（2020）330477］、'凤绮3号'［GPD番茄（2020）330596］等番茄新品种。

（九）扦插繁殖

番茄易生不定根，可以扦插繁殖，现以大棚栽培樱桃番茄为例。樱桃番茄采用扦插法繁殖幼苗，降低了生产成本。且樱桃番茄的产量、品质以及植株长势不会退化。

1. 扦插繁殖时间

由于樱桃番茄易生不定根的特性，于5月初在温室内使用扦插繁殖，其成活率高。

2. 剪取插条

将成株茎节间或成株基部生出的幼株用消过毒的剪刀剪下，并按一芽一节或二芽一节的规格剪成插条，将插条下端在 $2\,000\times10^{-6}$ 的生根粉中稍浸备用。

3. 精整苗床

扦插前要精耕细作、施基肥，畦向与温室长度呈平行方向，一般每畦（6 m×1 m）施腐熟有机肥10~20 kg、磷酸二铵5~6 kg，整平后再铺3 cm厚的沙土。整平作畦后大水漫灌，每亩顺水冲施敌克松粉剂450 g消毒，待水渗下后趁湿将插条顺行插好，并盖小拱棚保湿。

4. 扦插及插后管理

扦插株距5 cm、行距10 cm。插后浇水，第一次要浇透，以后小水轻浇或浇过堂水，随浇随排，湿润土壤，有降低地温和田间气温的作用。插后5日内避免阳光直射，棚内白天气温保持在22~25 ℃，夜间15~18 ℃，一般5 d左右即可生根。此时，要撤去小拱棚。7 d后视墒情而浇水，以利于长根。这时可撤去遮阳网。株高30 cm以上约40 d即可定植。其间注意观察，发现花叶病毒株及时拔除，集中销毁。如有白粉虱，可喷扑虱净600倍液防治。另外，要及时抹除腋芽，促使苗壮。

三、番茄的分类和主要品种介绍

（一）番茄的分类

番茄分类方法很多，按类别可分杂交品种、常规品种；按用途可分为鲜食番茄品种、罐装番茄品种和加工番茄品种；按果色可分为粉果番茄、红果番茄、黄果番茄、绿果番茄、紫色番茄、多彩番茄等品种；按果型大小可分为大果型番茄、中果型番茄、樱桃番茄等品种；按果实形状可分为扁圆形、圆形、高圆形、长形、桃形等品种；按果肩有无可分为无肩、绿肩等品种；按果实熟性可分为早熟、中熟、晚熟等品种；按栽培茬口可分为早春保护地品种、早春露地品种、越夏保护地品种、越夏露地品种、秋延保护品种、越冬保护地品种等；按生长习性可分为无限生长品种、有限生长品种（自封顶品种）。

（二）主要品种

推荐推广的优良品种：

1. 宁波微萌种业有限公司开发的特优新品种

（1）萌珠2号［GPD番茄（2018）330389］。无限生长类型，结果力强；植株高度150 cm（从地面到第4果穗高度），主茎第11至第12片叶着生第一花序，二回羽状复叶，叶色绿；花黄色，花序类型中间型；中熟，红色圆柱形果，单果重15.7 g。可溶性固形物含量最高可达10%。

（2）黄小可［GPD番茄（2020）330476］。无限生长类型，结果力强；植株高度131.7 cm左右（从地面到第四果穗高度），主茎第7至第8片叶着生第一花序，二回羽状复叶，叶色绿；花黄色，花序类型中间型；早中熟，黄色圆形果，单果重15 g左右。可溶性固形物含量最高可达9%，皮薄肉脆，口感好。

（3）凤绮3号［GPD番茄（2020）330596］。无限生长类型，挂果性好，产量高。早熟，橙色椭圆形果，单果重18.0 g。植株高度130.0 cm（从地面到第四果穗高度），主茎第8至第10片叶着生第1花序，二回羽状复叶，叶色绿，花序类型多歧花序为主，花黄色。可溶性固形物含量可达10.0%，品质软嫩多汁，风味浓郁。

（4）粉小可3号［GPD番茄（2020）330535］。无限生长类型，挂果性好，产量高。中熟，粉红色心形果，单果重18 g。植株高度130 cm（从地面到第4果穗高度），主茎第9至第10片叶着生第1花序，二回羽状复叶，叶色绿，花序类型中间型，花黄色。可溶性固形物含量可达9%，品质细脆多汁，风味浓郁，含*ty3*基因（抗番茄黄化曲叶病毒病的主效基因）。

（5）棕褐色番茄F20S444。品种特性：无限生长类型，结果力强，植株高度145 cm（从地面到第四果穗高度），主茎第9至第11片叶着生第1花序，二回羽状复叶，叶色绿，花黄色，花序类型中间型，中熟，棕紫色椭圆形果，单果重13 g。可溶性固形物含量最高可达10.0%，品质细嫩，风味浓郁。

（6）红色番茄F20S335。无限生长类型，结果力强，植株高度145 cm（从地面到第四果穗高度），主茎第9至第11片叶着生第1花序，二回羽状复叶，叶色绿，花黄色，花序类型单式花序为主，早熟，红色短椭圆形果，单果重15 g。可溶性固形物含量最高可达10.0%，品质水嫩鲜甜，风味浓郁，口感鲜甜。

（7）大番茄F20S557。无限生长类型，结果力强，植株高度145 cm（从地面到第4果穗高度），主茎第9至第10片叶着生第1花序，二回羽状复叶，叶色绿，花黄色，花序类型中间型，中熟，橙红色扁圆形果，单果重142 g。可溶性固形物含量可达8.0%，肉质硬脆，酸甜可口。

2. 市场营销的大果型品种

（1）齐达利。无限生长，植株长势中等，节间较短；成熟果实大红色，圆形，单果重200 g左右，果色深红，硬度高，萼片开张。抗叶霉病、黄萎病、烟草花叶病毒，中抗番茄黄化卷叶病毒。保护地栽培坐果性和丰产性稳定，商品性一致，综合抗病性强。

（2）瓯秀201。无限生长型，中晚熟，连续坐果能力强，亩产量6 000 kg以上；果实扁圆，成熟果大红色，色泽较好，平均单果重180~200 g，耐贮运；抗番茄黄化曲叶病毒病（TYLCV）、中抗灰叶斑病。适宜保护地秋延、越冬及早春栽培。

（3）SV7845TH。无限生长，中熟，长势中等；幼果无绿果肩，成熟果实大红色，圆形，单果重220~250 g，硬度高，耐裂，耐贮运，连续坐果能力强。抗TYLCV、叶霉病、TMV、枯萎病、根结线虫。

（4）德瑞斯。无限生长型，中晚熟，植株长势中等。果实圆形，无绿肩，硬度高，耐裂，耐贮运，平均单果重250~260 g。

（5）罗拉。无限生长，早熟，植株长势中等，叶片大小中等；幼果无绿果肩，成熟果粉红色，果实圆形，萼片平展，单果重 250 g，果实硬度中等。抗枯萎病、TMV、中抗 TYLCV、叶霉病、根结线虫。耐高温性好。

（6）吉诺比利。无限生长型杂交一代。中熟，植株健壮，叶片深绿，中大果，果型高圆，萼片开展，成熟果实颜色深粉，口感佳，抗番茄花叶病毒，抗烟草花叶病毒，抗番茄黄化卷叶病毒，中抗灰叶斑，抗南方根结线虫。

（7）天赐 595。无限生长，中熟，长势较旺；幼果无绿果肩，成熟果粉红色，单果重 250 g 左右，果实硬度高；抗番茄黄化曲叶病毒病、叶霉病、枯萎病、烟草花叶病毒病等病害；较耐热。

（8）浙粉 202。无限生长型，长势中等，叶子稀疏，可密植；中早熟，7 叶着生第 1 花穗；果实近圆形，大小均匀，单果重 300 g，商品性好，裂果和畸形果少；果皮厚而坚韧，耐贮运，货架期长；无果肩，成熟果粉红色，着色一致。综合抗性强，高抗叶霉病、病毒病，中抗枯萎病。

3. 市场营销的小果型（樱桃番茄）品种

（1）浙樱粉 1 号。浙江浙农种业有限公司育成。早熟，无限生长，生长势强，叶色浓绿，最大叶片长和宽分别为 60.6 cm 和 50.2 cm，茎直径 1.9 cm；始花节位 7 叶，花序间隔 3 叶，总状/复总状花序，每花序花数为 13~18 朵，具单性结实特性，结果性好，连续结果能力强，6 穗果打顶单株结果 104 个；幼果淡绿色、有绿果肩，成熟果粉红色、着色一致、具光泽，果实圆形，商品性好，风味佳，单果重 18 g 左右；果实可溶性固形物 9.0%。

（2）金珠。我国台湾地区育成。无限生长型，植株高大，生长势强，叶微卷，叶色浓绿。早熟，播种后 75 d 即可采收。结果力强，每花穗可结果 16~70 个，双干整枝时 1 株可结果 500 个以上。果实红色，亮丽球形至高球形，单果重 15.5 g，糖度高达 10 度，风味佳，味甜，适口性好，产量高。

（3）金妃。台湾农友种苗股份有限公司育成，无限生长型，耐枯萎病（Race-1），结果力强，产量高。果实长椭球形，单果重 17 g 左右，成熟果橙色，肉质爽脆，可溶性固形物含量最高可达 10%，风味佳。

（4）凤珠。台湾农友种苗股份有限公司育成，无限生长型，耐枯萎病（Race-1），结果力强，产量高。果实长椭球形，单果重 16 g 左右，成熟果红色，皮薄。肉质细致，可溶性固形物含量最高可达 9.6%，风味佳，无酸味。

（5）京丹 1 号。北京市蔬菜研究中心育成。无限生长型，叶色浓绿，生长势强，第 1 花序着生 7~9 节，每穗花数 10 个。果实圆球形或高圆形，红色，单果重 8~12 g，甜酸适中。耐低温，高抗病毒病，较耐叶霉病。

（6）千禧。台湾农友种苗股份有限公司推出，植株高大，抗病性强。早熟，播种后 85 d 开始采收。高产，每穗结果 14~31 个。果色桃红色，椭圆形，单果重约 20 g。糖度高达 9.6 度，风味佳。不易裂果，耐贮运，耐枯萎病。

（7）夏日阳光。以色列海泽拉公司推出。无限生长类型，叶色浓绿，叶片稍大，节间短。中晚熟，颜色亮黄色，产量高。果实圆球形，单果重 20 g，糖度 8~11 度，货架期 12~15 d，适合保护地早春或秋延种植。

四、栽培技术要点

番茄有大棚栽培，高山山地错季栽培，春、秋季露地栽培等方式。

（一）栽培季节

早春大棚栽培播种适期为 9 月下旬至 11 月上旬，春节至 3 月前后采收上市；也可 7 月播种，11 月下旬采收，或 10—11 月播种育苗，12 月至翌年 2 月定植，4 至 5 月上旬上市，采收至 7 月初结束；高山山地错季栽培模式（重点产区为海拔 600 m 以上的山地栽培），3—4 月播种育苗，5—6 月定植，7—10 月淡季上市；秋番茄及秋延后栽培模式，7 月中旬播种，10 月下旬采收，后期大棚保温，延长采收到 12 月底至翌年 1 月上中旬。

（二）播种育苗

1. 苗床准备

播种床选择避风向阳、土壤疏松肥沃、排水良好、3 年以上未种过茄科蔬菜的地块。每亩大田需苗床 6 m²。苗床畦宽连沟 1.5 m，沟宽 30 cm，沟深 25~30 cm。

在播前 15 d 结合翻耕整地，苗床亩施复合肥 10 kg 和过磷酸钙 25 kg，喷洒 50% 多菌灵 500~600 倍液进行土壤消毒。

苗床地整好后，搭建育苗棚，常用育苗棚是大棚套小棚。大棚以 6 m×30 m 的标准棚为好，小拱棚根据苗床宽度与长度确定。

2. 播种

（1）播种量。每亩大田播种量 20~25 g。

（2）种子处理。浸种前先将种子晒一两天，用 55 ℃ 温水浸种 20 min，或用清水浸泡 4 h，再用 10% 磷酸三钠溶液浸种 30 min，杀死种子表面病毒。捞出后用清水洗净晾干，用湿纱布包裹后在 25~30 ℃ 下进行催芽，有 2/3 种子露白时可播种。

（3）播种方法。采用撒播或营养钵育苗。撒播先将苗床浇足底水，水渗完后，把萌芽的种子拌上细沙均匀撒于苗床上，上盖 0.5~0.8 cm 厚的细土，以不见种子为度。然后放上一层稻草，洒上水，覆盖地膜。为了防止苗期出现病害，每平方米苗床可用 50% 多菌灵 5 g 或 70% 甲基托布津粉剂 5 g 加 1 kg 干细土比例拌匀制成药土，在播种前用 2/3 药土铺底，播种后用 1/3 药土盖籽。

3. 苗床管理

（1）温度管理。出苗前，棚内保持日温 25~30 ℃，夜温 18 ℃ 左右；出苗后，及时揭去地膜，加盖小棚，维持白天 20~25 ℃，夜间 10~15 ℃，超过 28 ℃ 时，及时通气降温，防止徒长。

（2）分苗移钵。2~3 片真叶时浇足底水，进行移苗或移植在直径 10 cm 左右的营养钵中。分苗时要注意保护子叶，少伤根系，防止脱水，盖膜闷棚两三天。其后保持白天 25 ℃、夜间 15 ℃；定植前适当降温炼苗。

4. 定植

（1）选择种植地。选用土层深厚、肥沃、通气性好、排水方便、轮作期 3 年以上未种过茄科作物的沙壤土或黏壤土为番茄种植大田。

（2）定植前的准备

①整地作畦、施足基肥。在定植前 30 d 左右，清除田间前作残株，结合深翻土壤施入基肥。亩施复合肥 50 kg、过磷酸钙 40 kg、菜饼 50 kg 或腐熟农家肥 4 500~5 000 kg；复合肥 30~40kg，或碳酸氢铵 80~100 kg、硫酸钾 50 kg、过磷酸钙 30~50 kg，腐熟农家肥 4 500~5 000 kg。也可施用商品有机肥 1 000~1 500 kg 代替农家肥。基肥施入后，作畦，畦宽连沟 1.5 m，沟深 25~30 cm，整地要求达到畦面平整无大泥块，覆盖地膜。定植前半个月完成大棚、中棚搭建和盖膜工作。

②选好种苗。选择株高 15~20 cm，5~6 片叶，下胚轴长 2~3 cm，侧根多而白，茎粗 0.5~0.6 cm，叶片大而厚，叶色深绿带紫，无病虫害，无损伤的健壮幼苗。

（3）种植

①种植时间。当棚内 10 cm 深处的地温稳定在 12 ℃时开始定植，早春大棚栽培在 11 月上旬至翌年 2 月上旬，选择寒尾暖头的天气进行。

②种植密度。种植密度根据品种特性、整枝方式、肥力基础等决定。有限生长型早熟品种长势弱、单秆整枝的密度要高一些，反之要低一些。早熟番茄每畦种 2 行，株距 27~30 cm，亩栽 3 000~3 300 株。无限生长型品种亩栽 1 600~1 800 株。

③种植方法。起苗前一两天浇水，做到带土起苗，尽量少伤根。按密度挖穴定植，定植后如棚内较干燥，浇 1 次"定根水"。

5. 大田管理

（1）追肥

①轻施苗肥。适当用氮素化肥在小苗期施用，使苗生长大小一致。

②重施结果肥。第一档果坐果后 5~7 d、盛果期和第 1 次采果后各施 1 次果实膨大肥。打孔深施，每次亩施复合肥 15~20 kg，然后浇水覆土；或在地膜下铺设滴管进行液体施肥。番茄对钾、钙的需求量大，缺乏易引起茎腐病和脐腐病，结合防治病虫害喷施 0.5%~1.0%磷酸二氢钾和钙宝进行根外追肥。

（2）大棚温湿度管理。定植后 3~4 d 闭棚不放风，棚内维持温度 25~30 ℃，空气湿度 80%左右。缓苗后适当降低棚温，加大放风量，白天 20~25 ℃，夜间 13~15 ℃，湿度降到 60%左右。夜间温度不能过低，当棚内夜温低于 5 ℃时，要覆盖无纺布或遮阳网加强保温。在果实膨大期，大棚温度可适当提高，白天 25~28 ℃，夜间 15~17 ℃，空气湿度 45%~60%，土壤湿度 85%。果实接近成熟时，棚温可再高 2~3 ℃，加快果实红熟。但挂红后温度不宜过高，会影响番茄红素的形成，不利于着色，影响果实品质。当夜间最低温度不低于 15 ℃时，可昼夜通风换气。

（3）植株调整

①搭架。番茄的茎长到 30 cm 时需插竹竿搭架，并随茎叶生长及时做好绑缚工作。

②整枝。自封顶类型番茄品种多采用单干整枝或一干半整枝；无限生长类型的采用

双干整枝；樱桃番茄则采用多干整枝。单干整枝，只留一个主干，其余侧枝全部摘除，最上层花序留2叶摘心。此方法适宜密植栽培。双干整枝，除主干外，保留第1花序下的1个侧枝，与主干同时生长，将其余侧枝全部摘除。适用于生长期长，生长势旺的中、晚熟品种和大架栽培。多干整枝，除主干外，保留3~4个侧枝，其余摘除。

③打杈。在整枝的同时，随时掰除萌生的其他侧枝。一般用手掰除，第1次打杈在第一档果坐果后自下而上逐次进行。

④摘心。摘心可防止植株徒长，减少植株内养分过多地消耗，促进上层花序坐果和果实膨大，延缓叶的衰老，增加叶绿素含量。摘心时间要在第4穗果坐果后，在该穗果上留2片叶子，以防果实被强光灼伤，切忌在第4穗花序刚一开花就摘心。

（4）水分管理。移栽后土壤墒情差可适当浇水，促进缓苗。此后不浇水，进行蹲苗，促进根系下扎。结果期，如遇干旱天气或棚内土壤过分干燥，及时浇水，最好采用滴管灌水，保持土壤湿润。切忌土壤大干大湿，以免引起裂果。遇有降雨，必须及时做好清沟排水，做到沟无积水。

（5）中耕除草，摘除老叶。雨后及时中耕，防止土壤板结。最好覆盖地膜，随时摘除老黄叶、病叶，以利通风透光，但摘叶不宜过多、过早，以免影响生长。

在结果后期摘除第一簇果以下的叶子为宜。

（6）保果疏果。除了加强栽培管理外，对于低温和高温引起的落花则应用激素处理，在前期棚温低于15 ℃时，可用1.5% 2,4-D 10~30 mg/L的浓度点花（温度低、浓度高，温度高、浓度低；2,4-D蔬菜生产中禁用，仅可用于育种，下同）；在后期，棚温高于25 ℃时，用2.5%防落素10~50 mg/L的浓度喷花（温度低、浓度高，温度高、浓度低）。注意不要碰到茎叶，尤其是嫩梢。为提高品质，做好疏果工作，疏去畸形果、病果、裂果、小果和多余果。

6. 病虫害防治

番茄病害主要有早疫病、晚疫病、叶霉病、灰霉病等，害虫有蚜虫、棉铃虫等，防治措施详见本书第七章。

7. 采收

大棚内番茄从开花到成熟需50~60 d，成熟后应及时采收，以利植株上其他果实的生长发育。鲜果上市的番茄应在成熟后期，即果实2/3红熟时采收，随摘随上市；秋栽番茄，后期温度低，成熟困难，可用自然催熟法催熟果实，将果脐部颜色开始转红的果实采下后，在房内堆放，上覆农膜，保温催红，逐日上市；用于加工的番茄则应在果实完熟期采收。

第二节　茄子

茄子（*Solanumme longena* L.）属茄科茄属作物，茄直立分枝草本至亚灌木，高可达1 m，小枝、叶柄及花梗均有6~10分枝，平贴或具短柄的星状绒毛，小枝多为紫色（野生的往往有皮刺），渐老则被毛逐渐脱落。叶大，卵形至长圆状卵形，叶柄长2~

图4-8 茄子

4.5 cm（野生的具皮刺）。能孕花单生，花柄长1.0～1.8 cm，毛被较密。果的形状大小变异极大。果的形状有长或圆，颜色有白、红、紫等。果可供蔬食。根、茎、叶入药，为收敛剂，有利尿之效，叶也可以作麻醉剂。种子为消肿药，也用为刺激剂，但容易引起胃弱及便秘，果生食可解食菌中毒。中国各省均有栽培（图4-8）。

关于茄子的栽培起源至今仍不能确定，最新研究表明它可能是间接来自非洲的野生种 *S. incanum*（Doganlar et al., 2002；Weese and Bohs, 2010）。古印度、中国东南部及泰国等亚洲东南热带地区可能是最早驯化地，中国云南、海南、广东和广西等地现在山地和原野上发现的野生近缘种野茄 *Solanum undatum* Lamarck（王锦秀等，2003）可能是它的原始种。

茄子在亚洲驯化，从亚洲西南部传播出去，中世纪传到非洲，13世纪传入欧洲，16世纪欧洲南部栽培较普遍，17世纪遍及欧洲，后传入美洲。18世纪由中国传入日本。至今世界各大洲均有茄子栽培。

我国栽培茄子历史悠久，品种繁多，可认为中国是茄子第二起源地。早在西汉（公元前206年—公元25年）时期，王褒的《僮约》中就载有"种瓜作瓠，别茄披葱。"其中的"茄"即为茄子。西晋（公元265—316年）嵇含撰的《南北草木状》中记载有"茄树，交广草木。"南北朝北魏贾思勰的《齐民要术》中"种瓜第十四"一节中对茄子的留种、藏种、移栽、直播等技术均有记载，说明南北朝时期，黄河下游地区和长江下游的太湖南部地区已经普遍栽培茄子。随着近年来国家经济的发展加快，我国茄子种植面积也在逐年增加。

茄子现在已成为全球性的栽培蔬菜，据统计：2020年全球茄子种植面积约为184.6万hm²，全球茄子产量为5 630.2万t左右。其中，中国茄子种植面积约为77.9万hm²，中国茄子产量为3 694.3万t左右，居全球之首。

茄子在我国栽培已有2 000年的历史，分布广，消费量大，品种资源丰富，仅中国农业科学院蔬菜花卉研究所的国家蔬菜种质资源中期库保存有茄子及其近缘野生种资源1 667份（2010年统计），其中作为主要种质资源列入《中国蔬菜品种志》的有220份。

进入21世纪后，尤其自"十三五"以来，我国在茄子的种质资源鉴定、评价和创新上，成绩显著。据不完全统计，我国新鉴定评价国内外性状优良的茄子种质资源有720份，筛选、创制出目标性状突出且综合性状较好的优异种质46份，其中有育种利用价值的地方品种纯系12份、耐热材料3份、耐低温材料5份，有育种利用价值的导入系9份，雄性不育兼单性结实育种材料3份，抗青枯病优异种质5份，抗枯萎病种质3份，叶色黄化突变体1份，抗枯萎病和青枯病远缘种间杂交中间材料5份。耐热性强的材料在高温下不褪色、表皮光亮；耐低温材料在低温下着色均匀、表皮光亮，连续坐果性较好；雄性不育兼单性结实材料在网室中的不育株率均为100%，露地不育株率在 98%以上，在温度低于 17 ℃时表现单性结实。这些材料可用于抗逆（耐低温、耐高温）、抗枯萎病和青枯病、雄性不育和单性结实及短节间育种材料的创制和新组合的配制。茄子叶色黄化突变性状可作为指示性状鉴定茄子杂种纯度。纯化鉴定茄子自交系材料 3 400 份，鉴定筛选出优良亲本材料 75 份，其中株型直立、不易倒伏、耐热性强的材料 18 份；耐低温弱光、综合抗性强的材料 15 份；节间短、植株紧凑的材料 3 份；连续坐果能力强、果色亮度好的材料 2 份，创制 DH 系 40 余份。

此外，在茄子种质资源遗传多样性分析，茄子种质资源抗病、抗虫、耐盐、耐旱、耐涝等抗非生物胁迫资源的评价鉴定，对茄子野生种和栽培种抗病砧木种质的评价等方面都取得了明显的成效。

中国茄子栽培历史悠久，有丰富的种质资源，形成的类型和品种繁多，创新改良的新品种源源不断，特别是从"十三五"以来，茄子育种工作更是成绩斐然，获得省部级科技奖 9 项，授权国家发明专利 37 项。全国共有近 40 家育种单位育成 88 个优质、适应性强的茄子新品种。其中，科研院所育成 59 个，占比为 67.05%；企业育成 26 个，占比为 29.55%；大学育成 3 个，占比为 3.41%。这表明科研院所仍是茄子新品种创新的主力军。育成品种中有 18 个新品种通过省（市）农作物品种审定委员会审定、认定或鉴定。其中，获植物新品种授权品种 8 个。对茄子重要农艺性状基因进行了克隆或定位，并开发了可用于辅助选择的分子标记，显著提升了我国茄子遗传育种的水平。

"十三五"期间，申请植物新品种保护的茄子品种 66 个。其中，科研院所 40 个，占比为 60.61%；企业 23 个，占比为 34.85%（国外公司 2 个，占比为 3.03%）；大学 3 个，占比为 4.55%。授权植物新品种保护权的品种 8 个，获授权新品种数量占申请品种数量的 12.12%，说明申请的品种相似性较高。

针对我国茄子生产方式变化趋势和不同的生态类型及市场消费需求，"十三五"期间，培育出一批满足茄子生产和多样化消费需求的优良茄子新品种。主要包括适宜华北和西北地区栽培的园杂 460（刘富中等，2018）、园丰 7 号、长杂 216、京茄 110、京茄 338、海丰长茄 5 号（惠志明等，2017）等；适宜西南地区长季节栽培的嫁接品种渝茄 5 号、渝茄 7 号等；适宜华南地区栽培的农夫 2 号、农夫 3 号（李植良等，2019）、闽茄 6 号（黄建都等，2020）和赣茄 2 号（戴方荣等，2019）等；适宜华东地区栽培的浙茄 10 号、沪黑 6 号（吴雪霞等，2019）、沪茄 5 号等；适宜长江中下游地区栽培的迎春 4 号、紫龙 9 号、苏茄 6 号、皖茄 15、皖茄 050 等；适宜东北地区栽培的龙杂茄 9 号（曲红云等，2019）、哈茄 V8（戴忠仁和李烨，2017）、辽茄 13 号、16Q06、16Q09 等。一些有特色、口感好的新品种受到市场青睐。如绿茄品种绿玉 1 号（米国全等，2017）、驻茄 15 号（王勇等，2020）、绿天使（朱宗文等，2020）、绿秀丽、翡翠绿（林鉴荣等，2020）等；白茄品种象牙白茄 2 号（曹翠文等，2017）、真糯烧烤茄等。这些品种的推广基本满足了我国茄子周年栽培、周年供应和产品类型多样化的需求。

目前，国内育成的茄子品种在生产中已占主导地位，占市场份额的 90%以上。但在北方保护地茄子生产中，国外品种仍占主导地位，种植面积较大的进口品种有布利塔、765、长戈 1 号、大龙、紫丽人等。

一、育种目标要求

育种目标包括品质、抗病虫、丰产性和耐贮性、生育期和生态适应性及不同栽培类型育种的目标要求。

（一）品质

茄子的品质包括外观（形状、大小、皮色、光泽度）品质、营养成分品质和食用风味品质 3 个方面的内容。

1. 外观品质

茄子外观千差万别。形状、大小、果色、光泽度、条纹等变化极其丰富。各地对茄子外观品质的要求差异很大：东北地区茄子品种以紫黑色长茄为主；华北地区以紫黑色大圆茄为主；西南地区以紫黑色和紫红色长茄为主；华东地区以紫红色线茄为主；华南地区（广东、海南、广西）及与之相邻的福建、湖南、江西的部分地区以深紫红色长茄为主。有的省如山东省，是中国茄子种植大省，品种类型较多，南北多种类型均有种植。各地对果色和形状的外观品质各有偏好，但共性要求是茄子着色均匀、光泽度好、整齐一致、大小适中。

2. 营养品质

茄子含蛋白质、脂肪、糖、铁、钙以及维生素 A、维生素 C 和维生素 P 等，总营养价值可以与番茄相媲美。茄子还含有多种生物碱，如葫芦巴碱、水苏碱、胆碱、龙葵碱等。茄皮中含色素茄色苷、紫苏苷等。现代医学研究证明上述物质具有一定的生理活性，对人体的健康有较好的保健作用。在天然食物中，茄子（特别是紫皮类型）维生素 E 和维生素 P 的含量较高。

3. 风味品质

风味品质是指影响食用口感的一些品质性状，包括茄子肉质紧实或疏松程度、种子多少、苦涩或微甜、外果皮厚度等。一般而言，长茄果肉比较疏松、口感软，圆茄果肉致密紧实；近缘野生种多带明显的苦涩味；引进的欧美茄子品种肉质比较紧实、果皮较厚、耐贮运、货架期较长。

茄子品种类型多，食用方法多样，各地传统消费习惯千差万别，所以茄子育种的品质要求也是多种多样。要立足各地区消费习惯，把果形、单果大小、皮色、光泽度、肉色、果肉紧密度、口感、主要营养成分含量等作为主要评价指标，把优质与丰产、抗病有机结合起来，这样才能选育出符合市场需要的优良品种。

（二）抗病虫

茄子是一种易遭受病害侵染的蔬菜作物，特别是随着规模化生产程度提高，病害发生越来越严重。目前生产上主要采用喷施农药、嫁接栽培等方法来预防和控制病害的发生，但有些方法容易影响茄子安全品质并造成环境污染。开展抗病育种，选育单抗或多抗品种才是防治病害最根本、最经济、最有效的途径。

危害茄子的病害多达数十种，各地因气候、栽培环境和方式的差异，各种病害危害程度差异较大，其中对中国茄子生产危害较大且较广泛的病害有黄萎病、青枯病、褐纹病、绵疫病、枯萎病等。育种时应选育对此类病害有较强抗性的品种。

（三）丰产性和耐贮性

1. 丰产性

茄子产量构成性状包括单位面积株数、单株结果数、单果重等，各构成因素在产量中所占比重由品种的遗传特性决定，同时也受栽培条件的影响。符合高产的品种，要符合以下要求：①株型紧凑，叶片上冲；②单果重：长茄品种 100～200 g，圆茄品种 500～800 g；③结果数要多，而且前期果实坐果率要高、果实生长发育要快。

2. 耐贮性

茄子贮藏中的主要问题是果柄脱落、种子硬化、果肉干耗与果实腐烂。针对这些问题，茄子育种时应考虑选育果柄不易脱落、种子不易硬化、果肉不易干耗与果实不易腐烂的品种。安全贮藏期至少 30 d 以上。

（四）生育期和生态适应性

1. 生育期

茄子是早春种植的主要蔬菜，培育耐低温、熟性早、产量高的新品种是当前茄子育种的主攻方向。熟性早晚是重要的育种目标性状，高纬度的东北、西北地区，无霜期短，露地种植需选育生育期短的早熟品种；南方露地种植需要耐热性强、抗病性好的中晚熟品种。保护地种植为了提早或延迟上市，争取更高的效益，需要早熟或中晚熟品种。所以，生产上需要早、中、晚熟品种配套，加上提前或延后的栽培措施，才能基本上做到均衡供应。

早熟与高产有一定的矛盾。一般情况下早熟品种会因生育期短，产量潜力低，因此对早熟性的要求要适当。早熟程度应在适应耕作栽培制度的基础上，以充分利用当地光、热资源，获得全年高产为原则，选择生育期适当的品种为宜，不要片面追求早熟。同时，必须注意早熟性和丰产性的选择，并根据早熟品种的特点采取合理的栽培措施，克服单株生产力偏低的缺点，从育种和栽培 2 个方面入手，达到早熟和丰产的有机结合。

一般要求：极早熟品种小于 40 d，早熟品种 40～50 d，中熟品种 51～70 d，晚熟品种 71～80 d，极晚熟品种大于 80 d。育种上需注意早、中、晚熟品种配套，加上提前或延后的栽培措施，确保茄子均衡供应。

2. 生态适应性

生态适应性是指对不良环境的适应能力。低温、高温、高湿、干旱、盐碱、水涝、弱光等非生物逆境是影响茄子正常生长、获取优质、高产的制约因素。育种时需考虑选育茄子对这些不利环境因素的抗逆能力。

（1）耐寒性。茄子是喜温蔬菜，温度在 17 ℃以下，生长缓慢，花芽分化延迟，

10 ℃以下引起新陈代谢失调，5 ℃以下会有冷害。冷害对植物的伤害程度，除取决于低温外，还取决于低温维持时间的长短。冷害对蔬菜生理的影响主要表现为削弱光合作用，减少养分吸收，影响养分运转。茄子耐寒性与内源激素含量密切相关，耐寒性较强的茄子品种其生长点、子房和雄蕊中内源激素含量（IAA、ZR、ABA 等）明显高于不耐寒品种。植物抗冷性是由多种特异的数量性状抗冷基因调控的，单一指标很难反映植物的抗冷性实质，应同时采用几种方法相互印证，才能得出正确的结论。

茄子耐寒性材料的获得途径与选育茄子的耐寒性受遗传因素影响较大，适合在早期世代进行选择。一般情况下，茄子耐寒性与结果数、产量和单果重等农艺性状呈正相关，低温对耐寒性较强材料的生长影响较小。由于耐寒性与结果数相关性较强且调查结果数简单、直观，因此在茄子耐寒品种选育中可重点考察这一性状。

茄子耐寒品种可以通过以下途径获得：可通过幼苗干重、茎粗、叶绿素相对含量、净光合速率、冷害指数进行耐寒性评价，选育出耐低温品种；可通过喷施水杨酸、多胺、ABA、钙盐（$CaCl_2$）等外源植物生长调节剂来提高茄子抗寒性；可用耐寒性较强的砧木品种（托鲁巴姆、赤茄等），通过嫁接技术提高茄子抗寒性；由于茄子为典型的喜温性蔬菜，体内抗寒基因较少，可利用基因工程手段导入抗冻蛋白基因，培育出耐寒性较强的茄子品种。

（2）耐弱光。茄子喜高温强光，与保护地设施内弱光条件形成矛盾。在弱光条件下，茄子植株得不到足够的能量，植株变矮，茎秆变细，干重减少，根系生长不良，花芽分化延迟，开花期延长，第 1 花节位升高。花变小、花柱变短，易落花，导致坐果率降低，单株结果数减少，单果重下降。当单株结果数减少、单果重下降时，从而导致茄子产量降低。

针对保护地设施内弱光的环境条件，培育耐弱光品种首先要从改良株型入手，理想株型应是植株分枝角度小，株型紧凑，中、上部叶片上扬，下部叶片平展、叶片厚、颜色深，叶面积小，叶片稀疏。这样的株型能有效增加光线的透过量，使上部叶片在光饱和点以下，下部叶片在光补偿点以上，能最大限度地利用光能，为自身生长提供能量。

光合效率与品种耐弱光性相关。植物叶绿体中叶绿素 a、叶绿素 b 的含量以及色素蛋白复合体数量的多少、活性大小对光合作用有着直接的影响。在弱光条件下，耐受性较强的品种一般表现为叶绿素 b 含量增加，叶绿素 a/b 值下降。

一个优良的耐弱光性茄子品种和材料应为光合效率高、株型结构良好，并有较好的产量构成。但在实际育种中，很难获得各方面都优良的育种材料，通过多种育种技术的聚合将那些优良性状聚合到同一品种中，创制出优良的耐弱光性茄子育种材料和品种。

（3）耐热性。茄子在越夏生产和春季塑料大棚覆盖栽培后期往往受到高温伤害，严重影响产量和品质。因此，茄子耐热性品种的选育也是一个备受关注的问题。

一般来说，中晚熟品种比早熟品种耐热性强，南方地区的长茄比北方的圆茄耐热，如农友茄和武汉农家品种海条茄均表现出极强的耐热性。耐热材料的选择主要通过自然高温鉴定的方法，即通过利用夏季自然高温对各材料进行田间热胁迫，观测高温对植株生长发育的影响，统计其花器质量、花粉活力、果实木栓化程度和产量等指标。目前，鉴定和选育的耐热品种主要有海南枕头茄、南京紫长茄、苏崎茄、益农长身红茄及紫红长茄庆红等。

（五）不同栽培类型的育种目标要求

1. 保护地栽培类型

在温室、大棚等保护地条件下，往往存在光照较弱、空气湿度大、温度时高时低、土壤盐碱化严重等问题，也有肥水充足、栽培管理水平高等有利条件。此类品种的育种目标应为耐低温、弱光、高湿、干旱、盐碱，具有单性结实性，抗多种病害，具有株型紧凑、开展度较小、节间短、叶片小等形态特征，不易早衰，采收期长。在品质方面，要求商品果整齐度高、着色好、着色均匀、耐贮运、肉质细嫩。

2. 露地早熟栽培类型

采用地膜加小拱棚或中拱棚进行短期覆盖以提早栽培、提早采收。此类品种的育种目标是早熟、耐寒、耐弱光、抗多种病害，具有单性结实性能，具有株型紧凑、开展度较小、节间短、叶片小、直立性较强、不易倒伏等形态特征。在品质方面，同样要求商品果整齐度高、着色好、着色均匀、耐贮运。

3. 露地延后栽培类型

此类品种为正季播种，在早熟栽培采收的后期或结束时开始采收，采收期一般较长。此类品种的育种目标是中晚熟，生长势强，耐热耐旱，抗多种病害，耐长采收，单果较大；具有株型高大、直立性较强、叶片较肥大、叶色较深等形态特征；商品果整齐度高，着色好，着色均匀，耐贮运。

二、育种方法

（一）选择育种

选择育种亦称系统选育，是选育作物新品种的常用方法之一。选择育种是以品种内的自然变异为材料，根据育种目标选育单株，从而获得新品种或改良原有品种的方法。根据其对筛选获得优良个体的处理方法不同，又可分为单株选择、群体选择两种基本方法。

1. 单株选择

根据育种目标，从现有品种群体中选出一定数量的优良个体（即单株），分别采收种子播种。每一个个体的后代形成一个系统（株系），通过试验鉴定，去劣选优，育成新品种。这样的品种是由自然变异的 1 个个体（即单株）发展成为 1 个系统而来的，因此又称为单株选择育种或者系统育种。

单株选择是在原品种生产田或者专门为选种而种植的选种圃中进行。茄子一般分 3 次进行选择，第 1 次在开花期，根据茎、叶的颜色、形状、品种熟性和门茄着生节位等性状选择，摘除入选株已结的果实并进行标记，对"对茄"或"四门斗"花于开的当日自交授粉并套袋隔离。第 2 次在果实达到商品成熟期，于第 1 次入选株内，根据植株生长势、果实性状、结果能力、抗病性等选择果形、果色、果实大小等性状均符合原品种性状、生长健壮、无病虫害的植株继续保留。第 3 次在果实成熟后，于第 2 次入选株内淘汰长势、丰产性和抗病性较差的单株，留下的植株单株留种并编号。将严格入选的优良单株种子分小区种植成株系鉴定圃，主要对从选种圃获得的单株品系，进行初步的产量比较试验及性状的进一步评定。在性状表现的典型时期，按单株选择标准对其主要性状进行鉴定，鉴定各株系的典型性和一致性，淘汰不具有目标性状或目标性状表现不明显，与原品种群体无差异或整齐度差的株系。当选株系中及时除去少数有差异的植株，隔离授粉，混合采种。对鉴定圃中入选的品系可继续进行品种比较试验。在实际工作中为了加快育种进程，可以把鉴定圃和品种比较试验的工作合并为一个试验进行。对表现特别突出的优良品系，在较大面积上、更广泛的区域上，进行更精确、更具代表性的生产试验和多点试验，以验证适应性和丰产性并完成新品种的审定。

2. 群体选择

群体选择也叫混合选择，是从原品种群体中按育种目标的统一要求选择性状基本上相似的一批个体混合留种，所得的种子与原品种种子成对种植，进行比较鉴定，选出的群体确实比原品种优越，就可以代替原品种，作为改良品种加以繁殖和推广。群体选择主要用于地方品种和亲本的提纯复壮。在对茄子入选单株的选择方法上与单株选择相同。

（二）有性杂交育种

1. 有性杂交育种的程序

（1）建立原始材料圃和亲本圃。其主要的任务是选出合乎育种目标的材料，并运用适当的杂交方式获得杂交 F_1 组合。

（2）建立选种圃。种植 F_1 代及外观性状表现分离的杂种后代的地块称为选种圃。选种圃的主要工作是从性状分离的杂种后代中选育出整齐一致的优良株系，即品系。杂种后代在选种圃的种植年限根据其外观性状稳定所需的世代长短而定，所选材料性状一旦稳定，便可出圃升级进行比较鉴定。

（3）建立鉴定圃。其主要是种植从选种圃中升级的新品系，进行初步的产量比较试验及性状的进一步评定。

（4）进行品种比较试验。种植由鉴定圃升级的品系或者继续进行试验的优良品种。在实际工作中为加快育种进程，可以把鉴定圃和品种比较试验合并为一个程序进行。

（5）进行生产试验和多点试验。对表现特别突出的优良品系，要在较大面积上、更广泛的区域上进行更精确、更具代表性的种植试验，以验证其适应性和丰产性并完成新品种的审定。

2. 茄子有性杂交的方式

主要有单交、复交、回交等方式。

（1）单交。在茄子育种中，单交常用于将 1~2 个优良性状转育到综合性状较优良的品种中去，从而创制出新的优良材料。

（2）复交。复交杂种的遗传基础比较复杂，其 F_1 就表现出性状分离，它能提供较多的变异类型，但性状稳定较慢，所需育种年限较长。一般综合性状较好、适应性较强，并具有一定丰产性的亲本应安排在最后一次杂交，以便使其遗传组成在杂种中占有较大的比重，从而增强杂种后代的优良性状。

（3）回交。两个品种杂交后，F_1 代再和双亲之一重复杂交称回交。从回交后代中选单株再与该亲本回交，如此进行若干次，直至达到预期目的为止。它多用于改良某一品种的个别缺点和转育某一性状。

3. 有性杂交后代的处理

运用适当的杂交方式，获得杂种以后，就应按照不同世代特点，对杂种后代进行正确处理，经严格的选择、鉴定和评比，最后育成符合育种目标的新品种。杂种后代的处理方法中，应用较广的有系谱法和混合法，以及由此两者派生出来的其他方法。茄子的大多数性状均为数量性状，在杂交后代的处理中，一般在低世代时，要选择遗传力较高的性状，如果色、果形、熟性、株型等。

（三）杂种优势利用

1. 杂种优势的表现

早在 20 世纪初，日本学者通过研究就已对茄子的杂种优势给予肯定，认定杂种优势不仅在品种之间，而且在同一品种不同品系之间也很明显。杂种优势突出表现有三大优点：一是早熟性。大量研究表明，茄子 F_1 代杂种的光合效率可提高 20%。1963 年有研究报道，茄子的杂种一代，有的组合表现特别早熟。'郑州圆茄' × '浙江红线茄'，这个组合比早熟亲本还提早成熟 12 d。齐齐哈尔市蔬菜试验站 1975 年报道，'紫水茄' × '柳条青茄'生育期比熟性较早的亲本'紫水茄'提早 6 d。有 5 个组合，前期产量比双亲平均增产 39.3%。内蒙古农牧学院蔬菜组 1975 年试验，'北京六叶茄' × '山东白茄'，杂种一代的生育期比早熟亲本'北京六叶茄'还提早 5 d。前期产量比双亲平均增产 45% 左右。保加利亚报道，共试验 150 个杂交组合，证实了茄子杂种优势的增产性和早熟性是以生长前期植株的结实为基础的，增产最突出的组合'Na12' × '美味'，早期产量（前 5 次采收量）比双亲增产 53.5%，而后期产量略比亲本低，总产量与亲本相等。二是丰产性。石家庄农业科学技术研究所 1956 年报道，茄子杂种一代增产率比低产亲本增产 50.6%，比高产亲本增产 25.4%，比双亲平均增产 36.6%。北京市农林科学院蔬菜研究所 1977 年报道，11 个杂交组合增产幅度为 2.3%～42.1%。其中，'安阳' × '雁塔'，比母本增产 77.8%，比父本增产 44.9%。齐齐哈尔蔬菜试验站 1977 年报道，26 个单交组合，有 21 个产量超过双亲，增产幅度超过 20% 的有 10 个组合。其中，'黑河油茄' × '鹰嘴七号'，增产 143.9%。日本报道，41 个被测定的杂交组合中，有 29 个组合表现比亲本增产，平均增产幅度为 36.1%。三是抗逆性，茄子杂种一代的植株，对不良的外界条件有较强的抗性。例如，定植于露地后，遇到寒流侵袭时，亲本品种的幼苗叶片下垂，天气转暖后叶边变黄，而杂种一代的幼苗，均未发生这种现象。进入 21 世纪后，有更多的报道，证实了杂种优势的表现。郁继华等（2003）研究表明，茄子的 F_1 代杂种的净光合速率（P_n）显著高于常规品种；刘春香（2001）对茄子 F_1 代杂种的 23 个性状进行了研究，认为其杂种优势不仅表现为生长势、株高、株幅、茎粗等性状上，而且表现在产量和果实品质等经济性状上。

目前，国外茄子生产用种79%为 F_1 代杂种。我国从20世纪60年代开始茄子杂交一代的育种工作，最早育成的杂交种为中国农业科学院江苏分院园艺系1968年育成的优良杂交种——'苏州牛角'×'徐州长茄'，并于20世纪70年代末至80年代初大面积种植。以后又先后育成了'白荷包'×'绿油皮'、'紫长茄'×'久留米'等。这些杂种长势强、分枝多、坐果率高，一般能增产20%~30%。据不完全统计，到目前为止，我国已育成各类茄子新品种数百个，其中杂交种占80%以上。这些新品种应用于生产，对茄子的早熟、丰产、延长供应期等起到了积极的作用，促进了茄子生产的发展。目前，杂种优势利用已成为茄子新品种选育的最重要的方法。

2. 杂种优势育种程序

（1）根据生产和消费习惯的需要确定明确的育种目标，然后依据茄子主要性状的遗传规律及在杂种一代的遗传表现，对要实现的这些目标进行分析，获得主要目标性状。

（2）广泛搜集品种资源并进行鉴定，获得具有目标性状的品种材料。中国茄子品种资源十分丰富、类型繁多，通过对地方品种的优选以及引入品种的分离纯化、有性杂交选育等可获得多种类型的自交系。

（3）利用目标自交系进行杂交组合的选配与配合力测定，再经过观察比较试验、多点试验、区域试验和生产试验，表现优良者即可在生产上推广应用。

3. 目标自交系的选育与利用

（1）自交系及其标准。所谓自交系就是经过多年、多代连续的人工强制自交和单株选择所形成的基因型纯合、性状整齐一致的自交后代，它主要为杂交制种提供亲本。自交系应符合以下标准：基因型纯合，表型整齐一致；具有较高的一般配合力；具有较优良的农艺性状。

（2）自交系的原始材料来源。可以是地方品种、推广品种，也可以是各类杂交种或人工合成群体。从各种原始材料中选育自交系的主要方法是选择育种与有性杂交育种，就是连续多代自交并结合目标性状、综合农艺性状的选择和配合力的测定。

（3）配合力测定。测定配合力是自交系选育中一个不可缺少的重要程序。受多种基因效应支配，农艺性状好的自交系不一定就有高的配合力。只有配合力高的自交系才能产生强优势的杂交种。

配合力由一般配合力和特殊配合力构成。一般配合力是指一个被测自交系和其他自交系配组的一系列杂交组合的产量（或其他数量性状）的平均表现，它是由基因的加性效应决定的。一般配合力的高低是由自交系所含的有利基因位点的多少决定的，一个自交系所含的有利基因位点越多，其一般配合力越高，否则，一般配合力越低。特殊配合力是由基因的非加性效应决定，是受基因间的显性、超显性和上位性效应所控制，只能在特定的组合中由双亲的等位基因间和非等位基因间的互作而反映出来。

茄子的大多数性状为数量性状，采用早代乃至中代测定意义不大，一般应在 S_5~S_6 代时测定自交系的配合力。一般采用多系测交法和双列杂交法。多系测交法是选用几个优系或骨干系作测验种与一系列被测的目标自交系测交，它是一种测定配合力和选择优良杂交种相结合的方法，选出的优良杂交种可作为商品杂交种投入生产利用。双列杂交法是用一组待测自交系相互杂交，配成可能的杂交组合，进行测定。一般用于在已精选出少数较优良的自交系后，进一步确定最优良的亲本自交系和最优良的杂交组合。

自交系原始材料优良种子的获得，需通过人工授粉。首先要培育目标自交系的健壮植株，在此基础上按照严格的自交授粉程序操作。

（1）选择好授粉花蕾。茄子花为总状花序，属两性完全花。一般为单生，部分簇生。开花当日受精能力最强，开花后 2 d 内也有受精能力，但能力减弱。授粉花蕾应选择发育正常、无病虫害主花。以对茄至第 3、第 4 层花为佳，摘除门茄。

（2）正确授粉。授粉时应掌握好花蕾的成熟程度。花蕾太嫩，花粉未能充分发育成熟；过度成熟则花瓣开裂，柱头外露，易接受其他品系花粉影响纯化的效果。选择预计第 2 天开放的花蕾，具体表现为：花冠由白色完全转为紫色，肥大且未开裂。授粉时间在早上 9：00 前后进行，如遇阴雨天气，则相应推迟授粉时间，以利花粉充分发育成熟，增加弹击时花粉的散落量。在选好花蕾基础上，进行授粉，授粉的具体操作步骤是：选择隔日开放的花蕾，用横径约 0.5 mm、长约 10 cm 的细棉纱线，距花蕾末端 1~2 mm 处拧紧，不使花蕾在第 2 天开放时柱头外露。拧线力度以花蕾完全开放后不脱线为宜。授粉时松开拧好的棉纱线，左手捏住花蕾基部，右手食指轻轻弹击花蕾数下。弹击时手法要灵活，用力适中。用力过猛或过小，易损伤花蕾或花粉不散落。弹击花蕾后肉眼观察柱头，若有花粉散落，柱头上明显可见一层淡黄色花粉粒。确认已落粉后，撮合花瓣，在其末端用棉纱线拧牢，拧线时注意柱头应包藏于花瓣内。授粉完成后，花柄系细纱线做上标记。未落粉者可重复弹击花蕾，如花粉管口未开裂，延迟一天再授粉。每授完一个品系，用 70% 乙醇擦洗双手，杀灭部分落在手上的花粉，以免混杂。由于环境胁迫等原因，部分花柱畸形，不利于授粉，影响坐果，此类花蕾可弃用。

（3）授粉结束后，要做好田间管理与病虫防治。

（4）及时采收留种。茄子授粉坐果后 45~55 d 充分成熟。果皮呈黄褐色或蜡黄色时便可采收。采收后后熟 3~5 d 即可清洗晾晒。采收过程应注意成熟果是否做有标记，以免机械混杂，晒干后按株系归类存放。

4. 雄性不育系和恢复系的选育与应用

杂种优势利用是提高作物产量和品质的重要途径之一，杂种优势能够使 F_1 代在优良性状和产量上比它们的亲本都有所提高。目前杂交制种主要通过以下 3 条途径：①人工去雄或化学去雄；②采用自交不亲和系作为亲本；③采用雄性不育系作为亲本。人工去雄比较费时费力且难以彻底去雄，杂交种子产量低，制种成本高，而且有些植物由于花太小而不能大量的人工去雄。化学去雄不彻底，对环境有污染，还可能影响雌性生殖器官和植物生长发育。自交不亲和系繁育困难，而且并非每种植物中都存在。因此，唯有采用雄性不育系是获得植物杂种优势利用的最佳选择。

从 19 世纪中期，发现植物有雄性不育现象后，20 世纪后诸多学者对雄性不育进行了研究并应用于育种实践。据 KAUL 统计，至 1988 年，在 43 科 162 属 617 种植物中发现了雄性不育。雄性不育系的获得最初主要是利用自然变异和人工选育。在亲本原始材料中可能发现雄性不育系植株：隐性基因的雄性不育基因通过连续自交可能培育出雄性不育植株；远缘杂交、物理化学诱变也可以产生雄性不育系植株。随着花粉发育分子生物学研究的深入和基因工程技术的发展，人们开始利用基因工程的手段来创制植物的雄性不育系。中国农业科学院蔬菜花卉研究所、重庆市农业科学研究所在《茄子功能性雄性不育系的选育及利用研究》一文中，报道了以茄子功能性雄性不育材料'GAl-MS'为不育源，以优良茄子自交系为转育亲本，采用杂交、回交与系谱选择相结合的方法选育出'F16-5-8''F13-1-7''F12-1-1'3个优良的茄子功能性雄性不育系，其农艺性状优良、稳定、配合力强，不育株率分别为98.8%、98.6%、98.8%，不育度分别为99.6%、97.6%、99.5%。筛选出性状整齐、配合力好的3个强恢复系'66-3''D-28''110-2'，其平均恢复度为90.35%、92.95%、91.85%，实现了不育系与恢复系的配套。不育系与恢复系配制大量组合。观察比较表明组合杂种优势显著，增产潜力大。利用不育系制种，提高了工效，降低了制种成本，制种产量和种子质量也得到了提高。

（四）细胞工程育种

细胞工程育种包括原生质体培养及体细胞杂交、花药及游离小孢子培养。

1. 原生质体培养

原生质体是比较理想的进行遗传操作的受体，所以原生质体培养一直受到重视。自Saxena等（1981）培养叶肉原生质体获得再生株以来，这方面的报道较多。原生质体的来源是决定原生质体质量的一个重要因素，目前已从叶肉、茎（Gleddie et al., 1986b）和叶柄（Rizza et al., 2002）以及细胞悬浮培养物等材料，经酶解分离得到原生质体并培养出再生植株。李耿光和张兰英（1988）以子叶为材料，用1.5%的纤维素酶、0.4%的半纤维素酶和0.4%的果胶酶的混合液处理5~6 h，得到大量的原生质体，培养成植株并已结成果实。Gleddie等（1986a）从来自叶片离体培养得到胚性愈伤组织的悬浮培养物中，分离原生质体得到再生株。分离得到的原生质体可从2条途径成苗，即胚状体途径和愈伤组织途径。目前，在茄子上大都经愈伤组织成苗（许勇等，1990），经胚状体成苗的成苗率很低。

2. 花药和小孢子培养

通过花药和小孢子离体培养可以获得单倍体植株，从而可以使获得纯系的时间减半，并有利于获得重组家系，为生产商用F$_1$杂种开辟了一条重要途径。

我国利用花培进行单倍体育种开始于20世纪70年代初期，迄今已在茄科、十字花科、葫芦科等10多种蔬菜上进行过研究。茄子花药培养工作虽然开始较晚，但在短时间内已取得可喜成果。王纪方等（1975）在茄子花药离体培养中，首先通过胚状体获得了单倍体植株，1976年采用秋水仙素加倍的方法获得了纯合二倍体。应用激素处理花药时对提高诱导频率有一定效果。随后，黑龙江省园艺所的茄子花药培养也取得了成功，并于1977年用花药培养的方法，育成了茄子新品种'龙单一号'。中国农业科学院蔬菜花卉研究所和中国科学院植物研究所协作选育了茄子单倍体'B-18'品系。程继鸿等（2000）以'七叶茄'花药为材料，研究弱光胁迫下，茄子花药离体培养的再生条件获得了再生植株，为茄子耐弱光遗传资源的筛选奠定了基础。通过小孢子培养也成功地获得了单倍体植株（Miyoshi，1996）。顾淑荣（1979）以'七叶茄'和'九叶茄'为材料，用液体浅层静置培养的方法，获得了愈伤组织。虽然，小孢子培养与花药培养相比有排除母体干扰的优越性，但是其出芽率太低，限制了小孢子培养在实践上的应用。

3. 外源 DNA 导入技术

利用开花植物授粉后形成的花粉管通道，直接导入外源 DNA 来转化尚不具备正常细胞壁的卵、合子或早期胚胎细胞，进而实现某些目的基因转移技术。1989 年北京农业大学报道了将抗病野生茄 DNA 导入'中国长茄'，引起性状变异，产量明显提高。1989—1990 年，黑龙江省农业科学院大豆研究所雷勃钧等对不同科属间作物 DNA 导入进行了探索，在试验中将大豆 DNA 导入茄子等作物，也初步看到了蛋白质含量转化的效果。

4. 辐射育种

齐齐哈尔市蔬菜研究所彭章概等将'盖县紫长茄'干种子用剂量为 10.32 C/kg 的 ^{60}Co 辐射处理后，从其中筛选出了优良突变株系，育成了'齐茄 2 号'，表现为抗病、丰产、品质优良，并一度成为黑龙江地区茄子主栽品种之一。

"十三五"期间，我国茄子细胞工程育种技术得到了进一步优化和完善，建立了茄子离体快繁再生技术体系，分子标记辅助育种技术开始用于育种材料的鉴定和筛选，优化和建立了基因功能研究技术体系，为育种材料的创制和新品种的选育提供了重要技术支撑。

在此期间，茄子花药培养技术、小孢子培养技术和体细胞融合技术进一步优化和完善。不同基因型茄子花药培养获得的愈伤组织诱导率差异较大，将花药培养获得的愈伤进行再生植株诱导，不定芽诱导率从 10.5% 提高到 50%（鲍生有等，2017）。通过对小孢子培养条件、培养基成分和培养方式进行改进和优化，显著提高了茄子小孢子愈伤组织的诱导率和分化率，愈伤组织诱导率达 27.2%，不定芽分化率从 7% 提高到 39%，但不同基因型间差异较大，'白肉紫红圆茄'愈伤组织较易诱导产生不定芽，分化率达69%，'绿茄'和'绿肉紫黑圆茄'为 56%，'紫萼长茄'为 7%，'绿萼长茄'最难诱导分化（王利英等，2016；朱朝辉等，2020）。通过对酶解最适时间、电融合参数研究，建立了'野生蒜芥茄'（*S. sisymbriifolium*）和'水茄'（*S. torvum*）的体细胞融合技术体系（郭欢欢等，2019）。

在此期间，茄子离体快繁再生技术也得到新的发展，茄子开花至果实生理成熟一般需 50~60 d，在果实成熟期常因病害等导致植株死亡或果实腐烂，无法收到种子，导致育种材料丢失。茄子未成熟种子成苗技术（陈钰辉等，2020）、枝条扦插（崔群香等，2017）和微快繁技术（乔军等，2016）的建立，为解决该问题提供了技术支撑，可用于茄子种质资源的保存和快繁。

5. 茄子的扦插繁殖

茄子可以通过扦插的方法来繁殖。

（1）扦插的时间。选在春秋两季比较合适，在这两个季节中，气候比较温和适宜，可以促进扦插枝条成活，大大提高成活率。夏季温度较高，不适合扦插，容易导致枝条腐烂，影响后期的生长发育。

（2）枝条选择。扦插时，为了保证扦插的效果，一定要选择生长旺盛、长势健壮、没有病虫害，有完好的生长点、有花蕾但还未开花的枝条。不能选择特别嫩的枝条，也不能选择开过花的枝条，这两种枝条扦插时成活率会降低。

（3）基质准备。处理好枝条后，可以准备好扦插的基质，要求基质疏松通透、有良好的透气性和保水性，这样扦插后不容易积水，也就不容易腐烂。基质一般可用蛭石、珍珠岩、园土混合配制，配制好放在阳光下暴晒消毒。

（4）扦插方法。将剪取的枝条扦插到基质中，定期喷水保持湿润，避免在阳光下暴晒。等到茄子小苗长大稳定后，可以移栽到土壤中，移栽之后保持阳光照射，注意水肥管理。

（5）扦插后管理。扦插后经常观察苗床情况，插枝成活，生长点的芽长出，腋芽也开始萌发时，要将遮阳网上的草帘揭去；如果发现苗床土壤水分偏低，要用喷壶向苗床喷水保湿，同时在水中加入 0.2% 的尿素。随着扦插苗的长大，逐步揭去遮阳网，待到新苗旺盛生长时，就可以移栽入大田。发现病虫危害要及时防治。

（五） 生物育种

茄子生物育种包括分子标记辅助育种、基因工程育种两大内容。

分子标记辅助育种在 2016 年之前已有许多成功案例的报道。如李海涛等（2002）、朱华武等（2005）等报道了以高抗、感青枯病材料筛选与抗性连锁的分子标记获得成功；赵福宽等（2003）报道了以茄子品系'E-9903'花药低温胁迫培养获得了抗冷细胞变异体；任春晓等（2009）报道了以空间诱变育成的'航茄 5 号'为材料，筛选获得了 RAPD 特异扩增条带，成功用于相关育种材料筛选及品种纯度鉴定等。

"十三五"期间，茄子基因组序列图谱的进一步完善，为在全基因组水平上规模化开发第 3 代 SNP、InDel 分子标记，建立高通量分子标记辅助育种技术体系及种质资源的分子评价奠定了良好基础。中国农业科学院蔬菜花卉研究所、上海市农业科学院、武汉市农业科学院、重庆市农业科学院和华南农业大学等单位分别开发了抗青枯病、抗枯萎病、耐热、果皮颜色、果萼颜色 InDel 标记和 CAPS 标记。在抗青枯病研究方面，分子标记辅助育种也取得了可喜的进展。

基因工程育种，是指将外源基因稳定地导入植物，从而培育出植物新品种的一种重要育种手段，基因工程技术的发展，使我们能够将某一优良品种的单一性状予以特意地改变，不再受植物亲缘关系远近的限制。植物转基因常用的方法有农杆菌介导转化法、微弹轰击法（基因枪法）、聚乙二醇法、电穿孔法、声波法及花粉管通道法等。如农杆菌介导转化法，方法简单易行，重复性好。目前，已经在外植体选择及再生、选择压筛选、农杆菌株系和转化浓度、预培养和共培养时间等影响因子方面做了大量的优化工作，以期获得比较高的转化频率。张兴国等（2001）对三叶茄的下胚轴外植体进行遗传转化体系的优化，获得了表达绿色荧光蛋白的转基因茄植株。此外，利用花粉管通道法将野生茄总 DNA 导入栽培种中也获得了一系列变异（许勇等。1990）。此外，茄子基因工程育种还包括茄子抗虫基因育种、茄子抗病基因育种、茄子抗逆基因育种、茄子单性结实基因育种、果皮色相关基因克隆，以及利用基因工程技术创造育种新材料等，目前都已取得一定进展。

三、主要品种类型及代表性品种

茄子按果实形状可分三类：圆茄、长茄和矮茄。根据果实的颜色可分红茄、紫茄、黑茄、绿茄、白茄等。按熟期可分早熟、早中熟、中晚熟三类。适于早春早熟栽培品种有浙茄 28、杭茄 1 号、浙茄 3 号、引茄 1 号、杭丰 1 号、宁波藤茄等；适于夏、秋高温的品种有杭茄 3 号等。

（一）早、中熟圆果形品种

1. 紫金冠茄

生长势强，株高 150 cm，茎秆、叶片、叶脉、叶柄、果柄、萼片均为绿色。果实长卵圆形，黑紫色有光泽，果长 25~30 cm，单果重 70~100 g，肉白色鲜嫩，籽少且不易老。耐弱光，能正常着色，适于保护地、露地及长季节栽培。

2. 早红冠茄

早熟，生长旺盛，第 8~9 节始花，坐果率高，果实卵形，长 18~20 cm，粗 13~15 cm，幼果紫红，商品果鲜红色，光泽度好，耐老，籽少，肉质细密稍有弹性，无异味，品质优，单果重 300 g 左右。抗病、优质、丰产，适宜早熟栽培。

3. 园杂 5 号

中国农业科学院蔬菜花卉研究所育成，早、中熟圆茄一代杂种。植株生长势强，门茄在第 6~7 片叶处着生。果实扁圆形，单果重 350~800 g，果色紫黑，有光泽，肉质细腻，味甜，商品性好，亩产量 4 500 kg。适于春露地、早春日光温室和塑料大棚栽培。适宜华北、西北地区种植。

4. 京茄 3 号

北京市农林科学院蔬菜研究中心育成，中、早熟圆茄一代杂种。植株生长势较强，始花节位在第 7~8 节，单果质量 400~500 g。果实扁圆形，果皮紫黑发亮，果肉浅绿白色，肉质致密。适宜华北、西北、东北地区温室和大中棚栽培，同时也适宜早春露地小拱棚覆盖栽培。

5. 国杂 16

中国农业科学院蔬菜花卉研究所育成，中、早熟圆茄一代杂种。植株生长势强，连续结果性好，门茄在第 7~8 片叶处着生。果实扁圆形、圆形，纵径 9~10 cm，横径 11~13 cm。单果重 350~700 g，果色紫黑，有光泽，肉质细腻，味甜，商品性好，亩产量 4 500 kg。适宜华北和西北地区春露地、日光温室和早春塑料大棚栽培。

（二）早熟长果形品种

1. 宁波微萌紫红线茄 2020

生长势强健，单株坐果数 25~30 个，果长 28~30 cm，果实直径 3.0~3.2 cm，单果重 70~80 g，果形顺直，果皮紫红色，光泽好，商品性好，肉质糯，果肉褐变速度慢，粗纤维含量少，口感好。耐涝，中抗青枯病和黄萎病，抗绵疫病，持续采收期长，亩产 3 600~4 000 kg。

2. 浙茄 28

浙江省农业科学院蔬菜研究所育成。生长势旺，单株坐果数 25~30 个，果长 28~32 cm，果径 3.0~3.5 cm，单果重 75~85 g，果形直，果皮紫红色、光泽好，外观漂亮，商品性好，皮薄，肉质糯，果肉褐变速度慢，粗纤维含量少，品质佳，口感好。耐热、耐涝，中抗青枯病和黄萎病，抗绵疫病，持续采收期长，亩产量 3 700~4 000 kg。

3. 杭茄 1 号

早熟，果实生长快，商品性好，品质优良。株高 70 cm，开展度 84 cm×70 cm，第一花着生于第 10 节上，果长 35~38 cm，横径 2.2 cm，果紫红色透亮，皮薄，肉色白，糯而嫩。适宜保护地栽培，亩产 3 000~3 500 kg。

4. 浙茄 3 号

生长势旺，株高约 100 cm，开展度 56 cm，第 9、第 10 叶出现门茄花。花苞较大，花柄、花萼紫色。结果性良好，单株坐果 25 个。果实粗细均匀，果长 30~35 cm，横径 2.7~2.9 cm，单果重 130 g，果皮紫红色，光泽较亮。皮薄，肉色白，品质糯嫩，不易老化，商品性好。植株生长强壮，耐低温，苗期生长快，适合保护地和露地栽培。抗病性强。

5. 引茄 1 号

浙江农业新品种引进开发中心育成。株型直立紧凑，生长势强，开展度 80 cm×85 cm，根系发达，再生力强。商品性好，商品率高，果长 35~40 cm，果径 2.2~2.5 cm，单果重 60~70 g，果形长直，尖头，不易打弯，果皮紫红色，外观光滑漂亮；品质好，肉质洁白，果肉褐变速度慢，粗纤维含量少，外皮极薄，口感细嫩而糯，入口即化；丰产性显著，结果层密，坐果率高，持续采收期长，亩产 3 800 kg 以上。

6. 甬茄一号

宁波市农业科学研究院育成。生长势强，株高 70~80 cm，开展度 80 cm 左右。茎深紫色，叶片呈长卵形，叶色深绿带紫晕，花多为单生。第一花序着生于第 8、第 9 节，坐果性好。果形长直，果端稍弯曲，果长 35~40 cm，横径 2.0~2.5 cm，单果重 65 g，果色紫黑有光泽，果肉浅绿白色，肉质柔软，口感好，品质佳，商品性好。较耐热，耐寒性一般。早期产量（始采后 1 个月止）亩产为 1 088 kg，春、夏栽培（至 7 月初）亩产 2 694.8 kg。

7. 杭丰一号

杭州市江干区杭丰蔬菜良种研究所选育，极早熟，耐寒性强，丰产、抗病、优质，适宜春季早熟栽培及秋季栽培；株高 70 cm，开展度 80 cm×70 cm，第 1 花序着生于第 10 节上；果长 30~40 cm，横径 2.2 cm，表皮红紫色、有光泽，皮薄而肉质柔嫩，果色紫红油亮；果形直而不弯，整齐美观，尾部细，坐果多；果肉白，细嫩味甘，纤维少，适口性好，亩产 3 500 kg 左右。

8. 蓉杂茄 3 号

成都市第一农业科学研究所培育的极早熟茄子杂交种，从定植到始收 42 d。生长势强，株高 0.8 m，开展度 0.6 m。果实棒状，纵径 25 cm 左右，横径 6.0 cm，果皮紫色，果肉细嫩，单果质量 240 g。抗病、抗逆性好，单株结果多，亩产量 3 800 kg 左右。适宜四川省春季种植，尤其适宜粮、菜轮作栽培。

9. 长杂 8 号

中国农业科学院蔬菜花卉研究所育成的中早熟长茄一代杂种。株型直立，生长势强，单株结果数多。果实长棒形，果长 26~35 cm，横径 4~5 cm，单果重 200~300 g。果色黑亮，肉质细嫩，籽少，耐老、耐贮运。适宜东北、华北、西北地区春露地和春保护地栽培。

10. 龙杂茄 5 号

黑龙江省农业科学院园艺分院育成的早熟茄子一代杂种。果实长棒形，紫黑色，光泽度好，耐老化。果肉绿白色，细嫩，籽少。果纵径 25~30 cm，横径 5~6 cm，单果质量 150~200 g，亩产量 4 000 kg。中抗黄萎病，耐低温、弱光。适于黑龙江省保护地栽培。

11. 紫藤

浙江省农业科学院选育的早熟一代杂种。生长势旺，株高 100~110 cm，第 1 雌花节位出现在第 8~9 节，坐果率高，平均单株坐果数 35~40 个，持续采收期长。果长 30 cm 以上，果粗 2.4~2.8 cm，单果重 80~90 g。果形直，果皮深紫色、光泽好。抗枯萎病，中抗青枯病和黄萎病。适宜全国各地喜食紫长茄的地区保护地和露地栽培。

12. 凉茄 2 号

甘肃武威市农业科学研究所育成早熟长茄一代杂交种。植株生长势强，果实长棒形，果皮紫黑色、有光泽，果肉淡绿色、细嫩，松软籽少，老化慢，商品性好。较抗黄萎病，适于类似河西气候地区早春大棚与露地栽培。春夏茬露地覆膜栽培亩产量可达 3 600 kg，早春大棚栽培亩产量可达 4 000 kg。

13. 紫妃 1 号

杭州市农业科学院蔬菜研究所育成早中熟一代杂种。生长势旺，株型直立紧凑，株高 80 cm 左右，结果力强。单果重 60~80 g，果实细长而直，果长 35~40 cm，果径约 2.3 cm，果皮鲜红光亮，果肉白而致密，品质佳。抗病性强，耐运输。适宜夏秋露地栽培及高山栽培。

（三）中晚熟圆果形品种

1. 黑帅圆茄

河北农业大学育成的一代杂种。该品种生长势强，开展度小，直立性好，坐果能力强，门茄着生于第 10~11 节。果实圆球形，紫黑色，较大，单果重量 720 g，果实籽少并且小，果实周正，色泽光亮，着色均匀，果肉白而细。耐热性较强，中晚熟。适于在华北地区塑料大棚、地膜加小棚和露地麦茬栽培。

2. 并杂圆茄 1 号

太原市农业科学研究所育成的一代杂种。中早熟，生长势强，茎秆粗壮，株高 80~166 cm，开展度 90~102 cm，始花节位出现在第 8~9 节。果实膨大速度快，从开花到采收仅需 16 d。果实近圆形，平均单果质量 646 g。果皮紫黑发亮，果内种子少，果肉黄绿色，肉质细嫩、味甜。对黄萎病、褐纹病、绵疫病的抗性强。

3. 丰研 4 号

中晚熟茄子一代杂种，从定植至采收 40 d 左右。植株生长势较强，坐果率高，门茄着生于主茎第 9 节。叶灰绿色。果实扁圆形，果皮黑紫色，光泽度好。果肉浅绿白色，致密细嫩，品质佳。单果质量 800 g 左右，亩产量 4 000 kg 左右。适宜喜食紫黑色圆茄的地区夏秋季栽培。

4. 安茄 2 号

河南省安阳市蔬菜科学研究所育成中晚熟圆茄一代杂种，从定植到始收 50~60 d。果实近圆形，单果质量 1.0~1.5 kg，果皮紫红发亮，果肉白而细嫩，果实内含种子少，商品性佳。单株同时坐果最多达 13 个。耐热性强，抗褐纹病，中抗青枯病、黄萎病和绵疫病。亩产量 6 200 kg 左右。可作春露地及麦茬夏秋栽培，也可作保护地长季节栽培。

5. 京茄 2 号

北京市农林科学院蔬菜研究中心育成中熟圆茄一代杂种。植株粗壮直立，生长势及分枝力强。叶片大，叶色深紫绿。果实圆球形，略扁，果皮紫黑色，单果质量 500~750 g，亩产量 4 500 kg 以上。对黄萎病的抗性比对照短把黑和北京九叶茄强。适合于春季小拱棚、秋大棚以及春、秋露地栽培。

四、栽培技术要点

有冬春大棚栽培、早春露地栽培和秋季栽培。冬春大棚栽培于 9 月上中旬播种，11—12 月上旬移栽；早春露地栽培于 2 月上旬播种，4 月中下旬移栽；秋季栽培于 6 月下旬至 7 月上旬播种，8 月上中旬移栽。

（一）播种育苗

1. 播前准备

（1）床土配制。选择中性至微碱性、土质疏松，团粒结构良好，有机质含量高，近年未种过"三茄"的菜园土做床土，加入占总质量 10%~20% 的腐熟过筛的有机肥或商品有机肥、0.1%~0.2% 三元复合肥等，充分拌和混合制成营养土。

（2）苗床准备。苗床地选择避风向阳、地势高燥、排水良好、近年未种植过茄果类作物、交通方便、离定植田较近的田块；大棚栽培的苗床要在播种前搭好大棚，平整好棚内床地、铺上 5 cm 厚的营养土并略加整压踩平。

2. 播种

（1）播种要适期，不可过早或过迟播种。

（2）浸种催芽。采用温水浸种。浸种前先将种子在常温水中浸 15 min，然后将种子放入 55 ℃温水中再浸 15 min，不断搅拌，再在常温下浸泡 4 h 后捞起沥干，用湿纱布或毛巾等包裹，在温度 25~30 ℃下催芽。

种子萌芽前，每天要翻动两三次，使种子内外受热均匀。催芽最好采用变温处理：即一天中先在 25~30 ℃气温度条件下催芽 16~18 h，再在 20 ℃条件下催芽 6~8 h，约 4~5 d 种子露白出芽后就可播种；如用干籽播种，用种子重量 0.1%的 75%百菌清拌种后均匀撒播。

（3）播种量及播种方法。每亩大田需播种量 25 g 左右，每平方米床面用种 5~10 g。播前苗床浇足底水，均匀撒播，然后覆盖 0.5~1.0 cm 细土或砻糠灰，稍加镇压，盖上稀疏的稻草，然后覆盖地膜，以保温保湿，加快出苗。出苗后，立即揭掉地膜。

3. 苗期管理

（1）温度管理。冬春大棚栽培时，出苗前棚内温度白天保持 25~30 ℃，晚上保持 15~20 ℃。出苗后温度控制：白天保持 20~25 ℃，晚上 14~16 ℃，超过 28 ℃及时放风，防止茄苗徒长。定植前 7~10 d，开始低温炼苗，以 15~20 ℃为宜。

（2）间苗。选晴天中午分次进行间苗，淘汰小苗和弱苗，不要 1 次间苗过多，以确保苗床内有足够的苗数。

（3）水分管理。出苗前，要保持床土适当湿润。幼苗期的床土湿度不宜过高，高湿容易导致幼苗发生猝倒病、立枯病、疫病和灰霉病等；湿度过低，会造成僵苗。苗床宜少浇水、用温水浇。假植前 3~5 d 停止浇水。

（4）假植。冬春大棚栽培要进行假植，假植就是当茄苗有 2~3 片真叶期时，将其移入营养钵进行栽培。营养钵口径以 6~10 cm 为宜。假植前，育苗床浇透水，以便于起苗。起苗时茄子幼苗要多带土、少伤根；假植后，用细孔喷头浇透定根水，浇好后撒一些松土，并立即用小拱棚把苗床盖严实，小棚温度白天保持 25~30 ℃，夜晚 15~18 ℃，经 5~7 d 的缓苗活棵后浇 1 次水，以后视生长情况浇水，定植前 1 周内浇 1 次水。

（二）大田定植

（1）整地。前作收获后定植前半个月即进行翻耕晒垡，深 30 cm。结合深翻，亩施腐熟人畜粪 2 500~3 000 kg。结合整地在畦面或畦中开沟亩施腐熟饼肥 80~100 kg、复合肥 30~40 kg、过磷酸钙 15~20 kg。然后按畦宽连沟 1.3 m 开沟作畦，畦沟深 20 cm。整地耙平畦面，在定植前 7 d 铺好地膜，四周用土压实。铺膜前，用 50%扑草净 60~70 g 兑水 50~60 kg 均匀喷洒畦面。大棚栽培的要在定植前覆盖大棚膜增温。

（2）定植。当茄苗大部分显蕾时即可选择根系发达，侧根较多，茎秆粗壮，节间较短，有 6~8 片真叶，叶片肥大，色浓绿，无病虫危害的壮苗定植。早春露地栽培要确保晚霜已过，耕作层 10 cm 土温已稳定在 12 ℃，气温达到 15 ℃以上，选无风晴天定植；秋茄定植时，8 月上中旬天气异常炎热，要选阴凉天气，下午 3:00 以后进行定植为好。

（3）定植密度。行距 60~70 cm，株距约 40~50 cm，早熟品种每亩地种植

2 500株；晚熟品种每亩地种植2 000~2 500株。

（4）定植方法。冬春大棚栽培和早春露地栽培的，要在地膜上按行株距大小挖穴，破口尽量小，然后放入茄苗，栽植深度以覆土盖没营养钵土块为宜，用土将苗四周的穴填满，稍镇压，浇好定根水（加入1%过磷酸钙），最后将膜破口处用泥土压紧，以利保温。秋茄栽培时，则要注意在开穴定植后马上浇好定根水，并用遮阳网覆盖，遮光降温。

（三）定植后的管理

（1）温湿度管理。冬春大棚栽培定植后，要管好棚内温湿度，要求日温28~30 ℃，夜晚20 ℃左右。心叶开始见长，逐步放风，保持日温23~25 ℃，夜温15 ℃左右。进入冬季后，茄子生长需做好保暖防冻工作，特别是雨雪天要及时在大棚内盖好中棚或小拱棚膜，夜里加盖草帘，使拱棚内的气温保持在15 ℃以上。注意晴天早揭晚盖，阴天迟揭早盖。立春以后，气温回升，在晴天中午应防止高温危害，注意揭膜通风。棚内湿度过高，易引发灰霉病等，在满足茄子对温度要求的前提下，应多揭膜通风，降低棚内湿度，增加光照时间。秋季栽培定植后，除浇好定根水，用遮阳网覆盖遮光降温外，注意保湿调温，每天下午浇水1次，连浇四五次；茄子活棵后，及时中耕松土，保湿、蹲苗，促进茄子根系生长。10月下旬覆盖棚膜，随着天气逐渐变凉，通风量逐渐减少，白天温度控制在25~30 ℃、夜晚16~18 ℃，10月中下旬，大棚内可设置小拱棚，当外界气温降至15 ℃时闭棚。寒潮来临前，在大棚四周盖草帘或加盖薄膜，防止受冻。

（2）追肥。冬春大棚栽培开花结果前，不施追肥。自第1批果采收开始，每采收两三批施追肥1次，每次每亩浇施三元复合肥10~15 kg和尿素5~10 kg。可酌情以0.2%~0.4%尿素或0.2%~0.3%磷酸二氢钾进行叶面喷施根外追肥。大棚栽培可增施二氧化碳气肥，在茄子坐果初期，在相邻四株茄子中间开10~15 cm深的穴，亩施二氧化碳缓释颗粒肥50 kg，并盖上5 cm以上的泥土，保持土壤湿润，以增加棚内二氧化碳浓度。早春露地栽培在茄子缓苗后、植株开花前，对保水保肥差、基肥不足的田块，在离茄子根6~10 cm处开浅沟，亩浇稀薄粪水500 kg，或尿素10 kg，或复合肥10 kg，然后覆土。当茄子第一果开始膨大时，亩追施稀粪肥1 000 kg或复合肥15~20 kg，随即浇水、覆土。在茄子"门茄"膨大和"四门斗"坐果时，要经常浇水，使土壤保持湿润，一般5~7 d浇水1次，或每采收1~2次后浇水1次。如天气干旱，应增加浇水量和浇水次数；如雨水较多，则要注意及时排水。结果期追肥采收2~3次，亩追施尿素和复合肥10~20 kg，并用0.2%~0.3%磷酸二氢钾液或0.2%~0.3%尿素液进行叶面喷施。秋季栽培在"门茄"坐果后追肥，亩施尿素15~20 kg和钾肥10 kg，后隔15 d左右追施第2次肥。每次浇水后进行通风排湿。

（3）灌、排水。冬春大棚栽培或早春露地栽培时，茄子在生长前期，由于温度低、水分蒸发少，适度干燥有利根系生长和控制病害的发生，一般不浇水。结果后期，气温回升，植株生长加快，需水量增加，应勤浇水，保持地面湿润不见干。浇水最好在地膜下铺放滴管或4株茄子中间开穴浇施。冬春季温度较低，浇水应在晴天上午进行，做到小水勤浇。

（4）整枝抹杈。茄子植株高易倒伏，防止措施是立杆绑株。当"门茄"开始开花后，将"门茄"以下的侧枝摘除，"门茄"以上的侧枝不整枝；"门茄"4~5 cm 大时，除去"根茄"以下老叶；当"四面斗"4~5 cm 大时，除去"门茄"以下老叶、黄叶、病叶及过密的叶和纤细枝。抹杈是在侧枝长到 10~15 cm 长时进行。在晴天上午，从侧枝基部 1 cm 处将侧枝抹掉。留下部分短杈保护枝干。

（5）病虫害防治。茄子主要病害有灰霉病、绵疫病、菌核病等；主要虫害有红蜘蛛、蓟马等。防治方法详见本书第七章病虫害防治内容。

（四）采收与贮藏

1. 采收

判断菜用茄子是否成熟，通过观察萼片与果实连接处的白色或浅绿色的环状条带来确定，如这条环状条带已趋于不明显或正在消失，是采收适期。

菜用茄子嫩果皮薄而柔嫩，最怕摩擦，所以采收时最好用筐盛装并及时贮藏保鲜。

2. 贮藏

（1）沟埋贮藏保鲜法。选择地势高燥、排水良好的地方挖沟，沟深 1.2 m、宽 1~1.5 m，长度视茄子的数量而定，茄子贮前选择无机械伤、无虫伤、无病害的中等大小的健康茄果在阴凉处预贮，待茄温下降后入沟。入沟时，将果柄朝下一层层码放。第二层果柄要插入第一层果的空隙，以防刺伤好果。如此码放四五层，在最上一层盖牛皮纸或杂草，以后随气温下降分层覆土。为防止茄子在沟内受热或发热，在埋藏茄子时，可每隔 3~4 m 竖一通风筒和测温筒，以保持沟内适宜温度。如温度过低，应加厚土层，堵严通风筒；如温度过高，可打开通风筒。采用这种方法一般可使茄子保鲜贮藏 40~60 d。

（2）恒温库贮藏保鲜法。恒温库贮藏保鲜时，装箱前，每条茄子用纸包裹并采用低氧（2%~5%）、高二氧化碳（2%~4%）气调贮藏技术和生长激素溶液浸渍果梗技术，来防止果梗脱落。

第三节　辣椒

辣椒（*Capsicum annuum* L.），别名：海椒、辣子、辣角、番椒等。茄科辣椒属一年生草本植物。

辣椒以青熟或老熟果供食，根据果实是否有辣味，分为辣椒和甜椒。辣椒果实含有人体所需要的多种维生素，所含有的维生素 A 和 B 族维生素高于黄瓜、番茄、茄子等果菜类，且含有丰富的矿物质和膳食纤维。因此，辣椒是一种营养价值很高的调味蔬菜，可生食、炒食，或干制、腌制和酱渍等。它含有的辣椒素（capsaisin），可以增进食欲、促进消化，并能刺激人体发热，具有一定的药用价值（图 4-9）。

在蔬菜作物中，世界辣椒种植面积仅次于豆类和番茄，为第三大蔬菜作物，同时也是世界上最大的调味料作物。据统计，2020 年，全球辣椒种植面积约为 199.9 万 hm²，

图4-9　辣椒

产量约为3 928万t；中国辣椒种植面积约为81.4万hm²，产量为1 960万t。中国、印度在面积和产量上分别为第1位、第2位，其中，干辣椒产量中国和印度约占全球的70%，鲜食辣椒约占全球的59.9%；其次是墨西哥地区，辣椒产量为3 238 245 t；再次是欧盟，辣椒产量为2 814 530 t。

地处冷凉的国家，一般以栽培甜椒为主；地处热带、亚热带的国家，以栽培辣椒为主。其中，自北非经阿拉伯、中亚至东南亚各国及中国西北、西南各省（市）盛行栽培辛辣味强的辣椒。

辣椒在保证中国蔬菜周年均衡供应中占有重要地位。中国各个地区都有辣椒栽培，华北、西北、东北地区因夏季气候干燥、温差较大，种植产量高；长江流域、华南、西南地区因夏季气候潮湿，适合辣椒最佳生长的温度时间短，因此产量相对较低。辣椒年种植面积超过6.67万hm²的有湖南、江西、贵州、河南、四川、云南、河北、陕西和湖北等省份。

辣椒原产于中南美洲热带地区，欧洲探险者到达美洲以后，哥伦布将辣椒带回了欧洲，1493年辣椒传入西班牙，1548年传到英国，16世纪中叶传遍中欧各国。1542年西班牙人、葡萄牙人将辣椒传入印度和东南亚各国，1578年辣椒传入日本。传入中国的年代未见具体的记载，但是比较公认的中国最早关于辣椒的记载是明代高濂撰写的《遵生八笺》（1591年），此文记曰："番椒丛生，白花，果俨似秃笔头，味辣色红，甚可观"。据此记载，可以肯定的是辣椒传入中国的时间是明朝末年之前。

辣椒传入中国有2条路径：一是丝绸之路，从西亚进入新疆、甘肃、陕西等地，率先在西北栽培；二是经过马六甲海峡进入南中国，在南方的云南、广西和湖南等地栽培，然后逐渐向全国扩展，到现在几乎是没有辣椒的空白地带了。至乾隆年间，贵州地区开始大量食用辣椒，紧接着与贵州相邻的云南镇雄和湖南辰州府也开始食用辣椒。在乾隆十二年（1747年）的《台湾府志》中，有了台湾岛食用辣椒的记载。嘉庆（1796—1820年）以后，有记载说，黔、湘、川、赣四省已开始"种（辣椒）以为蔬"了。道光年间（1821—1850年），贵州北部已"顿顿之食，每物必蕃椒"。同治时（1862—1874年）贵州人则"四时以食"海椒。清代末年贵州地区盛行的苞谷饭，其菜多用豆花，便是用水泡盐块加海椒，用作蘸水，有点像今天四川富顺豆花的海椒蘸水。湖南一些地区在嘉庆年间食辣还不多，但道光以后，食用辣椒便较普遍了。据清代末年《清稗类钞》记载："滇、黔、湘、蜀人嗜辛辣品""（湘鄂人）喜辛辣品""无椒芥不下箸也，汤则多有之"，说明清代末年湖南、湖北人食辣已经成性，连汤里都要放辣椒了。相较之下，四川地区食用辣椒的记载稍晚。雍正《四川通志》、嘉庆《四川通志》都没有种植和食用辣椒的记载。目前见于记载的最早可能是在嘉庆末期，当时种植和食用辣椒的主要区域是成都平原、川南、川西南，以及川、鄂、陕交界的大巴山区。清代同治以后，四川食用辣椒才普遍起来，以至"山野遍种之"。据清代末年傅崇矩的《成都通览》，光绪以后成都各色菜肴达 1 328 种之多，而辣椒已经成为川菜中主要的佐料之一，食辣已经成为四川人饮食的重要特色。与傅崇矩同一时代的徐心余在《蜀游闻见录》中也有类似记载："惟川人食椒，须择其极辣者，且每饭每菜，非辣不可。"

目前辣椒已遍及世界各国。辣椒种质资源丰富，据中国农业科学院 2016 年统计，世界辣椒资源保存情况是：美国 4 748 份、亚蔬中心 5 117 份、保加利亚 4 089 份、墨西哥 3 590 份、俄罗斯 2 313 份、法国 1 150 份。中国国家种质资源库保存有辣椒品种资源 2 248 份。全国 30 多家辣椒育种单位各自还保存有 5 000 多份的辣椒品种（系）资源。

'茄门'辣椒大约是在 20 世纪 40 年代从德国引进上海，名字由英文"German"而得，'茄门'辣椒中晚熟，为灯笼椒，味甜。'茄门'的引进，对促进中国辣椒育种特别是甜椒育种水平的提高起到了重要作用。

李佩华（1989）引种鉴定了世界六大洲 22 个国家的一年生辣椒栽培种，共 239 份材料，其中，来自欧洲 108 份、美洲 68 份（美国 45 份、中南美洲 23 份）、亚洲 24 份、大洋洲 4 份及其他来源 5 份。经试种发现，果实形状的多样性十分丰富，甜椒有长方灯笼形、长圆锥形、宽锥形、圆锥形、扁圆形等；辣椒类有短指形、指形、长柱形、羊角形、长圆锥形、宽锥形、短锥形、扁圆形、樱桃形、果实簇生等类型。经中国农业科学院蔬菜花卉研究所所内小区试验及山西、湖北、湖南、浙江、云南、陕西、甘肃、吉林和北京等省份不同试种点的引种观察，筛选出对病毒病抗病和耐病的品种有 Rubyking 甜椒（法国引进）、77-14 甜椒（奥地利引进）、黄方甜椒（保加利亚引进）、83-71 辣椒（法国引进）、Perennial 辣椒（法国引进）5 个品种，对中国抗病毒病育种起了重要作用。

1990—1995 年，中国农业科学院蔬菜花卉研究所组织江苏省农业科学院蔬菜研究所、湖南省农业科学院蔬菜研究所和辽宁省农业科学院园艺研究所对 1985—1990 年间筛选到的抗病性强、品质优良的辣椒品种资源重新进行了综合评价，即对国内的 154 份辣椒资源分别在江苏、湖南、辽宁 3 个不同的生态区进行栽培，并进行田间和室内抗病性、经济性状的评价。结果鉴定出 3 份材料表现优异，可直接用于辣椒育种；15 份材料抗 TMV；11 份材料抗 CMV；7 份材料抗炭疽病；17 份材料抗疫病；7 份材料维生素 C 含量高；4 份材料的辣椒素含量极高。

"十二五"期间，辣椒遗传资源研究进一步深入，研究内容更为丰富。为了探究我国辣椒资源遗传结构和多样性，中国农业科学院蔬菜花卉研究所辣椒课题组对我国 1 904 份辣椒资源的遗传结构和地理区域进行了分析，开展了国内辣椒资源遗传背景和地理区域的研究，并同国外辣椒资源的遗传背景进行了比较，进一步查明了我国种质资源状况（种间资源背景狭窄；种内资源丰富，但品种遗传特性的地理差异）。在此期间，隋益虎等（2014）利用同工酶对 32 份辣椒材料进行聚类分析，分成 4 组，分别与辣椒的 4 个栽培种相对应。张宇斌等（2013）着眼于观赏辣椒的搜集和分类工作，获得了一批观赏辣椒资源。张晓敏等（2015）从我国 368 份辣椒地方品种中鉴定出 2 份抗

CMV 资源。王学瑛等（2015）分析了我国 1 904 份辣椒材料中抗马铃薯 Y 病毒（PVY）的 *eIF4E* 基因第 1 外显子作用位点的碱基差异，发现其具有丰富的多态性，为该基因的分型和抗病功能分析奠定了基础。仲辉等（2013）进行了不同类型干制辣椒的辣度评估及辣度杂优遗传分析，明确了 31 个辣椒地方品种的辣度以及辣度的杂交遗传效应。

"十三五"期间，辣椒种质资源的鉴定评价继续深入，如中国农业科学院蔬菜花卉研究所辣椒课题组对我国基因库中的 1 904 份辣椒种质资源进行遗传多样性分析，最终选择了 248 份获得 75.6% SSR 等位基因的材料作为核心种质（Gu et al., 2019）。同时选取我国辣椒资源中地方特色品种和骨干亲本及一些国外引种材料，进行园艺性状评价鉴定，筛选出一批园艺性状优良的辣椒资源（赵红等，2018）。

辣椒种质资源的创新与利用始于 20 世纪 60 年代，至今已取得一系列重大成就，如张继仁（1980）对收集到的湖南省 33 个市（县）的 35 个辣椒产区 53 份辣椒品种材料进行了鉴定研究、筛选，并从 20 世纪 60—70 年代起在湖南大面积推广应用，产生了较好的经济效益和社会效益；张宝玺等（2005）利用国外引进的 2 个抗疫病的商业品种，通过系谱法选择，获得了 6 个园艺性状普遍优于茄门、对疫病达到抗病和高抗水平的株系，其中有 4 个株系兼中抗 CMV 和 TMV，另有 1 个株系兼抗 CMV，特别是株系'20079-0-3-1-27'和'20080-0-1-3-9'综合表现尤其突出；辣椒遗传学研究取得进展，如辣椒花器官相关基因 *PAP3* 基因的克隆和功能验证（马宁等，2014）、核不育 GMS 相关基因的克隆和表达分析（刘辰等，2014）。对于胞质不育基因，邓明华等（2010）和 Ji 等（2014）分别克隆了不育基因，并验证了其功能。对于胞质不育恢复基因，中国农业科学院花卉蔬菜研究所辣椒课题组最早在国际上报道了恢复主效基因位于第 6 号染色体的信息（Wang et al., 2004）；之后，韩国学者、中国学者为克隆主效基因相继进行了不懈的努力（郭爽等，2009）。在辣椒抗病性遗传机理的研究方面，对辣椒疫病、CMV、炭疽病等影响我国辣椒生产的主要病害进行了探索；同时开始重视辣椒营养品质性状（包括辣椒油脂、维生素 C、辣椒素和辣椒红素等）和加工性状（如果实性状）的研究。随着分子生物学、基因组学和比较基因组学的发展，一些遗传学家开始关注辣椒果实的发育。一个明显但还未知的问题是辣椒果实形状为何如此丰富？在辣椒果实发育过程中哪些基因起了作用，是如何起作用的？中国农业科学院花卉蔬菜研究所辣椒课题组围绕这些问题开展了初期工作，主要研究了激素对于辣椒果实发育的作用，以及辣椒果实初始发育阶段的细胞分裂和膨大机制（曹亚从等，2013）。

在此期间，辣椒基因组遗传学得到发展，最重要的成果是辣椒全基因组序列的公布。

随着大量分子标记的开发，研究者开始进行全基因组关联分析（GWAS）研究，如育种学的研究、杂种优势利用、单倍体育种规模化、雄性不育系研究及利用，培育了一批不育系和恢复系，在核不育和核质互作雄不育的应用方面都取得了很大进步。

"十二五"期间，是我国辣椒品种极大丰富的一个时期。据不完全统计，我国各地新育成的辣椒品种不少于 1 000 个，几乎包括了各种类型，其中线椒、羊角椒、螺丝椒、干椒新品种较多，如湖南省蔬菜研究所培育的'博辣'系列、四川省农业科学院园艺研究所培育的'川腾'系列、深圳市永利种业有限公司培育的'辣丰'系列等。干制辣椒育种得到国家公益性行业（农业）科研专项的资助，培育出了抗病、高色度的干椒新品种，如重庆市农业科学院蔬菜研究所培育的'艳红425''艳椒426'，贵州省辣椒研究所育成的'黔辣7号'，云南省农业科学院育成的'文辣5号'等（黄任中等，2015）。虽然辣椒品种类型丰富，但是很多育种单位育成的品种类似，同质化问题还没有得到很好的解决。

进入"十三五"以后，辣椒种质资源的创新进一步发展，主要成绩有：挖掘了一批重要的种质资源，包括种间材料（顾晓振等，2016）；对辣椒抗逆性状包括耐盐性、耐低温弱光性、抗旱性、耐热性等的鉴定与挖掘取得了较大进展；品质性状研究取得一定进展；分子育种快速发展，辣椒基因组序列公布等。

"十三五"期间，辣椒品种选育取得重大进展。如中国农业科学院王立浩、张宝玺研究团队利用抗原鉴定、回交转育结合分子标记辅助选择，创制了抗辣椒轻斑驳病毒［PMMoV（P1，2）致病型］的新种质资源，在国内率先创制了含有 L3 抗性基因的辣（甜）椒品种——中椒105号、中椒106号、中椒107号、中椒108号、中椒1615号等；最近又将 L4 基因转育到多份自交系材料中（于海龙等，2021）。此外，基于辣椒TSWV近年来也有大面积暴发的趋势，王立浩、张宝玺研究团队在国内率先将 TSWV 抗性位点转育到甜椒自交系中，育成含有 Tsw 抗病基因的多抗、优质甜椒一代杂种中椒115号（王立浩等，2016，2019b），对 TSWV 表现出良好抗性。

"十三五"期间，育成品种类型多样，优质品种数量增多。椒类品种选育文章共刊出163篇（"十二五"期间共刊出116篇），79个品种获得新品种保护授权（"十二五"获授权品种32个）；2017—2019年共有2 801个辣椒（甜椒）品种通过了农业农村部非主要农作物品种登记（www.seedchina.com.cn），这2 801个辣椒（甜椒）品种中部分为补充登记。为了适应各地不同栽培模式和不同消费需求，各科研单位和育种企业培育出类型多样的甜（辣）椒品种，其中有适宜鲜食的甜椒、牛角椒、羊角椒、线椒、螺丝椒等类型，也有适宜加工的干制辣椒、制酱辣椒、脱水椒、提炼辣椒素及红色素的专用品种。随着消费市场的变化，品种类型专用化是必然的发展趋势，一个品种兼作多用、独打天下的情况越来越少。目前辣椒品种同样进入供给侧改革和质量发展的阶段，不论是辣椒品种种类还是种子数量，均能满足生产者的需要，提供品质优良的品种是目前辣椒育种的发展方向。辣椒品种选育的重要目标调整为：鲜食辣椒品种要满足皮薄、香辣、高维生素 C 含量等风味和营养品质方面的要求，加工专用型辣椒品种要满足高辣度、高色价等提高产业效率方面的要求。

"十三五"期间，设施辣椒专用品种数量增加，品种商品性显著提升。国内科研单位和育种公司通过引进、消化、吸收西方设施辣椒类型的种质资源，结合我国栽培条件和消费习惯，培育出不少生长势强、连续坐果能力突出，适宜保护地栽培的专用品种，根据报道，育成的保护地类型品种41个（"十二五"期间育成17个）、保护地和露地兼用品种56个（"十二五"期间育成51个）。其中，王立浩、张宝玺研究团队培育的早春、秋延保护地专用甜椒品种中椒1615号、中椒252号在抗病性、商品性方面表现优于国外同类品种；中椒黄钻1号、中椒红钻1号等彩椒品种在商品性上已逐步达到国外同类品种水平。

一、育种目标要求

（一）品质

辣椒品质主要包括 2 个方面：一是果实的商品外观和风味；二是果实的营养成分含量。不同地区消费习惯不同，对辣椒品质的要求差异很大，如鲜食辣椒，中国华东、华北、华南地区喜欢果大、肉厚、果面光滑、果皮薄、果肉脆嫩、肉质细软、味甜、环形美观、风味佳的灯笼椒品种；西北、东北地区喜欢果实粗大、牛角形、肉厚中等、果面光亮、平滑无皱、中等辣度或微辣带甜、肉质细软、外形美观、风味佳的品种；中南、西南地区喜欢果实细长、线形、牛角形，果肉厚中等，果面光滑，果皮薄，肉质细软、脆嫩，味辣而不烈，外形美观，风味佳，干物质含量高的品种。

在符合当地消费习惯的前提下，辣椒育种品质的共性要求是：果实较大，果皮鲜亮、果形美观、整齐，果皮薄，种子少，胎座小，果面光滑，口感脆嫩，风味浓郁，维生素 C 和干物质等营养成分含量较高等。

（二）抗病虫

辣椒病害主要有病毒病、疫病，其次还有炭疽病、细菌性斑点病、疮痂病、青枯病、菌核病、叶枯病、白星病、灰霉病、软腐病、细菌性叶斑病等，生理性病害有日烧病、脐腐病等。

目前，生产上危害最严重的是病毒病、疫病，中国南方地区（如长江中下游地区）炭疽病、疮痂病和青枯病也日趋严重。

辣椒病毒病俗称花叶病，侵染中国辣椒的病毒病主要种类有 CMV（黄瓜花叶病毒）、TMV（烟草花叶病毒）。发病时会造成辣椒落花、落叶和落果，导致辣椒减产。病毒病的传播途径主要是昆虫和农事操作中的接触。通常情况下，遇高温干旱蚜虫和蓟马危害严重时，黄瓜花叶病毒病会发生较重。

辣椒疫病是危害辣椒最严重的真菌性病害，是一种严重的世界性病害。20 世纪 60 年代以来在中国逐渐蔓延，在中国的南北方均大面积发生，危害程度逐年加重，给辣椒生产带来严重损失。辣椒疫病除危害辣椒的根、茎、叶、花和果实外，还危害茄科其他作物和葫芦科作物，常引起大片植株枯死。辣椒疫病对产量、品质影响极大，成株染病多从茎基部或分枝处产生水浸状暗绿色病斑开始，后环绕茎表皮扩展呈黑褐水腐状病斑，稍凹陷，病部以上枝叶凋萎死亡，可造成全株枯死和折倒。一般田块死株率为 20%~30%，严重时减产 50% 以上，甚至造成毁灭性损失。

病害是造成辣椒减产、品质下降，甚至绝收的主要因素。采用化学药剂防治对某些病（如病毒病、疫病）效果不很明显，而且化学药剂对环境的污染和对人体的毒害已日益引起人们重视，因此开展辣椒抗病育种一直是各国育种工作者的一个重要目标。

辣椒虫害主要有蚜虫、烟青虫、温室白粉虱等。蚜虫以成虫和若虫群集于叶片、嫩茎、花芽、顶芽等部位，刺吸汁液，使叶片和嫩茎变黄、卷缩、畸形，影响正常开花结实，受害植株生长缓慢、变得矮小，甚至枯萎死亡。

烟青虫以幼虫蛀食蕾、花、果为主，也可危害嫩茎、叶和芽，但主要危害形式是幼虫钻入果内蛀食，蛀孔常因病菌侵入而造成脱落和腐烂，一头幼虫一生可危害3~5个果，花和花蕾受害引起大量脱落。

温室白粉虱以成虫、若虫群居叶背吸食汁液，被害叶片褪绿、变黄、萎蔫甚至全株枯死。由于白粉虱繁殖力强、繁殖速度快，在棚室内如得不到有效控制，种群数量迅速增加，并分泌大量蜜露，容易诱发煤污病，严重污染叶片和果实，使蔬菜失去商品价值。

（三）丰产性和耐贮性

1. 丰产性

丰产性是任何一个优良品种必须具备的基本特性，它与品种的遗传和栽培的环境有关，受许多性状的影响，其中最直接的影响是产量构成性状。单位面积产量由单位面积的株数及单株产量构成。影响单位面积株数的是株型、叶量和光合效率；而单株则又取决于花数、坐果率（单果数）、单果重、采收期，以及对环境条件的适应性和抗病性等因素的制约。从生理上提高光能利用率（高光效、低光呼吸、低补偿点等），可提高植株养分的积累，减少养分的消耗，从而提高单株的产量。因此，选育时要进行多方面的综合考虑。国外多数研究认为，配制杂种一代要以果数型作母本、果重型作父本，产量优势才最大。

农业种植大户的关键诉求是产量，其次是产品品质；高产相应地能给农户增收。影响辣椒产量的第一大要素是品种特性；第二大要素是病虫害，减少病虫害的发生能在一定程度上保障获得预期的产量。

就品种特性而言，首先要保证采收时果实不易破损，果实不破损，中间商采购运输过程中也就不易腐坏损耗，即使是在市场价格较低的情况下也可以贮存而延后时间上架。

2. 耐贮性

耐贮性是指耐运输和贮藏的货架期。辣椒原产南美洲热带地区，属冷敏性作物，喜温暖多湿，且含水量高，易发生低温伤害，采后极易腐烂和变质，辣椒从采摘至消费者或加工厂家的时候，损耗近30%。因此，对于辣椒采后相关生理生化的变化和耐贮藏品种选育的研究有明显的社会效益和经济效益。

影响辣椒耐贮性的因素有品种、栽培条件、采收时期、贮运过程中温度和相对湿度、不同贮藏保鲜技术、辣椒贮藏期间的生理生化变化、呼吸作用和乙烯释放的变化、可溶性果胶的变化，其中起重要作用的是内因条件——品种特性。李娟娟等（2012）研究认为：品种的耐贮性是决定青椒贮藏期和保鲜效果的内在因素，因而不同品种青椒耐贮性差异较大。耐贮藏品种的果实角质层厚、皮坚光亮、颜色深绿、干物质含量较高。一般而言，甜椒、油椒比尖椒耐贮藏，晚熟品种比早熟品种耐贮藏。杨瑞平等研究表明，随着贮藏期的延长，不同耐贮性辣椒的果实硬度不断下降，但耐贮品种比不耐贮品种的变化趋势平稳。另外，不同品种以及不同产地的辣椒对 CO_2 的忍耐力不同。CO_2 虽对辣椒有保鲜保绿作用，但当 CO_2 超过一定浓度时会导致生理失调，造成萼片褐变和果肉腐烂，因此对 CO_2 忍耐力强的品种耐贮性较好。因此，育种时，应将辣椒耐贮性作为一个重要的育种目标。

（四）生育期和生态适应性

1. 生育期

生育期的长短应根据辣椒能够周年均衡供应和适于不同气候环境下栽培的需要确定。育种时，应考虑早、中、晚熟品种配套，以充分发挥品种和气候环境的优势，提高经济效益。如为提早上市需要选育早熟或极早熟的品种，要延后上市就需要选育晚熟或极晚熟的品种，错开上市期，避免集中上市，这样既保证了均衡供应，又能取得好的经济效益。在气候温和、生长期长的地区要求用中、晚熟品种，以提高辣椒的产量和品质；而在生长期较短的地区，早春及保护地中栽培，则要求用早熟品种，以提高辣椒的早期产量和经济效益。所以，育种工作必须重视不同熟性配套品种的选育。

构成辣椒熟性的主要性状有门花节位、现蕾期、开花期、果实发育速度、株型、植株生长势、果实大小、始收期、早期产量等。在亲本选配时应根据选育熟性的目标合理地搭配上述构成熟性的性状。如选育早熟品种，要求具有门花节位低、开花早、果实发育速度快、植株生长势中等、果实大小适中、始收期早、早期产量高等性状；而中、晚熟高产型品种要求具有果大、植株长势旺、茎秆粗壮、叶片较大、坐果多、抗病性强、产量高、品质好等性状。

2. 生态适应性

生态适应性是指生物对环境的适应能力。是生物随着环境生态因子变化而改变自身形态、结构和生理生化特性，以便与环境相适应的过程。

辣椒育种时，应重点考虑其对不良环境的适应能力，将耐低温、耐弱光、耐旱、耐高温和耐湿等作为辣椒重要的育种目标。

（1）耐寒性。在辣椒保护地早熟促成栽培中，苗期越冬易受突然寒流低温霜冻或早春阴雨低温的冷害，严重影响辣椒的生长、早期产量的形成和商品性。挖掘利用辣椒品种本身的抗冻性和耐寒性，并选育耐寒的新品种，是解决低温冷害最有效的技术途径。

钱芝龙等（1996）研究表明，在各种类型的辣椒中，指形椒类耐寒性较强，羊角椒和灯笼椒类耐寒性较差，但都可筛选出耐寒性较强的品种材料。此外，辣椒品种的耐寒性不仅与其本身的生理特性有关，还与生态因素密切相关。长期在低温环境栽培，可使辣椒品种通过本身变异或自然或人工选择而获得一定的耐寒性。耐寒品种的地域性分布不明显，品种的耐低温性没有明显随纬度升高而增强的趋势。在筛选耐低温育种材料时，应鉴定所有的品种资源，才能挖掘出耐低温性最好的品种，工作重点应放在苗期生长阶段能耐特殊低温的中早熟地方品种上，以提高育种效率。

（2）耐弱光。在设施栽培的环境条件下，往往光照微弱，不利辣椒生长，也难以收到理想的产量、优质的产品。因此，必须考虑选育耐弱光品种，以适应设施栽培的需要。

常彩涛等（1996）研究认为，弱光下虽然各品种反应不同，但一般表现出株幅变大、植株变高、茎秆变细、开花期延迟、单果重下降、光合作用效率降低、超氧化物歧化酶活性加强。从开花期、株高、株幅、单果重、光合作用效率、产量这几个因素在弱光下的变化来看，株高、株幅不仅难以准确测定，而且各品种处理与对照之间变化不大，难以作为品种耐弱光的衡量指标，而单果重、光合作用效率、茎粗、产量在弱光下的变化规律接近且易于准确测定，能客观反映实际情况，可以作为耐弱光的鉴定指标。姜亦巍等（1996）通过对 8 个青椒品种在不同低温弱光条件下的研究，初步确定应在 15 ℃昼/5 ℃夜、光照强度 4 000 lx、光照时间 8 h、处理 15 d 条件下选择低温弱光青椒品种。

（3）耐旱性与耐盐性。由于辣椒根系分布较浅，吸收能力差，干旱胁迫和盐胁迫已经成为许多地区发展辣椒产业的重要限制因子。种子发芽期作为植物生命周期中对逆境最敏感的时期，已经成为农作物耐盐、耐旱性育种中选择的重要时期之一。逯明辉等（2010）通过研究认为，不同类型辣椒品种之间的耐盐、耐旱性表现出明显差异。耐盐性最强的是尖椒类型，最弱的是甜椒类型，朝天椒类型和线椒类型居中。干旱胁迫下不同辣椒类型之间仅在相对发芽率指标上表现出明显差异，耐旱性最强的是线椒类型，最弱的是尖椒类型，朝天椒与甜椒居中。这种差异可能与不同辣椒类型所要求的最适生态环境不同有关。

因此育种时，应将辣椒的耐旱性与耐盐性作为育种的目标之一，选择适宜亲本，培育耐旱性与耐盐性强的辣椒品种或杂种一代。

（4）耐高温。辣椒原产于中南美洲热带雨林地区的墨西哥、秘鲁等地，喜温不耐热，在生长发育过程中，经常会遭受到高温的胁迫。易籽林（2011）等通过研究认为，高温会影响辣椒光合作用及蒸腾作用、影响辣椒抗氧化系统、影响辣椒矿质营养元素代谢和辣椒的激素水平，导致辣椒生长发育不良而减产。近年来，"温室效应"的不断加剧，使全球气温不断升高，辣椒的生长和发育受到严重影响，高温现已成为辣椒生产的重要障碍因子之一。因此应将耐高温列为育种的重要目标。

（五）按照不同类型品种、不同栽培模式的育种目标

1. 露地栽培辣椒品种的育种目标

露地栽培包括春季栽培、夏秋季栽培、南方冬季栽培等。露地栽培品种除要求满足高产、优质、抗病等传统育种目标外，重点突出耐贮藏、耐运输。根据 2000—2005 年国家辣椒育种攻关组规定的育种目标，产量应比同类型对照品种增产 8% 以上，在常规商品包装和运输条件下，1 周内商品率高于 95%、失水率低于 5%；在营养成分上，每 100 g 鲜重维生素 C 含量高于 80 mg；果形和颜色要符合当地的消费习惯，肉质柔软，口感好，耐贮藏运输。长江流域夏秋栽培以羊角椒品种为主。这些品种对熟性要求不严格，而对抗病、抗逆要求高，如抗疫病、病毒病和日灼病等，南方还要求抗炭疽病、疮痂病、青枯病等。

2. 保护地早熟辣椒栽培品种的育种目标

保护地早熟辣椒栽培品种保护地专用品种：除要求满足高产、优质、抗病等传统育种目标外，还要求以早熟、极早熟辣椒品种为主，耐低温、耐弱光、抗病、连续结果能力强、采收期长、品质优、辣味中等；果形、果色以各地消费习惯为准。

3. 秋冬大棚延后栽培和冬季日光温室栽培品种的育种目标

此季栽培对品种的早熟性要求并不严格，但不同地区对辣椒果形要求差异性大。例如，安徽皖南要求以牛角椒果形为主，山东鲁南以长灯笼椒果形为主。且要求老熟椒色泽鲜红，结果多而集中，一次性挂果好，果实在树上留存期长，果直、果大，肉质柔软，口感好；耐贮藏运输；抗病性强，特别是抗疫病、病毒病、炭疽病和疮痂病。

4. 加工型品种的育种目标

加工专用品种除要求满足高产、优质、抗病等传统育种目标外，加工类品种还要求品种结果多，结果期长，果实干物质含量高，辣味较浓，含油量高，颜色透明，鲜红发亮，着色稳定、不褪色、香气浓，风味独特；抗逆性强，适应性广；抗病性强，特别是抗疫病、病毒病、炭疽病和疮痂病的抗性要强。用来加工油辣椒、辣椒粉的，还要求含水量要低，以便于干制，而用于剁辣椒、腌辣椒的，则允许含水量可适当高些；用于提取辣椒素、红色素的品种，则要求有较高的辣椒素、红色素含量。

干椒品种按商品性一般可分为 3 种类型：一是板椒类，主要是指表面光滑、干燥的牛角椒型品种；二是皱椒类，主要是指干燥后果皮呈皱缩状态的线椒品种；三是小椒类，主要是指果实长度在 6 cm 以下的小辣椒品种。

二、育种方法

（一）选择育种

选择育种是从现有品种或类型的自然变异群体中，选出符合育种要求优良变异的类型，经过比较、鉴定，从而获得新品种的育种方法。选择育种是一种改良现有品种和创造新品种的简便而有效的育种途径。选择育种主要分单株选择法和群体选择法 2 种。

1. 单株选择法

单株选择法是从原始群体中选出一些优良单株，单独编号，单独采种，各株的种子不混合，下一代每个株系（1 个单株的后代）播种 1 个小区，根据各株系的表现，鉴定各亲本单株遗传性优劣的方法。所以单株选择法又可称为系谱选择法或基因型选择法。可根据工作需要进行多次单株选择，也就是在第 1 次株系比较圃选留的株系内，继续选择单株分别编号、分别采种，下一代播种于第 2 次株系比较圃。这样进行二代就叫二次单株选择，进行三代就叫三次单株选择。

实际工作中究竟应该进行几次单株选择，要根据株系内株间一致性来决定。如果经过一次单株选择，大多数株系都表现基本一致，只有少数株系内不一致，而这些不一致株系内并没有突出优良的植株，这种情况下进行一次单株选择就可以了。如果经一次单株选择后，多数株系内还不一致，或不一致的株系数虽不多，但其中有突出优良的植株，就应该继续进行单株选择，一直到大多数株系达到符合要求的一致性。一般选择的代数不宜超过 6 代，因为 6 代以上继续严格单株选择，会造成种性退化，优良性状消失，故在 6 代开始宜采用姊妹株系混合种植选择，防止过度纯化而导致种性退化。

辣椒株选一般在始花期、始收期、盛收期和采收末期进行，始花期和始收期重点选熟性，盛收期和采收末期重点选丰产性、品质、抗病性和抗逆性等，抗病育种也可以在苗期进行人工接种鉴定筛选。

2. 群体选择和提纯复壮

群体选择法就是根据植株的表型性状，从混杂的原始群体中选取符合选种目标要求的优良单株或单果混合留种，下一代播种在混选区里，与标准品种（当地优良品种）和原始群体的小区相邻栽种，进行比较鉴定。所以群体选择法又可以称为表型选择法。在实际工作中，可根据需要进行多次群体选择，直到产量比较稳定、性状表现比较一致为止。

辣椒品种提纯复壮的效果非常明显，在进行品种提纯复壮时，要全面了解掌握品种的特征特性，才有可能选准标准单株，淘汰混杂植株。品种的混杂程度决定入选群体的多少，如果要提纯的品种非常混杂，一般是从群体中选取少量标准植株，淘汰大部分混杂植株。辣椒的繁殖系数大，在提纯复壮时种植面积不必太大，一般种植面积达 500~600 m^2、移栽 2 000~3 000 株就行。特别严重混杂的品种要加大淘汰率，一次选择几十株即可，其他的杂株全部淘汰。混杂不严重的品种只要去掉混杂株就可以。一般经过 3~5 代就可以把品种提纯。

（二）有性杂交育种

有性杂交育种是根据品种选育目标选配亲本，通过人工杂交的手段，把分散在不同亲本上的优良性状组合到杂种之中，对其后代进行培育选择，比较鉴定，获得遗传性相对稳定、有栽培和利用价值的定型新品种的一种重要育种方法。杂交育种是被广泛采用的、卓有成效的育种途径，世界上许多高产、优质、抗病和适于机械化栽培的优良辣椒品种都是通过有性杂交育成的。

1. 杂交育种的程序

（1）确定育种目标。不同时期、不同地区育种目标是不同的。中国 20 世纪 70 年代是以高产为主要育种目标，80 年代是以熟性为主要育种目标，90 年代是以抗病、抗逆为主要育种目标，进入 21 世纪由于市场的细分，育种目标更加多元化，但主要是以商品性为主要育种目标。

（2）原始材料的搜集与整理。搜集原始材料应以地方品种和常规品种为基础，在生产上大面积种植的杂交品种也可以作为搜集对象。对搜集的原始育种材料要进行登记、编号、整理，于当地辣椒种植季节，在田间观察鉴定材料的农艺性状和商品性，并鉴定材料的抗病、抗逆性以及果实营养成分等。对入选的常规品种要提纯复壮和进行配合力测定。

（3）杂交配组和杂交后代的选择。对经济性状优良、抗病、抗逆性好、优质、一般配合力高的育种材料，包括常规品种和杂交品种进行杂交配组。然后进行自交或回交，按照育种目标的要求对自交、回交后代进行选择，使选择的株系材料不断纯化，成为遗传稳定、达到育种目标要求的优良品系。并对入选的品系进行抗病、抗逆性鉴定和对果实营养成分进行测定。

（4）品种比较试验和生产示范。将通过上述育种程序和鉴定方法选育出的优良品系，进行品种比较试验和生产试验。一般品种比较试验进行 2 年，生产示范试验要进行2~3 年。

（5）区域试验与种子繁殖。对在品种比较和生产示范试验中表现突出的优良品系，要报请参加由主管部门组织的新品种区域试验，区域试验也要进行 2~3 年。对在区域试验中表现出色，在生产中有较大应用价值的品系，报请农作物品种审定委员会审定通过后，在生产上推广应用。同时研究新品种的繁种技术，确定种子的生产成本，并开始在市场上销售。

2. 有性杂交的杂交方式

（1）杂交亲本选择原则。一是亲本应具有尽可能多的优良性状；二是要重视选用地方品种；三是选用优良性状遗传力强的亲本。

杂交亲本选配原则：①双亲性状互补；②选择亲缘关系较远的亲本配组；③以最接近育种目标的亲本作母本；④质量性状育种时要求双亲之一要符合育种目标。

（2）有性杂交的杂交方式。有单交、回交和多系杂交。当 2 个亲本的性状能够满足育种目标时就用单交，必须要聚合多个亲本的优良性状才能达到育种目标要求时就用多系杂交，多系杂交包括添加杂交和合成杂交。回交育种主要用于提高优良品种的抗病性、抗逆性，转育雄性不育系，克服远缘杂种不稔性。

如要选育早熟、抗病的辣椒品种，亲本一方应具有早熟性，而另一方应具有抗病性。以早熟性为例，有些品种的早熟主要是由于现蕾、开花早，另一些品种的早熟主要是由于果实生长速度快，选配这两类不同早熟性状的亲本配成杂交组合，其后代有可能出现开花早、果实生长速度快，早熟性明显超亲的变异类型。但早熟品种选育最好用早熟亲本作母本，优质品种的选育最好是用品质好的亲本作母本，抗病育种最好是选用抗病、抗逆性强的亲本作母本。

又如要选育商品果为黄色的辣椒品种，由于辣椒的商品果绿色对黄色为显性，因此在选配杂交组合时，双亲之一必须有一个亲本含有黄色基因。如要选育商品果为绿色的辣椒品种，双亲之一必须有一个亲本的商品果是绿色。

辣椒性状的遗传是很复杂的，亲本性状互补配组的杂交后代往往并不表现亲本优缺点，简单的机械结合，特别是数量性状表现更是如此。例如，选育高产、抗病的品种，如果用很高产而抗性差的品种与抗性强而产量低的品种杂交，杂种后代不一定就会出现高产、抗病的变异类型。如果选配的亲本这 2 个性状都有较高的水平，则杂交后代有可能在这 2 个性状上都达到高亲的水平或出现超亲变异。在育种实践上则靠多选配一些组合，从中筛选优良组合。

（3）有性杂交中的人工授粉。辣椒有性杂交中的人工授粉是有性杂交能否成功的重要技术环节。正确的操作程序如下。

①花粉采集。授粉前 1 d，在上午 7：00—9：00 为最佳采粉时间。从父本植株上采

取，花冠发白、即将开放或初开、花药还没有散粉的花均可采集，将花药取出，

放在密封装有生石灰的干燥皿内烘干，待到大多数花粉散出后即可，否则花粉生活力减弱。然后用面粉箩筛出花粉装入授粉管备用。

一般采集的花粉要现采现用，最长不能超过 36 h。

②授粉。每天上午的 8:00—10:00 为授粉最佳时间，温度范围为 23～30 ℃，最适温度 25～28 ℃，要求母本花不能散开，待花朵即将开放时为最佳。一定要注意，可采取多次寻查授粉，青苞不授，白苞不放过。授粉前要去雄，确定花朵后，要将母本雄蕊摘掉，动作要轻，摘除要净，不要破坏柱头，授粉时柱头要充分接触花粉，以利多结实。

③采种。当授粉辣椒长到全椒发红时即可采取种子，采种时应注意，看好记号，采收带标记的，如标记不清不能采，防止混杂。

椒种采收后要及时晒干，将种子晒成金黄色备用。

3. 杂种后代的选择

辣椒为常异花授粉蔬菜，自交衰退不明显，一般采用系谱选择法，经 4～5 代的自交选择即可得到主要性状基本一致的新品系。

杂种第 1 代（F_1）每组合一般种植 20 株，杂种第 2 代（F_2）一般一个组合种植的群体不能少于 400 株，杂种第 3 代（F_3）及以后世代入选优良株系一般种植 20～30 株即可。由于辣椒是常异花授粉蔬菜，有一定的异交率，所以对入选的株系或单株应进行隔离，使之严格自交。

辣椒杂种后代的选择要分 3 次进行：第 1 次为辣椒植株生长前期，植株开始开花坐果时，主要对门花节位、开花期、苗期幼苗生长势及形态、门花坐果率等早熟性状进行初步选择，并且选留的株系、单株可以比原计划多 1～2 倍；第 2 次选择是在植株生长中期，商品果盛收期，主要对植株生长势、形态、前期的坐果率（早期产量）、商品果的特性和品质、抗病性等进行选择和淘汰；第 3 次选择在生长后期开始采收种果时进行，主要对整株的坐果率，特别是连续坐果性、果实特性、品质、抗病性等进行充分的选择和淘汰。选育过程中对入选的株系应进行苗期人工接种抗病性鉴定，并结合田间自然抗病性鉴定结果，对入选株系的抗病性做出准确的评价和选择。

（三）杂种优势利用

1. 杂种优势的表现

辣椒的杂种优势非常明显，在产量、抗性、品质、熟性等方面都表现出显著优势。段晓铨等（2013）通过调查研究，在其"辣椒杂种优势利用的研究进展"一文中，总结了杂种优势的表现。

（1）生长势。很多研究均表明辣椒 F_1 代生长势强，罗玉秀测定了 5 个辣椒组合的组合力，发现 F_1 代在生长势方面有优势，辣椒杂种优势可以从植株生长势上进行预测；沈素香等对散生椒和簇生椒之间配组的杂种优势进行测定，发现强优势组合均表现为生长势旺盛、株型紧凑、叶色深绿、单株结果多等优点。

（2）抗病抗逆性。辣椒 F_1 代抗 TMV、CMV 和疫病等主要病害能力明显增强。曹

家树等研究了 36 个杂交组合与 9 个亲本比较的杂种优势水平，结果表明：辣椒杂交组合表现出很高的抗病毒杂种优势。罗玉秀通过对辣椒的 5 个组合进行组合力测定，结果表明：F_1 代在抗逆性与产量等方面也均具有较强的杂种优势，辣椒杂种优势可从植株生长势上进行预测。但陈肖师等比较了 30 个组合的平均杂种优势值，结果表明：病情指数最劣组合全部是杂种一代，说明 F_1 代的抗病性有两极分化的趋势。

（3）丰产性。辣椒 F_1 代坐果数、果实重量和果实产量通常高于一般同型品种。Pearsonisi 的研究发现，只要亲本选择得当，杂种总产量的杂种优势率一般在 35% 以上。Burli 用 6 个辣椒母本和 2 个辣椒父本杂交组合的杂种优势进行了研究，结果表明：除 1 个组合之外，其他组合单株干果重均表现显著的杂种优势。曹家树等研究表明，辣椒杂交组合从前期产量、总产量等方面表现出很高的杂种优势。周群初等计算了辣椒 10 个性状的相对优势，结果表明：辣椒单株产量为超显性。Mamedor 等以 6 个亲本配制 15 个 F_1 代杂交组合，对 F_1 代产量及其构成性状等方面进行杂种优势研究，结果表明：所有杂交组合的早期产量和总产量都表现显著的超亲优势。Rajesh 对 8 个辣椒亲本和 28 个 F_1 代杂交组合的杂种优势进行测定，发现杂交组合的单株结果数、单株干果重、单株鲜重、单果种子数等性状均表现为杂种优势。何建文等以 10 个辣椒亲本为材料，分析 F_1 代杂种优势，研究表明：单株产量、侧枝数和挂果数的超亲优势率较为明显。马志虎等以转育黄绿苗辣椒标记性状的早熟辣椒为母本，以甜椒为父本，配制杂交组合，结果表明：杂交一代在果实长、果肉厚、单株挂果数性状方面的优势均超过高亲本性状，杂种优势明显。

（4）品质。利用杂种优势可选育出商品品质好（果型长、果型直、果色好）和营养品质优（高辣椒素、高辣椒红色素、高维生素）的品种。据报道，辣椒杂交种一代的营养品质明显比一般品种增强，部分甜椒杂交种的单果维生素 C 含量每 100 g 鲜样质量达 100 mg 以上，辣尖椒的维生素 C 含量更高一些。而韩永升研究表明，杂交育种虽然容易得到果长、果宽优于双亲的 F_1 代，但对提高果实营养品质有一定难度。

田淑芳（1984）研究表明，杂种一代的产量有平均优势（即产量超过双亲平均值者）的组合占总组合数的 93.3%；有竞争优势（即产量超过对照优良品种者）的组合占总组合数的 82.2%；有超亲优势（产量超过高亲本，即超亲本优势）的组合占总组合数的 75%。与对照相比，增产幅度一般在 50%~70%，最高可达 134%。单株产量的平均优势指数为 1.36，单株结果数的平均优势指数为 1.21。

曹家树等（1988）研究表明，前期产量和总产量有 88.9% 和 83.3% 的杂交组合超过高亲，抗病性倾向于病情指数低的亲本，有 25.0% 的组合抗病性高于双亲；两个熟性相近的亲本杂交，其杂种一代的熟性提早；有 88.9% 的组合果实生长日数低于中亲，有 52.8% 的组合果实生长日数低于低亲。

Singh 等（1973）研究表明，每株结果数、株高、果长和单株产量的最大超亲优势分别为 29.85%、18.58%、44.70% 和 19.15%，果肉厚度全部为负优势，株高、果长、果肉厚、每株结果数和单株产量的最大平均杂种优势为 29.29%、45.71%、36.84%、50.16% 和 38.28%。

2. 辣椒杂种优势利用途径

目前，我国鲜食辣椒品种已经实现了杂种化。辣椒杂种优势利用的途径通常有 4 种：即常规途径、细胞核雄性不育、细胞质雄性不育和功能性雄性不育。

（1）辣椒杂种优势利用的常规途径。常规途径就是利用自交系杂交，具有选配自由度大、新品种选育的速度快、方法简单等特点，是目前在辣椒育种中应用最普遍也最有效的方法。我国现有的杂交一代品种绝大多数是采用这种途径育成和繁殖的。操作上只要 2 个品种或自交系之间杂种优势强，其杂交一代性状符合育种者的育种目标，即可直接在生产上使用。该途径适合各种类型的辣椒品种或自交系之间的一代杂交育种。

用常规途径育成的一代杂交品种，在种子生产上技术要求最高。工序也最复杂，如需人工去雄、杂交果标记、自交果和已开放花摘除等。采用常规途径进行大面积种子生产，纯度可达 95% 以上。新制种基地时常会受种子杂交率达不到标准的困扰。杂交授粉效率低、制种成本高、风险大、亲本易流失是常规途径的缺点。

（2）细胞核雄性不育途径。该途径在辣椒育种上也称为两用系法。雄性不育受细胞核内一对隐性基因控制，雄性不育植株花器雄蕊退化、无花粉或无正常花粉，雌蕊正常，利用正常植株花粉对其进行人工授粉可正常结实。利用上需要发现或引进不育基因，然后把不育基因转育到一些配合力高、经济性状优良的品种或自交系上，转育一般要 5 代以上。由核不育特性选育的不育系群体内始终有 50% 植株为纯合隐性不育株，另 50% 为杂合可育株，一般的稳定可育品系都是其恢复系。以群体内 50% 的不育株为母本，以正常自交系为父本配制的一代杂种，如性状优良则可用作新品种推广。一代杂交组合选配与常规途径类似，不需要考虑恢复性的问题，正常的自交系均可做恢复系。其育种效率介于常规法和细胞质雄性不育法之间，育成强优势组合的概率比较大。

该途径的缺点是制种上需要拔除大约 50% 的可育株。由于辣椒植株花期不一致，田间往往需要几遍或者数日方能把可育株去除干净。可育株与不育株在田间分布不均匀，去除可育株后，不育株在田间稀密不一，造成土地和光照资源浪费。其优点是免去了人工去雄、杂交果标记、摘除自交果和开放的花朵等程序，提高了授粉效率，降低了部分生产成本。在隔离条件好，可育株拔出彻底的情况下，杂交种纯度可达 100%。

现以沈阳市农业科学院杨世周等（1981）选育的 AB14-12 两用系为例，介绍雄性不育两用系的选育过程：

①雄性不育两用系的选育。1978 年 6 月沈阳市农业科学院在克山尖椒自交 2 代的 15 棵群体中发现 1 棵雄性不育株，在株系内以不育株作母本，以可育株作父本进行成对姊妹交，同时可育株自交。同年 9 月在海南播种姊妹交组合第 1 代及相应自交的可育株后代，其育性表现均为全可育，对全可育的姊妹交组合采用自交留种。1979 年 3 月在沈阳播种第 2 代，在 24 份姊妹交组合的后代中，每份均出现育性分离，其不育株率的幅度为 17.1%～36.1%，选留不育株率高、植株性状整齐的 5 份材料，分别在株系内以不育株作母本，以可育株作父本进行成对姊妹交，同时相应父本可育株自交。1979 年 9 月在海南播种第 3 代，在育性表现上出现 2 种情况：凡姊妹交组合表现全可育的，其相应父本自交也表现全可育；凡姊妹交组合出现育性分离的，其相应可育株自交也出现育性分离。出现育性分离的姊妹交组合，其不育率符合育性分离，其相应可育株自交

后代符合 3∶1 育性分离。再从有育性分离的 1∶1 姊妹交组合中选择性状优良的组合后代继续进行姊妹交，即为育成的'AB14-12'两用系。

②雄性不育两用系的转育。下面以杨世周等（2002）采用二环系法转育'AB 华 17'两用系为例，介绍二环系法转育两用系的过程。二环系法转育就是以育成两用系中的不育株作母本，以优良品种作父本进行杂交，再将获得的杂交组合进行自交，从组合的第 2 代出现育性分离开始，在株系内连续进行成对姊妹交的方法。

应用二环系法转育两用系，从出现 1∶1 育性分离开始，继续作姊妹交组合以保持其后代 1∶1 育性分离的稳定性，但在选择植物学性状方面，尚需在育性表现为育性分离以后，在作单株成对姊妹交的"对数"上，应不少于 5 对，这样就可以从数量较多的姊妹交组合中选择植物学综合性状优良的组合，一般经连续 3 代左右的姊妹交，便可进行早代配合力试验和扩繁。利用二环系法转育成的两用系有'AB092''AB 华 17''AB 西''AB 伏''AB 四叶'等。

③雄性不育两用系的利用。沈阳市农业科学院利用育成的辣椒两用系育成一批优势较强的一代杂交种推广应用于生产。如 1979—1984 年用带有标记性状两用系'AB832'作母本，以'01441'作父本组配选育成极早熟、高产、果实牛角形、有辣味、较抗病毒病的一代杂交种'沈椒 1 号'。同期，以'AB154'两用系作母本，以'01741'作父本组配选育成早熟、高产、果实灯笼形、有辣味的一代杂交种'沈椒 2 号'。1985—1991 年以'AB 东 03'两用系作母本，以'0927'作父本组配选育成早熟、高产、果实灯笼形、抗 TMV、耐 CMV、有辣味的一代杂交种'沈椒 3 号'。1986—1992 年以'AB092'两用系作母本，以'丰 43'作父本组配选育成早熟、丰产、果实长灯笼形、有辣味、抗 TMV、耐 CMV 的一代杂交种'沈椒 4 号'。以后又选育出早熟、大牛角形、有辣味的'沈椒 5 号'和早熟、抗病、长灯笼形、有辣味的'沈椒 6 号'。河北省农林科学院蔬菜花卉研究所利用甜椒雄性不育两用系育成'冀研 4 号''冀研 5 号''冀研 6 号'等甜（辣）椒杂品种，并在生产上大面积推广。

（3）细胞质雄性不育途径。该方法也称为三系法，是辣椒杂交优势利用途径中技术含量高，育种程序最复杂的一种，由于其制种和亲本控制上的优势，而成为国内外育种家研究的热点。目前，国内已有数家育种单位在生产上使用这种方法制种，如湖南省蔬菜研究所、北京市农林科学院蔬菜研究中心和河南红绿辣椒种业有限公司等。

育种上首先要寻找或引进不育源，然后寻找保持系。由于不育株与保持系的遗传基础不同，通过回交的方法可将保持系的遗传物质最大限度地转育到不育株上，一般经过 5~6 代转育，可育成不育系和保持系，除育性不同外，其他性状基本一致。不育系育成后，以不育系为母本配制杂交组合，寻找恢复系。恢复系的选育是目前不育系应用的关键。自然界不同不育源恢复系比例不同，国内在辣椒上的测验结果在 3%~40% 之间。河南红绿辣椒种业有限公司袁俊水研究员 2006 年以不育系'11A'为母本，配制了 23 个组合，其中，完全恢复的有 14 个，占总测交品种的 61%。由于用来测配的样本大小及辣椒类型的不同，其结果可能会有较大差异。甜椒不容易找到恢复系。

该途径在辣椒育种上周期长、投资大、效率低，其经济风险较大。育种实践证明，该方法比较适合朝天椒、线椒和羊角椒的育种，不太适合"辣×甜"和"甜×辣"组合的育种。该方法育成的一代杂交品种，其种子生产上授粉操作简单、成本低，种子质量有保证。同时，由于其亲本易控制，不易流失，故商业价值也较高。

现以湖南省蔬菜研究所选育的不育系'9704A'和相应保持系'9704B'为例说明选育过程。

①不育系的选育。1994年夏季，在湖南省蔬菜研究所试验农场的辣椒试验地发现一株21号牛角椒植株。植株特别高大，叶多，未坐一果。经观察，其花药干瘪瘦小，无花粉，遂对其人工授以正常21号牛角椒的花粉，并挂牌标记，取粉21号牛角椒植株进行自交留种，当季授粉结果率达到100%。随后冬季在海南加代，观察其育性、花器特征和植物学性状，筛选不育度表现最好的单株3株，同时选取3株经济性状和抗性好的21号牛角椒为父本，进行双列测交，以此种方式对父、母本单株进行择优，加快不育系的选择进度，然后选取不育率最高的株系和相应保持系再继续采用此方式进行回交，经过5代回交和选择育成了性状稳定的不育系'9704A'及其相应株系'9704B'。

在选择过程中，为了保证转育不育系的实用性，早期世代主要以育性性状选择为主，较高世代则以经济性状、抗性性状选择为主。

为了扩大辣椒胞质雄性不育系的应用范围，有必要开展辣椒雄性不育系的转育工作，目前大部分不育系都是通过转育的方式获得的。

②恢复系的筛选与转育。恢复系的选育可直接用不育系为母本，以自交系、品系为父本成对测交，观察其F_1的育性，筛选可育组合的相应父本即为恢复系。1997年，湖南省蔬菜研究所以'9704A'为母本，以品种或株系为父本，进行成对测交，杂交测配64个组合，同年9月在海南三亚进行育性鉴定，在64个组合中，有14个组合表现100%雄性不育，有5个组合育性恢复正常，其恢复株率为100%，这几个组合的父本分别是'5904''6424''9701''8001''95371'，即筛选出5份雄性不育恢复系。

刘金兵等（1999）研究认为，长果型辣椒品种中容易找到雄性不育恢复基因，常规甜椒品种中易找到不育基因，而含纯合恢复基因的甜椒品种很少。

黄邦海等（1997）报道，用小果型辣椒品种（系）与不育系'32A'测交容易找到恢复系，但较难找到保持系，而用大、中果型品种（系）与不育系'32A'测交既容易找到恢复系，又容易找到保持系。

③胞质雄性不育系的利用。中国辣椒胞质雄性不育系的利用研究已取得重大进展，10多家科研单位、种子公司先后选育了一大批雄性不育系，通过大量杂交、测交，筛选了一批优良杂交组合。如江苏3号A、碧玉、湘研14、湘研16、湘研20、湘辣1号、湘辣2号、湘辣4号和辣优2号等，这些品种已在生产上大面积应用。

（4）辣椒功能性雄性不育途径。辣椒功能性雄性不育性性状由一对隐性核基因控制，育种上应用较少。目前，只有河南红绿辣椒种业有限公司在个别品种上应用。在育种上与细胞核雄性不育利用类似，只要把功能不育基因转育到配合力高、经济性状优良的品种或自交系上就可直接配组使用。该基因适合花朵较小的辣椒品种，不适合甜椒和花朵较大的辣椒。

一代杂交种子生产上不需要去雄和杂交果标记，可以隔日授粉，授粉效率介于花粉不育系和常规法制种之间。杂交种纯度一般可以控制在97%左右。其种子质量风险低于常规制种法。

（四）花药培养

辣椒属于常异花授粉植物，天然异交率较高，因而要较快获得优良性状研究材料难度较大。同时辣椒有很强的杂种优势，在应用上主要侧重于杂种一代，而目前常规育种获得杂交种所需年限较长、成本较高且稳定性差，并非辣椒育种最佳途径。而作为生物技术之一的花药培养技术可以很大程度提高其育种效率，对于推进辣椒品种选育及在优良性状稳定性控制上能起较大作用。

辣椒染色体数目为 $2n=24$，为二倍体植株。辣椒花药培养技术是通过在一定条件下培养适期的辣椒花药，得到单倍体植株，随后采用人工或自然加倍获得双单倍体（简称 DH 系），从而直接获得纯化的辣椒品系，促进后期育种工作的顺利进行，从而获得理想效果。

1. 应用辣椒花药培养技术的研究成果

我国辣椒的主要育种目标包括：优质、高产、抗性强以及早熟等几个方面。研究中采用辣椒花药培养技术，2 年内即可获得纯合二倍体材料，大大提高了育种效率。辣椒花药培养获得的单倍体材料，对于引入优良基因、基因分析、形态形成、突变育种等研究上十分高效便捷。现今已获得了较大成功，已培养出一批优良性状的辣（甜）椒品种。例如，王玉英等最早利用花药培养获得'跃县小辣椒'花粉再生植株，李春玲等选育出'海花一号'等甜椒品种，张树根等育成'海丰 14 号'等。Dolcet-Sanjuan 等利用花药培养双单倍体培育出 8 个不同的辣椒杂交一代。2004—2013 年通过国家或地方品种审定委员会审定的、利用双单倍体技术选育的辣椒品种有'海丰 16 号''豫 07-01'等。

2. 影响辣椒花药培养的主要因素

辣椒花药培养初期，主要是胚状体的形成期，受多种因素影响，主要影响因素有：

（1）基因型的影响。辣椒供体的基因型很大程度上影响辣椒花药培养，不同类型辣椒胚状体诱导率大不相同，即使同一种辣椒类型中，不同基因型表现也在很大程度上影响胚状体的诱导形成。

不同基因型辣椒花药培养胚状体诱导率各不相同，蜡质型胚状体诱导率较高，深绿型次之，再次分别为甜椒和朝天椒类型。另有试验表明，大果基因型辣椒的胚状体诱导率明显比小果基因型的辣椒高，据袁丽试验：中大果型板椒的诱导率可高达 8.33%，而小果型朝天椒仅为 0.17%。黄亚杰等的试验表明，易出胚的几种辣椒均为大果类型。大多数研究表明，不同基因型辣椒材料在相同培养条件下，胚状体诱导频率表现出显著差异。李春玲等试验证明，不同基因型材料在相同培养条件下，胚状体的诱导频率变化差异非常明显。

（2）培养期间的内外因环境的影响。诱导辣椒花药产生胚状体的过程中，植株生长环境及自身生长状况也会影响胚状体的诱导率。前人研究证明：露地栽培的辣椒花药培养效果比温室栽培的好。同时认为适宜温度也是诱导胚状体产生频率高的重要因素，即 25~26 ℃条件下诱导率较高，超过 30 ℃则诱导率下降。

在株龄方面，由于老龄植株花中小孢子种类复杂，植株老龄化，畸形花粉数量增加，导致花药培养效果较差。从辣椒开花不同时期上来说，对相应时期花药进行培养，其胚状体诱导率也有明显差异，研究表明，一般选择小孢子大部分处于单核靠边期的花药能提高培养效率，与李春玲等的观点一致，认为正常季节，单核靠边期的花蕾长度一般为 0.40 cm 左右，花瓣与花萼等长，剥掉花瓣所见花药颜色为黄绿色或略带紫色。王玉英等也指出单核靠边期的小孢子对诱导较为敏感，经花药培养的胚诱导率最高。从应用效果上说，4—8 月都可进行花药培养。

3. 花药培养方法

（1）花药的预处理。如果花药或花粉从植株上取下直接接种进行培养，愈伤组织及绿苗产率都很低。为了提高花粉出胚的敏感性，往往需对目的花粉进行预处理。对辣椒花药进行适当预处理能够提高胚状体诱导率。保证花药接种前及过程中的无菌条件，可减少或避免花药培养过程中污染、褐化等情况出现。目前，试验中常采用升汞溶液、70% 的酒精等先进行消毒处理，随后进行花药的预处理和培养。对花药进行预处理常用方式有低温、高温、离心等方式，其中通过温度预处理是较常用的方式。研究表明，低温预处理能延缓花药壁和花粉的退化，在花药壁中积累大量淀粉来促进花粉发育；高温预处理是通过中断配子体发育，促使其连续分裂，进而较快形成胚状体。低温一般选择 3~10 ℃，也可将花药在 4 ℃ 的低温下处理 2 d，然后培养直接获得花药胚状体；高温一般在 30~35 ℃ 之间的效果较好，更有利于胚状体的诱导，且频率较高。也有学者将分离出的花药进行 35 ℃ 热激暗处理 8 d，比相同温度下短期处理效果好。低温处理或高低温交替进行的变温处理效果比较明显，但不如高温处理的效果好。

（2）培养时期选择。诱导辣椒花药产生胚状体的过程受植株生长环境及自身生长状况的影响。前人研究得出：露地栽培的辣椒花药培养效果比温室栽培的好。同时认为适宜温度也是诱导胚状体产生频率高的重要因素，即 25~26 ℃ 条件下诱导率较高，超过 30 ℃ 则诱导率下降。在不同的季节接种，接种污染率和胚状体诱导频率明显不同。如在宁波地区，一般以 4—6 月、10—11 月最为适宜，此期空气湿度小，光照充足，接种材料不易污染，花粉发育正常，花粉胚状体诱导频率高。12 月至翌年 3 月、7—9 月或由于气温偏低或偏高，或由于雨水偏多或干旱都不适宜进行花药培养。

辣椒花药培养不是任何发育时期的花粉都可在离体培养时接受诱导产生胚状体，只有花粉发育到一定时期，离体刺激才最敏感。李春玲等（2002）认为单核靠边期的花粉胚状体诱导频率最高。应从健壮无病的植株上摘取接种所用花蕾，遇雨推迟取蕾日期。材料的防雨设施较好时，雨后可立即取蕾接种。如果没有防雨设施，或连日阴雨花蕾已被杂菌侵染时，应在天气转晴后过 2~3 d 再取蕾接种。

（3）接种。在附加 KT 1~2 mg/L、NAA 0.25~0.5 mg/L 的 MS 培养基上，花粉经胚状体途径可直接发育成完整的小植株。在培养基中附加 0.25%~0.50% 的活性炭，可显著提高胚状体诱导率和分化率，并有利于根系形成。

接种在培养基上的花蕾一定要保证完全无菌，否则就会导致严重污染，使培养失败。辣椒（尤其是甜椒）花蕾的消毒难度很大，这主要是由于花瓣包合不严，杂菌极易进入花蕾内部附着于花药上。在使用一般药剂消毒时，接种后的污染率常在 90% 以上，有时甚至会全部污染，而增加药剂浓度或延长消毒时间又会灼伤材料。李春玲等（2002）经大量试验总结提出的消毒方法是：用70%酒精浸泡花蕾1~2 s，再换入0.3%新洁尔灭溶液浸泡5 min，随后换入0.2%氯化汞浸泡8 min，最后用无菌水冲洗3次。消毒用药应现用现配，不要放置过久，以免影响消毒效果。浸泡过程中要不断摇动，以便花蕾各部分能充分接触药液。

接种密度直接影响到辣椒胚状体的诱导频率，每个50 ml三角瓶接种10个花蕾的胚状体诱导频率较接种5个花蕾的高，但是，提高接种密度的同时必须加快接种速度，否则污染率会升高。

（4）培养。一般采用0.8%琼脂固体培养基进行培养。液体培养基不利于花粉分裂，这可能与辣椒花药壁较厚，影响养分吸收和气体交换有关。一般要在28~30℃的恒温条件下进行培养。李春玲等（2002）报道，有些品种接种后的最初8 d在35℃高温下培养更有利于花粉分裂和胚状体形成。8 d后再放置在28~30℃恒温条件下培养。

培养时，适宜的光照强度为1 500~2 000 lx，每天光照时间10 h。李春玲等（2002）发现有些品种在接种后的最初8 d，以先在黑暗条件下（结合35℃高温）培养，8 d后再移置1 500~2 000 lx光照条件下培养，每天光照10 h有利于花粉分裂和胚状体形成。

（五）单倍体育种

单倍体育种最主要优势在于使育种变得更快、更节省资源。对同一来源的单倍体植株所构建的群体是构建遗传连锁图谱和AFLP、RFLP、RAPD等分子定位的重要材料，利于基因定位，包括一些复杂定性性状的遗传作图，而利用其他方法很难解决。同时，单倍体植株是一个很有利的转基因工具，且转化后的植株不存在显隐问题，能够稳定遗传。Tsukazaki和Cogan等利用不同作物的单倍体材料均建立了稳定的遗传转化体系，且无明显性状分离。此外，这些品系在基础研究方面也起到一定作用，是遗传选择和筛选一些隐性突变体的有效方法。如对于隐性基因突变体，由于其在表型不起作用，很容易被忽略，而单倍体培养中形成的双单倍体不存在等位基因的显隐性关系，隐性基因可以得到充分的利用。因此，单倍体育种技术已成为当前植物生物技术领域令人瞩目的技术之一。

1. 单倍体育种技术在辣椒育种中的应用

辣椒品种中优质、抗病、高产等性状多来源于杂交种。但是这种由纯合品系杂交所获得的杂交种费时费力。通过单倍体育种技术，可以将育种世代缩短到一代，节省时间和资源，是培养纯合品系的一种快速、高效的方法。

在辣椒作物中，产生单倍体的途径主要有雌配子体、雄配子体及其前体。植物中自发产生单倍体频率极低。辣椒花药离体培养单倍体育种技术是迄今为止最为成功的诱导孤雄生殖的技术。1973年开始，一些学者相继报道通过花药培养获得辣椒再生植株。目前，辣椒单倍体育种技术在国内外育种中得到了广泛的应用并获得一定成果。

2. 影响辣椒单倍体培养的主要因素

辣椒单倍体培养育种技术主要受供体材料条件和培养条件影响，且彼此间相互作用，在整个诱导过程中需根据实验材料进行调整，获得再生植株后进行染色体加倍，以达到育种目标。

（1）基因型。无论是选择哪种方式离体诱导单倍体，基因型都是诱导成功与否的关键，这不单单存在于物种间，在物种内也有所体现。尤其是辣椒存在顽固的基因型依赖性，即便是相同的培养条件，诱导频率也呈现很大的差异性。王忠慧等对比了 12 个不同基因型辣椒在相同试验条件下诱导，发现胚状体诱导率在 0.67% ~ 31.76% 不等。Pawel Nowaczyk 也证实了基因型的重要性，且胚状体诱导率差异较大的 2 种基因型杂交后代的诱导率处于二者之间，因此可以通过此方法改善低诱导率的基因型。同时，研究表明大果型品种相较于小果型诱导率高，且甜椒比辣椒在单倍体诱导方面更具优势。

（2）长势。供体材料的长势不仅受到栽培条件和温度的影响，还与株龄、季节、光照、病虫害等有关。辣椒植株在生长后期，由于养分大量消耗，花粉发育情况参差不齐，再生能力大幅下降。而花粉在适宜的温度环境下，分化能力能达到最佳状态。有研究表明环境温度为 26.4 ℃时最适宜诱导单倍体。但是不同基因型材料之间具体最适生长环境可能存在差异。有研究表明露地栽培的材料在诱导单倍体方面普遍优于温室栽培材料。

（3）花粉发育时期。在单倍体育种中，花粉发育时期也直接影响胚胎发生效率。花粉发育主要分为 3 个时期：四分体时期、小孢子时期和花粉成熟期。辣椒单倍体诱导多选用小孢子发育时期中单核靠边期的花蕾，此时小孢子刚好处于第一次有丝分裂阶段，适于诱导向单倍体方向发育。该时期的花朵花萼和花瓣等长或花瓣稍长一点，且花药末端为淡紫色。不过不同品种辣椒花萼与花瓣比与单核靠边期小孢子比例关系不尽相同，所以在采集后应在荧光显微镜下观察。第 1 朵花蕾现蕾后 1 个月内产生的花蕾适宜作为离体诱导材料。后期可能是植株消耗养分大，花粉活力降低，诱导率和再生率都有所下降。

（4）预处理及预培养。预处理可以诱导花粉从配子体发育途径转向孢子体发育途径，在整个离体培养过程中起到一定作用。适当低温可以延缓花粉退化，使更多花粉能进入新的细胞周期，同时积累大量淀粉促进发育，提高胚胎发生率；而时间过长，花蕾中一些酶活性会降低，不利于生长发育。目前使用最广泛的预处理方式为低温 4 ℃处理 1 ~ 7 d。预培养主要针对接种在培养基上的花药或游离小孢子。目前常用方法为高温和碳饥饿。高温不能中断配子体发育，促使其连续分裂形成胚状体，提前进入分化阶段。常用 32 ~ 36 ℃处理 7 ~ 8 d，能够明显提高培养效果。Verónica Parra-Vega 等选用 35 ℃黑暗培养 4 d。Neftali Ochoa-Alejo 则用 40 ℃ 2 d、35 ℃ 5 d、25 ℃ 8 d 等变温处理培养花药。不过关于 40 ℃高温报道比较少，低温或变温处理效果不如高温处理效果明显。碳饥饿是指在预培养阶段培养基中缺少碳源。Moonza Kim 利用 B5 培养基研究碳饥饿处理发现，在碳饥饿胁迫下的胚状体诱导率明显高于对照。王烨等对比了 5 种基因型在碳饥饿处理下小孢子存活率，其中 4 个品种普遍高于对照，而且对于不同处理时间长短变化程度不一致。对比证明碳饥饿可以较好地维持小孢子存活率，但本质上还是基因型不同导致对胁迫的反应不同。

3. 单倍体培养技术

（1）移植苗龄。三角瓶内的辣椒单倍体幼苗，移植到土壤后能否成活，与苗龄和苗情关系较大。一般幼苗有 4~7 叶，根、茎、叶和生长点均正常的幼苗最易移植成活。有些幼苗根、茎、叶生长正常，但无生长点，这类幼苗只要在移植后细心管理，均能由侧芽代替顶芽重新长出生长点，长成正常的幼苗。

（2）取苗。首先将枪形镊子伸入培养基中，将根系附近的培养基慢慢搅碎，随后用镊子夹住幼苗的基部，将苗轻轻取出。如果外叶开展度较大，从瓶内向外提取时易损伤叶片，可在根系脱离培养基后，将苗倒提出来。

尽量减少幼苗所黏附的培养基是减少移植后污染、提高移植成活率的重要环节。应在 10~20 ℃的温水中清洗植株，最好能用流动水冲洗。根部所附培养基不易冲洗干净时，可以边冲洗边用毛笔轻轻刷洗根系，尽量将培养基冲洗干净。

（3）移植。第 1 次移植时，最好能使用消过毒的净土。因为幼苗由培养基移植到土壤时，幼苗上难免会粘有一些培养基，如果移植用土有杂菌，极易造成污染，影响移植苗的成活，为此，应对花盆和土壤进行消毒。花盆消毒的方法是：将花盆浸在 0.1%高锰酸钾水溶液中 1~2 h，即可达到消毒的目的。土壤消毒的方法是：将取来的净土（不含有机质的深层土壤）分装成为 0.5 kg 左右 1 袋，在高压灭菌锅内，保持 $1.176×10^5$ Pa 压力，消毒 1 h 左右。移植后充分浇水 1 次，水温 15~25 ℃。水渗下后用废旧烧杯或罐头瓶罩上植株，以保持空气湿度，促进缓苗。但应注意，烧杯较厚，不能盖得过于严密，以免氧气不足。

移植后的幼苗仍放在原培养室内培养。此时如转移到温室或露地，由于与原培养条件差异较大，极易造成死亡。

（4）移植后的管理。移植初期，土壤应保持湿润，不能过湿、过干。为此，绝不能浇大水，而要采取小水勤浇的方法，为促进缓苗，可将室温提高 2~3 ℃，新叶长出后，要逐渐加大放风，最后将烧杯拿掉，并适当增加浇水，可以每浇 1~2 次清水浇 1 次化肥水。待再长出 2~3 片新叶后，即可做第 2 次移植。净土内缺少养分，又使用的是小花盆，所以应适时再次移植。第 2 次移植从净土到园田土，这次移植与一般种苗移植没有多少差异，田间管理可以参照执行。

（六）分子育种

辣椒分子育种包括辣椒分子标记育种、辣椒图谱研究、辣椒转基因工程育种、辣椒品种分子设计育种等。如中国农业科学院蔬菜花卉研究所对辣椒质量性状分子标记研究（包括抗病育种、雄性不育种、辣椒品质性状研究）、利用 RAPD 标记从分子水平开展辣椒种质资源亲缘关系及分类研究、辣椒图谱研究，通过回交和分子标记辅助技术从 *C. Chinese* 引入 *TSW* 基因、抗根结线虫的分子标记辅助选择、利用分子标记辅助技术鉴定杂交种子纯度等都已取得令人瞩目的成就。曹水良等（2005）构建了 1 个由 11 个连锁群组成，含有 28 个 RAPD 标记，总长度为 282.41 cM 的辣椒分子连锁图谱。王添成等 2004 年构建了 1 个 171 个标记共 13 个连锁群、总长度 923.5 cM 的遗传图谱。

辣椒转基因工程育种是利用重组 DNA 技术，有计划地在体外通过人工"剪切"和

"拼接"等方法，对辣椒基因进行改造和重新组合，然后再插入、整合到事先准备好的受体辣椒基因组中，使重组基因在受体细胞内表达，从而使受体辣椒获得新的性状，培育出高产、多抗和优质的辣椒新品种。其具体应用包括了基因的克隆（抗病基因的克隆、雄性不育基因的克隆、抗逆基因的克隆、生化合成酶基因的克隆）、抗除草剂基因工程研究、转基因辣椒育种等。

转基因辣椒育种具有独特的优点，如以色列研发成功可在冬季生长的转基因辣椒，可在 0~10 ℃ 的低温条件下顺利生长，而一般品种需要在 20 ℃ 以上才可正常生长。这类新培育的辣椒有多种颜色、生长季长、果实坚硬抗挤压，而且还具有抵抗植物病毒的特性。我国在转基因辣椒育种上也已取得很大进展。如在抗病毒病转基因辣椒研究上，周钟信等（1991）得到了 CMVCP 转基因的再生植株。毕玉平等（1999）得到 TMVCP+CMVCP 转基因植株，2000 年得到 CP 转基因植株。张宗江等（1994）得到黄瓜花叶病毒壳蛋白（CMVCP）转基因植株。此外，董春枝等（1995）和 Zhang 等（1996）也报道先后获得了抗病毒转基因植株。商鸿生等（2001）研究了抗卡那霉素和抗黄瓜花叶病毒特性的遗传传递规律，发现 CP 转基因辣椒的抗病性是多组分的，包括对病毒的抗侵入、抗扩展和抗增殖。徐秉良等（2002）证明转化线椒不仅能抗 CMV 和 TMV 单独侵染，还能抵抗 CMV 和 TMV 的复合侵染。在抗细菌转基因辣椒研究方面：张银东等（2000）、李乃坚等（2000）将抗菌肽基因导入辣椒，获得了转基因植株。李颖等（2005）获得了具有抗青枯病能力的转抗菌肽基因辣椒稳定株系，观察果实性状表明转抗菌肽辣椒株系除抗青枯病能力明显提高外，果实性状基本不变。抗真菌的目的基因很少，Kim 等（1995）通过农杆菌将核糖体失活蛋白基因 *RIP* 转入辣椒，获得了 14 个再生植株。

目前应用广泛的抗虫基因主要有 *Bt* 基因、胰蛋白酶抑制剂基因和植物凝集素基因等。柳建军等（2001）得到了转豇豆胰蛋白酶抑制剂基因（*CpTI*）辣椒植株，发现 R_1 代植株对棉铃虫表达出一定的抗性，但不同转化体之间其抗性存在着差异。此外，王朋等（2002）也得到了转豇豆胰蛋白酶抑制剂基因（*CpTI*）植株，袁静等（2004）得到转杀虫结晶蛋白基因"Ac"植株。

在抗除草剂转基因辣椒研究上，Tdaflafis 等（1996）通过农杆菌 LBA4404 将带有 *pat* 基因的质粒 PKB16.41 导入辣椒，试验表明转基因辣椒能够耐受 0.44% 浓度的商品除草剂 Basta（含 20% 膦丝菌素），对 PPT 的耐受能力大大提高。

三、主要品种类型及代表性品种

（一）牛角椒（羊角椒）类型

本类品种果实呈牛角形，辣味一般较重，抗逆性、抗病性、丰产性均较强。分布地区较广，品种极丰富。代表性品种如下。

1. 初照人

宁波微萌种业有限公司研发。早中熟，坐果能力强，叶色绿；果实纵径 9.5 cm，果实横径 1.8 cm，果肉厚 0.44 cm，单果重 12.2 g；果实为细羊角形，青熟果深绿色，果皮薄，风味微辣，口感脆糯；老熟果红色。

2. 长照人

宁波微萌种业有限公司研发。植株生长势强健，叶色浓绿；株高约 70.0 cm，开展度约 67.0 cm，始花节位第 8~9 节，分枝性强，连续结果能力强。果实呈细羊角形，果纵径约 15.5 cm，果横径 2.1 cm 左右，肉厚 0.33 cm，单果重约 19.1 g，果条顺直，果实商品成熟绿色，生理成熟红色，果实微辣风味，皮薄脆糯无渣。

3. 大照人

宁波微萌种业有限公司研发。羊角椒，中早熟，果表皮光泽度好，纵径约 19.2 cm，果横径 4.1 cm，肉厚 0.43 cm，单果重 60 g 左右。果实绿色，微辣，风味浓郁，皮薄脆糯。

4. 福椒 6 号

为羊角椒、鲜销加工兼用类型，中早熟品种。该品种生长势较强，株型较松散，株高 80~90 cm，开展度 70~80 cm。植株叶色较淡，果面光滑艳丽，青椒果色黄绿，红椒红艳，果形直，辣味中等。单株结果数 20~25 个，椒长 15~16 cm，直径 2.6~2.7 cm，单果重 27~30 g。该品种抗病性强，产量高，亩产量 2 000~2 500 kg，高产田块亩产量 3 000 kg。

5. 本地小椒

余姚市地方品种。中早熟，株高 85 cm，开展度 80 cm 左右，果长 18 cm 左右，横径 1.3 cm 以上，单果重 10 g 左右。叶片为卵形，深绿色，果形为羊角形，果皮薄，辣味浓，青熟果深绿色，老熟果深红色，抗病性强，适宜晒干和腌制，鲜红椒亩产量 1 500 kg 左右，露地和保护地均可栽培。

6. 四川小椒

四川省农家品种，中早熟品种，全生育期 180 d 左右。植株生长健壮，根系发达，株型紧凑，株高 70 cm 左右，开展度 60 cm，双杈分枝，结果高度集中。果实长角形，成熟时果实深红油亮，含油量高，长 16 cm 左右，果径 2 cm，单果鲜重 8~9 g，干椒率 20% 左右，单果种子粒数 70~80 粒。该品种对病毒病、疫病、炭疽病、枯萎病等有较强抗性，不易落花落果。适宜干制和腌渍。

7. 兴蔬绿燕牛角椒

湖南省蔬菜研究所和湖南兴蔬种业有限公司育成。株高 70 cm，植株生长势旺，植株开展度 80 cm×80 cm，始花节位于第 12 节。果长 21.5 cm，果径 1.8 cm，肉厚 0.3 cm，果肩平或斜，果顶锐尖，果面光亮，果形顺直，青熟果绿色，成熟果鲜红色，单果重 22.1 g，果实味辣，风味好。挂果性强，坐果率高，采收期长，以鲜食为主，可盐渍、酱制加工。抗病性与抗逆性强，适于作丰产栽培，亩产 1 705 kg。从 12 月至次年 1 月均可播种，2—3 月假植 1 次，亩用种量 40 g。4 月上旬定植，株行距 45 cm×45 cm。

8. 玉龙椒

衢州市农业科学研究院选育，白色羊角椒，早熟，果实长 15 ~ 16 cm，果径

2.2 cm，果肉厚 0.2 cm，单果重 19~20 g，中辣，老熟果红色，抗病毒病。春季栽培于 10 月中旬至 11 月中旬播种，秋栽则于 7 月上中旬播种。春季亩栽 2 200 株，秋季亩栽 2 400 株。亩产量 2 500 kg。

9. 河西牛角椒

湖南省长沙市河西郊区地方品种。株高 48.5 cm，株幅 73.6 cm。第 13~15 节着生第 1 花。果实长牛角形，稍弯曲，长 15.8 cm，横径 2.5 cm，皱褶，青熟果绿色，老熟果红色，单果重 22.7 g。中熟，生育期 280 d 左右，从定植到采收 65~70 d。喜温，较耐寒、耐热、耐旱，适应性广。果实辣味中等，质脆致密，耐贮藏，品质好，可供鲜食或加工酱制。亩产量 1 500 kg 左右。适宜长沙市郊及长沙、望城、宁乡和浏阳等地区栽培。

10. 云阳椒

河南省南阳地方品种。全生育期 220~250 d，属中、晚熟品种。植株中等大小，株高 50~60 cm，开展度 50 cm，主茎第 15 节着生第 1 花。果实深绿色，果长 20 cm，单果重 40 g，单株产量 750 g 左右，一般亩产量 3 500 kg。果实前期辣味适中，后期辣味较浓。对疫病、病毒病、枯萎病等的抗性较强。适宜河南、湖北、山西、山东等省栽培。

11. 保加利亚尖椒

引自保加利亚，在东北栽培多年。中熟。植株生长势强，株高 60~70 cm，开展度 45~50 cm，叶片中等、绿色，不易落花和落果，坐果率高。第 1 花着生在第 10~11 节。果实长羊角形，长 15~21 cm，果粗 1.5~3.5 cm，肉厚 0.3 cm，单果重 50 g，青果淡绿色，老熟果为鲜红色，味较辣。亩产量 3 500 kg 以上。适宜东北地区及华南地区作冬季温室或保护地栽培。

（二）线椒类型

本类品种果实细长，辣味浓烈，主供晒制干椒，也有鲜销加工兼用。

1. 红天湖 203

韩国新一代杂交种，中晚熟，为线椒类型，鲜销加工兼用品种。该品种植株长势健壮，叶色较深，茎秆粗壮，株高 150 cm 左右，开展度 80~100 cm。果实表面光滑，大小色泽均匀光亮，果形直，肉质厚，青果深绿，红果红艳，辣味中等。单株结果 90~100 个，果长 12~13 cm，直径约 1.5 cm，单果重 10 g 左右。该品种适应性广，抗逆性强，适宜夏秋栽培，大田生长期长达 8 个月，采收期 5 个月以上，亩产量 3 000 kg 左右，高产田块亩产量 4 000 kg 以上。

2. 辛香八号

江西农望高科技有限公司育成。春、秋兼用线辣类型。早熟，株高 55 cm，开展度 56 cm，分枝力及连续坐果力强，果细长，果长 22~25 cm，果宽 1.7 cm，果多、齐、顺直，果面微皱，幼、嫩果中辣，嫩绿色，鲜食脆、香、辣，成熟果强辣，鲜加工均可。抗逆性强，抗病毒病、疫病、枯萎病等多种病害，采收期长，亩产量可达 2 500~3 000 kg。

3. 福椒 4 号

安徽福斯特种苗有限公司育成。极早熟，株型紧凑，生长势强，株高 55~60 cm，始花节位第 7~9 节，开展度 50 cm。果实长灯笼形，果长 15~17 cm，果径 5~6 cm，翠绿色，味微辣，口感香脆，品质极佳。耐低温弱光能力强，高抗病害，低温下果实生长快，连续结果性好，单果重 60~90 g，亩产量 5 000 kg，适宜保护地栽培和露地早熟栽培。

4. 湘研美玉

湖南湘研种业有限公司育成。株高 100 cm，生长势强，植株开展度 87 cm×74 cm，分枝力强，始花节位第 12~13 节。果实粗牛角形，果长 13.7 cm，果径 4.9 cm，果肉厚 0.4 cm，单果重 80 g，青熟果绿色，成熟果红色，果肩平，以鲜食为主。连续结果能力强，采收期长，果实商品性较好，抗病性与抗逆性强，适合露地丰产栽培，亩产 1 800 kg。

5. 博辣红牛

湖南省蔬菜研究所和湖南兴蔬种业有限公司育成。株高 65 cm，植株生长势较强，开展度 63 cm×63 cm，始花节位第 10~11 节。果长 18.4 cm，果径 1.6 cm，肉厚 0.2 cm，果肩平或斜，果顶尖，果面光亮，果形较顺直，青熟果浅绿色，成熟果鲜红色，单果重 14.9 g。抗病性与抗逆性较强，适于露地栽培，可鲜食、干制或酱制加工。亩产 1 596.7 kg。12 月至次年 2 月均可播种，3 月假植 1 次。亩用种量 40 g。露地 4 月上旬至 5 月上旬定植，株行距 45 cm×45 cm。

6. 线辣子

陕西省地方辣椒品种。株高 60 cm，长势中等，分枝多，叶小、浅绿色。果实羊角形，长 12~16 cm，横径 1.2~1.5 cm，商品成熟果暗绿色，生物学成熟果红色。味极辣，宜于制干调味品。适应性强，耐旱。晚熟，生长期 170 d 左右。每亩产干椒 150~250 kg。适宜陕西省部分地区栽培。

7. 二金条

四川省地方品种。植株较高大，半开展，株高 80~85 cm，开展度 76~100 cm。叶深绿色、长卵形，顶端渐尖。果实细长，长 10~12 cm，横径 1 cm，肉厚 0.6~1.0 mm，味甚辣。嫩果绿色，老熟果深红色，光泽好，产量中等，较耐病毒病。是四川省出口干椒品种。适宜四川省部分地区栽培。

8. 福建宁化牛角椒

该品种是三系杂交种，极早熟，大果型牛角椒，连续坐果能力强，光滑亮丽，长势强，果肩径 5.5~6.5 cm，最长 33 cm 以上，平均单果重 120 g 左右，果色绿，辣味中，亩产 6 000 kg 左右，最高可达 12 000 kg，是保护地及露地栽培的极佳品种，抗疫病、病毒病、枯萎病，耐贮运。

（三）灯笼椒类型

本类品种果实呈灯笼形，辣味一般较轻或完全无辣味，故称甜椒。抗逆性、抗病性较弱。分布地区主要在华北、东北以及华东地区。

1. 茄门

株高 63 cm 左右，开展度 72 cm，主茎第 14 节着生第 1 果。果实方灯笼形，果高及横径各 7 cm 左右，深绿色，3~4 心室，果柄下弯，果顶向下，顶部有 3~4 个凸起，中心略凹陷。肉厚 0.5 cm，单果重 100~150 g，大果可达 250 g，质脆，味甜，品质好。耐热，抗病，耐贮运。中熟种，定植后 40~50 d 始摘青椒。亩产量 4 000~5 000 kg。适宜华东、华北、东北部分地区栽培。

2. 麻辣三道筋

吉林省长春市地方品种。中晚熟。植株生长势强，株高 56~60 cm，开展度 45 cm，茎粗壮，节间较短，平均节间长 5~7 cm，叶片浅绿色，较大。果实长三角形，果长 10~11 cm，横径 5.5~6.0 cm，浅绿色，多为三道筋，顶部常有 1 个心室突起，果肉厚 0.3 cm，味稍辣，单果重 100~150 g。抗病、耐热、耐贮运，适于露地栽培。亩产量 2 000~2 500 kg。适宜吉林、辽宁、黑龙江省部分地区栽培。

3. 世界冠军

美国引进甜椒品种。植株生长势强，株高 55 cm，株幅 45 cm。叶片大、叶色深绿，茎粗壮，第 10~11 节着生门椒。果实长灯笼形，深绿色，3~4 道筋，果肉厚 0.5~0.7 cm，单果重 200 g 以上。味甜，品质好，耐贮运。晚熟，从定植到采收 80 d 左右。亩产量 2 500~3 000 kg。较抗病，适应性广。适宜东北、长江中下游部分地区栽培。

4. 四平头

甘肃省地方品种。植株直立，株高 75 cm，分枝力弱，为无限分枝型。叶为互生，叶大色淡，呈卵圆形，叶缘无缺刻。花为完全花，呈白色单生。果实长灯笼形，果长 9.5 cm，果径 6.5 cm，果肉厚 2~3 mm，3~4 心室，青果嫩绿色，老熟果红色，平均单果重 60~80 g，最大单果重 100 g。不耐高温干旱。适宜甘肃、宁夏、新疆、青海等地区栽培。

（四）簇生椒类

本类品种果实簇生，可并生 2~3 个或 10 个左右，辣味浓，主供晒制干椒。

1. 天鹰椒

自日本引进。植株较直立，叶片披针形，花簇生，花冠白色。果实尖长，细小，向上生长，果顶部有尖弯曲，呈鹰嘴状，成熟果鲜红色。中晚熟。属干制小辣椒型品种，极辣，亩产干椒约 300 kg。适宜华北、西北等北方地区栽培。

2. 七星椒

四川省自贡市地方品种。植株直立高大，株高 90~113 cm，开展度约 70 cm，晚熟，第 1 花节位出现在第 20 节左右，果实簇生直立，并生 6~10 个，嫩熟果深绿色，老熟果鲜红色。果短指形或短圆锥形，果小，单果重 2.5 g 左右，果长约 4 cm，果径 0.8~1.4 cm，果肉厚 0.07~0.1 cm。辣味极强，宜加工干制。亩产干椒 100~120 kg。适宜四川、贵州、湖南、陕西等省少部分地区种植。

（五）矮生早椒类

本类品种熟性皆早。植株矮生，较开展，分枝多，结果多，但果实较小，辣味轻，主要分布于长江中下游各地。品种有南京早椒、武汉矮脚黄、长沙矮树早等。

（六）圆锥椒类

本类品种果实小、圆锥形，甚辣，主供晒制干椒。品种有江苏海门椒、广东鸡心椒。

宁波市辣椒在实际栽培生产中，以果实形状为主要的划分依据，将甜椒单独列出，一般把辣椒分为：甜椒、牛角椒、羊角椒、线椒、泡椒、朝天椒、螺丝椒等几类。甜椒果实大，呈扁圆、椭圆、柿子形或灯笼形；牛角椒果实呈长圆锥形似牛角；羊角椒果实形如羊角，比牛角稍细；线椒果实光滑顺直，首尾匀称；朝天椒果实朝天生长；螺丝椒果形多皱褶和弯曲。

四、栽培技术要点

（一）播种育苗

1. 苗床准备

选择 2~3 年内未种过茄科作物、地势高燥、背风向阳、排灌通畅的田块作苗床。苗床选择没有种过辣椒的田块，及早准备好营养土。播前 10 d 做好苗床和床土处理。苗床消毒可用 50% 多菌灵可湿性粉剂，每平方米用药量 8~10 g。

2. 种子处理

播前先晒种 1~2 d。在 55 ℃水中浸种 15 min，并不断搅拌，再在 25~30 ℃水中浸 4~5 h，然后直接播种或置于 28~30 ℃条件下催芽，当 70% 以上种子露白时播种。包衣种子无须种子处理。提倡采用基质穴盘育苗。

3. 播种

露地栽培一般于 1 月下旬至 2 月初在大棚内播种。采用常规育苗的，亩用种量 50~75 g，播种前先将苗床浇足底水，水下渗后，把已萌芽的种子拌上细沙均匀撒播于苗床，播后上覆 0.5 cm 细土，以不见种子为度，轻压后覆盖一层地膜，最后搭建小拱棚保温。

采用穴盘基质育苗的，用种量 30 g/亩左右，选用 72 孔的穴盘和蔬菜育苗专用基质，播种前基质装盘，刮平盘面，用盘底按压表面，形成 1 cm 深播种孔，浇透底水。播种机播种或人工播种，1 孔 1 粒，播后用基质盖籽至穴盘表面平；然后将穴盘移入苗床，摆放整齐，四周覆土，平铺薄膜，并覆盖棚膜。

4. 苗期管理

（1）温湿度管理。当 60% 的种子出土后，应揭去覆盖的地膜。出苗前保持白天 25~28 ℃、夜间 18~20 ℃；齐苗后逐步降温，白天 22~25 ℃、夜间 15~18 ℃。若夜间气温降至 10 ℃，在小拱棚上加盖遮阳网等覆盖物保温；如棚内温度超过 30 ℃，应及时通风；白天大棚内的拱棚膜要适时揭开，以增光降湿。

（2）肥水管理。常规育苗要适当控制浇水，以湿润为主。苗期一般不追肥，若缺肥可用 0.3% 浓度的三元复合肥溶液追施。穴盘育苗要及时浇水，保持盘内基质湿润，注意穴盘边缘补水。幼苗 2 叶 1 心和 3 叶 1 心时各喷施 1 次 0.3% 浓度的三元复合肥溶液。

（3）假植。常规育苗当幼苗具有 2~3 片真叶时应进行假植。选用直径 8~10 cm 的营养钵，1 钵 1 株。假植应选择冷尾暖头的晴天进行，边假植边浇水。假植后的管理同苗期。

（4）炼苗。定植前 1 周开始炼苗，逐步加大通风量，提高抗逆性。

5. 壮苗标准

苗高 25 cm 左右，茎粗 0.4 cm，叶片肥厚，叶数 12~14 叶，叶色深绿，根系发达，带有花蕾。

（二）定植

1. 大田准备

应选择地势高燥、排灌方便、土层深厚肥沃、有机质含量丰富、pH 值 5.5~7.0 的田块。注意合理轮作。定植前 7~10 d 清洁田园，整地施基肥，用腐熟有机肥 2 000 kg/亩或商品有机肥 200~250 kg/亩、三元复合肥 30 kg/亩，具体视土壤肥力而定。作畦，宽（连沟）1.2~1.5 m，沟深 30 cm。畦面呈龟背形，覆盖地膜。提倡应用膜下滴灌技术。

2. 定植

露地栽培的 4 月中旬前后定植，应选择冷尾暖头的晴天进行。定植前按行距 75 cm、株距 30 cm 开好穴，亩栽 3 000 株左右。大小苗分级，尽量少伤根，定植深度根颈部与畦面相平，栽后用泥土压实穴口，浇好定根水。

（三）田间管理

1. 水分管理

辣椒不耐涝，要及时清沟培土，以防渍害、倒伏。同时，6 月下旬进入高温、干旱时期，视土壤墒情采用灌"跑马水"的方式及时补充水分。提倡采用地膜下铺设滴灌带进行节水灌溉。

2. 及时追肥

辣椒成活后用碳铵、磷肥轻施苗肥促生长。当辣椒进入盛花期到结椒初期（一般 5 月中旬）时畦中开沟施重肥一次，亩施三元复合肥 40 kg，或 30 kg 尿素和 15 kg 钾肥，以后视情况灵活掌握，可结合防治病虫进行根外追肥。

3. 植株调整

及时整掉基部第一个分杈以下的侧枝，摘除枯黄病叶，以减少养分消耗，促进田间通风透光，降低田间湿度。

（四）适时采收

菜用鲜椒应根据市场需求及时采收。采收过迟，既会影响产量和商品性，又不利幼果的膨大和后期结果率的提高。采收过早，果实肉质太薄，色泽不光亮，影响商品性。无论是采收青果或红果，门椒都要尽量早摘。采收应在早晚进行，中午因水分蒸发较多，果柄不易脱落，容易损伤植株，感染病害。

（五）病虫害防治

辣椒主要病害有猝倒病、立枯病、疫病、炭疽病、病毒病等，主要虫害有小地老虎、蚜虫、烟粉虱、斜纹夜蛾、甜菜夜蛾等，要严格按照国家有关规定使用，及时做好防治工作，具体防治方法详见本书第七章。

第五章 葫芦科蔬菜育种

第一节 西瓜

西瓜（*Citrullus lanatus* Thunb.），属葫芦科
（Cucurbitaceae）西瓜属（*Citrullus*）西瓜种
（*C. lanatus*）。别名水瓜、寒瓜，是一年生蔓性
草本植物（图5-1）。

西瓜起源于非洲南部的卡拉哈里沙漠。有三
个亚种，包括：普通西瓜亚种（ssp. *vulgaris*）、
毛西瓜亚种（ssp. *lanatus*）和黏籽西瓜亚种
（ssp. *mucosospermus*）。根据各国古书记载、壁画
及考古学家从古墓中发掘的西瓜种子、残存的叶
片考证，世界上西瓜栽培历史最悠久的国家是古
埃及，距今已有4 000年或更久的历史。公元前
四五世纪，西瓜跨越地中海传到欧洲的古希腊和
古罗马一带，距今2 400~2 500年前再由海路传

图5-1 西瓜

到印度，然后由印度逐渐在东南亚扩散。约在公元前1世纪，后经陆路从西亚经波斯
（今伊朗）、西域，沿古代丝绸之路于五代时期以前传入中国新疆。10世纪上半叶，在
内蒙古一带已有西瓜栽培。南宋时西瓜由北方（今北京、大同等地）引入浙江、河南
等地栽培。

16世纪西瓜传到英国，17世纪又陆续传到美国、俄国和日本。

西瓜营养丰富，全身是宝。西瓜子晒干是很好的休闲食品；其皮的绿色部分，可治
疗水肿、烫伤、肾炎等，用其煎汤代茶是良好的消暑清凉饮料；其皮的白色部分，含葡
萄糖、氨基酸、苹果酸、番茄素以及抗坏血酸等营养成分；其瓤富含多种维生素，可治
疗中暑发热、烦闷口渴、尿少发黄等症。在急热病发烧、口渴、汗多、烦躁时，吃西瓜
可清热、止渴，所含糖、盐和蛋白酶有治疗肾炎和降低血压的作用，具有性凉爽口、消
暑解渴的作用，同时含有丰富的番茄红素与瓜氨酸等营养保健物质。因此西瓜不仅是夏
季消暑的大众果品，也是一年四季餐前餐后大众喜爱的果盘水果、保健食品。

全球西瓜收获面积很大，有356.8万hm²，占世界水果总收获面积5.5%左右，居
世界各水果品种收获面积的第7位或第8位；总产量10 447.24万t（2011年），总产

量占世界水果总产量的 13% 左右，仅次于香蕉，居世界各水果品种产量的第 2 位。西瓜产区分布广泛。从不同国家的种植面积来看，栽培面积超过 1 万 hm^2 的共有 36 个国家，其中中国的栽培面积最大，为 85.3 万 hm^2，占世界西瓜总栽培面积的 36.9%，其次依次是伊朗、土耳其、美国、巴西、乌兹别克、格鲁吉亚、乌克兰、摩尔多瓦、墨西哥、韩国、伊拉克、阿尔及利亚、埃及、保加利亚等国。种植的地理分布大多数均处在北纬 30°~45°。这个气候地理条件范围是世界西瓜生产的最适宜地带，也符合世界西瓜的传播历史进程。

我国是西瓜生产与消费第一大国，2020 年播种面积 152.81 万 hm^2，产量为 6 234.4 万 t，是中国五大水果之一，在夏季水果消费市场的占有率超过 50%，占世界西瓜产量的 67% 以上。西瓜在中国各地均有广泛的栽培，长江中下游与华北两大地区占主导，其播种面积占全国的 3/4 左右。西瓜的栽培方式和生产技术与果类蔬菜有较多的类同，且可与许多蔬菜作物连作、轮作与换茬。尽管西瓜作为一种水果来消费，但在归口统计、技术指导与瓜农生产方面，一直将其作为蔬菜的一个作物种类来进行管理。

目前，我国北方地区以种植'京欣'和'甜王'类型为主，南方以'早佳（84-24）'类型西瓜为主。随着社会经济发展，人们对西瓜品质的要求越来越高，一方面注重口感细嫩爽口、汁水丰盈、风味浓郁的高品质，另一方面注重低温条件下不易厚皮、空心，瓤色浓粉—大红的耐寒性，同时抗枯萎病，是迎合市场需求、符合市场预期的，对于增加农民收入、推动产业发展有着积极的意义。

我国对西瓜的最早记载始见于五代时期邰阳县令胡峤所著的《陷虏记》。后汉高祖永福十二年（公元 947 年）胡峤被辽国（契丹）所俘，并在此居住 7 年，其间在辽上京（今河北承德）看到种西瓜，并食之。胡峤于后周太祖广顺三年（公元 953 年）回到中原，并著《陷虏记》一书。宋代欧阳修所撰《新五代史》中，采用了《陷虏记》中有关西瓜的资料。资料云："入平川始食西瓜，云契丹破回纥，得此种，以牛粪覆棚而种，大如中国冬瓜而味甘。"《广群芳谱》和《本草纲目》均引证过此史料。据此推断，距今一千多年前，在今河北承德一带已经有西瓜种植了。这里的西瓜来源于回纥。在唐会昌年间（公元 841 年）回纥的中心已转移到新疆，成为新疆的主体民族。因此，胡峤所指西瓜来源于新疆。南宋高宗建炎三年（公元 1129 年），洪皓在《松漠纪闻》中载有"西瓜形如扁蒲而圆，色极青翠，经岁则变黄，其㼎类甜瓜，味甘脆……。"又如南宋诗人范成大（公元 1126—1193 年）《西瓜园》诗注："西瓜本燕北种，今河南（指河南及以南）皆种之。"此后，明代王世懋所著《学圃杂疏》云："古无称，金主征西域得之，洪皓自燕中携归。"综上所述，我国有关西瓜的文字记载中，北方辽、契丹、金等少数民族在五代时期已经种植西瓜了，距今已有一千余年的历史。而中原地区引种西瓜则始于南宋（公元 1129—1143 年），元代司农司撰写的《农桑辑要》（公元 1273 年）首次记载了西瓜的栽培方法，距今也有 800 余年了。

西瓜的种质资源丰富。20 世纪初，美国人就开始注重对西瓜种质的搜集、评价与利用，现在美国国家种质资源库中保存的西瓜种质材料达到 1 644 份。苏联也十分重视西瓜资源的收集，保存的西瓜材料达到 2 292 份。欧洲资源库中也保存了上千份西瓜野生材料。

我国早期的种质资源工作是伴随育种进行的，重点是收集和利用具有直接利用价值的种质资源，一般是由国内各个科研单位、育种企业、高校、农场等单位自发进行的状态，缺乏专门的种质资源工作部门，因此所搜集的种质资源中，有直接利用价值的能够得以保存下来，而一些无法直接利用的"低劣"种质，则会被逐渐淘汰而归于灭绝。直到20世纪中后期，国内一些单位才逐渐将西瓜种质资源相关工作从育种中分离出来，开始重视种质资源的搜集。如中国农业科学院郑州果树研究所、新疆维吾尔自治区葡萄瓜果研究所都先后成立了种质资源保存中心。"七五"计划之后，西瓜种质资源工作又纳入了国家相关科技计划，下拨一定的经费予以长期支持，自此，我国西瓜种质资源工作才得以全面展开。

西瓜种质资源包括地方品种、人工育成的西瓜品种、野生西瓜种质资源、外地的西瓜种质资源等。

地方品种是我国西瓜种质资源的重要组成部分，在育种中占有极为重要的地位，是选育西瓜新品种的基本材料。生产上应用的优良西瓜品种，有许多都是从本地种质材料中选育出来的，它的最大特点是对当地自然条件和栽培方法有高度适应性，不少新育成的优良西瓜品种，其亲本之一都是本地品种。它的特点是西瓜品种内一致性较差，但进行简单分离选择，可育成优良西瓜自交系。如西瓜地方品种'三白''核桃纹''鸡爪灰''喇嘛瓜'等。

人工育成的西瓜品种，包括用各种育种手段育成的品种，有的能直接应用于生产，有的还不能直接应用于生产，这些不能直接应用于生产的变异类型，如用辐射诱变的西瓜染色体"易位系"，用秋水仙素诱变的西瓜四倍体，用远缘杂交所获得的西瓜远缘杂种，用基因转移的方法获得的转基因细胞或组织。易位系需要纯合后与二倍体品种杂交才能获得"少籽西瓜"；四倍体需要与二倍体杂交才能育成三倍体"无籽西瓜"，远缘杂交的 F_1 常需进行胚胎培养以克服不稳定性，其后代需要经过多代回交或多亲杂交，才能最终育成抗病、丰产、优质的新品种；获得了新的 DNA 片段的转基因细胞或组织还必须组织培养再生植株，并在实验室及田间鉴定转入基因的表达、其综合性状的表现以及对人类健康和生态平衡是否有不利影响之后，才能确定其价值，并需经有关部门审查通过，才能在生产上推广。至于我国历史上选育的具有实际栽培应用的育成品种已有很多，如西瓜育成品种'郑州3号''早花''华东24号''华东26号''兴城红''红灯''庆丰''中育1号''中育6号''中育10号''苏蜜1号''74-5-1''琼酥''石红1号''汴梁1号''火洲1号'等。这些品种多具有地方品种"血统"，具有较好的栽培性状，是现代西瓜育种的重要材料。

野生西瓜种质资源，是指与栽培植物相关或近缘的野生、半野生植物类型的西瓜育种材料。由于在严酷的自然条件下长期选择的结果，其适应性和抗逆性最强（如耐瘠薄、抗寒、抗旱、抗盐碱、抗病虫害等），或具有栽培作物所缺乏的某些宝贵特征、特性（如特高的干物质含量或其他有用成分的含量等），在近代西瓜育种上具有独特的作用。

外地的西瓜种质资源，是指由外地或外国引入的供进一步选育新品种之用的西瓜种质资源。它有两个特点：一是外地资源初引入时对当地环境条件往往适应性较差；二是能反映各地自然气候条件、土壤条件和生物环境的多样性，具有极不相同的适应性和多种多样的生物学上及经济学上的宝贵特征、特性，故弥补了本地西瓜种质资源的局限性，是西瓜育种工作的后备力量。

我国对西瓜种质资源研究正式列入国家研究项目始于 1982 年。目前中国国家种质资源库中保存的西瓜材料已有 1 099 份。林德佩（1977）首次将近百份国内外搜集的西瓜种质材料种植在新疆昌吉，并根据其形态特征、农艺性状与地域分布将西瓜分为 5 个生态型，即非洲生态型、美洲生态型、欧洲生态型、俄罗斯生态型及华北生态型。2003年，北京市农林科学院蔬菜研究中心将美国 1 000 多份 PI 编号的西瓜资源引进中国进行繁殖评价并保存在该中心资源库中。对于西瓜的血缘关系，中国学者已做了大量研究工作。杨健（1995）对中国不同时期表现优良的 110 份西瓜品种材料进行了分析，结果表明：有日本品种血缘关系的最高占 82.7%，有美国品种血缘关系的最高占 44.5%，有中国品种血缘关系的最高占 40.0%，而其他国家品种血缘最高只占 9.0%。由此得出结论，中国西瓜种质的基础血缘主要来自日本、美国。

我国对引入的西瓜种质资源的研究，主要侧重于西瓜品种在当地条件下各主要物候期的长短及其生产所需条件以及其与果实成熟期的关系。西瓜对本地不良条件的抵抗性，北方应着重研究抗寒性、抗旱性、抗盐碱性等；南方则应着重研究耐湿性、耐热性、耐酸性等。西瓜对病虫害的抗性，特别是对当地主要病虫害的抗性。西瓜的品质，包括形态、化学成分、经济性状以及耐贮运的能力和加工品质等，特别是其糖的含量及分布，维生素、果胶、纤维素等的含量，果皮硬度、果肉色泽、质地、果实外观、果实大小及整齐度等的研究。西瓜生产率及产量。

我国对引入的西瓜种质资源的利用方式有直接利用、间接利用、潜在利用几种方式。

（1）直接利用。对于当地的西瓜种质资源或从生态条件相似的地区引入的种质资源，经研究鉴定后，证明对当地气候、土壤等环境条件适应性较强，且经济价值高，则可直接加以推广利用或提纯后加以利用。

（2）间接利用。对由外地、外国引入的西瓜种质材料，由于对当地环境适应性差，不能直接利用，或者该种质材料综合性不符合生产要求，但具有某些优良基因，可以通过适当的育种途径加以改造，然后利用。改造的方法可以通过电离辐射或化学诱变等手段，但更常用的方法是通过杂交育种（包括远缘杂交），即通过基因重组，将其优良基因结合到新的杂交品种中。中国目前西瓜生产上种植的 F_1 代杂种几乎都是由一个或两个国外引入的品种经亲本选择、选配杂交育成。

（3）潜在利用。有一些西瓜种质资源材料，虽有宝贵的优点及特点，但又有较多的缺陷，若加以改造需要花费较多的人力、物力和经历较长的育种过程，一时难以直接利用和间接利用。但对此类具有重要潜力的种质材料万万不可忽视和丢弃，而应制订长远的研究利用计划，以满足未来西瓜育种及生产发展的要求。

一、育种目标要求

西瓜育种，首先要制定育种目标，确定育种目标时不但要考虑其科学性，同时也不能忽视其艺术性，即内在的品质和外在的美观均需兼顾；此外，就是它的经济用途，包括产量、抗性、熟期等各个方面。我国台湾西瓜育种家郁宗雄先生将现代西瓜育种的目标概括为一个英文词汇"PERFECT"（完美），这个词汇的各个字母的含意如下：P，productive yield（丰产）；E，excellent quality（优质）；R，resistance to diseases，pests and stress environments（抗病虫害及逆境）；F，few seeds（for watermelon），flesh thick（for melons）（对西瓜要求少籽，对甜瓜要求肉厚）；E，early maturity（earliness）（早熟）；C，color of skin and flesh with attractive（果皮及果肉美丽诱人）；T，thin & tough rind for good transportation（薄而坚韧的果皮以耐贮运）。

（一）品质

西瓜品质包括风味、含糖量、瓤色、果皮厚度、外观果形、皮色及种子颜色与大小等。

1. 风味

主要指西瓜中糖和酸的含量比例，其中含糖量更为重要，其高低是判断西瓜果实品质的最主要指标，国际上把"可溶性固形物"作为间接含糖量指标，优质西瓜一般要求可溶性固形物超过 11.5%，且在瓤中分布梯度小。

2. 瓤色

瓜瓤颜色，由消费习惯决定，一般同色者，色深为好，人们习惯以肉色深浅来判断果实的成熟度，对于红肉品种而言，肉色越深越受消费者的欢迎。粉红瓤多沙，肉质嫩。黄瓤品种一般肉质细嫩爽口，带有清香的风味，近年来黄色瓤逐渐受欢迎。

3. 果皮厚度

优质西瓜的果皮厚度在 1 cm 以下，适合就近供应，对于长途运输的品种其果皮可以在 1.5 cm 左右。

4. 果形、果色等

要求果实外观整齐一致，果面光洁，畸形瓜少，商品率高，种子的颜色以黑色或深褐色为好，种子大小适中。

（二）抗病虫

育种实践中以抗病性为主，包括西瓜枯萎病、炭疽病、白粉病、病毒病、叶枯病和疫病等。同时也需要解决抗线虫、抗白粉虱、抗蚜虫的问题，培育抗病、抗虫的品种。

（三）丰产性和耐贮性

1. 丰产性

西瓜产量的构成取决于单位面积株数、单株结果数、平均单果重。育种时应综合考虑这些因素。

2. 耐贮性

西瓜耐贮运性的提高，可以延长果实的货架期和供应期，并减少腐烂、变质及破损，对外销及出口尤为重要，目前随着优势产区的不断集中以及全国大市场大流通的形成，对各类品种的耐贮运性要求都有较大的提高。果实的耐贮运性包括果皮厚度、硬度和韧性。在育种中如何兼顾耐贮运性与果肉的口感品质是育种的主要难点。

（四）生育期和生态适应性

1. 生育期

西瓜需要选育出早、中、晚熟各种不同成熟期的配套系列品种，解决均衡供应，延长上市时间。但对一个具体地区和育种单位而言，则应根据本地市场上最短缺、最需要的成熟期品种，确定育种目标。中国目前的西瓜品种以中晚熟居多，且优良品种众多，因此选育早熟品种是当前育种的关键。早熟及极早熟品种在当前较为缺乏，且现有早熟品种也不理想，尤其是抗病性、耐贮性亟待改良。影响西瓜熟性的构成性状是全生育期、结实花节位及开花期、果实膨大速度及果实发育期，在亲本选择、选配及后代选择中要予以注意。

2. 生态适应性

生态适应性是指对环境的适应能力。西瓜生产过程中还存在不同程度的不利气候、不利土壤等环境因素，因此结合各地特殊环境条件，选育抗寒、抗旱、耐湿、耐酸、耐盐碱、耐瘠薄以及对氮肥反应迟钝的品种等，也应成为育种目标应考虑的内容。其中在早春保护地低温弱光下，生长性能好、易坐果、膨瓜快应是目前保护地品种选育的最重要的难点问题。

（五）特殊的育种目标

包括有多个目标类型。

①短蔓紧凑株型。由于节间短、株幅小，可不整枝，适于密植和机械化耕作。

②小果型。小果型西瓜就是外形似水果的西瓜，平均单果重只有 1～2.5 kg。小果型西瓜品种花色多、外形美观、肉质细嫩、生育期短、携带和贮藏方便。

③特殊皮色及瓤色。除传统的花皮、绿皮、黑皮西瓜以外，近年来黄皮西瓜，黄瓤、白瓤西瓜以及黄红瓤镶嵌的西瓜也已问世。

宁波市微萌种业有限公司从宁波当地实际出发，确定西瓜育种的主要目标为早熟优质（可溶性固形物12%以上，瓤色浓粉至大红，果型圆整，风味浓郁）、抗病（枯萎病、炭疽病）、较耐贮运（分子标记选择果皮硬度）的西瓜新品种。通过有性杂交，采用单交法、回交法和分子标记技术辅助育种，已成功选育出'美都'［GPD 西瓜（2017）330040］、'逾辉'［GPD 西瓜（2018）330080］、'提味'［GPD 西瓜（2018）330076］、'采秀一号'［GPD 西瓜（2020）330466］、'逾佳3号'等优良品种，畅销浙江各地。

二、育种方法

（一）有性杂交育种

有性杂交育种是一种传统育种方法，其理论基础是通过有性杂交，雌雄性细胞的结合使双亲的遗传基因重组，然后通过后代的基因分离和多代选择，育成有利基因更多、更集中的遗传上稳定的新品种。由于就性状来讲还是利用原已存在的或自然出现的性状，把分散存在于不同亲本个体上的性状重新组合，因此又可称为重组育种。有性杂交育种是现代西瓜育种的基本手段，可以创制出丰富的育种材料。

1. 有性杂交育种的方式

杂交育种的方式很多，按杂交亲本间的亲缘关系近远可分为近缘杂交和远缘杂交；按参与杂交的亲本数目及参与方式可分为成对杂交、三亲杂交、多亲杂交、回交及添加杂交（梯级杂交）等。许多著名品种则大多是采用多亲杂交育成，而且其亲本中常包括远缘野生物种在内。回交法是一种普遍采用的重要方法，特别在远缘杂交中常被采用。

（1）成对近缘杂交。参与杂交的只有两个（1对）亲本，且均属于同一个种的不同品种。大多数杂交育成的西瓜品种都是采用这一方式获得的。

（2）三亲杂交和添加杂交。如果采用成对杂交所获得的杂种后代的性状仍不能达到育种目标的要求，则需要引入第3个亲本的有利基因予以改进，如果3个亲本杂交仍不能满足育种要求，则需要添加第4个亲本继续进行杂交选育。每添加1个亲本，便添加进去1个亲本的优良性状，因此称为添加杂交。又因为这种杂交的图式像"梯级"（台阶），所以又称为梯级杂交。

（3）多亲杂交。4个亲本以上的杂交属于多亲杂交（梯级杂交也是多亲杂交的一种特殊类型）。多亲杂交由于采用的亲本多，可以将更多的优良基因及其性状综合在一个杂种后代中，因而可育成具有多种优良性状的品种，尤其是在多抗育种中更为常用，这是现代育种中的一种形式，需要花费相当长的育种时间。

（4）回交。将杂种后代与其亲本之一交配，称为回交，用以加强亲本之一的优良性状，同时削弱另一亲本的不良性状，而最终达到育种的目标。

远缘杂交也会在西瓜育种中应用。不同种间、属间甚至亲缘关系更远的物种之间的杂交，突破种属界限，扩大遗传变异，从而创造新的变异类型或新物种。西瓜遗传基础比较狭窄，通过远缘杂交的方法可以引入近缘亚种或种的抗性或其他性状。远缘杂交由于存在不同程度的生殖障碍，常常难以实施，有利的是，目前发现的西瓜属的4个种之间均可以杂交亲和，产生可育的后代。

2. 杂交亲本的选择与选配

亲本的选择与选配乃是决定杂交育种成败的关键。亲本选择是指根据育种目标选择具有符合育种目标性状的品种或种质材料，而亲本选配则是指在入选的这些亲本材料中选用哪两个（或哪几个）亲本配组杂交，以及具体的配组方式。只有遵循正确的亲本选择与选配原则，来选定杂交亲本及其组合方式，才能增加杂交育种的预见性，减少盲目性，从而提高杂交育种的效果。对于西瓜杂交育种来说，应遵循目标性状明确，亲本应具备尽量多的优良性状和最少的不良性状，亲本的优点互相补充，亲本之间应有适当的差异和亲本配合力高等原则。

（1）单交法。西瓜新品种提味是宁波微萌种业有限公司以两个自交系材料杂交育成的 F_1 品种。

母本选用'ZJ-S-3-1-2-4-S'。2006 年春季用宁波市种子公司的品种'早佳-84-24'（浙农品审字第 325 号），通过 7 代单株自交分离，选育出的自交系。该自交系为圆球果，果皮底色绿色，覆盖锐齿条纹，条纹宽度中等偏窄，果肉粉红色。单果质量 4.5 kg 左右。早中熟，开花至成熟约 40 d。肉质细脆爽口，中心可溶性固形物含量 11%~12%，边缘 8%~9%。

父本选用'MD-S-2-4-1-2-3-S'。2004 年春季用杭州浙蜜园艺研究所、宁波市种子公司的品种'美都'（浙农品审字第 330 号），通过 8 代自交分离，选育出的自交系。该自交系圆球果，果皮底色浅绿，覆盖锐齿条纹，条纹宽度中等，颜色浅，镂空。果肉粉红色，肉色强度弱，单果质量 6 kg 左右。中熟，开花至成熟 40~45 d。肉质细脆爽口，中心可溶性固形物含量 12%~13.2%，边缘 8%~10.6%。

2009 年春季开始根据育种目标进行组合选配，并对不同株系的配合力进行测试。经连续 5 年的品种比较试验和生产性试验，筛选出'ZJ-S-3-1-2-4-S'×'MD-S-2-4-1-2-3-S'组合表现优良；主要性状表现为：长势中等旺盛，中熟，开花至成熟 40~45 d。圆球果，果皮底色浅绿，覆盖墨绿色锐齿条纹，平均单果质量 6.5 kg 左右，粉红肉，肉质细脆爽口，中心可溶性固物形含量 12.4%，边缘 8.8%。

2017 年定名为提味，并开始在浙江、上海等地示范试种，种植户反映良好。

（2）回交法。杂种一代与一个亲本再杂交叫回交，而将回交过的 F_1（BC_1F_1）再与同一亲本多次杂交叫反复回交。在回交中多次使用的亲本叫轮回亲本。最初只使用一次杂交的亲本叫非轮回亲本。这种多次回交的方法又叫渗入杂交。其目的是希望得到大部分特性和轮回亲本相似而又吸收了轮回亲本所没有但非轮回亲本却具有的个别特殊性状的系统。

回交法的运用十分广泛。它既适用于种间杂交时引入近缘种的特定目的基因，也适用于同一种内不同品种间的杂交育种。且无论自花授粉或异花授粉作物都可以用回交法来改良其少数特别不良的性状。

第一，轮回亲本要综合性状优良，只有少数一两个性状需要改进。缺点较多的品种不宜用作轮回亲本，因为轮回亲本在回交过程中要参加多次交配，如果它的缺点较多，则回交后代也具有较多的缺点。

第二，供体亲本的优良性状，即育种计划所要求的改进性状要很突出，是由主基因少数控制的。如要求改良对某种病害的抗性，供体亲本必须是高抗的甚至是免疫的。至于其他经济性状不必过分考虑。因为回交育种法的本身就决定了将通过不断回交按照轮回亲本的综合优良性状来改进。如果供体亲本的输出性状不突出，将会在多次回交中被逐渐削弱以至消失，那就不能实现育种目标的要求了。

第三，轮回亲本品种是长命的，即在回交育种期内不致被新的品种所更换。

第四，为了保持轮回亲本综合优良性状在回交后代中的强度，可选用同类型的其他品种作为轮回亲本。选择的非轮回亲本一定要具有轮回亲本所不具备的少数有用的特异基因，如抗病基因、矮生基因、早熟基因，而其他特性又要尽可能和轮回亲本相似，以免出现大规模基因重组和复杂的分离局面。

①回交子代处理。当输出性状是完全显性时，从 F_1 和每次回交子代中选择具有输出性状的个体，直接与轮回亲本回交；如果输出性状是隐性，就要将 F_1 和每次回交的子代分别自交一次，使输出性状表现出来，选择具有该优良性状的个体继续回交，这样所需的时间就延长了一倍。

不管上述哪一种方式，在回交过程中首先必须选择输出性状表现突出的个体，在这些个体内再选择那些具有较高轮回亲本性状水平的个体作为轮回亲本。

②回交的次数。在回交育种中，当输出性状为不完全显性时，或存在修饰基因时，或为少量基因控制的数量性状时，回交次数不宜过多，以免使输出性状受到削弱，甚至还原为轮回亲本。在这种情况下，可进行几次回交后采用自交分离法，即"有限回交"。有限回交的次数通常是 3~5 次。转育雄性不育系时需要进行"饱和回交"，即连续回交一直到出现既具有雄性不育性，又具有轮回亲本的全部优良性状的个体。饱和回交通常需回交 4~6 次。另外，非轮回亲本中目标基因与其他不良基因的连锁是影响回交效果的关键。克服这种连锁的办法，目前只有反复回交和加强选择。但是，如果是强连锁难以将不良基因除掉，就只有采用物理或化学方法引起突变来解决了。

③回交子代需种植的群体规模。回交子代所需的群体规模主要决定于轮回亲本优良性状所涉及的基因对数。因为输出性状多是少数基因控制，在回交子代不大的群体内就能有较多具有这种性状的个体出现。源自轮回亲本的是许多优良性状，而且这些性状大多都是数量性状，虽涉及的基因对数很多，但经多代回交后，群体内类似轮回亲本的纯合体的比率会迅速提高，因此每代只需种植 100 株左右。若控制输出性状的基因与不良基因连锁，种植的株数约需 200 株。经 4~6 代回交就能得到所需要的类型。

3. 西瓜有性杂交制种技术

（1）播前准备。

①亲本种子的选定：必须选用自交选纯的高代自交系种子。父本纯度要达到100%，母本纯度要达到99%以上。同时要备有足够数量的亲本种子，确保亩苗株数。

②亲本种子的处理：播种前应晒种提高发芽率，并用 55 ℃温水浸种或用 200 倍福尔马林溶液浸种 2~3 h，然后用清水反复冲洗干净，以消灭种子携带的病菌。

（2）选择制种地、整地和施肥。要选择集中连片，地势平坦，土壤肥沃，有一定的隔离条件，不重茬的沙质壤土。整地按本地的商品瓜要求进行并施足基肥。

（3）播种。

①父母本配比。父本仅仅提供雄花，可与母本按 1∶20 的比例适量播种，但必须保证足够的雄花供应授粉，最好加盖小拱棚。

②播种期。为了合理安排茬口和避开用劳力的高峰时期。播种时间按当地商品瓜的播种时间确定。但父本应比母本提前 10 d 左右播种。播后要求地膜覆盖栽培。

③播种密度。为了提高制种产量，必须合理加大密度，通常行距 1.7 m（沟距 3.5 m），株距 15~18 cm，亩留苗 3 000 株左右。父本因株数少且需保证足够的雄花量可将株距定为 40~50 cm，亩用种量根据品种确定。

④间苗。直播应及时间苗，一般在幼苗 2~3 片真叶期进行，每穴选留一株健壮苗。

（4）严格隔离。西瓜属于常异花授粉作物，制种田应有隔离区，隔离距离应保持 1 500~2 000 m。

（5）授粉前植株的调整。西瓜制种母本全部采用单蔓整枝，即只保留一条主蔓，其余侧蔓和雄花全部摘除。由于它长势旺盛，又无侧蔓备用，因此，坐果不易，要求技术性强，瓜蔓长至 0.5 m 时进行压蔓，以后每间隔 5~6 节再压蔓，直至坐住果停止整枝压蔓。

（6）母本去雄套袋。

①去雄。将母本植株每条蔓上的雄花在蕾期全部摘除干净，这同整枝压蔓一同进行，直至杂交授粉结束坐住瓜为止。在整枝压蔓过程中，对母本株每条蔓上各节的雄花蕾先摘除再压蔓，去雄应做到"根根到顶，节节不漏"，这是确保纯度的措施之一。

②套帽。对母本株上即将开放的雌花蕾（头天傍晚）套上纸帽，这是保证西瓜制种纯度最关键的环节。方法是每天下午巡视瓜地，将次日开花的雌花蕾套上纸帽做上明显记号，便于次日授粉。

（7）杂交授粉。

①父本确认。父本在采花前两天要逐株进行确认（主要是确认父本雌花），对于杂株和性状不典型株要连根拔除，防止父本机械混杂，影响纯度。

②授粉时间。西瓜花瓣开放的温度是 22~24 ℃，在正常天气下，宁波地区一般在早晨 7 点至 10 点（北京时间）开花。到 11 点半以后，雌花柱头就分泌黏液。这时授粉坐果明显降低。因此，一天内有效授粉时间是 7 点半到 10 点，最佳授粉时间是 7 点半到 9 点半。阴雨天气温低，开花晚，必须等到花瓣开放后再授粉，以免降低产籽量。

③授粉方法。首先早晨天蒙蒙亮采集当时开的父本花放在带有盖的容器中，暂放在阴凉处，待花自然开放有粉后，即对母本雌花授粉。授粉时，取出父本雄花，用父本雄花花蕊在母本雌花柱头上轻轻触擦，授粉要均匀，要有足够的花粉量，一般一朵雄花授 3~4 朵雌花，如雄花充足，最好一朵雄花授一朵雌花。授粉后再套上纸帽，在坐果节位上做上明显标记。

④坐瓜后的管理。当天授粉结束后，为保证授过粉的瓜能坐住，要进行逐株打杈整枝，将萌发的侧芽全部抹除。待授粉瓜膨大定型后，要经常翻瓜、垫瓜、盖瓜，防止受潮、碱害和日灼。

（8）种子采收。西瓜商品成熟时，种子已基本成熟，但西瓜果实过熟后的种子质量更高，千粒重有所增加，发芽率也有所提高。因此，留种瓜要比商品瓜晚收几天，采收后应尽快剖瓜取种。因为在贮存过程中，枯萎病菌易在果实内蔓延，炭疽病菌也常从外部侵入。取出的种子要装入干净的瓷缸、瓦盆或塑料桶中（切勿用铁制的或带油污的容器，否则种皮变黑），加上适量的西瓜汁（以淹没种子为度）使之发酵 1 d，发酵时间过长会导致种皮变黑，发芽率降低。发酵过程中注意防止水渗入。种子发酵后可加少量河沙揉搓，以除去种皮上的胶质黏液，然后用清水冲洗干净，并摊放在席子或其他晒具上晾晒，切勿放在水泥地上暴晒。种子也可烘干，但温度不宜超过50℃，种子干燥后贮藏在适当的容器中。如果用密闭容器贮藏，含水量以低于6.5%为好；用非密闭容器贮藏时，含水量不宜超过8%。

（二）杂种优势育种

西瓜杂种优势利用是提高西瓜产量、品质、抗逆性的经济有效途径之一。我国西瓜杂种优势的研究利用起步较晚。20世纪60年代末有少量研究，至70年代中期已有一代杂种应用于生产。最早推广的一代杂种是'新澄1号'，在全国推广范围较大的还有'郑杂'系列的一代杂种等。20世纪80年代初期台湾省的西瓜一代杂种'新红宝'及'金钟冠龙'等品种，在大陆地区迅速推广。

杂种优势育种不同于杂交育种，杂交育种要求其产生的优良后代性状整齐，而且要求培育的品种在遗传上比较稳定。品种一旦育成，其优良性状即可相对稳定地遗传下去。而杂种优势育种则主要是利用杂种F_1代的优良性状，而并不要求遗传上的稳定。作物育种上就常常在寻找某种杂交组合，通过年年配制F_1代杂交种用于生产的办法，取得经济性状，而并不要求其后代还能够保持遗传上的稳定性。在杂种优势育种中又可分为单交种、双交种等，而西瓜主要是利用单交种F_1代。

1. 影响杂种优势大小的主要因素

（1）亲本的基因纯合程度。在西瓜杂种F_1代利用中，亲本基因型的纯合程度不同，杂种优势的强弱也不相同；杂种优势随着其杂种后代代数的增高而基因纯合程度也在提高，杂种优势相应下降。杂种优势在F_1代表现最明显，F_2代以后逐渐减弱，到杂种后代基因完全纯合时，其杂种优势为零。

在杂种后代选择中，主要是质量性状的纯合和数量性状优选，也就是说杂种优势主要取决于其质量性状纯合程度和目标数量性状中有利基因积累的多少。

（2）纯合亲本间的质量性状差异程度。截至目前，已研究发现西瓜质量性状约有40对，如叶色、叶形、果实形状、果皮颜色、瓤色、育性等。如果2个亲本之间的质量性状基本一致，那么其F_1代基本没有杂种优势；如果2个亲本间质量性状差异过多，又给杂种后代选择带来太大工作量，所以在实际育种工作中，2个亲本间有差异的质量性状要适量多一些，以便在F_1代中表现出较多的杂种优势。

（3）西瓜主要质量性状对杂种优势贡献率有明显差异。有学者通过对2006年河南省早熟西瓜品种区域试验11个参试品种的灰色关联度分析，果型指数与西瓜产量的关联度最大，为0.82；抗枯萎病性能较小，为0.655。所以不同的质量性状对F_1代贡献的杂种优势也有较大差异。

（4）主要数量性状有利基因的累加及不利基因的降低程度。同一数量性状是由若干对微效、等位、累加的多基因所控制，选用主要数量性状均比较优良的双亲配制组合，将有较大概率出现超亲遗传。避免选用有严重不良缺陷的亲本，否则，如出现杂种负势，根本不能应用于生产，即使出现中间性遗传表现，也达不到育种目标要求，同时也不符合生产需求。

2. 杂种优势育种的亲本选配

一般来说，杂交育种的 2 个亲本选配要在明确目标性状基础上远地域、不同生态型、多亲本复合杂交，才可能选育出优良的固定品种；而杂种优势育种着重考虑主要目标质量性状及其互补、目标数量性状有利基因的积累等因素，才能组配、选育出具有较强杂种优势的杂优品种。

（1）确定育种目标和目标性状。制定育种目标和确定目标性状应以生产、市场等需要为主要依据。育种目标较多，如丰产性育种、品质育种、抗病育种、成熟期育种、果型育种、瓤色育种等。而育种工作中往往以 1~2 个育种目标为主，兼顾其他育种目标。假如进行组配优良品质的杂交组合，在选用高含糖量、中心糖与边部糖的梯度较小、果实风味纯正等基础上，还需要产量较高、抗病性能较好、果型美观等目标。否则，单一育种目标培育出的品种不会有较好的市场前景。在确定育种目标基础上，再选用符合目标性状的纯合种质作为亲本。

（2）亲本目标质量性状及对数。符合育种目标的显性质量性状有 1 个亲本中具有即可；符合育种目标的隐性质量性状必须 2 个亲本同时具备。亲本间果型指数差异对产量影响较大，最好选用圆型或高圆型亲本与长果型杂交，以获得较强的杂种优势。根据分析，父母本中有差异的质量性状应保持在 2~5 对。另外从西瓜杂种后代自交系选育快速纯合的技术路线考虑，亲本间有差异目标质量性状对数也应在 2~5 对，如对数超过 5 对，F_2 代群体超过 1 000 株，会加大选育难度。

（3）亲本的数量性状。西瓜主要经济性状多数为数量性状，如产量、品质、坐瓜节位、熟性等，所以亲本中应具有尽可能多的优良数量性状和最少的不良性状，以便于优良性状基因的累加和不利基因的减少，使 F_1 代表现出更多更优的数量性状及超亲遗传。

（4）选用一般配合力高的亲本。一般配合力的高低决定于数量遗传的基因累加效应，基因累加效应控制的性状在杂交后代中可出现超亲优势。亲本之间的一般配合力不尽相同，通过亲本的一般配合力测验，结合育种经验能够确定亲本的一般配合力。

（5）选用制种产量较高且中粒种子作为母本。母本产量高，种子数量多，可以获得较高制种量；种子大小以中粒为宜，苗既不弱，又能降低生产上投入的种子成本。

3. 自交系的选育和改进

西瓜杂种优势的利用则主要是采用自交系间的杂交方式，因此自交系的选育和改进，就成为西瓜杂种优势利用的核心和重点。

（1）西瓜自交效应的特殊性及利用。杂种一代育种的优越性大部分葫芦科作物（如甜瓜、西瓜、黄瓜、南瓜等）与其他异花授粉作物（如玉米、十字花科蔬菜等）不同，没有显著的自交衰退现象，具体到西瓜，一般也认为自交衰退现象不太明显，而且绝大多数西瓜品种是雌、雄异花，不需要像雌、雄同花植物那样在生产一代杂种中，逐花进行去雄，因而省工、省时，加上西瓜花器大，操作容易，西瓜每杂交 1 朵雌花可获得大量杂交种子，便于大面积人工授粉。西瓜中存在着叶色突变性状如后绿（delayed-green）、黄叶、黄斑点、黄叶脉以及其他易识别的突变性状如全缘叶（板叶）、光滑无毛等隐性标记性状，用具有这些性状之一的品种作母本，可以很容易地早期鉴定并淘汰假杂种，从而保证一代杂种的高纯度。如中国农业科学院郑州果树研究所利用西瓜后绿材料作母本，培育出的杂交品种'郑果5506'能够在播种后1周内准确鉴定出杂交种子纯度，有效地实现了西瓜杂交种子纯度的早期鉴定。

（2）自交系间杂交亲本选择选配的原则。西瓜自交系间杂种优势利用中，亲本选择选配的原则与西瓜杂交育种的亲本选择选配原则基本相同，但由于一代杂种育种与常规杂交育种相比有其自身的特殊性，再结合西瓜的特点，在其一代杂种亲本选择选配原则上还应该注意：当西瓜一代杂种育种的目标性状属显性时，亲本材料之一具有这种性状即可，若属隐性遗传时，则2个亲本材料必须同时都具较大的种子采种量，不宜选用两性花类型，以免制种时带来去雄的麻烦；选育的目标性状属数量性状时，2个亲本材料应同时都有高水平的表型为好。

（3）自交系的选育和改进。选育自交系的原始材料确定后，即可着手自交系的选育工作。值得提出的是，中国近年来育成的西瓜杂交种，除少数优异组合外，许多是由少数几个品种作为骨干亲本配制的组合，致使很多杂交种不但表型上彼此雷同，更重要的是它们的遗传基础狭窄，使杂种优势受到制约，难以育成更突出、更优良的新组合（杂种一代）。因此，急需扩大西瓜种质资源的搜集研究范围，并采用综合的、新的育种技术手段对自交系进一步改进提高。比较适用于西瓜的自交系选育和改进的方法有：

①自交分离测验法。这是当前西瓜自交系选育最常用的方法，其基本操作是连续进行多代自交，在自交过程中，加入1~2次早代一般配合力测验。它的理论根据是，亲本材料在多代自交过程中遗传物质的纯化积蓄不断提高，逐渐育成纯系。同时，某些不利的隐性性状由于隐性基因的纯合而在表型上表现出来，有利的基因则得到积累，通过淘汰选择便可使不利基因在群体中的频率不断减少，而有利基因的频率提高，最终育成比原始材料在遗传上更为优良的自交系。

②轮回选择法。上述自交法，虽能有效而迅速使选育群体的遗传型趋于纯化，但正是这种过于迅速的纯化，使自交系的遗传基础狭窄，群体的变异范围缩小，并使杂交种的适应性受到限制。为此近代育种学提出轮回选择法，它的特点是选育群体在缓慢的逐渐纯化的过程中，原有的不利的连锁不断被打破，再通过基因重组建立新的有利的连锁关系，有利基因在群体内的频率提高，杂种优势不断提高。轮回选择的基本程序是：第1年和第2年，选育方法与分离测验法完全相同；第3年，将上一年入选的优株播种，并进行系间相互杂交或随机交配，以增加系间基因重组的机会，采收后选优留种；第4年，将上一年杂交种子混合播种，合成1个新的综合群体，至此完成第1个周期的轮回，有必要时再开始下一轮的选择。经过1~2次轮回之后，再经几代自交纯化，最后做配合力测验，选出最优良的自交系。

宁波微萌种业有限公司选育的'逾佳3号'是以两个自交系材料杂交育成的杂交一代西瓜，其选育过程简介如下。

母本选用'ZJ-S-3-1-2-4-S'。2006年春季用宁波市种子公司的品种'早佳-84-24'，通过7代单株自交分离，选育出的自交系。该自交系为圆球果，果皮底色绿色，覆盖锐齿条纹，条纹宽度中等偏窄，果肉粉红色。单果质量4.5 kg左右。早中熟，开花至成熟约40 d。肉质细脆爽口，中心可溶性固形物含量11.0%~12.0%，边缘

8.0%~9.0%。

父本选用'W-17019-S-3-2-1-1-3'。2017年春季，种植海南林优种苗有限公司的品种'绿爽5号'（材料标号：W-17019），通过7代自交分离，选育出的自交系。该自交系长势中等，绿色叶，中熟，坐果至成熟42~44 d。果近圆球形，果皮底色中绿，条纹宽度中等，果肉桃红色，肉质细嫩爽口，中心可溶性固形物含量11.0%~12.0%，边缘7.2%~9.0%。春茬单果质量5.7 kg左右。

2019年秋季开始根据育种目标进行组合选配，并对不同株系的配合力进行测试。经连续多年的品种比较试验和生产性试验，筛选出ZJ124×W19S321组合表现优良；主要性状表现为：长势中等旺盛，早中熟，春茬开花至成熟40~42 d。近圆球果，果皮底色中等绿，覆盖中等墨绿色锐齿条纹，条纹宽度中等，平均单果质量5.5 kg左右，桃红肉，细嫩爽口，风味浓郁，中心可溶性固形物含量12.6%左右，边缘10.0%左右。

2020年开始在浙江、上海、江苏、河南、安徽、四川、陕西、甘肃、宁夏等地示范试种，种植户反映良好，2021年定名'逾佳3号'。

4. 雄性不育系和全雌系在西瓜杂种优势中的利用

（1）雄性不育系的利用。植物雄性不育（male sterility）是指植物的雄性器官发育不良，失去生殖功能，导致不育的特性。值得注意的是，对于雄性不育的个体，其花粉败育，但雌性器官仍然发育正常。

对于西瓜的雄性不育，中国农业科学院郑州果树研究所将其分为有光滑无毛雄性不育（gms）型、G17AB雄性不育（ms）型、短蔓雄性不育型、易位雄性不育型4个类型。

西瓜一般为雌雄同株异花作物，西瓜商品种子（F₁代）的生产必须采用天然隔离、人工去雄自然授粉和人工套袋隔离授粉的方法进行，存在费时、费工、成本高和杂交率不稳定等弊病，迫切需要具有生产应用价值的雄性不育系或全雌系西瓜。雄性不育系的利用，可以免除杂交制种过程中的去雄环节，并在保证好的隔离条件下采取大规模自然授粉省工制种，可大大减少劳动力的投入和限制，降低制种成本，保证种子纯度，提高种子生产量，因而得到了广泛的研究利用，其中，我国水稻不育系的研究利用效果可以说是人人皆知。我国的西瓜杂交育种从20世纪80年代开始应用推广之后，对西瓜不育系的研究和利用也随之开始，继新疆石河子蔬菜研究所李树贤等用γ射线照射西瓜种子，获得了西瓜雄性不育的突变体之后，国内最早由夏锡桐研究报道获得'G17AB'雄性不育（ms）型，该不育系和王伟等的's351-1'、张显等的'se18'和谭素英等报道的不育系类似。其特点是：①前期生长缓慢，株型稍小。②雄花很小，花蕾仅存2~4 mm，开放后花冠直径仅10~12 mm。③雌花先于雄花开放，即在同一株上最先开放的不是雄花而是雌花，第1朵雄花开放在同一蔓上第2朵雌花开放之后。④花瓣颜色浅黄。⑤雄蕊3枚，花丝很短，花药小而瘪，无花粉粒散出。⑥无蜜腺。⑦雌花正常，授以可育二倍体花粉，易坐果，并结正常种子。授以可育四倍体花粉，能结具空壳种子的果实。⑧苗期不易识别。该不育性受1对隐性基因控制遗传。研究表明，该不育系具有很高的配合力。刘寅安等的研究表明，西瓜'G17AB'雄性不育两用系所携带的不育性状（ms）可以通过杂交的方法顺利转育，用不育系中的不育株作母本，用要转育的性状植株作父本杂交，F₁代全部可育，F₂代与不育株的回交后代中，可育和不育株的分离比例分别为 3:1 和 1:1，对其中符合目标性状的不育株进行逐代选择可获得新的不育系，共选育出不同果形、皮色和瓤色的新不育系十几个，且具有很高的杂交配合力，F₁代可增产 10%~30%。张显等以'G17AB'雄性不育两用系中的不育株为母本，'Sugarlee'为父本杂交，F₁代再与'G17AB'雄性不育两用系中的不育株回交，选后代中表现抗病、长势强的不育株与'Sugarlee'杂交得到 F₁代，F₁代再与其母本进行回交，选出了新的一系列抗病、高配合力的雄性不育两用系。

利用雄性不育系制种，制种时只要在蕾期将可育株拔除，同时摘除不育株上着生的幼果，然后让其与父本自然授粉，即能获得新的品种。从而可大大减少人工授粉劳动强度，并提高育种的纯度。

但是，利用西瓜雄性不育系制种，要想达到生产利用的目的，必须能够持续产生纯合的不育株，同时又不与一些不良经济或栽培性状连锁。对其研究主要有以下几个方面：

①多系配套法。通过保持系杂交产生纯合的不育株。如水稻的'三系'配套不育系生产法。

②单系利用法。通过对不育株进行高温、高节位或诱雄等处理，使其在需要繁殖保存时产生正常的花粉，通过单株或姊妹交的方法将不育系保存下来，在需要杂交制种时表现雄性不育的特性，生产出纯合的不育株。相当于水稻的'两系'不育系生产法。

③两用系法。这种方法是对由 1 对隐性基因控制遗传的核不育系间接利用的方法，严格讲不是不育系利用范畴。它通过不育株与性状相同的姊妹可育株持续杂交。后代中不育和可育株会呈现 1:1 的比例分离，再通过连锁的早期标记性状去除可育株，从而得到纯合的雄性不育株用于制种利用。

（2）全雌系的利用。西瓜与甜瓜、黄瓜等葫芦科植物复杂的性型不同，西瓜的性型比较单一，大多是雌雄花同株，少数为两性花与雄花同株。Wehner 等（2001）指出，大多数西瓜品种雌雄花比例为 1:7 左右，少数品种雌雄花比例为 1:4 左右，通过后代选择增加雌花节数有可能得到全雌系西瓜。1996 年中国黑龙江省大庆市农民育种家姜向涛从新红宝母本（自交系）中发现了 1 株每节都现雌花的变异株。由于该单株没有雄花（蕊），故只有选择同品种中雌花比例最高的强雌株的少量雄花来给全雌变异株授粉，获得 1 个瓜，成熟后收种子 138 粒。1997 年，播种 88 粒，植株现蕾开花后统计，这些变异株的后代单株上，雌、雄花的性比提高到 1.6:1，但没有全雌株出现；1988—1999 年，继续种植的后代中开始出现全雌，由于没有本株上的雄花授粉，因此未能保持下来。直到 2000 年，通过学习、借鉴别的作物药物诱雄方法并不断试验、改进，姜向涛终于得到了全雌系西瓜的纯系和保存纯系的自交方法，他将此命名为全雌 1 号西瓜。其特征、特性：早熟种，全生育期（播种至果实成熟）70~75 d，生长势中等，进入现蕾开花期，每节都只着生 1 枚单性雌花，全株无雄花（蕊）。果实圆形，皮色浅绿，覆有绿色核桃纹，红瓤，种子较少，中心可溶性固形物含量可达 12.6%，单果重 4~6 kg。无法自交保持，2000 年通过试验采用硝酸银诱雄使得该全雌系得以自交保存，因而得到全雌系。该全雌系每节都只着生 1 朵单性雌花，全株无雄花（蕊）。后经世代分离的试验证实，全雌性由 1 对隐性基因控制，将该基因命名为 *gy*（姜向涛和林德佩，2007）在利用该全雌系时，首先，要进行硝酸银诱雄，以便全雌系的自交继代保纯。其次，在大规模制种中，使用全雌系作母本，使用昆虫自然授粉，不用人工授粉，简化了制种，降低了成本。最后，用全雌系做亲本杂交转育，可以改良现有自交系。

（三）辐射育种

辐射育种是继杂交育种之后发展起来的一项现代育种技术，两者各有所长，互为补充。辐射育种能提高突变频率，扩大突变谱，创造新类型，能有效地改变植物品种的某些性状，能促进远缘杂交成功。但有益突变频率较低，难以控制变异的方向和性质，鉴定数量性状的微突变比较困难。

我国的西瓜辐射育种开始于 20 世纪 60 年代，一些科研和教学单位利用辐射诱变获得了一些突变体，但这些突变体还未能在生产上得到利用。有的西瓜育种家在杂交育种中做了辐射处理，获得了优良品种，但辐射诱变效应在新品种培育中起多大作用不够明确。辐射诱变产生了染色体易位西瓜，但如何有效地稳定这种少籽特性，还有许多问题需要研究。

1. 辐射育种的优缺点

优点：①辐射育种可以使突变频率提高几百倍甚至上千倍，而且突变的范围和类型广泛，有利于产生新的基因类型，即有较广的变异谱。②辐射育种可以有效地打破连锁，改变染色体结构，把两个连锁基因拆开，并通过染色体交换、基因重新组合获得新类型。③辐射育种可以有效地改良植物个别不良性状。

缺点：诱发出现的有益突变较低、变异方向难以控制、鉴定数量性状的微突变比较困难，工作量大，有些变异不易稳定。

2. 射线剂量与供试材料辐射剂量的选择

对诱变育种的效果有直接影响。一般来说，在一定剂量范围内，有利的突变频率会随剂量的增加而提高，但同时植株的不育性、致死率和不利突变频率也会增加。因此，宜选择可获得有益突变率最高的剂量为诱变剂量。选择适宜的剂量、剂量率时，还必须根据不同的辐射材料、不同的处理方法、拟诱发的突变性状等具体情况进行综合考虑。西瓜可供辐射的材料可以为其种子、活体、种胚等，种子可为休眠种子和萌动种子。休眠种子辐射，其优点是适于长距离运输，操作方便，可大量处理，处理后可在较长时间内保持生物学效应。萌动种子辐射较干种子的敏感性高，诱变频率高，但处理后不便运输。另外，种子含水量、温度和空气成分等环境因子对辐射效应有修饰作用。此外，也可处理花粉、合子、愈伤组织及组织培养的"小株"。

3. 辐射后代的选择

（1）M_1 代的种植及选择。各世代群体数量的大小，直接关系到能否选择到所需突变体。许耀奎等（1985）介绍了根据目标性状的突变率来确定 M_1 代群体大小的方法。假定目标性状是由 1 个单基因突变的细胞分化而成，M_1 代群体应辐射并种植 2 500 粒种子。如果目标性状由多个基因突变细胞的种子长成，则其照射的种子数还要相应扩大。在西瓜育种中，如此大量的群体很难种植，一般每个处理为100～200粒种子，定植时每处理种植10 m长的畦1～2行植株。这个数比理论数少得多，可能这正是辐射育种在西瓜上成功较少的原因。但多数单位的实践表明，1～2行的 M_1 代，在大多数情况下也能选出突变体。

M_1 代由于辐射作用，表现为出苗率降低、植株变矮、生长发育延迟、生长受抑制、长势差、叶窄色暗、育性不正常、结实率降低等损伤效应。所以，在管理中要比一般植株更加细致，创造良好的条件，使植株能正常收获。辐射处理引起的突变，大多为隐性，M_1 代一般不表现。但可能出现少数显性突变，即由于突变细胞的增殖或某一性状来自1个突变细胞，则 M_1 代出现可遗传的突变性状。M_1 代出现的形态结构变化，大多不能遗传到后代。根据上述特点，M_1 代除少数符合育种目标要求的显性突变可进行选择外，一般不进行选择，实行单瓜单收留种。

（2） M_2 代种植及选择。辐射产生的各种突变性状，大多在这一世代显现，是突变显现最多的世代。出现的突变大多是不利的，同时可以出现如早熟、矮秆、短蔓、抗病、抗逆、优质等有价值的突变。因此，M_2 代是根据育种目标选择优良单株的关键。在西瓜辐射育种的实践中，M_2 代是分离最大的世代，为了不丢失有利突变，这个世代种植的群体要尽可能增大。从 M_2 代收获的所有单瓜中，各抽出20～50粒，分单瓜种植，但也有进行混合种植的。分单瓜播种便于鉴定和分离变异，选择效果高；混合播种方法简单易行，省时省工。

M_3 代及以后的分离度，比杂交育种的后代分离度小，固定优良性状要快，一般 M_4 代就能决定取舍。

4. 辐射育种进展

辐射育种在西瓜上的应用始于1960年，西村、坂口等（1960、1962、1967）和下间实、木原均（1968）相继应用辐射诱发染色体易位，进行无籽西瓜或少籽西瓜的选育研究，均得到部分不育的西瓜株系。王鸣、马克奇（1988）辐射优良品种和原始易位系，通过自交分离、选择和杂交育种，育成了几个少籽西瓜新品系。吴进义等通过辐射育种和杂优利用，培育了少籽杂交一代品种。中国农业科学院郑州果树研究所对西瓜种子进行 γ 射线处理，获得了短蔓、丛生、无叉、种子变大等突变体。西北农业大学和甘肃农业大学利用 γ 射线诱发染色体易位，选育少籽西瓜。也可以利用药剂甲基磺酸乙酯（EMS）来处理种子。

（四）细胞工程育种

细胞工程育种主要通过组织与细胞培养实现。植物离体培养之所以能成功，主要基于植物的再生能力和细胞的全能性。

1. 外植体培养

通过西瓜外植体培养获得再生植株是离体培养中研究较多、较成熟的技术，在降低种苗成本、确保纯度的同时也为重要性状遗传转化提供基础。基因型、外植体类型、激素的种类和浓度、苗龄等因素影响西瓜再生体系的建立。在离体培养中，西瓜未成熟子叶不定芽分化频率可达100%，通常认为子叶是比较理想的外植体。研究发现，胚胎在黑暗条件下发芽可以提高子叶的器官再生能力，子叶的末端具有最高的再生频率，再生不定芽最适培养条件为 MS+6-BA 1~2 mg/L。目前已经建立了完善的子叶、下胚轴和顶芽等外植体的再生体系，以达到稳定基因型的目的。有报道认为，西瓜不定芽诱导频率由高到低依次为茎尖、带完整子叶的顶芽、子叶的末端、不成熟的子叶、0.5~1.0 cm 胚轴、3~5 mm 的果实切片。此外，未受精胚珠和未授粉子房离体培养也有相关报道。研究发现，从授粉后结实 14~28 d 的西瓜以不成熟种子的子叶为外植体也可得到胚状体，但再生频率很低，因而通过体细胞胚得到再生植株不切实际。而张莉初步建立了西瓜体细胞胚诱导体系，认为在 MS+6-BA 3.0 mg/L+NAA 1.0 mg/L 培养基中，诱导率达到 54.7%，同时发现 2%的蔗糖浓度适合西瓜体细胞胚萌发。闫静建立了'伊选'类型和'京欣'类型西瓜愈伤组织的诱导体系，在 MS+IAA 0.1 mg/L+6-BA 2.0 mg/L+KT 2.0 mg/L 培养基中，两类西瓜愈伤组织不定芽分化频率最高。刘丽锋研究发现，铁盐对西瓜组培苗黄化的影响最大，将 Fe-EDTA 浓度加倍，组培苗生长健壮，能持续继代。此外，西瓜在离体培养过程中易产生玻璃化苗，有报道认为，降低培养湿度可有效减少玻璃化苗的发生。

2. 花药和小孢子培养

西瓜花药染色体数目只有体细胞的一半，称为"单倍体细胞"。用离体培养花药的方法，可使其中的花粉发育成完整的植株，叫作"单倍体植株"。对单倍体植株进行染色体加倍，可诱导成纯合二倍体植株。据此可加速纯合化，缩短育种进程。

花药培养操作过程如下：①当小孢子发育处于单核期时，采集花蕾，消毒后在无菌条件下，剥取花药。操作时要除去花丝，但不要损伤花药，将花药接种在去分化培养基中。②去分化培养，将采集的花药接种到 MS+2 mg/L 6-BA+2 mg/L KT+4 mg/L IAA 的培养基上培养。③分化培养，选用愈伤组织，转入 MS+2 mg/L 三十烷醇的培养基上培养。加入三十烷醇对西瓜器官建成起分化作用。④生根，分化植株可在 MS+2 mg/L 三十烷醇的培养基上产生完整的根系。⑤移栽，或采用嫁接方法。目前西瓜花药培养技术应用于育种实践尚未见报道。

西瓜花药培养受多种因素的影响，包括基因型差异、小孢子的发育阶段、花蕾的预处理方式、供体植株的生理状态、基本培养基成分等因素，其中培养基的组成是影响诱导胚状体形成愈伤组织和植株再生的关键因素。西瓜花药培养始于 20 世纪 70 年代初，通过对琼酥和周至红 2 个西瓜品种进行花药培养，获得了单倍体植株，但其愈伤组织的诱导率仅为 0.5%，不利于育种上利用。薛光荣等通过花药培养获得的花粉植株经过加倍得到了 1 个高产、抗病的西瓜优良品种。袁万良等通过改良培养基，解决了愈伤组织褐变死亡的问题，将愈伤组织诱导率从 0.5%提高到 94.4%，并且快速诱导出了绿色愈伤组织，为获得西瓜单倍体植株奠定了基础。魏瑛等通过对'西农 8 号'和'京欣 1 号' 2 个西瓜品种花药进行愈伤组织诱导，获得了 57.7%~62.9%的诱导率。李娟认为在 4 ℃处理 2 d 条件下，西瓜花药愈伤组织诱导的最佳培养基为 MS+KT 0.5 mg/L+6-BA 0.5 mg/L+NAA 2.0 mg/L，诱导率为 57.84%。西瓜花药培养技术虽有较多优势，但由于花药愈伤组织诱导率低以及分化频率极低等问题的存在，目前仍未能广泛应用于西瓜遗传育种中。小孢子培养排除了药壁组织二倍体体细胞的干扰，是获得单倍体的重要途径之一，可为快速配制杂交种提供材料，也是分子标记和基因图谱的理想材料。花粉的发育时期是决定花药培养能否形成花粉愈伤组织或花粉植株的至关因素之一。王玉英等认为大多数植物在单核靠边期进行花药培养效果是最佳的。李娟研究发现，西瓜花药培养的最佳时期是单核靠边期到双核期，其机理有待进一步研究，此外，不同基因型西瓜在游离小孢子培养过程中对温度的敏感性不同，同时早上采集花蕾其花粉活力较强，高温热激 36 ℃处理 4 d 的效果较好，在 1/2 NLN 液体培养基中培养后，小孢子能膨大分裂形成细胞团和愈伤组织。

3. 原生质体培养

原生质体为遗传操作提供了理想受体，通过该技术可获得体细胞杂交种，目前采用电融合技术成功地进行了西瓜和甜瓜原生质体的融合，通过 Southern 分子印记杂交技术，检验出了原生质体异融合愈伤组织，该方法可以克服远缘杂交不育和缩短育种年限，同时也为创造新材料和新种质开辟新途径。李仁敬等通过化学融合，以西瓜子叶原生质体获得愈伤组织，并发现原生质体的分裂频率与基因型有关。王静建立了西瓜叶片原生质体制备的最佳条件，为 2.7%纤维素酶+0.78%离析酶 R-10 溶于 0.4 mol/L 甘露醇中，转速 800 r/min，酶解时间 120 min，西瓜叶片原生质体产率最高，制备效果最好。

4. 三倍体无籽西瓜组培

无性繁殖无籽西瓜生产上传统做法是用四倍体西瓜与二倍体西瓜杂交，获得三倍体种子，但这种方式存在人力、物力和土地耗费大及制种量少等缺点。如果使用组培无性繁殖技术快速繁殖无籽西瓜植株，可不受季节限制，但因成本等因素尚未商业化应用。其组织培养的大体流程如下。

（1）三倍体西瓜种子消毒后接种到 MS 固体培养基上，诱导愈伤组织培养基：MS+6-BA 2.0 mg/L+NAA 0.1 mg/L+蔗糖 30 g+琼脂 10 g。

（2）芽分化诱导，带子叶的顶芽转移到诱导芽分化培养基中培养，诱导芽分化培养基：MS+6-BA 2.0 mg/L+NAA 0.5 mg/L+蔗糖 30 g+琼脂 10 g。随着芽的生长，可将 BA 的含量增加到 5 mg/L，再添加 2~6 mg/L 的 KT，促使芽的分化。

（3）转移到生根培养基上培养，获得无籽西瓜试管苗，生根培养基：1/2 MS+IAA 0.2 mg/L+蔗糖 15 g+琼脂 10 g。

（4）试管苗转移到大田。为提高成活率，采用嫁接的方法，砧木可用南瓜，也可用饲料西瓜及非洲西瓜中抗枯萎病的材料做砧木。培养基中只添加细胞分裂素或生长素，不能诱导愈伤组织形成或诱导率极低，且愈伤组织生长不正常。生长素和细胞分裂素配合使用，诱导效果较好，当 6-BA 的浓度为 2.0 mg/L 时，诱导率较高且愈伤组织长势良好，颜色正常，结构致密。

5. 四倍体诱导

三倍体西瓜因其无籽受消费者青睐，经济效益也高。但其母本的四倍体西瓜的生产效率低，严重限制了三倍体西瓜的生产。传统获得四倍体的方法是用秋水仙素处理西瓜幼苗茎尖生长点或浸泡种子，该方法诱导率低，易出现嵌合体。离体组织培养诱导西瓜四倍体的优势在于，一是提高四倍体出现的频率；二是通过一些室内鉴定方法有效地识别四倍体变异，降低成本；三是通过离体悬浮培养等手段使细胞高度分散，直至变成单个细胞群，可克服嵌合体现象。利用组织培养手段诱导四倍体西瓜，其四倍体的变异频率一般在40%~60%，且不受季节限制，能有效利用时间。使加倍、选择和快繁同时进行，缩短育种周期，加速多倍体西瓜育种进程。

（1）诱变材料的选择。应选择综合经济性状优良的纯系二倍体品种（品质好、糖分高、皮薄、肉色纯正、坐果容易等特性），诱变成四倍体后性状易稳定，以节约诱变后四倍体水平上选纯的时间。西瓜四倍体诱导外植体可选用未成熟胚、无菌苗子叶、不定芽及茎尖等作为处理对象进行离体染色体加倍；马国斌等用0.1%秋水仙素处理24~48 h诱导成熟胚茎尖获得四倍体植株。此外，西瓜愈伤组织、悬浮培养细胞作为处理对象，可降低诱变剂量，减少嵌合现象，提高诱变效率。

（2）诱导四倍体西瓜的培养基。诱导四倍体西瓜的培养基即是在常规西瓜组织培养基中添加适当浓度的诱变剂，普遍认为MS培养基较适合西瓜离体培养。BA是诱导西瓜不定芽发生最有效的生长调节剂，其最合适的浓度为5~10 mg/L。诱导培养基中一般添加BA和少量IAA或者只添加BA。不同的研究中，BA和IAA的适宜浓度有差异。西瓜材料应接种到MS+10 mg/L BA+0.05%秋水仙碱培养基培养1周，然后再转到MS+10 mg/L BA新鲜培养基上。甜瓜材料可直接接到MS+10 mg/L BA培养基上。子叶组织在培养基上应以背面接触培养基。大约在培养5周后应看到不定芽的形成。将诱导产生的芽或者继代培养增殖的不定芽转入含生长素类调节剂（如IAA、BA和NAA）的培养基上既可以诱导其生根，一般使用较低浓度生长素0.1~0.5 mg/L即可。培养室温度一般保持在25 ℃左右，每天光照12~16 h，光照度1 500~3 000 lx。

（3）诱导方法。诱导方法分为直接诱导法和间接诱导法。直接诱导法即将外植体第1次离体培养时，直接接种在含秋水仙素的诱导培养基上，诱发变异一定时间，再依次转入分化培养基、成苗培养基上培养成再生变异株。秋水仙素能严重干扰和破坏愈伤组织的代谢和分化，导致诱变成功率低，材料死亡率高，试验重复性不强。间接诱导法即将外植体先经常规组织培养手段诱导出愈伤组织、不定芽后，再转入含有秋水仙素的诱导培养基中，经一定时间处理后，转入分化培养基、成苗培养基培养成再生变异株，并经筛选固定。该法可减少试验原材料使用量，经组织培养快繁后的处理对象生理状态一致，可提高试验的重演性和诱变效率。

（4）四倍体西瓜鉴定方法。常用的有形态特征鉴定法、杂交鉴定法、染色体计数法以及细胞学气孔鉴定法。在花期对四倍体变异株进行选择和确认，四倍体花冠较大，花色较浓，花粉粒较相应二倍体花粉粒大。西瓜四倍体的花粉有4个萌发孔而呈方形，二倍体的花粉有3个萌发孔而呈三角形。Zhang等利用扫描细胞光度仪可以快速检测西瓜多倍体变异及变异情况。流式细胞分离器也可迅速测定细胞核内DNA的含量和细胞核大小，可用来测定细胞核的倍性。郭启高等设计的增殖系数法、高温胁迫法和低温胁迫法鉴定西瓜试管苗四倍体，平均符合程度分别为88%、90%和80%，这3种方法省掉了独立的单株倍性鉴定过程，只需对大批量再生苗一次性地做短时处理后即可检出四倍体，是快捷高效的四倍体鉴定方法。

（5）定植。经鉴定筛选的试管苗炼苗后要移栽于田间或温室。定植时应选择生长势强、品质优良、育性较强的四倍体植株个体上的顶芽和侧芽，接种到诱导不定芽再生培养基上培养，诱导出的再生芽在扩繁培养基上扩增，经诱导生根即可获得大量的再生四倍体小植株。植株在定植前最好进行嫁接增强抗性，常规嫁接或试管苗嫁接均可。人工诱变多倍体的方法必须与杂交和选择相结合。由于经微体扩繁而获得了大量的、具有稳定表现的四倍体植株，育种者在当年即可进行亲本自交、田间育性检测和试配多个组合。选择优良的四倍体自交系或杂交系与优良二倍体西瓜种杂交，从而能较快地培育出适用于生产的无籽西瓜新品种。

（五）分子标记辅助育种

研究生物变异的标记来源大体可分 4 类，即表型变异、染色体多态性、蛋白质的多态性和 DNA 多态性。相比之下，DNA 分子标记更为直接地反映了生物的遗传差异，因此在生物的遗传改良上更为有效。分子标记技术已用于研究西瓜的种质资源遗传亲缘关系、品种（杂种）鉴定、目标性状的连锁分子标记与分子标记辅助选择以及分子遗传图谱的构建等多方面，并取得了快速的发展。

（六）基因工程育种

抗性育种对于培育生产优质高产西瓜品种具有重要意义，通过转基因技术可以为抗性育种提供支持。西瓜转基因主要以子叶为外植体，遗传转化方法除农杆菌介导法是技术较成熟、机理较明确的途径外，花粉管通道法、基因枪介导法、DNA 浸胚法、胚囊子房注射法、PEG 法、电激法等也有应用。

目前已成功将卡那霉素抗性筛选基因（NPTⅡ）和标记基因（GUS）、ACC 合成酶基因及其反义基因、西瓜花叶病毒 1 号的外壳蛋白基因（WMV-1CP 基因）、西瓜花叶病毒 2 号外壳蛋白基因（WMV-2CP 基因）、西瓜花叶病毒（WMV）外壳蛋白基因、西葫芦黄化花叶病毒（ZYMV）复制酶基因、黄瓜花叶病毒（CMV）复制酶基因、NPR1 基因、几丁质酶基因、几丁质酶—葡聚糖酶双价基因、酵母腺苷甲硫氨酸脱羧酶基因、酵母 HALI 基因、八氢番茄红素合成酶基因、GGPS 基因、编码 CGMMV-CP 的 cDNA 基因等成功转入西瓜基因组中获得转基因再生植株。与西瓜有近缘关系物种的总 DNA 也有应用，如瓟瓜 DNA、黑籽南瓜 DNA 等。宋道军等利用离子束处理将银杏耐辐射异常球菌基因组 DNA 成功导入西瓜，该方法实现了超远缘分子杂交，为西瓜遗传育种拓展了新方法。此外，体细胞突变体筛选也可作为西瓜抗性种质创新的重要途径。

三、主要品种类型及代表性品种

（一）生态类型

根据中国 20 世纪 60 年代开始搜集整理的西瓜原始品种资源，可分为以下几个类型。

1. 华北生态型

华北生态型主要分布在华北温暖半干栽培区（山东、山西、河南、河北、陕西及江苏北部、安徽北部地区），是中国特有生态型。果实以大型、特大型为主。以此生态型作亲本选育出的品种大部分也属此类型。

（1）大型品种群。红瓤品种有花里虎、手巾条、三结义、郑州 2 号、庆丰等；黄瓤品种有核桃纹、柳条青、梨皮、郑州 1 号等；白瓤品种有三白、冻瓜等。

（2）特大型品种群。如大麻子、高顶白、黑油皮等。

2. 华东生态型

本生态型主要分布在中部温暖湿润栽培区（长江中下游及四川、贵州等省）和东北温寒半湿栽培区（东北三省及冀北地区）。华东生态型也是中国特有的生态型，果实以中、小型为主。浜瓜和日本浜瓜（嘉宝）杂交育成的小玉类是著名的小型特殊类型品种，植株生长较弱，结果部位早。由日本引入的东亚型品种近似此类生态型。以此生态型作亲本选育出的品种大部分也属此类型。

（1）小型品种群。如浜瓜、小子香、红小玉等。

（2）中型品种群。红瓤品种有华东 25、解放瓜、旭东、兴城红、琼酥、红花、中育 6 号、抚州瓜、旭大和、新大和等；黄瓤品种有马铃瓜、海宁瓜、黄岩瓜、辣县瓜、华东 26、大和、冰淇淋等。

3. 西北生态型

本生态型主要分布在西北干旱栽培区（甘肃、宁夏、内蒙古、青海和新疆等省份）。果实以大型为主，生长旺盛，坐果节位高，生育期长，极不耐湿，引进的苏联品种与本类型相近似。品种有精河西瓜、白皮瓜、花皮瓜、苏联 1 号、苏联 2 号、苏联 3 号、墨拉摩尔里等。

4. 华南生态型

本生态型主要分布在南方高温多湿栽培区（广西、广东、台湾、福建等省份），果实以大、中型为主。生长旺盛，耐湿性强，生育期也较长。从美国引进的品种，或以其为亲本选育出来的品种均为此类型，如澄选 1 号、澄育 1 号、中石红等。

（二）主要品种

1. 早中熟品种

（1）美都［GPD 西瓜（2017）330040］。宁波微萌种业有限公司选育的中熟品种。常温下开花至果实成熟约 40 d，一般单瓜重 5 kg 以上。果实圆球至高球型。果皮绿色，覆有墨绿条纹。如果实膨大期遇低温，果皮底色和条纹会加深。果肉桃红色，甜而多汁，中心可溶性固形物 11.0%~12.0%，边部可溶性固形物 8.0%~9.0%。

（2）提味［GPD 西瓜（2018）330076］。宁波微萌种业有限公司选育的中熟品种，植株长势中等，春季全生育期 115 d，果实发育期约 45 d；近圆球果，果皮底色浅绿，覆盖墨绿色锐齿条纹，平均单果质量 6.5 kg，肉色粉红，肉质细嫩松脆，多汁爽口，风味佳，可溶性固形物含量中心 12.0%~13.0%，边缘 8.6%~9.0%。

（3）采秀一号［GPD 西瓜（2020）330466］。宁波微萌种业有限公司选育的中早熟品种，植株长势中等，春季全生育期约 112 d，果实发育期约 42 d。圆球果，果皮底色中等绿色，覆盖墨绿色锐齿条纹，平均单果质量 5.28 kg 左右，桃红肉，肉质脆甜爽口，中心可溶性固物形含量 12.6%左右，边缘 9.0%左右。

（4）逾佳 3 号。宁波微萌种业有限公司选育的早中熟品种，植株长势中等，果实发育期 40~42 d。近圆球果，果皮底色中等绿，覆盖中等墨绿色锐齿条纹，平均单果质量 5.5 kg 左右，桃红肉，细嫩爽口，风味浓郁，中心可溶性固形物含量 11.4% ~12.6%，边缘 7.0% ~10.0%。

（5）浙蜜 1 号。原浙江农业大学园艺系育成。中熟，从播种到收瓜需 100 d 左右，主蔓第 7~8 节处出现第一朵雌花，以后每隔 5~6 节出现一朵雌花，雌花坐瓜能力强。从雌花开放到收瓜需要 35~40 d。瓜形高圆，皮墨绿色，上有不规则条纹，瓜皮厚 1~1.1 cm，硬而坚韧，较耐运输；瓜瓤玫瑰红色，肉质紧密，纤维少，味甜，中心含糖量 10%~11%，品质优良；单瓜重 6~8 kg。植株生长势强，分枝力较强，茎蔓粗壮，叶大，抗病力强，耐低温、耐潮湿。

（6）浙蜜 3 号。原浙江农业大学园艺系育成。果实圆形或高圆形，果面深绿色覆有墨绿色隐条纹，皮厚 1.2 cm 左右，瓤色大红，肉质松脆，中心糖度 12%左右，边缘糖度 9%左右，糖分梯度小，汁多，纤维少，风味特佳。植株分枝中等，叶色深绿，雌花出现较早，一般在第 7~8 节，其后每隔 3~5 节再现雌花。坐果能力强，从雌花开放到果实成熟约需 32 d。单果重 5~6 kg，果实采摘弹性大。适应性广。提早播种可发挥早熟栽培的优势，是较理想的西瓜品种。

（7）浙蜜 5 号。浙江大学农学院园艺系与浙江勿忘农种业股份有限公司育成。果实高圆形、光滑圆整，皮厚约 1 cm，皮深绿色覆墨绿色隐条纹，果肉红色，植株长势稳健，坐果性好，较抗病。单果重 5~6 kg。开花至成熟 32 d，较耐贮运，肥水不足时，果形偏小；中心可溶性固形物含量 12%左右，边缘 9%左右，糖度梯度小，品质佳，较耐贮运，亩产量 3 000 kg 左右。

（8）京欣 1 号。北京市农林科学院蔬菜研究中心于 1985 年育成。早中熟，果实发育期 30 d，全生育期在 100 d 左右。生长势中等，叶型小。每 5 片叶有 1 个雌花。果实圆形，有明显的深绿色条纹 16~17 条，上有一层蜡粉。果肉粉红色，纤维少，肉脆，含糖量 11.5%~12%。皮厚 1 cm 左右，皮较脆，单果重 5 kg 左右。

（9）京欣 2 号。北京市农林科学院蔬菜研究中心于 2001 年育成。中早熟种，全生育期 90 d 左右，果实发育期 28~30 d，单瓜重 5~7 kg，有果霜，红瓤，中心含糖量 11%~12%。质地脆嫩，口感好，风味佳，耐贮，高抗枯萎病兼抗炭疽病。适合保护地和露地早熟栽培。

（10）早佳（84-24，新优 3 号）。新疆农业科学院园艺作物研究所和新疆葡萄瓜果开发研究中心于 1990 年共同育成。早熟，生长势中等。果实圆球形，果皮绿底带墨绿条带，整齐美观。红瓤，剖面好，质地松脆，较细，多汁，不易倒瓤。风味爽，中心含糖量 11.1%左右。单瓜重 3 kg 左右。

（11）玉玲珑。合肥市丰乐种业公司于 2001 年育成。早熟，果实发育期 30 d，全生育期 90 d 左右。植株长势平稳，分枝适中，雌花出现早，极易坐果。主蔓第 1 雌花着生于第 6~7 节，以后每隔 4~5 节再现一雌花。果实圆球形，果形指数为 1，外观光滑圆整，有蜡粉，果皮绿色底上覆盖黑色条带，皮厚 1 cm 左右，不裂果。不空心，耐贮运。瓤色深红，瓤质紧脆，中心含糖量 12% 左右，口感好。七八成熟即可采收上市，贮藏 7~10 d 后品质更佳。单瓜重 4~5 kg。不抗枯萎病，重茬地需嫁接栽培。

（12）郑杂 5 号。郑杂 5 号又名新早花，中国农业科学院郑州果树研究所于 1982 年选配的杂种一代组合。早熟种，全生育期 85 d 左右，果实发育期 28~30 d，主蔓上第 6~7 节开始发生第 1 雌花。从开花到果实成熟 28~30 d。果实长椭圆形，皮色浅绿，上有深绿色宽条纹。果皮厚约 1 cm，耐贮运性稍差。大红瓤，果肉脆沙，中心含糖量 11%，品质好。单瓜重 4~5 kg，一般商品瓜亩产量 3 500 kg，高产栽培可达 4 000 kg 以上。种子千粒重约 60 g，种皮浅黄褐色带有黑边。

（13）郑杂 7 号。中国农业科学院郑州果树研究所于 2001 年育成。早熟，全生育期 85 d 左右，果实发育期 30~32 d，植株长势中等，坐果性较好，抗病性中等。第 1 雌花着生在主蔓第 5~7 节，以后每 5~6 节再现雌花。果实高圆形，果形指数为 1.1~1.2，果面光滑，淡绿底色上覆有深绿色齿条，红瓤，瓤质松脆，汁多爽口，中心含糖量 11% 左右。皮厚 1 cm 左右。单瓜重 5 kg 左右，亩产量 3 000 kg 左右。种子千粒重 43 g 左右。

（14）郑杂 9 号。中国农业科学院郑州果树研究所育成。早熟，果实发育期 28~30 d，全生育期 85~90 d，植株生长势较强，抗病性也较强。第 1 雌花出现在主蔓第 7~8 节，以后每隔 6~7 节再现雌花。果实椭圆形，瓜皮绿色，覆有细网条。皮厚约 1 cm，较耐运输。瓤色大红，质沙脆、甜、汁多，中心含糖量 11% 以上，平均单瓜重 4.5 kg，最大可达 10 kg 以上，亩产量 3 500~4 000 kg。

（15）郑抗 3 号。中国农业科学院郑州果树研究所于 2001 年育成。早熟，全生育期 90 d 左右，果实发育期 28~30 d，植株生长势较旺，易坐果，高抗枯萎病，可重茬种植。第 1 雌花着生在主蔓第 5~7 节，以后每隔 4~5 节再现雌花。果实椭圆形，果形指数 1.36，绿色果皮上覆有深绿色的不规则条带。皮厚 1.05 cm 左右，皮硬，耐贮运，瓤色大红，中心含糖量 10.5% 左右。单瓜重 4 kg 左右，亩产量 4 000 kg 左右。种子千粒重 25.2 g 左右。

（16）特早佳龙（郑抗 6 号）。中国农业科学院郑州果树研究所于 2001 年育成。早熟，全生育期 83 d 左右，果实发育期 25 d 左右。植株生长势中等，极易坐果，轻抗枯萎病。第 1 雌花出现在主蔓第 5~6 节，以后每隔 4~5 节出现雌花。果实椭圆形，果形指数 1.41，绿皮上覆有墨绿色齿条带，果面无蜡粉，瓤色大红，汁多味甜，中心含糖量 11.2% 左右。皮厚 0.9 cm 左右，皮硬，较耐贮运。单瓜重 5~6 kg，亩产量 4 000 kg 左右。种子千粒重 47.6 g 左右。

2. 中晚熟品种

（1）逾辉［GPD 西瓜（2018）330080］。宁波微萌种业有限公司选育的中晚熟品种，植株长势中等，开花至成熟 45~50 d。圆球果，果皮底色中等绿，覆盖墨绿色锐齿条纹，平均单果质量 5.5 kg 左右，粉红肉，肉质脆甜爽口，中心可溶性固物形含量 12.4% 左右，边缘 10.0% 左右。

（2）西农 8 号。西北农林科技大学育成。中晚熟，果实发育期 33 d 左右，植株生长势强健，抗枯萎病，耐重茬。花皮椭圆，果肉红，肉质细，中心糖含量 12% 左右，坐果性好，整齐一致，单瓜重 7 kg 左右，产量高。

（3）新红宝。我国台湾省育成的杂种一代早熟种，果实发育期 35 d 左右，全生育期 100 d 左右，植株生长势强，抗枯萎病较强。第 1 雌花着生在主蔓第 7~9 节，以后每隔 4~5 节再现雌花。果实椭圆形，瓜皮浅绿色散布着青色网纹，皮厚 1~1.1 cm，坚韧，不破裂。瓜瓤鲜红色，肉质松爽，质地中等粗，中心含糖量 11% 左右，含糖梯度较大。单果重 5~6 kg，亩产量 4 000 kg 左右。种子千粒重 35~38 g。

（4）金钟冠龙。我国台湾省选配的一代杂交中熟偏晚品种，全生育期 105 d 左右。植株生长势中等，易坐果，适应性强。主蔓上第 6~7 节出现第 1 雌花，以后每隔 4~5 节出现 1 朵雌花，从雌花开放到果实成熟需 38 d 左右。果实椭圆形，瓜皮浅绿色，上有草绿色条带。皮厚 1.2 cm 左右，耐贮运。瓜瓤红色，肉质松沙，中心含糖量 10% 以上。单瓜重 4.5 kg，亩产量 3 000 kg 以上。种子千粒重为 36 g 左右。

（5）蜜桂。蜜桂又名湘西瓜 3 号，湖南省园艺研究所于 1987 年育成。中晚熟，全生育期 95 d 左右，果实发育期 40 d 左右，植株生长势中等，分枝性较强，主蔓第 12 节出现第 1 雌花。果实椭圆形，果形指数 1.39，绿皮上覆有墨绿色隐网纹，皮厚 1.2 cm 左右，坚韧耐贮运。红瓤，肉质致密，质脆，中心含糖量 11% 左右。种子千粒重 30 g 左右，单瓜重 5 kg 左右。

（6）庆农 5 号。黑龙江省大庆市庆农西瓜研究所于 2001 年育成。中熟，全生育期 105 d 左右，果实发育期 33 d 左右。植株生长健壮，抗病性较强，耐旱不耐湿。果实椭圆形，浅绿色果皮上覆有墨绿色条带。红瓤，中心含糖量 12% 以上，皮厚 1 cm 左右。单瓜重 8~10 kg，亩产量 5 500 kg 左右。

3. 小型西瓜品种

（1）早春红玉。日本米可多公司育成，上海市种子公司引进并推广。早熟，果实发育期 32~38 d。早春结果的开花后 35~38 d 成熟，中后期结果的开花后 28~30 d 成熟。植株生长势强，果实长椭圆形，长（纵径）20 cm 左右，单瓜重 1.5~1.8 kg。果皮深绿色上覆有细齿条花纹，果皮极薄，皮厚 0.3 cm 左右，皮韧而不易裂果，较耐运输。深红瓤，中心含糖量 13% 左右，口感风味佳。

（2）红小玉。日本南都种苗株式会社育成。极早熟种，全生育期 83 d 左右。植株生长势强，抗病，耐湿性强，低温生长性良好。单株坐果数 2~3 个，单果重 2 kg 左右。果实高圆形，果皮深绿色覆有细虎纹状条带，果实剖面浓粉红色，皮厚 0.3 cm 左右。中心含糖量 12.5% 以上，肉质脆沙细嫩，味甜爽口，不倒瓤。较耐贮运。

（3）小天使。合肥丰乐种业瓜类研究所于 2001 年育成。早熟，主蔓第 10 节左右出现第 1 雌花，雌花间隔 5~7 节，果实发育期 25 d，单瓜重 1.5 kg 左右。果实椭圆形。鲜绿皮上覆墨绿齿条，外形美观，皮厚 0.3 cm 左右。红瓤，质细，脆嫩，中心含糖量 13% 左右，风味佳。

（4）京秀。北京市农林科学院蔬菜研究中心于 2002 年育成。早熟，果实发育期 26~28 d，全生育期 85~90 d，植株生长势强。果实椭圆形，绿底色锯齿形显窄条带。单瓜重 1.5~2 kg。无空心，无白筋；瓜瓤红色，肉质脆嫩，口感好，风味佳，少籽，中心含糖量 13% 左右，糖度梯度小。可适当提早上市。

（5）特小凤。台湾农友种苗股份有限公司育成。极早熟种。单瓜重 1.5~2 kg。果皮极薄、瓤色晶莹、种子特小，是其最大优点。在高温多雨季节结果稍易裂果，应注意排水及避免果实在雨季发育。

（6）黄小玉。日本南都种苗株式会社育成。极早熟种，全生育期 83 d 左右。植株生长势中等，分枝力强，耐病，抗逆性强，低温生长性良好。易坐果，果实高圆形，单果重 2~2.5 kg，适于 4—5 月温室大棚早熟栽培。浓黄瓤，瓤质脆，中心含糖量 12%~13%，口感风味极佳。外观美，果实圆整度好，皮薄而韧，厚度为 0.3 cm 左右，较耐贮运。种子比同类品种少 30%~40%。

（7）黑美人。台湾农友种苗股份有限公司育成。墨绿皮上覆有暗条带，果实长椭圆形。极早熟，生长势强。皮薄而韧，极耐运输。单瓜重 2.5 kg 左右。深红瓤，质细多汁，中心含糖量 12% 左右。适应性广。

4. 无籽西瓜品种类型

（1）黑蜜 2 号。中国农业科学院郑州果树研究所育成。中晚熟，果实发育期 36~40 d，全生育期 100~110 d。植株生长势旺，抗病性强，叶片肥大，茎蔓粗壮。果实皮色为墨绿色覆盖隐宽条带。瓜瓤为红色，质脆，汁多，中心含糖量 11% 以上。皮厚1.2 cm 左右，坚硬耐运。单瓜重 8 kg 左右。

（2）农友新 1 号。台湾农友种苗股份有限公司育成。中晚熟，生长势强，结果力较强。果形较大，耐枯萎病和蔓枯病，栽培容易，产量较高。果实圆球形，暗绿皮上覆有青黑色条带，红瓤，肉质细，中心含糖量 11% 左右，皮韧耐贮运。单瓜重 6~10 kg。

（3）广西 5 号。广西农业科学院园艺研究所育成。中熟，全生育期为春作 105 d 左右、秋作 80 d 左右。生长势强，耐湿抗病，坐果稳；果实椭圆形，深绿皮，皮韧，耐贮运，皮厚 1.1~1.2 cm。红瓤，肉质细，中心含糖量 12% 左右，不空心，白秕籽少。单瓜重 8~10 kg。

（4）黑蜜 5 号。中国农业科学院郑州果树研究所于 2000 年育成。中晚熟，全生育期 100~110 d，果实发育期 33~36 d。植株生长势中等，第 1 雌花着生在第 15 节左右，雌花间隔 5~6 节。果实圆球形，果形指数 1~1.05。墨绿色果皮上覆有暗宽条带，果实圆整度好，果皮较薄，皮厚在 1.2 cm 以下。单瓜重 6.6 kg 左右。大红瓤，剖面均匀，纤维少，汁多味甜，质脆爽口，中心含糖量 11% 左右。无籽性好。耐贮运。

（5）雪峰无籽 304。湖南省瓜类研究所于 2001 年育成。中熟，全生育期 95 d 左右，果实发育期 35 d 左右。植株生长势较强，耐湿抗病，易坐果。果实圆球形，黑皮覆有暗条纹，红瓤，瓤质清爽，无籽性能好，皮厚 1.2 cm 左右，中心含糖量 12% 左右，单瓜重 7 kg 左右。

四、栽培技术要点

（一）选择优良品种

选择品种要考虑商品性与适销性，由于商品瓜的大小、皮色、瓤色、瓤质等的消费习惯不同，要选外形美观、果形圆正、大小适中、瓤质细、纤维少、甜味足、多汁、口感好的品种；同时要根据市场的远近，就近销售可选择高糖、皮薄的品种；需要长途运输的应选择果皮较硬、耐贮运的品种；此外，考虑适应性与抗逆性，夏季降水频繁，空气湿度高，容易发生炭疽病、蔓枯病等病害，要选用耐热、耐湿、较抗病品种。

（二）播种育苗

1. 播种期

播种期宜在 5 月上中旬，5 月底、6 月上旬定植，7 月上中旬开花坐果，8 月中下旬采收。播种过早，苗期温度偏低，生长不良，且在梅雨期（6 月 15 日至 7 月 5 日）西瓜开花不利于坐果，采收时间和平地西瓜一样，经济效益较低；播种过迟，后期生长速度慢，采收延迟，市场消费量下降，经济效益也不高。

2. 育苗方式

采用直播或育苗移植。

（1）直播。直播根深而发达，抗旱力强，直播时间应掌握 10 cm 土壤温度稳定在 15 ℃以上。直播按株距定点开挖宽 10~15 cm、深 2~3 cm 的浅穴，每穴播 3~4 粒种子，盖土后覆 70~80 cm 宽幅地膜，可有效增加地温和土壤湿度，加速出苗；育苗移植可以在保温、防雨的条件下集中管理，确保苗期生长，做到一次全苗。

（2）育苗移植。技术要点如下。

①种子消毒处理和浸种催芽。为降低种子携带病菌的危害，种子应进行消毒，将种子放入 55 ℃的温水中，迅速搅拌 10~15 min，当水温降至 30 ℃左右时停止搅拌，继续浸泡 4~6 h，洗净种子表面黏液，或者将种子浸在多菌灵或托布津农药 500 倍液中 1 h，然后冲洗干净，再继续在清水中浸种 1~2 h，去除种子表面水分，混以适量的湿沙，放在保湿容器中进行催芽。催芽温度以保持 30 ℃为宜，待种子发芽露白，芽长 2~3 mm 时即可播种。

②建立苗床。苗床应选择背风向阳、干燥、靠近水源、管理方便的地方，并有防止家畜、老鼠危害的设施，苗床宽 1.2 m 左右，长度按实际需要而定。

③制作营养钵。育苗可用泥块、草钵、纸钵、塑料营养钵等方式。培养土的配比为：园土或稻田土 2/3、腐熟厩肥 1/3，每立方米土中加过磷酸钙 1 kg、腐熟鸡鸭粪 5~10 kg，充分捣碎拌和堆制而成，用 37%福尔马林 100 倍液喷洒进行消毒。

④穴盘基质育苗。基质可用草炭、珍珠岩、蛭石以 3：1：1 的比例配制，做好消毒处理。装盘前加水搅拌均匀，湿度控制在 50%~60%。实生苗种子或嫁接育苗的砧木种子，选用 32 孔或 50 孔塑盘。将基质装入穴盘中，稍稍镇压，保持基质与穴盘平面齐。嫁接育苗的接穗选用长、宽、高为 50 cm×35 cm×5 cm 的塑料平盘，铺 3~3.5 cm 厚的基质进行育苗。

⑤播种。播种时将种子平放，这样出土顺利而不带壳，播后盖土 0.5 cm（最好是焦泥灰），洒适量水后，再辅以必要的保温保湿措施。遇连续下雨天，可将种子存放冰箱冷藏室（4~5 ℃），可控制芽的长度。

3. 出苗后的管理

出苗后，除注意温度外，还要加强水分的管理，苗床缺水会影响出苗或是幼苗死亡，水分过多会引起沤根或徒长，床土保持湿润为主，不宜过干过湿。此外，苗期要注意蚜虫、斑潜蝇、枯萎病、鼠类、杂草等的危害，播种前要搞好灭鼠工作，出苗后发现病虫及时防治，及时拔除杂草。

4. 移栽

（1）选地。移栽前要选好地。西瓜最忌连作，对光照不足反应敏感，表现节间、叶柄变长，叶形狭长，叶薄而色淡，保护组织不发达，易染病，所以应选择开阔空旷的30°以下向阳坡，2~3年内没有种过瓜类作物，土层较深的山坡地或经济幼林地的沙壤土种植。坡度较大的需开2 m宽的梯挡或挖大穴，内壁开一条小沟。忌在二山对峙的谷地栽培。

（2）整地、施足基肥。在定植前一个月深翻一次，按种植行开好宽约50 cm、深50~60 cm深沟，亩施菜籽饼100 kg、过磷酸钙50 kg、焦泥灰500 kg作基肥；或猪、牛等厩肥1 500~2 000 kg，磷肥40 kg，三元复合肥30 kg作基肥，将肥料土壤充分混合后整地作畦。

（3）移植。移植的苗龄，以15~20 d、具有1~2片真叶小苗为宜，采用营养土块或塑料营养钵等容器育苗，能带土移植保护根系。栽植密度要适当，以亩栽500~600株为宜，土质肥沃或施肥量大的地块宜稀植，反之则宜密植。

5. 田间管理

（1）前期管理。播种出苗或定植后至伸蔓期，根系尚未深入土层，地上部生长缓慢，同化面积少，同时易遭受不良气候影响及病虫危害，重点做好前期管理。直播出苗后，覆盖地膜并应及时检查放苗，以免高温伤害幼苗，发现倒苗或动摇，及时覆细土保护根系；未覆盖地膜的，应经常中耕保持土面疏松，伸蔓前畦面做好铺草管理。要轻施苗肥。定植成活后，亩施尿素2.5 kg，或用稀人尿浇1~2次，苗期追肥不宜过重，以防伤根而造成伤苗。

（2）中期管理。中期要巧施伸蔓肥，重施结果肥。随着植株生长，对营养需求随之增加，及时追肥，但又要防止氮肥过多而引起徒长，掌握用量和施用部位。可在畦的内侧50 cm处开浅沟施菜籽饼50 kg，或腐熟鸡鸭粪500 kg，或三元复合肥10 kg。要施好结果肥。当幼果鸡蛋大小时是追施结果肥的关键时期。结果肥以速效氮、钾肥为主，亩用三元复合肥15 kg及尿素10 kg，撒施畦面空处，浅松土。以后视情况再施一次，但用量酌减。结果后植株根系吸收能力下降，可用0.2%~0.3%尿素或0.3%磷酸二氢钾进行根外追肥。做好水分管理。缓苗后浇一次缓苗水，水要浇足，以后如土壤湿润，开花坐果前不再浇水，如遇干旱，在瓜蔓长30~40 cm时再浇一次小水。

（3）后期管理。

①整枝压蔓。早熟品种采用单蔓或双蔓整枝，中、晚熟品种采用双蔓或三蔓整枝，也可采用稀植多蔓整枝。第一次压蔓应在蔓长40~50 cm时进行，以后每间隔4~6节再压一次，压蔓时要使各条瓜蔓在田间均匀分布，主蔓、侧蔓都要压。坐果前除保留坐果节位瓜杈以外，要及时抹除其他瓜杈，坐果后应减少抹杈次数或不抹杈；整枝应根据植

株生长势灵活掌握，与施肥灌水等技术措施配合；及时分次进行整枝，整枝过早抑制根系生长，整枝过迟消耗植株营养，达不到整枝的目的；坐果前按要求严格除去不必要的侧枝，而坐果后适当放宽，或不再整枝。

②追肥。在基肥充足的情况下，头瓜坐稳后开始追肥，果实膨大期大量追肥结合浇水，多施草木灰。在幼果鸡蛋大小开始褪毛时浇第一次水，此后当土壤表面早晨潮湿、中午发干时再浇一次水，如此连浇 2~3 次水，每次浇水一定要浇足，当果实停止膨大时不再浇水。结合第一次浇水追施膨瓜肥，以浇施速效化肥为主，亩施磷肥 7 kg、钾肥 5 kg，以浇水冲施为主，尽量避免伤及茎叶。

③坐果管理。坐果节位与果形的大小有直接关系。坐果节位愈低，因同化面积少，果形小；相反坐果节位高，果形虽大，但由于营养多消耗于蔓叶生长，造成坐果困难。适宜的坐果节位一般是主、侧蔓第 2~3 雌花，大致节位第 15~25 节，坐果节离基部 80~100 cm。在幼果生长至鸡蛋大时，开始进行选留果。采用单蔓、双蔓、三蔓整枝时，每株留 1~2 个果，采用多蔓整枝时，每株可留两个或多个果。在幼果拳头大时将幼果果柄顺直，然后在幼果下面垫上嫩树叶或杂草。果实停止生长后，进行翻瓜，翻瓜要在下午进行，顺一个方向翻，每次的翻转角度不超过 30°，每个瓜翻 2~3 次即可。

6. 出现西瓜雌花少、坐果难等异常情况时的补救措施

由于气候异常，栽培过程中管理不当，出现雌花较少、坐瓜难问题，或由于植株长势较强，及中大果型品种。或者是低温光照不足，造成植株器官发育不良，同化产物积累少，影响了雌花的分化，或者是坐瓜后多化瓜或畸形；或者是土壤水分过多，湿度过大，引起秧苗徒长，花芽分化延迟，推迟雌花的形成，减少雌花数量，不易坐瓜等异常现象时，可采取相应栽培技术措施。在伸蔓期到开花期遇到多雨天气时，及时挖沟排水，加强病虫害的预防，采用深沟高畦地膜覆盖栽培；氮肥施用偏多，植株雌花减少，可开沟施磷肥，亩用 15 kg 左右。同时要合理整枝，留 3 条蔓，主蔓、侧蔓均可留瓜。开花坐果期使用坐瓜灵或其他植物生长调节剂；当瓜蔓长度不超过 3 m，植株上已有雌花时，进行人工辅助授粉。阴雨天气时，应在前一天下午将第二天开放的雌花套上纸帽，作好标记。第二天早上授粉后再套上纸帽，雄花可用普通品种花粉，也可用已坐果植株上的雄花（不能用无籽西瓜的雄花）。授粉方法为：早上 5 时前，采摘雄花的花蕾，放入盆、杯子或能够保湿的容器，上盖湿纱布或植物叶片保湿。上午 6—9 时，当雌花开放时，即可进行人工授粉，每朵雄花可授粉 2~3 朵雌花；当瓜蔓长到 3~5 m、植株上无雌花时，将三蔓顶端剪掉一些，每蔓留 1.5 m 长，使之再发新蔓，在新蔓上留瓜，新蔓离根部越近越好，主、侧蔓各留一条新蔓。当西瓜长到鸡蛋大时，进行追肥，亩施氮肥和钾肥各 15 kg。如遇干旱缺水时，要浇 0.5% 的磷肥水（即 1 000 kg 水加入 5 kg 磷肥）。

7. 病虫害防治

西瓜主要病害有枯萎病、蔓枯病、炭疽病、疫病、白粉病、病毒病等，主要虫害有地老虎、蚜虫、蓟马和斜纹夜蛾等。其防治措施，参阅本书第七章。

第二节 甜瓜

图5-2 甜瓜

甜瓜（melon）（图5-2），葫芦科黄瓜属（*Cucumismelo* L.）一年生蔓性草本植物，以生理成熟的果实为产品。melon的原意是甜如蜂蜜。通常的哈密瓜、白兰瓜、香瓜、梨瓜、果瓜均归属甜瓜。甜瓜染色体数 $2n=2x=24$。甜瓜招人喜爱，不仅因为它甘美多汁，可以消暑解渴；还因为它含有丰富的营养物质和丰富的钙、铁等矿物质。世界各国主要作水果鲜食，也可作瓜干、瓜脯、瓜晶、瓜汁、腌甜瓜等加工品。甜瓜还可药用，祖国医学很早就有用甜瓜医治肾脏病、贫血、咳嗽、便秘、结石病等的记载。公元6世纪，著名医学家陶宏景在《名医别录》中写"苦丁香（甜瓜瓜蒂）性味苦寒，有小毒、能吐风痰，泻水湿。主治胸闷、浮肿、鼻塞、喉痹、黄疸等症"。

甜瓜是我国重要的瓜果作物，在我国瓜果类作物生产中占有重要的地位。自19世纪80年代以来，中国一直是世界上最大的甜瓜主产国，特别是近十几年来，在中央和地方政府各项优惠政策措施的支持和引导下，中国的甜瓜产业得到了迅猛、健康发展，2020年种植面积达到 395 100 hm²，产量为 1 380.8万 t。在世界甜瓜总产量中所占比重已接近50%。

关于甜瓜的起源，目前还没有统一的看法，国外普遍认为非洲的几内亚是甜瓜的初级起源中心，经古埃及传入中东、中亚（包括我国新疆）和印度，并在中亚演化为厚皮甜瓜。美国葫芦科专家德康多尔（DeCandou）和怀特克（Whitaker，1976）根据在非洲采集到野生甜瓜样本以及甜瓜野生近缘种集中分布在欧洲的事实，认为甜瓜种的起源是非洲撒哈拉南部的回归线东侧，并且认为在印度发现的野生甜瓜很可能是散逸在自然界后野生化的结果，因此，认为印度是甜瓜起源的次生中心。玛里尼娜（Mantnuma，1977）研究了从亚洲的印度、伊朗和阿富汗等国家搜集的甜瓜原始材料后认为，栽培甜瓜起源于印度，是甜瓜种的初生起源中心。日本星川清亲（1981）研究认为，甜瓜起源于中部非洲热带地区，经古埃及传入中东、中亚和印度。传入中亚的甜瓜祖先演化成厚皮甜瓜。传入印度的甜瓜祖先进一步分化出薄皮甜瓜的原始类型，经越南传入华南，在中国变异分化出各种类型的薄皮甜瓜。也有人认为甜瓜的次生起源中心有3个：一是东亚薄皮甜瓜（Conomon）次生起源中心，包括中国、朝鲜半岛和日本等地；二是西亚厚皮甜瓜［粗皮甜瓜（Cantaloupes）和卡沙巴甜瓜（Cassaba）］次生起源中心，包括土耳其、叙利亚、黎巴嫩、约旦、以色列等国；三是中亚厚皮甜瓜（哈密瓜类 Rigi-dus）次生起源中心，包括中国新疆、苏联中亚地区、阿富汗、伊朗等国家和地区。除此之外，也许还有地中海西部的伊比利亚半岛（西班牙）厚皮甜瓜次生起源中心。也有人认为甜瓜为多起源中心，西亚（土库曼斯坦、外高加索，伊朗，小亚细亚及阿拉伯）是厚皮甜瓜的初级起源中心。

1964 年，苏联植物学家茹柯夫斯基依据格雷本希科夫的分类方法将甜瓜植物归并成 1 个种，亚种、变种和集合变种。1985 年林德培在专著《新疆甜瓜西瓜志》中，主要依据茹柯夫斯基的分类，做了适当订正。将整个甜瓜分为 1 个种，下辖 5 个亚种，10 个变种。1991 年，林德培又在《中国甜瓜》中进一步订正为 1 个种，5 个亚种，8 个变种，其中第 4 亚种为薄皮甜瓜，薄皮甜瓜又称普通甜瓜、东方甜瓜、中国甜瓜、香瓜。第 5 亚种为厚皮甜瓜，厚皮甜瓜主要包括网纹甜瓜、冬甜瓜、硬皮甜瓜。按照林德培的观点，薄皮甜瓜亚种原产于中国、朝鲜、日本，为古老的栽培植物，中国东汉时帝都长安就有闻名的东陵瓜；厚皮甜瓜亚种则原产于土耳其和伊朗、阿富汗、土库曼斯坦、乌兹别克斯坦、中国（新疆）等西亚和中亚地区，现广泛分布于全球各地。

我国栽培甜瓜的历史悠久，《诗经》《尔雅》《周礼》《史记》等古代文献中均有记载。在新疆吐鲁番高昌古城附近的阿斯塔那古墓群中挖出的一个晋墓（公元 262—420 年）中，有半个干缩的甜瓜，其种子与现在的栽培种相同；1972 年在湖南长沙马王堆发掘的一号汉墓女尸中，发现女尸的消化器官内有 138 粒甜瓜种子。由此可见，我国栽培甜瓜至少已有 1 500~2 100 年的历史。

甜瓜种质资源丰富。早在 1925 年，苏联就从世界各地搜集到 4 500 份甜瓜种质资源。美国最早建立了国家长期库，据美国国家资源信息网（GRIN）2005 年 12 月统计，目前进入 GRIN 的甜瓜种质为 3 331 份。中国甜瓜种质资源调查与搜集始于 20 世纪 50 年代，目前依托中国农业科学院郑州果树研究所建设的国家西甜瓜中期库是我国甜瓜资源保存数量和种类较多的地方，保存的甜瓜种质资源有 1 200 余份，包括甜瓜的地方品种、育成品种（系）、野生近缘种等不同种类品种。另外，新疆农业科学院园艺作物研究所从美国引进 1 300 多份甜瓜种质资源。

1955—1981 年，新疆维吾尔自治区科学技术委员会和农业厅先后 3 次组织有关科研人员对新疆厚皮甜瓜资源进行调查，共搜集甜瓜种质资源 218 份，确定了有一定生产价值甜瓜品种 101 个，筛选出外形美观、品质优良、产量高的'红心脆''黑眉毛蜜极甘''炮台红''青皮红肉''可口奇''香梨黄''卡拉克赛'等品种进行推广，成为新疆 20 世纪 80 年代前生产上主栽品种，特别是甜瓜品种卡拉克赛至今还是新疆晚熟甜瓜的主栽品种。黑龙江省农业科学院搜集整理出的薄皮甜瓜地方品种，目前生产上仍有一定栽培面积，如'牙瓜''五楼供''白沙蜜''台湾蜜''蛤蟆酥''金道子''羊角酥'等，有些品种成为杂种一代品种的亲本材料，也是甜瓜抗病育种的主要抗源材料。

甜瓜种质资源创新途径主要有 3 个：一是自然变异，通过天然杂交或自然突变所产生的新类型和新物种；二是通过育种手段创建新品种、新品系和种质材料；三是通过现代新技术如远缘杂交、体细胞杂交、基因工程、胚挽救技术等。

例如，黑龙江省齐齐哈尔市蔬菜研究所针对不断扩大的栽培区域和甜瓜产区的气候特点及各种各样的栽培方式，开展了薄皮甜瓜种质资源的创新研究，创造了一批带有厚皮甜瓜血缘的耐低温弱光、含糖量较高、耐储运、适应能力强、抗病、配合力高的育种基础材料。利用所选育的多亲血缘的高世代育种材料为亲本，依据薄皮甜瓜杂交种组配模式，配置新杂交种，解决了薄皮甜瓜遗传基础狭窄的问题，增大选系基础材料中的优良基因频率，为创建新的杂交模式奠定了基础，提高了育种效率；宁波市微萌种业有限公司为解决江浙沪春季低温弱光条件下甜瓜出现坐果及病虫害等问题，筛选各种适应环境及抗病的材料，不断填充育种材料库，经过不断地杂交组合选配，选出了'酥灿一号''初见月'，以及'味萌'系列等甜瓜品种，为广大的种植户提供了更多品种选择。

一、育种目标要求

甜瓜育种首先要有明确的育种目标。育种目标应针对不同的生态地域、不同的栽培模式和产、供、销、运、贮及市场需求和可能慎重确定。

（一）品质

一般要求果实外观形状对称、圆整。皮色有网纹的，应粗细一致、美观，网纹分布均匀，沟条应分布均匀，不裂口。光皮类型应表皮光洁；种皮要薄、鲜艳美丽；单果重1.5 kg 以上；果肉厚度薄皮甜瓜应在 2 cm 以上，早熟厚皮甜瓜 2.5 cm 以上，中晚熟厚皮甜瓜肉厚应在 3.5 cm 以上；肉质细、松、脆、软，爽口；风味甜、酸、香；质地中心可溶性固形物薄皮甜瓜为 11%～13%或更高，厚皮甜瓜 13%～16%或更高。且含糖梯度变化小。对果肉质地、香味，不同消费群体有不同的喜好，如华北地区多数人喜欢软香光皮甜瓜，西北和华南地区多数人及海外华侨一般喜欢脆肉型甜瓜，东部地区多数人则喜欢薄皮甜瓜，欧美人则爱好有麝香味的 Cantalope 类型甜瓜。对果肉颜色（橘、白、绿等）、果皮颜色（黄、白、绿、褐、灰等）、果面特征（色泽、条带、网纹、形状等）及果实形状（椭圆形、卵圆形、纺锤形、梨形、圆筒形、棒形等）等性状也有不同需求。

此外，随着人们生活水平的提高，消费者越来越重视营养。提高甜瓜果实中柠檬酸、维生素、烟酸、叶酸等成分的含量，可软化人体血管，预防高血压等疾病，应列为育种目标。

育种时要根据育种目标综合考虑选择合适的亲本。如选育黄色光皮品种，2 个亲本的主色均应是黄色非网纹材料；选育橙红肉色的品种，2 个亲本应为橙红肉或白肉，不要选用绿肉材料；选育圆形品种，2 个亲本果实形状应为扁圆、圆或高圆，不要选用椭圆形、纺锤形、棒形等材料。

选择薄皮甜瓜亲本时，李德泽（2006）认为：薄皮甜瓜骨干系的选择，着重选择早熟性，结瓜能力、商品外观、果实风味，不宜追求含糖量。

（二）抗病虫

甜瓜主要病害有猝倒病、立枯病、枯萎病、蔓枯病、炭疽病、疫病、白粉病、细菌性果斑病、病毒病、根结线虫病；主要虫害有瓜蚜、红蜘蛛、瓜蓟马、叶螨、美洲潜叶蝇、甜菜夜蛾、黄守瓜。育种时，要将至少能抗两种以上病虫害的要求列为育种目标。

美国是最早开展甜瓜抗病育种研究的国家，1936 年育成了世界第 1 个抗白粉病甜瓜品种 PMR45；1966 年，日本开始进行甜瓜耐病育种研究，先后育成抗白粉病和抗枯萎病兼抗白粉病的甜瓜品种。中国甜瓜抗病育种起步较晚，1987 年王志田等（新疆农业科学院）对新疆甜瓜品种进行疫霉病抗性鉴定并人工接种，筛选出抗疫霉病品种与组合。1994 年林德佩等培育出中国第 1 个甜瓜抗病品种'西域 1 号'。

不同甜瓜品种对病害的抗性有不同表现，薄皮甜瓜较耐湿抗病，厚皮甜瓜则易感病，如属于厚皮甜瓜范畴的新疆哈密瓜，过去只能在西北地区种植，现在因为已培育出抗病的哈密瓜品种，才使新疆哈密瓜得以南移或东移成功，扩大了厚皮甜瓜的种植范围。

（三）丰产性和耐贮性

1. 丰产性

甜瓜的产量取决于种植密度、单株坐果数和单瓜重 3 个因素。其中单株坐果数和平均单瓜重是决定产量的最重要性状，现有甜瓜品种中，两者呈负相关。另外，种植密度与品种的生长势和蔓长有关，生长势强而蔓长的种植密度小。为提高种植密度可选育短蔓或丛生的植株，以进一步提高产量。

一般育种的产量目标是：薄皮甜瓜亩产量应在 2 000 kg 以上，早熟厚皮甜瓜亩产量应在 3 000 kg 以上，中晚熟厚皮甜瓜亩产量应在 3 500 kg 以上。另外，随着时代的发展和家庭规模的变化，大果型甜瓜市场需求量越来越小，中小果型甜瓜市场需求量越来越大，甜瓜育种工作者要根据市场需求，多选育中小果型甜瓜品种。

2. 耐贮性

甜瓜属跃变型果实，采收期集中在高温多雨季节，采收后果实于常温下迅速软化，成熟衰老进程很快，贮运过程中易腐烂，因此育种时必须考虑果实的耐贮性。确保 18 ℃条件下贮存期长达 30 d 不发生果实腐烂，适宜长距离运输。

（四）生育期和抗逆性

1. 生育期

甜瓜起源于热带地区，是喜温和光照的植物，整个植株生长发育期间要求有充足而强烈的光照和较高的积温。所以甜瓜成熟性受到环境因子特别是日照和温度的多重影响，它是由花蕾节位、现蕾时期、开花时期、果实发育时间等性状构成。当温度低于 13 ℃，植株生长受到限制，日照时数短或光照不足会严重影响幼苗器官的分化，植株生长势减弱，延长了生育期。一般按果实发育期可分为早熟（30 d）、中熟（35～50 d）、晚熟（50 d）3 种类型。针对不同生态地域、不同栽培模式选育出不同成熟期的品种。

2. 抗逆性

所谓抗逆性，就是对不良环境的适应能力。不良环境主要是指气候和土壤，如高温或低温、高湿、弱光、高盐碱、干旱等。增强抗逆性，就是要求所选育的甜瓜品种，在各种逆境环境条件下都能生长发育良好。也就是说要既耐低温又耐高温，既耐强光又耐弱光，既耐干旱又耐高湿，能在昼夜温差小的环境中仍具有较高的积累糖分的能力。为此，在选育中，首先要针对不同育种目标地区多年气候特征和土壤特点来搜集抗逆种质资源，同时确定鉴定方法和指标。如选育抗旱品种，廉华和马光恕（2004）研究甜瓜苗期抗旱性与根系生长、胚轴伸长的关系，认为抗旱性品种发根早，主根长，侧根数量多，侧根总长度长，胚轴长，根冠比大。同时认为株高胁迫指数（PHSD）、干物质胁迫指数（DMSD）、叶片水分饱和亏缺、电解质渗出率、干旱处理伤害率等生理指标，以及叶片可溶性糖含量、脯氨酸含量、硝酸还原酶活力、超氧化物歧化酶等生化指标可作为甜瓜抗旱性鉴定指标。

搜集来的抗逆种质资源，经鉴定筛选后，可通过杂交重组等传统育种方法以及生物技术进行甜瓜抗逆育种，定向选育抗逆性强、品质优、产量稳定的品种。根据育种目标，可参考《甜瓜种质资源描述规范和数据标准》（马双武等，2006）对种质资源和育成品种（组合）进行耐盐性、耐冷性、耐热性、耐旱性、耐涝性鉴定评价。

随着设施园艺的发展，急需解决保护地栽培的甜瓜专用品种如何与生态环境相适应的问题。培育耐弱光、耐低温、耐湿，抗病；适收期早，而且在昼夜温差较小的环境中仍具有较高的积累糖分的能力，产量高、成熟期比较集中的品种应成为育种目标。

二、育种方法

（一）有性杂交育种

植物如甜瓜，在种植过程中，由于相互授粉及其他诸多原因会产生很多性状变异，人为地对这些自然变异或人工授粉变异进行选择和繁殖，从而培育出新品系的过程，称为选择育种。这是植物常规育种中的重要手段之一。而杂交育种等则是用现有品种先人工创造出变异，然后进行选择工作。

1. 甜瓜亲本材料的选择

甜瓜亲本材料选择是甜瓜有性杂交育种成败的重要一环。亲本选择应掌握以下技术要点。

（1）选择不同生态类型的材料。食用甜瓜可分为厚皮甜瓜和薄皮甜瓜两大类型，而且还有很多地方品种，它们分布于不同生态区域。杂交育种时，要充分考虑其原生态地域的特点及其适应性，考虑不同类型号、不同品种的优缺点，取长补短，优势互补，选好亲本，以确保能保留其作为亲本的优点，培育出品质优、产量高、抗病性强、适应性广的新品种或新品系。

（2）选择多亲本。在杂交育种中，往往2个亲本满足不了育种目标的要求，需要采取多亲本、复合杂交的方法，经多次基因重组，综合多个亲本的优点，才能培育出符合育种目标的后代。

（3）薄厚皮种间杂交。厚皮甜瓜种质具有国内外多种抗性资源。含糖量高、耐弱光能力强、果实膨大速度快、肉质颜色鲜艳、种类多，是薄皮甜瓜种质所不具备的。厚皮甜瓜种质与薄皮甜瓜种质存在地理远缘关系，与薄皮甜瓜种间杂交，可以拓宽种质。合成新的杂种优势群，创建新的杂优模式。研究表明，厚皮甜瓜种质不能直接利用配制杂交种，利用厚皮甜瓜配成杂交种，熟期晚、果肉厚、失去薄皮甜瓜的特有风味。厚皮甜瓜种质必须经过改良，利用改良后的多生态血缘的骨干自交系与厚皮甜瓜材料进行种间杂交，采用的杂交方式有：杂交（薄皮×厚皮）、三交（薄皮×厚皮）×薄皮、回交（厚皮×薄皮）3 种杂交方式。

2. 杂交后代的选育

（1）杂交第一代（F_1）的选育。杂交种子按不同组合分别播种，同时播种亲本材料，用于比较鉴定。在整个选择过程中，淘汰酷似母本的假杂种和个别劣种，选出优良杂交组合。同时在植株营养生长期，选择一些健壮、节间短而粗壮、叶片肥厚、叶色深绿、坐果节位低、不感病植株进行自交隔离，待果实成熟后，再根据果实性状优劣综合评价，进行决选或淘汰，以后世代也同样进行这样选择。对入选单株要分别编号、登记、保存，供下次播种用。因甜瓜的繁殖系数大，一般不需种植过多，通常 F_1 的每组合种植数为 20~30 株。

（2）杂交第二代（F_2）的选育。F_2 的种子按单瓜播种，各单瓜分别成一个小区。为了提高选择效率，避免优良基因的丢失，要扩大 F_2 群体数，每组合选 5~10 个单瓜，每单瓜种植 50~100 株，则每一组合总计种植 250~1 000 株。对容易受环境条件影响的数量性状（产量、含糖量、植株生长势等）的选择，可适当降低选择标准，提高入选率；对质量性状（果皮和果肉颜色、网纹的有无、花器性别、结果习性等）的选择，可适当严格。对多亲杂种和远缘杂种的入选率要比一般杂种高些。F_2 是性状分离最明显的一代，也是选择成败关键的一代，因此 F_2 的选择一定要审慎。

（3）杂交第三代（F_3）的选育。F_3 若各株间已趋于一致，株系的平均表型值已能客观地反映整个组合株系的表型值，这一代就要注意进行株系间的比较，从中选出优良株系，中选率可适当高些；在优良株系中选择优良单株，中选率可适当低些。对分离仍有较大的株系，可再选择优良单株。将 F_3 入选的优良单瓜种子，每个单瓜分别播一个小区，成为一个株系，每株系可种植 50~60 株。

（4）杂交第四代（F_4）的选育。将 F_3 选择出的各株系和单株分为若干系统群，各系统群分别播种成大区，在大区内各株系仍单独播种成小区，大区间设对照品种，各小区种植面积比 F_3 更大，同时设重复，可减少环境变异因素造成的误差，以便在小区间就遗传性本身的优劣进行选择。F_4 各单系间的遗传型基本趋于一致，而不同系统群间的差异明显。因此，F_4 可以进行系统间的决选，在中选的系统内再选优良的单系和单株，供下一代继续选择。

（5）杂交第五代（F_5）及以后世代的选育。F_5 遗传性大部分已经稳定，只进行系统群内单系的选择，不再进行单株选择，其以后世代也不再进行自交，只在单系内进行姊妹交，进行系统群间选择。

慈溪市农业科学研究所金珠群等成功选育了'慈瓜1号'薄皮甜瓜，已在生产上大面积推广。其选育过程如下。

（1）确定育种目标。果形整齐、果形端正、清脆爽口、风味佳，平均单个瓜重1.0 kg左右，产量与地方品种相当，适宜大棚栽植。

（2）亲本来源。'慈瓜1号'是2002年春季在地方花皮菜瓜生产田中发现的优良变异株（以2002a表示）。地方花皮菜瓜是甜瓜种越瓜的变种，呈长椭圆状，头小尾大，近果柄处呈梨状；叶平展，缺刻浅；果皮墨绿色与浅绿色条纹相间分布，一般墨绿纹宽28 cm左右，花纹9~10条；果肉青白色，果肉厚2.6 cm左右，成熟瓜瓤呈橙红色。

（3）选育经过。2002年春：在花皮菜瓜生产田中发现了一株自然杂种后代。

2002年秋季：种植40株，选择优良单株花期严格自交授粉，入选2002-a的第9株、第12株、第23株。

2003年春季：入选2002-a-12株中第10株、第12株、第39株。

2003年秋季：入选2002-a-12-12中的第17株、第25株、第36株。

2004年春季：种植3个株系，继续单株加代，入选2002-a-12-12-17株系中的第2株、第24株。

2004年秋季：继续单株加代，入选2002-a12-12-17-2中的第22株。

2005年春季：2001-a-12-12-17-2-22株系基本趋于稳定，为保证纯度，继续单株自交，入选2002-a-12-12-17-2-22第1株。

2006年春季：从2002-a-12-12-17-2-22-1株系中，继续选择优良单株自交，当选单株单收为原原种。其他单株混收为原种。

2006年秋季：品系比较试验。

2007年春季：品种比较试验。

2006—2009年春季：多点品比试验。

2010年春季：生产示范。

宁波微萌种业有限公司成功地选育了'酥灿一号'厚皮甜瓜，已畅销市场，其选育过程如下。

（1）确定育种目标。综合抗病性良好、耐低温弱光性强、适宜冬春季设施栽培的优质厚皮甜瓜新品种。

（2）亲本选育及其特征特性。母本'JXYF320'是2013年引进台湾农友种苗股份有限公司的甜瓜杂交品种'金香玉'，经过4年7代定向选择，于2016年获得性状稳定、综合表现优良的高世代自交系。该自交系长势旺盛，中早熟，坐果至成熟约43 d；成熟果柄容易脱落；果实纺锤形，果皮黄色，果肉白绿色；肉质松脆，中心可溶性固形物含量16%左右；单瓜量2.3 kg左右；田间表现，抗甜瓜白粉病、霜霉病。

父本'JYMF11'是2013年引进浙江美之奥股份有限公司的甜瓜杂交品种'三雄5号'，经过4年7代系统选择，于2016年获得配合力高、综合表现良好的自交系。该自交系长势中等，中早熟，坐果至成熟43 d；成熟后瓜蒂不易脱落；果实球形，果皮浅黄色，果肉乳白色；肉质较绵软多汁，中心可溶性固形物含量16%以上；单瓜量1.8 kg左右；田间表现，综合抗性强且耐低温弱光性强，不发生生理性病害。

（3）选育过程。2016年春季在宁波邱隘农场以包括'JXYF320'的5份材料为母本，以'JYMF11'在内的4份材料为父本配制了20个杂交组合。秋季进行测交试验，经田间鉴定，在参试的20个杂交组合中，组合'JXYF320'×'JYMF11'田间综合表现良好。经2017—2018年连续两年春季品种比较试验和区域试验，该组合田间表现综合抗病性好、耐低温弱光性强、肉质松脆细嫩多汁、风味浓郁，并定名为'酥灿一号'。2019年通过中华人民共和国农业农村部非主要农作物品种登记，登记编号：GPD甜瓜（2019）330140。2020年和2021年连续两年获得浙江省十佳西甜瓜称号。

在选择亲本或在培育杂交后代时，特别要注意防杂、去杂，确保种子纯度。同时要搞好管理，提高杂交种子产量。

（二）杂种优势利用

中国甜瓜杂种优势育种研究起步较晚，起步于20世纪80年代。最早推广的一代杂种是新疆厚皮甜瓜'黄醉仙''8601''8501'等品种，发展很快，现今中国甜瓜生产上栽培的品种大部分是杂交一代种子。

1. 杂交亲本自交系的选育

大部分葫芦科作物（甜瓜、西瓜、黄瓜、南瓜等）与其他异花授粉作物（如玉米、十字花科蔬菜等）不同。没有显著的自交衰退现象，据Scott报道：甜瓜自交系无衰退现象。其第4、第5代中能很好地接受自花授粉，而无衰退现象。

有人曾对南瓜进行了连续10代的自交、对西瓜进行4代自交均未发现明显退化，生长势及产量没有多大变化，但西瓜自交10代以上，有一定程度的衰退，这可能与各人所用试材的遗传背景不同以及在长期自交过程中发生基因漂移，改变了基因频率有关。不过一般而言，葫芦科作物的自交衰退相对不显著是可以肯定的，因而在西瓜等葫芦科作物中采用自交系的杂交选育1代杂种更为方便有利。

在自交系选育中，根据育种目标，确定自交系的原始材料，最常用的是自交分离测验法，也就是连续进行多代自交，在自交过程中，加入1~2次早代（S_0或S_1）一般组合力测验。其基本原理是：亲本材料在多代自交过程中遗传物质的纯化积蓄不断提高，逐渐育成纯系，同时某些不利隐性性状由于隐性基因的纯合在表现型上表现出来，有利的基因得到积累，通过选择淘汰可使不利基因在群体中的频率不断减少，有利基因的频率提高，最终育成目标性状的自交系。其主要操作过程：第1年花期根据植株幼苗期生长的表现，选出若干单株分别进行自交，对中选单株的果实进行鉴定选优。连续经过5~6代，可选育出符合目标、性状稳定一致的自交系，最后对各自交系进行组合力测验，确定最优良组合和自交系。另外，还可采用轮回选择法和配子选择法。

2. 杂交亲本的选配原则

甜瓜自交系间杂种优势利用育种中，亲本选配的原则与有性杂交育种中的亲本选配原则基本相同，但仍需要注意以下几个方面：第一，杂交的双亲要有一定的差异，差异越大，优势越强，而且优缺点能够相互弥补，取长补短。第二，为使杂种一代更好地适应当地的自然条件，表现出高产、优质，双亲中的母本应是当地优质高产的品种或自交系。第三，杂交的双亲必须是经多代自交的稳定纯系，才能选育出理想的组合。

薄皮甜瓜‘美玉白梨’的选育过程如下。

（1）亲本来源及特点。母本‘7-1-6-5-1-2-2-S’，由2007年日本米可多公司的品种‘日本甜宝’通过7代自交分离选育成自交系。该自交系特性：果实扁圆形，重约500 g，果皮白绿色带黄晕，果皮光滑，未熟时淡绿色，果肉浅绿色，肉质细嫩，中心可溶性固形物含量13%~15%，风味好。

父本‘93-6-1-4-7-5-2-S’，由国家种质资源库的品种‘特白蜜’经过7代自交分离选育成自交系。该自交系特性：早熟，果实扁圆形，重约400 g，果皮白色略带淡黄晕，果皮光滑，未熟时微青色，果肉白色，肉质脆，中心可溶性固形物含量11%~12%，风味中。

（2）选育过程。2010年春季，自交系选育到第5代，继续进行自交系的系统固定，并根据育种目标进行组合选配。经过2年品种比较试验（配合力测定），发现‘7-1-6-5-1-2-2’×‘93-6-1-4-7-5-2’这个组合表现优良。

（3）品种比较。2013—2014年，‘美玉白梨’参加浙江省薄皮甜瓜品种区域试验，产量表现突出。‘美玉白梨’两年平均亩产2 506.84 kg，较对照‘日本甜宝’增产5.49%，较对照‘温州白瓜’增产26.96%。

（4）区域试验和生产试验。2013年春季、2014年春季分别在嘉兴、金华、宁波、台州开展多点区域试验，其中‘7-1-6-5-1-2-2’×‘93-6-1-4-7-5-2’表现最优。2015年定名为‘美玉白梨’，并在多点进行品种试验。同年，在浙江省各地试种推广。

（三）诱变育种

1. 物理诱变

物理诱变是通过各种射线、高速离心力、异常温度、机械损伤等使得细胞染色体加倍获得多倍体。物理诱变中最常用的方法是射线辐射。包括γ射线、中子、重离子、离子束等；另一种物理诱变方法为航天育种，又称空间诱变育种，空间诱变育种（航天育种）是20世纪后期开始兴起的一种新的育种途径之一。空间诱变育种也称太空育种、航天育种，是将作物种子或诱变材料搭乘返回式卫星或高空气球送到太空，利用太空特殊的环境中高能粒子辐射、微重力、宇宙磁场、高真空等特殊环境诱变作用，使种子产生变异，然后再返回地面培育成作物新品种的育种新技术，是航天技术、生物技术和农业育种技术相结合的产物。物理诱变育种成功案例很多，如吴明珠等利用^{60}Co-γ射线辐射甜瓜种子，培育出了数个新品种。将皇后甜瓜‘92’纯系种子搭载于往返地球的卫星上，经半个月的太空飞行，该批种子当代出现了1.00%的变异短蔓植株，次代的变异率达1.25%。另外，伊鸿平等利用返地式卫星搭载哈密瓜种子‘皇后’和‘红心脆’，材料‘皇后’的后代株型、果皮颜色、含糖量等性状变异较大，从其后代中选育出‘97’和‘98’两个自交系，并培育出‘01-31’‘01-36’2个哈密瓜新品系，其品质风味、坐果整齐度、产量等性状均超过对照。

2. 化学诱变

甜瓜多倍体诱变常用的化学药剂有秋水仙素、氟乐灵、二硝基苯胺等200余种，但当前应用最广、效果较好的是秋水仙素。诱变处理方法有注射法、生长点涂抹法和药液浸种法。采用注射法刺伤生长点，易导致生长点霉烂，诱变效率低。浸种法是直接用秋水仙素溶液浸泡种子，该方法操作容易，但诱变效率偏低。目前最常用的化学活体诱变处理方法是通过生长点涂抹秋水仙素溶液诱导染色体加倍。

魏育国等用氟乐灵处理刚刚发芽的甜瓜种子，获得了加倍的植株。采用染色体计数法进行诱导率统计，结果显示，稀释400倍的氟乐灵溶液处理露白的甜瓜种子8 h所获得的加倍效果最好，诱导率达到32.2%。张勇等采用剥离茎尖滴苗法研究了秋水仙素对厚皮甜瓜四倍体的诱导，诱导率达到20.0%~54.4%，不同基因型甜瓜材料诱变率差异显著。付金娥等研究了生长点滴液法和干种子浸泡法两种处理方法与不同秋水仙素浓度对薄皮甜瓜同源四倍体的诱导，通过形态学观察结合染色体计数法对诱变植株进行倍性鉴定，结果显示，生长点滴液法较浸种法诱导率高，以0.4%浓度处理的诱变效果最好，诱变率达到6.7%。张文倩等通过涂抹法用秋水仙素对厚皮甜瓜进行诱变，成功获得了四倍体甜瓜材料，并认为子叶期处理效果较1叶1心期好。

秋水仙素为最常用的诱变剂，利用秋水仙素进行细胞染色体加倍具有经济、方便和诱变作用专一性强的特点，但是由于秋水仙素毒性大，因此在具体试验操作过程中药剂浓度不宜过高，处理时间也不要过长。另外，化学活体诱变虽然诱导率相对较高，但出现嵌合体的频率较高，如何解决化学活体诱变中的嵌合问题，是需要深入研究的课题。

（四）细胞工程育种

细胞工程包括细胞离体培养、原生质体再生及遗传转化等。

1. 细胞离体培养

甜瓜离体培养主要有茎尖、花药、子叶、幼胚和原生质体等。邓向东等（1996）认为，外植体的不定芽诱导率，子叶柄最适，5~8 d效果最佳，其中子叶柄、子叶、茎尖、真叶、胚轴和根不能诱导不定芽。在培养基中提高蔗糖的浓度和附加ABA对提高厚皮甜瓜不定芽诱导率有促进作用，其品种不同而存在显著差异。

马国斌等以甜瓜未成熟子叶、幼嫩子叶和真叶为外植体离体培养的再生植株中出现了明显的四倍体变异，变异率分别达到30.0%、16.2%和42.9%，指出再生植株叶片气孔大小和气孔保卫细胞内叶绿体数目可以作为从再生植株中早期鉴别四倍体植株的可靠指标。马国斌等、王双伍等用含较低浓度细胞分裂素和0.1%秋水仙素的液体培养基处理8 d苗龄的茎尖24~48 h获得了四倍体。贾媛媛等采用未成熟胚子叶为外植体进行组织培养，不同BA激素浓度处理获得了同源四倍体甜瓜，加倍率达到14.3%。也有利用子叶和真叶等离体组织培养诱导细胞分裂染色体加倍的报道。

利用组织培养可以加快多倍体的育种进程，提高多倍体的诱导成功率，有效地避免活体化学诱变途径中高度嵌合的现象，但成熟的多倍体组培苗再生体系的建立还需要进一步研究。

2. 原生质体培养

通过原生质体培养可以创造更多更广泛的无性变异，为遗传改良的选择提供基础，或者通过原生质体融合获得因生殖隔离而不能获得的无性杂种或细胞质杂种。Moreno 等（1980）报道，从悬浮培养甜瓜细胞的原生质体获得愈伤组织，后来又从无菌苗叶片和子叶原生质体获得愈伤组织和胚状体及芽和小植株。荷兰 BokeLman 也从 9 个甜瓜基因型的无菌苗子叶原生质体获得植株。孙勇如等用 7 个新疆甜瓜品系的无菌苗子叶游离原生质体接种在改良的 Miller 培养基上，得到了再生细胞的高频率分裂，并比较了液体浅层培养、双层培养、琼脂糖看护培养等不同方法，发现由烟草瘤细胞 B_6S_3 看护的琼脂糖珠培养，最适于新疆甜瓜子叶的原生质体培养。李仁敬等将新疆甜瓜和西瓜无菌苗子叶叶肉原生质体经 PEG 介导，在高 Ca^{2+} 和高 pH 值条件下融合，得到远缘属间的体细胞杂种，用琼脂糖珠培养包埋杂种细胞并培养，获得融合愈伤组织。

林伯年在不同种的西瓜、甜瓜之间应用原生质体电融合技术，获得了重建细胞，形成了克隆愈伤组织，并采用 Southern 分子印迹杂交技术，有效检测出原生质体异源融合克隆愈伤组织，但最终没有获得杂种再生植株，这一技术有待于继续研究和完善。

（五）分子育种

分子育种就是将分子生物学技术应用于育种中，在分子水平上进行育种。通常包括：分子标记辅助育种和遗传修饰育种（转基因育种）。

分子标记辅助育种在甜瓜上的应用，主要有应用同工酶标记对甜瓜起源的研究，应用分子标记技术在大范围内对甜瓜的遗传物质进行较全面的比较、进行杂种一代纯度鉴定、进行遗传图谱构建及基因定位构建，利用分子标记辅助选择，对一些抗性基因进行选择，如抗蔓枯病基因、抗白粉病基因的早期选择，利用 DNA 分子标记对甜瓜遗传多样性和抗病育种进行研究等。

遗传修饰育种（转基因育种）就是将基因工程应用于育种工作中，通过基因导入，从而培育出一定要求的新品种的育种方法。

在抗病性研究上，1999 年新疆农业科学院李仁敬等利用农杆菌介导法、基因枪等方法将黄瓜花叶病毒衣壳蛋白基因（$CWV-CP$）、西葫芦黄化花叶病毒外壳蛋白基因（$ZYWV-CP$）等导入甜瓜'新红心脆'等 6 个品种（系）中，获得转化植株，但不同转基因植株个体间表现出抗性差异。抗性植株采用常规育种技术，获得稳定遗传的抗病、优质甜瓜品系'K3-19'；2001 年新疆农业大学钟俐等将雪花莲凝集素基因通过农杆菌介导法转入新疆甜瓜，结果表明，转基因甜瓜有一定抗棉蚜幼虫效果；1999 年李天然等将番茄 ACC 合成酶的反义基因转入'河套蜜瓜'中，获得的转基因甜瓜的成熟期明显延长；2003 年西北农林科技大学张永红将 ACC 合成酶的反义基因转入甜瓜品种'黄河蜜'中，获得了转基因株系；2004 年内蒙古大学哈斯阿古拉将 ACC 合成酶、ACC 氧化酶的反义基因转入甜瓜，转基因甜瓜的贮藏期延长；2005 年内蒙古大学秦伟闻等用花粉管通道法，将 ACS 基因 cDNA 反向构建到植物表达载体 pGA643，配制成 DNA 溶液后导入'河套蜜瓜'中，获得的果实贮藏期由 7~10 d 延长到 40~60 d；2008 年新疆大学颜雪利用从抗枯萎病日本甜瓜品种'安农 2 号'克隆得到的甜瓜抗枯萎病

基因 *Fom-2* 的同源基因 *R-Fom-2* 基因，用农杆菌介导法对新疆甜瓜'皇后'进行遗传转化，采用离体叶片接种法对转基因甜瓜进行生理抗性初步检测，结果表明，转基因甜瓜与对照植株相比，对枯萎病抗性均有不同程度的增强，进一步证明了 *R-Fom-2* 基因可能是新疆甜瓜抗枯萎病的一个功能基因。程鸿（2009、2013）利用 RNA 干扰技术沉默了一个甜瓜的基因（*CmMlo2* 基因），获得了具有白粉病抗性的转化植株，RNAi 植株没有出现明显的缺陷，*CmMlo2* 基因对白粉病抗性表现为负调控功能，利用 RNAi 技术靶向敲除 *CmMloZ* 基因后，使感病甜瓜材料获得了对白粉病的抗性。张红等（2009）利用首个甜瓜 cDNA 芯片 Melon cDNA array ver 1.0 检测了新疆厚皮甜瓜（*Cucumis melo* var. *ameri*）果实基因表达，以及经 ^{60}Co-γ 射线辐射诱变后的甜瓜酸味抗病变异株成熟果实基因的表达，结果显示，该芯片平均能够检测新疆厚皮甜瓜基因 2 008 个，检测出的基因占该芯片基因探针总数的 65.4%。

此外，徐秉良等（2005）利用整合有 *CMV-CP* 基因及 *NPT-Ⅱ* 基因的改建质粒 pBim438，以农杆菌为载体，对'黄河蜜'甜瓜的子叶进行转化，得到了完整的转基因植株。在温室对获得的转基因植株进行 CMV 抗性鉴定试验并同时测定植株中的病毒含量，结果表明，转基因甜瓜对 CMV 的侵染表现了较高的抗病性，能够推迟症状发生，减轻病害发生程度；转基因植株体内的病毒含量低于对照组，而且抗病性在转基因植株间存在着差异。在提高甜瓜果实耐贮运性研究上，Kristen 等（1998）以一个网纹甜瓜品种 Alpha（F_1）的成熟果实为材料，分离出 3 个在成熟期高水平表达的 cDNA 克隆 MPG1、MPG2 和 MPG3。在甜瓜果实成熟过程中，MPG1 的 mRNA 量最为丰富。将该 cDNA 引入米曲霉（*Aspergillus oryzae*），对细菌培养滤液进行的催化活性分析结果显示，MPG1 编码一个内切多聚半乳糖醛酸酶，并且能够降解甜瓜果实细胞壁中的果胶质。该研究结果为在甜瓜植物上开展转 PG 反义基因研究奠定了基础。

乙烯作为一种植物生长调节剂，在果实发育成熟期间起着重要的催熟作用。在甜瓜生产中，为了延长货架期，往往需要抑制甜瓜果实的成熟。ACC 氧化酶是乙烯生物合成途径的关键酶。1996 年，Ayub 等将 ACC 氧化酶基因的反义基因转入哈密瓜品种'Charentais'。研究发现，转基因植株果实中产生的乙烯比野生型果实中的 1% 还少，并且果实成熟过程也受到了抑制。在添加外源的乙烯处理后，转基因植株的表型还能恢复正常。

但甜瓜转基因技术现在还存在一些问题，国内外至今尚未能将转基因技术真正应用到甜瓜育种实践中去。

三、甜瓜主要类型及其代表性品种

甜瓜栽培品种十分丰富，类型很多。根据生态类型可分为厚皮甜瓜、薄皮甜瓜及厚薄中间型甜瓜。每一类都包含着大量形态各异，外观、肉色不同的早熟、中熟和晚熟栽培品种。20 世纪 50—70 年代各地主要种植地方优良农家品种，80 年代后各地种植的主要是经过选育的新品种。

（一）厚皮甜瓜

厚皮甜瓜，学名 *Cucumis melo* ssp. *melo*，是新疆的哈密瓜、甘肃的白兰瓜、中国台湾地区的洋香瓜及欧美的网纹甜瓜等的统称。厚皮甜瓜植株生长势较强，叶片较大，叶色浅绿。果型中大，单瓜重 2~5 kg，果皮较厚粗糙，多数有网纹，去皮而食，肉厚 2.5 cm 以上，可溶性固形物含量 12%~17%，种子较大，品质优，耐贮运。对生长环境条件要求较严，喜干燥、炎热、温差大、强光照。适宜东部湿润半湿润地区种植的品种如下。

1. 红妃

中早熟品种，长势较强，春季栽培果实发育期 40~45 d，秋季 39~41 d；果实椭圆形，成熟时果皮乳白色，偶覆细疏网纹，果肉橘红色，肉质脆爽，中心折光糖度 15~17 度。肉厚 3.5 cm，单瓜质量 1.5~2.0 kg。适合保护地保温栽培，爬地栽培双蔓整枝。春季 12 月底至翌年 2 月上旬播种，苗期及开花坐果期强化增温保温，以避免低温造成雌花发育不良而形成脐部突出等畸形；秋季 7 月中旬至 8 月中下旬播种。棚内须保持空气、土壤的干燥，防止裂果和蔓枯病的发生。爬地栽培 550 株/亩，立架栽培 1 500 株/亩。

2. 黄皮 9818

中熟品种，喜高温长日照，植株生长势强，抗逆、抗病性较强，全生育期 110~120 d，果实发育期 50 d 左右；果实橄榄形，单果重 0.8~1.5 kg。黄皮，具粗稀网纹，果肉橘红色，肉质脆沙，有清香，肉厚 2.7~3.8 cm，平均厚 3.2 cm。果实中心含糖量 13.2%~14.9%，耐贮运。适宜于秋季延后栽培。该品种在宁海县大面积种植，存在的主要问题是：单果小、果肉略硬、成熟期长。优点是贮运性好，适宜大面积种植后的长途运输与远销。

3. 东方蜜一号

中早熟品种，植株长势较强，春季栽培全生育期 110 d，夏秋季栽培 85 d。果实发育期 40~45 d，坐果整齐一致，果实椭圆形，果皮白色略带细纹，平均单果重 1.5 kg；果肉橙色，肉厚 3.5~4 cm，肉质细腻多汁，松脆爽口，中心糖度 16 度左右，品质优异。适宜保护地栽培。春季栽培，12 月下旬至翌年 2 月上旬播种育苗，夏秋季栽培，7 月下旬至 8 月中下旬播种，爬地栽培密度为 500~550 株/亩，立架栽培为 1 500 株/亩。应严格控制浇水及调节大棚湿度，减少裂果与病害发生。

4. 雪里红

早熟品种，高品质哈密瓜，果实发育 30 d 左右，植株长势稳健，易坐果，单瓜质量 2~3 kg，果实圆形，果皮白色，外形美观，晶莹剔透，洁白如玉，果肉橘红，肉色鲜美，含糖 15 度以上，最高达 18 度，肉质松脆、水分足、糖度高、甘甜可口，口感好。是当前更新换代的首选品种，适宜用于保护地早春栽培。

5. 甬甜 5 号

该品种植株长势较强，叶片心形、近全缘，长、宽分别为 23 cm 和 25 cm 左右，叶柄长 24 cm 左右，平均节间长约 9 cm；单蔓整枝条件下子蔓结果，适宜的坐瓜节位为第

12~15 节的子蔓。果实椭圆形，果形指数约 1.5，果皮乳白色，果面有隐形棱沟、微皱，平均单果质量 1.8 kg；果肉厚 3.9 cm 左右，果肉橙色，实测中心可溶性固形物含量（折光率）14.8%；高肥力条件下成熟果具稀细网纹。春季大棚栽培果实发育期 36~40 d，全生育期 100 d 左右，秋季果实发育期 35~38 d，全生育期 94~96 d，分别较对照早 4 d 和 6 d。对蔓枯病的抗性优于对照。

6. 甬甜 7 号

以高代自交系 'YW061' 为母本，以 'YW103' 为父本杂交选育而成的脆肉型南方哈密瓜一代杂种。果实椭圆形，平均单果质量约 1.8 kg；果皮米白色，布细密网纹，果肉浅橙色，中心折光糖度一般在 15% 以上，口感松脆、细腻；春季果实发育期 40 d 左右，全生育期 100~110 d；夏秋季果实发育期 38 d 左右，全生育期 80 d 左右。田间调查表明较抗蔓枯病，一般产量 1 080~2 400 kg/亩，适宜华东地区春季和秋季设施栽培。

7. 东之星（M2026）

脆肉类型，长势较旺。果实发育期 45 d，大果，果实椭圆形，脐小，不易裂果，容易栽培。单果质量 1.5~2.5 kg。果皮白色，细腻光滑。果肉橘红色，肉质爽脆，中心含糖量 16 度左右，品质优异，商品性好，适合保护地栽培。春季 12 月下旬至翌年 2 月上旬播种，爬地栽培 500 株/亩左右，立架栽培 1 500 株/亩。

8. 红酥手二号

网纹型哈密瓜，中熟品种，长势强旺。果实短椭圆形，成熟时果皮灰绿色，网纹细密稳定；果肉橙色，肉质松脆爽口，中心糖度 17 度，品质好。大果型，单果质量 2~3 kg。开花至成熟 45 d。保护地栽培，春季 12 月下旬至翌年 2 月上旬播种，秋季 7 月下旬至 8 月上旬播种。以立架栽培为主，单蔓整枝密度为 1 500 株/亩。

9. 红酥手三号

网纹型哈密瓜，中熟品种，长势稳健，抗病性强，叶片较小，叶柄短而直立。果实椭圆形，成熟时果皮墨绿色，网纹细密稳定；果肉橙色，肉质脆爽，中心糖度 16 度，品质好，单果质量 3 kg 左右，丰产性好，耐贮运。开花至成熟 45 d。保护地栽培，春季 12 月下旬至翌年 2 月上旬播种，秋季 7 月下旬至 8 月上旬播种，立架栽培密度为 1 500 株/亩。

10. 长香玉

网纹型哈密瓜，中熟品种，长势强健，抗病性强，尤其较抗枯萎病。果实长椭圆形，皮色灰绿，网纹细密稳定，单果质量 2.5 kg 左右，果肉橙红色，糖度约 16 度，肉质细、带香味。开花至成熟 46 d 左右。保护地栽培。以立架栽培为主，单蔓整枝，需肥量较高，底肥需保证亩施有机肥 2 000 kg，种植密度为 1 500 株/亩。

（二）薄皮甜瓜

薄皮甜瓜，学名 *Cucumis melo* L. var. *makuwa* Makino，又称东方甜瓜、普通甜瓜、中国甜瓜、香瓜，原产于中国。属甜瓜的一个生态类型。较耐弱光，耐湿及昼夜温差较小的气候。主要分布于中国东部季风气候区内夏季潮湿多雨的地域。薄皮甜瓜株型较小，植株生长势较弱。叶色深。叶、花、果和种子都较小。果圆筒、倒卵圆或椭圆形，果皮光滑而薄，果肉厚 1~2.5 cm，脆嫩多汁或质绵少汁，芳香，可溶性固形物含量 10%~13%，不耐贮运，果型小，单瓜重 0.3~1 kg。抗病性较强。中国薄皮甜瓜品种很多，如'雪梨瓜''黄金瓜''银瓜''海冬青''楼瓜''芝麻酥'等，均为薄皮甜瓜品种。

薄皮甜瓜按其品种来源可分为常规品种（地方品种）与杂交品种两大系列。

1. 常规品种（地方品种）

按皮色、果形分，可分为黄金瓜、雪梨瓜、青皮绿肉、花皮四大类型。

（1）黄金瓜类型。皮色黄或金黄，果实有长筒形、椭圆形、卵形和短圆形。

①黄金瓜。杭州地区的优良地方品种。早熟，生育期约 75 d。果形指数 1.4~1.5，单瓜重 400~500 g，皮金黄色，表面平滑，近脐处有不明显的浅沟，脐小，皮薄。果实高圆筒形，单瓜重 0.4~0.5 kg。果肉厚约 2 cm、白色，质脆而甜、爽口，折光糖含量 12% 左右，风味好，品质中上等。种子小，白色，千粒重 14 g 左右。本品种耐湿、耐热，较耐贮藏。是杭州、绍兴、江苏太湖地区普遍栽培品种。

②十棱黄金瓜。十棱黄金瓜又名黄十条筋，生育期 70~75 d。是上海地区的地方品种。果实小，短椭圆形。金黄色，果面有约 10 条白色棱沟，脐小而平，皮薄。单瓜重 0.2~0.3 kg，果肉白色，皮薄而韧，果肉厚 1.5~2.0 cm，质脆味甜，有清香味。干物质含量 7.5% 左右，维生素 C 含量 15.1 mg/100 g 左右，折光糖度含量 11% 左右，品质佳，单瓜重 250~400 g，早熟品种，生育期约 80 d。种子乳白色，千粒重约 12 g。不耐贮运，易裂果。江浙一带均有栽培。

③黄梨瓜。中熟，生育期 80~85 d。植株生长势强，较耐湿、耐叶部病害。果实大，着果性好，产量较高。果实高圆形或梨形，黄皮，果面光滑，色泽好。单瓜重 0.5~0.6 kg。果肉白色，水多，味较淡。折光糖含量 9%。

④黄皮香瓜。中早熟，生育期 80 d，开花至果实成熟约需 27 d。果实中等大，金黄色，有时出现浅黄斑块，梨形。单果重 0.4~0.5 kg。果皮薄，果肉厚 1.8~2.2 cm，白色，质地细软。折光糖含量 11%~12%，味甜可口。采收不及时会出现裂果。

⑤江宁黄皮。中熟，果实形状与黄皮香瓜相似，但略扁，皮色淡黄，不鲜艳。单瓜重 0.5 kg 左右。果肉白色，肉厚 1.8~2.0 cm。折光糖含量 9%~11%。外观和品质不如黄皮香瓜，但适应性强，栽培容易，比较稳产。

⑥荆农 1 号。果实短筒形，单瓜重 500~700 g，果皮黄色，有约 10 条白绿色浅纵沟，皮薄而韧，果肉黄白色，果肉厚 2 cm 左右，肉质细脆味甜，折光糖含量 13% 以上，高者 16%，品质上等。胎座及种子均为黄白色，种子千粒重 15.6 g 左右。耐涝、抗旱、抗病，丰产性好。中早熟品种，生育期 85 d 左右。

（2）雪梨瓜类型。果皮乳白或绿白色，成熟时蒂部转为黄白色，果形扁圆或微扁圆形。

①梨瓜（雪梨瓜）。浙江、上海、江西一带的主栽品种。生梨瓜，又名白洋瓜。中熟，生育期约 90 d。果实扁圆形或圆形，顶部稍大，果面平滑，近脐处有浅沟，脐大，平或稍凹入。单瓜重 350~600 g。幼果期果皮浅绿色，成熟时转白绿色，熟后微黄。果

皮韧，果肉白色，果肉厚 2~2.5 cm，质脆味甜，多汁清香，风味似雪梨故又名雪梨瓜。折光糖含量 12%~13%。种子白色，千粒重 13 g 左右。中熟种，生育期约 90 d。丰产性好，长江中下游各地均有梨瓜，比较著名的有江西上饶梨瓜、临川梨瓜、浙江平湖白梨瓜和江苏白蜜瓜等，是长江中下游地区的主栽品种。

②华南 108。华南 108 果形指数稍大，圆球或半高圆梨形，单瓜重 500~700 g。皮黄白微带绿色，果脐大，脐部有约 10 条放射状浅沟，外形整齐美观。果皮乳白微带淡绿黄。果肉厚约 1.7 cm，白色，肉质细、沙脆适中，成熟时脐部有香味，含糖高，折光糖度含量 13%~15%，品质上等，果皮较厚，较耐贮藏与运输。种子黄白色。中熟种，生育期 90 d 左右。该品种耐湿、耐病性强。

③甬甜 8 号。以设施栽培较为适宜。果实梨形，单果质量约 0.45 kg；果皮白色，果肉白色，中心折光糖含量 13% 左右，口感脆甜、香味浓郁；春季果实发育期 30 d 左右，全生育期 95~110 d。适宜华东地区春季设施栽培，耐低温性好，田间对蔓枯病、霜霉病及白粉病的抗性较对照小白瓜强，亩产量 2 500 kg 左右。

④苹果瓜。中熟，生育期 85~90 d。果实微扁形或圆形。顶部比梨瓜宽，果脐大、平，成熟时果皮乳白色。果形圆整，外观好，颇受市场欢迎。果肉白色，肉厚 2 cm 左右，质脆，汁多。折光糖含量 11% 左右。

⑤廿世纪。中熟，开花至果实成熟 28~30 d。果实外形、大小和品质略有差异。扁圆形或圆球形，果面平滑。单瓜重 0.4~0.55 kg，果实转熟时为淡黄绿色。果肉白色，肉厚 1.8~2.2 cm，质细，味甜。折光糖含量 13%~14%。成熟时蒂部有环状裂痕，耐湿但不耐病，特别易感炭疽病，不耐贮运。

⑥广州蜜瓜。广州市农业科学研究所自'华南 108'中选育出的优良品种。中早熟，生育期约 85 d。果实扁圆形，果实略小，单瓜重 0.4 kg 左右。果皮白底现淡黄色，脐小。果肉绿白色，肉厚 2 cm 左右。肉质脆沙适中，成熟时散发香味，可口、味甜。折光糖含量 12% 以上。耐湿、耐热，较抗枯萎病，但不抗霜霉病和炭疽病。

⑦蜜糖罐。原产华南。中熟，果实扁圆形。果皮乳白或白色，脐中等大小。果肉乳白色，肉厚 2 cm 左右，质地脆，汁多，味淡。折光糖含量 9% 左右。耐湿、耐热且抗霜霉病，有较强的抗病毒能力。

⑧银辉（F_1）。台湾农友种苗股份有限公司培育。早熟，长势强，结果性好，优质稳产。果实近扁圆形，成熟时果皮乳白色，有光泽，稍带淡黄绿色。果面光滑，外观好，很受市场欢迎。成熟时果蒂不易脱落，亦不裂果。果肉淡白绿色。肉厚 1.8~2.2 cm，果重 0.4 kg 左右，整齐度高，肉质细嫩爽口。折光糖含量 12% 左右。

⑨美都白梨。植株蔓性，长势较旺，以侧蔓结瓜为主。开花后 30 d 左右成熟。瓜圆球形，瓜皮未成熟时绿白色，成熟时白色，单瓜重 300~600 g，糖度 13~14 度，品质佳，一般亩产约 2 000 kg。

⑩白啄瓜。浙江温州、瑞安的优良地方品种。中熟品种。果实扁圆或近圆形，果形指数 0.85~0.90，单瓜重 300~400 g，果皮乳白色，果面光滑。果肉白色，肉厚 2.5~3.0 cm，果肉质脆水分多味甜，折光糖度含量 12%~13%。

⑪亭林雪瓜。上海市优质地方品种。果实高圆形，果皮乳白色，有棱沟约 10 条，

果肉绿白色，果肉厚1.5~2 cm，果肉质脆多汁味甜，折光糖含量13%左右，品质极佳。中晚熟品种，生育期95 d左右，果实发育期35 d左右，生长势强，易感病。

⑫蜜汁瓜（蜜筒瓜）。杭州郊区的主栽品种。果形中等，为果端稍瘦的圆球形，果形指数1~1.1。单瓜重500~600 g，果面略有突起，棱沟较明显，脐大、平或突起，蒂部形成环状裂纹。果肉厚2 cm左右，果肉绿色近瓤处黄绿色，质脆味甜，折光糖含量11%~12%，干物质含量8%，维生素C含量为32 mg/100 g左右，香气少，品质极佳，成熟度不足时风味差，过熟则易发酵变质。种子小，白色，千粒重12 g左右。

⑬雪丽（鼎甜雪丽）。慈溪种植面积较大，杂交一代薄皮甜瓜，极早熟，从开花至果实成熟约25 d，果实高圆形，丰满，齐整，果皮、果肉似白雪一样美丽，折光糖含量17%左右，特甜，香气浓郁；不裂瓜，耐运输；单瓜重500~600 g，适应性强。2—6月均可播种。露地栽培为主。

⑭白皮脆瓜。又称白皮菜瓜。果实长卵形，长2.0~2.5 cm，横径8~10 cm，柄端稍细，单瓜重1 kg左右。果皮薄，淡绿白色，果肉厚2.5 cm左右，白色。成熟时果微甜，略有香味，清脆爽口。以夏秋季种植为主。

（3）青皮绿肉类型。果皮灰绿色、绿色、墨绿色，果形有长筒形、牛角形、梨形等，果肉绿色、浅绿色。

①海冬青。海冬青又名青皮绿肉或青皮青肉。中晚熟，生育期90 d以上，果实长卵形或长筒形，单瓜重0.5~0.6 kg。果皮灰绿近绿色，果面有不规则浅色晕斑和软茸毛及浅棱纹分布，果肉青绿色，果肉厚2 cm左右，胎座淡黄，质脆味甜，有清香味，品质好。折光糖含量12%~14%。较晚熟。上海、浙江一带普遍栽培。

②牛角酥。中熟。植株强健，叶色深。果实形状似牛角，蒂部细尖，脐部稍宽。果皮灰绿色，果实两端皮色浓绿。脐平。单瓜重0.5 kg左右。果肉绿色，从果皮至果瓤肉色渐淡。果肉厚1.8 cm左右，质略脆，成熟时酥软，味稍淡。折光糖含量10%~11%。

③杭州绿皮。中早熟。果实圆球形或高圆形，灰绿色，具有光泽，果面有不规则晕斑，皮薄易碰伤。单瓜重0.4 kg左右。果肉绿色，质脆，味甜，水多，肉厚1.6~1.8 cm，品质中上等。折光糖含量12%左右。易裂果，不耐贮运。

④青皮绿肉。中熟。果实长圆筒形，蒂部略细。果皮灰绿或银灰绿色，果面平滑，近脐部有暗绿细条纹，脐平。近皮部的果肉为深绿色，逐渐变浅或绿黄色。果肉厚1.6~1.8 cm，质脆、味浓。折光糖含量10%~12%。为江苏、安徽、浙江一带常见的薄皮甜瓜类型，适合大众消费人群。

⑤美都。植株蔓性，长势旺，以侧蔓结瓜为主。瓜圆形或高圆形，皮青绿色，表面有8~10条绿色棱沟。单瓜重约350~450 g。肉淡绿色，肉质脆，味甜，糖分14%左右，有香味，品质优，商品性好。亩产约2 500 kg。

（4）花皮类型。果皮有两种以上的颜色，果形多为筒圆形或梨形。

①花皮脆瓜。又称花皮菜瓜。果实长圆筒形，单瓜重1~1.5 kg，果皮绿色，上有深绿色条纹，果皮脆，果肉绿色，果肉厚约2.4 cm，质脆多汁，味淡。

②芝麻酥。中熟，果实长圆筒形，顶部稍细。果皮底色黄，上有绿条状斑纹。单瓜重

0.5~0.8 kg。脐小且平，绿肉，质细味甜有芳香。种子特别细小。质地酥绵，不耐贮运。

③太阳红。中熟。果实长卵形成梨形，有的横径较宽似短筒形。幼果为暗绿色，成熟时转橙红色或暗红色，自蒂部向下有放射状暗绿色斑状。果脐大，突出，果面有沟纹。果肉淡红色或橙红色，肉厚 1.6~1.8 cm，质地松酥，不耐贮运，味淡。折光糖含量 9%左右。

④慈瓜 1 号。该品种由慈溪市坎墩惠农瓜果研究所、慈溪市农业科学研究所、宁波市农业科学研究院蔬菜研究所杂交选育而成。植株蔓生，生长势中等。果实发育期 30 d 左右，春季种植生育期为 89 d 左右，比同时种植的地方花皮菜瓜品种迟开花 1 d 左右。果实圆筒形，果长 20.6 cm 左右，果宽 11.5 cm 左右，果肉厚 2.7 cm 左右，果皮墨绿色与淡绿色条纹相间，平滑，墨绿花纹 8~9 条，成熟瓜瓤呈橙红色，3~4 条，中间分离，肉厚多汁，适宜于生食。单果重 1.1 kg 左右，果形指数约 1.79，果肉厚 2.7 cm 左右，果肉淡绿色，中心可溶性固形物含量（以折光糖度计）5.12%左右，质脆、多汁、清口、口味佳、风味醇厚；果皮底色淡绿色，覆墨绿色条纹。种子扁平，呈长卵圆形，乳白色，千粒重 16 g 左右。该品种生长健旺，易栽培，产量高，商品性好，口感较好，适合浙江省种植。2008 年多点品种比较试验，慈瓜 1 号的平均亩产为 2 436.3 kg，比地方花皮菜瓜品种略增产 0.3%；2009 年慈瓜 1 号的平均亩产为 2 964.5 kg，比对照增产 5.0%；二年平均亩产为 2 700.4 kg，较对照增产 2.8%。

2. 杂交品种

薄皮甜瓜杂交品种很多，适宜南方栽培的杂交薄皮甜瓜品种主要有：

①甬甜 8 号。甬甜 8 号由宁波市农业科学院经 6 代系统选育而成。母本为温州薄皮甜瓜地方品种'白啄瓜'，父本为宁波地方品种'小白瓜'。2013 年 12 月通过浙江省非主要农作物品种审定委员会审定（浙非审瓜 2013004），定名为'甬甜 8 号'。该品种植株生长势较强，叶片深绿色，五角形，缺刻深。株型紧凑，孙蔓结果，最适宜的坐瓜节位为孙蔓第 5~15 节。果实梨形，果形指数 0.93 左右，白皮白肉，肉质松脆、香味浓郁。中心折光糖含量 13%左右，单果质量为 0.38~0.51 kg，春季果实发育期 30 d 左右，全生育期 95~110 d。具有耐低温性好、易于栽培、坐果性好、不易裂果，较抗蔓枯病。

②黄金蜜翠。原名 9×10，江苏省农业科学院蔬菜研究所育成的薄皮甜瓜杂交一代。早熟种，全生育期 75 d 左右，雌花开放后 28 d 左右成熟。果实长圆筒形，平均单瓜重 0.4~0.5 kg。成熟时果皮金黄光滑美艳，无条带。果肉雪白脆嫩，肉厚 2.0 cm 左右，中心糖 11.5%~12.0%，气味芳香，风味佳良。果实耐贮运。采收适期以果皮由淡黄转成金黄色并散发香气为宜。适宜于华东地区春季地膜覆盖及小棚覆盖栽培。

③黄金 9 号。自日本米可多公司引进。早熟，金黄色，色泽艳丽，果面光滑，外观美，果形与黄金瓜相似，长圆筒形。耐湿且抗白粉病，是重要的育种亲本。单瓜重 0.3~0.5 kg。折光糖含量 11%~12%。果肉乳白色，肉厚 1.6~1.8 cm。采收若不及时，会出现少量裂果。

④丽玉。该品种由福建省农业科学院良种研究中心育成。该品种全生育期 75~95 d，瓜发育期 28 d 左右，属早熟梨型薄皮甜瓜之一，具有适应性强，耐热、耐湿、抗病，露地栽培容易等特点。雌花多且易坐瓜，产量极高，平均亩产 1 600 kg。瓜呈梨

圆形，果皮白色带黄晕，外观漂亮，果重约 450 g，大小整齐，折光含糖量达 15%～17%，果肉淡白绿色，质地细腻，香味浓郁，香甜可口。

⑤新盛玉。该品种为福州市农业科学研究所和福建省农业科学院农业生物资源研究所合作引进的我国台湾薄皮甜瓜新品种，2011 年通过福建省农作物品种认定。早熟、优质、耐湿、抗病性强。春季栽培全生育期 80～100 d，果实发育期 28～30 d，果实梨圆形，果皮绿白色，果肉淡绿白色，肉厚 1.4～1.8 cm，香味浓郁，甜脆适口，单瓜质量 0.28～0.5 kg，中心可溶性固形物含量 12.5%～13.8%。种子较小，椭圆形，浅黄色，千粒重 10～12 g。较耐贮运，一般亩产量 1 600 kg 左右。

⑥博洋 1 号。该品种由天津市津德瑞特种业有限公司育成。瓜皮浅灰白色，均匀一致，瓜呈大羊角形，瓜长 28～35 cm，瓜横径约 10 cm，单瓜重 1～1.5 kg。成熟后果肉绿色，瓤橘红色，中心折光含糖量达 12% 以上，瓜肉多汁，脆酥可口，是薄皮甜瓜中的佳品。该品种用于保护地及露地栽培。子蔓及孙蔓均可结瓜。多施腐熟饼肥及农家肥，追施磷钾肥可以提高品质及保证产量。为确保品质，建议：一要慎用膨大激素；二要做到成熟后采收。

⑦博洋 2 号。该品种由天津市津德瑞特种业有限公司育成。瓜阔梨形，早熟性强，成瓜快，开花后 26～28 d 成熟；单株可坐瓜 5～8 个，子蔓、孙蔓均可结瓜。生长健壮，抗逆性及抗病性强。瓜面光滑无棱沟，深绿色；果肉翠绿色，肉厚，质地脆酥香甜，口感风味极佳，充分成熟的瓜中心折光含糖量达 19%～21%；单瓜重 700～850 g，不易裂瓜、耐运输。保护地栽培亩产量可达 8 000～10 000 kg。适宜越冬温室、早春大棚立体吊蔓栽培以及小拱棚和露地地膜栽培。

⑧超甜白凤 2 号。由郑州市中原西甜瓜研究所培育而成的 F_1 代品种。生育期 80 d 左右，极早熟，生长势强，适应性广，我国南北甜瓜产区均可种植。瓜近圆形，开花后 22～25 d 成熟，白皮白肉，单瓜重 500～750 g，中心含糖量 18% 以上。肉质嫩脆爽口，风味香甜，品质极佳。抗白粉病，裂瓜现象少，适应性强，适合露地、保护地栽培。一般株产优质瓜 6～8 个，亩产可达 4 000 kg。

⑨银宝。由合肥丰乐种业股份有限公司培育而成的杂交薄皮甜瓜品种。全生育期 90 d 左右，平均果实发育期 32 d 左右。植株生长势较强，茎蔓健壮，易坐果，子蔓、孙蔓均可坐果，坐果整齐一致，叶片中等大小。近圆形。叶色深绿。雄花、两性花同株。果实梨圆形，果皮白色，果面光滑。果肉白色，腔较小，剖面好，果肉厚度 2.2 cm 左右，平均中心可溶性固形物含量 12.5% 左右。可溶性固形物含量中边差梯度小，一般在 3.5%～4.5%，可食率高，肉质脆酥。香味较浓，平均单瓜质量 0.4 kg 左右，平均亩产量 1 546 kg。

⑩安生青太郎。该品种由安徽省安生种子有限责任公司选育而成。植株蔓生、生长势健壮；早熟、果实发育期 26～28 d；果实圆整略偏高圆球形，成熟果浅绿色，有深绿色条纹，无棱沟，果面光滑有蜡粉；果皮薄，果肉绿色、厚约 2.8 cm，味香甜，质脆爽口，中心折光含糖量达 17% 左右，单果质量约 0.7 kg；中抗枯萎病和蔓枯病。具有早熟、品质好、风味佳、商品外观美、不易裂果等优良性状。

⑪通甜 1 号。通甜 1 号是江苏沿江地区农业科学研究所以野生甜瓜 'wm-13' 作

为父本，自交系'msc-21'作为母本配制育成的杂交品种，该品种较早熟，生育期78 d左右，生长势较旺，花期较为集中，坐果率高，果实呈椭圆形，瓜皮深绿色，平均单果质量 800 g 左右，成熟时果皮深绿色带黄绿条块，果肉橙黄色，厚约 2.6 cm，果肉中心固形物含量为 13% 左右，耐高温、高湿，较抗白粉病与霜霉病，耐贮运，适宜在保护地栽培。

⑫白玉满堂。该品种母本'EF8'是以浙江地方品种白啄瓜和推广面积较大的广州蜜杂交一代经 11 代连续自交选择育成的高代自交系。父本'EF24'是以山东地方品种益都银瓜和引进日本甜宝杂交一代经 11 代连续自交选择育成的高代自交系。该品种茎蔓生长势中庸。主蔓较粗。节间中等长；叶片较小，叶色深绿；叶柄及主脉具短且硬刚毛。叶缘裂刻较浅，叶柄中等长。全生育期 85~100 d，雄花两性花同株。雌花在主蔓、子蔓上发生较晚，而在孙蔓上发生较早。子蔓、孙蔓均可坐果，以孙蔓坐瓜较早且整齐一致。果实从开花到成熟 28~33 d。果实圆形至梨形。果形指数1.0~1.1，果皮白色，成熟时有黄晕，光皮，果肉白色，种腔小，肉厚 1.7~2.0 cm，果实中心可溶性固形物 13.1%~14.8%，松脆爽口，口感好。果实成熟后不易落蒂。耐贮运性较好。单果质量 0.38~0.44 kg。亩产量 1 500~3 000 kg。对土壤肥力要求较高。土壤肥力较高时其品质和产量能得到充分表现。耐水渍性一般。后期如管理不到位容易产生早衰现象。

（三）厚薄中间型杂交甜瓜

①丰甜 1 号。合肥市种子公司 1993 年育成的厚薄皮杂交种。早熟种，全生育期 80 d 左右，果实发育期 25~28 d。植株生长势中等，子蔓、孙蔓均可坐瓜，以孙蔓为主。果实椭圆形，果形指数 1.55。成熟果面金黄色，有约 10 条银白色纵沟，果脐极小，外形美观。果肉白色，致密，果肉厚 2~3 cm，折光糖含量 14%~16%，果肉味清香纯正，脆甜爽口，单瓜重 1 kg 左右。丰产性好，抗病性强，尤其对蔓枯病、病毒病、叶枯病有较强的抗性，较适宜在长江中下游地区种植。

②长甜 2 号。长甜 2 号兼具厚皮甜瓜和薄皮甜瓜特征特性。早中熟品种，植株长势强健，茎蔓粗壮。叶片中小。雌雄全同株，低节位子蔓雌花少，孙蔓第 1 节均着生雌花。其他各节着生雄花。以孙蔓结瓜为主，连续结果能力强。单株平均结瓜 4.8 个。全生育期 78 d 左右，果实发育期 30 d 左右。单果质量 750~1 500 g，亩产量3 000~4 000 kg。果实椭圆形，果皮灰绿色，果面光滑，果肉绿色。肉厚 3.6 cm 左右，肉质细嫩甜美，中心可溶性固形物 15.0%~17.5%；香气浓郁，香甜可口，兼备厚皮甜瓜和薄皮甜瓜的风味，品质优。常温下可贮存 20 d 左右，耐贮运，商品性好。种子黄色，百粒质量 3.2 g 左右。果实成熟时果柄自行脱落，生熟极易区分。田间表现对枯萎病等病害抗性强。耐低温弱光，不易早衰。从 2007 年开始，在吉林安图和公主岭市、黑龙江伊春市、安徽宿州市、江苏沛县、山东潍坊市、湖北武汉市、广西桂林市等地进行露地、小拱棚、大棚栽培试验。各地一致反映'长甜 2 号'田间表现对枯萎病等病害抗性强。丰产，易栽培。商品性好，具有较浓香气。口感风味佳。深受生产者和消费者欢迎。

③溢香。溢香是上海种都种业科技有限公司以厚皮甜瓜和薄皮甜瓜配组形成的厚薄皮中间型杂交甜瓜新品种。该品种早熟，全生育期80~95 d，瓜发育期30~33 d；植株长势强，耐低温弱光，高抗枯萎病、蔓枯病和白粉病，中抗霜霉病；瓜长椭圆形，瓜皮厚0.4 cm左右，表面光滑无网纹，瓜皮金黄色，有光泽，瓜肉白色，肉厚3 cm左右，质脆味甜，香味浓郁，中心可溶性固形物含量17.5%左右，单瓜重1.5 kg左右；成熟后不脱柄、耐裂、耐储运，常温条件下可存放25 d左右；亩产量3 300~3 600 kg。

④龙庆秋甜。龙庆秋甜是黑龙江省农业科学院大庆分院园艺研究所以'TB02-3-2'为母本、'HL02-1-4'为父本配制而成的适宜露地栽培的薄厚中间型甜瓜一代杂种。露地栽培全生育期78 d左右，子蔓、孙蔓均可结瓜，结瓜能力强，果实膨大速度快。成熟瓜高圆形，乳白色，果面光滑，果实耐贮运，肉厚质软，果味清香，可溶性固形物含量9.50%。单瓜质量500 g左右，露地栽培亩产量2 000 kg左右。抗霜霉病和白粉病，病情指数分别为26.02和44.56。适宜东北地区、山东等地栽培。

四、栽培技术要点

(一) 厚皮甜瓜早春大棚栽培

1. 电热温床育苗

（1）苗床准备。早春栽培厚皮甜瓜，育苗期处低温的冬季，故必须采用电热温床育苗。温床设置在大棚内，床长比大棚一般短2~4 m（在大棚两端各留1~2 m）。床宽1.2 m左右，深20~25 cm。床底要平整，在地下水位较高的地区，先铺一层塑料薄膜，防止地下水上升而影响土温，薄膜上铺5~8 cm厚的稻草，做隔热层，避免床内热量散失。稻草上再铺一张旧薄膜，膜上放5 cm厚的砻糠，耙平，然后布线。布线前，先计算好能使土温达到28~30 ℃所需的电功率，一般冬季播种每平方米苗床需要电功率100 W。布线时先准备好两根与苗床宽度相等的木条，固定在苗床两端，木条按布线间距钉上长3.3~5 cm的圆钉，然后按间距8~9 cm将电热线拉紧来回缠绕在圆钉上，不能剪断不能打结，并检查线路是否畅通。再在电热线上撒细土或砻糠1~2 cm，将电热线覆盖严密。

（2）营养土配制及制钵。营养土配制，应选二年以上未种过瓜类作物的菜园土按重量60∶1（即60 kg土加入过磷酸钙1 kg）充分拌匀。如水稻土配制营养土，在育苗前3~4个月，将水稻土深翻，其上泼浇人粪尿，一般每亩2 500~3 000 kg，不定期将土块粉碎，任其自然腐熟风化。于播前3 d，加入泥土重0.3%的过磷酸钙或0.3%的三元复合肥，拌匀即可。然后制成口径8 cm营养土钵或10 cm塑料营养钵，紧密均匀地排列于苗床上，并搭好二层拱棚。

（3）播种。

①播种期。11月中旬至12月中旬。

②播种量。每亩大田30~40 g。

③浸种催芽。在55 ℃温水中恒温浸种15 min，然后自然冷却，再浸5~6 h，捞起沥干，用湿毛巾裹后，放在30 ℃恒温设备中进行催芽。无恒温设备的，则可将种子用湿毛巾包裹后套上塑料袋（袋口应放开），放入人体贴身内衣催芽，24 h后检查，并随时拣出露白种子，保湿放在15 ℃容器中，待70%以上种子露白、芽长1~2 mm即可播种。

④播种方法。播种前一天，应通电预热以提高苗床土温和棚温，并用洒水壶分次将钵浇透水。播种时，应先在钵中间挖1 cm左右深的小孔，然后将种子平放或斜放在小孔内，芽朝下，覆1~1.5 cm拌有1%代森锌或多菌灵的细土，平铺一层薄膜，搭建小拱棚，盖好大棚和小拱棚二层棚膜。

（4）苗床管理。

①温度调控。从播种到出苗，需昼夜加温，土温应控制在白天28~32 ℃，夜间17~20 ℃；幼苗出土后揭掉地膜，出苗后至抽生第一片真叶前，为防止高脚苗，需适当降温，夜间床温控制在18 ℃左右，白天棚温控制在20~25 ℃，如果是晴天或多云天气，则白天可不必加温；当第一片真叶抽生时，白天棚温应在25~28 ℃，夜间床温可调高至21 ℃，以减少病害发生；真叶抽生后，白天棚温控制在25 ℃左右，夜间床温18 ℃左右，此时若无强冷空气，又多晴天，昼夜可不加温，如遇连续阴雨天，为减少呼吸消耗，床温最低应控制在15 ℃；移栽前一周，切断电源炼苗。

②水分管理。一般应保持土下层潮湿，表土干燥，当叶片出现轻度萎蔫时浇水。

在满足苗对温度需求的条件下，尽量多揭膜，通风换气。以降低棚内湿度改善苗床光照条件和控制病害发生。

2. 定植前准备

（1）种植地选择。种植厚皮甜瓜应选择地下水位低，土壤通透性良好，有机质含量高，三年内未种过瓜类的水田或旱地。背风向阳山前暖带地，更有利早春早熟栽培。

（2）整地施基肥。定植前15 d，全棚深翻30 cm。结合翻耕，水稻土每亩施腐熟有机肥1 500~2 500 kg，肥力较好的菜地或草莓地，亩施有机肥500~1 000 kg。然后，如6 m宽标准棚采用爬地栽培的做成二畦，立式栽培的做成三畦，分别按畦宽（连沟）3 m、2 m进行开沟，沟宽40 cm、深40~50 cm。定植前5 d，再在定植行开深30 cm、宽25 cm的施肥沟，亩施三元复合肥25 kg或尿素5 kg加过磷酸钙20 kg加钾肥5 kg。最后整地呈弓背状，待种。

（3）定植棚预热。为提高大田定植棚的土壤温度，利于栽后快速缓苗，要求在定植前10 d建棚和盖好棚膜。大棚以南北走向为佳。四周需挖排水沟，以免雨水渗入棚内。盖膜时须把膜正面有滴面（即有字的一面）朝外，拉紧薄膜，避免打褶，外层棚膜用压膜绳固定。同时还须注意，外层棚膜与围裙膜重叠部分必须在40 cm以上。并在定植行铺上厚0.014 mm地膜。

3. 适时移栽

（1）种苗选择。选择生长一致，叶色深绿、茎秆粗壮，节间短而不徒长，具3~4片真叶，侧根较多的适龄壮苗。大小分开移栽。

（2）移栽时间。采用地膜+小拱棚+中棚+大棚四层覆盖的，定植时间为1月底至2

月上旬，宜在晴天进行。大棚内地面下 10 cm 地温应保持在 14 ℃以上有利于植株生长。

（3）移栽密度。栽植密度因品种、栽培方式和整枝方法不同而异。采用爬地栽培双蔓整枝的，如瓜秧种在畦中间，两蔓反向伸展的，株距 30 cm 左右，亩栽 740 株左右；如瓜秧种在畦一侧，两蔓同方向伸展的，则株距 50 cm 左右，亩栽 440 株左右；采用立式双蔓整枝栽培的，株距 50 cm 左右，亩栽 660 株左右。

（4）移栽方法。为防止移苗时散钵，应在定植前 3 d，将苗床内的钵浇透水，并用 800 倍液 75%百菌清加 0.2%~0.3%磷酸二氢钾进行叶面喷雾，做到带肥带药移栽。然后按种植密度用营养钵器开穴，穴深度以钵高的 2/3 为好。定植时子叶与蔓伸展方向垂直，钵四周空隙处用细土填实，如土壤干燥，应浇一次定根水，并用细土围苗。然后，搭好二层内棚拱竹，盖好膜。密封保温保湿。

4. 田间管理

（1）棚温管理。

①定植至活棵期。密闭棚膜，高温高湿促发新根活棵。

②活棵至伸蔓期。棚温控制在 30~35 ℃，超过 35 ℃时，看苗通风。苗小时揭大棚膜，内层小棚膜不揭。苗大时揭小棚膜，大棚膜不揭。为了不让外界冷风直接吹到瓜苗上，影响风口瓜苗生长，通风时，应在避风面揭膜，在棚通风处须用旧膜做好"窗帘"。

③初花至坐果期。温度控制在 25 ℃左右，并随外界气温自然升高，逐渐加大通风口，不但可降低棚内湿度，又有利于昆虫活动和雌花受精。坐果后提高棚温至 35 ℃左右，促进果实膨大。

④糖分积累期至成熟期。晴天夜间可不关通风口，以加大昼夜温差，提高果实品质。内二层拱棚随瓜蔓伸展，由内层到外层分次拆除。

（2）整枝引蔓。为使瓜果洁净，随着蔓的伸长和内棚的拆除，畦面空间应铺上旧地膜，实行全畦覆盖，并及时引蔓。整枝以双蔓爬地为例。当瓜苗长至 4~5 片叶时，将主蔓摘心，促发侧蔓。当侧蔓长到 15 cm 以上时，选留两条生长基本一致的子蔓（一般 2~3 节侧蔓），除去其余子蔓，在畦面旧膜上铺草或麦秆，将子蔓理顺，向同方向或相对方向延伸，同行同方向子蔓应保持平行，并在畦面上保持一定角度斜向生长。

当子蔓长至 50 cm 以上，有 7 叶以上大叶时，将 4 节以下孙蔓一次性去掉，4 节以后孙蔓第一叶节上有雌花时，选留 4~5 条相邻孙蔓 2 叶摘心，作为结果蔓，其余孙蔓如生长势旺的，1 叶摘心，生长势弱的则放任生长，子蔓长至 25 叶时摘心。整枝应在晴天进行，可用食指抵住子蔓，拇指按住孙蔓，往下轻轻一压即可，切忌用指甲摘掐，也尽量少用剪刀。

（3）人工辅助授粉和保果。人工辅助授粉可提高坐果率。授粉时应注意涂抹均匀，用力不要过猛，以免碰伤柱头和子房。授粉时间以上午 9—10 时为最好。厚皮甜瓜开花时可用坐瓜灵保果。具体方法是将 10 mg 原液加水 200 ml，用小棉球蘸液，点于当天或第二天开放的雌花瓜柄上，或 10 mg 原液加水 1 000 ml 于晴天用小喷枪喷当天开放的雌花花心，注意用量不要过多，药液点到瓜柄或喷到花心即可，切勿碰到生长点。

（4）合理留果。厚皮甜瓜坐果节位以第 4~8 节为佳，每蔓留 2 个。坐瓜后一周即瓜有鸡蛋大时，选留果形圆整、大小一致的瓜作商品瓜，摘除畸形瓜和低节位瓜。

（5）肥水管理。定植后，如基肥足量，生长正常，前期不必浇水和施肥。进入膨瓜期，一般在坐瓜后 10 d 内，可亩用碳铵 20 kg 和过磷酸钙 20 kg，加水 2 000 kg，打孔浇施。后期如生长转弱，可结合防病，喷施 1~2 次 0.2%磷酸二氢钾进行根外追肥。

（二）薄皮甜瓜栽培

1. 栽培季节

浙江省宁波市大部分为露地栽培，一般在 3 月下旬播种，晚霜过后地温稳定在 15 ℃以上时移栽，7 月采收。

2. 大田选择、整地、施基肥

瓜地宜选择地势高燥、排灌方便、前茬 4 年以上未种过瓜类作物的地块。冬季进行深翻，冰冻分化土壤，结合早春细耕，亩施腐熟有机肥 2 500~3 000 kg、过磷酸钙 40~50 kg，或亩施腐熟饼肥 50 kg 和三元复合肥 40~50 kg，可在整地前畦面撒施或离种植行 30 cm 开沟条施。定植前 7~10 d 按畦宽 2 m（连沟）开沟作畦。整平畦面。

3. 播种育苗

生产上大多采用营养钵或营养土块育苗，也有露地直播。亩用种量约 100 g，可产苗约 2 000 株。露地直播方法：可用瓜铲或锄头开一个 10 cm 见方、3~4 cm 深的穴，如土壤较潮湿，干籽点播后用手压实加细土盖籽即可；湿籽点播的先浇水，待水渗下后每穴播湿籽 2~3 粒，盖细土 2~3 cm。然后覆盖地膜。幼苗出土后，应立即破膜，并及时做好定苗和补苗工作。

4. 定植

育苗移栽，按行距 2 m、株距 30 cm 栽植，亩栽约 1 000 株。直播的亩留苗 800~1 000 株。

5. 整枝摘心

整枝方式常见的有单蔓、双蔓和多蔓整枝。

（1）单蔓整枝。主蔓第 5 叶时摘心，留 1 条子蔓；或放任生长，基部坐瓜 3~5 个，以后子蔓上可相继结果。主要用于极早熟品种。

（2）双蔓整枝。爬地栽培，主蔓 3~5 片叶时打顶摘心，以后选留 2 条生长健壮的子蔓，并引向畦面均匀伸展；孙蔓结瓜，瓜前留 2 片叶摘心，每条孙蔓结瓜 1 个，每株结瓜 3~5 个。搭架栽培时，4 叶摘心，整成双子蔓上架，子蔓 12~14 片叶打顶，株高 80~100 cm；每条子蔓第 3~4 片叶腋处留 2 条孙蔓结瓜，瓜前留 1~2 片叶打顶。第一次结瓜应选留 2~3 个；第二次结瓜应在 2 个子蔓的第 8~9 叶腋处留 1 条孙蔓结瓜，选留 1~2 个；第三次结瓜应在最上端 1 条孙蔓结瓜，选留 1~2 个。此为目前生产上常见的整枝方式。

（3）多蔓整枝。主蔓 4~6 片叶时打顶摘心，以后选留 3~4 条生长健壮的子蔓，并使其均匀地分布在畦上。利用其孙蔓结瓜。可选留生长粗壮、健壮的带雌花的孙蔓结瓜，留 1~2 片打顶。每株结瓜 4~6 个。

6. 肥水管理

基肥充足、瓜苗生长良好的，一般在膨瓜期每亩地浇施复合肥 10~15 kg。根据瓜苗长势，在生长后期，可用 0.3%磷酸二氢钾和 0.2%尿素混合液，进行根外追肥，每隔 7~10 d 喷 1 次，连续 2 次。

瓜苗定植时应浇足底水，先浇后种。苗期一般不浇水；伸蔓至开花期，中旱不浇水或浇小水；膨瓜期，一般应浇水 3~4 次；果实成熟前 7~10 d 应停止浇水。早春水分管理以排为主，除整地做好深沟高畦、三沟配套外，生长期若遇连续降雨，需及时清沟排水。

（三）适时采收

鲜食薄皮甜瓜采收过早或过迟都影响果实品质，最好在授粉期做好标记，以推算果实成熟日期。同时也可根据该品种成熟果实的固有色泽、花纹、网纹、横沟等进行判断。如黄皮品种，果实外表完全转为金黄色；白皮品种，果实外表完全变白，并呈透明状；也可闻脐部有无香味确定果实成熟度。收获时，用剪刀把瓜柄剪成"T"形，轻拿轻放，散放在凉爽通风处，上市时贴上标签，用纸箱分级包装，切忌将瓜装入箩筐或编织袋出售。

薄皮甜瓜采收依果实表面变化，果顶变软，果梗脱落确定。采收时留 2~3 cm 果柄，防伤口感染病菌。

（四）甜瓜主要病虫害

甜瓜主要病害有猝倒病、立枯病、枯萎病、蔓枯病、炭疽病、疫病、白粉病、细菌性果斑病、病毒病、根结线虫病；主要虫害有瓜蚜、红蜘蛛、瓜蓟马、叶螨、美洲潜叶蝇、甜菜夜蛾、黄守瓜。防治方法参阅本书第七章。

第三节　黄瓜

图5-3　黄瓜

黄瓜，本名胡瓜，学名 *Cucumis sativus* L.，葫芦科（Cucurbitaceae）黄瓜属一年生蔓生或攀缘草本植物。别名王瓜、青瓜。古称胡瓜、莉瓜。茎、枝伸长，有棱沟，果实长圆形或圆柱形，幼果具刺，熟时黄绿色，花果期夏季。一般认为原产于喜马拉雅山南麓的印度北部地区（图5-3）。

黄瓜有悠久的栽培历史，3 000年前已在印度栽培，以后随着南亚民族间的迁移和往来，由原产地传入中国南部、东南亚各国，继而传入南欧、北非，并传至中欧、北欧、俄罗斯及美国等地。在中国，文字记载最早见于南北朝后魏贾思勰著《齐民要术》中，当时称为胡瓜。"黄瓜"一名首次出现在唐朝陈藏器著《本草拾遗》中。黄瓜以嫩瓜为食用部分，可鲜食、炒食、腌渍、酱渍和制干，它富含矿物盐和维生素，还具有特殊香味，果实或植株可提取香精，用于制作食品添加剂或化妆品。黄瓜还有药用功效，如利尿、解毒、降压、减肥等。另外，黄瓜籽在民间治疗疾病已有悠久的历史，曾是民间接骨、壮骨及补钙的秘方。

黄瓜是中国栽培的主要瓜类蔬菜之一。经过长期的自然选择和人工选择，形成了中国黄瓜生态型，培育出适合在南、北方露地和保护地栽培的优良品种，栽培面积和总产量都位列世界第一。据联合国粮食及农业组织（FAO）统计，2020 年全球黄瓜种植面积为 225 万 hm²，产量为 9 035 万 t。作为全球最大的黄瓜生产国，2019 年中国黄瓜产量为 7 033.9 万 t，遥遥领先于其他地区，产量排第二的地区是欧盟 27 国，其次是土耳其、俄罗斯、乌克兰、伊朗、乌兹别克斯坦、墨西哥、西班牙与美国。2020 年我国黄瓜种植面积为 127 万 hm²，黄瓜产量为 7 336 万 t，占比全球总产量的 81%。

关于黄瓜的起源，1883 年 De Candolle 在《栽培作物的起源》一书中推论黄瓜原产于印度东北。其后英国植物学家胡克（Hooker）在喜马拉雅山南麓的印度北部和锡金等地发现了野生黄瓜，并鉴定为黄瓜的原种或祖先，定名为 *Cucumis hardwickii*。

1952 年日本京都大学学术探险队，在尼泊尔、锡金一带海拔 1 300～1 700 m 地区发现生长在玉米田中的野生黄瓜，从而更加证实了胡克的发现。通过考证，整个印度喜马拉雅山地区到尼泊尔附近，乃至巴基斯坦，阿富汗，伊朗，中国云南、四川都分布着多种野生黄瓜类型，已在国际被公认为黄瓜的起源地。

据古书记载，黄瓜栽培已有 3 000 多年历史。公元前 200—前 300 年，黄瓜由雅利安人从印度传到罗马，随后在希腊、小亚细亚、北美等地栽培。在当时的罗马，黄瓜的栽培技术较为先进，据说，蒂比里阿斯王让人在冬春时用滑石板覆盖，进行黄瓜的促成栽培。传入欧洲的时间较晚，9 世纪传入法国等欧洲国家。在英国，直至 1327 年才有记载，1573 年以后才得到普及，在英国、荷兰等国形成温室栽培的专用生态型无刺黄瓜（*C. sativus* var. *anglicus* Bailey）。美洲的黄瓜最早是由哥伦布在 1494 年于海地岛试种引入的。1535 年加拿大始有栽培记录。美国于 1584 年和 1609 年分别引进到弗吉尼亚州和马萨诸塞州种植。

黄瓜于 10 世纪传入日本，1833 年的《草本六部耕种法》中有记载，东京的砂町、大阪的今宫和京都的爱宕郡圣护院村有早熟栽培。大正五年（1917）出现利用油纸的保护地栽培，此时黄瓜的种植在日本已全面普及。

黄瓜传入中国一般认为有两条路线。一路是在公元前 122 年汉武帝时代，张骞经丝绸之路带入中国的北方地区，并逐渐形成华北类型的黄瓜，故黄瓜始称胡瓜，大业四年因避讳改称黄瓜。在公元前 6 世纪已广泛栽培。成书始见于公元 6 世纪 30—40 年代的北魏贾思勰《齐民要术》，此书记有："种越瓜胡瓜法：四月中种之（胡瓜宜竖柴木，令引蔓缘之）。收越瓜欲饱霜（霜不饱则烂），收胡瓜候色黄则摘（若待色赤，则皮存而肉消也），并如凡瓜，于香酱中藏之亦佳。"可见黄瓜此时至少在北方地区种植已较普遍，食用经验也较为丰富。公元 740 年唐玄宗时代已有先进的黄瓜早熟栽培技术，诗人王建曾吟咏了这样一首诗："酒幔高楼一百家，宫前杨柳寺前花。内园分得温汤水，二月中旬已进瓜。"另一路是随印度和东南亚等地与我国海上交流的扩大，从海路传入华南成为现在的华南型黄瓜，也有人认为是从中缅、中印边界上传过来的。在我国的华南、华中地区自然分布着华南型黄瓜品种，有趣的是，沿华东沿海到山东的蓬莱、烟台、青岛，东北的大连、丹东、延边等地区也分布着华南类型，这可能与海上交流有关。在东北内陆地区普遍种植的"旱黄瓜"也属于华南类型，这可能由于古代战争将关内与关外隔离，人为造成了种质资源的地理隔离，阻止了华北类型向东北地区传入。目前，华北型品种以其优良的综合性状逐渐取代了华南型，已成为我国的主栽类型。

黄瓜种质资源丰富。中国从 20 世纪 50 年代后期开始进行黄瓜品种资源的搜集整理工作。截至 2006 年，中国收集入库的黄瓜种质资源已有 1 928 份，分别来源于 17 个国家，其中，国内资源 1 470 份，占保存总份数的 76%。主要来源于全国 29 个省份（包括台湾省）的地方品种和常规品种。其中，山东 215 份、河北 115 份、辽宁 98 份，分别列前 3 位。在国家农作物种质资源长期库和国家蔬菜种质资源中期库中已安全保存了 1 506 份。"十五"期间先后开展了与美国、韩国及巴西 3 个国家的种质资源引进与交换工作，共引进了国外种质 189 份，使我国收集、保存的国外黄瓜种质资源占有率从以前的 2.92% 上升到现在的 15.7%。纳入中期库保存的国外推广的杂交品种已有 184 份。此外，地方各级育种科研机构也分别保存了一定数量的黄瓜种质材料，其中以天津市黄瓜研究所保存数量最多。除我国外，苏联收集了世界各地的黄瓜种质资源有 3 380 份，美国从全球收集的黄瓜种质资源有 1 568 份，荷兰有 923 份。

中国搜集保存的黄瓜种质资源具有六大特点。

（1）品种丰富。其中有适应不同日照条件、低温、高温、弱光等生态条件的地区生态型品种，也有适应不同栽培条件、不同消费方式的品种。

（2）富有抗病性。如长春密刺、汶上刺瓜、图门八权等，对土传病害枯萎病有极强的抗性。西农 58 黄瓜高抗霜霉病、白粉病。中国黄瓜已被许多国家引进作为抗源，并运用到育种实践。如欧美许多品种的抗 CMV 基因均来自中国华北型黄瓜；日本利用中国黄瓜也育成了一些抗病性较强的一代种，如近成四叶、近成北京及山东四叶、旭光四叶等。

（3）单性结实品种多。黄瓜子房不经受精就能膨大成瓜的现象称单性结实。这一性状最有利于冬季保护地栽培，也是强雌性品种所必需的性状之一。中国黄瓜资源中大多华北型品种都具有单性结实能力强的特性，如北京小刺、北京大刺、汶上刺瓜、长春密刺等，这些品种节成性好，花芽分化对日照条件不敏感，且具有肉质脆嫩、无苦味、味清香等优点，国外誉称中国长（Chinese Long）。这些品种雌花节位低，瓜码密，熟性早，适于保护地栽培。Pike 和 Peterson（1969）认为单性结实的黄瓜品种不需要昆虫授粉，结实能力较强，果实变老较慢，心腔内没有发育的种子，更适合做腌渍用。中国适合做腌制的品种有扬州乳黄瓜、绍兴黄瓜、津研 4 号、津春 5 号、津美 1 号、中农 8 号等。

（4）强雌性遗传资源丰富。强雌型品种表现为雌花节率高，第 1 雌花节位低等特性，一般单性结实能力强，耐低温弱光，适应保护地栽培。在中国黄瓜种质资源中存在许多强雌型品种，如扬州乳黄瓜、绍兴乳瓜、三叶早等。中国利用强雌资源先后选育出多个雌性型或强雌型黄瓜优良新品种，如中国农业科学院蔬菜花卉研究所选育的中农 5

号、中农 13，广东省蔬菜研究所选育的粤早 75、粤早 80 等。

（5）有许多早熟品种。如中国农业科学院蔬菜花卉研究所选育的中农 5 号、中农 13，广东省蔬菜研究所选育的粤早 75、粤早 80 等，天津黄瓜研究所选择育的津春 3 号、津优 2 号、津优 35 等。

（6）品质优。黄瓜的品质主要是指外观质地、口感风味，加工品质等。如鲜食黄瓜要求肉厚皮薄，含水分多，肉质脆嫩、致密，口味好，涩甜等均能符合食用者的要求。我国黄瓜中有许多品质优良的品种，如北京大刺、北京小刺、津研 3 号、津研 5 号、宁阳大刺等，均具有棱大、瘤大、刺密、肉厚皮薄的特点。津优 10 号、津研 4 号、泰兴一号、金丝黄瓜、津春 3 号、津春 2 号、津春 5 号、津优 1 号、津优 12 号、津优 40 号等品种刺瘤适中、瓜皮色绿均一、有光泽、皮薄肉厚、口感清香嫩甜，均为购买者所欢迎。一些白皮黄瓜品种也同样具有相似的风味及口感。目前，华北型品种及一些华南型早黄瓜均以其优良的综合性状，已成为我国的黄瓜主栽品种类型，受到广大消费者喜爱。

在黄瓜种质资源的搜集保存与开发利用上，我国取得的主要成绩如下。

（1）选出了一批抗病优异种质，成功地育出了一批抗病品种。如高抗黄瓜霜霉病、白粉病的西农 58 号，高抗病害的津杂 4 号黄瓜［兼抗 4 种病害（霜霉病、白粉病、枯萎病、疫病）的'津杂'系列黄瓜］，以及后来育成的可抗 5 种以上黄瓜病害的津春、津优系列黄瓜都是通过优异抗病资源如长春密刺、汶上刺瓜、图门八杈、天津棒锤瓜×唐山秋瓜并经自然串粉系统选育而成的。目前，'津春''津优'系列的黄瓜品种已占全国黄瓜品种总面积的 60% 以上。

（2）进行了国内外黄瓜种质优异基因源挖掘。黄瓜种质的优异基因源主要来源于栽培种的广泛评价，国内外学者报道了大量的相关研究结果。如中国的'Nongchen 4'和美国的'M21'在中国、印度、美国和波兰均表现为抗霜霉病。最早报道抗 WMV-2 病毒病的黄瓜为栽培种'Kyoto 3 feetlong'。我国的华北型黄瓜材料绝大多数抗 ZYMV、WMV，中抗或抗 CMV，而多数欧洲和美国的材料不抗这 3 种病毒病。源自我国台湾地方品种、经单株选择而获得的 TMG-1 品系，抗 ZYMV、WMV、PRSV-W、ZYFV、MWMV 等多种病毒病。

（3）利用常规转育途径先后创新出多个抗病、抗逆、商品性好的黄瓜优异种质。如中国农业科学院蔬菜花卉研究所选育的中农 7 号、中农 13 号，广东选育的粤早 75 和粤早 80 等。

（4）利用种质资源进行远缘杂交，创新黄瓜种质取得了突破性进展。如陈劲枫等将甜瓜属异源三倍体与栽培黄瓜北京截头杂交，经胚拯救获得了两个 $2n=15$ 的单体异附加系，RAPD 分析证明附加了野生种 Cucumis hystrix 的染色体，所获得的材料具有对根结线虫、蔓枯病、白粉病等多种病害的抗（耐）受性。

一、育种

黄瓜在中国栽培已有 2 000 多年的历史，资源丰富，品种多样。北魏贾思勰的《齐民要术》中即有黄瓜种植和留种方法的记载，但是，真正的品种选育工作始于20世纪50年代。1955年开始，我国各地广泛开展了蔬菜地方品种的搜集、整理，1981年开始，再一次开展了全国范围的黄瓜品种资源搜集、整理工作；同时，从20世纪60年代开始，进行了黄瓜有性杂交育种和系统育种，该期的黄瓜育种以抗霜霉病和白粉病为主要目标，同时重视丰产性状的选择。天津市农业科学院从1959年开展黄瓜抗病育种研究，利用唐山秋瓜和天津棒槌瓜通过有性杂交育成津研1~4号黄瓜新品种，'津研'系列黄瓜的育成和应用对中国黄瓜丰产和稳产起了重要作用。1976—1977年，天津市农业科学院黄瓜研究所在'津研2号'群体中筛选出抗枯萎病的单株，通过系统选育育成了抗霜霉病、白粉病和枯萎病的黄瓜品种'津研7号'。

从20世纪70年代开始，我国开始进行杂种优势利用研究，黄瓜是生产上最早推广应用一代杂种的蔬菜作物之一。1975年中国农业科学院蔬菜花卉研究所率先育出一代杂交种长青（朱庄秋瓜株系'19-2-7'×津研株系'7-1-5'）。天津市农业科学院黄瓜研究所于1976开始进行杂种优势利用研究，1983年育成了津杂1号和津杂2号黄瓜品种，成功地解决了早熟、抗病与丰产的矛盾。此后，利用杂种优势育种方法，又相继育成了津杂1~4号、中农2~5号、夏青2~4号、早青1号和2号、龙杂黄2~6号、鲁黄瓜1号等优良黄瓜新品种，并在生产中广泛应用。

20世纪90年代以后，中国黄瓜育种进入了新的发展阶段。2001年，黄瓜育种研究首次被列入国家"863"项目，在加快材料创新的同时，育种目标转向多样化和专用化，加强了保护地长季节、出口、加工专用品种的选育，同时，育种方法和技术也得到了快速发展，对黄瓜的一些主要经济性状的遗传规律、抗逆性评价指标、多抗性鉴定方法、单倍体诱导、分子标记、辐射诱变等方面开展了研究，并在黄瓜育种实践中发挥了重要作用，先后培育出优质、丰产、多抗、专用的黄瓜新品种100多个，实现了黄瓜的周年栽培，黄瓜栽培面积不断扩大，种植效益大幅度提高。这时期育成的代表品种有津优1号、津绿3号、津优35、中农8号、中农16、中农26、迷你2号等优良新品种。

"十三五"期间，我国黄瓜年均播种面积122.97万hm^2、产量6 623.08万t，生产规模位居世界第一。黄瓜遗传育种研究获得了国家重点研发计划、国家大宗蔬菜产业技术体系、国家自然科学基金以及地方产业技术体系等多个项目的支持，经过广大科研工作者的努力，在黄瓜基础研究领域、育种技术研发、育种材料创制和新品种选育等方面取得快速发展。创建了黄瓜分子标记聚合育种技术，并且在基因编辑技术上实现突破；创新出一批优良的育种材料，报道育成的不同类型、适合不同生态条件栽培的新品种超过50个，在生产上大面积推广应用，支撑了蔬菜产业的快速发展。发表中英文相关论文150篇以上，授权国家发明专利约160件，2项成果"黄瓜基因组和重要农艺性状基因研究"和"黄瓜优质多抗种质资源创制与新品种选育"荣获国家级奖励。

"十三五"期间，黄瓜遗传育种研究的主要成绩有：黄瓜重要农艺性状功能基因挖掘研究、黄瓜育种技术研究、黄瓜种质资源评价筛选与育种材料创新等方面都取得较大进展。黄瓜新品种选育成绩显著，2017—2020年通过非主要农作物品种登记的黄瓜品种共有1 215个。目前已进行黄瓜品种登记的省（市）共有25个，排名前十的为天津、山东、黑龙江、辽宁、北京、四川、广东、吉林、河南、福建。相对于品种登记，黄瓜新品种保护权的授权比率较低，仅有不到3%的新品种获得新品种保护权。2016—2019年申请植物新品种保护的黄瓜品种共有126个，授权37件。通过数据分析发现从2017年开始品种权申请爆发式增长，从2016年的9件增长到39件，增幅达到76.9%，随后几年品种权申请数量也都维持在30件以上。

"十三五"期间，经过育种家的不懈努力，报道育成的黄瓜新品种超过50个。这些新品种的外观品质有了明显优化，特别是在商品瓜光泽度上大幅度提升。另外，在产量和抗病性方面也比以往推广的品种具有较大优势。就类型而言，华北密刺型黄瓜仍是选育重点，但华南型黄瓜的选育日益受到重视，逐渐成为重要的育种方向。2020年育成的黄瓜新品种中，华南型品种的数量首次超过了华北型品种的数量，占到总数量的55.5%，这也反映了近年来黄瓜市场需求的新变化，消费需求越来越多样化。具有代表性的华北型保护地黄瓜新品种：津优358号（张利东等，2016）、新农黄1号（陈远良等，2016）、中农37号（顾兴芳等，2017a）、中农50号（顾兴芳等，2017c）、京研118（毛爱军等，2017）、津优319（曹明明等，2018）、中农33号（张圣平等，2018）、津美79（邓强等，2018）、京研优胜（刘立功等，2018）、科润99（韩毅科等，2019）、津优336（杨瑞环等，2019）、京研109（毛爱军等，2019）、绿园7号（宋铁峰等，2020）、津优316（孔维良等，2020）、津冬365（刘楠等，2020）。华北型露地耐热黄瓜新品种：津优409（韩毅科等，2016）、京研夏美（刘立功等，2016）、中农38号（顾兴芳等，2017b）、京研春秋绿2号（郭乃笑等，2019）、粤丰（梁肇均等，2019）。具有代表性的华南型黄瓜新品种：甘丰春玉（岳宏忠等，2016）、唐秋209（韩靖玲等，2016）、百福10号（古松等，2016）、力丰（林毓娥等，2017）、龙早1号（柳景兰等，2017）、东农812（秦智伟等，2018）、盛秋2号（张作标等，2018）、吉杂17（赵福顺等，2019）、唐杂6号（宋瑞生等，2019）、龙园黄冠（许春梅等，2020）、龙园翼剑（李岩等，2020）、燕青（熊艳等，2020）。水果型黄瓜新品种：京研迷你9号（王航等，2019）、津美11号（魏爱民等，2020）等。

二、育种目标

育种目标要根据不同栽培类型确定，如露地栽培品种因为生长在一年中温度最高的季节，也是病虫害高发的时期，耐热、抗病是露地品种的主要育种目标，一般要求新品种能在35~36℃条件下正常发育和结瓜，能抗4种以上黄瓜主要病害，尤其对霜霉病、白粉病等叶部病害达到抗病级以上，对病毒病具有较强抗性。南方冬季栽培露地品种还要求具有较强的耐低温能力；塑料大棚栽培品种，因为在其大棚栽培条件下，易出现光照减弱、湿度加大、土壤盐类聚集及酸化等现象。而且早春塑料大棚栽培时，前期低温、后期高温；秋季塑料大棚栽培时，前期高温、后期低温，在选育适宜塑料大棚的品种时，需要选择适应性较强的亲本材料，育成品种要求具有较强的耐低温弱光能力和较强的抗病能力，产量较当前主栽品种提高10%左右，同时要求具有良好的品质性状。对加工专用品种要求具备优良的加工品质，采收期集中，适合机械化采收。收获的瓜条整齐一致、瓜把短、刺瘤稀疏、白刺、大瘤，瓜色深但不均匀，果肉致密、脆而硬，但果实表皮薄而软，肉厚，心腔小；果实呈三棱而不要太圆滑，长度适中以适合罐装，果形指数 3.0 左右；可溶性固形物含量高，畸形瓜率小于 15%，无苦味，腌渍后出菜率不低于 50%，抗 3 种以上黄瓜主要病害，抗逆性强。育种目标要求如下。

（一）品质

黄瓜品质主要包括商品品质、风味品质、营养品质和加工品质 4 个方面。商品品质主要包括瓜色均匀度、瓜把长短、心腔大小、畸形瓜率等。风味品质包括质地和风味，其中质地又包括硬度、坚韧度、紧密度，风味一般是指黄瓜特有的气味和滋味。营养品质主要是指人体需要的营养、保健成分如可溶性固形物（糖）、维生素 C 及矿物质等含量要高，而有害成分如硝酸盐、农药残留、重金属（汞、镉、砷等）等含量要低。加工品质要求肉质致密，心腔小，无空心现象等。

鲜食黄瓜品质主要指商品品质和风味品质。

鲜食品种要求瓜条整齐度一致，畸形瓜率低；心腔小，瓜把短；瓜色均匀一致。加工专用品种要求具备优良的加工品质，采收期集中，适合机械化采收。收获的瓜条整齐一致、瓜把短，刺瘤稀疏、白刺、大瘤，瓜色深但不均匀，果肉致密、脆而硬，但果实表皮薄而软，肉厚，心腔小；果实呈三棱而不要太圆滑，长度适中以适合罐装，果形指数 3.0 左右；可溶性固形物含量高，畸形瓜率小于 15%，无苦味，腌渍后出菜率不低于 50%，抗 3 种以上黄瓜主要病害，抗逆性强。

2001—2005 年，国家攻关项目对新育成品种要求：瓜条色泽均匀，瓜尾基本无黄色条纹，瓜把短（小于瓜长的 1/7），瓜腔细（小于瓜横径的 1/2），商品瓜率不低于 85%，瓜味浓，无苦味。2011 年开始注重果实光泽材料的选育。腌渍品种要求：肉质致密，心腔小，无空心现象，长度/直径（L/D）为 2.8~3.2，腌渍后出菜率高。至于营养品质，目前还没有规定具体指标。

（二）抗病性

黄瓜主要病害有霜霉病、白粉病、枯萎病、细菌性角斑病、黑星病、疫病、炭疽病等。近年来，一些次要病害，如病毒病、褐斑病、根腐病等逐步上升为主要病害，给中国黄瓜生产带来严重危害。育种时，应突出主要病害，将抗主要病害作为育种目标，同时适当兼顾抗其他病害，并使抗病性与农艺性状兼顾，使品种的抗病性能稳定持久。

（三）丰产性和耐贮性

1. 丰产性

黄瓜单位面积总产量由单株坐果数、单瓜重、种植密度等性状构成。其中坐果数是影响产量的最大因子，育种时必须考虑这些产量的构成因素，同时考虑有稳定的雌性系；在黄瓜的商业生产中，杂一代品种已占决定性的地位。所以作为杂一代制种体系的重要组成，性别表达稳定的雌性系必然成为育种者和种子生产商所追求的目标。有研究指出，控制株型的基因 de 和 CP 也能减少雌性杂种中的雄性表现，这种促雌作用可以增强雌性系的稳定性，同时提高结果数。

2. 耐贮性

无论是鲜食还是加工，黄瓜采后都要有一定的贮运期。研究表明，采摘后的黄瓜其贮运期受多种因素影响，首先同品种的遗传特性有关，一般瘤刺多而大的品种耐藏性较差，少瘤少刺的耐藏性较好；通常表皮厚、果肉丰满、固形物充实的黄瓜较耐贮藏。在常见的栽培品种中，如津研 4 号、津研 7 号、白涛冬黄瓜、Karie、Kmere、漳州早黄瓜等为较耐藏品种。其中，前 2 个为有刺有瘤有棱类型，适于北方地区选用；后 3 个品种为无瘤少刺类型，适于南方地区选用。同一品种中，采收成熟度对其耐藏性有明显的影响。嫩瓜贮藏效果最佳，越大越老的瓜贮藏中越易衰老变黄，不宜用于贮藏，所以，贮藏用黄瓜应比立即上市黄瓜稍嫩些采收。黄瓜组织脆嫩，含水量高，生理代谢活跃，在常温下黄瓜很快褪绿黄化，果皮变硬果肉变酸变糠，食用品质大大下降。

黄瓜对乙烯极为敏感，自身也有一定量的乙烯释放。如采用适当的气体组合，可有效抑制黄瓜的后熟衰老。黄瓜适宜的贮藏温度范围很窄，10 ℃以下易受冷害，15 ℃以上腐烂和变黄加快。一般贮藏温度应控制在 10~13 ℃，相对湿度 95% 以上。气调贮藏时 O_2 和 CO_2 浓度一般均控制在 2%~5%，育种时必须从品种特性上考虑其耐贮性，一般要求能至少保存 30 d 以上。

（四）生育期和生态适应性

1. 生育期

生育期是黄瓜育种的重要目标之一。黄瓜的生育期应当以早熟为主，同时也要搭配适量的中晚熟品种。始花期（从定植到第 1 雌花开放的天数）、第 1 雌花着生节位、果实发育速度等是构成黄瓜早熟性的重要性状。育种时，必须着重考虑，确保黄瓜早熟目标的实现。

2. 生态适应性

生态适应性是指适应逆境环境能正常生长发育的能力。黄瓜生长发育中所遇到的逆境主要有低温、高温、弱光、盐渍、干旱、水涝等。解决上述问题的途径，除了改善生产条件以及通过农艺措施提高植物适应性以外，要将抗逆育种作为重要的育种目标。如耐低温、弱光性：低温和弱光通常相伴出现，筛选既耐低温又耐弱光的品种对生产特别是保护地生产具有重要意义。低温条件下黄瓜植株生长速度、生长点状态、叶片形态、叶面积指数、叶重指数、叶绿素含量、叶绿素 a/b 值、叶片气孔的开张度、低温下的光补偿点、叶绿素荧光动力学有关参数、细胞渗漏程度、冷害指数、低温下种子及花粉萌发率、花粉粒表面的纹饰（雕纹）等性状要符合耐低温弱光要求。

在国外，目前已有适应低温弱光的黄瓜品种，如荷兰已育成在 12~15 ℃低温下能正常生长的黄瓜品种，可节约能源 30%~40%；日本保护地黄瓜已采用低温下生长性能好的品种；又如耐热性品种的选育，也是抗逆育种的一个重要指标，可以通过田间直接鉴定或在模拟的高温胁迫条件下进行鉴定。

三、育种方法

（一）选择育种

黄瓜的选择育种是指直接从现有品种群体中选择出现的自然变异进行性状鉴定并通过品系比较试验、区域试验和生产试验培育黄瓜新品种的育种途径。常见的选育方法包括单株选择法和母系选择法。

1. 单株选择法

单株选择法是黄瓜育种最常用的选择方法。从黄瓜原始群体中选取优良单株分别编号、分别留种，次年单独种植成一单株小区，根据各株系的表现进行鉴定的方法。若只进行一次单株选择，称为一次单株选择法；如在选留的株系内进行重复多次选择则称为多次单株选择法，又叫系谱选择法。实际育种工作中，若群体分离不大，可采用一次单株选择，否则采用多次单株选择。多次单株选择可以定向积累变异，从而有可能选出超过原始群体内最优良单株的新品种。

宁波微萌种业有限公司的'锃青1143'就是用多次单株选择法育成的。其原始群体是两品种的杂交 F_1，口感细脆，风味独特，纵径24 cm左右，横径4 cm左右，果实呈棍状。果实颜色深绿，少刺。在此基础上以果实细长，颜色墨绿，无刺为主要育种目标。前4代每代选择5~8株，后3代每代选择3~5株。通过7代定向选择，最终得到锃青1143。其性状主要为纵径28 cm左右，横径3.7 cm左右，果实更加细长。果实颜色墨绿，几乎无刺，基本完成育种目标。

2. 母系选择法

母系选择法的选择程序与多次单株选择法类似，但只根据母本的性状进行选择，不需隔离，免去人工授粉的麻烦，较为简便，且生活力不易衰退。在群体混杂不严重的情况下可采用此法，但选纯的速度较慢。农民自留种就是采取的母系选择法。

（二）有性杂交育种

杂交育种利用的是基因重组的原理，把父母本的优良性状集中起来传递给杂交后代，从而获得所需的表现类型，由于杂交子代的遗传来源可知，性状表现可预见，因此成为黄瓜育种的主要方法之一。如吕淑珍等利用杂交育种的方法选育出高抗霜霉、白粉病和枯萎病的早熟黄瓜品种'津春4号'，其父母本为抗病能力强的高代自交系。陈龙正等以野生酸黄瓜为母本，栽培为父本成功地实现了黄瓜种间的远缘杂交，经过多代的自交、回交获得了抗逆性强的优良种质'7012A'，与美国加工型黄瓜'7011A'进行杂交获得生长势强、品质良好、产量高的一代杂交种'宁佳1号'。

目前，有性杂交育种多为近缘杂交。

1. 亲本选择

杂交亲本传递给后代的基因是杂种性状形成的内在基础，因此正确选择亲本十分重要。黄瓜亲本选择的原则与其他作物类似，第一，明确选择亲本的目标性状，依据选育目标，分清主次。例如，在黄瓜优质、抗病育种时，选择的亲本一定要优质、抗病。第二，研究了解目标性状的遗传规律。例如，选择无苦味的黄瓜品种，由于果实的苦味是由显性基因控制，且受环境条件影响，必须选择亲本之一无苦味。第三，亲本应具有尽可能多的优良性状和较少的不良性状，便于选配能互补的双亲。第四，重视选用地方品种。育种实践证明，不少有性杂交育成的品种都含有地方品种的血统，如'津研'系列黄瓜，其亲本之一是地方品种'天津棒槌瓜'，'长春密刺'和'新泰密刺'的亲本为'新泰小八杈'，'宁青'黄瓜其亲本之一为'广东二青'。第五，亲本优良性状的遗传力要强，不良性状遗传力弱，杂交群体内具有优良性状组合的个体出现的概率大。

2. 亲本选配的原则

第一，亲本性状要互补。优良性状互补有两方面的含义，包括不同性状的互补和构成同一性状的不同单位性状的互补。在选育早熟、抗病的黄瓜品种时，亲本一方应具有早熟性，而另一方应具有抗病性，如'中农8号'的母本具有早熟性，父本具有抗病性，但晚熟。同一性状不同单位性状的互补，以黄瓜早熟性为例，雌花节位低、开花早、瓜条发育速度快均影响早熟性，选择时可选择不同类型的亲本。第二，不同类型的或不同地理起源的亲本相组配。如保护地黄瓜和露地黄瓜、欧洲温室黄瓜和华北型黄瓜，由于后代的分离较大，易选出理想的性状重组植株。第三，以具有最多优良性状的亲本作母本。例如，当育种目标是提高品质、早熟的抗病品种时，母本应选用品质好、早熟和其他经济性状都符合要求的品种，用抗病品种作父本。本地品种与外地品种杂交时通常以本地品种作母本。第四，质量性状，双亲之一要符合育种目标。当目标性状为显性性状时，如抗黑星病，亲本之一应抗黑星病，但不必双亲都有。当目标性状为隐性性状时，双亲都应该具有该性状，如黄瓜果色一致、白刺等性状。第五，用普通配合力高的亲本配组，一般配合力的高低决定数量遗传的基因累加效应。

3. 杂交的方式与杂交技术

（1）杂交的方式。根据杂交过程中使用亲本的数量，杂种方式可以分为两亲杂交（单交）、多亲杂交、回交等。

①两亲杂交。实践证明黄瓜的大多数性状由核基因控制，正反交的差别不大，在杂交种子生产中，正反交种子均可利用。两亲杂交方法简单，变异容易控制，现有黄瓜杂交种中不少亲本都是从单交种后代分离出来的，如津研品种、长春密刺等都是从单交种后代选育出来的。

②多亲杂交。是指3个或3个以上亲本参加的杂交，又称复合杂交或复交。根据参加杂交亲本顺序不同又分为添加杂交和合成杂交。如中国农业科学院蔬菜花卉研究所育成的优良自交系'371G''9H0G'等都是采用多亲杂交育成的。

③回交。在育种工作中，常利用回交的方法来加强杂种个体中某一亲本的性状表现。回交法对从非轮回亲本引入单一抗病基因，保持轮回亲本的优良性状效果显著。

（2）杂交技术。黄瓜雌花和雄花都是从上午5—6时开始开放，一般开花前后两天雌蕊都有受精能力，但雄花寿命很短，一般开花后几个小时花粉即丧失发芽能力，授粉时一定要用当天开放的雄花。具体操作过程为：在黄瓜雌、雄花开花前1天，在母本田选取5节以上第2天要开的雌花蕾，用隔离用具如束花夹等夹好，同时在父本田选取第

2 天要开放的雄花蕾夹花。次日上午采摘前 1 天束花的父本雄花，去除花冠，或用镊子取出花药，在母本株雌花柱头上轻轻摩擦多次，使花粉均匀而全面地附着在雌花的柱头上，然后套上隔离物，并做杂交标记。一般每株选取 2~3 朵花做杂交即可。

4. 杂交后代的选择

（1）系谱法。即多次单株选择法，是黄瓜育种中最常用的选择方法。

①杂种第 1 代（F_1）。分别按组合播种，两旁播种母本和父本，每组合种植 20 株左右。理论上各组合群体间应表现一致，不必进行严格选择，只淘汰不良组合或组合内显著不良的杂株，授粉时采用人工隔离授粉，组合内株间采用姐妹交或自交授粉即可，按组合混收种子。多亲杂交的 F_1 代，播种株数需增加，而且从 F_1 代就要进行单株选择。

②杂种第 2 代（F_2）。是性状分离最大的世代，种植群体一定要大。理论上的种植株数可根据目标性状显隐性基因对数而定，一般来讲 F_2 的种植株数在数百株，但实际工作中往往由于土地和工作量的限制达不到。F_2 代株选工作是后继世代选择的基础，因此 F_2 代株选工作需特别重视。黄瓜植株的大部分重要经济性状要到瓜条达到商品成熟期才能充分表现出来，这时植株上的大部分雌花都已开过不能供交配之用。如果这时期才选择优良单株进行授粉留种，则往往由于植株后期衰老而收不到种子，所以黄瓜首次株选是于最初雌花开放前进行，根据当时能够观察到的性状，如第 1 雌花节位、雌花节率、子房形态、长势等选取约为计划数加倍以上的植株，在这些植株上用第 1 雌花（早熟育种）或第 2、第 3 雌花作为母本花，进行自交或杂交留种，一般每株确保留 1~2 条种瓜即可。多数作物是先选后配，而对黄瓜而言是先配后选，虽然增加了授粉工作量，但为了确保试验成功还是必须进行的。第 2 次株选在瓜条发育到商品瓜时进行，根据经济性状淘汰不符合标准的植株。第 3 次株选在种瓜成熟后进行，根据植株长势、抗病性、坐果性能进行决选。F_2 代主要根据质量性状和遗传力高的性状进行单株选择，如瓜条颜色、刺瘤特征、瓜把长短、成熟期、第 1 雌花节位等性状可在 F_2 代选择。一般优良组合入选单株数应为本组合群体总数的 5%~10%，次优组合的入选率可少些。目前随着分子生物技术的快速进展，已开发了与黄瓜的主要性状连锁的分子标记如抗病、品质等，在苗期可采用标记对特定性状进行筛选，减少工作量，加速育种进程。

③杂种第 3 代（F_3）。主要在田间种植 F_2 入选单株，每个单株播种 1 个小区，每小区种植 10~30 株。比较株系间的优劣，选择优良株系，同时在株系中选择优良单株，入选株系尽量多点，每株系入选单株可适当少些，一般在 10 株以下。

④杂种第 4 代（F_4）。种植 F_3 入选株系，种植株数多于 F_3 代。来自 F_3 同一系统的 F_4 系统为一系统群，同一系统群内的各系统为姊妹系，各姊妹系的综合性状往往表现相近，因此 F_4 应首先比较系统群优劣，选择优良系统，再从中选优良单株。F_4 应开始出现稳定系统，优良系统可去劣混收，升级鉴定，个别优良单株可以继续选择。

⑤杂种第 5 代（F_5）及其以后世代。F_5 代以后的选择基本同 F_4 代。当系统内主要性状整齐一致时，单株选择可以停止，按系统或系统群混合留种成为优良品系。继续进行品比试验、区域试验、生产试验等程序，表现突出并被确定为新品种后在生产上推广应用。

一般而言，异花授粉作物容易自交退化，不宜采用多次单株选择，但黄瓜连续自

交，退化不严重，可以采用系谱选择法。为加速系统纯化并防止生活力衰退，在进行
2~3代单株选择后，还可采用母系选择方法。如天津市农业科学院黄瓜研究所育成的
津研1~7号黄瓜，其骨干亲本是抗白粉病、霜霉病、高产的地方品种'唐山秋瓜'和
抗病性稍差但品质好的地方品种'天津棒槌瓜'，1964年对2个亲本天然杂交后代进行
定向选育，用系统单株选择法进行选择（入选单株混合授粉，单株留种），经过4代的
单株系统选择后，选出了6个优良品系，再经过3代品系鉴定，其中'64-38-5-4-
11'表现抗病、高产、瓜条形态稳定，1968年春季进行生产鉴定，1969年定名为'津
研1号'。此后又对选出的另一个优良品系'64-39-5-（2）-6'进行选择，于1970
年进行生产鉴定，结果比'津研1号'高产、抗病、晚熟，定名为'津研2号'。

（2）单子传代法。一般F_2代种植数百株，从F_2代开始，每代从每一单株上取1粒
种子播种下一代，为保险起见，可播种2~3粒，每代不进行选择，直到稳定性状不再
分离为止，一般进行到F_4~F_5代，再将每个单株种子分别采收，下代播种成数百个株
系，进行比较鉴定，一次选出符合要求的品系。如果两亲本差别较大，需多自交1~2
代，尤其是构建重组自交系需到F_8~F_9代性状才能稳定。单子传代法更适合于自花授
粉的作物。

5. 杂交后代的培育条件

品种性状的形成除决定于选择方向和方法外，杂种后代的培育条件也十分重要，不
同生态类型的品种需要在不同生态条件下进行筛选，如保护地品种一定要在保护地条件
下选择，而露地耐热品种则需在露地高温条件下筛选。'津研'系列黄瓜不仅抗病强，
适应性也广，这与天津的气候和土壤条件有很大关系，天津受海洋和大陆气候双重影
响，土壤盐碱化较为严重，因此所选品种较能适应各地气候和土质。另外，应在春季、
秋季不同季节进行选择，使得品种具有广泛的适应性。

（三）杂种优势育种

1. 杂种优势表现

杂种优势是指生物杂交第一代在生长发育程度和繁殖能力上优于亲本的现象。

黄瓜在早熟、丰产、抗病等方面存在杂交优势，尤以早期产量优势明显。利用早
熟、感霜霉病和较低产的品种与晚熟、抗病和丰产品种配制组合，多数组合表现早熟，
但在总产量方面不稳定，在抗霜霉病方面由于抗病性由隐性基因控制，因此无杂种优
势。平均单株结瓜数和平均单瓜重都表现超亲优势，尤以结瓜数最为明显。黄瓜早期主
蔓坐瓜率、果实日增克数、有效分枝数、早期坐瓜数、早期主蔓雌花节率均存在着正向
超亲优势。另外，开花速度、第1雌花节位、初花期叶片数均存在一定的负向优势。早
熟性状表现较大的特殊配合力方差，利用杂种优势比较容易，而在抗病性上则较难利用
杂种优势。

黄瓜单株前期产量和单株总产量也表现出较高的杂种优势，其平均杂种优势值分别
为14.7%和11.5%，且各有38.1%和52.4%的杂交组合超过高亲，这说明利用杂种优
势取得黄瓜增产有较大的潜力。在品质性状方面，可溶性固形物、维生素C的平均杂
种优势值分别为11.6%和8.0%，表现出一定程度的正向杂种优势。其中，可溶性固形

物有 52.4%的组合超高亲，维生素 C 有 42.9%的组合超高亲，利用杂种优势可以改善品质性状（查素娥等，2008）。

2. 杂种优势育种程序

杂种优势育种主要包括优良自交系的选育、配合力测定和配组方式的确定，可概括为"先纯后杂"。正确选择亲本是进行黄瓜优势育种的关键环节。

（四）自交系的选育与利用

自交系是由一个单株经过连续数代自交和严格选择而育成的性状整齐一致、基因型纯合、遗传性稳定的自交后代系统。黄瓜自交系的选育方法一般为系谱选择法，也可采用轮回选择法。选择的原始材料一定要具有育种目标要求的某些优良性状，配合力高，不同原始材料的优缺点能够互补。用于选育自交系的原始材料可分为两类：一类是普通品种，包括生产上推广的常规品种、地方品种和品种间杂种一代，如'津优1号'黄瓜品种，其母本'451'是从地方品种'二青条'中连续多代自交选育而成，'津绿4号'的母本是从地方品种'金早生'变异株中经多代选择而成。另一类为自交系间杂种一代（包括单交种、三交种和双交种）。如'津优1号'的父本'Q12-2'是从'津研4号'与'四平刺瓜'杂交后代经连续多代选择获得的，具有抗病、抗逆等特点；'津绿4号'的父本'Q24'是'津研4号'和自交系'Q12'经杂交、回交及多代自交育成的自交系；'中农8号'的母本是从'秋棚1号'杂种连续多代自交选育而成的自交系。

（五）雌性系的选育与利用

雌性系黄瓜往往表现出早熟、瓜密、采瓜期集中、丰产性强等优点，用雌性系作母本配制的一代杂种也多表现早熟、前期产量高、雌花多，甚至节节有雌花或一节有两朵雌花、采瓜期集中、丰产等优点。因此，在杂交一代品种的选育中，雌性系的研究和利用一直受到育种者的青睐。早在 20 世纪 30 年代，苏联特卡钦科发现在黄瓜品种中有雌性系类型，由于当时繁殖不过关，一直未广泛应用于生产。直到 20 世纪 60 年代美国 Peterson 首次将赤霉素用于黄瓜雌性系诱雄后，以黄瓜雌性系为母本配制的一代杂种，在美国、日本、荷兰等国迅速发展。但国外雌型品种商品性多不符合中国市场需求，难以直接利用。中国雌性系的选育始于 20 世纪 70 年代中后期，中国农业科学院蔬菜花卉研究所首先育成了'7925G'和'371G'雌性系，广东农业科学院经济作物研究所育成'粤早'和'黑龙选'，至 20 世纪 80 年代，黑龙江、山东等省相继育成了一批具有特色的雌性系，并育成了'中农1101''中农5号''早青1号''夏青4号'等一系列雌型品种。

1. 雌性系的选育

雌性系是指植株只生雌花而无雄花且能稳定遗传的品系。雌性系的选育主要有 3 种方法：一是从国内外引进雌性系直接利用或转育；二是从雌性杂交种自交分离选育雌性系；三是可从雌雄株与完全株或雌全株杂交的后代分离出来。

获得雌型株后与具有优良性状和配合力高的雌雄株系杂交，雌型株再与雌雄株系回交，直到经济性状和配合力达到要求为止，然后通过自交获得纯雌性系。

中国农业科学院蔬菜花卉研究所育成的'371G'是引进日本雌型杂交种与国内具有抗霜霉病、白粉病、CMV的地方品种'铁皮青'杂交，然后再与耐低温性强、品质优的地方品种'北京刺瓜'回交2次，自交选纯5代，定向培育，育成瓜条性状符合中国消费习惯，适宜中国保护地栽培的纯合基因型雌性系。利用此雌性系配制了雌型杂交种'中农3号'和'中农5号'。

广东省1994年从日本引进'早龙'杂种一代和'黑龙'杂种一代，1995年春季发现F_2代植株中有3种类型，纯雌株型、强雌株型和弱雌性株型。用强雌株的雄花花粉给纯雌株雌花授粉，同样F_1代继续用强雌株花粉给雌株授粉，结果到E代雌株率达到40%~100%，然后用赤霉素对纯雌株诱雄处理，自交，选出纯雌株较高的株系，纯雌株率达到94.4%~100%，定名为'粤早'和'黑龙选'。

2. 雌性系的利用

雌性系育成以后，可通过配合力测定选配优良组合。雌型单交种的配制是用雌性系作母本，普通花型或另一雌性系作父本配制而成。雌型杂交种具有早熟、连续结果能力强、丰产潜力大、制种简单等优点，但对栽培技术要求较高。国内雌型单交种多用单一雌性系作母本，如'中农1101''中农5号''早青2号'等杂交种，国外如荷兰温室品种多为双雌性系配制而成，其单性结实能力强，产量高。近来国内也从欧洲温室型杂交种中选育出了优良的雌性系，并配制杂交种，如'中农19''京研迷你2号'等。此外，为解决雌型单交种制种产量低，母本留种困难问题，中国农业科学院蔬菜花卉研究所提出了雌型三交种的育种途径，即用雌性系与父本1配制单交种，再以此单交种为母本与父本2配制三交种，此种方式减少了母本的用量，三交种制种产量较单交种提高几倍，大大降低了制种成本。以此种方式育成了'中农7号''中农13'，在保护地生产中发挥了一定的作用。

雌型杂交一代种子的生产是在制种田以雌性系为母本，雌雄株为父本，按母：父为(3~5)：1的比例种植，任其天然授粉即可。而雌性株的繁育则用人工诱导雌型株产生雄花，在有隔离条件的地区进行自然授粉。研究发现，用赤霉素GA_3处理黄瓜幼苗，其作用效果比GA好，但是用赤霉素处理后随着雄性的增强，植株节间长度和茎的硬度均增加。此后研究发现硝酸银和硫代硫酸银及氨基醋酸（AVG）都能诱导雄花的产生，各类物质诱导作用的大小受内源乙烯的影响，其中硝酸银和硫代硫酸银比赤霉素更为优越、价廉，且能稳定溶解，对雌性强的雌株系更为有效，也不会像赤霉素那样引起节间的增长和脆度的增加。目前国内外多用硝酸银和硫代硫酸银诱导雌型株雄花的产生，但是若这些物质的使用浓度过高，也会引起植物的中毒反应。不同雌性系对硝酸银的反应不同，最好先进行少量试验后，再大面积应用。目前雌性系的保持多在苗期（1片叶和3片叶或2片叶和4片叶时）叶面喷施200~400 mg/L硝酸银或硫代硫酸银促雄花产生，然后通过自交得以保存。

（六）优良杂交组合的选配与一代杂种的育成

1. 组合选配原则

由于杂交种需每年制种，因此杂交种的组配，不仅要考虑到杂交一代产量的高低和农艺性状的优劣，还应该有利于种子繁殖。杂交种组配除遵循杂交育种中亲本选配原则外，还应遵循以下几条原则：各亲本的一般配合力高；双亲间特殊配合力高；性状优良，且双亲互补；双亲亲缘关系差异适当；亲本自身种子产量高，两亲花期相近。

在杂种优势利用中，为获得最高性状值的杂交组合，通常应在选择一般配合力高的亲本基础上，再选择特殊配合力高的组合。配合力测定方法主要包括双列杂交、顶交和不等配组法。经过配合力测定获得配合力高的杂交组合后，下一步工作要确定各自交系的最优组合方式，以期获得优势最为显著的杂种一代。根据配制杂种一代所用亲本的自交系数，可分为单交种、双交种和三交种，目前生产用的黄瓜品种多为单交种。

2. 品种比较试验、区域性试验和生产示范

2000 年《中华人民共和国种子法》（简称《种子法》）颁布前，按以上程序获得优良组合后尚不能在生产中大面积应用，还需要进行品种审定。育成单位需在拟推广地不同茬口进行 2~3 年的品种比较试验后，再在参试省份参加 2 年区域试验和 1 年生产试验，与当地对照品种进行比较，确定其适应性和有无推广价值。若比当地对照表现优良，一般产量比对照增产 10% 以上，或其他性状表现突出，可提交全国或参试省份品种审定委员会进行审（认）定或鉴定后，方可在生产上进行大面积推广应用。新《种子法》颁布以后，主要农作物品种在推广应用前应当通过国家级或者省级审定，主要农作物是指水稻、小麦、玉米、棉花、大豆以及国务院农业行政主管部门和省、自治区、直辖市人民政府农业行政主管部门各自分别确定的其他 1~2 种农作物，黄瓜在很多省份没有被列为主要农作物，推广应用不需要进行审定；在需要审定的省份，可根据各省份规定参加审（认）定。为保护品种权，可申报植物新品种保护。'锃青 1 号'是宁波微萌种业有限公司按优良杂交组合的选配程序新育成的杂种一代黄瓜品种。该品种皮薄肉脆，风味浓郁香甜，可溶性固形物为 4.2%~5.4%。果实呈圆筒形，纵径为 20 cm 左右，横径为 4.5 cm 左右。果皮颜色亮绿有花点，表面有少量细小黑刺。植株长势强盛，叶片浓绿，茎蔓粗壮，结果率较好，已在市场推广。另有'锃青 2 号''抹云 1 号'等品种也正在逐步推广中。

（七）黄瓜分子标记辅助选择育种

分子标记（molecular marker）是指可遗传的并可检测的 DNA 序列或蛋白质。蛋白质标记包括种子贮藏蛋白和同工酶及等位酶。狭义的分子标记指的就是 DNA 标记，而这个界定现在被广泛采纳。在国家的支持下，我国科研人员利用分子标记技术掌握了一批大农作物重要经济性状的改良方法，在遗传育种实践中，建立了分子标记辅助育种与常规育种相结合的技术体系，提高了定向育种的效率和水平。对黄瓜开展了抗病性（霜霉病、炭疽病、白粉病、枯萎病、细菌性角斑病）、黄瓜全雌性、黄瓜性别分化等重要性状的分子标记技术研究，构建了一批有应用价值的分离群体，获得了一批重要性状的分子标记或 QTL；在国际上首次对黄瓜性别决定基因进行定位，构建了黄瓜欧亚生态型间的饱和永久分子图谱。利用黄瓜白粉病分子标记技术对育种材料进行抗性鉴定和筛选，选出抗白粉病单株 40 余个。据张佩芝（2011）、方智远（2018）报道，分子标记技术在黄瓜育种中的应用成就主要有：分子标记遗

传图谱的建立、相关基因的定位、亲缘关系的分析与种质资源多样性的检测、分子标记在黄瓜育种中的辅助选择作用研究、品种纯度鉴定等。最为突出的成就：中国农业科学院蔬菜花卉研究所完成了华北密刺型黄瓜 9930 的全基因组序列测定，采用传统 Sanger 法和新一代 Solexa 法相结合的策略，测序深度达基因组的 72 倍，单碱基错误率小于十万分之一。在 367 Mb 总长度的黄瓜基因组中，共预测了 26 820 个基因，与模式植物拟南芥相似，基因区域覆盖度达 99% 以上。基因组水平的 R 基因分析表明，黄瓜含有相对较小的 R 基因总数，NBS encoding R 基因为 61 个。构建了不同插入片段大小、完成末端测序的基因组文库 5 个，物理覆盖度为 36.6 倍。与此同时，我国科研工作者建立了适合黄瓜的 RAPD、AFLP 和 SSR 标记的优化反应体系，并对黄瓜的多个基因进行了分子标记。

在黄瓜育种上，常规方法乃至部分改良方法中均不同程度地存在一些缺点，而新兴的技术——分子标记育种能够在某种程度上弥补常规方法的不足。分子标记育种的知识体系庞大而系统，它是具有特异性和针对性的，通过今后更加系统深入的研究，该技术有着广阔的前景，对以后的黄瓜种质资源创建、管理以及利用必将发挥更加巨大的作用。

（八）黄瓜基因工程育种

基因工程是在重组 DNA 技术上发展起来的一门新技术，它是以分子遗传学理论为基础，综合了分子生物学、微生物学和植物组织培养等现代技术和方法。转基因技术是指一种或几种生物体的基因或载体先在体外按照人们的设计拼接，然后转入另外一种生物体内，使之依照人们的意愿遗传，表达出人们所希望的新性状。即将外源目的基因经过或不经过修改，通过生物、物理或化学的方法导入另外一种生物体内，以改良其性状，得到优质、高产、抗病虫及抗逆性强的新品种。

目前转入外源基因的方法主要包括根癌农杆菌介导的外源基因转移法和外源基因直接导入法，后者又包括 EFG 法、电激法、生物射弹法（基因枪法）、花粉管道法、微注射法等。EFG 法、电激法、脂质体法均以原生质为受体，操作需格外精细；基因枪法虽然导入效率高、适用对象广，但因设备较贵，应用受到限制；花粉管通道法不需要精密仪器，操作相对简易，可在大田条件下运用，较适合我国国情，发展前景较好。

到目前为止，已进行转基因并获得转基因植株的蔬菜有番茄、马铃薯、胡萝卜、芹菜、菠菜、生菜、甘蓝、花椰菜、大白菜、黄瓜、西葫芦、豇豆、茄子、辣椒、石刁柏等，所改良的农艺性状包括抗虫、抗病、抗除草剂、延熟保鲜及其他品质。黄瓜体细胞再生与转基因技术可将外源的抗病、抗虫、抗逆及特有品质等有效基因导入植物体，从而产生具有新性状的植株，培育出新的抗病、抗虫、抗逆等优良品种。转基因黄瓜不仅可以保留原来优良的丰产性、商品性，而且获得了新的抗病性或抗除草剂等特性，可以大幅度节约生产成本，提高生产效率。目前，已经发现黄瓜转水稻几丁质酶基因植株可以提高对灰霉病的抗性，还可以产生对 CMV 的抗性。病毒病是黄瓜最主要的病害之一，近年来已实现了把抗病毒病基因转入黄瓜体内。鲽鱼科的抗冻基因转入黄瓜中，可提高黄瓜抗冷性，为发展冷冻保鲜蔬菜提供了条件。天津科润黄瓜研究所正在利用建立的黄瓜转基因技术，开展黄瓜耐盐基因、抗除草剂基因的转化研究，并已经取得阶段性成果。

（九）黄瓜细胞工程育种

黄瓜细胞工程育种主要内容是单倍体和三倍体的组织培养，国内已取得成功，并已投入生产应用。实践证明：利用对黄瓜离体组织的培养，通过愈伤组织和胚状体两条途径均可获得再生植株。何晓明等建立了子叶及下胚轴离体培养体系，通过愈伤组织分化出的不定芽获得再生植株。郭德章等将分离纯化的黄瓜子叶原生质体，进行组织培养，结果产生大量体胚并再生成植株；不少报道对黄瓜组织培养的影响因素作了探讨。侯爱菊等认为外植体类型、基因型及植物生长调节剂对诱导黄瓜直接器官发生有显著影响，子叶节是最佳的外植体类型。杨爱馥等研究了影响黄瓜子叶体细胞胚胎发生的因素，认为愈伤组织诱导阶段和胚胎发生阶段分别采用 9% 和 6% 的蔗糖浓度，可促进体细胞胚胎发生；胚诱导培养基中添加 6-BA 0.5 mg/L，以及愈伤组织诱导阶段甘露醇与蔗糖配合使用，可提高体细胞胚胎发生率。梅茜等研究表明，苗龄和 ABA 是影响子叶分化形成不定芽的显著因素；加入适量的 $AgNO_3$ 可改善黄瓜愈伤组织的质地、促进芽的形成。曹利仙等试验同样证实硝酸银对黄瓜离体子叶培养芽再生具有促进效应。郭德章等认为 Ca^{2+} 浓度对黄瓜原生质体的稳定和细胞分裂有重要影响。李云等研究离体培养黄瓜子叶花芽分化后，认为赤霉素处理离体黄瓜子叶不能诱导花芽分化，萘乙酸的促进作用不明显，激动素 KT 诱导花芽分化的频率最高。但周俊辉等认为 1/2 MS 培养基中附加 0.10 mg/L 6-BA 能显著提高离体黄瓜子叶的开花率，White 培养基中附加 2.00 mg/L 的 KT 开花率也有明显提高。相同浓度的 L-丙氨酸和 L-酪氨酸均明显促进黄瓜子叶开花，而甘氨酸对黄瓜子叶开花则有一定的抑制。在黄瓜单倍体和多倍体培养方面，杜胜利等在国内首次建立了一整套通过未受精子房离体培养产生黄瓜单（双单）倍体植株的技术体系，再生频率达 25%。雷春等通过射线辐射花粉授粉并结合胚培养，从 3 个基因型中获得了单倍体植株。陈劲枫等研究了异源三倍体黄瓜的离体繁殖的培养基配方：最佳的不定芽诱导培养基为 MS+6-BA 2.2 mg/L 和 MS+3.0 mg/L KT+0.2 mg/L NAA，然后丛生芽在 MS+0.2 mg/L 6-BA 的培养基上伸长，大约 10 d 后取整齐一致的芽在 1/2 MS+0.2 mg/L 培养基上生根。

四、主要品种类型及代表性品种

由于各栽培地区的自然条件、栽培条件、人文社会背景以及饮食习惯的差异，在被栽培和选择利用过程中品种发生分化，形成了多种类型和品种。

现有黄瓜品种的分类方法较多，有藤井健雄的系统生态综合分类法和琼斯、熊泽等分类方法。通常黄瓜的种植类型分为以下几种。

1. 欧洲温室型

耐低温弱光，茎叶繁茂，但在露地栽培生长不良；果实光滑，鲜绿色，圆筒形长果，长达 50 cm 以上，肉质致密而富有香气；单性结实性强，种子少，抗病性弱，不适于露地栽培。代表品种有荷兰公司 Rijk Zwaan 的 Camaro 等。

2. 欧美露地型

适于露地栽培，生长旺盛，分枝多；果实长 20 cm 左右，圆筒形，较粗，果面平滑，果肉厚而味道平淡；白刺品种多，也有黑刺品种；白刺品种成熟时，变为黄红色，黑刺品种呈黄褐色，抗病性中等。

代表性品种：

（1）Marketmore 76。美国康奈尔大学 Munger 选育的鲜食类型黄瓜杂交种。植株生长旺盛，熟期 67 ~ 70 d，普通花型；果色深绿，均匀一致，白刺，瓜条长 20 ~ 24 cm、横径 5.5 cm 左右，外观品质优良；丰产性好，抗霜霉病、白粉病、黑星病、CMV。

（2）Tablegreen。1960 年美国康奈尔大学选育，系谱是（Niagara×Marketer）X，果实深绿色，抗白粉病和 CMV。

3. 南亚型

南亚型黄瓜分布于南亚各地及中国云南，茎叶粗大，易分枝；果实大，单果重 1 ~ 5 kg，果短圆筒或长圆筒形，皮色浅，瘤稀，刺黑色或白色，皮厚，味淡，喜湿热，严格要求短日照。地方品种群很多，如锡金黄瓜、中国西双版纳黄瓜及昭通大黄瓜等。

4. 华北型

生长势中等，喜土壤湿润、天气晴朗的气候条件；根群分布浅，分枝少，不耐移植；大部分品种耐热性强，较抗白粉病与霜霉病，雌花节率一般较高，对日照长度不十分敏感，果实细长，呈棍棒形，白刺绿色果，刺瘤密，皮薄，肉质脆嫩。

代表性品种：

（1）长春密刺。植株生长势强，以主蔓结瓜为主，主蔓长 200 cm 左右，分枝少；叶片大，叶色绿；早熟性好，第 1 雌花节位着生在第 3 ~ 5 节；瓜条长棒形，长 30 ~ 40 cm，皮色绿，棱、刺瘤明显，白刺；节成性好，单性结实能力强；果肉厚，风味好；耐低温、弱光，对霜霉病、白粉病抗性差，抗枯萎病。适合北方冬春保护地栽培。

（2）北京小刺。北京市地方品种。植株生长势中等，株高 130 ~ 170 cm；叶片较大，叶色绿，分枝弱；早熟，第 1 雌花出现在第 3 ~ 4 节，瓜码密；瓜条棒状，长 28 ~ 33 cm，横径 3 cm 左右，密刺，瘤中等大小，有棱；对霜霉病、白粉病抗性差，对枯萎病有较强抗性。

（3）汶上刺瓜。山东省汶上县地方品种。植株生长势中等，主蔓长 170 cm 左右，分枝少，以主蔓结瓜为主；叶片大，叶色绿；早熟性好，第 1 雌花出现在第 4 ~ 5 节，瓜码较密；瓜条长棒形，长 35 ~ 40 cm，横径 3 ~ 4 cm，皮色绿，瓜条端部少有黄纹，棱、刺瘤明显，白刺，肉质脆，味清香，品质好；抗霜霉病、白粉病较差，抗枯萎病好。适合北方冬春保护地栽培。

（4）天津棒槌瓜。天津市地方品种。植株生长势强，分枝性强；叶片中等大小，叶色绿；中熟品种，第 1 雌花出现在第 6 ~ 7 节，瓜码较稀；瓜条棒状，长 25 ~ 30 cm，横径 4 ~ 6 cm，皮色深绿，刺瘤较大，棱明显；侧枝结瓜多；抗霜霉病、白粉病能力强。适宜北方春季露地栽培。

（5）闻喜黄瓜。山西省闻喜县地方品种。植株生长势强，分枝强，叶片大，第 1

雌花出现在第3~5节，瓜码密；瓜条长40 cm左右，皮色深绿，棱明显，瘤大，果肉致密，品质好；抗病性较差。

（6）津研1号。天津市农业科学院黄瓜研究所利用唐山秋瓜和天津棒槌瓜杂交后单株系选而成。植株生长势强，叶片大，叶色深绿，每株有侧枝3~5条；中早熟品种，第1雌花出现在第4~6节，每隔2~3节见一雌花；主蔓和侧枝均具结瓜能力；瓜条棒状，皮色深绿，棱、刺瘤明显，刺白色，长30~35 cm，商品性好；适应性强，抗霜霉病、白粉病。适应北方早春塑料棚及露地栽培。

（7）胜芳二快。河北省胜芳地方品种。植株生长势强，叶片大，分枝性强，以主蔓和侧枝结瓜；中早熟品种，第1雌花出现在第5~6节，成瓜性好，瓜码适中；瓜条长35 cm左右，皮色浅绿，棱瘤小，白刺，果肉厚，心腔小，味浓；抗病性中等，耐热性好。适应北方露地栽培。

（8）周至黄瓜。陕西省周至县地方品种。植株生长势强，茎粗壮，分枝性差；叶片大，叶色浅绿；中熟，第1雌花出现在第5~7节；瓜条棒状，长32 cm左右，皮色浅绿，老熟瓜白色，棱大，刺瘤明显，白刺，果肉厚，品质好；抗病性一般。

5. 华南型

茎蔓粗，叶片厚而大，根群密而强，较耐旱，能适应低温弱光；雌花节位对温度和日照长度敏感，为短日照性植物；果实短而大，皮硬，味淡。

代表性品种：

（1）津春4号。天津市黄瓜研究所育成，抗霜霉病、白粉病、枯萎病。较早熟，生长势强，以主蔓结瓜为主，主侧蔓均有结瓜能力，且有回头瓜。瓜条棍棒形。白刺，略有棱，瘤明显，瓜条长30~35 cm，心室小。瓜绿色偏深，有光泽，肉厚、质密、脆甜，清香、品质好。亩产5 000 kg以上。

（2）津春5号。天津市农业科学院黄瓜研究所育成。植株生长势强，有分枝，主侧蔓结瓜能力强。第一雌花着生在第5~7节。瓜条长棍棒形，长33 cm左右，横径3 cm左右，单瓜重200~250 g。瓜皮深绿色，刺瘤中等，心室小，口感脆嫩，商品性好，品质佳。早熟。亩产4 000~5 000 kg。抗霜霉病、白粉病、枯萎病。

（3）津绿4号。天津市黄瓜研究所育成，植株生长势强，叶深绿色，以主蔓结瓜为主，第一雌花着生在第4节左右，瓜条长棒形，长35 cm左右，单瓜重约200 g。瓜把短，瓜皮深绿色，瘤显著，密生白刺，果肉绿白色、质脆、品质优，商品性好。早熟，从播种到采收约60 d，采收期60~70 d。亩产5 500 kg左右。耐热性强，在34~36℃高温下生长正常。抗枯萎病、霜霉病、白粉病。

（4）中农8号。中国农业科学院蔬菜花卉研究所育成。植株生长势强，生长速度快，株高220 cm以上，叶色深绿，分枝较多，主侧蔓结瓜，第一雌花着生在主蔓第4~6节，以后每隔3~5节出现一雌花。瓜长25~30 cm，瓜色深绿均匀一致，富有光泽，果面无黄色条纹，瓜把短，心腔小，瘤小，刺密，白刺，质脆，味甜，无苦味，风味清香，品质佳。丰产、多抗，亩产5 300 kg左右。

（5）夏丰1号。辽宁省大连市农科所育成，植株生长势强，不分枝，叶深绿色，第一雌花着生在第4~5节，瓜条长棒形，长30~35 cm，横径3.3 cm左右，单瓜重

180~270 g。瓜皮深绿色、无棱、无瘤，白色刺密集，无杂色花斑及黄条，果肉黄绿色、脆甜，品质佳。早熟，夏秋播种 38 d 左右始收，播种至终收 120~150 d。亩产3 800~4 500 kg，不耐寒，较耐热，耐涝，抗霜霉病、白粉病，较抗枯萎病。

（6）成都二早子。四川省成都市地方品种。植株生长势强，主蔓长 2~2.3 m，分枝极少；叶片中等大小，叶色绿；中早熟，第 1 雌花出现在第 3~4 节，瓜条圆筒形，瓜型整齐，条长 29 cm 左右，横径 4.5 cm 左右，皮绿白色，有绿色条纹，光滑，刺稀少，白刺，种瓜白色，果肉厚，味甜；抗霜霉病、白粉病能力强。

（7）唐山秋瓜。河北省唐山市地方品种。植株生长势强，叶片大，叶深绿，株高2 m以上，分枝性中等；中熟品种，第 1 雌花出现在第 5~6 节，以后每隔 1~4 节出现一雌花。瓜条长 20 cm左右，横径 3 cm 左右，皮色浅绿，白刺，刺瘤稀。抗病性强，品质好。

（8）杭州青皮。浙江省杭州市地方品种。植株生长势及分枝性中等，主蔓较长；中熟品种；第 1 雌花出现在第 6~8 节；腰瓜长 28 cm 左右，横径 4 cm 左右，皮色绿，表面光滑，瓜端部有条纹；黑刺，种瓜褐色，表皮有网纹。

（9）青鱼胆。湖北省武汉市地方品种。植株生长势强，叶片大，叶色绿，主蔓长 1.8~2 m，分枝性强；中晚熟品种，第 1 雌花出现在第 7~8 节，瓜码稀，瓜条长 20 cm 左右，圆筒形，皮色绿白相间；无棱瘤，褐刺，老瓜棕红；抗病性强；品质中等。

（10）广州大青黄瓜。植株生长势中等。分枝性中，第 1 雌花出现在第 7~8 节；瓜长 20 cm 左右，横径 4 cm 左右，瓜粗，皮色绿，圆筒形，无棱瘤，表面光滑，白刺；种瓜褐色，有明显网纹；肉质脆，风味好；抗病性中等。

（11）百福 10 号。属早熟黄瓜品种。植株生长势强，分枝性中等。第一雌花节位第 3~5 节，主蔓结瓜。瓜圆柱形、条形直，无瓜把，瓜皮白色有浅绿条纹、刺瘤稀少，三心室，瓜长 25 cm 左右，横径 4.5 cm 左右，单果重 290 g 左右。可溶性总糖含量1.92%左右，蛋白质含量 0.65%左右。2011—2015 年在武汉、大冶、阳新等地试验、试种，亩产 4 500 kg左右。

（12）甘丰春玉。一代杂交种，生长势和蔓性都较强。主蔓第 1 雌花出现在第 2~3节，始收期较'天津白叶三'提早 10 d 以上，早熟性好。雌花节率 65.0%左右，较'天津白叶三'高 43.6 个百分点。单果质量 150.5 g 左右，纵径 18.5 cm 左右，横径4.3 cm 左右，外皮黄白色，刺白色，瘤中等大小，外形美观整齐。果实干物质含量47.3 g/kg 左右，可溶性固形物 35.0 g/kg 左右，可溶性糖 23.4 g/kg 左右，维生素 C66.6 mg/kg 左右，风味独特。中抗黄瓜霜霉病和枯萎病。

（13）津美 11 号。植株长势强，叶片中等大小，叶色深绿。全雌型，每节着生单雌花。持续结瓜能力强。果实棒状，长 15 cm，顺直，光滑无刺；表皮深绿，光泽度好；果肉绿色，口感脆甜，商品瓜率高。耐低温弱光，抗病性强，抗霜霉病、白粉病，丰产、稳产性好。早春温室种植产量为 7 467 kg/亩左右。

6. 加工型（或称乳瓜型、泡菜型）

植株较矮小，叶片小，分枝性强，结果多，果实呈短卵形或圆筒形；果实长度达

5 cm即开始收获，大多为黑刺，肉质致密而脆嫩，果肉厚，瘤小，刺稀易脱落；适于做咸菜和罐头。

7. 中东类型（迷你水果黄瓜）

分布于中东等各国，中国已有栽培，从以色列引进。瓜长15 cm左右，横径3 cm左右，重50~60 g，果实整齐一致，瓜味浓。全雌株，每一节生一个或多个雌花，单性结实能力强，坐果率高，抗黑星病、枯萎病。代表品种有'美雅3966'、以色列Hazera的'萨瑞格'（HA-454）等。

8. 野生黄瓜

野生黄瓜分布在印度、锡金等地，野生黄瓜（*C. satiuus* var. *hurdivichii*）与普通黄瓜易杂交，可能是栽培黄瓜的野生种或祖先，代表品种'哈德威克'（Hardvickii）、'LJ90430'。野生黄瓜最有潜力的用途之一是能在1个植株上连续地结出大量的有籽果实，果实中的种子不像栽培黄瓜那样会对后来的受精子房的发育产生抑制作用，此外，野生黄瓜抗根结线虫的能力也很强。

五、栽培技术要点

1. 播种期

黄瓜播种期以5月下旬至7月上中旬为宜，采收上市期一般为7月底至9月下旬。

2. 育苗

可直播，也可育苗或育苗嫁接移栽。从节省种子成本、降低苗期管理风险，确保壮苗，利于茬口和农事安排等方面考虑，多选择育苗嫁接移栽方式。

（1）苗床准备。选用无病虫源的田块，亩栽培用种量100~150 g，需苗床7 m²。苗床要进行消毒，每平方米苗床用福尔马林40 ml加水3 L，喷洒于苗床表面，然后用塑料薄膜闷盖3 d后揭膜，待气味散尽后播种。

（2）种子处理。

温汤浸种：将种子筛选干净，投入55~60 ℃的温水中，不停搅拌，15 min后水温降至30 ℃，再浸种4~6 h，使种子吸足水分。然后用50%多菌灵盐酸溶液1 000倍液浸种1 h，捞出种子后，用清水冲洗干净，继续浸种4 h。

冷冻处理：经过浸种，种子刚刚萌动，胚根还未露出种皮时，将种子放在0 ℃左右的冷冻环境中1~2 d，以促进发芽和增强幼苗的抗寒性。

催芽：经过上述处理的种子，用湿毛巾裹后，放在25~28 ℃恒温设备中进行催芽。无恒温设备的，则可将种子用湿毛巾包裹后套上塑料袋（袋口应放开），放入人体贴身内衣催芽，24 h后检查，并随时拣出露白种子，须保湿放在温度10 ℃容器中，待70%以上种子露白即可播种。

（3）播种。播种时苗床应浇足底水。嫁接育苗作砧木的黑籽南瓜采用营养钵育苗，每钵播1粒，播种后将营养钵放置在苗床上；3~4 d后播黄瓜，黄瓜直接播在育苗床上，播后覆盖1.0~1.5 cm厚的焦泥灰，每平方米苗床用50%多菌灵8 g，拌上细土均匀撒于床面，然后覆盖遮阳网或稻草，待70%幼苗顶土时撤除覆盖物。播种后要防鼠害、暴雨等，视墒情适当浇水。

3. 嫁接

当砧木第一真叶显露至展开、接穗第一真叶刚显露时开始嫁接。严格把握接穗的嫁接适期，育苗数量大时可分期播种，分批嫁接。嫁接方法有插接法、靠接法、劈接法等。嫁接苗要适当预留一部分，为补苗作准备。

（1）嫁接工具。刀片——选用刀口锋利、钢性好、不易变形的刀片，尽量要求薄一些，可用刮脸用的那种双面刀片。竹签——用来挑拨砧木苗的心叶和生长点，还用于插接法的砧木苗茎插孔，宽0.5~1 cm、长5~10 cm，插孔端削成马耳形，用沙皮纸将竹签打磨光滑。苗箱或苗盒——用来装运嫁接用苗，有木箱、纸箱、塑料箱等。水桶或脸盆——用来盛清洁水或消毒液，用于嫁接用具和手等进行清洗或消毒处理。工作台和板凳——便于嫁接操作，提高工效。塑料薄膜——用来覆盖嫁接苗，防止失水过多发生萎蔫。

（2）嫁接苗的标准。黄瓜苗要求两片子叶展开，心叶尚未露出或刚刚露尖；幼茎粗壮，色深，长4~5 cm，子叶完整，无病虫害；南瓜苗要求两片子叶充分展开，第一片真叶初展或稍开，展至幼茎粗壮、色深，长4~5 cm。子叶完整，无病虫害。

（3）插接法操作要点。嫁接可分为起苗、南瓜苗去心与插孔、削切黄瓜苗及插接4个环节。

①起苗。南瓜苗带钵从苗床中搬出，也可在苗床内直接嫁接。黄瓜苗要从苗床中带根起出，如果瓜苗较脏，起苗后先用清水漂洗干净，再用多菌灵或百菌清500~600倍液漂洗消毒，然后把瓜苗放到消过毒的湿布上，待晾干后嫁接。

②南瓜苗去心和插孔。挑去南瓜苗的真叶和生长点，然后用竹签在苗茎的顶端紧贴一子叶，沿子叶连线的方向，与水平面呈45°左右夹角，向另一子叶的下方斜插一孔，插孔长0.8~1 cm，以竹签顶尖刚好顶到苗茎的表皮为适宜。

③削切黄瓜苗。取黄瓜苗，用刀片在子叶生长方向垂直一侧、距子叶0.5 cm处斜削一刀，把茎削成单斜面。翻过苗茎，再从切面的背面斜削一刀，把苗茎削成锲子形。切面长度0.8~1 cm，切面要平。

④插接。黄瓜苗穗削切好后，随即从南瓜苗茎上拔出竹签，并把黄瓜苗茎切面向下插入南瓜苗茎的插孔内。黄瓜苗茎要插到插孔的底部，使插孔底部不留空隙。插接后随即把嫁接苗放入苗床内，对苗钵进行喷水，同时将苗床用小拱棚覆盖保湿。

4. 嫁接后管理

（1）温度管理。嫁接后1~3 d内，要保持苗床内适宜的温度，以提高嫁接苗的成活率。要求白天25~30 ℃，夜间20 ℃左右，不能低于15 ℃。保持温度4~5 d。随后降至白天20~25 ℃，夜间15~18 ℃。经7~8 d后可撤去小拱棚。

（2）湿度管理。嫁接后苗床内的空气湿度保持在90%以上。3 d后将小拱棚适量揭口放风，避免棚内的空气湿度长时间偏高引起发病。嫁接苗成活后加强通风，适宜的空气湿度为70%左右。

（3）光照管理。嫁接当日以及嫁接后3 d内，全天遮阳，不通风，4~5 d后可逐渐减少遮阳，适当增加光照，每天早晚让苗床接受短时的太阳照射，并随着嫁接苗的成活生长，逐天延长光照时间。

（4）抹杈和除根。南瓜砧在去掉心叶后，其子叶节处的侧芽能够萌发长出侧枝，与黄瓜苗争夺养分，因此要及时抹掉。另外，在湿润、弱光环境下，黄瓜接穗上也容易产生不定根，要在不定根扎入土前及时除根。

（5）防病管理。嫁接苗成活期间，由于苗床内的空气湿度偏高，光照不足，容易引发猝倒病、灰霉病等病害造成死苗。采用通风降湿、加强光照与药剂防治。常用药剂有"一熏灵"或"百菌清"烟雾剂烟熏，或50%多菌灵可湿性粉剂500倍，或64%杀毒矾可湿性粉剂500倍液等喷雾。

此外，苗期还可用植物生长调节剂乙烯利进行喷雾，促进雌花形成、降低雌花节位、增加雌花数量。在黄瓜嫁接苗2片真叶时，用乙烯利药液在16—17时喷施叶面，在第4片真叶展开时用同样浓度喷施第二次。喷药后加强肥水管理。

5. 定植

嫁接苗长到4~5片真叶时即可定植。定植前应将种植田深翻，沟施基肥，基肥以腐熟有机肥为主，亩施腐熟有机肥2 500~3 000 kg，复合肥30~40 kg。做成畦宽连沟1.3~1.5 m、沟深20~25 cm。每畦种2行，株距60 cm左右，亩栽1 500株左右。栽后培土，培土深度不能超过嫁接苗的接合处，否则黄瓜茎接触到土壤后会产生不定根。

6. 田间管理

（1）中耕除草。在瓜蔓搭架前，需进行浅中耕除草1~2次。

（2）畦面铺草。在黄瓜上架前，结合中耕除草用青草覆盖畦面，降低地温，保水保肥保土防草害，或在定植时覆盖地膜。

（3）搭架与绑蔓。当黄瓜有6片真叶、植株高25 cm左右，开始吐须抽蔓时，要及时搭架绑蔓。搭架采用"人"字形，架材高度不低于2 m，架材要搭牢固，以防大风吹倒。绑蔓用塑料绳、稻草等材料以"∞"形把瓜蔓与架材缚牢，松紧适度。以后每隔3~5节绑蔓一次。

（4）植株调整。以主蔓结瓜为主，根瓜以下侧枝全部剪除，根瓜以上侧枝见瓜后留1~2片叶打顶，当主蔓长到架顶时，主蔓打顶，促进侧蔓生长，使其多开花、多结瓜。植株下部的黄叶、病叶、老叶、畸形瓜等要及时摘除，改善生长条件。

（5）肥水管理。施肥要掌握"前轻后重，少量多次"的原则，即在生长前期少施，结瓜盛期多施重施。追肥总量以亩施100 kg复合肥为度。每隔10~15 d追肥一次，每次10~15 kg。黄瓜对土壤湿度敏感，不宜过湿，结瓜期不浇水，特殊干旱可少量浇水，浇后及时松土。结瓜盛期水肥要充足，畦面铺草保湿，确保高产、优质。

7. 防治病虫害

黄瓜主要病害有霜霉病、疫病、枯萎病、白粉病、细菌性角斑病、炭疽病、病毒病等，主要虫害有蚜虫、白粉虱、红蜘蛛等。要及时进行针对性防治。防治方法参阅本书第七章。

黄瓜对多种杀虫剂和杀菌剂如三唑酮、腈菌唑、福美双、敌百虫、敌敌畏、辛硫磷、杀虫双、氰戊菊酯、杀灭菊酯、高效氯氟氰菊酯、三唑锡、克螨特等敏感，易引起药害。应合理使用农药防治，正确采用轮换和农药混用，严格执行农药安全间隔期。

8. 采收

菜用黄瓜应及时分批采收，在清晨用剪刀将果柄剪下，并要保护好黄瓜的瘤刺，轻摘轻放，避免碰、挤、压。

第四节　丝瓜

丝瓜是葫芦科（Cucurbitaceae）丝瓜属一年生攀缘性草本植物，中国栽培的丝瓜在植物学上有两个种：普通丝瓜和有棱丝瓜。丝瓜的食用部分为嫩果，可炒食、做汤、做馅。丝瓜的不同部分均可入药，常常用来治疗蛇咬伤、呕吐、抽搐等疾病，还具有很好的食疗保健作用，可防治便秘、口臭和全身骨痛。此外，丝瓜的水提取物也具有抗氧化、抗炎、抗衰老等活性物质。老熟丝瓜纤维发达，称"丝瓜络"，可入药（图5-4）。

对于丝瓜的起源地，有很多种说法，有的学者认为它的起源地是在中国，如我国著名的园艺学家、植物分类学家、植物园专家俞德浚，在"中国植物对世界园艺的贡献"中提到，丝瓜的原产地是在中国。而有的学者则认为，丝瓜的原产地是在印度，如苏联农业植物学家

图5-4　丝瓜

Н. И. 瓦维洛夫，他在自己所著的《栽培植物起源中心学说》中提到，有棱丝瓜起源于世界栽培植物起源中心中的印度—缅甸中心，这一中心主要集中在印度。也有人认为，丝瓜的起源地是印度尼西亚。在众说纷纭的丝瓜起源地中，以起源地为印度这一观点呼声最高，或者说印度是种植丝瓜历史最悠久的国家，印度在2 000多年前就已有丝瓜栽培。据考查，传入中国的时间是公元6世纪初，北宋时栽培已相当普遍。南宋初年编撰的图书《琐碎录》记载有丝瓜的播种期："种丝瓜，（春）社日为上。"16世纪初普通丝瓜从中国传入日本，19世纪有棱丝瓜传入日本。17世纪40年代普通丝瓜传入欧洲，17世纪末有棱丝瓜传入欧洲。丝瓜现已遍布于亚洲、大洋洲、非洲和美洲的热带和亚热带地区，在中国南北均有栽培，其中广东、广西、海南等以栽培有棱丝瓜为主，其他地区以栽培普通丝瓜为主。

丝瓜种质资源丰富。目前，据不完全统计，我国已收集到丝瓜种质资源500余份，其中普通丝瓜462份，有棱丝瓜40余份。收集的种质资源数量较多、类型也较丰富。其中广西农业科学院蔬菜研究中心，从广西各地收集了100余份丝瓜种质材料，其中有棱丝瓜有35份，对其进行了系统的观察比较，选出优良的品种进行生产利用；江苏省农业科学院蔬菜研究所对收集的102份普通丝瓜品种资源进行了质量性状鉴定和评价；中国农业大学农学与生物技术学院对30份丝瓜种质资源进行遗传多

样性分析，进一步丰富了丝瓜遗传多样性研究，为丝瓜育种中亲本的选择提供了理论依据；浙江省农业科学院园艺研究所对引入的 32 份丝瓜品种资源进行农艺性状、瓜条性状及抗性观察，发现目前栽培丝瓜以早熟品种为主，缺少瓜条长度粗细适中、高产、优质的品种，也未发现危害瓜类的主要病害——病毒病的抗源。湖南省农业科学院蔬菜研究所在湖南省搜集丝瓜地方品种材料 43 份，对其植物学性状和农业生物学特性进行了初步观察，并对其自然分布规律做了探索。在资源创新方面，广东省农业科学院蔬菜研究所选出了对短日照要求不严格的有棱丝瓜材料，同时开展了利用种间杂交以期获得野生品种优良抗性的研究。浙江省台州市农业科学研究院对 32 份不同的丝瓜种质资源进行主成分分析和聚类分析，为丝瓜种质资源的收集、保存、鉴定和利用以及杂交育种中亲本的选择提供了科学依据；福建省农业科学院蔬菜研究中心对 60 份丝瓜种质资源也进行了主成分和聚类分析，为适合福建省种植要求的丝瓜新品种选育提供了理论基础。

丝瓜种质资源的利用，可分为直接利用与间接利用。直接利用，即是对综合性状表现优异的地方品种经提纯复壮后直接用于生产；间接利用，即通过有性杂交进行后代分离或采用现代创新资源的一切手段，获得或转移优良性状，进行利用。种质资源的创新，就是通过多种育种手段，或有性杂交多代分离，获得稳定的自交系，培育新品种，或通过物理、化学诱变、细胞工程、基因工程等现代技术手段获得创新资源，培育新品种。

近年来，我国随着丝瓜的种植区域和生产面积逐年扩大，在丝瓜种质资源的开发利用上，已取得很大成绩，培育了一大批新品种，全国各地主要栽培品种已进行了多轮的更新换代，现已发展为大面积推广使用综合性状表现优异的杂交品种，从整体上提高了丝瓜的熟性、产量、品质、抗逆性、抗病性和商品性。如广东省农业科学院蔬菜研究所近几年收集了各地品种资源，包括野生资源共 200 多份，并进行了鉴定、保存和利用；广西农业科学院蔬菜研究中心对丝瓜品种资源进行了鉴定研究，明确了不同类型丝瓜品种的基本特性；高迪明等对 26 个丝瓜品种进行引种观察，结果未发现有对病毒病的抗源。在资源创新方面，广东省农业科学院蔬菜研究所选出了对短日照要求不严格的有棱丝瓜材料，同时开展了利用种间杂交以期获得野生品种优良抗性的研究，取得了较大进展。湖南省长沙市蔬菜科学研究所以及长沙市蔬菜科技开发公司选育出亩产量高达 5 000 kg，且早熟、抗病抗逆性强的丝瓜新品种'早优 6 号'和'早优 8 号'。湖南衡阳市蔬菜研究所选育出丝瓜新品种'早香一号''新秀'和'雁白 1 号'。'雁白 1 号'的亩产量可达 7 000 kg。河南驻马店市农业科学研究院的驻丝瓜系列品种中的'驻丝瓜 9 号'有早熟、较抗丝瓜霜霉病和白粉病等特性，已在河南、湖北、安徽等地推广种植。广东省农业科学院蔬菜研究所选育出适宜华南地区春、秋两季栽培的早熟、抗逆性强、维生素含量较高的丝瓜新品种'粤优 2 号'，以及早中熟、粗蛋白含量较高、抗逆性强的丝瓜新品种'雅绿 6 号'和耐热性、耐寒性、耐涝性和耐旱性强的'雅绿 8 号'，这 3 个丝瓜新品种均比'雅绿 2 号'产量高。广州市农业科学研究院选育出耐寒和较抗霜霉病、疫病的'夏胜 1 号'丝瓜新品种，但'夏胜 1 号'抗枯萎病较差。李莲芳等又在 2017 年选育出大肉型有棱丝瓜'夏胜 4 号'，中熟、品质优、采收期长、丰产，适宜大面积推广种植。广东省佛山市农业科学研究院选育出的'绿源2号'丝瓜新品种，早熟、富含维生素 C 和粗蛋白，抗枯萎病、白粉病和炭疽病。汕头市白沙蔬菜原种研究所育成'夏优4号'，早熟、维生素 C 含量高、耐热、耐涝、耐旱性强，抗霜霉病、中抗枯萎病，适宜华南地区春、夏、秋季种植。江门市农业科学研究院选育出'江秀7号'有棱丝瓜新品种，其肉质脆甜，品质优，丰产性好。浙江省台州市农业科学研究院选育出丝瓜新品种'台丝1号''台丝2号'和'台丝3号'，其中'台丝3号'综合性状表现最好，高产、品质佳、维生素 C 含量高，亩产量可达 5 500 kg，抗霜霉病，中抗病毒病，高抗枯萎病。成都市农林科学院园艺研究所选育出'蓉杂丝瓜2号'和'蓉杂丝瓜3号'。'蓉杂丝瓜2号'田间对病毒病和枯萎病的抗性强于'长沙荣丝瓜'，'蓉杂3号'丝瓜田间对枯萎病、白粉病和病毒病的抗性强于'早冠406'，这2个品种均适宜在四川省及长江流域栽培。四川攀枝花市农林科学院蔬菜研究所选育出的早熟丝瓜新品种'攀杂丝瓜3号'，早期产量高，丰产性好。福州市农业科学院作物研究所和蔬菜研究中心选育出'福研1号''福研2号'和'福研3号'丝瓜新品种。福建省农业科学院农业生物资源研究所选育出'丝盛2号'丝瓜新品种，适合福建省早春保护地和春季露地栽培。宁波微萌种业有限公司选育的'风帘3号'丝瓜品种，适宜浙江、江苏、上海、安徽、江西、福建、山东、河南、湖北、湖南和四川等地区春秋两季种植。春季栽培一般在3月初前后播种，秋季栽培一般在7月上中旬播种。

一、育种目标要求

自20世纪60年代以来，丝瓜育种逐步由常规育种发展到优势育种，由丰产育种发展到熟性育种、抗性育种和品质育种，保护地专用型品种的选育也开始为人们所重视，选育出了一批丰产、早熟、适应不同地区、不同环境条件、具有一定抗病性的新品种。但从总体上讲，目前对抗性材料的筛选和创新还很少，抗性育种特别是抗病虫育种成果不多。品质育种主要注重果实的外观品质，基本没有开展内在营养品质育种。以细胞培养、组织培养、原生质体培养和体细胞杂交、分子标记辅助育种和转基因技术为主要内容的生物技术还很少涉及。

广东省农业科学院蔬菜研究所于1996年育成早熟、较抗霜霉病和白粉病、适应华南各地春、秋季栽培的一代杂种丰抗；1999年育成丰产、优质、对短日照要求不严格、适宜华南地区夏季长日照栽培的一代杂种'雅绿1号'；2002年育成生长势强、早熟、优质、适宜广东省春、秋季种植的一代杂种'雅绿2号'；2004年育成绿白皮色的新品种'粤优丝瓜'。广西农业科学院蔬菜研究中心在"九五"（1996—2000年）期间育成了'丰棱1号''广西1号'等有棱丝瓜新品种，其后又育成'皇冠1号'新品种。广州市蔬菜研究中心于1999年采用有棱丝瓜与普通丝瓜杂交及多代回交育成'绿旺'，2001年育成早熟、丰产、优质的春丝瓜'绿胜1号'等有棱丝瓜新品种。在熟性育种方面，湖南亚华种业科学研究院在"十五"（2001—2005年）期间育成'翠绿早丝瓜''短棒早丝瓜'等一代杂种。河南省驻马店市农业科学研究所于2002年育成一代杂种早熟丝瓜'驻丝瓜1号'和早熟白丝瓜'驻丝瓜3号'等新品种。湖南省衡阳市蔬菜研究所于2001年育成极早熟、较抗枯萎病的一代杂种'早冠'。江苏省农业科学院蔬菜研究所于1999年育成适宜长江中下游地区早春保护地栽培和露地栽培的特早熟品种'江蔬1号'。湖南省农业科学院蔬菜研究所于2000年育成'湘丝瓜1号''育园1号'和'兴蔬'系列新品种。

丝瓜的遗传育种理论研究亦已取得一定进展。谢文华等（1999）对有棱丝瓜霜霉病抗性遗传分析研究的结果表明，该性状适合加性—显性模型，以加性效应为主，表现为不完全显性，狭义遗传力为69.63%，加性基因至少为4对，抗性的一般配合力和特殊配合力均重要，在丝瓜抗霜霉病育种中首先应注重一般配合力的选择。林明宝等（2000）对有棱丝瓜果色遗传研究的结果表明，赤麻果色的遗传受1个显性核基因控制，为质量遗传；对果长遗传效应的研究表明，果长遗传方式属数量遗传，遗传效应符合加性—显性模型，以加性效应为主，控制果长性状的基因数目最少有4对，果长的狭义遗传力为67.06%，说明对杂交后代的选择有较好效果。张赞平等（1996）对丝瓜两个栽培种进行核型分析研究，结果表明，普通丝瓜具有3对sm染色体，有棱丝瓜具2对sm染色体，两者属较原始的对称核型，亲缘关系极近。此外，对丝瓜授粉受精过程、果实发育过程等研究亦取得不同程度的进展。

近年来，有关丝瓜育种相关的基础研究得到重视，如广东省农业科学院蔬菜研究所开展了丝瓜对光周期反应的研究，选育出对短日照要求不严格的材料；对丝瓜主要病害的抗病材料进行了鉴定和筛选，丝瓜霜霉病菌人工接种技术研究亦取得进展。李文嘉（2002）对有棱丝瓜主要农艺性状进行了相关研究，结果表明，瓜长、单瓜重与产量呈极显著正相关，结果数和单瓜重对产量形成的直接作用最大。谢文军等（2002）通过遗传相关分析、通径分析和主成分分析，对丝瓜早熟性状研究结果表明，坐果率、商品瓜的日增克数为最主要性状，其次为单株叶片数的增长速度、单株雌花数、单瓜重。谢文华等（1999）对有棱丝瓜不同品种对霜霉病抗性的相关性进行研究，明确丝瓜叶片中多酚氧化酶活性、还原糖与可溶性总糖的比值、叶片表皮气孔密度与丝瓜对霜霉病的抗性呈负相关，而可溶性总糖含量与抗性呈正相关。朱海英等（1997）对丝瓜果实发育中木质素代谢及有关导管分化的生理生化进行了研究，结果表明，丝瓜果实在生长发育过程中伴随着木质素的大量合成，过氧化物酶活性与木质化进程有关。王隆华等（1997）的研究结果表明，4-CL连接酶的热稳定性有利于丝瓜果实在8—9月高温季节迅速成熟并木质化。陈宏等（2002）的研究结果表明，黄足黑守瓜只取食丝瓜叶，而黄守瓜对丝瓜叶的取食量少；初步确认引起丝瓜病毒病的病原为黄瓜花叶病毒。这方面的研究结果对丝瓜新品种选育研究将有较大的促进作用。

（一）品质

丝瓜品质包括食用品质、营养品质、外观品质。

（1）食用品质。要求纤维少，肉质细软、柔滑，无苦味。

（2）营养品质。丝瓜营养较丰富，是夏秋主要瓜类之一。其营养成分是维生素C、碳水化合物和矿物质等，还含有少量的胡萝卜素及多种生物碱，对机体的生理活动具有重要的调节作用。丝瓜育种主要目标是增加维生素 B、维生素 C、皂苷类物质、碳水化合物及矿物质含量，改进风味，提升口感。

（3）外观品质。丝瓜的外观品质主要包括果实颜色、果面条纹、果实性状等因素，不同地区对丝瓜的外观有不同要求。如浙江、上海、江苏等地喜欢果实绿色细长的普通线丝瓜；而湖南等地则要求果实深绿或绿色，中等长度或较短粗，瓜瘤明显、瓜霜浓厚、瓜蒂膨大、肉质鲜嫩的丝瓜，尤其青睐生长速度快、采摘时留有新鲜花蒂的肉丝瓜，如长沙肉丝瓜。而广东、广西等地则喜爱有棱丝瓜，且要求有棱丝瓜果实颜色和果实性状符合消费习惯。要求果皮赤麻色、大肉型，果长要求在 30~40 cm，较短粗；而珠江三角洲及港澳市场则要求深绿色、长条形，棱沟低平，果长必须在 60~80 cm，短于或长于这一范围的均被他们视为低端或劣质产品。

各地对丝瓜的共性要求：果实厚度中等、着生多个条纹，果皮着色均匀，果实头尾粗细较匀称，长短整齐，畸形果少。

（二）抗病虫

丝瓜主要病害有霜霉病、疫病、枯萎病、病毒病等。主要害虫有瓜绢螟、蚜虫、潜叶蝇等。应加强此类病虫害抗性品种的选育。

（三）丰产性和耐贮性

1. 丰产性

丝瓜单位面积产量由平均单株果数、平均单果重和单位面积合理栽植株数构成，丰产育种应注意与构成产量相关性状的选择。李文嘉等（2004）研究表明，瓜长、单瓜重等 2 个性状与产量呈极显著正相关，前期产量、果形指数与产量呈显著正相关，始收期与产量呈极显著负相关，第 1 坐瓜节位与产量呈显著负相关。结果数和单果重 2 个性状对产量形成的直接作用最大，可作为有棱丝瓜丰产育种的主要选择性状。由于第 1、第 2、第 3 雌花节位的高低很大程度影响到早熟性及前期产量（苏小俊等，2007），而前期产量又与总产量呈显著正相关，因此在丰产育种时宜选择雌花着生节位低、雌花节率高的亲本材料。

2. 耐贮性

丝瓜是冬季和早春南菜北运的重要瓜果。丝瓜的耐贮性受多种因素制约。就品种本身而言，取决于果皮厚度，果皮稍厚的品种，有较强韧性、花蒂不易脱落、果形指数适中、果长中等，较耐贮藏。对普通丝瓜耐贮品种的选育应注意亲本上述性状的筛选。

（四）生育期和生态适应性

丝瓜为短日照、喜光、耐热、喜湿、怕干旱植物，育种时，需考虑培育对不利环境有较强适应能力的品种，应选择能在大棚弱光、高湿、多雨或较低温度下仍能健康生长发育的品种。生育期以早熟为主，但同时也应搭配中晚熟品种。

二、育种方法

(一) 选择育种

丝瓜的选择育种可采用单株选择法和混合选择法的综合应用，即单株—混合选择法或混合—单株选择法。

1. 单株—混合选择法

选种程序是先进行1次单株选择，在株系圃内淘汰不良株系，再在选留的株系内淘汰不良植株，然后使选留的植株自由授粉，混合采种，以后再进行一代或多代混合选择。该选择法的优点是：先经过1次单株后代的株系比较，可以根据遗传性淘汰不良的株系，以后进行混合选择，不致出现生活力退化，并且从第2代起每代都可以生产大量种子。缺点是选优纯化的效果不及多次单株选择法。

例如，广州市蔬菜科学研究所选育的早熟、丰产、优质丝瓜新品种'夏绿1号'就是应用单株—混合选择法的成功案例。该所于1993年在引进的32份丝瓜材料中，选择了5株从华南农业大学园艺系引进的'夏优丝瓜'F_1优良单株混合留种。该品种总体表现较好，如早熟、结果性能强、耐热，但仍有商品瓜外皮色泽差、白色斑点较多、棱沟较深的缺点。1994年夏季又从中选出2株优良单株自交留种，同年秋季观察，以2号单株表现较优，对其进行姐妹交后，又选留了3个单株；1995年夏季继续观察，选出夏优单株2-1和夏优单株2-2两个株系，同年秋季把夏优单株2-1和夏优单株2-2株系在广州市蔬菜科学研究所种植0.2 hm^2（3亩）进行扩繁，在淘汰不良单株后混合留种；1996年春在该所种植0.067 hm^2（1亩）进行观察，表现基本稳定，继而在广西进行繁种，同年6月在广州市蔬菜科学研究所进行品比试验，并定名为'夏绿1号'；1996年秋开始进行多点试验、生产示范和参加省丝瓜区试，结果表明，'夏绿1号'丝瓜表现出早熟、丰产、品质优良等特性。

2. 混合—单株选择法

先进行几代混合选择，再进行一次单株选择。这种选择法的优缺点与前种方法相似，适合于株间有较明显差异的原始群体。

例如，自21世纪初，宁波微萌种业有限公司在大量引进国内外种质资源的基础上，开展了丝瓜新品种的选育工作。经多年努力，育成了丝瓜果肉不易褐变新品种'GS19003-1'。本品种是由2017年引进的长沙蔬菜所'春润2号'（其表现出大分离，多株不易褐变，多株早熟、雌花连续性好、坐果能力强），通过5次混合选择、1次单株选择培育而成。整个育种过程在宁波市江北区洪塘试验场和海南省佛罗镇新安试验场内完成。筛选出'GS17032-S-S-S-S-S-1'组合表现优良：早熟，第一雌花节位7节左右，雌花连续性好，坐果能力强；果实短棒形，果皮中等绿色，果肉白色、不易褐变，果实硬，果长23 cm左右，果径4.3 cm左右，平均单果重280 g左右。2020年暂定名为'GS19003-1'。

（二）有性杂交育种

1. 有性杂交方式

丝瓜属雌、雄同株异花作物，通常先开雄花，植株一生中有逐渐从雄性状态向雌性状态转变的趋势。雄花总状花序，雌花一般单生，也有少数品种雌花多生。普通丝瓜一般在6—10时开花，气温低、光照弱时则延迟到10时后开放；有棱丝瓜一般在16时后开花。

丝瓜杂交育种中，如果在1 000 m以内除杂交双亲外无其他品种，则可通过人工去除母本株雄花，自然授粉或辅以人工授粉的方式进行杂交授粉。如果在此范围内有其他品种则需在去除母本株雄花的同时，于父本雄花及母本雌花开放前一天扎花或套纸袋，次日人工授粉后再扎闭或套纸袋，以确保杂交纯度。

2. 有性杂交技术

凡是花冠已呈明显黄色的大花蕾，次日上午就能开放。花粉在雄花开放前一天已有一定的活力，到开花当天花药开裂时达到最大生理活性，花药开裂、花粉脱离出来后活力即显著下降，尤其在高温的条件下。雌花在开花前1~2 d到开花后1~2 d都有受精能力，但以开花当天受精能力最强。因此，在人工杂交时应于开花前一日下午对母本株上的雌花和父本株上的雄花进行扎花隔离或套纸袋隔离，开花当日上午露水干后的7—9时进行，将雄花花冠剥去后以花药轻轻涂抹雌花，然后封闭雌花或套另一颜色纸袋，挂牌标记。一般1朵雄花可授粉2~3朵雌花。有时为省工也可在开花前一天的上午取未开的雄花大花蕾的花粉，授在未开雌花大花蕾的柱头上，然后扎闭花冠。但此法授粉效果较前者差一些，影响结实率和杂交种子产量。在母本株上的雄花开放前及早摘除，可防止杂交失败，也可节省养分。杂交结束后去除所有未杂交花果，这样不仅可以减少误差，也有利于植株生长及杂交果的膨大。

3. 杂交后代的选择

选择与淘汰应从F_1代开始，因为在选种工作上一般所采用的亲本其基因型不是太纯合（特别是从农家引入而未提纯的品种）。例如，即使F_1代（抗×不抗）的抗性表现感病，但感病株之间也有程度差别，应从中选出感病较轻、生长健壮、丰产性较好、果形与果色较合适的母株留种，分别编号，下一代（F_2）按单株播种，每个单株播成一个株系。

F_2代是后代选择关键的一代，大幅分离出双亲性状重组的植株。在该代各株系中，严格挑选经济性状优良、抗病性强的单株作母株留种，分别进行系统编号。

丝瓜是异花授粉作物，由F_1代开始直至性状稳定的高世代为止，最好采用单株系统选择法。每个世代每个单株都应进行自交。到商品成熟时选择一次，到生理成熟（种瓜成熟）时再选择淘汰一次。定型后可以在空间隔离或季节隔离条件下，让整个入选株系或几个入选株系进行自然授粉，以提高后代生活力。

4. 亲本的选择与选配

亲本选择与选配是丝瓜有性杂交育种和优势育种成败的关键。丝瓜类型多样，性状也较复杂。在丰产育种、品质育种和抗性育种中应根据有关果长、果色、果重、结果数、营养成分和抗病性状的遗传规律选择亲本确定配合方式。现已明确有棱丝瓜果皮赤麻色对深绿色是显性，而果长遗传方式属数量遗传，控制果长性状的最少有 4 对基因，对抗病性及品质遗传研究很少。参考其他瓜类的育种经验，对丝瓜亲本的选择可考虑选远地域、远生态型的亲本，可采用有棱丝瓜和普通丝瓜杂交后多代回交的方法，另外，可采用多亲本杂交。现代育种包含多方面的目标，而且对病害的抗性强调水平抗性。因此，利用丝瓜丰富的种质资源，采用多亲本、复合杂交的方法，经多次基因重组，综合多个亲本的优点，最终选育出具有多个优良性状的品种。

至于丝瓜育种中亲本的选配则主要考虑亲本性状互补，不同类型和不同地理起源的亲本组合，以具有最多优良性状的亲本作母本，对质量性状而言双亲之一必须符合育种目标，并与一般配合力高的亲本配组。

(三) 杂种优势利用

丝瓜杂种优势育种是目前国内应用最广泛的育种途径，现市场上大部分新品种都是优势育种的成果。有性杂交育种利用的是丝瓜主要性状的加性效应和部分上位效应，即可以固定遗传的部分，在程序上是先杂后纯，最后选择基因型纯合的定型品种。而优势育种是先纯后杂，首先选育自交系，通过配合力分析和选择，选育出优良的基因型杂合的杂交一代新品种。

1. 杂种优势表现

目前关于丝瓜杂种优势和遗传特性的研究多集中在早熟性、产量、抗病性、生长势以及普通丝瓜和有棱丝瓜种间杂交优势等方面。

通过对普通丝瓜自交系及其杂交组合主要经济性状的遗传分析结果表明，普通丝瓜的皮纹和皮色属质量性状遗传，其 F_1 代杂种存在明显的杂种优势。谭云峰等对有棱丝瓜和普通丝瓜自交系按完全双列杂交设计得到杂交组合进行分析得出，有棱丝瓜与普通丝瓜种间杂交亲和性较高。谢文军对有棱丝瓜和普通丝瓜种内和种间杂交优势的研究发现，有棱丝瓜与普通丝瓜种间杂交组合的产量大幅下降，植株的生长势较之前增强。袁希汉等选用普通丝瓜纯合自交系配制杂交组合，并对其中农艺性状进行了相关分析，总结得到单瓜重与结果数在丝瓜高产育种中为主要性状。高军红的研究结果同样表明，普通丝瓜杂交组合在产量、早熟性、抗病性等方面表现出杂种优势。汪玉清（2005）对 5个普通丝瓜自交系及其 15 个杂交组合主要经济性状的遗传分析结果表明，丝瓜 F_1 代存在明显的杂种优势，产量、前期株高、节间长度、果实发育速度等性状的优势较大，总产量超中优势组合比率为 86.7%，超亲优势组合比率为 66.7%，可溶性糖等品质性状优势组合比率最低，杂种优势不明显。遗传效应研究表明，第 1 雌花节位及果长、果径等 8 个性状受加性和显性效应共同控制。遗传力研究结果显示，果长、果径的广义遗传力和狭义遗传力均较高，前期产量和可溶性蛋白含量的广义遗传力最低。林明宝等（2000）对有棱丝瓜果长、果色性状的遗传规律研究结果表明，果长遗传属数量遗传，符合加性—显性模型，以加性效应为主，控制果长的基因最少有 4 对，果色遗传属质量遗传，受 1 个显性核基因控制。谭云峰等（2008）选用 2 个有棱丝瓜和 4 个普通丝瓜自交系按完全双列杂交设计得到 30 份杂交组合，对 F_1 代有胚率和花芽性状进行方差分析和差异分析，结果表明，有棱丝瓜与普通丝瓜种间杂交亲和性较高，种间杂交组合的种子活力高于种内杂交组合，苗期长势明显强于普通丝瓜亲本，不存在生理不协调。高军红（2003）对 11 个丝瓜杂交组合分析发现，11 个组合的产量、早熟性、抗病性均优于对照，表现出杂种优势。袁希汉等（2006）选用普通丝瓜 6 个纯合自交系，按双列杂交设计配制 15 个杂交组合，对其 13 个农艺性状进行相关分析与通径分析，结果表明，结果数、单瓜重对丝瓜产量形成的直接作用最大，直接通径系数分别为 0.946 和 0.754，说明在丝瓜高产育种中，结果数和单瓜重可作为主要选择性状。

2. 优良自交系的选育

自交系是优势育种的亲本，必须基因纯合，表现型整齐一致，如丝瓜自交系的熟性、果形、果色、节成性等均整齐一致，且系内姊妹交或系内混合授粉其特征特性能稳定地传递给下一代。丝瓜自交系的一般配合力要高，一般配合力受加性遗传效应控制，是可遗传的特性。一般配合力高表明自交系具有较多的有利基因，是产生优势杂交种的基础。丝瓜自交系还需具有优良的农艺性状，如产量性状、熟性性状、果实性状和抗病抗逆性状等，选育优良的丝瓜自交系可通过如下方法和措施获得。

（1）选育自交系的原材料。丝瓜自交系的原材料多种多样，主要有各个地方品种、各类杂交种和通过诱变或生物工程技术获得的新材料。

（2）选育自交系的方法。各个地方品种和通过诱变或生物工程技术获得的新材料，可通过多代人工套袋自交对目标性状合理选择而获得自交系。在多代自交选择的过程中一定要结合目标性状优良、一般配合力高和遗传纯合 3 个基本要求进行，对各类杂交种按杂交后代的选择方法进行自交选择。丝瓜一般通过 5~6 代可获得稳定的自交系。

3. 亲本自交系及杂交组合的配合力测验

自交系本身经济性状的优良与否虽然会影响杂交一代的表现，但目前还不能准确预测。因此，杂交一代的表现与亲本的配合力关系更为密切。只有当亲本的一般配合力和某一组合的特殊配合力均高时，才能育成杂种优势明显的杂交一代新组合。配合力的测验方法主要有顶交法、双列杂交法和不完全双列杂交法 3 种，这 3 种方法同样适用于丝瓜亲本自交系及杂交组合的配合力测验。

4. 自交系间配组方式的确定

目前优势育种实践中只采用单交种，即两个自交系杂交配成的杂种一代，双交种和三交种在丝瓜优势育种中一般不采用。自交系间配组应考虑以下几个因素：

（1）配组双亲的一般配合力和特殊配合力要高，这样才有可能育出杂交一代优势的组合。

（2）性状优良，双亲互补。以综合性状优良的自交系为母本，按性状互补的原则选配父本。双亲的优点必须达到育种目标要求。主要目标性状的不同构成性状，双亲间应互补，以便该性状超亲。若目标性状为隐性性状，则要求双亲都必须具有，且任一亲本不得有其他显性不良性状。

（3）选择亲缘关系和地域性差异稍大的亲本配组。

（4）母本的种子产量要高，以提高杂种一代的种子产量。丝瓜不同品种种子产量相差较大，具有遗传稳定性。因此，在保证母本配合力高、主要目标性状优良的同时要兼顾母本的种子产量。

5. 品种比较试验、生产和区域试验

（1）品种比较试验。根据育种目标育成的杂交一代组合在品种试验圃中进行全面比较鉴定，用主栽品种 1~2 个做对照，按育种目标的具体要求分项进行田间统计和分析，最后选出目标性状都优于对照的 1 个或几个新组合。品种试验圃需按正规的田间试验法进行，3 次以上重复，控制环境误差。品种比较试验一般进行 2~3 年。

（2）生产和区域试验。生产试验是把在品种比较试验中选出的优良组合放到本地和外地的丝瓜种植区，直接接受种植者和消费者的评判，一般面积不少于 667 m²（1亩）。区域试验是根据各地地理、气候条件和消费习惯的不同，在不同区域设置几个试验点，以当地主栽品种做对照，由农业主管部门主持进行比较试验，方法与品种比较试验相同，以检验新组合的区域适应性和稳定性，进行 2~3 年。通过以上试验，确定优良组合，最后通过省级种子主管部门的认定才能在市场上推广（主要农作物才需要通过省级种子主管部门认定，丝瓜不通过省级种子主管部门认定也可以在市场上推广）。

例如，宁波微萌种业有限公司选育的'风帘 3 号'，2018—2019 年在宁波微萌种业有限公司邱隘试验场进行丝瓜品种比较试验，采用设施栽培，以'寿光中长丝瓜'为对照（CK）。每个小区定植 400 株，随机区组排列，重复 3 次，四周设保护行。起垄种植，株距 50 cm，畦宽 80 cm，双行定植。宁波地区 2 月 20 日播种，3 月 15 日定植，5月 10 日开始采收，11 月中旬采收结束。试验结果表明，'风帘 3 号'连续 2 年前期产量均高于对照；2018 年'风帘 3 号'总产量 2 078.6 kg/亩，比对照'寿光中长丝瓜'增产 161.667 kg/亩；2019 年'风帘 3 号'总产量 2 254.2 kg/亩，比对照'寿光中长丝瓜'增产 156 kg/亩；'风帘 3 号'2 年平均第一雌花节位 5.6，单果重 349.5 g；两年平均前期产量 513.2 kg/亩，比对照增产 32.333 kg/亩，2 年平均总产量 2 166.4 kg/亩，比对照增产 158 kg/亩。区域试验：2018—2019 年在浙江省的宁波、嘉兴和台州进行区域试验，采用设施栽培，2 月 20 日播种，以'寿光中长丝瓜'为对照。每个小区定植 400 株，随机区组排列，重复 3 次，四周设保护行。起垄种植，株距 50 cm，畦宽 80 cm，双行定植。结果显示，'风帘 3 号'2018 年平均前期产量为 500.067 kg/亩，比对照增产 32.933 kg/亩，2018 年平均总产量为 2 090.933 kg/亩，比对照品种增产 139.333 kg/亩，'风帘 3 号'2019 年平均前期产量为 519.067 kg/亩，比对照增产 32.667 kg/亩，2019 年平均总产量为 2 183 kg/亩，比对照增产 7.72%；'风帘 3 号'两年平均前期产量 509.533 kg/亩，比对照增产 34.6 kg/亩，两年平均总产量为 2 137 kg/亩，比对照品种增产 147.933 kg/亩。生产试验：2019—2020 年在宁波、嘉兴、上海、无锡、台州、洛阳进行早春生产试验，各试点面积 667 m²（1 亩），以'寿光中长丝瓜'为对照，采用设施栽培，田间管理按照当地常规早春茬丝瓜栽培技术进行。试验结果表明：'风帘 3 号'各示范点平均前期产量 519.067 kg/亩，较对照'寿光中长丝瓜'增产 48.6 kg/亩；平均总产量 2 113.8 kg/亩，较对照'寿光中长丝瓜'增产 174.533 kg/亩，表明'风帘 3 号'丰产性更好。

（四）其他育种方法

主要有生物技术育种。生物技术的手段和方法为育种研究提供了新的途径，生物技术在丝瓜的遗传育种、品质改良、抗病育种上有广阔的应用前景，但到目前有关的研究报道仍很少。王少先等采用离体花粉培养技术对丝瓜花粉萌发特性进行研究，结果表明，丝瓜花粉属于好气性萌发类型，萌发时需要一定的外源营养物质供应；王慧莲等对丝瓜的组织培养和快速繁殖进行研究均获得成功。

三、主要品种类型及代表性品种

丝瓜品种可分为两大类型，即普通丝瓜与有棱丝瓜。

（一）普通丝瓜

普通丝瓜俗称"水瓜"，生长期较长，果实短圆柱形至长圆柱形，表面粗糙，并有数条墨绿色纵纹，无棱。印度、日本及东南亚等地的丝瓜多属此种。中国长江流域和长江以北各省份栽培较多。果实形状可分为长圆柱形（如'南京长丝瓜''武汉白玉霜'及各地线丝瓜）、中圆柱形（如'广东长度水瓜'）和短圆柱形（如'广东短度水瓜''上海香丝瓜'）。代表品种如下。

1. 线丝瓜

又称蛇形丝瓜，云南省个旧市地方品种。四川成都和重庆江津栽培较多，现长江流域及以北地区均有栽培。叶掌状 5 裂，浓绿色，叶面较光滑，有少量白色茸毛。茎蔓旺盛，分枝力强，主蔓第 10~12 节着生第 1 雌花。果实长圆柱形，一般长 50~70 cm，也有 1 m 以上的，横径 4~6 cm。皮浓绿色，有细皱纹或黑色条纹，肉较薄，品质中等，单果重 500~1 000 g，适应性和抗逆性强。

2. 南京长丝瓜

又名蛇形丝瓜，南京市地方品种，长江流域各地均有栽培。茎蔓长势旺盛，主蔓第 7~8 节开始着生雌花，以后能连续着生雌花。果实长棒状，长 100~150 cm，有的长达 2 m 以上，横径上端约 3 cm、下端 4~5 cm。皮绿色，肉质柔嫩，纤维少，品质好。

3. 白玉霜

武汉市郊农家品种。叶掌状，茎蔓分枝力强，主蔓第 15~20 节着生第 1 雌花。果实长圆柱形，一般长 60~70 cm，横径 5~6 cm。皮浅绿色并有白色斑纹，表面皱纹多，皮薄，品质好。一般果重 300~500 g。不甚耐旱。

4. 香丝瓜

主要分布在四川、云南和上海等地。早熟品种。叶掌状，浓绿色。果实短圆柱形，长 16~20 cm，横径 3~4 cm，皮绿色，粗糙，肉肥厚，味香甜，但易纤维化。一般单果重 150~200 g。

5. 棒丝瓜

北京市地方品种。植株蔓生，长势强，叶为掌状裂叶。花单生，瓜棍棒状，尾部略粗，长 33~37 cm，横径 3~3.6 cm，外皮绿色，有约 10 条绿色线状凸起，多绒毛。肉厚 0.5～0.6 cm，白色，肉质细软，品质中等。单瓜重 150 g 左右。亩产量 1 500~2 000 kg。该品种耐热性强，不耐寒，较耐湿，可作为日光温室秋冬茬栽培用。

6. 长沙肉丝瓜

长沙地方品种。植株生长势强，分枝多。主蔓第 7~9 节着生第 1 雌花。果实长圆筒形，两端稍粗，长 30~40 cm，横径 7~10 cm，单果重 500 g 左右。果皮绿色，果面较粗糙，被蜡粉，有约 10 条纵向深绿色条纹，肉质肥厚，纤维少，柔嫩多汁，品质好，耐贮运。

7. 湘丝瓜 1 号

湖南省农业科学院蔬菜研究所育成。植株生长势强，主蔓第 1 雌花着生在第 6~8 节。果实长圆筒形，绿色，长 36 cm 左右，横径 8 cm 左右，单果重可达 720 g。较耐寒、耐热、抗病。早中熟、丰产型品种，适宜各地春季保护地栽培、露地早熟栽培、秋延后栽培，海南等地还可在冬春季栽培。

（二）有棱丝瓜

植株生长势比普通丝瓜稍弱，需肥多，不耐瘠，果实短圆柱形至长圆柱形，具 9~11 棱，墨绿色。主要分布在广东、广西、台湾和福建等地。对环境条件较敏感，特别是对日照长度。生产上一般将其分为春丝瓜（如'绿旺丝瓜''广东双清丝瓜'）、夏丝瓜（如'夏棠 1 号'）和秋丝瓜。有棱丝瓜代表品种如下。

1. 青皮丝瓜

又名绿豆青丝瓜，广东省广州市地方品种。植株分枝力强，叶青绿色。主蔓第 9~16 节着生第 1 雌花。果实长棒形，长 40~50 cm，横径 4.5~5.5 cm。皮青绿色，具 10 条棱，也有的 11~12 条棱，皮薄肉厚，品质优良。一般单果重 0.2~0.6 kg。

2. 乌耳丝瓜

广东省广州市地方品种。植株分枝力强。叶浓绿色。主蔓第 8~12 节着生第 1 雌花。果实长棒形，长 40 cm 左右，横径 4~5 cm。皮浓绿色，具 10 棱，棱边墨绿色，皮稍硬，皱纹较少。肉厚柔软，品质优良，一般单果重 250 g 左右。

3. 雅绿 1 号

广东省农业科学院蔬菜研究所育成。早熟、耐热、抗病、优质。生长势强，外形美观。长棒形，头尾匀称，长 60 cm 左右，横径 5 cm 左右，单果重 350 g 左右。皮色深绿，棱色深绿，肉质柔软，品质优。早熟，出现第 1 雌花的节位低。

4. 绿旺丝瓜

广州市蔬菜科学研究所育成。植株生长旺盛，春播主蔓第 7~10 节着生第 1 雌花。果实长 60 cm 左右，横径 4~5 cm。青绿色，具 10 条棱，棱墨绿色。单果重 300~500 g。早熟，较耐旱，纤维少，品质好，耐贮运。

5. 夏优丝瓜

耐热、耐湿、抗病、丰产优质。果实纵径 50~70 cm，横径 5 cm 左右，头尾匀称，单瓜重 450~600 g。皮棱墨绿色有光泽，肉厚细嫩，味甜，品质优，符合内销及出口要求。

6. 夏棠 1 号

华南农业大学园艺系从农家品种棠东丝瓜中经系统选育而成。早熟，第 1 雌花节位低，在第 12~15 节。雌花节率高，节节有瓜。瓜长棒形，头尾均匀，长 60 cm 左右，横径 5.5 cm 左右。皮色青绿，棱 10 条，墨绿色。皮薄肉质柔软，含糖量高，味甜。单瓜重 500~600 g。适应性强，耐热、耐湿、耐涝。

四、栽培技术要点

1. 播种育苗

（1）苗床准备及制钵。宁波市多采用营养钵育苗。首先应选择排水良好、避风向阳、太阳照射时间长、地力较好的地块作苗床。在制钵前 10~15 d 结合翻耕施入复合肥 10~15 kg/亩，充分翻拌均匀成营养土。在播种前 1~3 d，再加水至手捏成团，齐胸落地即散时制钵，梅花式镶嵌、中间微胖排列。打钵时要用力均匀一次成型，打钵的数量要比实栽的数量增加 30% 左右。并覆盖好地膜，以待播种。

（2）播种期。根据宁波市的气候条件和生产实际宜在 3 月底、4 月初播种。

（3）种子处理。播种前，种子一般要先进行人工拣选，挑出瘪籽、破碎籽或杂籽。采用浸种催芽下籽的，先将种子晒 2~3 d，用温水浸种约 6 h（以种子充分吸水为准）或用多菌灵（胶悬剂 1 号）500 倍液浸泡 4~6 h，然后将种子放入温箱催芽，待种子芽露白即可选晴天播种。

（4）播种方法。播种时，每钵播 2 粒，播后用细土覆盖 1.5 cm 左右，要求均匀一致，并填满钵间空隙。覆土后用 0.015 mm 高压聚乙烯薄膜平复地面，再用小拱棚覆盖。播种时要求掌握：湿籽、湿钵、湿盖土，并趁湿盖好薄膜。用干燥种子直接播于营养钵内的，播后要及时覆盖地膜，并搭好小拱棚，以利早出苗，要求苗床必须保持湿润，以防水分不足影响出苗。

常规育苗：按前述整理好苗床，并按一定的株行距划格，在格内开穴把已浸种萌芽的种子播入，播后覆土 1.5 cm 左右。覆土后用 0.015 mm 高压聚乙烯薄膜平复地面，再用小拱棚覆盖。

（5）苗床管理。播种后密封苗床，保温保湿，高温催芽（不超过 40 ℃）。在未出苗前，苗床膜内温度保持在 20~30 ℃ 为佳。经浸种催芽的种子 2~3 d 可出苗，干燥种子播种 6~7 d 可出苗。一般要求膜内出苗达 80% 以上时方可揭去地膜。出苗后，前期气温低，苗龄小，以保暖防冻为主，中后期随着气温升高，苗龄增大，应以通风炼苗为主。通风炼苗视气温高低灵活进行，阴雨天气温低可不通风，晴天气温高必须揭膜通风，并做到由小到大，逐步增大通风量，移栽前 2~3 d 可昼夜不盖膜。

苗期易发生疫病和炭疽病，可用 50% 托布津 800 倍液或 50% 多菌灵 600 倍液或 1：2：200 波尔多液，或 80% 代森锌 600 倍液交替喷防。

2. 大田准备

选择前茬为麦冬、大蒜、冬春蔬菜、包菜等田块作丝瓜络生产用地。在前一年大秋作物收获后，于 12 月初亩施有机肥 2 000 kg，深翻入土，并留足 80 cm 的瓜畦，进行冬休，不种任何作物。翌年 2 月下旬进行第二次翻耕，并按 3 m 畦幅开好"三沟"，要求畦沟深 20 cm、横沟 30 cm、腰沟 40 cm。做到三沟配套，高畦深沟，雨停畦沟不积水，使瓜络根系在"深、通、旺"优良生态环境下生长。移栽前7～10 d，在确定移植的畦面上距播种行30 cm外，开沟深施基肥，亩施碳铵50 kg、磷肥30 kg、钾肥15 kg，或三元复合肥50 kg，施后及时进行复土，整地成胖背型，尽可能做到细、匀、实，并每亩大田用50%扑草净可湿性粉剂100～150 g或40%氟乐灵乳油100～125 ml等药剂兑水喷雾畦面除草，后盖好地膜待移植。

3. 适时移栽

（1）移栽时间。一般掌握在4月20日（谷雨）前后，选择冷尾暖头移栽。

（2）种植密度。密度的高低视地力及管理水平而定。地力好、管理水平高的可密些，地力差、管理水平低的可适当稀些。一般为550～650株/亩，其行距为3 m，株距0.35～0.4 m。

（3）壮苗标准。选择根系白色、多而粗壮，茎粗短，节间紧，叶大而厚，深绿色，子叶完整，株矮墩壮，秧龄在30～35 d（二叶一心）的无病虫健壮苗。

（4）移栽方法。移栽前4～5 d，苗床亩追人粪100 kg，加碳铵2.5～4 kg，以增加秧苗氮素营养。定植前2～3 d，床内全面喷施90%敌百虫800倍液，加75%百菌清600倍液或80%代森锌或50%代森铵950倍液，防治病虫。为防止移钵时钵土松散，大田打穴后要浇足底水，钵体要栽正栽直，深浅以略低于畦面为佳，钵四周要撒土覆严，做到不漏气、不透风，以利增温保湿，促使返青活棵。成活后，随时做好查苗补缺等工作。

4. 搭架引藤

丝瓜种后即可进行搭架，棚架的设计要根据瓜蔓行向而定。棚架高一般为2 m，其牢固程度须经得起鲜瓜重量的负荷和台风袭击。一般水泥柱棚架，桩距5 m、行距4 m，每亩地立直桩40根，直桩长2.5 m；木桩或毛竹桩棚架，直桩长2.5 m、桩距1.5 m×1.5 m，每亩地立直桩300根。直桩深埋50 cm，边桩与直桩呈75°角，深埋55～60 cm。为增强牢固度，四周地锚深埋70 cm，地锚与边桩攀线为8#铁丝。棚顶、桩与桩之间用8#铁丝相连拉紧，中间用小竹或绳子纵横织成间距50 cm的正方形，用布条扎紧，使铁丝不松动，直而不摇，有利茎蔓攀缘。

待瓜藤长到2.5 m以上时可引蔓上架。上架时，不管瓜蔓长短，尽可能做到齐头并进。经常理藤，使瓜藤在架上平衡伸展均匀分布。

5. 瓜期管理

丝瓜一般于6月中下旬开始开花结瓜。根据结瓜时期不同，可分梅瓜、伏瓜、秋瓜。6月15日至7月5日的20 d内，以主蔓20～25叶位上所结的瓜为梅瓜，占总瓜数的30%左右。梅瓜的特点是瓜形短而粗、瓜筋稀、硬度差，因而单瓜质量轻，但坐住梅瓜为丝瓜稳产打下了基础。7月5日至8月8日，主蔓30～32叶位处和侧蔓所结的瓜为伏瓜，即立秋之前结住的瓜，约占总瓜数50%以上。伏瓜的特点是瓜丰满粗壮，瓜络紧密，瓜长而挺直，单瓜大。它是产量高低的主体瓜。8月9—19日（立秋后），主蔓32叶位后及侧蔓上结的瓜为秋瓜，占总瓜数的10%左右。秋瓜的特点是瓜形略短而细，丰满度稍差，络较紧密。

从开花结实到成熟采摘，梅瓜需45～50 d，伏瓜35～40 d，秋瓜约50 d。为达到

"早结瓜、结好瓜"，实现"三瓜"齐结，在栽培上应着重抓好以下几个环节。

（1）整枝挖芽去雄花。瓜蔓上架后要不断进行整枝挖芽和去除适当数量的雄花。整枝一般采用单蔓整枝，即每株只留一条主藤，对其他的侧枝和芽要随时整除。在6月底7月初打掉主蔓顶尖，留倒10~11节位所生的侧芽或1~2朵雌花，有利主蔓结伏、梅两瓜。

为减少养分的消耗，可将70%以上的雄花蕾及时摘去，但须谨防碰伤同节位上的雌蕾。

（2）留优瓜去劣瓜。在梅、伏、秋3个结瓜期，每期只选留优瓜1~2条。应选上下匀称、条型直、瓜柄粗壮不细长的幼瓜，同时在选中的小瓜前几个节位上先暂留一个幼瓜，以防因生长过旺影响被选中瓜的坐瓜。当选中瓜长到不会破裂时再除去前面的小瓜。选中结下的瓜不能任其搁置在棚架顶上，应及时放下悬于空中，若瓜形出现弓形，须经人工整直（可用小石块挂置在花蒂上）。

（3）肥水管理。追肥的合理施用对丝瓜的坐果及充实膨大具重要作用，追肥的施用时间、次数及用量，视丝瓜长势和结瓜量多少而定。当第一期幼瓜直径长到4 cm以上时，须施第一次追肥，亩施尿素约7 kg，过10 d再亩施尿素10 kg左右，以促进丝瓜的膨大与充实。以后每隔15 d左右追施一次，每次亩用尿素10 kg左右。施肥方法应以浇施为主，在茎基部50 cm以外左右轮换交替浇施，以防近根产生肥害。

在丝瓜膨大期若连续干旱，有条件的地块应灌水或浇水抗旱。

6. 病虫害防治

丝瓜主要病害有丝瓜病毒病、丝瓜绵腐病、丝瓜霜霉病、丝瓜炭疽病、丝瓜疫病、丝瓜白粉病；主要害虫有瓜绢螟、蚜虫、潜叶蝇。详见第七章。

第六章　其他蔬菜育种

第一节　豇豆

图 6-1　豇豆

豇豆〔拉丁学名：*Vigna unguiculata* (Linn.) Walp.〕，俗称角豆、姜豆、带豆、挂豆角，是夏秋两季上市的大宗蔬菜。豇豆属豆科一年生植物，是世界上重要的豆类蔬菜作物之一，主要分布于亚洲。我国除青海和西藏外，全国各省（自治区、直辖市）均有种植（图6-1）。

豇豆茎有矮性、半蔓性和蔓性3种，花果期6—9月。豇豆是旱地作植物，生长在土层深厚、疏松、保肥保水性强的肥沃土壤。其适应性广、耐热性强，能越夏栽培，对缓解7—9月夏秋蔬菜淡季供应具有重要作用，在豆类蔬菜中栽培面积仅次于菜豆。

关于豇豆的起源有若干不同的见解。Wight（1907）曾在印度、波斯发现有原始习性的豇豆，认为它是豇豆的野生类型，因此认为普通豇豆的原产地为印度及其北方里海南部地域。Н·И·ВИЛОВ（1935）也认为，豇豆（*Vigna sinensis* Endl.）起源于印度；Steele（1976）认为栽培豇豆的起源有2个中心，一是西非，一是印度次大陆。

最新的研究表明，栽培豇豆种起源于亚洲的理论不能解释野生亚种 spp. *dekindtiana* 的分布及其真实的野生性状。相反，在非洲存在着普通豇豆亚种野生型驯化的证据。栽培种的野生型分布在非洲的乞力马扎罗海拔2 000 m 的丘陵高山地区。据 Hutcheson 和 Wolfe（1957）称，此种野生型与栽培种在形态上无太大差异，且与栽培种容易杂交。因作物野生型会出现在其起源地，野生豇豆广泛分布于非洲的事实，成为该作物起源于非洲的有力证明。

豇豆第一次在何处驯化尚不能确定。埃塞俄比亚、中非、中南非、西非被不同学者认为是豇豆的驯化中心。Faris（1965）的结论是，豇豆栽培品种是在西非由野生的 *sub-sp. dekindatiana* 驯化而来的，因西非是豇豆分布范围内唯一的多样性中心；Marechal 称在西非地区有大量古老栽培种和野生种，Rawal（1975）认为野生豇豆和栽培豇豆的基因渗入发生在西非，很多野生类型和栽培豇豆种植在这个地区，豇豆在西非半潮湿、半干旱地区被驯化，由野生多年生原始种进化而来。

根据国际热带农业研究所对 1 万余份豇豆种质资源的研究表明，来自尼日利亚、尼日尔、加纳等西非国家豇豆的多样性比东非要高，有大量的野生种和古老栽培种。考古发现了加纳于公元前 1450—前 1400 年的豇豆残留物，表明西非应该是豇豆最初的驯化中心。另外，在印度发现有豇豆 3 个巨大变异性的栽培组群，认为印度是豇豆的次生起源中心（Pant et al.，1982）。

豇豆在公元前 1500—前 1000 年从非洲传入亚洲西南部；于 17 世纪后期由西班牙人带入美国，许多栽培种也随贸易从西非带入美国（Steele，1976）。豇豆从印度向西传入伊朗和阿拉伯地区，公元前 300 年自西亚经希腊传入欧洲。

栽培豇豆可能经古丝绸之路由印度传播到东南亚和远东。何时传入中国尚无确切考证，Sim-monds 所著的《植物进化》中指出豇豆可能于公元前 1000 年传入远东地区（主要指中国）。隋朝陆法言所著的《切韵》（公元 601）中写道："豇、豇豆，蔓生、白色"，由此，可以确定，豇豆在中国栽培已有 3 000 多年的历史。由于中国长豇豆变异很大，资源十分丰富，栽培十分广泛，不少学者认为中国是豇豆的次生起源中心之一。1979 年在中国云南西北部发现分布很广的野生豇豆 [V.vaxillata（L.）Benth.]，据此认为中国可能也是豇豆的起源中心之一。

由于豇豆起源于热带，生长需要较高温度，目前主要分布于热带、亚热带和温带地区，向北延伸到北纬 45°。普通豇豆栽培面积非洲约占 90%，产量约占世界的 2/3（干籽）；其次是美洲（以巴西为多）；亚洲位居第三；欧洲再次；大洋洲最少。食用嫩荚的长豇豆以亚洲（尤其是东南亚地区和中国）栽培面积最大。浙江省农业科学院对长豇豆育种驯化的最新研究表明，亚洲人对长豇豆长期选择的效果主要集中在第 5 号、第 7 号、第 11 号染色体上，提出这是长豇豆亚种驯化形成的主要遗传学基础的理论（Xu et al.，2012）。

豇豆种质资源丰富。目前世界 26 个国家搜集的豇豆种质资源约 2.8 万多份，野生种质资源 8 500 余份。其中设在尼日利亚伊巴丹（Ibadam）的 HTA 搜集保存的豇豆种质资源最多，达 13 270 份，经整理的有 11 800 份，另有野生资源 200 份（不包括中国的资源）。1989 年统计保存豇豆种质资源较多的国家有美国（4 205 份）、巴西（2 293 份）、印度（1 766 份，野生资源 25 份）、菲律宾（1 457 份）、印度尼西亚（3 930 份）。

中国搜集保存的豇豆种质资源达 3 500 多份。中国曾于 1957 年、1958 年开展豇豆资源征集工作，之后这一工作停顿。自 1978 年中国农业科学院作物品种资源研究所成立后，才开始与各省份合作，开展全国豇豆资源征集与农艺性状鉴定工作，至 1990 年搜集长豇豆种质资源 1 920 份（其中国内资源 1 851 份）。种质资源的分布以华南最多，占 37.5%；华北、西南、华东次之，分别占 19.8%、18.0%、15.1%；西北、东北最少，分别占 4.8%、4.6%。"八五"（1991—1995 年）期间，浙江省农业科学院对我国收集保存的 1 900 多份长豇豆种质资源开展了主要农艺性状的鉴定、营养品质分析（蛋白质、可溶性糖、粗纤维等）与主要病害的抗性鉴定（黑眼豇豆花叶病毒病、锈病、煤霉病等）工作。李国景等制定的国家农业行业标准《植物新品种特异性、一致性和稳定性测试指南　长豇豆》（NY/T 2344—2013）和王佩芝等（2006）的《豇豆种质资源描述规范和数据标准》为开展豇豆种质资源研究提供了标准化的技术方法。

在种质资源形态学鉴定研究上，根据 20 多年来对长豇豆种质资源形态学鉴定与品质、抗性研究结果，按荚形、荚色的不同，豇豆被分为 6 类：绿荚类有'铁杆青''柳条'青；浅绿荚类有'红嘴燕''之豇 28-2'等；绿白荚类有'长白豇''白线豇'等；花荚类有'花皮架豇''鳗鱼豇'等；紫荚类有'紫血豇'等；盘曲荚类有'盘香豇'等。

李耀华等采用聚类分析的方法将豇豆分为 4 个品种群和 8 个品种亚群，提出品种群之间的品种差异最大、品种群内的品种次之、亚群内的品种再次。这为豇豆选育，尤其是有关数量性状方面的目标选择提供了科学依据。汪雁峰等对 1 172 份豇豆种质资源进行了 10 个主要农艺性状系统考查，结果表明：我国现有种质资源生长习性以蔓生型为主（占 87.2%），熟期以较早熟材料为主，其中极早熟占 11.5%、早熟占 31.6%、中早熟占 26.5%，嫩荚长度以 19～60 cm 为主（占 86% 以上），极长荚材料 3 份，荚重以 4.9～15 g 为主（占 66.4%），单荚重超过 25 g 的特重荚 5 份，荚宽以 6.0～8.9 mm 为主，荚形以长圆条形（339 份，占 28.9%）、短圆条形（436 份，占 37.3%）两种为主，荚色以白绿荚（100 份）、黄绿荚（159 份）、浅绿荚（298 份）、绿荚（388 份）、深绿荚（64 份）这 5 种荚色为主（共占 86.1%），干籽百粒重以 7.0～12.9 g 为主（占 81.7%），百粒重超过 19 g 的特大粒材料 4 份等，种粒以红褐色、棕色、黑色为主（占 67.83%）。

王佩芝等对豇豆优异种质资源进行综合评价鉴定，筛选出 204 份较好的资源，其中矮生 37 份、早熟 42 份、大粒 38 份、多荚 54 份、高蛋白与高抗性材料 33 份。陆秀英等通过鉴定筛选出'玉豇''龙纹豇''白仁''YL-9'等 4 份可作为品质育种资源。张渭章等通过煤霉病抗性鉴定，筛选 36 份可作亲本材料，其中抗煤霉病材料 7 份，具较优综合性状材料 11 份，丰产性较优材料 9 份，早熟性较优材料 9 份。

在优异农艺性状资源鉴定上，长豇豆主要农艺性状包括株型、开花天数、荚型、花梗长度、嫩荚产量、结荚数、单荚重、每株花穗数、每花穗荚数、荚长、节间长、荚横径、小区产量、始花期、分枝数等。各有关单位对搜集的豇豆种质资源都十分重视这些农艺性状的鉴定。

HTA 保存的豇豆资源中大都为普通豇豆。经他们鉴定，这批种质资源株型极其多样化，有匍匐型、半直立型、直立型和攀缘型；荚型有盘绕、圆筒、弯月、直线形；花梗长度 5～50 cm 不等；有 62 种脐色、42 种脐形；生育期 53～120 d 不等；浙江省农业科学院对拥有的长豇豆品种资源进行了评价、鉴定，对 1 192 份材料的植物学特征、特性等 27 个指标进行了观察；分析了 543 份品种资源其商品嫩荚的蛋白质、可溶性糖、粗纤维和干物质含量；接种鉴定 1 028 份资源对黑眼豇豆病毒病的抗性；接种鉴定了 1 046 份材料的锈病抗性；对 131 份资源进行了煤霉病的抗性鉴定，对 10 项主要性状进行了分析评价，发现 6 份矮蔓或半蔓生资源，3 份春播 35 d 始花的特早熟材料，嫩荚长度超过 70 cm 的 3 份特长荚材料；单荚重超过 25.0 g 的有 5 份。嫩荚形态可分为长扁条、短扁条、大旋曲、小旋曲、长圆条、短圆条、弯圆条、剑形8种，其中长圆条与短圆条荚共计768份，占资源中的66.2%。长豇豆的荚色是重要的商品性状，有深绿色、绿色、淡绿色、紫黑色、紫红色、血牙红色、杂色等20余种，其中深绿色、白绿色、浅绿色、绿色的材料约占86.1%。种子的主色有白色、褐色、黄色、红色、黑色等14种，还有在种皮上或种脐上的次色调相配，使其色泽五花八门。其中，基本色调为黑色、褐色、棕色的材料占70.8%；黑色籽的资源约占20%，发现黑籽品种其抗逆性较强，生长势较旺。

在抗病种质资源筛选上，主要进行了抗煤霉病资源筛选，煤霉病在中国南方地区多雨潮湿气候条件下容易发生，其病情指数与单株产量、早期产量及每花穗荚数等诸多产量性状呈显著或极显著正相关。林美琛等对长豇豆品种资源进行了煤霉病抗性鉴定研究，筛选出免疫品种15个、高抗品种7个、抗病品种22个，但田间观察发现，各品种农艺性状欠佳，需进行抗病杂交育种。浙江省农业科学院在长豇豆煤霉病抗性鉴定研究中，发现郊县秋豆角、连江白根豆等15份资源对煤霉病表现免疫，'秋电512''秋豇17'表现高抗。

除了对抗煤霉病育种研究外，许多育种单位还对豇豆抗病毒病资源、抗锈病资源、抗豇豆死藤资源及抗其他病害资源和抗虫种质资源进行了筛选，都取得了许多有效的研究成果。

一、育种目标要求

中国重视长豇豆的研究始于20世纪70年代末80年代初，在此之前，各地栽培的长豇豆多为地方品种。20世纪70年代末，由于长豇豆花叶病毒病的广泛发生与危害，许多省份的长豇豆生产出现了严重减产甚至绝产的局面。80年代初，浙江省农业科学院以'红嘴燕'和'杭州青皮'为双亲，育成了高抗黑眼豇豆花叶病毒病（BLCMV），并具有早熟、丰产、适应性广、品质佳等特性的长豇豆新品种'之豇28-2'，它的育成和在全国各地的迅速推广应用，大大缓解了夏秋蔬菜淡季的供应。直至今日，该品种仍为全国主栽品种之一。

进入20世纪80年代后，浙江、江苏、广东、湖南、湖北、四川、山东等省结合地方品种的征集工作，先后开展了长豇豆种质资源的研究工作，发现了一批优良的种质资源；进入90年代后，中国长豇豆育种进入了快速发展阶段，国内一些科研院所、大学，在豇豆研究上发挥了主导作用，如浙江省农业科学院育成的豇豆新品种'之豇28-2'于1987年获国家发明二等奖之后，利用'红嘴燕'和'紫血豇'为双亲，育成了'秋旺512''秋豇17'两个对BLCMV免疫，并兼抗煤霉病，其他农艺性状较优良的秋季专用豇豆品种。随后利用这两个品种又育成了秋季专用豇豆品种'紫秋豇6号'，并作为亲本，通过抗性转育，育成了一批兼抗BLCMV、煤霉病及锈病等病害的蔓生豇豆新品种（如'之豇特早30''之豇106'）和矮蔓豇豆新品种'之豇矮蔓1号'。以优异种质资源发掘和创新利用为主要内容的长豇豆种质资源研究被列入"十二五"国家科技规划农村领域项目。

江苏省农业科学院，广东省农业科学院，江汉大学和湖南、湖北、四川等省级科研单位，通过人工杂交和定向选择等方法，育成了一批在全国有较大应用面积的长豇豆新品种，如江苏省扬州市蔬菜研究所育成的'扬豇40''扬早豇12'；广东省汕头市种子公司育成的'高产4号'；北京市种子公司育成的'青豇80'；湖北省农业科学院经济作物研究所育成的'杜豇'等在生产上推广应用。

在育种方法上，系统选育和杂交育种仍是目前长豇豆育种的主要方法，但随着科技的进步，分子标记辅助筛选育种（MAS）等现代生物技术在豇豆种质资源鉴定、评价与利用上已得到了较多的应用，促进了豇豆种质资源研究技术的快速发展。如研究开发的抗白粉病SSR标记Clm0305、抗锈病标记ABRSaac98、抗根腐病标记1_0981CAPS、耐旱性标记1_1286CAPS已应用于豇豆种质创新。以AFLP、SSR和SNP等为代表的现代分子标记技术，在豇豆种质遗传多样性研究、亲缘关系鉴定、育种驯化史研究等方面得到了较多的应用（Xu et al.，2012）。逆境生理研究上，通过研究植株受胁迫处理后其抗氧化前活性、细胞电解质渗透率和叶绿素荧光参数等生理生化指标的变化，提出相关性好的耐逆性鉴定指标，建立配套的鉴定技术，已成为抗高温干旱和耐低温弱光等种质辅助鉴定筛选技术。特别是叶绿素荧光技术，由于测定方便，稳定性好，可用于豇豆种质的耐逆性辅助鉴定。

豇豆育种目标主要有：品质要求、抗病虫性、丰产性和耐贮性、生育期和生态适应性等项内容。

（一）品质

1. 外观品质

目前商业品种的嫩荚以淡绿色为主，少数为深绿色、银白色、紫红色。而介于深绿色和淡绿色之间的绿色性状，由于其光泽度好，嫩荚外观商品性更佳，应作为外观性状的选择重点。其次嫩荚表面光滑度、嫩荚扭曲度也应作为重要的外观品质性状目标。

2. 食用品质

主要包括嫩荚蛋白质含量、可溶性糖含量以及口感（糯性）。此外，籽粒色为黑色的嫩荚，烹饪时汤色易发黑，选择时应加以注意。

3. 加工品质

目前加工主要有制干和腌制。作制干用的品种应选择嫩荚色为淡绿色至绿色、嫩荚致密且种子发育较慢；作腌制用的品种应注意选择嫩荚致密、不易起泡发绵且种子发育较慢等性状。

（二）抗病虫

1. 抗病

长豇豆的主要病害有病毒病、锈病、煤霉病、白粉病、根腐病、枯萎病、炭疽病、白绢病等，其中病毒病、锈病、根腐病为近年生产上发生最严重的3种病害，尤其是锈病和根腐病，在规模种植基地中随着连作年份的加大，危害日趋严重，兼抗2种或以上主要病害应作为重要的抗病育种目标。

2. 抗虫

长豇豆新品种的选育将是未来长豇豆育种的最主要目标之一。豆蚜、豇豆荚螟及绿豆象是目前长豇豆生产上最主要的害虫，造成的损失十分严重。其中豆蚜是病毒病传播的主要媒介，一般造成减产 5%～10%，较严重时可减产 40%～50%；豇豆荚螟蛀食花及嫩荚；绿豆象可使干籽重量损失 30%～100%，如在非洲，豆象吞食 25% 左右的产量。长豇豆生长季节高温、多湿，利于害虫繁殖，虫害严重。近年来，食品的安全性已越来越受到重视，因此，抗虫长豇豆新品种的选育对豇豆产业的可持续发展意义重大。但长豇豆因是食用鲜豆荚，在抗虫品种的选育中需要考虑抗虫性与品质的关系。

(三) 丰产性和耐贮性

1. 丰产性

作早熟栽培的品种宜将结荚部位低、耐低温弱光性能好、结荚集中、前期产量高作为主要选择性状。作高产栽培的品种宜将结荚部位略高、高温条件下落花落荚少、生长势较旺、根系强劲、不易早衰等作为主要选择性状。

2. 耐贮性

长豇豆嫩荚采收期正值高温季节，嫩荚商品成熟后易起泡发绵，加上近年来南北远距离调运频繁，对嫩荚的耐贮运性要求更高。研究表明，嫩荚密度与耐贮运性相关性较强，在选择时可作参考。

(四) 生育期和生态适应性

1. 生育期

应以选育早熟品种为主，同时适当搭配中晚熟品种。

2. 生态适应性

以土壤次生盐渍化、自毒作用等为主要特征的连作障碍已逐渐成为长豇豆生产上的一个重要问题，耐连作长豇豆新品种选育已成为一个新的育种目标。

此外，苗期耐低温弱光和开花期耐高温干旱等特性也应作为重要的抗逆性育种目标之一。

二、育种方法

(一) 选择育种

选择育种是豇豆等自花授粉蔬菜改良现有品种和创造新品种简便而有效的育种途径，目前多数单位仍主要以该方法进行豇豆育种。豇豆选择育种的方法有 3 种：混合选择法、单株选择法和单株混合选择法。

1. 混合选择法

混合选择法是指根据豇豆植株的表型性状，从混杂的原始群体中选取符合育种目标要求的优良单株、单荚混合留种，下一代播种在混选区里，经与标准品种比较，而育成豇豆新品种的方法。混合选择法简单易行，但选择效果较差，往往需经多次混合选择，才能获得性状稳定且与原始群体有明显差异的新品种。

2. 单株选择法

单株选择法是从原始群体中选出一些优良单株，分别编号、分别采种，下一代每个株系分别播种，从中选出符合育种目标的新品种的方法，又称系谱选择法。如浙江省温州市农业科学研究院从泰国豇豆中选育成瓯豇一点红。

3. 单株混合选择法

单株混合选择法是豇豆选择育种上应用最普遍的方法，即先从原始群体中选择一些优异单株，经2~3次单株选择后，再进行混合选择。该方法可结合单株选择法和混合选择法的优点，兼具选择效果好、简单易行的优点。目前生产上一些豇豆新品种是通过该方法育成的，如江苏省扬州市蔬菜研究所从'之豇28-2'中选育出中熟、耐热性好、植株生长势强的长豇豆新品种'扬豇40'和早熟性好、不易早衰、适于早熟设施栽培的'扬早豇12'；浙江省宁波市农业科学研究院利用该方法育成'绿豇1号'；乌鲁木齐市蔬菜研究所利用该方法育成'新豇2号'等，这些品种在全国长豇豆栽培中占有较大的比例。

（二）常规杂交育种

豇豆属于一年生自花授粉植物，具有明显的杂种优势。有性杂交育种主要有单交、回交和多系杂交等方法，回交选育法在转育单个抗病基因中非常有效。近年来，随着育种目标向多抗性、综合性状优异等转变，需要聚合多个优良性状基因，往往需要经过2次以上的杂交才能获得理想的结果，而且对杂种后代需经过多代（一般4代以上）分离、选择和比较试验，才能选育出优良的新品种。

下面以'之豇28-2'的选育过程作为豇豆有性杂交育种的一个实例予以介绍。1977年春季，浙江省农业科学院蔬菜研究所在引种和地方品种整理的基础上选择具有不同优良性状的品种为亲本，通过人工有性杂交，配制30个组合（包括正反交），于当年夏季种植 F_1 对分离后代结合田间观察和病毒病抗性自然鉴定，根据育种目标定向选择优良单株。1979年春季（F_4）结合单株结荚特性和抗性鉴定结果等进行选择，发现'红嘴燕'（叶片小、结荚部位低、节成性好、适应性广）×'杭州青皮'（条荚长、长势旺）的组合后代'28-2'株系具有结荚性好、早熟、抗病毒病等优良性状。于1979年夏季进行品比试验，田间表现性状基本稳定，当年秋季到福建进行南繁加代（F_6）。1980年春、夏两季在浙江省6个地区进行联合区试，结果表明新品系比当地主栽品种'红嘴燕'早期产量增加36.4%，总产量增加22.4%。与此同时，在杭州市常青大队10个生产队进行示范，平均亩产量为1 500~1 750 kg，再经山东、福建、上海和江苏部分地区引种，结果表现良好。1980年9月在浙江省杭州市通过了长豇豆新品种种植现场鉴定，定名为'之豇28-2'。

（三）分子标记辅助育种

分子标记辅助育种（MAS），即利用研究获得的与豇豆某性状基因连锁的分子标记，在回交后代或杂交分离群体中应用分子标记辅助鉴定、筛选，以准确、快速获得具有目标基因的后代群体的育种方法。分子标记辅助育种在豇豆抗病育种中具有重要应用价值，尤其是对于抗锈病、白粉病（由专性寄生菌侵染）育种，因对育种材料的抗性鉴定受多方面条件限制，因而其应用价值更大。分子标记辅助育种将是未来豇豆分子育种的主要方法之一（Kelly et al.，2003），目前有条件开展分子标记辅助育种的主要有：抗寄生性杂草（OuWdraogo et al.，2002；Boukar et al.，2004）、抗黄瓜花叶病毒病（Chida et al.，2000）、抗病豆荚螟（Koona et al.，2002）、抗锈病（李国景等，2007）、抗白粉病（Wu et al.，2014）、抗枯萎病（Pottorff et al.，2013）育种等。

三、主要品种类型及代表性品种

（一）品种类型

豇豆分类方法很多。

1. 根据荚的长短及荚下垂或上举等特性划分可分为 3 个亚种

（1）普通豇豆亚种（简称豇豆）。是我国分布最广、变异最多的一类，植株多为蔓生型，荚长 8~22 cm，初期嫩荚时直立上举，后期下垂，种子多似肾形，全国各地均有分布。

（2）短荚豇豆亚种。植株较矮小，荚长在 13 cm 以内，嫩荚向上直立生长，种子小，呈椭圆或圆柱形，百粒重一般在 10 g 以下。本亚种主要分布在我国南方的云南、广西等地。

（3）长豇豆亚种。蔬菜用豇豆，茎蔓生，植株缠绕，荚长 20~60 cm，肉质，下垂，成熟时荚壳皱缩，种子长肾形。长豇豆在我国也广为分布，其数量仅次于普通豇豆。

2. 按生长习性分类

上述每个亚种按生长习性可分为直立型、半直立（半蔓生）型、匍匐型和草生缠绕型 4 种。

3. 按生育期（熟性）分类

可分为早、中、晚熟。有 2 个多月成熟的极早熟品种，也有 5 个多月才能成熟的迟熟品种。主要依据品种的第 1 花序着生节位，即长江流域露地春播，主蔓第 4 节以下节位有花序，并首先开花结荚的品种称为早熟种；主蔓始花节位在第 5~7 节的称为中熟种；8 节以上有花序、分权多，权上结荚占产量比例较大的品种为晚熟种。

4. 其他分类方法

按成熟荚色可分为 6 个品种群，即绿荚、浅绿荚、绿白荚、花荚、紫荚和盘曲条六类。按籽粒大小可分为大、中、小三类型（百粒重小于 13 g 为小粒类型，13~20 g 为中粒类型，大于 20 g 为大粒类型）。按粒形分类有肾形、椭圆及短圆（后两种又可归为球形）。按籽粒颜色可分为白色、橙色、红色、紫色（紫红）、黑色、橙底褐花（红花脸或褐花脸）、橙底紫花（紫花脸）及双色（红白、黑白）豆八类。其中，以红

（褐）花脸豇豆最多，占收集总数的 27%；其次是白虹豆，占 21.4%；以下为紫色、红色与橙色三类，分别占总数的 18.2%、16.7% 与 10%；黑色、红白双色及紫花脸类型较少，均在 5% 以下。各类又有有无三角白斑及脐环色的不同。长豇豆依荚的色泽可分为白皮种、青皮种、红皮种及斑纹种四类。

根据对日照长短的反应，又可分为对日照长短反应敏感型和对日照长短反应不敏感型。目前大部分豇豆品种经长期的人工选择，对光照长短反应不敏感。部分品种需短日照，需在秋季栽培，称为秋季专用品种。

（二）代表性品种

1. 早熟品种

（1）之豇 28-2。浙江省农业科学院利用'红嘴燕'作母本，'杭州青皮'作父本杂交后，经系统选择育而成。植株蔓生，分枝性弱，以主蔓结荚为主，主蔓第 2~3 节开始着生第 1 花序，花浅紫色，荚长约 60 cm。浅绿色，荚壁纤维少。种子肾形，种皮紫红色。抗花叶病毒病能力较强，易感锈病。

（2）之豇特早 30。浙江省农业科学院利用'红嘴燕'和'杭州青皮'做双亲，在分离后代选择优异株系杂交，再经多代选育而成。植株蔓生，分枝少，叶片小，主蔓结荚为主，抗病毒病。初花节位低，平均第 3 节左右即可结荚。嫩荚色浅绿，长约 60 cm，条荚匀称，商品性好。

（3）之豇矮蔓 1 号。浙江省农业科学院采用多亲本（5 个原始亲本）、多重杂交（7 次以上人工杂交），经 15 年系统选育而成的矮蔓直立型新品种，株高约 40 cm，荚长约 35 cm，兼抗病毒病、锈病、煤霉病。

（4）扬早豇 12。江苏省扬州市蔬菜研究所育成。植株蔓生，以主蔓结荚为主，始花节位第 4 节，花紫色，结荚集中。嫩荚长圆条形，荚长约 60 cm。嫩荚浅绿色，品质佳。耐热、耐旱，抗病，适应性广。

（5）杜豇。湖北省农业科学院经济作物研究所经定向系统选择而成。植株蔓生，分枝 2~3 个。叶片较大，深绿色，第 2~4 节位出现第 1 花序。花冠紫色，略带蓝色，嫩荚绿白色，荚长约 65 cm。荚肉厚而质嫩，商品性好。耐渍，较抗疫病。

（6）高产 4 号。广东省汕头市种子公司育成。植株蔓生，茎蔓粗壮，侧蔓少，以主蔓结荚为主，第 2~3 节始生花序。荚长 60~65 cm，浅绿色，成荚率高。品质优良，种子不易显露，嫩荚不易老化，产量高。

2. 中熟品种

（1）之豇 106。浙江省农业科学院在杂交分离后代中选择优系再与第 3 亲本杂交，经多代系统选育，聚合优良基因育成的长豇豆新品种。植株蔓生，第 1 花序着生节位在第 4~5 节。嫩荚油绿色，条荚匀称，豆荚采收时间弹性大，肉质致密，商品性佳。耐贮性好，不易鼓豆。抗病毒病、锈病。

（2）正豇 555。泰国正大集团江苏正大种子有限公司选育。春栽从定植到始收约 60 d。植株生长势强，株高 250~300 cm，株型紧凑。主蔓第 3~4 节着生第一花序，每花序着生花 2~4 对，单株结荚 13~14 条；以主蔓结荚为主，基部结荚多且集中。荚先端一点红，条圆形，淡绿色，荚长 70~90 cm，横径 0.8~1.0 cm，单荚重 20~30 g；荚肉厚，质脆嫩味甜，籽粒少；种子黑色。该品种较抗病毒病、叶斑病和根腐病；后期不易早衰，亦无鼠尾荚、鼓粒等现象。平均亩产嫩荚 2 000 kg，春秋两季均可栽培。

(3) 白沙 7 号豇豆。系广东省汕头市白沙蔬菜原种研究所以'七叶仔'为母本、'之豇 28-2'为父本进行有性杂交，对其后代经过 3 年 5 代的系统选育而成的。播种至初收，春播为 55 d 左右，夏播 35 d 左右，持续采收期 30~35 d。植株蔓生，株高 3.5~4.0 m，分枝早而适中，每株有分枝 1~2 个，一般第 3~4 节着生第一花序，以后各节均有花序，以主蔓结荚为主；叶片中等大小，叶肉厚，深绿色；成荚率高，每花序结荚 2~4 条，单株结荚数约 20 条，荚长 60~70 cm，宽约 1 cm，厚约 0.9 cm，单荚重 35~40 g，荚色翠绿，肉厚质脆，味甜；单荚含种子 13~19 粒，种子红褐色，千粒重约 150 g。适于炒食或腌渍加工。该品种早熟性好，耐寒等抗逆性强，较抗花叶病毒病。适播期长，前中期产量较集中，是适宜提早播种上市的品种。一般亩产 1 800 kg，夏季高温条件下也能获得一定产量。

(4) 青豇 80。北京市种子公司从河南地方品种中经单株选育而成。植株蔓生，侧枝较少，生长势强，第 1 花序着生于第 6~8 节。坐荚率高，嫩荚绿色，荚长 70 cm 左右，种子红褐色，粒较小。抗病性强，耐寒、耐涝。

(5) 扬豇 40。江苏省扬州市蔬菜研究所育成。植株蔓生，生长势强。主、侧蔓均能结荚，主蔓始花节位第 7~8 节，侧蔓第 1~2 节，花紫色。嫩荚长 65 cm 以上，浅绿色，肉质嫩，品质佳。耐热性强，耐涝、耐旱，适应性广。

(6) 罗裙带。四川省地方品种。植株蔓生，生长势强。花蓝紫色，第 1 花序着生于第 6~10 节。嫩荚绿色，长约 69 cm，肉质致密，鲜食、制泡菜均宜。耐热、抗旱能力较强。

3. 晚熟品种

(1) 紫豇豆。上海、南京等地栽培品种。分枝多，第 8 节开始着生花序，以后每隔 2~3 叶着生一花序。荚长 30~40 cm，紫红色，喙绿色。肉质脆嫩，质优。

(2) 蛇豆。广州市郊区地方品种。具 3~4 个分枝，叶较大，第 8~9 节开始着生花序，花浅紫色。荚长 40~50 cm，青白色，喙浅红色，缝合线常呈螺旋状，品质优良，稍耐低温。

4. 秋季专用品种

(1) 秋豇 512。浙江省农业科学院利用'红嘴燕'与'紫血豇'杂交，经多代选育而成的秋栽专用品种。植株蔓生，生长势较强，分枝较多，主、侧枝均能结荚。对短日照敏感，较耐秋后低温。主蔓第 7 节以上开始着生第 1 花序，上下开花较一致，花荚紧凑，嫩荚粗壮，长 33~43 cm，荚银白色，粗壮，荚壁纤维少，质糯，不易老化，品质好。抗花叶病毒病和煤霉病，耐锈病。

(2) 紫秋豇 6 号。浙江省农业科学院育成。生长势中等偏强，侧蔓较少，主、侧蔓均可结荚。对光照反应敏感，适宜秋季栽培。初荚部位低，平均 2~3 节。荚长约 35 cm，荚色玫瑰红，爆炒后荚色变绿，俗称"锅里变"。嫩荚粗壮，品质优，不易老化，商品性好，籽粒为红白花籽。抗病毒病与煤霉病。

四、栽培技术要点

豇豆栽培分春播、夏播和秋播，宁波地区一般春播在2—4月，夏播5—6月，秋播7—8月。近年来还大力发展了早春大棚促早栽培。

（一）播种育苗

1. 播种时间

豇豆一般采用直播，为提早上市，宜采用育苗方式。如采用大棚+小拱棚+地膜栽培，大棚内营养钵育苗的，可于2月下旬播种。采用春季露地栽培，小拱棚育苗的，可于3月5日前后播种；秋季栽培于7月上中旬直播。

2. 床土准备

育苗移栽的，育苗床土应采集位于地势高燥、土质肥沃、取土方便处的菜园土。

3. 种子准备

（1）种子处理。播前精选种子，并用种子重量0.5%的50%多菌灵可湿性粉剂拌种，防治枯萎病和炭疽病。

（2）用种量。用种量应根据种植方式确定。直播的，每亩大田用种量为2.5~3.5 kg；育苗移栽的，每亩用种量为1.5~2.0 kg。

4. 播种

露地直播每穴播3~4粒种子，营养钵育苗每钵播2~3粒种子。

（二）苗床管理

播种后，大棚、小拱棚育苗的应做好棚温管理：播种至出土，要求适宜昼温为25~30 ℃，适宜夜温16~18 ℃，最低夜间温度为16 ℃；出土后，白天适宜温度20~25 ℃，夜间适宜温度15~16 ℃，最低夜间温度为14 ℃；定植前4~5 d，白天适宜温度20~23 ℃，夜间适宜温度10~12 ℃，最低夜间温度10 ℃。

露地栽培的，在定植前须进行一定时间的炼苗。

（三）种植地的准备

种植地以选择肥沃、疏松的壤土或沙壤土为宜，黏重土壤或地势低洼地不宜种植。定植前半个月深翻20~25 cm，结合翻耕亩施腐熟有机肥2 000~3 000 kg，整地前畦上亩撒施碳胺20~25 kg、过磷酸钙20~30 kg和硫酸钾10~15 kg，或三元复合肥25~35 kg。

做到精细整地，使土壤与肥料充分混合均匀。

（四）定植

双行栽植，畦宽（连沟）1.5 m，行距70~75 cm，穴距20~25 cm（每穴3株），亩栽4 000~4 500穴。定植时，浇适量定根水，并及时用土密封定植口。

（五）肥水管理

豇豆在开花结荚前对肥料的要求不多，如果幼苗生长势太弱，可在抽蔓期亩浇施尿素 5~10 kg、过磷酸钙 5 kg 和氯化钾 5~8 kg。开花结荚期需要大量养分，应及时追施花荚肥，一般每亩地可浇施复合肥 20 kg，或过磷酸钙 10 kg 和氯化钾 10 kg。以后，每采收 1~2 次，视植株生长可浇施与花荚肥相同数量的肥料。此外，还可用 0.5% 尿素加 0.3%~0.5% 磷酸二氢钾进行根外追肥。

雨后应清沟排水，防止坑沟积水。花荚期，土壤过分干燥，应及时浇水抗旱。

（六）田间管理

1. 搭架

当幼苗长到 30 cm 时，应及时搭架引蔓。每穴插一根竹竿，两行呈"人"字形。架材高度不低于 2.4 m。

2. 引蔓

豇豆茎蔓的缠绕能力不强，需人工辅助引蔓上架，引蔓时间一般在晴天上午 10 时以后进行，按逆时针方向将蔓（藤）绕在竹竿上。

3. 整枝

将主蔓第 1 花序以下的侧芽全部抹除，减少养分消耗，以保证主茎粗壮。并促进下部侧枝形成花芽。

4. 摘心

中后期主蔓中上部长出的侧枝，应及时早摘心。若肥水条件充足，植株生长健旺，这些侧枝不要摘心过重，可酌情利用侧蔓结果，一般第 1 花序以上的侧枝留 1~2 个叶摘心。当主蔓长到 2.4~2.6 m 时，及时打顶摘心，控制生长，促使侧枝花芽形成，以免消耗养分和方便采收豆荚。

5. 摘叶

如肥水过足，植株营养生长过旺，通风不良时，应摘除过多的叶、枝、老叶、病叶，减少病害发生。

（七）病虫害防治

豇豆主要病害有病毒病、锈病、煤霉病、白粉病、根腐病、枯萎病、炭疽病、白绢病；主要虫害有豆蚜、豇豆荚螟、绿豆象、红蜘蛛等，防治方法参阅本书第七章。

（八）采收

菜用豇豆开花后 10~12 d，荚果饱满、籽粒未显时即可采收，尤其是基部的豇豆要及时采收。若采收过迟，影响中上部结果。采收以早晨和上午为好，采摘初期一般每隔3~4 d 采收一次，盛果期隔 1~2 d 采收 1 次。采收时，不要损伤花序上的其他花蕾，更不能连花序柄摘下。应按住豆荚基部，轻轻向左右扭动然后摘下。

第二节　甜玉米

图6-2　甜玉米

甜玉米，又称蔬菜玉米，属禾本科玉米属玉米甜质型亚种（图6-2）。因其籽粒胚乳在乳熟期含糖量高而得名，具有营养丰富、乳甜、脆嫩、鲜香的特色，故又叫水果蔬菜玉米，深受世界各地消费者的喜爱，因此发展很快。近年来，在欧美、日本、韩国、中国和泰国等国家的所有蔬菜作物中，甜玉米总产值一般都排在鲜食蔬菜产品市场的前茅。在中国，甜玉米总产值占鲜食蔬菜产品的第4位和加工产品的第2位。甜玉米主要产地为美国、加拿大、法国、中国、日本和泰国等，其中美国是世界上甜玉米的生产、消费和出口大国，人均年消费甜玉米在10 kg以上，年创产值5亿~6亿美元，年加工甜玉米数量120万t左右。法国是欧洲最主要的甜玉米生产国，生产量占整个欧洲的85%，速冻甜玉米占欧洲的70%。从消费水平上看，每年美国市场消费需求约280万t，仍然需要从国外进口大量的甜玉米和甜玉米加工产品。目前，甜玉米产业发展已遍布亚欧美，成为全世界各国间果蔬贸易中非常重要的商品之一。

生产中的甜玉米可以分为普通玉米、超甜玉米和加强型甜玉米三类。由于其栽培简便、经济效益明显，受到农户的普遍欢迎，致使播种面积逐年加大，对优质且高产甜玉米种子的需求量也在逐年增加，因此，甜玉米的育种就成为国内外育种专家的一项重大课题。

我国于21世纪初开始对甜玉米进行商品化种植和推广，并逐步发展成具有一定规模的加工产业。2020年，鲜食玉米种植面积约2 200万亩，其中糯玉米1 200万亩、甜玉米800万亩、甜加糯玉米200万亩，已成为全球最大的鲜食玉米生产国和消费国。

关于甜玉米的起源，考古学和遗传学的研究都表明，甜玉米的故乡位于美洲大陆。南美洲的本地甜玉米是Chullpi综合种。Chullpi主要分布在秘鲁南部的Sierra、海拔2 400~3 400 m处。在智利和阿根廷也有Chullpi的分布，而Chullpi的衍生类型存在于厄瓜多尔和玻利维亚，分别称作Chullpi和Chuspillo。还有一类甜玉米起源于前哥伦比亚，即现在墨西哥的Maize Dulce。而北美洲甜玉米的起源。对现代栽培类型和拉丁美洲甜玉米之间的关系尚不清楚。

甜玉米的起源时间，可以追溯到1779年，是由一支远征考察队从美洲印第安人的耕作地里带回一些被称为"Papoon"（乳，软食甜味之意）的甜玉米果穗。第1个有关甜玉米的文章是索布在 1828 年发表的。1836 年诺埃斯达林育成了第 1 个甜玉米品种，命名为达林早熟。1900—1907 年美国开始正式设立甜玉米育种项目。随着控制甜玉米形成基因的相继被发现，甜玉米商用杂交种也随之被培育成功。1924 年琼斯育成了第 1 个名为瑞德格林的白粒甜玉米单交种并进入了商品生产，1927 年史密斯育成了名为高登彭顿的著名单交种，一直被广泛栽培至今。

甜玉米种质资源丰富。我国甜玉米搜集与创新工作始于 20 世纪 60 年代，起步于从美国引进一批甜玉米材料之后。近 20 年来又相继从日本、泰国等国家和我国台湾地区引入一些种质资源，同时积极进行种质资源搜集、种质改良与创新，极大地丰富了我国甜玉米种质资源。目前，我国已库存玉米种质资料 15 900 份（其中国外材料近 2 000 份），广东已经建立了国内首个省级甜玉米种质资源库，并已对 347 份材料进行了初步 SSR 分子标记多样性研究，其中 95% 的种质被归入了两个类群。利用近 60 份参试品种作为试验材料，针对国内外甜玉米品种的多样性差异进行了基于农艺性状、品质性状和 SSR 标记的比较分析，发现国外品种在主要农艺性状及品质性状方面均具有优势，在分子水平上两者也显示出显著差异。赵炜等（2007）研究发现 SRAP 标记可以有效地检测甜玉米自交系间的遗传变异。

甜玉米种质资源是甜玉米育种必不可少的物质基础，掌握资源的多少和研究利用程度左右着育种效率，育种的突破多表现为关键性基因资源的发现和利用，世界各国都非常重视资源的收集、保存研究和利用。目前，各地对搜集到的甜玉米种质资源开发利用主要应用于育种上。如浙江省东阳玉米研究所以来自美国、日本、泰国 3 个国家和我国台湾地区的种质资源，通过二环系、回交转育、轮回选择和混合选择等方法，于 1989 年育成浙江第一个超甜玉米杂交种'浙甜 1 号'；1991 年育成'超甜 3 号'。其应用手段主要有以下几个方面：一是以现有自交系为材料，通过回交转育把甜质、糯质基因转育到普通玉米中。如'超甜 3 号'就是把甜质基因转育到普通玉米'M017''旅 9 宽''150'中去，通过回交、自交选育出配合力高、植株性状好、带有甜质基因的'M017/sh2''旅 9 宽/sh2''150/sh2'自交系。1994 年'超甜 3 号'被浙江省农业厅列为全省鲜食玉米的重点推广品种。2000 年通过了浙江省品种审定委员会的审定，成为浙江省第 1 个通过审定的鲜食型玉米品种。二是充分利用原有材料的自然变异选育新系。玉米的自然杂交率一般在 95% 以上，是典型的异花授粉作物，容易受环境剧变的影响而产生遗传物质的渐变或突变，形成表型不一的变异株。其中有些是育种目标所需要的可遗传的变异。玉米自交系经连续自交后，生活力明显下降，这种变异更易发生。及时发现和选择优良变异株，并以适当的育种手段，如自交、杂交、回交、姐妹交等加以处理，使变异产生的优良基因得到利用和保留，便有可能产生比原基础群体更加优异的自交系。三是以国内外优良单交种为选系素材，选育优良自交系，国外种质多以商品杂交种的形式进入我国，这为我们从中选育自交系提供了方便。由于纬度及生态气候的相似性，来自我国台湾地区或日本杂交种的二环系大多数适应性广、抗性强、配合力高。最具有代表性的就是来自台湾农友种苗股份有限公司的'华珍'甜玉米，该品种品质好、产量高，在浙江占有一定的市场，浙江选育的很多品种的亲本都是来自'华珍'的二环系，如'超甜 135''超甜 4 号''浙甜 6 号''浙甜 7 号''翠甜 1 号'等。

'浙甜8号'的母本'DX-1'是由日本引进的甜玉米'SAKATA'与自选糯玉米自交系'W4'的杂交种为基础材料，经连续多代自交单株选择而获得的。四是从农家种或者地方品种中选育新系。如浙江省东阳玉米研究所从云南、四川等地引进了'甜包米''大八岔''烂地花糯''黑苞谷'等甜、糯玉米地方品种近百份作为育种的种质资源，在培育甜玉米新品种中起了很大作用。

一、育种目标要求

（一）育种简史

甜玉米发源于美洲大陆，但发展较快的是泰国。泰国在20世纪70年代以后，超甜玉米育种研究发展很快，选育了一批优异种质资源，并形成了本国特色的超甜玉米系列。

我国甜玉米育种起步较晚，20世纪80年代初，我国甜玉米育种才走上正轨，国家在"七五""八五"期间对甜玉米育种正式立项，组建甜玉米育种攻关协作组。同时，部分省市的农科院、农业大学等单位也相继开发甜玉米育种，因此起步后发展较快，取得了显著的成绩。1968年中国农业大学育出我国第1个甜玉米品种'北京白砂糖'；1984年育出第1个超甜品种'甜玉2号'；1990年育出第1个加强甜品种'甜玉6号'。目前，我国北方地区主要种植普甜、加强甜玉米等品种。我国南方地区主要种植超甜玉米，其中尤以华南地区发展最迅速、生产规模最大，仅广东省2000年超甜玉米种植面积已达4.7万 hm²，其超甜玉米育种工作居国内前茅。台湾农友种苗股份有限公司推出的'华珍'系列品种，具有耐热性好、品质优和抗性强等特点，在广东省推广面积很大。经过20余年的努力，我国甜玉米育种已取得较为瞩目的成就，现有国产甜玉米品种的鲜苞亩单产已达750~850 kg。我国近两年新培育的甜玉米品种的数量和质量有了很大提高，在产量、抗病虫性和籽粒含糖量等性状上超过美国优良甜玉米品种水平。

（二）育种目标

甜玉米有"蔬菜玉米"之称，作为一种新型蔬菜，甜玉米具有蔬菜的一般性质，同时由于用途广泛，既可直接生食，或蒸煮后食用，或脱粒或整穗加工，又可制成各种风味罐头和加工食品、冷冻食品。因此，从甜玉米的栽培、加工和消费者的需要来看，甜玉米的育种目标与一般玉米也有不少差别，甜玉米应达到以下育种目标。

1. 品质

籽粒质地柔嫩，果皮软薄，清香可口，有芳香味或奶油味；粒色纯正，深而窄，出籽率高。超甜玉米甜度要高，可溶性糖含量在20%以上，水溶性多糖含量在30%以上，收获时甜味下降慢。普通甜玉米要有特殊的玉米香风味和适当的黏稠度。营养品质方面要求含糖量、淀粉含量达到各类甜玉米的要求，籽粒氨基酸含量要高，且富含人体所需的多种维生素及多种微量元素。

同时在农艺性状上要符合甜玉米下列特殊要求：①要有旗叶（这是甜玉米区别于其他玉米的标志性状，有旗叶的价值高）；②果穗呈柱形；③籽粒要淡黄色（鹅毛黄）或白色或黄白相间，同一黄色和白色的需色泽一致，且有亮度；④花丝要青色，不能紫红色，即使淡红色，苞叶内的花丝还是要青色的；⑤鲜穗上市的行数要求达到12~16行，行要直，籽粒大小均匀，穗美观，耐密性好，果穗均匀一致，结实性好，不秃尖。作加工用的，要符合加工要求。

2. 丰产性和耐贮性

（1）丰产性。要求株型紧凑、光能利用率高、丰产性要好，普通甜玉米要求每穗16排以上，果穗圆柱形，籽粒呈细长楔形，利用率高，削粒时切口小，内容物不易流出。成熟时苞叶内的花丝呈白色。籽粒以金黄色为好。超甜玉米要求每穗12~16排，果穗圆柱形、方形，花丝易脱落，苞叶剥落，籽粒金黄色。一般要求亩收获4 000个果穗，单穗鲜重在0.25 kg以上，果穗产量至少要在750 kg以上。

（2）耐贮性。要求适宜采收期长，并有较长的货架期，因产量和货架期与种植者和销售者效益直接关联，应协调好单个指标与综合评价、优质与高产之间的矛盾，优化可行的配套高产技术。

3. 抗病虫

甜玉米为满足分期、分批加工和上市，一般采用分期播种，容易遭受病害（如大、小斑病）的感染；再加上甜玉米籽粒、果穗、植株的糖分等营养指标好于普通玉米，更容易遭受昆虫的侵害，严重影响商品价值，而甜玉米鲜穗收获期早，需要严格控制杀虫剂等化学药剂的使用，因此，需通过育种手段提高品种的抗病虫害能力，来预防当地主要病虫害。

4. 生育期和生态适应性

（1）生育期。生育期不宜过长，早熟甜玉米生育期以75~85 d为宜，中晚熟甜玉米生育期90 d左右，晚熟甜玉米105 d左右。同时要求熟性要一致，便于集中采摘，不要嫩老差异过大，普甜采收3~5 d、超甜采收5~7 d，以利安排加工和上市。

（2）生态适应性

①适应性广、制种容易是甜玉米规模化种植的重要前提。随着我国从南到北甜玉米种植面积的不断扩大，要求甜玉米具有较强的适应性；制种成本高低及制种难易程度直接影响到品种的市场竞争力，是品种能否规模化发展的关键因素。

②耐、抗逆境能力强是当前对甜玉米品种的新要求。近几年气候变化难以预测，无论南方还是北方，灾害天气在甜玉米生育期内均难以避免，所以对甜玉米品种的耐热性、耐寒性、耐旱性、耐涝性及耐密、抗倒性均提出了新的要求。

5. 加工性

苞叶略长，且易剥苞。果穗苞叶5~6层为好。籽粒长，籽粒颜色乳黄色、籽粒深度≥1 cm、色泽一致且蒸煮前后籽粒颜色差异不明显，穗粗≥4.5 cm、有效穗长≥19 cm、行数16~20行、穗形一般为筒形等，穗轴白色、绝对不能有红轴。

二、育种方法

甜玉米育种应当以选育优良自交系间单交种为主，优良自交系是组配优良杂交种的基础。因此甜玉米育种基础工作是利用适宜的胚乳突变基因，采用多种途径，培育品质性状、农艺性状、抗病性、丰产性优异的甜玉米自交系，再组配甜玉米杂交种。

（一）杂交育种法

根据育种目标要求，选用一个适宜的甜玉米品种或自交系，与一个普通品种或自交系杂交，从 F_1 起选株自交，在自交果穗上挑选具有特殊基因表现型（甜玉米）的籽粒分穗行种植，后代继续自交，并结合田间鉴定和品质分析结果进行选择，最后育成性状稳定的甜玉米自交系。

例如，超甜玉米新品种'处雪1号'就是采用杂交育种法选育的。

1. 材料

组合材料为'MT12-22113'דGYT03-532221'。母本'MT12-22113'是以'harmony chocolate'与'双色先蜜''库普拉''美珍204''晶甜8号'混合授粉获得的杂交1代再经过7代自交分离获得的自交系。母本主要特点：浙江宁波春播出苗至散粉60 d，幼苗第一叶细长，叶色浓绿。株型半紧凑，株高165 cm左右，成株叶片数14片左右。雄蕊花药绿色，分枝较多，低温散粉性不好，雌穗第一穗着生于倒5叶，花丝白色，雌雄花期协调，穗位45 cm左右，果穗筒形，苞叶绿色，穗柄及旗叶长度中等，穗长15 cm左右，穗行数14~18行，以16行为主，穗粗5 cm左右，排列整齐，行粒数28粒左右，穗轴白色，籽粒白色，品质较好。田间表现高抗大小斑病、弯苞叶斑病。父本'GYT03-532221'为从'金银蜜脆'中经7代自交分离固定的自交系。父本的主要特点是：浙江宁波春播出苗至散粉53 d左右，幼苗第一叶细长，叶色淡绿，株型松散，株高155 cm左右，成株叶片数13左右。雄蕊大小中等，花药绿色，散粉性好，雌穗第一穗着生于倒4叶，花丝白色，雌雄花期协调，穗位40 cm左右，苞叶绿色，旗叶长，穗柄较长，果穗长锥形，穗长17 cm左右，穗行数14~16行，以14行为主，穗粗4.6 cm左右，籽粒排列整齐，行粒数32粒左右，穗轴白色，籽粒白色，品质较好。田间表现高抗大斑病及弯苞叶斑病，中抗小斑病。

2. 选育过程

2016年春，宁波微萌种业有限公司对测交种鉴定时发现，'MT12-2-2-1-1-3'株系与'GYT03-532221'的测交组合表现出株型清秀，综合性状较好，果穗外观漂亮，果穗长19.5 cm左右、直径4.6 cm左右，籽粒白色、光泽好、糖度高品质优的特点。2016年秋季宁波进行复配，2017年春季进行复检，发现'MT12-22113'דGYT03-532221'表现优良，与上季结果一致，品种'处雪1号'育成（图6-3）。2018—2019年连续两年自行组织在嘉兴、金华、宁波、台州和温州多点试验，设两个对照，'雪甜7401'（CK_1）和'金玉甜1号'（CK_2）。'处雪1号'表现优良：白色超甜玉米品种。春季露地播种土壤表层5 cm地温达11 ℃即可播种。浙江春季播种，生育期（出苗至采收鲜穗）75.6 d 左右，植株清秀，株型松散，长势较好，叶色鲜绿，株高 181.0 cm 左右，整齐度好，抗倒性强，该品种田间表现高抗大斑病及弯苞霉菌叶斑病、抗小斑病。该品种雄蕊大小中等，花药绿色，花粉金黄色，散粉性好。雌穗第一穗着生于倒 6 叶，吐丝晚于雄蕊散粉 1~2 d，穗位高 41.9 cm 左右，双穗率 57.5%左右；苞叶绿色，旗叶长，果穗长锥形，籽粒白色，粒深 1.0 cm 左右，排列整齐，穗长 19.5 cm 左右，穗粗 4.6 cm 左右，秃尖长 0.1 cm 左右，穗行数 14~16 行，以 16 行为主，行粒数 38 粒左右；净单穗鲜重 220.1 g 左右，带苞去柄鲜穗重 319.0 g 左右，净穗率 69.0%左右，鲜千粒重 282.0 g 左右，出籽率 74.5%左右。'处雪 1 号'栽培容易，平均亩产鲜果穗（带苞叶）1 157.7 kg 左右，较对照'金玉甜 1 号'减产 2.5%。感官品质、蒸煮品质综合评分 92 分，与对照'雪甜 7401'相当；品质特优，糖度特别高。

处雪 1 号选育过程见图 6-3。

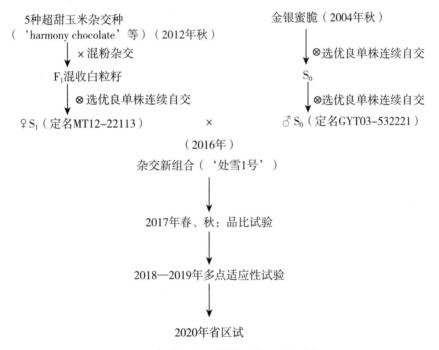

图 6-3 超甜玉米 '处雪 1 号' 选育过程

（二）回交选育法

回交选育法是将特殊的隐性突变基因转育到特定的优良自交系中，使甜玉米性状和自交系的优良性状结合在一起。其操作方法是：选取普通玉米优良自交系 A 为轮回亲本，用超甜自交系 D 作为非轮回亲本，两者杂交得到 F_1，由于显性基因作用，F_1 籽粒是正常的。植株自交后可以获得正常型籽粒和凹陷型超甜籽粒 3∶1 分离的果穗，从中挑选凹陷的超甜籽粒作为下一代的种子，再用自交系 A 回交。以后按相同步骤重复进行，经 5~6 代回交，最后自交一代便育成与优良自交系 A 相同的超甜自交系 'Ash2/sh2'。在回交育种中应注意两个问题：一是每回交一代要自交一代，使隐性甜质基因纯合；二是每次回交应尽量选择与轮回亲本相似的单株授粉。

回交育种也可以采用另一种转育方法，即连续回交两代再自交一代的方法。这种转育方法，每3个育种季节可回交两代，而回交与自交交替进行，每两个季节才能回交一代，相比之下，转育年限明显缩短。采用此法时，应适当增加连续回交两代的群体含量，因为在回交二代的分离群体中，有3/4的自交果穗是正常籽粒，1/4自交果穗籽粒类型分离。此外，在每个自交世代，应从分离的果穗中选取纯合甜质基因型作为下一代种子。

案例：'CV1601'的选育过程

2008年，宁波微萌种业利用'W021'与引进的甜玉米品种'米哥'杂交，从 F_2 代选白粒自交3代后以'W021'作轮回亲本连续回交3代，再自交2代于2015年育成的稳定一致的白粒超甜自交系（'W021'是从引进的超甜玉米品种'HARMONY'自交分离育成的白粒超甜玉米自交系，为甜玉米'甬珍6号'母本，该材料综合性状优良，但出苗难，苗期长势差）。主要特征特性如下：上海、浙江东北部春播出苗至散粉 61 d 左右，幼苗第一叶细长，叶色浓绿。株型半紧凑，株高 170 cm 左右，叶片数 16 片左右。穗位 45 cm 左右，果穗筒形，苞叶绿色，旗叶长度中等，花丝绿色，穗长 14~16 cm，穗行数 16 行，穗粗 5 cm 左右，行粒数 32 粒左右，穗轴白色，籽粒白色，品质极好。雄花花药绿色，分枝较多，雌雄花期协调，自交结籽良好，抗大小斑病、弯苞叶斑病及茎腐病。

超甜玉米自交系'CV1601'选育过程见图6-4。

W021 × 米哥（2008年）

↓

选白粒自交3代后，以W021作轮回亲本回交3代再自交2代

图6-4 'CV1601'（2015年）选育过程

（三）二环系选育法

直接从甜玉米杂交种中分离自交系，该方法方便、快捷，而且口感品质容易得到保证。但长期采用该方法，容易导致遗传基础狭窄等不良后果，且选育的自交系很难超越亲本自交系，较难选育出综合性状表现优良的突破性自交系。在种质资源比较丰富时可以采用该方法，如我国超甜玉米的选育，而资源短缺的加强甜玉米最好采用其他选育方法。

案例：自交系'A2211'的选育

以引进的超甜玉米杂交种'奥费兰'为基础材料，2007—2013年南繁北育按育种目标连续选株自交8代及经配合力测定育成的稳定一致的黄粒超甜自交系。主要特征特性如下：上海、浙江东北部春播出苗至散粉 61 d 左右；幼苗叶色浓绿，生长健壮；成株株型松散，株高 170~180 cm，总叶片数 17 片左右，抗病及抗倒性极好；穗位 55 cm 左右；雌穗筒形，着生在倒六叶，旗叶短小，花丝绿色，穗长 16~17 cm，穗行数 16~

18 行，穗粗 5 cm 左右，行粒数 34 粒左右，穗轴白色；籽粒大，金黄色，品质好；雄花分枝 18～20 个，花药绿色，花粉量大，散粉期长；雌雄花期协调，自交结籽良好；抗大小斑病、弯苞叶斑病及茎腐病。

超甜玉米自交系'A2211'选育过程如图 6-5 所示。

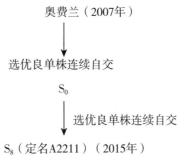

图 6-5　超甜玉米自交系'A2211'选育过程

（四）单倍体选育法

利用自然或人工诱发单倍体植株，经过人工染色体加倍或自然加倍获得纯合的二倍体，然后再从中选育优良自交。其最大优点是所需时间短，一般两年就能获得纯合的自交系。

案例：自交系'Y（ST）231'的选育

2021 年以引进的超甜玉米'圣甜白珠'为单倍体诱导母本，以引自扬州大学的'诱导系 2'为单倍体诱导父本进行杂交获得杂交一代种子，选成熟目标籽粒（胚乳带紫色标记，胚芽无紫色标记）催芽后经秋水仙素加倍处理后播种，出苗后选绿茎苗定植，花期选吐丝散粉正常植株进行单株授粉留种。经 2022 年 DH 系鉴定后获得自交系'Y（ST）231'，主要特征特性如下：浙江东北部春播出苗至散粉 61 d 左右；幼苗叶色绿，生长健壮左右；成株株型松散，株高 130 cm 左右，总叶片数 17 片左右；穗位 30 cm 左右；雌穗长筒形，着生在倒六叶，旗叶短小，花丝绿色，穗长 15～16 cm，穗行数 14～16 行，穗粗 4.5 cm 左右，行粒数 30 粒左右，穗轴白色，籽粒大，白籽，品质好；雌雄花期协调，自交结籽良好。

（五）转基因育种

转基因育种是现代生物技术应用最为广泛的生物高新技术，自 20 世纪 80 年代问世以来，在普通玉米、大豆、棉花、油菜等主要作物育种方面，都取得了多项突破成果，如转基因抗虫和耐除草剂玉米、抗虫棉花、耐除草剂大豆和油菜等于 1995 年以后投入商业化生产，相继在美国、加拿大、阿根廷等国家大面积种植，由于其具有产量高、成本低、易于管理等优点，种植面积迅速扩大。其中，耐除草剂转基因玉米、转基因抗虫玉米和耐除草剂玉米种植面积分别达到 9% 和 2%。美国的玉米主要害虫欧洲玉米螟得到有效控制，提高了玉米产量与品质，化学农药的用量显著减少。其中，Chlorpyrifos 和甲基对硫磷在抗虫转基因玉米的使用量分别减少40%和67%，除虫菊酯的使用量减少25%，经济效益也显著提高。

在甜玉米育种领域也是同样。甜玉米的许多品质性状是数量性状，受多个基因控制，采用传统的育种方法，品种选育的周期较长，工作量大，在短期内难有较大突破。转基因技术突破了种间的天然隔离，可以利用其他生物来源基因，包括动物、植物、微生物以及人工合成等，通过基因转化和导入，为培育产量更高、品质更好、高抗病虫害、适应不良环境条件的甜玉米品种创造了条件。到目前为止，不仅已经确定出与甜玉米有关的主要胚乳突变基因在染色体上的确切位置，而且对这些基因的功能和生理生化机制等方面进行了较为深入的研究，同时以这些研究为基础，利用转基因技术，便捷地解决了甜玉米育种中的一些难题，提高了育种效率。如阻断甜玉米籽粒糖分转化过程，改善、提高甜玉米品质；如美国成功培育出抗虫超甜玉米品种，瑞士先正达公司培育出转基因抗虫甜玉米等。

转基因抗虫甜玉米品种'Bt-11'甜玉米，已在多个国家通过了可消化性试验、毒力试验和致敏试验。从1998年开始，首先在美国、加拿大商业化种植，随后扩展到阿根廷、南非、日本种植，在美国、加拿大、阿根廷、瑞士、澳大利亚、新西兰、日本、菲律宾、韩国和南非等国，'Bt-11'甜玉米可以作为食品食用。目前，该转基因甜玉米已经通过欧盟食品安全科学委员会的安全性鉴定，欧盟理事会正在审议是否允许在欧洲作为食品食用。

Powell等研究表明，Bt抗虫甜玉米生产管理比较简单，整个生产过程不需要使用杀虫剂和杀菌剂，产品质量稳定，虫害损失仅为2%左右。而非转基因甜玉米的生产要复杂得多，必须时刻监控病虫害发生状况，病虫害严重年份，即使大量使用化学农药，也难以控制虫害，虫害损失在10%~20%。

目前，国内也有多家科研单位开展了甜玉米转基因育种研究。

（六）分子标记技术

甜玉米重要经济价值性状的遗传比较复杂，受微效多基因控制，环境影响明显，利用转基因方法难以取得显著效果。分子标记技术的出现，使控制数量性状的微效基因在染色体上精确定位成为可能。经过近20年的研究，发现大量有应用价值的数量性状基因点均定位在染色体上，部分研究成果已经应用于育种实践。分子标记技术在甜玉米上的应用已取得成效的有：玉米耐寒型基因定位、甜玉米花丝抗虫基因定位与利用、甜玉米抗矮花叶病毒数量性状位点定位、控制甜玉米幼苗长势基因的定位与利用、甜玉米食用品质相关基因定位、分子标记在资源鉴定中的应用等。

三、主要品种类型及其代表性品种

甜玉米可以分为普通甜玉米、超甜玉米、加强甜玉米三类。

1. 普通甜玉米

含糖量约8%，多用于糊状或整粒加工制罐，也用于速冻。

自 1836 年第一个甜玉米品种问世，科学家便开始对其遗传机理进行探索，直到 1911 年，Eest 和 Hayes 发现 sul 基因在乳熟期能阻止糖分向淀粉转化，使玉米果穗的还原糖和蔗糖含量显著高于普通玉米，尤其是积累大量水溶性多糖（WSP），形成甜玉米类型（现在称为普通甜玉米）；sul 基因位于第四染色体的 8～66 位点，在该位点又先后发现了等位基因 sul-am、sul-Bn2、sul-cr、sul-st 和 sul-R 等。纯合 sul 普通甜玉米乳熟期籽粒总含糖量一般在 8%～16%，是普通玉米的 2 倍以上，其中蔗糖含量约占 2/3，还原糖约占 1/3，还有约 25% 的水溶性多糖，其不但具有一定的甜味，还具有一定的糯性。1954 年以前，世界上应用的都是普通甜玉米；发展到今天，以 sul 为基础的甜玉米已培育出成千上万个杂交种，并有几百个杂交种在全世界大面积推广种植。20 世纪 90 年代以前，我国甜玉米育种研究重点是普通型甜玉米，并从美国、日本和泰国等地引进了一批种质资源，结合当地条件进行选育改良。

现在种植的普通甜玉米代表性品种如下。

（1）鲁甜玉 3 号。由山东省农业科学院育成的普通甜玉米杂交种，1992 年通过山东省品种审定。株高 220 cm 左右，穗位高 85 cm 左右。果穗细长，商品率高，穗长 22 cm 左右，穗行数 14～16 行，籽粒黄色，粒色一致。山东省春播鲜穗采收期 80～85 d。采收期籽粒含糖量 8.4% 左右，赖氨酸含量为 0.31% 左右，种皮嫩薄，食味纯正。该品种根系发达，生长健壮，抗病抗倒，适应性广。

（2）甜单 1 号。由中国农业大学育成，生长期 100 d 左右，亩产鲜果穗在 750 kg 以上，乳熟期胚乳含糖量 9%～14%，水溶性多糖含量 25% 左右，赖氨酸含量 3.5%～4%，蛋白质与脂肪含量也高于普通玉米，且籽实柔软，色泽金黄，具有特殊风味，适合销售鲜果穗和加工罐头。

（3）LH301。生育期 80～120 d，矮性，茎粗，中早生，穗粒黄色，色整齐，适当栽植穗重 320～460 g，穗叶色泽鲜绿美观，含糖分高而持久，穗粒饱满而皮薄，脆嫩香甜，品质优，穗行排列整齐美观，市场售价高，夏季耐热性佳，不易跳粒。该品种对煤纹病与叶枯病等耐病力强，耐风、耐热、耐雨，以春、夏、秋季期间种植最为理想。平均亩产 800 kg。

（4）世珍。春播生育期 90 d 左右，秋播生育期 70 d 左右；株高 2 m 左右，穗位高 80～90 cm，穗粒金黄色，穗轴白色，筒状穗，纵横径 19.5 cm×5.5 cm，行列数 12～14 行，整齐度极好，单棒毛重 420 g 左右，净重 260 g 左右，糖度 16.5 度左右。品质好，皮薄、渣少、汁多。抗病性极强，抗倒伏性强，适应性好。抗病性极强，耐叶斑、条斑、叶枯等真菌病害，特抗螟虫，易栽培。本品种双穗率可高达 80% 以上，产量丰，品质优，口感好，皮薄、渣少、汁多、风味独特。果穗形状为中长筒形，偶带箭叶（苞叶）。平均亩产 800 kg。

2. 超甜玉米

超甜玉米，是指受 sh1、sh2、sh4、bt1、bt2 等基因控制，乳熟期可溶性糖含量达 15% 以上的一种甜玉米类型。

超甜玉米是由 sh1、sh2、bt1 和 bt2 等单一隐性基因控制的甜玉米类型。最早发现控制超甜玉米基因的是 Hatchinaon，1921 年他发现凹陷胚乳受到一个凹陷-1 基因（即

sh1，位于第九染色体的 S-29 位点）控制，它的存在大大减少了胚乳中淀粉的含量，使玉米籽粒成熟时呈凹陷状态。1953 年，Laughnsn 报道了一个与 *sh1* 具有相似功能的基因 *sh2*（位于第三染色体的 L-127.2 位点），可以控制糖分的转变，随后 Camerson 等又发现了两个与 *sh2* 有相似功能的基因脆弱-1（*bt1*）和脆弱-2（*bt2*），Laughnsn 于 1959 年育成了第一个以突变基因 *sh2* 为背景的超甜玉米杂交种'伊利诺斯 Xtra'。乳熟期的 *sh2* 纯合体胚乳中水溶性多糖含量很少，但可溶性糖分总含量（大部分为蔗糖）明显增加，可达 18%~25%，比普通甜玉米高出 1 倍以上，但超甜玉米缺乏糯性。我国推广的第一个超甜玉米杂交种'甜玉 2 号'，是由中国农业科学院石德权研究员于 20 世纪 80 年代育成的。2001 年以来国家审定的甜玉米品种几乎全是超甜型玉米品种，可见，经过育种工作者长期努力，我国超甜玉米在种质资源引进、品种改良和选育等方面都取得了较快的发展。

超甜玉米的代表性品种如下。

（1）处雪 1 号。白色超甜玉米品种。浙江春季播种，生育期（出苗至采收鲜穗）75.6 d 左右，植株清秀，株型松散，长势较好，叶色鲜绿，株高 181.0 cm 左右，整齐度好，抗倒性强，该品种田间表现高抗大斑病及弯苞霉菌叶斑病、抗小斑病。该品种雄蕊大小中等，花药绿色，花粉金黄色，散粉性好。雌穗第一穗着生于倒 6 叶，吐丝晚于雄蕊散粉 1~2 d，穗位高 41.9 cm 左右，双穗率 57.5%；苞叶绿色，旗叶长，果穗长锥形，籽粒白色，粒深 1.0 cm 左右，排列整齐，穗长 19.5 cm 左右，穗粗 4.6 cm 左右，秃尖长 0.1 cm 左右，穗行数 14~16 行，以 16 行为主，行粒数 38 粒左右；净单穗鲜重 220.1 g 左右，带苞去柄鲜穗重 319.0 g 左右，净穗率 69.0% 左右，鲜千粒重 282.0 g 左右，出籽率 74.5% 左右。该品种栽培容易，平均亩产鲜果穗（带苞叶）1 157.7 kg 左右。品质优，糖度高。

（2）绿色超人。为甜脆型超甜玉米新品种。其抗逆性、产量及品质居国内领先水平。是鲜食、速冻及粒用制罐的首选品种。生育期 120 d 左右，株高 2.8 m 左右，穗位高 1.4 m 左右，高抗大斑病、病毒病、青枯病、纹枯病等多种病害，高抗倒伏。果穗筒形，籽粒鲜黄色，籽粒行数 18~20 行，鲜果穗重 0.45 kg 左右，一般亩产 1 200~1 300 kg。

（3）甜玉 2 号。由中国农业科学院作物育种栽培研究所育成。是我国第一个在生产上利用的超甜玉米品种。北京春播全生育期 120 d 左右。从出苗到采收鲜穗，春播 90 d 左右、夏播约 85 d。适宜采收期一般为授粉后 20~25 d。在北方夏播条件下，采收时正值 9 月中下旬，因为天气已经凉爽，可适当晚收几天，但最好通过品尝鉴定来确定采收期。该品种具有甜、脆、香、风味可口等特点，含糖量 20% 以上。该品种适应性广，北方、南方都可种植，南方种植效果更佳，植株矮健，果穗长大，抗病、高产。北方种植密度为 3 000 株/亩左右，南方可适当增加密度。该品种是大穗高产类型，一般亩产青穗 750~1 000 kg。果穗采收后，茎叶青绿，还可收青饲料 3 000 kg 左右，供养牛之用。

（4）超甜 2018。由浙江省东阳玉米研究所和浙江省种子公司协作，于 1999 年以自选超甜玉米自交系'150BW'为母本，'大 28-2'为父本组配而成的超甜玉米杂交种。成株叶色浓绿，株高 220~240 cm，穗位高 85~95 cm，全株叶片数 17~19 片，株型半紧凑，植株整齐，肥力条件好的情况下有分蘖，并且多穗性，雄穗发达，分枝 8~10 个。出苗至鲜穗采收，春播 85 d 左右、夏秋播为 75 d 左右，属中熟类型。果穗长柱形，穗长 20~22 cm，穗粗 5 cm 左右，穗行数 12~14 行，行粒数 45 粒左右，单果穗鲜重（不带苞叶）270 g 左右，穗轴白色，籽粒乳熟期金黄色，排列整齐，致密无缺粒，结实饱满，秃尖轻，轴心细，出籽率高达 72%，商品性佳，种皮薄，无明显皮感，甜度适中，总糖 36.85% 左右（干基），粗纤维 2.4% 左右（干基），蒸煮食味佳。经过玉米大小斑病接种鉴定均为高抗，青枯病在鲜玉米采收前未发现。较抗粒腐病，茎秆坚韧，抗倒伏性强。

（5）美玉甜 002（浙审玉 2015001）。由海南绿川种苗有限公司选育而成。该品种品质优，商品性好，适宜在浙江省种植。2012 年浙江省甜玉米区试中，亩平均鲜穗产量 925.9 kg，较对照'超甜 4 号'增产 4.1%。2013 年区试中，亩平均鲜穗产量 695.0 kg，较对照减产 0.8%。两年平均鲜穗产量 810.5 kg，较对照增产 1.7%。2014 年省生产试验中，亩平均鲜穗产量 798.6 kg，较对照增产 2.8%。该品种生育期（出苗至采收鲜穗）82.1 d 左右，较对照'超甜 4 号'提早 0.6 d；株型平展，株高 192.3 cm 左右，穗位高 66.7 cm 左右，双穗率 5.9%，空秆率 0.5%，倒伏率 1.0%，倒折率 0.5%；果穗筒形，穗长 18.1 cm 左右，穗粗 4.6 cm 左右，秃尖长 2.0 cm 左右，穗行数 12.8 行，行粒数 36.7 粒左右，籽粒淡黄，排列整齐，鲜千粒重 331.3 g，出籽率 69.6%，净穗率 74.5%，单穗鲜重 226.9 g 左右；经检测，可溶性总糖含量高于对照；感官品质、蒸煮品质综合评分 87.3 分，比对照高 3 分；经抗病虫性鉴定，高抗小斑病，中抗茎腐病，高感大斑病和玉米螟。亩种植密度以 0.3 万~0.33 万株为宜，注意防治大斑病。

（6）浙甜 10 号（浙审玉 2015002）。由浙江省东阳玉米研究所选育而成。该品种丰产性好，品质较优，商品性好，适宜在浙江省种植。2012 年浙江省甜玉米区试中，亩平均鲜穗产量 1 060.6 kg，较对照'超甜 4 号'增产 19.3%，达极显著水平；2013 年区试中，亩平均鲜穗产量 825.9 kg，较对照增产 17.8%，达极显著水平；两年平均鲜穗产量 943.3 kg，比对照增产 18.6%。2014 年省生产试验中，亩平均鲜穗产量 950.3 kg，较对照增产 22.3%。该品种生育期（出苗至采收鲜穗）85 d 左右，比对照'超甜 4 号'长 2.3 d 左右；株高 215.4 cm 左右，穗位高 71.7 cm 左右，双穗率 4.2%，空秆率 1.8%，倒伏率 2.7%，倒折率 0.6%；穗长 20.3 cm，穗粗 5.2 cm，秃尖长 1.8 cm，穗行数 17.0 行，行粒数 37.5 粒，籽粒黄白相间，排列整齐；单穗鲜重 309.2 g 左右，净穗率 78.8%，鲜千粒重 331.5 g 左右，出籽率 67.6%；经检测，可溶性总糖含量略高于对照；感官品质、蒸煮品质综合评分 84.8 分，比对照高 0.6 分。经病虫性鉴定，中抗大斑病和茎腐病，感小斑病和玉米螟。栽培上注意苗期应加强田间管理，亩种植密度以 0.3 万~0.33 万株为宜，注意防治玉米小斑病。

（7）浙甜 11（浙审玉 2015003）。由浙江省东阳玉米研究所选育而成。该品种产量高，商品性佳，品质较好，适宜在浙江省种植。2012 年浙江省甜玉米区试中，亩平均鲜穗产量 1 035.8 kg，较对照'超甜 4 号'增产 16.5%，达极显著水平；2013 年区试中，亩平均鲜穗产量 772.2 kg，较对照增产 10.2%，达极显著水平；两年平均鲜穗产量

904.0 kg，比对照增产 13.4%。2014 年省生产试验中，亩平均鲜穗产量 856.1 kg，较对照增产 10.2%。该品种生育期（出苗至采收鲜穗）85.3 d，比对照'超甜 4 号'长 2.6 d；植株半紧凑，株高 212.1 cm 左右，穗位高 82.7 cm 左右，双穗率 7.3%，空秆率 0.8%，倒伏率 6.1%，倒折率 1.2%；穗长 19.7 cm 左右，穗粗 4.8 cm 左右，秃尖长 1.7 cm 左右，穗行数 14.2 行，行粒数 36.7 粒左右，籽粒黄白相间，排列整齐，鲜千粒重 325.6 g，出籽率 69.3%，净穗率 71.5%，单穗鲜重 262.5 g 左右；经检测，可溶性总糖含量与对照相仿；感官品质、蒸煮品质综合评分 84.0 分，与对照相仿。经抗病虫性鉴定，高抗茎腐病，中抗玉米螟，高感大、小斑病。栽培上注意该品种穗位较高，一般亩种植密度 0.3 万~0.33 万株，注意防治大、小斑病和防止倒伏。

（8）美玉糯 16 号（浙审玉 2015004）。由海南绿川种苗有限公司选育而成。该品种丰产性好，品质较优，商品性好，适宜在浙江省种植。2012 年浙江省糯玉米区试中，亩平均鲜穗含量 868.9 kg，较对照'美玉 8 号'增产 14.0%，达极显著水平；2013 年区试中，亩平均鲜穗产量 703.1 kg，较对照增产 9.2%，达极显著水平；两年平均鲜穗产量 786.0 kg，比对照增产 11.6%。2014 年省生产试验中，亩平均鲜穗产量 764.9 kg，比对照增产 11.3%。该品种生育期（出苗至采收鲜穗）85.8 d，与对照'美玉 8 号'相仿；株型半紧凑，苗势强；株高 230.5 cm 左右，穗位高 100.0 cm 左右，双穗率 12.6%，空秆率 1.5%，倒伏率 0%，倒折率 0%；果穗锥形，穗长 17.9 cm 左右，穗粗 4.8 cm 左右，秃尖长 1.7 cm 左右，穗行数 16.9 行，行粒数 35.6 粒，单穗鲜重 218.8 g；籽粒紫白相间，甜糯比例 1∶3，排列紧密，鲜千粒重 238.2 g，出籽率 67.2%，净穗率 74.3%；经检测，直链淀粉含量 2.8%；感官品质、蒸煮品质综合评分 86.3 分，比对照高 1.2 分。经抗病虫性鉴定，高抗茎腐病，感大斑病，高感小斑病和玉米螟。亩种植密度以 0.35 万株为宜，注意防治大、小斑病和玉米螟。

（9）桂甜 171。出苗至鲜果穗采收期春季平均 81 d，秋季平均 66 d。该品种株型平展，幼苗叶片绿色，第一叶鞘色有较淡紫斑，第一叶尖端形状尖到圆形，第 4 展开叶片边缘为绿色，成株茎"之"字形程度弱，成株叶片绿色，叶缘无波状，有 19~21 片。果穗着生在倒数第 6 片叶上，穗上部叶片较长、下披，雄花一级分枝 14~18 条，花药紫色，花药颖片基部淡紫色，护颖绿色，稃尖绿色，花丝淡紫色。株高 224 cm 左右，穗位高 85 cm 左右，保绿度 80%，双穗率 0.6%，空秆率 3.8%，分蘖率 14.9%，倒伏率 0%，倒折率 0%。果穗筒形，籽粒黄白色，穗长 18.0 cm 左右，穗粗 5.0 cm 左右，秃尖长 1.6 cm 左右，穗行数 12~20 行，平均 16.2 行，行粒数 36 粒，百粒重 37.8 g，出籽率 71.9%。'桂甜 171'抗性鉴定结果：高抗茎腐病，抗锈病，抗倒伏、倒折力好，在广西及周边省份种植具有较高的安全性。'桂甜 171'果穗秃尖极小，籽粒黄白色，外观好，丰产性稳定，比当前广西大面积推广的品种'华珍'增产 5.5%。综合评分结果：鲜食品质 84.3 分，其中感观品质 24.1 分，气味、风味 14.3 分，色泽 6.0 分，甜度 15.8 分，柔嫩性 8.0 分，皮薄厚 15.9 分，品质达国标二级。

（10）Bandit。该品种是适合鲜食的超甜黄玉米，适应性广，产量高，果穗整齐饱满。80 d 左右成熟，植株高 229 cm 左右，单穗重 76 g 左右，长 19 cm 左右，直径 5.0 cm 左右，粒行数 16~18 行，果穗长锥形。抗叶枯病，耐侏儒病，耐锈病，耐枯萎病，耐黑穗病。

（11）皖甜 2 号。该品种属极早熟品种，从出苗至采收需 71 d 左右。株型松散，轴白色，籽粒黄色，行列整齐，不秃尖，株高 199 cm 左右，穗位高 56 cm 左右，穗长 15 cm 左右，穗粗 4.2 cm 左右。一般每亩地栽 3 500~4 000 株需用种 1.5 kg，产量 550~700 kg，该品种籽粒品质优良，属超甜玉米，含糖量高，皮薄质嫩，口感好，风味佳，适合加工罐头、速冻和鲜穗上市，也可生食。

（12）晶甜 9 号。是南京市蔬菜科学研究所培育的大果穗优质高产超甜玉米杂交种，该品种株型半紧凑，叶片绿色，穗轴白色，籽粒淡黄色，果穗粗大，结籽饱满，排列整齐，商品外观漂亮，果穗筒形，苞叶紧实深绿；粒型为半马齿到硬粒型；籽粒颜色淡黄，皮薄轴细，大粒，排列整齐，鲜食品质好，口感香甜，适宜鲜食和加工。从出苗至采收鲜穗春播 83 d 左右、秋播 68 d 左右，比对照'粤甜 16 号'早熟 1~2 d，鲜果穗平均产量 880 kg/亩，比对照增产 223%，品比试验，平均产量 878 kg/亩，比对照'晶甜 3 号'增产 9.60%；多点试验，平均产量 903.0 kg/亩，比对照'粤甜 16 号'增产 6.60%。'晶甜 9 号'抗病能力强，耐瘠耐涝性好，丰产适应性好，品质优良，综合抗性突出，是适宜鲜食和加工的优良新品种。

（13）粤甜 16 号。超甜玉米单交种，由广东省农业科学院作物研究所育成，已通过国家品种审定。在西南地区出苗至采收 91 d，比'绿色超人'早熟 2 d；在东南地区出苗至采收 84 d，与'粤甜 3 号'相当。株型半紧凑，株高 220 cm 左右，穗位高 95 cm 左右，果穗筒形，穗长 18 cm 左右，籽粒黄色。水溶性糖含量 15.60%~18.49%，高抗茎腐病，易感大斑病、小斑病和纹枯病，高感矮花叶病和玉米螟。2008—2009 年参加鲜食甜玉米品种区域试验，西南区两年平均亩产鲜苞 932 kg，比对照'绿色超人'增产 7.3%；东南区两年平均亩产鲜苞 912.6 kg，比对照'粤甜 3 号'增产 6.6%。

（14）穗甜 1 号。超甜玉米单交种，由广州市农业科学研究院育成，已通过国家品种审定，审定号为国审玉 2003078。中早熟，从播种至采收，广州地区春植 70~75 d、秋植 65~70 d。果穗圆筒形，有剑叶，穗长 21~23 cm，穗行数 16~18 行，籽粒大，淡黄色，有光泽，单穗果质量 400~600 g，亩产鲜苞可达 1 500 kg。株高 1.8 m 左右，穗位高约 60 cm，高抗大斑病、小斑病和矮花叶病，抗茎腐病。水溶性糖含量 26%~30%，口感好，品质优，皮薄无渣，极适加工，亦可鲜食。

（15）华宝 1 号。超甜玉米单交种，由华南农业大学种子种苗研究开发中心育成，已通过国家品种审定，审定号为国审玉 2005051。中早熟，果穗圆筒形，穗长 21~24 cm，穗行数 16 行左右，籽粒大，金黄色，有光泽，单穗果质量约 500 g，亩产鲜苞 1 300 kg 左右。株高 1.7~1.8 m，穗位高约 70 cm，高抗大斑病、小斑病和玉米螟，高感茎腐病和矮花叶病。水溶性糖含量平均 21.2%，口感好，品质优。耐热，较耐寒，较抗倒伏。

（16）珠甜 1 号。超甜玉米单交种，由广东省农业科学院蔬菜研究所育成，已通过国家品种审定，审定号为国审玉 2003077。中熟，从播种至采收，广州地区春植 75~80 d、秋植 70~75 d。果穗长筒形，穗长约 22 cm，穗行数 16 行左右，籽粒大，鲜黄色，单穗果质量约 400 g，亩产鲜苞 1 000 kg 以上。株高 1.8~2.0 m，穗位高约 70 cm，高抗大斑病、小斑病和纹枯病，抗倒伏。清甜可口，皮薄渣少，品质优良。

（17）新美夏珍。超甜玉米单交种，由珠海市鲜美种苗发展有限公司育成，已通过广东省品种审定，审定号为粤审玉2005004。秋植全生育期约75 d，比'穗甜1号'迟熟2~4 d。株高2.2~2.4 m，穗位高75~90 cm，穗长约20 cm，穗粗约5 cm，秃顶长约0.8 cm，单苞鲜质量约350 g。可溶性糖含量18%~20%。株型紧凑，叶色浓绿，整齐度好，果穗美观，籽粒淡黄色、饱满、排列整齐，商品性好。高抗纹枯病、茎腐病，中抗小斑病，抗倒性较强，适应性好，是广东省农业厅2009年主导种植品种。

（18）广甜3号。超甜玉米单交种，由广州市农业科学研究院育成，已通过广东省品种审定，审定号为粤审玉2005010。中早熟，从播种至采收，广州地区春植70~75 d、秋植65~70 d。果穗圆筒形，穗长23~25 cm，穗粗5.5 cm左右，穗行数14~16行，籽粒大，淡黄色，有光泽，单穗果质量400~600 g，亩产鲜苞1 300 kg左右，口感好，品质优，皮薄无渣。株型半紧凑，株高1.8 m左右，穗位高60 cm左右，特别耐热、耐湿及抗倒伏，可在夏季栽培。适于长江以南地区种植，地温稳定在12 ℃以上即可直播，花期温度在18~30 ℃为适，过高或过低会出现授粉不良、结实不饱满现象，是广东省农业厅2009年、2010年主导种植品种。

（19）正甜68。超甜玉米单交种，由广东省农业科学院作物研究所育成，已通过广东省品种审定，审定号为粤审玉2009015。秋植生育期75~80 d，比粤甜3号迟熟3~4 d。株高约2.1 m，穗位高约75 cm，穗长约21 cm，穗粗5.0~5.5 cm，秃顶长1.6~1.8 cm，单苞鲜质量350~400 g。果穗长、粗，籽粒黄色，甜度高，可溶性糖含量24.4%~29.2%，果皮较薄，适口性较好，品质较优。抗病性接种鉴定抗纹枯病，中抗小斑病；田间表现高抗纹枯病、茎腐病和大、小斑病，平均亩产鲜苞约1 200 kg，是广东省农业厅2010年主导种植品种。

（20）粤甜9号。超甜玉米三交种，由广东省农业科学院作物研究所育成，已通过广东省品种审定，审定号为粤审玉2004005。生育期约75 d，株高2.0~2.2 cm，穗位高85~95 cm，穗长19~21 cm，穗粗约5.0 cm，秃顶长1.8~2.0 cm，单苞鲜质量350 g左右。果穗圆筒形，籽粒黄色、饱满，色泽一致，甜度高，可溶性糖含量17.52%~19.03%。植株半紧凑，抗病性强，丰产和适应性较好。果皮较薄，清甜爽脆，适口性较好，品质优，广东省区试平均亩产鲜苞1 100 kg。

（21）佳美2号。超甜玉米单交种，由广东省农业科学院蔬菜研究所育成，已通过广东省品种审定，审定号为粤审玉2005009。中熟，从播种至初收春播80~85 d、秋播75~80 d。株高2.1~2.3 m，穗位高约75 cm，穗长20~22 cm，穗粗约5.0 cm，秃顶长1.3 cm左右，单苞鲜质量约350 g。果穗筒形，籽粒黄色，整齐饱满，甜度中等，可溶性糖含量17.27%~17.47%。抗纹枯病，中抗小斑病，田间调查高抗茎腐病，抗倒性较强。丰产性和适应性好，亩产鲜苞1 000 kg以上。

（22）穗优甜1号。超甜玉米单交种，由广州市农业环境与植物保护总站育成，已通过广东省品种审定，审定号为粤审玉2006012。中早熟，从播种至采收，广州地区春植75~80 d、秋植70~75 d。果穗筒形，穗形美观，籽粒黄色，整齐饱满，甜度中等，可溶性糖含量17.2%~17.89%。高抗纹枯病，抗小斑病、茎腐病。果皮较薄，适口性较好。丰产性好，适应性强，平均亩产鲜苞1 100 kg左右。

（23）广甜2号。超甜玉米单交种，由广州市农业科学研究院育成，已通过国家品种审定，审定号为国审玉2004043。中早熟，从播种至初收，广州地区春植70~75 d、秋植65~70 d。果穗圆筒形，穗长22~24 cm，穗粗约5.5 cm，籽粒黄白相间，饱满且排列整齐，色泽鲜艳。株型半紧凑，株高1.8 m左右，穗位高约60 cm，单穗果质量400~500 g，亩产鲜苞1 200 kg左右。可溶性糖21.4%，皮薄无渣，清甜可口，品质优良。抗大斑病，中抗小斑病，感玉米螟，是广东省农业厅2008年主导种植品种。

（24）华宝甜8号。超甜玉米单交种，由华南农业大学生命科学院育成，已通过广东省品种审定，审定号为粤审玉2007006。秋植生育期约70 d，与'粤甜3号'相当。植株壮旺，株高约2 m，穗位高60~65 cm，穗长20~22 cm，穗粗4.7~5.0 cm，秃顶1~1.3 cm，单苞鲜质量约380 g。果穗圆筒形，穗形美观，秃顶较短，籽粒饱满，排列整齐，黄白粒相间，色泽鲜亮。可溶性糖含量22.91%~25.37%，口感清甜。高抗茎腐病，中抗纹枯病和小斑病，是广东省农业厅2010年主导种植品种。

（25）粤甜15号。超甜玉米三交种，由广东省农业科学院作物研究所育成，已通过广东省品种审定，审定号为粤审玉2007001。早熟，秋植生育期70~72 d，与粤甜3号相当。植株矮壮，株高1.8~2.0 m，穗位高60~65 cm，穗长20~22 cm，穗粗4.8~5.0 cm，穗行数16行，秃顶长0.9~1.0 cm，单苞鲜质量350~400 g。果穗圆筒形，秃顶短，穗形美观，籽粒黄白相间、饱满，排列整齐，色泽鲜亮。可溶性糖含量23.13%~29.62%，口感爽脆、皮薄无渣。高抗茎腐病，中抗纹枯病和小斑病，抗倒性较强，亩产鲜苞1 000~1 200 kg，是广东省农业厅2009年主导种植品种。

（26）金银粟2号。超甜玉米三交种，由广东省农业科学院蔬菜研究所育成，已通过广东省品种审定，审定号为粤审玉2005008。秋植生育期70~72 d，与穗甜1号相当。株高2.0~2.1 m，穗位高55~60 cm，穗长20~22 cm，穗粗5.0 cm，秃顶长1.0 cm，单苞鲜质量350~380 g，果穗筒形，籽粒饱满、黄白相间，可溶性糖含量17.4%~18.7%，高抗茎腐病，抗纹枯病和小斑病。植株壮旺，叶色浓绿，抗倒性较强，适应性好，亩产鲜苞1 000~1 200 kg，是广东省农业厅2009年主导种植品种。

（27）新美彩珍。超甜玉米单交种，由珠海市鲜美种苗发展有限公司育成，已通过广东省品种审定，审定号为粤审玉2006005。中早熟，秋植全生育期73~76 d。植株壮旺，叶色浓绿，株高2.1~2.3 m，穗位高75~85 cm，穗长19~21 cm，穗粗4.6~4.9 cm，秃顶长0.8~1.0 cm，单苞鲜质量约350 g。果穗圆筒形，籽粒黄白相间，果穗秃顶短，籽粒饱满，色泽亮丽，穗形美观。可溶性糖含量18.51%~20.56%，果皮薄，口感好。高抗茎腐病，抗纹枯病和大斑病，中抗小斑病。

3. 加强甜玉米

加强甜玉米不但具有与超甜玉米相似的甜度，同时也具有与普甜玉米一样的糯性。1973年，Gonzales等发现一个自交系具有与sh2材料一样高的糖分含量，但水溶性多糖含量与sul甜玉米相似。后来研究发现，该材料除了含有sul基因外，还含有一个se基因，se与sul连锁于第四染色体上，并对sul起加强修饰作用，使其综合了普甜和超甜玉米的共同优点，称为加强甜玉米。从遗传上讲，这种甜玉米是在普通甜玉米的背景上又引入1个加强甜基因而成的。它的特点是兼有普通甜玉米和超甜玉米的优点，在乳熟期既有高的含糖量，又有高比例的水溶性多糖，因此它的用途广泛，既可加工各类甜玉米罐头，又可作青嫩玉米食用或速冻加工利用。其含糖量一般为12%~16%，多用于整粒或糊状加工制罐、速冻、鲜果穗上市。栽培方法和普通玉米同，但须隔离300 m以上种植，严防异品种花粉传入，并须适时采收嫩果穗。采收时籽粒中水分的含量：糊状制罐用的为68%~70%；整粒制罐、速冻、鲜果穗上市的均为70%~72%。主要以嫩果籽粒加工制罐后供菜用，或以嫩果煮食。我国加强甜玉米育种已有20多年的历史，中国农业大学宋同明教授于1988年成功培育出全加强甜玉米杂交种'甜单5号'，中国农业科学院作物育种栽培研究所于1992年育成半加强甜玉米杂交种'甜玉4号'。但是由于种质资源的限制，育成的突破性品种极少，近几年来通过国家审定的加强甜玉米品种只有几个：'云甜玉1号'（2003年）、'西星甜玉1号'（2003年）、'郑加甜5039'（2006年）等。加强型甜玉米由于甜与糯有效结合，用途较广泛，而且采收期比普甜玉米和加强甜玉米都要长，有效降低了市场风险，受到广大消费者和生产者青睐。但是，我国加强甜玉米育种的水平远远落后于市场的需求，因此，在现有条件的基础上，必须大量挖掘和引进加强甜玉米种质资源，广泛开展育种技术创新研究，解决供需矛盾，才能使加强型甜玉米育种取得突破性进展。

加强型甜玉米的代表性品种如下。

（1）思甜528。是北京中科思壮农业生物技术有限公司最新培育的加强甜型甜玉米单交种，2007年在天津审定。该品种在北京地区春播至采收鲜穗85 d，穗长20~22 cm，穗行16~18行，穗粗4.8 cm左右，株高220~245 cm，穗位83.5 cm左右；夏播至采收鲜穗80 d，株高230 cm左右，穗位81 cm左右，适宜种植密度3 500~3 800株/亩。株型近平展，果穗筒形，穗行整齐，籽粒黄色，色泽一致呈鹅黄色，冻后不变色，采收期总糖分含量达25.8%，抗病（高抗丝黑穗、抗黑粉病、粗缩病以及矮花叶病毒病）、抗虫。在适时采收期，皮薄口味佳，无空秆。穗轴白色且较细，籽粒深度1.2 cm，平均出籽率65%，易脱粒加工。适合加工厂脱粒加工、鲜食和速冻，秸秆青绿可做饲料，果饲兼用。产量表现：'思甜528'于2005年冬在海南组配。2006年在北京田间鉴定，表现突出，亩产1 270 kg，比对照增产23%；2007年鲜穗亩产量平均1 210 kg，比对照'甜单8号'增产31%。

（2）甜单8号。原名速冻1号，中国农业大学1992年育成的加强甜玉米杂交种。该品种属早熟类型，在北京春播采收期80 d，夏播73 d。如第一季采用覆膜早播，每年可连种2季。株高225 cm左右，穗位53 cm左右，19片叶左右，穗长20 cm左右，穗粗5 cm左右，粒行数14~18行，行粒数35~40粒，柱形果穗，不秃尖。雄穗有25~30个分枝，花粉量大。叶片较平展，其糖分含量达25.8%，水溶多糖超过30%，是世界甜玉米育种的最新一代产品。1994年夏，在肯德基国际公司（KFC）、美国罗杰斯兄弟种子公司（Rogers Brothers Seed Co.）和中国农业大学等近20名中外专家参加的甜玉米品种评定会上独领风骚，在田间及品质风味方面均获得最高分。亩产青穗可达700~1 100 kg。'甜单8号'抗旱抗病，适应性广，我国南、北方均可种植。

（3）甜玉4号。由中国农业科学院作物育种栽培研究所育成，半加强甜玉米品种，1992年通过北京市品种审定。属中熟品种，在华北春播、夏播均可。植株生长整齐一致，果穗长大、均匀，籽粒黄色，品质优良，风味好。适于制罐头、鲜食和速冻加工。该品种较抗玉米大斑病小斑病等主要病害，适应性广，南北方均可种植，一般每亩地种植 3 500~4 000 株。鲜穗产量高，经济效益好。

四、栽培技术要点

（一）露地栽培技术

1. 深耕细整

甜玉米地要选择地势平坦、土壤肥沃、有机质丰富、土层深厚疏松、通气性良好、保肥蓄水力强、排灌方便、隔离条件好的地块种植。种植前要求精细整地。整平，整匀。春甜玉米地块应在冬季翻耕，夏甜玉米地块要现耕现种，深耕 30 cm。结合翻耕作畦，亩施腐熟农家肥 1 000~1 500 kg，硫酸钾型复合肥 50 kg；或撒施过磷酸钙 30 kg、三元复合肥 30 kg 作基肥。然后平整土面，畦宽 2 m，排水差的宽度要适当减小。

2. 选好良种

要根据种植目的，选用不同类型、生育期适中、高产、优质、抗病力强、抗倒伏、果穗均匀、籽粒排列整齐、结实饱满的品种。如为加工企业提供加工原料的，一般应选择超甜玉米类型，如'处雪1号''绿色超人''浙甜11'等品种；直接鲜销市场和大棚栽培的，则应以当前农业部门主推的品种为主；作为饲料用的品种，无论是利用茎秆还是籽粒，一般以选用掖单系列为主，如'掖单12''掖单13'。

3. 播种

（1）播种期。春甜玉米露地直播要求 5 cm 土层温度 11 ℃ 以上，浙江东北部地区约在清明前后，地膜覆盖直播可提前 10~15 d。育苗移栽可根据种植方式决定播期并要求在 3 叶 1 心前移栽。密度：3 200 株/亩左右。夏甜玉米在 6 月上旬播种，但授粉期必须避开伏旱季节。秋玉米的播种期，迟熟品种应在 7 月中旬，中熟品种在 7 月下旬，早熟品种在 7 月下旬到 8 月初。

（2）种子处理及播种量。播种前，需精选种子，并晒 1~2 d，以提高种子发芽率。亩播种量 1.5~2.0 kg。

（3）播种密度。甜玉米植株高大，单株产量高，对密度调节能力差。秋甜玉米的适宜密度：迟熟品种 3 000~3 500 株/亩，中熟品种 3 500~4 000 株/亩，早熟品种 4 000~4 500 株/亩。同一类品种，春甜玉米可以比秋甜玉米适当稀些。

（4）播种方式。甜玉米的种植方式主要有 3 种：一是等行距单株条植，行距 50~65 cm，株距 20~35 cm；二是宽窄行条植，行距 85~135 cm，株距 35~55 cm；三是等行距双株留苗，行距 60~75 cm，株距 35~60 cm，每穴留苗 2 株，两苗相距 6~10 cm。直播玉米，采用开沟点播或打孔穴播，播种深度 5~6 cm。

（5）隔离种植。甜玉米属异花授粉作物，为保持优良玉米的良好特性和品质，在布局时最好与不同玉米种类进行隔离种植。隔离的方法有两种：一是距离隔离，500 m 范围内无其他玉米品种种植；二是时间隔离，即用播种时间的差异错开授粉期。

4. 科学追肥

以氮肥为主，亩施尿素 40～50 kg。分两次追肥，拔节期 40%，大喇叭口期 60%。或分三次施，第一次深中耕每亩地浇施尿素 5 kg；第二次在甜玉米 15 叶前后追肥，亩沟施或穴施尿素 15 kg 和三元复合肥 20 kg；第三次在甜玉米开花授粉前后，每亩沟施或穴施尿素 7.5 kg，作为粒肥，防止后期早衰。

5. 田间管理

（1）间苗定苗。为了保证一播全苗，在生产上播种时往往采用双粒播种，然后留强去弱，每穴只保留 1 株幼苗。适时间苗、定苗可避免幼苗拥挤和互相遮光，有利幼苗生长，一般可在 3～4 叶时间苗、定苗。个别甜玉米品种分蘖力较强，具有分蘖、多穗特性，应及时摘除。

（2）灌溉排水。甜玉米苗期抗旱力较强，水分过多会使根系发育不良，幼苗生长细弱黄瘦，重点应做好开沟排水工作。拔节后，需水量逐渐增多，特别在籽粒灌浆期，如遇长期干旱，应采取抗旱措施。灌水宜在早晚进行，以半沟水为宜，到畦面湿润时立即排水，切忌灌水过满过久，灌水后要进行浅中耕。

（3）中耕培土。甜玉米全生育期除地膜栽培外，需中耕 2 次，第一次在幼苗 4～5 叶或移栽后 7～10 d，中耕深度 10 cm；第二次施穗肥时，中耕深度 5 cm。每中耕一次，就进行一次培肥工作，二次培土高度为 10～13 cm 为宜。

（4）及时去分蘖、及时去除多余果穗。

（二）大棚栽培技术

1. 选择良种

选择适宜大棚栽培的口感好、产量高、秃顶少、穗大、粒多、商品率高等性状优良的甜玉米品种。

2. 培育壮苗

早春甜玉米大棚栽培宜育苗移栽。苗床选择在避风向阳、肥力较好的地方。苗床地浅翻耙平，耙前每亩床地撒施过磷酸钙 15 kg，并与表土充分混匀整平后播种，粒距 5 cm 见方，每亩大田用种量在 1 kg 左右，播种后适当洒些水再覆盖细土或焦泥灰，上铺地膜 7～10 d，外扣小拱棚和大棚进行保温育苗，膜内温度超过 35 ℃ 时进行通风降温。有条件的用营养钵育苗，对培育壮苗、栽后早发更有利。秧龄控制在 30～40 d。育苗期间田间持水量 60%～70%，水分不宜过多，否则影响根系生长和壮苗的形成。

3. 双膜移栽

移栽甜玉米的土壤要进行深翻，并在移植前搭好大棚，平铺好地膜。移植时要边起苗边移栽，如果苗床离大田较远，要做好保暖防冻工作。秧苗要轻起轻运，多带泥，减少根系损伤。按密植规格，于平铺的地膜上直接打孔移植。栽后浇水，但水量不宜过大。整个生长期间，棚内适宜的温度前期为 30～35 ℃、中期为 28～30 ℃、后期为 25～28 ℃，超过上述极限温度就要通风降温。对特殊高温天气除了两头通风外，在两边间隔适当的距离掀膜加大通风力度，午后盖好。4 月中旬（抽雄初期）揭除棚膜，保留地膜。揭膜前 3 d 逐步加大通风口炼苗，视气候状况，抢在冷尾暖头揭膜。

4. 合理密植

甜玉米大棚栽培，其个体小于春季露地栽培，合理提高种植密度，有利增加总产。每亩地移植株数 3 500 株以上。栽植时秧苗叶片伸展的方向与大棚垂直，提高光合作用能力。秧苗要选优去劣，控制老弱病残植株移入大田，栽后 2~3 d 及时进行查苗补苗工作，发现缺株断垄，立即补栽，防止大小苗共生，达到株株平衡、行行平衡、全田平衡的要求。

5. 肥促水控

甜玉米大棚栽培季节气温处于由低到高，而且前期 1—2 月温度处于最低阶段，肥效释放慢，根系吸收难。施足基肥，早施苗肥和早施、重施穗肥显得更为重要。每亩地基肥可用腐熟有机肥 1 000 kg、过磷酸钙 20~25 kg，并应预先在栽行旁铺膜前划行沟施。追施苗肥 2 次，第一次在活棵后，亩施尿素 5 kg、氯化钾 7.5 kg；隔 10 d 施第二次，亩施尿素 5 kg。当见到第 13 叶时施攻穗肥，亩施尿素 20 kg。甜玉米一生需水量较大，但棚内湿度过大易引起烂根诱发病害。前期田间持水量应保持 70%，中后期 80%。湿度大时要通风降湿，干燥时应灌浅沟水抗旱。

6. 及时去分蘖

及时去除多余果穗。

（三）甜玉米病虫害防治

甜玉米主要虫害有蚜虫、蝼蛄、蓟马、黏虫、地老虎、玉米螟、夜蛾类。主要病害有青枯病、叶斑病、纹枯病、茎腐病、锈病、黑穗病等。防治方法见本书第七章。

（四）适时采收

根据甜玉米的不同用途在合适的时间收获。鲜食的玉米多在乳熟期收获，乳熟期含糖量最高，收获过早，穗小、籽粒颜色浅而且含糖量少，风味差；收获较晚，含糖量也会降低，而且淀粉的含量增多，籽粒皮变硬，渣滓多，严重影响鲜食的风味。一般以在甜玉米授粉后 20~28 d 为好，此时甜度最高，为最适宜的收获期。甜玉米收获后，鲜穗仍然要进行呼吸以及物质转化，因此要及时冷藏、上市销售或者进行深加工，否则其中的糖分每天就会下降 1.8%。普通甜玉米在采收后不超过 3 h、超甜玉米采收后不超过 6 h 进行加工处理为宜。

第七章　特色蔬菜主要病虫害防治技术

第一节　蔬菜病虫害发生及其危害

蔬菜害虫种类多且发生量大。我国常见的农业害虫有 860 多种，其中 20 多种属于重大农业害虫（陆宴辉等，2017）。害虫防治是蔬菜生产中非常重要的组成部分，据调查，宁波市主要虫害有 44 种，其中危害严重的有小菜蛾、菜青虫、斜纹夜蛾、甜菜夜蛾、烟粉虱、蚜虫、美洲斑潜蝇、黄曲条跳甲、小猿叶甲、叶螨、蜗牛与蛞蝓等。尤其是粉虱、害螨和蚜虫等刺吸式害虫数量庞大、抗药性强，对蔬菜危害特别严重。同样，病害也是危害蔬菜生产的重要因素。蔬菜的病害分真菌性病害、细菌性病害和病毒性病害，其中真菌性病害约有 1 000 种，常见的有 800 种左右，占整个蔬菜病害的 80%，所以看到一种病害首先要考虑其是不是真菌性病害。在蔬菜上出现的细菌性病害约有 300 种，常见的有 100 余种，占整个蔬菜病害的 10% 左右。蔬菜病毒性病害有 200 种左右，常见的有 50 种左右，约占整个蔬菜病害的 5%。据调查，宁波蔬菜主要病害有 51 种，其中发生较重的有猝倒病、立枯病、疫病、霜霉病、灰霉病、菌核病、白粉病、炭疽病、病毒病、软腐病、枯萎病、黑腐病、角斑病、锈病等 14 种。

蔬菜害虫不仅发生量大，而且由于下列原因，其危害日益加重。

（一）蔬菜种植模式的改变，导致蔬菜害虫习性发生变化

由于蔬菜大棚种植技术不断进步与普及，很多蔬菜都已经实现了全年种植。在蔬菜种植全季节化的背景下，许多蔬菜害虫为了能够更好地繁殖和生存下去，已然开始不断适应蔬菜种植的规律，其无论是在生长习性上还是在繁殖规律上，都产生了一定程度的变化，从而更好地繁育下去。以蚜虫为例，过去的生存习性主要是在木本植物中以卵越冬，然而其为了适应植物生长的特点，改变了自己以往的习性，开始以孤雌生殖的方式繁殖，对蔬菜植株造成较大的伤害。

除此之外，有部分蔬菜害虫原本的生活习性与蔬菜种植的气候时间正好可以错开，不会对蔬菜造成太大的伤害和影响，但是由于蔬菜可以全年种植，一些昆虫，诸如菜粉蝶、小菜蛾等开始改变自己的习性，全年不间断生长繁殖，扩大种群的数量和规模，对蔬菜造成不小的伤害。

（二）蔬菜生产地衔接过于紧密，导致害虫加速繁殖

当前在我国的蔬菜种植现状中不难发现，很多地区的蔬菜种植都存在着大棚、温室与露天蔬菜地之间衔接十分紧密的现状，这些种植地之间紧密的交错连接导致了种植地之间的空隙过于狭小。在这样的种植环境中大规模种植蔬菜，无疑给蔬菜害虫的繁育和生长提供了温床，导致很多种类的蔬菜害虫获得了更加有利的生存条件，加速繁殖。种植地之间过于紧密，导致蔬菜种植的密度过大，一旦一块种植地出现了蔬菜害虫暴发的情况，能够很快蔓延到另外一块蔬菜种植地，导致蔬菜种植地之间蔬菜害虫交互侵害，给蔬菜种植带来巨大的损失，同时可能发生二次甚至多次的伤害。

（三）不同类型的蔬菜害虫被引入

随着我国居民生活水平不断提高，人们对于蔬菜种类的需求不再只是简单基础的蔬菜品种。为了满足人们日益增长的蔬菜种类需求，必然引进国外的蔬菜品种进行繁育种植。同时，很难避免其他非本土蔬菜害虫被引进，这些蔬菜害虫不仅会危害引进的相关蔬菜种类，由于其较强的适应能力，以及我国还未及时研究出对于这些害虫的有效防治措施，这些害虫可以快速繁殖，形成较为庞大的数量与规模，也可能危害很多本地品种的蔬菜。

鉴于蔬菜病虫害的发生量大、危害日益严重的特点，根据农业有害生物综合防治和有害生物的可持续治理原则，在蔬菜栽培中，应实行"预防为主、综合防治"的防控策略，通过害虫种群发生动态预测预报确定害虫种群发展趋势、发生量和危害程度，实现达标防治。优先采用农业、生态、生物等非化学农药防控手段，科学应用低毒安全化学农药，达到适度控害、安全生产的目的。

第二节　农业防治技术

农业防治技术是指利用农业生产中的各种技术，主观地对作物生态系统加以调整，从而避免或减轻害虫危害的防治方法。常用的农业防治措施包括7个方面。

（一）加强植物检疫

在出口蔬菜栽培中必须严格执行检疫措施，生产上很多蔬菜品种都应用进口种子，因此，无论是购买蔬菜种子还是销售农产品时都必须经过严格的检疫，防止危险性病虫杂草如黄瓜黑星病、番茄溃疡病、美洲斑潜蝇等有害生物随蔬菜作物种子、秧苗、植株等的调运而传播蔓延。

（二）选用优质抗病虫品种

采用抗（耐）病虫等品种或砧木，如选用抗霜霉病、白粉病、枯萎病的黄瓜，抗

病毒病、叶霉病的辣椒,抗软腐病、霜霉病、病毒病的甘蓝等,能有效减轻病虫害,这是防治有害生物、丰产、稳产、降低生产成本和减少农药使用等对产品和环境污染的经济、有效的一种措施。各地要根据不同出口蔬菜种类、生产条件、生产季节和栽培方式,合理选用品种。

(三) 合理轮作

合理轮作换茬不仅使土壤养分得到均衡利用,生长健壮,提高作物的抗病虫草害的能力,并且因为每年改变田块的生态系统,切断了转主寄主、寄生单一的病虫食物链和世代交替环节,也能使生态适应性窄的病虫因条件恶化而难以存活、繁殖。一般蔬菜轮作方式有两类:一是不同蔬菜之间轮作,根据病源物在土壤中存活的时间,确定种植同一蔬菜所需间隔的时间,如与葱、蒜茬轮作,能够减轻黄瓜等果菜类蔬菜的真菌、细菌和线虫病害;二是蔬菜与粮食作物之间轮作,如蔬菜与水稻之间的水旱轮作,效果十分明显。

(四) 培育无病虫壮苗

1. 把好种子质量关

如从无病菜地无病株上留种;选用无病种子;进行温汤浸种、药剂拌种或种衣剂等方法进行种子处理,以杀灭潜伏、依附于种子上的病原,提高种子生产的安全性。

2. 培育无病壮苗

如选用地势高、排水好、土质松、未种植蔬菜的田块作苗床并对苗床进行消毒,施用腐熟的有机肥,防止病菌侵染;选择适宜的播种期,并采用防虫网或温室基质穴盘工厂化育苗,加强苗期管理,及时防治苗期病虫害,培育无病虫健壮壮苗。

3. 嫁接防病

嫁接技术的广泛应用有效地减轻许多蔬菜病虫的发生和危害。针对某些危害严重的土传病,采用高抗或免疫的砧木嫁接,进行抗性嫁接育苗,瓜类、茄果类蔬菜利用黑籽南瓜、葫芦等作砧木嫁接可有效地防治瓜类枯萎病、茄子黄萎病、番茄青枯病等多种病害。

(五) 清洁田园及周边环境

病虫多数在田园的残株、落叶、杂草或土壤中越冬、越夏或栖息。在播种和定植前,结合整地收拾病株残体,铲除田间及四周杂草,拆除病虫中间寄主。在农作物生长过程中及时拔除中心病株,摘除有病虫害的叶片、果实,或全株拔除,带出田外深埋或烧毁,尤其对黄瓜绿斑花叶病毒病、马铃薯晚疫病、大蒜白腐病等非常重要。蔬菜的病毒病多由蚜虫、飞虱、叶蝉传播,它们在沟渠、田埂、坟地、路边杂草上越冬,并大量繁殖。气温升高后,随苗子生长向农田蔓延,把病毒带给被害的作物。清洁田园、消除杂草就消灭了越冬或转主病虫及其滋生场所,会减少病虫害发生概率。

夏季高温闷棚消毒:对没有条件实行轮作的地块,可以利用夏季蔬菜换茬间隙,深耕后灌水至畦面,然后再排水,畦面四周严严实实覆盖薄膜闷1周,能有效杀死部分土传病菌。

（六）深耕晒垡

深耕可将土表的农作物病残体、落叶埋至土壤深层腐烂，并将地下的害虫、病原菌翻到地表，使其受到天敌啄食或严寒冻死，从而降低病虫基数。还能使土壤疏松，有利于蔬菜根系发育，提高植株抗逆性。

（七）科学施肥

合理施肥能改善植物的营养条件，提高植物的抗病虫能力。应以有机肥为主，适施氮肥，增施磷钾肥及各种微肥。施足底肥，勤施追肥，结合喷叶面肥，杜绝使用未腐熟的肥料。氮肥过多会加重病虫的发生，如容易使茄果类蔬菜绵疫病、烟青虫等发生加重。施用未腐熟有机肥，可导致蛴螬、种蝇等地下害虫发生加重，并引发根、茎基部病害发生较重。

第三节　物理防治技术

物理防治是指利用各种工具以及物理因素进行害虫防治的措施，随着科技发展，物理防治措施也日趋多样和高效。防虫网是相对简单和直接的防虫措施，尤其适用于温室害虫的防治，将其覆盖于通风口和门窗上即可阻止害虫的进入。色板诱杀是应用较为广泛的物理措施之一，主要利用害虫对不同颜色的强烈趋性，制作相应颜色的粘虫板用于蚜虫、粉虱、叶蝉、斑潜蝇、蓟马等害虫的诱捕。灯光诱杀利用昆虫的趋光性将其吸引至高压电网上诱杀。其中，太阳能杀虫灯防治面积大、适用范围广，常用于害虫诱杀、测报、调查。频振式杀虫灯利用害虫对光、波、色、味等的趋性对其进行诱杀。其光谱独特，既可诱杀害虫，又能保护天敌（高凤彦，2013；郭祥川，2014）。随着人们对粮食、蔬菜、水果品质的要求日益提高，物理防治优势凸显，在有害生物绿色防控体系中发挥着重要作用。现将目前应用较广的物理防治方法介绍如下。

（一）防虫网覆盖栽培

防虫网是一种采用添加防老化、抗紫外线等化学助剂的聚乙烯为主要原料，经拉丝制造而成的网状织物，具有拉力强度大、抗热、耐水、耐腐蚀、耐老化、无毒无味、废弃物易处理等优点，防虫网覆盖栽培是一项增产实用的环保型农业新技术，通过覆盖在棚架上构建人工隔离屏障，将害虫拒之网外，切断害虫（成虫）繁殖途径，可有效控制各类害虫（如菜青虫、菜螟、小菜蛾、蚜虫、跳甲、甜菜夜蛾、美洲斑潜蝇、斜纹夜蛾等）的传播以及预防病毒病传播。此外，防虫网反射、折射的光对害虫还有一定的驱避作用。且具有透光、适度遮光、通风等作用，创造适宜作物生长的有利条件，确保大幅度减少菜田化学农药的施用，生产出无（少）农药污染的绿色蔬菜。因此，防虫网一经问世，就受到蔬菜生产者的关注，推广十分迅速。

防虫网的使用技术主要如下。

1. 覆盖形式

（1）将防虫网直接覆盖在大棚架上，四周用土或砖块压严压实，在网上用压膜线扣紧，留正门揭盖。

（2）以竹片或钢筋弯成小拱架，插于大田畦面，将防虫网覆于拱架上，以后浇水直接浇在网上，一直到采收都不揭网，实行全封闭覆盖。

（3）采用水平棚架覆盖。

2. 全生育期覆盖

防虫网遮光较少，无须日盖夜揭或前盖后揭，应全生育期覆盖，不给害虫有入侵机会，才能收到满意的防虫效果。

3. 土壤消毒

在前作收获后，及时将前茬残留物和杂草搬出田间，集中烧毁。建棚前 10 d，放水淹没菜地畦面 7 d，淹死地表及地下害虫的虫卵和好气性病菌，然后排出积水，让太阳暴晒 2~3 d，并全田喷洒农药灭菌杀虫。同时防虫网四周要压实封严，防止害虫潜入产卵。小拱棚覆盖栽培时，拱棚要高于作物，避免菜叶紧贴防虫网，以防网外的黄条跳甲等害虫取食菜叶，产卵于菜叶上。

4. 选用合适的孔径

购买防虫网时应注意孔径。蔬菜生产上防虫网目数以 20~32 目为宜，幅宽 1~1.8 m。可选用黑色防虫网。

5. 配套措施

在防虫网覆盖栽培中，要增施腐熟的无公害有机肥，选用耐热抗病虫良种、生物农药、无污染水源，采用微喷技术等综合措施，以生产无公害的优质蔬菜。

6. 用后精心保管

防虫网田间使用结束后，应及时收下、洗净、吹干、卷好，以延长使用寿命，减少折旧成本，增加经济效益。

（二）灯光诱杀

大多数害虫的视觉神经对波长 330~400 nm 的紫外线特别敏感，具有较强的趋光性，因此用白炽灯、黑光灯、高压汞灯等灯光诱杀有趋光性的农作物害虫，诱杀效果很好，可诱杀多种害虫。黑光灯诱虫时间一般在 5—9 月。在害虫成虫发生期，田间设置黑光灯，每晚 21 时开灯，次晨关灯。在无风、闷热的夜晚诱虫量最多。

目前使用较普遍的是佳多 PS-Ⅱ型普通灯，按 4 hm² 菜田设置 1 盏杀虫灯，以单灯辐射半径 120 m 来计算控制面积，将杀虫灯吊挂在固定物体上，高度应高于农作物，以 1.3~1.5 m 为宜（接虫口的对地距离）。

根据蚜虫对银灰等色彩的负趋向性，设置银灰色塑料薄膜、铝箔等避蚜，也可以达到减少蚜虫危害作物的目的。

（三）性信息素诱杀技术

昆虫信息素主要指的是同一个种类的昆虫在交配、觅食、繁殖等过程中向同类昆虫所发出的一种可以彼此沟通交流的物质。在蔬菜害虫综合防治中，昆虫信息素技术主要起作用的机制是降解和氧化相关的害虫发出的信息素资源，从而切断害虫之间的沟通与交流，阻碍昆虫的繁殖发育，最终达到捕杀蔬菜害虫的目的。

性信息素诱杀，是利用昆虫的趋化性，目前可人工合成昆虫雌性信息素制成性诱剂产品，用特制的诱捕器置于田间，一方面可引诱雄性昆虫集中消灭，直接减少成虫数量，另一方面可干扰雄成虫的信息判断，减少成虫田间交配成功概率，减少田间落卵量，降低繁殖蔓延速度，从而达到防治目的。具有不伤害天敌、不产生抗性、经济、有效，对环境安全，使用方便等优点。

目前大面积开始推广应用的有斜纹夜蛾、甜菜夜蛾、小菜蛾 3 种性引诱剂，商品可选用宁波纽康生物技术有限公司生产的甜菜夜蛾、斜纹夜蛾、小菜蛾性引诱剂及田间诱捕器或自制简易诱捕器诱捕。诱捕器为一柱形中空塑料筒，柱体外表面有几个单向小孔供害虫飞入。盒内中央有一扁杆，诱芯插在盒内扁杆上。盒下端可旋空饮料瓶（或接塑料袋）接虫，接虫瓶（袋）内装水 1/3 左右（水中加少量洗衣粉），以使诱集害虫落入水中死亡。支架用木棍或竹棍即可。诱捕底部距地面 1 m。于 5 月上旬至 11 月中旬置于田间，一般 60 d 左右更换一次诱芯。诱芯不用时应置于阴凉处或冷藏保存，使用后的诱芯集中处理。定期清理接虫袋（瓶）中残虫，消灭活虫；诱剂盒收回后妥善保管，以便重复使用。

简易诱捕器选用直径 25~30 cm 的塑料盆或陶瓷盆，水面距诱芯 1.5 cm，水中加入洗衣粉以减少表面张力。

（四）色板诱杀技术

害虫对色彩的趋性是通过其视觉器官（复眼和单眼）中的感光细胞对光波产生感应而做出的趋向反应，称为"色觉"，从本质上讲是一种趋光性。

色板（黄蓝板）诱杀技术是利用某些害虫成虫对黄/蓝色敏感，具有强烈趋性的特性，将专用胶剂制成的黄色、蓝色胶粘害虫诱捕器（简称黄板、蓝板）悬挂在田间，进行物理诱杀害虫的技术。色板防治蔬菜害虫技术要点如下。

（1）防治对象。同翅目的蚜虫、粉虱、叶蝉等，双翅目的斑潜蝇、种蝇等，缨翅目的蓟马等。

（2）挂板时间。从苗期和定植期起使用，保持不间断使用可有效控制害虫发展。

（3）悬挂方法。用铁丝或绳子穿过诱虫板的两个悬挂孔，将其固定好，将诱虫板两端拉紧垂直悬挂在大棚上部；露地环境下，应使用木棍或竹片固定在诱虫板两侧，然后插入地下，固定好。

（4）悬挂位置。对低矮生蔬菜和作物，应将粘虫板悬挂于距离作物上部 15~20 cm 即可，并随作物生长高度不断调整粘虫板的高度，但其悬挂高度应距离作物上部 15~20 cm 为宜。对搭架蔬菜应顺行，使诱虫板垂直挂在两行中间植株中部。

（5）悬挂密度。

①防治蚜虫、粉虱、叶蝉、斑潜蝇。在大棚或露地开始可以悬挂 3~5 片诱虫板，以监测虫口密度，当诱虫板上诱虫量增加时，每亩田悬挂规格为 25 cm×30 cm 的黄色诱

虫板 30 片，25 cm×20 cm 黄色诱虫板 40 片即可，或视情况增加诱虫板数量。

②防治种蝇。在大棚或露地开始可以悬挂 3~5 片诱虫板，以监测虫口密度，当诱虫板上诱虫量增加时，每亩田悬挂规格为 25 cm×40 cm 的蓝色诱虫板 20 片，25 cm×20 cm 蓝色诱虫板 40 片即可，或视情况增加诱虫板数量。

③防治蓟马。在大棚或露地开始可以悬挂 3~5 片诱虫板，以监测虫口密度；当诱虫板上诱捕的虫量增加时，每亩田悬挂规格为 25 cm×40 cm 的蓝色诱虫板 20 片，25 cm×20 cm 蓝色诱虫板 40 片即可，或视情况增加诱虫板数量。

（6）后期处理。当诱虫板上粘的害虫数量较多时，用木棍或钢锯条及时将虫体刮掉，可重复使用。在温室使用效果更佳。

（五）糖醋毒液诱蛾

糖醋毒液诱蛾是利用地老虎、斜纹夜蛾等对于甜酸发酵物的趋性，采用毒浆来诱杀的一种方法。它能把这些害虫消灭在交尾产卵前，是防治和减少地老虎等害虫的有效措施。糖醋毒液通常的配方比例为糖：醋：酒：水 = 3：4：1：2，并加入少量的 90% 晶体敌百虫。

操作方法：一般每亩田放 3 盆，盆放在离地 1 m 高的架上，盆上遮一块玻璃，傍晚掀开，早晨将蛾子尸体捞去并盖好玻璃，这样每天按时操作，即可掌握虫害发生的情况，又可减少毒浆的浪费。

（六）利用指示植物诱虫产卵、人工灭杀

芋艿是一代斜纹夜蛾最早、最喜欢产卵的作物，通过有目的地种植芋艿可诱集斜纹夜蛾产卵，然后采用人工方法摘除、灭杀卵块或幼虫群，降低下一代虫口密度。

上述物理控防技术虽然目前应用广泛，但往往不能单独地、彻底地完成目标害虫的控、灭要求，更多的时候需要同其他防治技术配套使用才能达到预期目的，如性信息素在防虫网内使用，偶然飞入的雄蛾基本能被诱杀，效果就非常明显。在某个蔬菜害虫短期内大发生或特大发生时，就不得不借助化学防治技术。

第四节　生态防治技术

生态防治是指利用害虫对某些物理与化学因子反应的规律，使用物理和非农药化学因子诱杀或阻隔害虫的一种种群防控方式。蔬菜害虫的生态控制是适应当代蔬菜生产的商品化、无公害化、生态化的"三化"栽培要求，依托系统论的最新进展和计算机技术而提出的植保新策略。其特点是与蔬菜的生产决策过程完全吻合，与生产的实施操作充分协调。其实施的具体原则如下。

（1）蔬菜生产以有机栽培方式操作，害虫防治以生物防治为主；生产过程必须符合"绿色食品"标准。

（2）以蔬菜生产的商品化及其经济效益为主要约束条件，综合组建蔬菜害虫生态

控制数学模型，以当地的生态环境条件为边界条件，运行模型进行模拟，对生产过程的可能结果进行比较分析，筛选最优的生产方案。

（3）组建主要蔬菜害虫的自然种群生命表，以及各种生物防治措施的生态效应参数，作为模型中的被控系统向量之一，与蔬菜生产布局及有机栽培操作规范一起共同组建被控系统的矩阵模型。

（4）将生产过程和害虫发生动态的实际调查数据，输入总体模型进行动态监控，以便及时调整控制措施的投入与力度。

在具体实践中，应根据不同害虫的危害特点实行不同生态防控措施。

（1）小菜蛾。于一代害虫发生前开始，利用小菜蛾成虫的趋光性，以频振式杀虫灯诱杀成虫，一般每 3.5 hm² 左右使用一盏杀虫灯；也可采用性诱剂诱杀雄性成虫，每亩田设置诱捕器 5~8 只，诱捕器安放高度为离作物顶部约 40 cm 处，均匀排布。

（2）菜青虫。成虫有趋明黄色的特性，并喜取食含糖水，可采用黄板、茼蒿等植物的明黄色花朵和糖水盆诱杀。

（3）斜纹夜蛾（甜菜夜蛾）。可利用性诱剂诱杀成虫，方法：要求连片使用；采用成品诱捕器"边密中疏"排布法。诱集区边缘 3 排诱捕器间距为 45 m×15 m（每亩田放置 1 个），中间区域每 45 m×45 m 放一个（每 3 亩田放置 1 个）。诱捕器离作物顶部 70 cm 左右，清理诱集到的成虫，以保证诱集效果；也可利用成虫趋光性，以频振式杀虫灯诱杀成虫，一般每 3.5~5 hm² 使用 1 盏杀虫灯。

（4）烟粉虱。

①黄板诱杀成虫。田间每亩放置黄板 40~60 块，均匀分布，悬挂高度应与植株等高或高出作物 10~20 cm。

②防虫网避虫。保护地可使用矩形网格的防虫网（30 目×60 目）覆盖避虫。

（5）蚜虫。

①黄板诱杀。每只标准大棚放置黄板 40 块，每亩大田放置黄板 60 块并置于同作物同等高度处，能诱杀大量蚜虫。

②银灰膜避虫。选用银灰色地膜或银灰色膜条避蚜。

③防虫网避虫。保护地可使用矩形网格的防虫网（30 目×60 目）覆盖避虫。

（6）美洲斑潜蝇。

①成虫黄板诱杀。在成虫始盛期或盛末期用黄色诱蝇纸诱杀成虫，每亩田置 15 个诱杀点，每个点放置 1 张诱蝇纸诱杀成虫，15 d 左右更换 1 次。

②防虫网避虫。保护地可使用矩形网格的防虫网（30 目×60 目）覆盖避虫。

（7）黄曲条跳甲。根据成虫趋光习性，以频振式杀虫灯诱杀成虫，一般每 3.5 hm² 左右使用一盏杀虫灯。

（8）蜗牛和蛞蝓。用树叶、杂草、菜叶等做成诱集堆，人工诱杀；或早、晚集中捕捉；或傍晚在沟边、地头撒石灰带可杀死部分成、幼体。

第五节　生物防治

生物防治主要是利用某些生物或生物的代谢产物去控制害虫的发生和危害。自然界里，每种害虫都伴随有依赖它为生的多种天敌生物，害虫和害虫天敌的关系是普遍存在的一对矛盾的两个方面，在矛盾斗争过程中，天敌经常抑制着某些害虫的发生，对人类的生产和生活做出了宝贵的贡献。

一、保护和利用天敌

蔬菜害虫有较多的天敌昆虫，这些天敌昆虫主要有赤眼蜂、丽蚜小蜂等寄生性昆虫，也有捕食性昆虫如瓢虫、草蛉、食蚜蝇、猎蝽、蜘蛛等。瓢虫可防治蚜虫、红蜘蛛等害虫；草蛉可防治蚜虫、白粉虱、蓟马等害虫；丽蚜小蜂可防治小菜蛾等。可以有选择性地引入蔬菜害虫的天敌昆虫，从而有效地对蔬菜害虫进行综合防治。对于此项生物防治技术的应用，蔬菜种植户必须在应用该措施前对蔬菜害虫进行监测，一旦发现在蔬菜苗期及定植后发生害虫种群，就要及时采取行动，释放害虫天敌进行综合防治。针对天敌昆虫释放蔬菜害虫防治技术，应当注意建立完善害虫天敌的应用资源库，明确每一种天敌昆虫所针对的蔬菜害虫，从而有针对性并且高效地释放天敌昆虫，避免蔬菜种植中不必要的损失。另外，应及时加强对于各种类别的天敌昆虫的繁育研究，否则将会降低天敌昆虫的防治效果，导致活性天敌昆虫数量不足。

二、利用生物农药防治

生物农药的成分是纯天然的，相比传统的化学农药，不会对蔬菜植株造成伤害，无论是对整体生态环境，还是对人体均无毒、无害。目前，我国农业农村部批准使用的生物农药已经达 23 种，其在针对消灭蔬菜害虫方面均有较好的防治效果。但是在蔬菜害虫防治的具体实施中，生物农药起到的是对天敌昆虫防治的补充作用，通常主要作用于害虫发生规模及数量较大，需要快速降低蔬菜害虫的数量，或者是天敌害虫数量不足时。同时，生物农药防治技术必须在害虫点片式发生时施药才能起到最佳的防治效果。

使用生物农药技术，种植户需要考虑到所使用的生物农药与天敌昆虫的兼容性，避免其对天敌昆虫的影响，从而与天敌昆虫释放技术双管齐下，达到更好的蔬菜害虫防治效果。目前建议推广使用的生物农药如下。

1. 微生物生物农药

主要有：①细菌杀虫剂，如苏云金杆菌（Bt）、苏特灵、千胜等；②真菌杀虫剂，如白僵菌、绿僵菌、虫霉等；③病毒杀虫剂，如核型多角体病毒、质型多角体病毒、颗粒体病毒、奥绿一号（NPV）、小菜蛾颗粒体病毒、生物复合病毒杀虫剂等。

2. 植物源农药

主要有：苦参碱、苘蒿素、印楝素、烟碱、鱼藤酮、藜芦碱、除虫菊类等。

3. 农用抗菌素

主要有：阿维菌素、甲胺基阿维菌素、依维菌素、菜喜（多杀菌素）、浏阳霉素、农用链霉素、新植霉素，以及苦参碱、苦楝素、烟碱等。可有效防治蔬菜害虫，且对天敌的影响较少，有利于保护和利用天敌。

三、利用生物制剂防治病害

目前应用的生物制剂有井冈霉素、农抗120、春雷霉素、多抗霉素、宁南霉素、中生霉素等。

四、新兴生物防治技术

随着科学技术的不断发展和蔬菜害虫领域研究的不断深入，我国目前开发研究出了一套名为 RNA 干扰（RNAi）的生物防治技术，在具体的蔬菜害虫防治实践中发现这一技术具有性能良好且稳定的蔬菜害虫防治效果，这种新兴技术已经开始投入到实际的蔬菜种植生产实践中。

RNAi 技术是研究人员在对相关害虫进行注射、喂养的过程中，发现一些基因可以对蔬菜害虫的生长发育起到抑制作用，因而将其应用到正式的试验中，经过试验的反复证明，最后投入具体的蔬菜种植生产实践中，其被验证可以有效对部分蔬菜害虫进行防治。但是，这一技术目前只适用于消灭鞘翅目、鳞翅目等害虫，在其他种类的害虫防治方面还有待进行进一步的研究。新兴技术的出现固然是可喜的，但其对于蔬菜害虫的防治仍然存在诸多的问题亟待解决，其能否大规模地应用于生产实践，还值得科研人员开展更为细致深入的研究。

第六节　化学农药防治技术

20 世纪 60 年代以后，我国建立了完整的农药工业体系，化学防治的技术与方法得到了快速发展。有机氯、有机磷等有机合成农药被广泛开发并应用于害虫防治，如敌百虫和乐果等有机磷农药对害虫防效显著，深受农民欢迎（赵善欢，1962）。化学农药在害虫防治方面具有见效快、易操作、受地域和季节影响较小，经济效益高等优势，很快成为农业（蔬菜）害虫防治的主要措施，现在仍然是蔬菜病虫害防治主要措施。但采用化学农药防治必须注意以下事项。

一、严格执行国家和各地有关农药使用规定

我国在农药生产使用领域先后颁布了国务院《农药管理条例》、农业部《农药管理条例实施细则》、《农药合理使用准则》（GB 8321）、《农药安全使用规定》（GB 4285—89）以及农业部等五部委《关于严禁在蔬菜使用高毒高残留农药，确保人民食菜安全的通知》等法规文件，明确规定了蔬菜产区严禁使用高毒、高残留农药。浙江省人民政府办公厅〔2001〕34 号《关于禁止销售和使用部分高毒、高残留农药的意见》进一步规范了蔬菜产区农药使用的科学管理。农业部第 322 号公告自 2007 年 1 月 1 日起，撤销含有甲胺磷等 5 种高毒有机磷农药的制剂产品的登记证，全面禁止甲胺磷等 5 种高毒有机磷农药在农业上使用。

二、严格禁止使用明文禁止使用的农药品种

农业部于 2002 年 5 月 24 日发布了 199 号公告：明令禁止使用的农药品种有：六六六（HCH）、滴滴涕（DDT）、毒杀芬、二溴氯丙烷、杀虫脒、二溴乙烷（EDB）、除草醚、艾氏剂、狄氏剂、汞制剂、砷、铅、敌枯双、氟乙酰胺、甘氟、毒鼠强、氟乙酸钠、毒鼠硅；在蔬菜、果树、茶叶、中草药材上不得使用和限制使用的农药：甲胺磷、甲基对硫磷、对硫磷、久效磷、磷胺、甲拌磷、甲基异柳磷、特丁硫磷、甲基硫环磷、治螟磷、内吸磷、克百威、涕灭威、灭线磷、硫环磷、蝇毒磷、地虫硫磷、氯唑磷、苯线磷等 19 种高毒农药。任何农药产品都不得超出农药登记批准的使用范围使用。

三、选用高效、低毒、低残留化学农药品种

可使用的品种有：

1. 昆虫生长调节剂

主要有定虫隆（抑太保）、氟虫脲（卡死克）、丁醚脲（宝路）、虫酰肼（米满）、氟铃脲、灭幼脲 1 号、灭幼脲 3 号、灭蝇胺（潜克）等。

2. 杀虫剂

主要有吡虫啉（蚜虱净、大功臣、一遍净等）、吡虫清（啶虫脒、莫比朗）、除尽、氟虫腈（锐劲特）、辛硫磷、二嗪磷、氰戊菊酯、氯氰菊酯、溴氰菊酯、联苯菊酯、氟氯氰菊酯、三氟氯氰菊酯等。由于菊酯类农药在蔬菜上使用时期较长，有些害虫如小菜蛾等对氰戊菊酯、氯氟菊酯已产生抗药性，防效下降。含氟类菊酯的防治效果较好。

3. 杀螨剂

主要有哒螨灵、四螨嗪、唑螨酯、三唑锡、炔螨特、噻螨酮、苯丁锡、单甲脒、双甲脒等。

4. 杀菌剂

（1）无机杀菌剂。如氢氧化铜、氧化亚铜等。

（2）合成杀菌剂。如代森锌、代森锰锌、福美双、乙膦铝、多菌灵、甲基硫菌灵、噻菌灵、百菌清、三唑酮、烯唑醇、戊唑醇、己唑醇、腈菌唑、乙霉威·硫菌灵、腐霉利、异菌脲、霜霉威、烯酰吗啉·锰锌、霜脲氰·锰锌、盐酸吗啉胍、噁霉灵、噻菌铜、咪鲜胺、咪鲜胺锰盐、抑霉唑、氨基寡糖素、甲霜灵·锰锌等。

四、科学合理使用农药

（一）掌握病虫发生规律，对症下药、适时用药

加强预测预报工作，及时掌握病虫的发生规律，达到防治指标时要适时用药防治。鳞翅目害虫以低龄若虫发生高峰期、病害以发病初期防治效果较好。根据蔬菜不同病虫选择相应的农药品种，既要有效控制蔬菜有害生物的发生与危害，在经济允许水平以下，又要考虑对天敌、环境、作物品质的影响，尽可能选择副作用小的农药品种。

（二）规范施药技术，安全用药

要严格掌握农药的使用浓度、剂量和使用次数，遵守农药的安全间隔期，严禁高毒、高残留农药在蔬菜上使用。根据不同病虫的发生规律，选用科学的施药方法，如防治地下害虫、苗期土传病害，可用相应的农药品种拌泥土撒施；叶片病虫害以喷雾法效果较好；保护地可采用烟熏法防治等。另外，要结合农药的特性，选择合理的施药时期、用药方法。如辛硫磷、阿维菌素等农药易引起光解，应选择傍晚或阴天施用。

（三）认真做好病虫害抗性的预防和治理

同一种农药品种长期多次使用或增量使用会导致抗药性产生。病菌或害虫抗药性的演化发展是影响化学农药防治效果的重要因素，也是病虫害再猖獗的主要原因。随着化学农药的长期广泛使用，目标病虫会逐渐产生抗药性，对植保工作带来巨大挑战。抗性治理旨在采用合理的方式方法延缓或者阻止病虫抗药性的产生与发展，甚至使其对农药恢复敏感状态（王凛等，2010）。加强病虫害的预报，通过调查全面了解病虫害的发生和发展，有针对性地开展药剂防治，减少盲目用药，降低用药频率，开发和推广新型农药、交替及混合使用不同类型农药等措施都可以有效延缓目标病虫抗药性的发展（刘泽文和韩召军，2002）。抗性机制研究表明，抗药性产生的根本原因在于害虫体内解毒酶活性提高导致其对农药的代谢能力增强，或者病菌、害虫体内农药靶标位点突变导致病菌害虫对农药的不敏感。现今，我国科学家在害虫抗药性机制以及抗性治理策略研究方面已经取得显著进展。其中，针对害虫抗药性分子机制开发相应的分子靶向药物是解决害虫抗药性的新的重要策略。

在一些目标病虫害防治上，如小菜蛾防治，由于小菜蛾对菊酯类农药抗性倍数较高，防效较差。应提倡不同类别、作用机制不同的农药交替、轮换使用，如杀虫剂中菊

酯类、有机磷类、氨基甲酸酯类、有机氮类之间的轮换使用，杀菌剂中代森类、无机硫类、铜制剂等轮换使用，就不易产生抗性。科学合理混用，采用作用方式不同和机制不同的药剂混用，也是延缓害虫产生抗性的最有效方法。此外，对已产生抗药性的害虫治理应从药剂轮换、使用增效剂或停用该类药剂等措施进行防治。

五、对不同种类的蔬菜病虫害，采取有针对性的化学农药防治措施

（一）蔬菜病害的防治

1. 猝倒病

猝倒病俗称"倒苗""脚瘟""卡脖子"，是各种蔬菜幼苗期主要病害，严重时导致幼苗大批死亡。

（1）危害症状。幼苗大多从茎基部感病，亦有从茎中部感病者，初为水渍状病斑，并很快扩展，缢缩变细如"线"样，病部不变色或呈黄褐色，病势发展迅速，在子叶仍为绿色、萎蔫前即从茎基部或茎中部倒伏而贴于床面。苗床湿度大时，病残体及周围床土上可生一层絮状白霉。病害开始往往仅个别幼苗发病，条件适合时以这些病株为中心，迅速向四周扩展蔓延，造成块状成片倒伏。

（2）发病规律。由真菌鞭毛菌亚门瓜果腐霉菌侵染所致。病菌以卵孢子随病残体在地上越冬，条件适宜时卵孢子萌发，产生芽管直接侵入幼芽。或芽管顶端膨大后形成孢子囊，以游动孢子借助风雨或灌溉水传播到幼苗，引起初侵染。湿度大时，病部产生的孢子囊和游动孢子进行再侵染。病菌喜低温、高湿环境，在 10~30 ℃条件下病菌均能生长，土温 15~16 ℃时病菌生长速度最快。苗床连作、棚内温度过低、湿度过高、播种过密、光照差、通风不良、播种或分苗后浇水过多、管理粗放等田块发病重。

（3）化学防治方法。病害始见时开始施药。目前，我国没有防治蔬菜猝倒病的登记农药，但农户防治时应根据不同蔬菜品种，按照可用农药的使用说明书使用。一般可用 72.2%霜霉威水剂 800 倍液，或 75%百菌清可湿性粉剂 600 倍液等药剂，或其他允许使用的防治药剂。注意各类农药交替使用，严格遵守安全间隔期和每季最多使用次数。

2. 立枯病

立枯病又称"死苗"，是瓜果类蔬菜苗期的常见病害之一，各地均有发生。育苗期阴雨天气多、光照少的年份发病严重，常造成秧苗成片死亡。

（1）危害症状。主要危害幼苗茎基部或地下根部。初为椭圆形或不规则暗褐色病斑，病苗早期白天萎蔫，夜间恢复，病部逐渐凹陷、缢缩，有的渐变为黑褐色，当病斑扩大绕茎一周时干枯死亡，但不倒伏。轻病株仅见褐色凹陷病斑而不枯死。苗床湿度大时，病部可见不甚明显的淡褐色蛛丝状霉。立枯病不产生絮状白霉，不倒伏且病程进展慢，可区别于猝倒病。

（2）发病规律。由真菌半知菌亚门立枯丝核菌侵染所致，病菌主要以菌丝体在病残体上或土壤中越冬，且可在土壤中腐生 2~3 年。菌丝能直接侵入寄主，通过水流、雨水、农具、农事操作等传播。病菌喜温暖、潮湿环境，最适发病温度 20~24 ℃，相

对湿度 70% 以上，土壤 pH 值 3~9.5。播种过密、通风不良、湿度过大、光照不足、幼苗生长比较弱的苗床易发病。育苗期间阴雨天气多的年份发病重。

（3）化学防治方法。化学防治方法参照"猝倒病"。

3. 霜霉病

（1）危害症状。主要危害叶片，也能危害植株茎、花梗，整个生育期均可发病。从植株下部叶片开始发病。发病初期叶片边缘或正面出现不明显的淡绿色或黄绿色水渍状斑点，后扩大成黄褐色，病斑受叶脉阻隔呈不规则多角形，湿度大时叶背面生白色霜霉状物。发病严重时造成整张叶片枯死，严重影响品质和产量。

（2）发病规律。由真菌鞭毛菌亚门寄生霜霉菌侵染所致。病菌以卵生孢子在病残体或在土壤中越冬，翌年环境条件适宜时，卵孢子萌发产生芽管，从幼苗胚茎处侵入，借助风雨在田间传播。病菌喜温暖、高湿环境，最适宜发病条件为：温度 20~24 ℃，相对湿度 90% 以上。多雨、多雾或田间积水时发病较重。播种过早、氮肥偏多、种植过密、通风透光差时发病重。

（3）化学防治方法。发病初期及时用药防治。目前，我国防治蔬菜霜霉病的登记农药不多，常用的有 40% 三乙膦酸铝可湿性粉剂 200~300 倍液药剂、72% 霜脲·锰锌可湿性粉剂 800 倍液等，或用其他允许使用的防治药剂。农户防治时应根据不同蔬菜品种，按照此类农药使用说明书使用。注意各类农药交替使用，严格遵守安全间隔期和每季最多使用次数。

4. 黑斑病

（1）危害症状。主要危害叶片，初期叶片上产生黑色小斑点，扩展后呈灰褐色圆形病斑，直径 5~30 mm。湿度大时，病斑上产生较多黑色霉状物。严重时叶片上布满病斑，或病斑汇合成大斑，引起叶片枯黄。病斑表面易破裂或部分脱落，造成叶面穿孔。有时茎和叶柄也会发病，病斑呈黑褐色、长条状，表面着生黑色霉状物。

（2）发病规律。由真菌半知菌甘蓝链格孢菌侵染所致。病菌以菌丝体或分生孢子在土壤中，或黏附在病残体、留种植株上及种子表面越冬。翌年环境条件适宜时，越冬菌产生分生孢子侵染危害。发病后，病部产生的分生孢子借助气流传播，多从气孔侵入，也可直接穿透表皮侵入，经 5~7 d 潜育期后又产生分生孢子，反复进行再侵染。病菌在 10~35 ℃ 都能生长发育，最适发病温度 17 ℃，相对湿度 75%~85%。叶面有水滴存在，对发病更有利。

（3）化学防治方法。发病初期及时喷药防治。一般可选用在蔬菜生产登记的农药，如 70% 代森联水分散颗粒 500~600 倍液，或 430 g/L 戊唑醇悬浮剂 600~800 倍液，或 10% 苯醚甲环唑水分散剂 600~800 倍液等药剂，或其他允许使用的防治药剂。农户防治时应根据不同蔬菜品种，按照此类农药使用说明书使用。注意各类农药交替使用，严格遵守安全间隔期和每季最多使用次数。

5. 黑腐病

主要危害十字花科蔬菜，其中对结球甘蓝、花椰菜、萝卜等危害最严重，其次是雪菜、高菜等。

（1）危害症状。主要危害叶片，病菌多从叶片边缘水孔侵入，逐渐向内发展成

"V"形病斑，沿叶脉形成较大的黄褐色大斑。发病一般从植株底部老叶开始，逐渐向上发展。病菌流行时，整张叶片往往多处发病，导致叶片局部枯死或全部腐烂。天气干燥时，病斑容易干枯或形成穿孔。识别要点：叶片上产生"V"形黄褐色病斑；维管束变黑色；叶片腐烂时，不发生臭味，可区别于软腐病。

（2）发病规律。由细菌油菜黄单胞菌野油菜致病变种侵染所致。病菌可在种子内或随病残体在土壤中越冬、越夏。病菌从子叶或真叶叶缘水孔侵入，成株期还可通过伤口侵入，扩展蔓延。田间病害主要借雨水、农事操作和昆虫传播。遇高温多雨天气，地势低洼、连作地及偏施氮肥田块发病重，特别是连片种植、盐碱地容易发生流行，严重影响产量。

（3）化学防治方法。发病初期及时喷药防治。目前，我国没有防治蔬菜黑腐病的登记农药，但农户一般用20%叶枯宁可湿性剂等药剂，或用其他允许使用的防治药剂。农户防治时应根据不同蔬菜品种，按照此类农药使用说明书使用。注意各类农药交替使用，严格遵守安全间隔期和每季最多使用次数。

6. 灰霉病

主要危害黄瓜、辣椒、青刀豆、草莓等多种蔬菜的花、果实、叶、茎。苗期与结果期均可受害。

（1）危害症状。以黄瓜为例，主要危害果实，先侵染花，花瓣受害后易枯萎、腐烂，而后病害向幼瓜蔓延，花和幼瓜蒂部初呈水浸状，病部褪色，渐变软，表面生有灰褐色霉层，病瓜腐烂。烂花、烂瓜落在茎叶上，引起茎叶发病。叶部病斑初为水浸状，后呈浅灰褐色，病斑中间有时生出灰色斑，病斑大小不一，大的直径可达20～26 mm，边缘明显，有时有明显的轮纹。茎上发病，造成数节腐烂，瓜蔓折断，植株枯死。潮湿时被害部可见到灰褐色霉状物。其他相关蔬菜受害情况基本类同。

（2）化学防治方法。发病初期及时喷药防治。一般可选用在蔬菜生产上登记使用的农药，如50%异菌脲可湿性粉剂（亩用量37.5～50.0 g），或其他允许使用的防治药剂。农户防治时应根据不同蔬菜品种，按照此类农药使用说明书使用。注意各类农药交替使用，严格遵守安全间隔期和每季最多使用次数。

7. 软腐病

所有十字花科蔬菜均可受害，尤以结球甘蓝、胡萝卜和菠菜最为严重。

（1）危害症状。多在包心期开始发病，起初表现为外围叶片萎垂，早晚能恢复，严重时，叶柄基部和根基部心髓组织完全腐烂，充满黄色黏稠物，臭气四溢。胡萝卜受害后，呈水浸状褐色软腐，病健分界明显，常有汁液渗出。留种株往往老根外形完好，心髓完全腐烂，仅有空壳。本病的主要特征是病烂处有硫化氢的恶臭味，这是与黑腐病最明显的区别。

（2）发病规律。由细菌胡萝卜欧文氏杆菌胡萝卜致病变种侵染所致。病菌可在田间病株、带病其他作物、杂草等上越冬，也可随病残体在土壤、堆肥，以及传播此病的昆虫体内越冬。借助雨水、灌溉水及小菜蛾等昆虫传播，能通过自然裂口、机械伤口等侵入危害。病菌生长发育最适温度为25～30 ℃，不耐光或干燥，在日光下暴晒2 h，大部分病菌便死亡。多雨、田间积水，不利于蔬菜植株根系生长发育，植株抗病性下降，有利于病菌繁殖和传播，引进病害流行。

（3）化学防治方法。发病前或初期选择对口药剂防治。一般可选用在蔬菜生产上登记使用的农药，如20%噻菌铜悬浮剂（亩用量15~20 g），或其他允许使用的防治药剂。农户防治时应根据不同蔬菜品种，按照此类农药使用说明书使用。注意各类农药交替使用，严格遵守安全间隔期和每季最多使用次数。如77%氢氧化铜可湿性粉剂的安全间隔期为7 d，每季最多使用次数为2次。

8. 炭疽病

主要危害豆类、辣椒和草莓等多种蔬菜作物。

（1）危害症状。主要危害叶片，有时也危害花梗和种荚。叶片上病斑较小，圆形，一般为1~2 mm，初为白色水浸状小斑点，后扩大为灰褐色稍凹陷的圆形斑，最后病斑中央褪为灰白色，极薄，易穿孔；叶脉上病斑多发生于背面，病斑褐色，条状，凹陷；叶柄上病斑多为长椭圆形或纺锤形，褐色，凹陷明显。叶片被害严重时，病斑多达数百个，相互愈合，引起叶片干枯。在潮湿情况下，病部能产生淡红色黏状物。

（2）发病规律。病菌主要来自土壤中的病残体和带菌的种子，通过雨水冲溅传播。最适发育温度为26~30 ℃，相对湿度为80%以上。高温高湿利于病害发生。

（3）化学防治方法。发病初期选择对口药剂防治。一般可选用在蔬菜生产上登记使用的农药，如250 g/L嘧菌酯悬浮剂（亩用量40~50 ml），或25%咪鲜胺乳油1 500倍液，或70%甲硫·福美双可湿性粉剂600~800倍液，或10%苯醚甲环唑水分散粒剂（亩用量60~80 g），或其他允许使用的防治药剂。农户防治时应根据不同蔬菜品种，按照此类农药使用说明书使用。注意各类农药交替使用，严格遵守安全间隔期和每季最多使用次数。

9. 病毒病

大部分蔬菜都易感染病毒病。以十字花科如高菜、茄科蔬菜如辣椒等最易感病。

（1）危害症状。叶片出现变异，呈现花叶、蕨叶、条纹、疯长、叶片皱缩等症状，所有染病植株都不同程度地出现叶色褪淡、叶脉突起或透明、叶质变硬、植株变矮、品质变差或提前枯死等现象。

（2）发病规律。主要由芜菁花叶病毒、黄瓜花叶病毒、烟草花叶病毒或多种病毒感染所致。在南方十字花科蔬菜地区，病毒可周年危害。田间地边的荠菜、车前草等杂草也是病毒越冬、越夏寄主。病毒主要通过萝卜蚜、桃蚜、甘蓝蚜等媒介传播。也可通过汁液接触，如病健株接触摩擦、农事操作等途径传播。病害发生与寄主生育期、气候、栽培制度、播种期和品种抗性等因素密切相关。一般幼苗最易感病，植株染病越早，危害越重。

（3）化学防治方法。发病初期选择对口药剂防治。一般可选用在蔬菜生产上登记使用的农药，如8%宁南霉素水剂（亩用量6.0~8.3 g），或50%氯溴异氰尿酸可溶性粉剂（亩用量30~35 g），或20%吗胍·乙酸铜可湿性粉剂（亩用量33~35.0 g），或其他允许使用的防治药剂。注意各类农药交替使用，严格遵守安全间隔期和每季最多使用次数。

10. 疫病

疫病主要指由疫霉属真菌引起的植物病害。表现为叶斑、幼苗猝倒、根茎腐、冠腐、枝干溃疡和果实腐烂等，植株受害部位产生边缘不明显的黑褐色水渍状病斑，可迅速引起病部的坏死和腐烂，空气潮湿时，病部尤其是叶背面产生疏松的白色霉层，黄瓜、蚕豆、辣椒等会发生疫病。

（1）危害症状。苗期至成株期均可染病，主要危害茎基部、叶及果实。幼苗染病多始于嫩尖，初呈暗绿色水渍状萎蔫，逐渐干枯呈秃尖状，不倒伏。成株发病，主要在茎基部或嫩茎节部，出现暗绿色水渍状斑，后变软，显著萎缩，病部以上叶片萎蔫或全株枯死。果实染病，初始产生暗绿色水渍状斑，扩展后软腐变褐色，高湿时产生白色霉层，空气干燥后成僵果。

（2）发病规律。该病由真菌中的疫霉菌侵染所致，病菌以菌丝体或卵孢子、厚垣孢子随病残体在土壤中越冬，还可在种子、堆肥中越冬，来年春季引起初侵染。植株发病后，遇潮湿时病斑上即产生孢子囊，经风、雨、流水传播，引起再侵染，使该病蔓延、扩散。较高的气温（25 ℃以上），又时晴时雨，或出现 3 d 以上连续降雨，或雨后突然转晴、气温急剧上升，均有利于该病的发生。菜地渍水、栽植过密、偏施氮肥，可能诱发本病。

（3）化学防治方法。发病初期选择对口药剂防治。一般可选用在蔬菜生产登记使用的农药，如 60% 唑醚·代森联水分散粒剂（亩用量 54~36 g），或 722 g/L 霜霉威盐酸盐水剂（亩用量 58~72 g），或 50% 烯酰吗啉可湿性粉剂（亩用量 30~40 g），或其他允许使用的防治药剂。农户防治时应根据不同蔬菜品种，按照此类农药使用说明书使用。注意各类农药交替使用，严格遵守安全间隔期和每季最多使用次数。

（二）蔬菜虫害的防治

1. 蚜虫

俗名蚰虫，秋冬季危害蔬菜作物的蚜虫以菜缢管蚜为主，春季及夏季危害蔬菜作物以桃蚜及瓜蚜为主。

（1）危害特点。以成虫或若虫在叶背或嫩茎上吸食作物汁液，幼苗嫩叶及生长点被害后，叶片卷缩，秧苗萎蔫甚至死亡，老叶受害，提前脱落，结果期缩短，造成减产。

（2）发生规律。蚜虫在宁波一带一年可繁殖 20~30 代，且繁殖能力强，世代重叠，全年有春秋两个迁飞和危害高峰，即 4—6 月和 9—11 月；一生可分为有翅和无翅两种形态，而生殖又可分为卵生和孤雌胎生两种方式来繁殖。当食物或气候对其生存条件不利时，其后代即可产生有翅蚜，迁飞到食物丰富的场所，其后代又变为无翅蚜。无翅蚜活动范围小，但繁殖能力强、发生世代多。每 1 对无翅成蚜，每天可直接胎生 6~8 头。同时蚜虫又是病毒的传播者，每当蚜虫盛发，病毒病往往同时流行。

（3）化学防治方法。

防治适期：有翅蚜迁飞始盛期，田间有蚜株率 5%~15%。

适用药剂：吡虫啉、噻虫嗪、抗蚜威等药剂及其复配剂。一般采用 50% WDG 抗蚜威，或10%啶虫脒乳油，或350 g/L吡虫啉悬浮剂，兑水喷雾。用药时要求叶背喷雾，可添加"杰效利"有机硅3 000倍液增加防效（植株花期不宜使用）。农户防治时应根据不同蔬菜品种，按照此类农药使用说明书使用。注意各类农药交替使用，严格遵守安全间隔期和每季最多使用次数。

2. 烟粉虱

目前，在我国全国范围内发生，主要是B型烟粉虱，是一种外来有害生物，在生产中极易产生抗药性。它不仅能直接刺吸植物汁液，造成植物衰弱、干枯，而且还是许多蔬菜病毒病的重要传毒介体。主要危害豆科、菊科、锦葵科、茄科以及大戟科等作物。

（1）危害特点。烟粉虱以成虫和若虫群集在叶背，吸食叶片汁液，使叶片变黄，影响植株的正常生长发育。成虫和若虫均能分泌大量蜜露堆积于叶面和果实上，引起煤污病的大发生。叶片受污染后，妨碍植株的光合作用和呼吸作用，造成叶片萎蔫，植株枯死。果实被污染则影响果实品质，降低食用价值。

（2）发生规律。烟粉虱原产热带，主要在热带、亚热带及相邻的温带地区发生。在适宜条件下1年发生11～15代，世代重叠。夏天成虫羽化后1～8 h内交配，秋季、春季羽化后3 d内交配。成虫可在植株内或植株间作短距离扩散，也可借助风或气流作长距离迁移。卵不规则散产在叶背面。一般可存活10～24 d，产卵66～300粒。产卵量依温度、寄主植物和地理种群不同而异。

（3）化学防治方法。烟粉虱发生始盛期为防治适期。于有虫株率10%～15%时开始用药，根据田间虫情每隔5 d用药一次，连续防治3次以上。适用药剂有烯啶虫胺、啶虫脒、甲氨基阿维菌素苯甲酸盐、噻嗪酮、噻虫嗪等药剂及其复配剂。用药方式：叶背喷雾。必须严格实行化学药剂的交替使用，延缓害虫抗药性的产生。可添加"杰效利"有机硅3 000倍液增加防效（植株花期不宜使用）。

农户防治时应根据不同蔬菜品种，按照此类农药使用说明书使用。注意各类农药交替使用，严格遵守安全间隔期和每季最多使用次数。

此外，由于烟粉虱繁殖迅速易于传播，在一个地区范围内的生产单位应注意联防联治，以提高总体防治效果。

3. 黄条跳甲

主要危害甘蓝、花椰菜、白菜、萝卜等十字花科蔬菜，同时也危害瓜、豆和茄果类蔬菜。

（1）危害特点。成虫和幼虫都能危害，以幼苗期危害最重。成虫食叶，使刚出土子叶被吃光，整株死亡，造成缺苗。较厚的叶片被害后留下表皮，呈透明小孔。此虫也能危害留种株的花蕾和果荚。幼虫在土中专食地下部分，剥食菜根的表皮或蛀入根内形成隧道，使植株枯萎。危害造成的伤口有利于病菌的侵入，常引起软腐病的流行。

（2）发生规律。宁波地区一年发生6代，以成虫在土缝、叶背或杂草中越冬，冬天如天气温暖仍可活动危害。该虫属寡食性害虫，偏嗜十字花科蔬菜。成虫喜跳跃，中午前后活动最盛，有趋光性，对温度适应范围广，随着温度上升，食量随之增大，但超过34 ℃又急减。成虫寿命较长，一般有40～50 d，最长可达1年，产卵期也较长，故世代重叠，发生不整齐，卵产在菜根及周围土中，卵孵化要求相对湿度为100%。幼虫共3龄，在土中作室化蛹。一年中以春、秋两季危害较重。

（3）化学防治方法。防治适期：重点开展土壤和种子处理以防控幼虫种群。适用药剂：一般选用辛硫磷颗粒剂（每亩田用3%颗粒剂3 000～5 000 g）；用药方式：在近根际条施、穴施、撒施或拌种处理。防治成虫可选用辛硫磷、敌敌畏等药剂及其复配剂；用药方式：全株喷雾，注意采用从田块外围向中间转圈式用药。

4. 小菜蛾

俗名两头尖、吊丝虫，主要危害十字花科蔬菜如结球甘蓝、萝卜等。

（1）危害特点。小菜蛾以幼虫危害。初孵幼虫潜食叶肉和下表皮，3～4龄将叶咬食成为洞孔、缺刻，严重时叶片被食成网状。尤其喜欢取食幼苗心叶，也能危害留种株的嫩叶、茎和荚。

（2）发生规律。宁波一带，年发生9～14代，没有明显的越冬现象。冬季各种虫态都能发现，但以幼虫居多。成虫昼伏夜出，有趋光性，卵多产在叶背近叶脉处。幼虫有吐丝习性，受惊时激烈扭动倒退，吐丝下垂，老熟后多在叶背或杂草堆结茧化蛹。春秋两季危害最重。

（3）化学防治方法。选择对口药剂防治。防治适期以田间有虫株率达15%，幼虫主体虫龄在3龄期之前。选用在蔬菜生产上登记使用的农药，如多杀霉素、氟虫脲、甲氨基阿维菌素苯甲酸盐、氯虫苯甲酰胺、氰氟虫腙、啶虫隆等药剂及其复配剂防治；或用10%虫螨酯悬浮剂低龄幼虫高峰期使用，亩用量33～50 ml，最多使用2次，安全间隔期14 d；或用25 g/L多杀霉素悬浮剂，低龄幼虫高峰期使用，亩用量33～66 ml，最多使用4次，安全间隔期1 d；或用5%甲氨基阿维菌素苯甲酸盐水分散料，低龄幼虫高峰期使用，亩用量3～5 g，最多2次，安全间隔期5 d；或用0.5%印楝素乳油，低龄幼虫中期使用，亩用量125～150 ml；或用16 000 IU/mg苏云金杆菌可溶性粉剂，亩用量100～300 g；或用5%阿维菌素可溶液剂；或用20%氟苯虫酰胺水分散颗粒剂；或用其他允许使用的防治药剂。用药方式：叶背喷雾。必须严格实行化学药剂的交替使用，延缓害虫抗药性的产生。可添加"杰效利"有机硅3 000倍液增加防效（植株花期不宜使用）。注意各类农药交替使用，严格遵守安全间隔期和每季最多使用次数。

5. 菜青虫

是菜粉蝶的幼虫。是一种常发性害虫，偏嗜十字花科蔬菜，其中较喜好甘蓝、白菜、萝卜等。

（1）危害特点。幼虫咬食叶片成孔洞或缺刻，严重时全叶吃光，仅留叶柄，幼虫危害蔬菜造成的伤口又易诱发软腐病，因此对蔬菜的产量与质量影响很大。

（2）发生规律。一年发生8～9代，11月开始，以蛹在秋冬蔬菜地附近的屋墙、树干、杂草堆或冬季蔬菜中越冬。第一代成虫3月中旬开始发生，卵单生，多产生在叶背，每头雌蛾可产卵100～200粒。幼虫共五龄，3龄前食量较小、抗药性差。此虫喜温暖天气，一年中从3—12月都能危害蔬菜。

（3）化学防治方法。防治适期宜选在田间有虫株率达15%，幼虫的主体虫龄在3龄期之前。可用多杀菌素、阿维菌素、氟虫脲、甲氨基阿维菌素苯甲酸盐等药剂及其复配剂；或用1%苦皮滕素水乳剂，低龄幼虫高峰期使用，亩用50~70 ml；或用15%茚虫威悬浮剂，低龄幼虫高峰期使用，亩用5~10 ml，最多使用1次；或用60 g/L乙基多杀菌素悬浮剂，低龄幼虫高峰期使用，亩用20~30 ml，最多使用3次，安全间隔期7 d。选用在蔬菜生产登记使用的农药，如25%除虫脲可湿性粉剂、50 g/L氟啶脲乳油、10%醚菊酯悬浮剂、20%氰戊菊酯乳油、25 g/L高效氯氟菊酯乳油或25 g/L溴氰菊酯乳油，或者使用其他允许使用的防治药剂，要求全株喷雾防治，可添加"杰效利"有机硅3 000倍液增加防效（植株花期不宜使用）。注意各类农药交替使用，严格遵守安全间隔期和每季最多使用次数。

6. 菜螟

又名菜心野螟、萝卜螟、钻心虫。主要危害甘蓝、花椰菜、白菜、萝卜、芜菁等蔬菜。

（1）危害特点。主要以幼虫钻蛀危害为主。幼虫孵化后，爬向菜心，吐丝缀叶，取食菜心，造成缺苗和毁种，成株菜心叶被啃食后，形成"蓬头菜"，多头生长，减产严重。高龄幼虫向上蛀入叶柄，向下蛀食茎髓或根部，蛀孔明显，并有虫粪排出，受害株逐渐枯死或叶柄腐烂。幼虫可转株危害。

（2）发生规律。浙江每年发生6~7代，以老熟幼虫在地表吐丝黏着泥土、枯叶做囊越冬，少数也可以蛹态越冬。越冬幼虫于次年春在6~10 cm深的土中结茧化蛹，也有在土面残株落叶间化蛹。成虫昼伏夜出，稍有趋光性，幼虫共5龄，可转株危害4~5次。菜苗3~5片真叶期，恰与菜螟的幼虫盛发期吻合，危害严重。

（3）化学防治方法。选择对口药剂防治。目前，我国没有防治菜螟的登记农药，但农户一般在用20%啶虫脒乳油1 000倍液，或5%顺式氯氰菊酯乳油1 500倍液等药剂，或其他允许使用的防治药剂。注意各类农药交替使用，严格遵守安全间隔期和每季最多使用次数。

7. 斜纹夜蛾

俗名五花虫，食性杂，除取食甘蓝、花椰菜、白菜等十字花科蔬菜外，还危害茄果类、瓜类、豆类等蔬菜作物。

（1）危害特点。幼虫食叶、花蕾、花及果实，严重时出现全田作物被吃光的现象。在甘蓝、白菜上可蛀入叶球、心叶，并排泄粪便，造成污染和腐烂，使之失去商品价值。对十字花科蔬菜，则多钻入蔬菜嫩心中取食，造成其无法生长。

（2）发生规律。宁波一年发生6代，5月初出现越冬代成虫，以后约隔30 d左右发生一代。该虫发育适温为29~30 ℃，所以每年的7—9月为大发生期，蛾量占全年总蛾量的60%~70%。成虫昼伏夜出，喜食香甜物质，趋光，喜产卵于高大、茂密、浓绿的边际植物的叶背和叶脉分叉处；初孵幼虫群集取食，食性杂，3龄前取食叶肉，4龄以后分散开来并进入暴食期，日伏夜出。幼虫有假死性，老熟幼虫入土化蛹。

（3）化学防治方法。防治适期宜选在田间有虫株率达3%，幼虫盛孵期至2龄幼虫高峰期。可用甲氨基阿维菌素苯甲酸盐、甲氧虫酰肼、氯虫苯甲酰胺、氰氟虫腙、啶虫隆、茚虫威、虫螨腈等药剂及其复配剂。采取"诱治一二代，重治三代，巧治四代，挑治五六代"的防治方式。于傍晚幼虫取食高峰前用药，叶背喷雾。严格实行化学药剂的交替使用，延缓害虫抗药性的产生。可添加"杰效利"有机硅3 000倍液增加防效（植株花期不宜使用），力求扑灭在暴食期之前。

8. 甜菜夜蛾

俗名厚皮青虫，除危害十字花科的大白菜、小白菜、甘蓝外，还危害莴苣、大葱、豆类、茄果类、辣椒等多种蔬菜。

（1）危害特点。食性杂，危害多种蔬菜及其他作物，一般与斜纹夜蛾同期发生。初龄幼虫在叶背群集吐丝结网，食量小，4龄后，分散开来，食量大增，昼伏夜出，在阴雨天气时，也能发现少量害虫出来取食。受害的叶片呈孔缺刻状。严重时，幼虫可吃光叶肉，仅留叶脉，甚至剥食茎秆皮层。幼虫可成群迁移，稍受震扰吐丝落地，有假死性。

（2）发生规律。在宁波一带，1年发生5代，世代重叠。该虫是一种间歇性大发生的害虫，每年的8—9月是该虫的危害高峰期。该虫发育适宜温度为20~30 ℃，相对湿度80%~90%，成虫昼伏夜出，趋光性强而趋化性弱，并有多次产卵的习性，每头雌蛾产卵100~600粒；多产卵于叶背，呈块状，卵期2~6 d。幼虫5~6龄，3龄前群集危害，4龄以后分散取食，食量大增，昼伏夜出，有假死性。幼虫期11~39 d，老熟幼虫入土筑土室化蛹，蛹期7~11 d。

（3）防治措施。化学防治方法参照"小菜蛾"。

9. 豆荚螟

豆荚螟是昆虫纲鳞翅目螟蛾科。世界性分布的豆科植物害虫。幼虫危害大豆、菜豆、蚕豆、豌豆等。

（1）危害特点。幼虫危害豆叶、花及豆荚，常卷叶危害或蛀入荚内取食幼嫩的种粒，荚内及蛀孔外堆积粪粒，严重影响产量和品质。豆荚螟危害先在植株上部，渐至下部，一般以上部幼虫分布最多。

（2）发生规律。宁波每年发生4~5代。多以老熟幼虫在寄主植物附近或晒场周围的土表下1~5 cm处结茧越冬，翌年3月下旬开始化蛹，8—9月为危害高峰。豆野螟发育适宜的温度范围为20~35 ℃，最适环境温度为26~30 ℃，相对湿度为70%~80%。成虫昼伏夜出，大豆上卵多散产于豆荚，未结荚时，也可产在幼嫩的叶柄、花柄、嫩芽和嫩叶背面等处；幼虫孵出后即蛀入嫩荚内取食。3龄以上幼虫能转荚危害。幼虫老熟后在荚上咬一个孔洞爬出，落至地面，潜入地下3 cm处吐丝作茧化蛹。

（3）化学防治方法。选择对口药剂防治。可用20%氰戊菊酯乳油或50 g/L虱螨脲乳油等防治豆荚螟。注意各类农药交替使用，严格遵守安全间隔期和每季最多使用次数。

10. 美洲斑潜蝇

美洲斑潜蝇是20世纪90年代传入我国的一种外来有害生物，主要危害瓜、豆、茄果类等蔬菜作物。

（1）危害特点。美洲斑潜蝇以幼虫在叶片内潜食，初期为线形潜道，后发展为蛇形潜道，破坏叶片的叶绿素，减弱光合作用；当虫群集危害时，可导致大片落叶、落蕾。果实不能长大或畸形，严重时可导致植株死亡，还能传播多种病毒、病害。

（2）发生规律。美洲斑潜蝇发育周期短，发生世代多、世代重叠明显、食性较杂、幼虫生活方式隐蔽等特点，给防治带来一定困难。美洲斑潜蝇适于在气温15~35 ℃环境下生长，最适温度为25~30 ℃，故一般多于4月中旬开始危害露地蔬菜；随着气温升高，危害加重，5月中旬进入危害盛期；6月下旬后，温度超过30 ℃以上，危害减轻；9月中下旬随温度降低，秋菜受害严重。露地以蛹越冬。在发生期内，气温低，成虫活动弱，气温升高活动增强。干旱少雨年份较多雨年份危害严重。

（3）化学防治方法。

防治适期：于成虫羽化产卵始盛期，有虫株率10%~15%时开始用药。

适用药剂：可用阿维菌素、灭蝇胺、啶虫脒、氯虫苯甲酰胺等药剂及其复配剂。

防治初期应连续喷药2次，兑水喷雾，用药间隔期3~5 d，以尽快压低虫口密度，之后视虫害情况每7~10 d防治一次。可添加"杰效利"有机硅3 000倍液增加防效（植株花期不宜使用）。

注意不同类型药剂轮换交替使用，严格遵守安全间隔期。

11. 蜗牛

又名蜒蚰螺，主要危害甘蓝、花椰菜、白菜、萝卜等十字花科蔬菜，以及豆科、茄科蔬菜。危害蔬菜的蜗牛主要有灰巴蜗牛与同型巴蜗牛两种。

（1）危害特点。主要取食嫩芽、叶片和嫩茎，严重时叶片被吃光，茎被咬断，造成缺苗断垄。

（2）发生规律。每年发生1~1.5代，以成螺或幼螺在植株根部或草堆、石块、松土下越冬。翌年3—4月开始活动，转入菜田，危害幼芽、叶及嫩茎。10月转入越冬状态。

（3）化学防治方法。

防治适期：以蜗牛产卵前防治为宜，田间有小蜗牛时再防1次效果更好。

适用药剂：一般可用6%四聚乙醛颗粒剂防治；或以新鲜菜叶拌敌百虫配成毒饵，傍晚放于田间垄上诱杀；田间小蜗牛大量集中发生时，也可采用螺螨酯、辛硫磷、敌百虫等药剂喷雾；或用茶籽饼粉撒施；或用茶籽饼粉1~1.5 kg，加水100 kg浸泡24 h后，取其滤液喷雾。

注意各类农药交替使用，严格遵守安全间隔期和每季最多使用次数。

12. 小地老虎

俗名地蚕、切根虫。是一种多食性地下害虫，主要危害苗株根部。

（1）危害特点。低龄幼虫咬食心叶及嫩茎，形成小缺口，较大的幼虫咬断近地面的嫩茎和叶，并常拖入洞中，造成缺苗、断畦。

（2）发生规律。浙江及长江中下游地区每年发生4~5代。成虫昼伏夜出，尤以黄昏以后活动最盛，并交配产卵。成虫羽化后3~5 d交配，第二天开始产卵，卵散产或堆产在低矮杂草幼苗的叶背或嫩茎上。幼虫共6龄，3龄前多在寄主叶背、心叶里，或集中在表土、田间杂草上，昼夜取食而不入土。3龄后白天潜伏在浅土中，夜间活动取食，尤其在天刚亮、多露水时为危害高峰。5~6龄进入暴食期，占总取食量的95%。

老熟幼虫潜入土内筑室化蛹。小地老虎喜温暖潮湿环境，地势低洼、多雨湿润地区发生量大。

（3）化学防治方法。选择对口药剂防治。一般可选用在蔬菜生产上登记使用的农药，如可用 200 g/L 氯虫苯甲酰胺悬浮剂兑水喷雾，或用 0.2% 联苯菊酯颗粒剂撒施，或用其他允许使用的防治药剂。注意各类农药交替使用，严格遵守安全间隔期和每季最多使用次数。

13. 小猿叶甲

属鞘翅目，叶甲科。危害白菜、萝卜、芥菜、花椰菜、莴苣、胡萝卜、洋葱、葱等。

（1）危害特点。成、幼虫喜食菜叶，咬食叶片成缺坑或孔洞，严重的成网状，只剩叶脉。成虫常群聚取食。苗期发生较重时，可造成严重的缺苗断垄甚至毁种。

（2）发生规律。2 月底至 3 月初成虫开始活动，3 月中旬产卵，3 月底孵化，4 月成虫和幼虫混合危害最烈，4 月下旬化蛹及羽化。5 月中旬气温渐高，成虫蛰伏越夏。8 月下旬又开始活动，9 月上旬产卵，9—11 月盛发，各虫态均有，12 月中下旬成虫越冬。

（3）化学防治方法。

防治适期：应在幼虫发生期防治，以有虫株率达 10%~15% 时为防治适期。

适用药剂：幼虫采用阿维菌素、甲氨基阿维菌素苯甲酸盐等药及其复配剂。成虫选用辛硫磷、敌百虫等药剂及其复配剂。

用药方式：叶背喷雾，可添加"杰效利"有机硅 3 000 倍液增加防效（植株花期不宜使用）。

14. 叶螨

叶螨也称红蜘蛛、红叶螨、棉红蜘蛛，俗称"火龙""火蜘蛛""砂龙"等。蔬菜上发生的叶螨主要有朱砂叶螨、截形叶螨和二斑叶螨。三种叶螨既可单独危害，又能复合发生。叶螨主要危害瓜类、豆类、茄子、辣椒等多种蔬菜。

（1）危害特点。成螨、若螨在叶片背面刺吸寄主汁液。受害叶片出现灰白色小点。发生严重时，成螨和若螨可危害植株地上各个部位，吐丝结网、聚集成团，致整个叶片灰白或灰黄色，并干枯，直至全株死亡。

（2）发生规律。叶螨在山东每年发生 10 代以上，成螨群集在土缝、树皮和杂草根部越冬，翌年气温 10 ℃ 以上时，即开始大量繁殖，4—5 月迁入菜田危害。叶螨危害主要集中在叶片背面，发生严重时，可在寄主植物地上任何部位危害。叶螨有吐丝结网的习性，常吐丝结网，栖息于网内刺吸植物汁液和产卵；有群集的习性，发生严重时，可见在植株叶片尖端、叶缘和茎、枝端部聚集成球或厚厚的一层。成螨羽化后即可交配产卵，卵多产于叶片背面，孵化后的幼螨和前期若螨不甚活动，后期若螨活泼贪食，并有向植株上端爬行危害的特点。叶螨除有性生殖外，还可进行孤雌生殖，但其后代多为雄螨。叶螨靠爬行和吐丝下垂作近距离扩散，借风和农事操作的携带作远距离传播。气温 29~31 ℃、相对湿度 35%~55% 最有利于叶螨的发生与繁殖，相对湿度超过 70% 时不利于其繁殖。田间杂草丛生、管理粗放，叶螨发生重。

（3）化学防治方法。

防治适期：大田叶螨扩散初期，有虫株率5%时。

适用药剂：阿维菌素、螺螨酯、炔螨特、哒螨灵等药剂及其复配剂。

用药方式：叶背喷雾，每隔10~14 d 1次，连续2~3次。可添加"杰效利"有机硅3 000倍液增加防效（植株花期不宜使用）。

附　　录

附录一：2021年露地蔬菜病虫害绿色防控推荐使用的农药品种及其使用技术

防治对象	农药名称	毒性	适宜施药时期	使用剂量（商品量）	使用方法	最多使用次数（次）	安全间隔期（d）
白粉虱	33%氟氯·吡虫啉水分散粒剂	低毒	发生初期	7~8 g/亩	喷雾	2	14
	20%啶虫·辛硫磷乳油	低毒	发生初期	30~50 ml/亩	喷雾	2	7
小菜蛾	10%虫螨酯悬浮剂	低毒	低龄幼虫高峰期	33~50 ml/亩	喷雾	2	14
	25 g/L 多杀霉素悬浮剂	低毒	低龄幼虫高峰期	33~66 ml/亩	喷雾	4	1
	5%甲氨基阿维菌素苯甲酸盐水分散料	低毒	低龄幼虫高峰期	3~5 g/亩	喷雾	2	5
	0.5%印楝素乳油	低毒	低龄幼虫中期	125~150 ml/亩	喷雾		
菜青虫	1%苦皮滕素水乳剂	低毒	低龄幼虫高峰期	50~70 ml/亩	喷雾		
	15%茚虫威悬浮剂	低毒	低龄幼虫高峰期	5~10 ml/亩	喷雾	1	3
	60 g/L 乙基多杀菌素悬浮剂	低毒	低龄幼虫高峰期	20~30 ml/亩	喷雾	3	7
	1.6%狼毒素水剂	微毒	卵孵化高峰期	50~100 ml/亩	喷雾		
	0.3%苦参碱水剂	低毒	卵孵化高峰期	80~120 ml/亩	喷雾		

（续表）

防治对象	农药名称	毒性	适宜施药时期	使用剂量（商品量）	使用方法	最多使用次数（次）	安全间隔期（d）
蚜虫	1.5%苦参碱可溶液剂	低毒	发生初期	30~40 ml/亩	喷雾		
	200 g/L吡虫啉可溶液剂	低毒	发生初期	5~10 ml/亩	喷雾	2	7
	10%烯啶虫胺水剂	低毒	发生初盛期	25~30 ml/亩	喷雾	3	10
霜霉病	250 g/L嘧菌酯悬浮剂	低毒	发病前、发病初期	40~72 ml/亩	喷雾	2	14
	29%精甲·醚菌酯悬浮剂	低毒	发病初期	20~40 ml/亩	喷雾	3	7
	60%霜脲氰·丙森锌锌	微毒	发病前或发病初期	70~80 g/亩	喷雾	3	4
	32.5%苯甲·醚菌酯悬浮剂	低毒	发病初期	10~20 ml/亩	喷雾	2	7
黑斑病	4%嘧啶核苷类抗菌素水剂	低毒	发病初期	400倍液	喷雾		
	430 g/L戊唑醇悬浮剂	低毒	发病初期	19~23 ml/亩	喷雾	2	14
	33%氟氯·吡虫啉水分散粒剂	低毒	发生初期	7~8 g/亩	喷雾	2	14

附录二：2022年国家最新禁用和限用农药名录

一、禁止生产销售和使用的农药名单（33种）

六六六，滴滴涕，毒杀芬，二溴氯丙烷，杀虫脒，二溴乙烷，除草醚，艾氏剂，狄氏剂，汞制剂，砷、铅类，敌枯双，氟乙酰胺，甘氟，毒鼠强，氟乙酸钠，毒鼠硅，甲胺磷，甲基对硫磷，对硫磷，久效磷，磷胺，苯线磷，地虫硫磷，甲基硫环磷，磷化钙，磷化镁，磷化锌，硫线磷，蝇毒磷，治螟磷，特丁硫磷。

二、在蔬菜、果树、茶叶、中草药材上不得使用和限制使用的农药（17种）

禁止甲拌磷，甲基异柳磷，内吸磷，克百威，涕灭威，灭线磷，硫环磷，氯唑磷在蔬菜、果树、茶叶和中草药材上使用；禁止氧乐果在甘蓝和柑橘树上使用；禁止三氯杀螨醇和氰戊菊酯在茶树上使用；禁止丁酰肼（比久）在花生上使用；禁止水胺硫磷在柑橘树上使用；禁止灭多威在柑橘树、苹果树、茶树和十字花科蔬菜上使用；禁止硫丹在苹果树和茶树上使用；禁止溴甲烷在草莓和黄瓜上使用；除卫生用、玉米等部分旱田种子包衣剂外，禁止氟虫腈在其他方面使用。按照《农药管理条例》规定，任何农药产品都不得超出农药等级批准的使用范围使用。

附录三：关于禁限用农药的公告

农业部公告第 2032 号（关于禁限用农药的公告）为保障农业生产安全、农产品质量安全和生态环境安全，维护人民生命安全和健康，根据《农药管理条例》的有关规定，经全国农药登记评审委员会审议，决定对氯磺隆、胺苯磺隆、甲磺隆、福美胂、福美甲胂、毒死蜱和三唑磷等 7 种农药采取进一步禁限用管理措施。现将有关事项公告如下。

一、自 2013 年 12 月 31 日起，撤销氯磺隆（包括原药、单剂和复配制剂，下同）的农药登记证，自 2015 年 12 月 31 日起，禁止氯磺隆在国内销售和使用。

二、自 2013 年 12 月 31 日起，撤销胺苯磺隆单剂产品登记证，自 2015 年 12 月 31 日起，禁止胺苯磺隆单剂产品在国内销售和使用；自 2015 年 7 月 1 日起撤销胺苯磺隆原药和复配制剂产品登记证，自 2017 年 7 月 1 日起，禁止胺苯磺隆复配制剂产品在国内销售和使用。

三、自 2013 年 12 月 31 日起，撤销甲磺隆单剂产品登记证，自 2015 年 12 月 31 日起，禁止甲磺隆单剂产品在国内销售和使用；自 2015 年 7 月 1 日起撤销甲磺隆原药和复配制剂产品登记证，自 2017 年 7 月 1 日起，禁止甲磺隆复配制剂产品在国内销售和使用；保留甲磺隆的出口境外使用登记，企业可在 2015 年 7 月 1 日前，申请将现有登记变更为出口境外使用登记。

四、自本公告发布之日起，停止受理福美胂和福美甲胂的农药登记申请，停止批准福美胂和福美甲胂的新增农药登记证；自 2013 年 12 月 31 日起，撤销福美胂和福美甲胂的农药登记证，自 2015 年 12 月 31 日起，禁止福美胂和福美甲胂在国内销售和使用。

五、自本公告发布之日起，停止受理毒死蜱和三唑磷在蔬菜上的登记申请，停止批准毒死蜱和三唑磷在蔬菜上的新增登记；自 2014 年 12 月 31 日起，撤销毒死蜱和三唑磷在蔬菜上的登记，自 2016 年 12 月 31 日起，禁止毒死蜱和三唑磷在蔬菜上使用。

附录四：2013 年 12 月 9 日农业部推荐使用的高效低毒农药品种名单

随着国家对高毒农药管理力度的不断加大，为了让相关生产企业能在转产后更能适应市场需求，并更好指导农民对农药使用的有效性，日前农业部农药主管部门推荐了一批在果树、蔬菜、茶叶上使用的高效、低毒农药品种（附名单），这些品种涵盖农业生产中防治病虫害整体性有杀虫、杀螨、杀菌 3 个类别，以高效、低毒、环保为选择方向。在向广大农民推荐使用农药品种的同时，也出台许多相关措施缓解农药企业生存压力。

国家将通过有关政策，如设立专项资金用于高毒农药替代品种的开发、增加高毒品种的税收、减免替代品种的税收等措施，这些措施通过多个管理部门的协调配合实施，高毒农药替代品种将逐渐扩大市场占有份额，也保证逐步削减高毒农药品种，不会对我国农业生产带来大的负面影响。

削减和淘汰高毒农药，对农药生产企业来说，是一个重大挑战，许多生产企业面临着停产和转产，但同时也给我国农药工业带来新的机遇，因为如果企业能够尽早进行结构调整，将在市场上占有一定先机，在农药市场重新洗牌的过程中可能脱颖而出。

1. 杀虫、杀螨剂

（1）生物制剂和天然物质：苏云金杆菌、甜菜夜蛾核多角体病毒、银纹夜蛾核多角体病毒、小菜蛾颗粒体病毒、茶尺蠖核多角体病毒、棉铃虫核多角体病毒、苦参碱、印楝素、烟碱、鱼藤酮、苦皮藤素、阿维菌素、多杀霉素、浏阳霉素、白僵菌、除虫菊素、硫磺悬浮剂。

（2）合成制剂：溴氰菊酯、氟氯氰菊酯、氯氟氰菊酯、氯氰菊酯、联苯菊酯、氰戊菊酯、甲氰菊酯、氟丙菊酯、硫双威、丁硫克百威、抗蚜威、异丙威、速灭威、辛硫磷、毒死蜱、敌百虫、敌敌畏、马拉硫磷、乙酰甲胺磷、乐果、三唑磷、杀螟硫磷、倍硫磷、丙溴磷、二嗪磷、亚胺硫磷、灭幼脲、氟啶脲、氟铃脲、氟虫脲、除虫脲、噻嗪酮、抑食肼、虫酰肼、哒螨灵、四螨嗪、唑螨酯、三唑锡、炔螨特、噻螨酮、苯丁锡、单甲脒、双甲脒、杀虫单、杀虫双、杀螟丹、甲氨基阿维菌素、啶虫脒、吡虫啉、灭蝇胺、氟虫腈、溴虫腈、丁醚脲（其中茶叶上不能使用氰戊菊酯、甲氰菊酯、乙酰甲胺磷、噻嗪酮、哒螨灵）。

2. 杀菌剂

（1）杀菌剂：碱式硫酸铜、王铜、氢氧化铜、氧化亚铜、石硫合剂。

（2）合成杀菌剂：代森锌、代森锰锌、福美双、乙膦铝、多菌灵、甲基硫菌灵、噻菌灵、百菌清、三唑酮、三唑醇、烯唑醇、戊唑醇、己唑醇、腈菌唑、乙霉威·硫菌灵、腐霉利、异菌脲、霜霉威、烯酰吗啉·锰锌、霜脲氰·锰锌、邻烯丙基苯酚、嘧霉胺、氟吗啉、盐酸吗啉胍、噁霉灵、噻菌铜、咪鲜胺、咪鲜胺锰盐、抑霉唑、氨基寡糖素、甲霜灵·锰锌、亚胺唑、春·王铜、噁唑烷酮·锰锌、脂肪酸铜、松脂酸铜、腈嘧菌酯。

（3）生物制剂：井冈霉素、农抗120、菇类蛋白多糖、春雷霉素、多抗霉素、宁南霉素、木霉菌、农用链霉素。

第八章　蔬菜气象灾害及预防补救

气象灾害是在农业生产过程中能够对农作物造成危害及经济损失的不利天气或气候条件的总称。农作物的生长发育需要合适的温度、阳光、氧气、水分等气象条件，才能保证农作物的正常生长，如果某个条件发生改变，达不到农作物的生长要求，农作物就会停止生长，从而造成农作物减产，甚至绝收。

造成气象灾害的致灾因子主要有风（台风、干热风）、温（高温干旱、低温冷害）、雨（雨雪冰冻、异常梅雨、洪涝）、光（烈日强光）及其他因子等。

第一节　浙江主要气象灾害及预防应对措施

我国幅员辽阔，地形复杂，受季风气候影响，天气、气候复杂多变，农业气象灾害频繁，是世界上农业气象灾害较为严重的国家之一。据统计，我国每年因各种农业气象灾害使农田受灾面积达 5 亿多亩，受干旱、暴雨、洪涝和台风等重大灾害影响的人口约达 6 亿人次，平均每年因受农业气象灾害造成的经济损失占国民经济总产值的 3%~5%。随着经济的发展和人口的增长，社会对农业气象灾害变得更加敏感，由农业气象灾害所造成的损失也呈增大趋势。

浙江地处我国东南沿海。全省面积 10.2 万 km²，是我国陆域面积最小的省份之一，"七山一水二分田"是对浙江陆地地貌结构特征的通俗概括。浙江海岸曲折，港湾众多，岛屿有 3 000 余个，是中国岛屿最多的省份。省境地势西南高、东北低，山脉多西南—东北走向，大致分为相互平行的 3 个组列。其中，西北组列由白际山、天目山、龙门山等组成，主要分布在钱塘江以西地区；中部组列由仙霞岭、大盘山、天台山、会稽山等组成，舟山群岛是其下伏入海部分；东南组列由括苍山、雁荡山等组成。浙江属亚热带季风气候，雨量充沛，受台风影响大。受地形影响，降水量从西南向东北逐渐减少。浙江全省有东西苕溪、曹娥江、钱塘江、甬江、椒江、瓯江、飞云江、鳌江八大水系，大多独流入海。

浙江由于地理环境的特异性，气候多变，灾害性天气频发，农业气象灾害具有种类多、频率高、强度大、灾情重等特点，主要灾种有台风、高温干旱、烈日强光、干热风、寒潮低温冷害、雨雪冰冻、倒春寒及异常梅雨、洪涝等，偶尔也有冰雹，但影响不大。

一、台风

台风是形成于热带或副热带 26 ℃以上广阔海面中心，持续风速达到 32.7～41.4 m/s 的热带气旋。按其风力大小可分为台风、强台风、超强台风 3 个级别。台风中心附近最大风力 12～13 级，强台风中心附近最大风力 14～15 级，超强台风中心附近最大风力 16 级以上。

台风的破坏力主要由狂风、暴雨和风暴潮 3 个因素引起。①狂风：台风是一个巨大的能量库，其风速都在 17 m/s 以上，甚至在 60 m/s 以上。据测算，当风力达到 12 级时，垂直于风向平面上风压可达 230 kg/m²。②暴雨：台风是非常强的降雨系统，一次台风登陆，降雨中心一天之中可降下 100～300 mm 的大暴雨，甚至可高达 500～800 mm。③风暴潮：所谓风暴潮，就是当台风移向陆地时，由于台风的狂风和低气压的作用，使海水向海岸方向强力堆积，潮位猛涨，水浪排山倒海般压向海岸。强台风的风暴潮能使沿海水位上升 5～6 m。风暴潮与天文大潮高潮位相遇，产生高频率的潮位，会导致潮水漫溢，海堤溃决，冲毁房屋和各类建筑设施，淹没城镇和农田，造成大量人员伤亡和财产损失。风暴潮还会造成海岸侵蚀，海水倒灌、土地盐渍化等灾害。

浙江每年都会受到台风的影响，1949 年以来平均每年有 3.3 个台风影响，每 2 年就有 1 个台风登陆浙江。根据 1949 以来的灾情资料统计，热带气旋在浙江引起较明显灾害，记录的 45 年中超过 80 例，年均 2 例，共造成浙江直接经济损失上千亿元，死亡万余人，农田受灾近 2 亿亩。

台风也是宁波市最主要的农业气象灾害，其影响严重程度居气象灾害之首。5—11 月均有台风影响，以 7—9 月 3 个月为重。1956 年第 12 号台风于 8 月 1 日半夜在象山县门前涂登陆，这是中华人民共和国成立以来登陆我国大陆风力最强、破坏力最大、造成人员伤亡最多的台风。台风所经之处，拔树倒屋，摧毁交通和电讯设施。沿海狂风浪潮破堤，海水倒灌；内陆山洪暴发，江河漫溢，宁波各地遭灾严重，全市死亡 3 897 人、重伤 5 957 人。台风登陆的象山县受灾最为惨重，南庄区门前涂海塘全线溃决，南庄平原纵深 10 km 一片汪洋，海水淹没农田 11.66 万亩，冲毁房屋 77 395 间，死亡 3 402 人，受伤 5 614 人。

台风带来的狂风暴雨，以及所引起的洪涝灾害，会对蔬菜生产造成极大的损害，一是使蔬菜生产的基础设施和生产设施受到破坏，如倒棚塌架、棚膜撕裂、薄膜"上天"，棚内喷滴灌设施设备毁坏，农资农具仓库冲毁或进水浸泡，种子、肥料、农药等农资受潮变质，农机具生锈或受损，农膜、遮阳网等受泥浆水、污水浸泡无法使用。二是使蔬菜直接受害，生产受阻和作物受损，如狂风暴雨和洪涝直接冲毁作物、吹倒植株、折断茎秆、拉伤根系、打碎叶片和嫩芽、吹落花蕾和果实等。而且，菜地凡经暴雨洪涝和淹水后，植株生长不良，落花落果（荚）严重，田间湿度加大，病虫害加重发生和蔓延，严重的造成植株死亡，尤其是西（甜）瓜、小白菜等耐湿性较差的蔬菜，淹水后往往会出现大面积死亡现象。三是使秋冬蔬菜育苗受损。每年 7—9 月台风季节，也正是秋冬季蔬菜播种育苗的关键季节，暴雨洪涝极易冲走已播的蔬菜种子和小苗，造成秧苗直接损失。暴雨冲刷露地苗床，造成种子出苗率差、秧苗僵化、烂种烂芽或秧苗根系裸露死亡。同时，台灾发生后，秧苗受损严重，往往造成秧苗数量减少、素质下降，打乱种植计划和生产进度。

1. 影响台风灾害损失程度的主要因素

（1）蔬菜种类与品种。不同蔬菜种类或同一蔬菜种类不同品种对台风灾害损失程度的影响是不同的，雪菜、榨菜、芋、菱等比茄果类、瓜类蔬菜损失轻；同一蔬菜不同品种间的表现也有所不同，如结球甘蓝，遭受台风灾害后，平头类型的品种受灾要重于牛心类型品种。

（2）生育时期。蔬菜不同生育期受影响的程度不同，如从播种至子叶出土这一阶段，短时间受淹，小苗要较4~8片真叶的幼苗更耐涝，但到定植大田后，受害指数反而降低。这是因为4~8片真叶的幼苗组织较嫩，根入土浅，植株极不稳定，易受损伤。但也有例外的情况，如番茄，苗期受害较轻，后期受害较重。

（3）种植地的地势。种植地地势低的，由于地下水位高，排水困难，受涝时间长，易引起作物根系窒息、腐烂，甚至死亡；地势高的，排水能力强，受涝就轻。

（4）土壤类型。土壤类型与蔬菜受涝轻重有很大关系。土壤肥沃、疏松，土壤结构良好的受害较轻；相反，土质黏重或沙土受害就重。

（5）栽培畦类型。宽畦栽培的受害较重，深沟窄畦的受害较轻。据测定，畦宽1.5 m的花椰菜成活率为26.9%，而畦面宽2.2 m的成活率仅为8.2%。同时，同样宽度的畦，畦边与畦中受台风涝害的情况也有显著差异，花椰菜边行成活率要高于畦中。

（6）育苗方式。育苗方式与受害程度也有一定的关系，根据调查，直播的植株死亡少、移植的死亡多，而且移植次数愈多，受害也就愈高。这是因为移植后根系或多或少受到损伤，大田定植后要有一个缓苗过程，发生的新根往往都集中在土壤的表层，不能深扎，容易受害。

（7）田间管理水平。从多年的实践证明，凡是台风前管理好，如播种、间苗、支架和病虫防治及时，管理精细的田块，并注意排水等防台风措施，植株生长强健，受害就较轻；相反管理不善，植株本身生长差，抗御自然灾害的能力更弱。

（8）挡风物有无。苗床和大田周围挡风物的有无，也直接关系到蔬菜受害程度。宁波市的台风风向一般为东北方向，在苗床、大田的东侧或东北侧有挡风物都能起到一定的防风作用。而且蔬菜受害程度与挡风立架的方向也有密切关系。东西架向，因与风向大抵平行，风力小，植株受害也小；南北架向，因迎风且阻力大，受害明显增加。

2. 预防应对措施

台风来临，灾害不可避免，但可以事先做好防范。一是要通过手机、电脑、广播收听，随时了解台风发生动态及其强度、路径、风力、雨量、持续时间、影响范围等相关信息，抓紧通报给各级涉农单位和部门，以及生产主体（农业企业、合作社、家庭农场、种植农户等），及时做好应对工作，如清理沟渠、加固棚室、转移农资、抢收蔬菜、准备抗台风灾害物资等。二是要做好避灾准备，如在蔬菜育苗上，应选择地势高燥、排水良好、四周有挡风物的田块作为苗床；育苗地应相对集中，尽可能采用大棚等避雨设施育苗；露地育苗的，苗床上临时加搭小拱棚，覆盖遮阳网、防虫网等防护，避免暴雨直接冲刷苗床，采用露地育苗的，需预留 15% 左右的备用秧苗。在设施上，要加固设施，强化抗台风灾害准备，尤其是针对一些简易的毛竹大棚、生产多年的旧钢架大棚，需及时进行骨架加密、棚体支撑等加固措施。及时放下裙膜，紧闭棚门，以减少棚架、棚膜和棚内作物受损。同时，要对田间地头的简易用房设施进行加固，防止狂风暴雨揭翻，加重灾害损失。对高秆和搭架栽培作物，如玉米、茄子等，要做好培土护根、插棒绑蔓等防护工作。

二、高温干旱、烈日强光、干热风

（一）高温干旱、烈日强光、干热风的危害

高温灾害是指由于气温偏高，影响蔬菜等作物长发育，甚至导致死亡的一种农业气象灾害。不同蔬菜作物在不同时期、不同湿度情况下，对高温的承受能力有较大的差异，相对而言，生殖生长期对高温更加敏感，危害也更大一些。

2013 年夏季，浙江曾出现持续高温天气，多地最高温度打破历史纪录。慈溪 8 月 8 日最高温度达到 41.3 ℃，打破了 40.6 ℃ 的历史纪录；定海 8 月 8 日最高温度达到 42.3 ℃，打破了 40.2 ℃ 的历史纪录；杭州 8 月 9 日最高温度为 41.6 ℃，打破了 40.3 ℃ 的历史纪录。历史上各地最高温度多出现在 7 月，而 2013 年夏季各地打破历史纪录的最高温度均发生在 8 月。2022 年 7 月 14 日，浙江持续全省高温，气温冲过 40 ℃ 的区（县、市）超过 10 个。至 7 月 14 日 16 时，当天的最高气温出现在宁波余姚，为 41.1 ℃；杭州"稳定发挥"，12—14 日连续三天的最高气温均为 40.3 ℃。

干热风是一种高温低湿并伴有一定风力的灾害性天气。它会强烈破坏蔬菜等作物植株水分平衡和光合作用，导致严重减产。干热风的类型主要有高温低湿型、雨后热枯型、旱风型 3 种。干热风的主要危害：一是高温逼熟或早衰，单纯的高温可造成生育期缩短，或果实变小，产量下降；还常造成呼吸强烈养分消耗过多，易早衰感病。如高温超过适宜温度，还会抑制蔬菜的生长发育。二是伤热烂菜、烂果。

高温、烈日强光、干热风对蔬菜生长带来不利影响，是造成蔬菜秋淡的主要原因。除冬瓜、南瓜、苦瓜、空心菜等少数蔬菜耐热性强较外，叶菜类、茄果类、豆类等绝大多数蔬菜均不耐高温。

蔬菜受高温影响，光合作用、呼吸作用、蒸腾作用以及膜保护酶系统和渗透物质调节、内源激素平衡都会受到破坏，从而造成对蔬菜生育的严重影响，如影响正常播种出苗，出苗率、成苗率降低，秧苗素质差；蔬菜生长徒长，尤其是夜温过高，徒长加剧，影响产量；蔬菜叶片卷曲、叶色暗淡无光泽、果实转色困难或着色不均，严重的引起植株枯黄死亡；影响花芽分化，番茄、辣椒等蔬菜花量明显减少，坐果困难，畸形果增加。黄瓜发生雄花增加、雌花推迟现象；诱发多种病虫害，高温与干旱、强光照相伴，会诱发日灼病、蓟马、粉虱等多种病虫害发生和蔓延，明显减产，加剧秋淡。同时，持续高温天气，即使有水可供灌溉，但仍然会导致多种蔬菜单产明显下降，或者只开花不结果。

高温总是和干旱相伴，高温带来的干旱，不仅使灌溉成本攀升、蔬菜脱水和腐烂速度加快，储存和流通困难，秧苗移栽成活率明显降低，而且使在田蔬菜因土壤干旱缺水，会导致生长异常，轻则茎叶萎蔫、叶片暗淡、茎生长受抑制、植物外形明显矮小、生长停滞，重则凋萎加重甚至枯黄死亡。茄果类、瓜类、豆类等蔬菜开花结果受到影响，落花落荚落果、畸形瓜果比例提高。秋栽蔬菜因缺水无法及时播种育苗，播后无法出苗，或出苗后枯死。同时，高温干旱还会诱发大白菜干烧心病、番茄脐腐病，以及病毒病等多种病虫害。

烈日强光总是和高温相伴，高温会严重影响蔬菜的生理生化，烈日强光也同样如此，而且蔬菜被强光照射到的部位比单一的高温伤害更为严重。强光在短时间内会使植株茎叶、果实等的向光面部位形成高温，对蛋白质、脂类物质等造成不可逆转的严重的日灼伤害，果实日灼初期病健交界不明显，病部褪绿，日灼中后期，病部转成革质，呈白色透明状。烈日高温继续下去，伤害快速加重，直至植株死亡。烈日强光对蔬菜幼嫩部位的伤害尤为严重，如嫩芽、嫩叶、幼果等。除此以外，在强光下，植株茎的生长会受到抑制，当光照强度超过光饱和点后，光合作用不再增加反而会下降，并且伴随高温，呼吸消耗大于光合积累，往往造成蔬菜生长不良，严重时可使植株死亡。

（二）防范高温干旱、烈日强光、干热风灾害的应对措施

（1）加强信息指导服务。随时掌握高温干旱相关信息，尤其是中长期高温和旱情预测预报信息，加强与气象、水利、电力等部门，与上、下级涉农单位和部门，以及与生产主体（农业企业、合作社、家庭农场、种植农户等）联系，确保信息通畅。

（2）加强一线技术指导服务。组织农技人员深入生产一线，指导农民抢修灌溉沟渠；安装铺设临时引水管道和喷（滴）灌等节水灌溉设施设备，充分发挥喷（滴）灌设施的作用；备好备足遮阳网、喷滴灌带、水泵等抗旱物资。做好蔬菜地的灌水、中耕松土、植株基部覆草、覆盖遮阳网等增湿、保湿、遮阴、降温工作。指导农户推迟播种育苗和大田定植并推广应用一系列防高温抗旱的技术措施，如蹲苗、搁苗、饿苗及双芽法等方法，适当增施磷肥、钾肥以及微量元素硼和铜，调节植株体内矿质营养比例，种子播种前进行干旱锻炼时采用硼酸等化学药物浸种，叶面喷施一定浓度的矮壮素等生长延缓剂和抗蒸腾剂提高蔬菜的抗（耐）旱性，以及科学浇（灌）水、浅中耕松土、遮阴降温保湿等。

（3）加强农机作业服务。科学合理调度农机具投入抗旱作业，确保水泵、喷滴灌等抗旱设施设备齐全，在干旱期间开通绿色通道，允许先购买使用、后补办申请。同时，要备好鲜活农产品调运车辆和冷库，确保高温干旱期间蔬菜供应不脱销、不断档。

三、冷空气、寒潮、低温冷害

冷空气与寒潮是同一事物的两个不同概念。在气象学上，冷空气和暖空气是根据气温水平方向上的差别来定义的，位于低温区的空气被称为冷空气。根据冷空气的强弱程度，气象上将其分为弱冷空气、中等强度冷空气、较强冷空气、强冷空气和寒潮5个等

级。我国《冷空气等级》国家标准中规定：使某地日最低气温 24 h 内降温幅度大于等于 8 ℃，或 48 h 内降温幅度大于等于 10 ℃，或 72 h 内降温幅度大于等于 12 ℃，而且使该地日最低气温下降到 4 ℃ 或以下的，可认为寒潮发生。

寒潮又称寒流，是影响我国的主要灾害性天气之一。受到寒潮侵袭的地方，常常是风向迅速转变，风速增大，气压突然上升，温度急剧下降，同时还时常伴有大风和降水（雨、雪），出现霜和冰冻现象。在我国冬季，寒潮一般是每隔 3~8 d 出现一次，但比较强大的寒潮，平均每年有 4 次左右。宁波市遭寒潮侵袭大多发生在 10 月到翌年 4 月。

低温冷害，简称冷害，是影响我国农业生产的主要灾害之一，是指农作物在生育期间，遭受低于其生长发育所需的环境温度，引起农作物如蔬菜生育期延迟，或使其生殖器官的生理机能受到损害，导致减产的一种自然灾害。低温冷害的地域性和时间性较强，人们一般按其发生的地区和时间（季节、月份）来分类。也有按发生低温时的天气特征来划分，如低温、寡照、多雨的湿冷型，天气晴朗、有明显降温的晴冷型，持续低温型等三类。另外，在农业气象学中，也有根据低温对作物危害的特点及作物受害的症状来划分，即延迟型冷害、障碍型冷害和混合型冷害等三类。从灾害角度划分一般采用第一种分类法，即主要分为春季低温冷害、秋季低温冷害、东北夏季低温冷害三类。

宁波地区冷害主要集中在早春、晚秋和整个冬季，发生在春季的有低温阴雨和倒春寒，前者指 3 月下旬到 4 月底期间，连续 4 天以上降水≥0 mm，且日照时数少于 2 h 的阴雨过程；后者是指 4 月 5 日以后平均气温连续 3 天或以上≤11 ℃ 的天气过程。发生在秋季的指 9 月中、下旬遇有连续 3 天平均气温低于 20 ℃ 的低温天气。

（一）寒潮与低温冷害对蔬菜的危害

寒潮与低温冷害对蔬菜的危害主要是由强降温及其伴随的降水（雨、雪）和大风造成的。强降温常造成蔬菜冷害或冻害；降水过多及连阴雨则造成蔬菜无法正常播种育苗和采收（摘）、烂种芽、生长瘦弱、淹水、病害加重等多种危害；大风造成蔬菜作物茎秆折断、植株倒伏，棚架设施揭翻损坏。

寒潮与低温会导致蔬菜细胞膜结构破坏、水分代谢失调、光合速率降低、呼吸作用大起大落、有机物分解大于合成等。

寒潮与低温严重影响蔬菜生产，主要表现：蔬菜无法正常播种育苗或移栽；蔬菜秧苗、植株素质变差；蔬菜发育异常。同时，寒潮期间，多阴雨寡照，往往田间郁闭重、湿度大，蔬菜病害加重。

（二）寒潮和低温冷害的防范措施

（1）做好防寒保温和抗灾救灾物资准备。及早准备棚膜、草帘和无纺布、电加温线、白炽灯等增温保温补光材料，寒潮来临前露地蔬菜浮面覆盖稻草、遮阳网等保温材料。抓紧疏通沟渠、夯实加固堤坝，确保排水通畅，并降低地下水位。加固棚架设施，密闭大棚，减轻大风影响，以避免、减轻对蔬菜造成间接伤害。准备抗灾种子、化肥、农药等抗灾救灾物资。寒潮来袭前，抓紧采收一批成熟蔬菜上市或进仓暂贮存，如番茄、茄子、青菜、花椰菜、绿花菜、秋西（甜）瓜等，以减少寒潮或低温冷害的灾害损失。

（2）推迟播种育苗或移栽。根据不同作物类型和品种特性，适当推迟蔬菜播种育苗或移栽定植时间，尽可能降低寒潮或低温的影响，待寒潮或低温过后，抢"冷尾暖头"抓紧播种或移栽。

（3）增加植株抗冷害能力。一是低温锻炼，预先给予植株适当的低温锻炼，如番茄苗移出温室前经过 1~2 d 10 ℃处理，栽后即可抵抗 5 ℃左右低温；黄瓜苗经 10 ℃锻炼即可抗 3~5 ℃低温。二是化学诱导，喷施化学药物诱导植物提高抗冷性，如瓜类叶面喷施 $KCl+NH_4NO_3+H_3BO_3$、细胞分裂素、脱落酸等激素。三是调节氮磷钾的比例，增施磷钾肥能明显地提高植物抗冷害能力。

（三）寒潮和低温冷害期间应急措施

（1）保温增温。大棚作物采用大棚膜、中棚膜、小拱棚膜等多层覆盖方式，寒潮期间放下围裙、密闭棚门保温。温度过低时在小拱棚或中棚外加盖草帘、无纺布等保温材料，必要时在大棚内临时打开白炽灯、燃蜡烛、通热气管道等进行增温。育苗棚内苗床铺设电加热线，并接通电源进行增温育苗。露地蔬菜在植株基部覆盖稻草、杂草等，植株上方浮面覆盖稻草、遮阳网等保温材料。

（2）加固棚室。寒潮期间，风雨或降雪较大，对大棚设施有较大影响时，要及时采用增加棚内支撑杆、拉紧压膜绳（带）等措施进行加固，避免大棚揭翻、大雪压塌大棚。

（3）排水除雪。若降雨（雪）较大、持续时间较长，要及时疏通田间沟渠，确保排水通畅，严防田间积水、明涝暗渍，加重灾害损失。大棚上积雪过多时，及时进行清除。要注意不将大棚上把下积雪直接堆放在大棚膜外侧，以免融雪时吸收大棚内热量，加重灾害影响。同时，要注意积雪不堵塞沟渠。

（4）抢收减损。对损失不大、尚有利用价值的蔬菜瓜果，或可能造成损失的蔬菜瓜果，要抓紧采收上市或进仓库贮存，以减少灾害损失。

四、雨雪冰冻

雨雪冰冻是指在冬季或早春受北方强寒冷气流及其他不利条件的共同影响下，较大范围的降雨降雪（积雪达 10 cm 以上，平均气温在 0 ℃以下）出现雨凇、冰凌或结冰，造成蔬菜重大损失的一种灾害性天气现象。宁波市雨雪冰冻主要发生在蔬菜越冬期间，一般发生在 12 月至翌年 3 月。

根据雨雪冰冻灾害的灾害范围和影响程度，可将雨雪冰冻分为四级：特别重大雨雪冰冻灾害（Ⅰ级）、重大雨雪冰冻灾害（Ⅱ级）、较大雨雪冰冻灾害（Ⅲ级）和一般雨雪冰冻灾害（Ⅳ级）。

2008 年 1 月 10 日至 2 月 2 日，我国南方地区接连出现四次严重的低温雨雪天气过程，致使我国南方近 20 个省（区、市）遭受历史罕见的冰冻灾害。灾害的突然出现，使得交通运输、能源供应、电力传输、农业及人民群众生活等方面受到极为严重的影响。此次灾难最终导致 1 亿多人口受灾，直接经济损失达 540 多亿元。

（一）雨雪冰冻灾害对蔬菜作物的影响

（1）低温危害。浙江及宁波地域在秋冬季及早春极易受到北方冷空气的侵袭，如冷害、霜冻、冻雨、倒春寒等，往往造成降温幅度大、持续时间长、影响范围广。露地蔬菜及保温效果不佳的保护地蔬菜都可能发生低温冷害，特别是茄子、西瓜、黄瓜、南瓜、辣椒、豇豆等喜温作物特别容易遭受低温冷害。低温常常导致蔬菜生长发育迟缓、授粉不良、落花落果、采收期延迟，甚至植株黄化、局部坏死、萎蔫，导致产品产量低、品质差。低温危害在苗期表现为幼苗子叶叶缘失绿，镶白边，真叶出现白斑，叶缘失水变成黄白色；在成株期表现为叶面出现白色或淡褐色斑点，叶片扭曲，叶缘干枯；果菜类开花结果期常常表现为落花落果、花打顶，甚至全株枯死。

（2）大雪危害。雪量过大容易造成露地越冬蔬菜叶片或植株折断等机械损伤，化雪后容易产生渍水，导致沤根，影响蔬菜生长发育。持续性的大雪对设施农业的影响最为明显，如大棚扫雪不及时，常常导致大雪压破棚膜、压塌大棚。积雪降低了棚内温度和透光性，影响大棚蔬菜正常生长。

（3）诱发病害。低温雨雪天气使蔬菜作物光合作用减弱，生长速度明显减慢。低温渍水容易出现生理性沤根，诱发灰霉病、白粉病、软腐病、猝倒病、立枯病、疫病等低温病害，严重的进一步霉烂坏死，导致作物减产和品质下降。

（二）雨雪冰冻灾害的防范措施

（1）准备抗灾救灾物资。及早准备多层覆盖棚膜、遮阳网、无纺布、草帘等保温材料，以及电加温线、白炽灯、蜡烛、木炭、燃油炉等加温设施；准备种子、肥料、农药等补救物资。

（2）强化综合农艺防冻措施。选用抗逆性（耐寒、耐湿、耐弱光）强的品种；正确确定播种期和定植期，不可盲目提早播种或移栽；对秧苗提早进行大温差管理、低温抗冻锻炼，提高秧苗抗逆性；合理追肥，增施有机肥、菌肥和磷钾肥，叶面喷施磷酸二氢钾、芸苔素、动力 2003 等叶面肥；喷施细胞分裂素、生长延缓剂控制植株生长，提高抗冻能力；疏通并加深棚室外排水沟，降低地下水位和棚内湿度。在冻害来临前，及时加固棚室，修补破损农膜，密闭大棚，采取多层覆盖保温，并在行间走道铺盖玉米秸秆、谷壳、锯末等；露地蔬菜在植株基部培土、覆盖稻草等，浮面覆盖稻草、遮阳网等保温材料；降温前选择晴朗天气在田间浇防冻水等。

（3）抓紧抢收蔬菜。抓紧采收成熟蔬菜瓜果上市或进仓暂贮存，如青菜、大白菜、结球甘蓝等，番茄等可适当提早采摘，进仓库后熟后上市，以减少冻害损失。

（三）雨雪冰冻灾害期间的应急措施

（1）落实保温增温防冻措施。育苗棚内苗床铺设电加热线，并接通电源进行增温育苗；采用大棚膜+内棚膜+小拱棚膜，加盖草帘、无纺布等多层覆盖方式保温，如果仅靠多层覆盖仍然不能满足温度条件时，可在棚内临时增设电加温线、点白炽灯、燃煤球炉、通热水管导等多种措施增温，尤其要落实好夜间的增温措施。露地蔬菜在植株基部加厚覆土和覆盖稻草、杂草等，浮面加盖稻草、遮阳网、撒草木灰等能起到一定防冻保暖作用。

（2）加固棚室，清除积雪。要根据降雪情况，及时加固棚架设施，尤其一些破旧钢大棚和简易毛竹大棚，要临时增加支撑加固，安排人员清除棚上积雪，避免大雪压塌棚架。如果积雪超过大棚的负荷时，要及时割破棚膜保护大棚骨架，以避免大棚和棚内作物双重受损。同时，要注意清除下来的积雪，不要紧靠大棚堆放，以免融雪时吸收大棚内热量，加重作物冻害；也不要堆放在排水沟位置，以免堵塞沟渠，造成田间积水、明涝暗渍。

五、倒春寒

倒春寒是指初春（一般指3月）气温回升较快，而在春季后期（一般指4月）气温较正常年份偏低的天气现象。长期阴雨天气或频繁的冷空气侵袭，或持续冷高压控制下晴朗夜晚的强辐射冷却易造成倒春寒。一般来说，当旬平均气温比常年偏低2℃以上，就会出现较为严重的倒春寒。而冷空气南下越晚、越强、降温范围越广，出现倒春寒的可能性就越大。

倒春寒是一种常见的天气现象，不仅中国存在，日本、朝鲜、印度及美国等都有发生，其形成原因并不复杂。中国春季（3月前后）正是由冬季风转变为夏季风的过渡时期，其间常有从西北地区来的间歇性冷空气侵袭，冷空气南下与南方暖湿空气相持，形成持续性低温阴雨天气，即倒春寒天气。

浙江省倒春寒标准：4月5日（清明）以后，出现连续3天以上日平均气温≤11℃的天气。倒春寒天气不利蔬菜生长发育，如果降温伴随着阴雨，则危害更大。倒春寒是春季危害农作物生长发育的灾害性天气之一。

（一）倒春寒对蔬菜的危害

（1）受倒春寒影响，会导致光照不足、地温偏低，不论是大棚蔬菜或是露地蔬菜都会受到影响：蔬菜出苗慢、长势弱、猝倒病较重，移栽期推迟，缓苗期延长，秧苗素质下降。同时，由于持续低温常常会出现凝冻，使大部分露地耐寒和半耐寒蔬菜幼苗冻伤或冻死。

（2）受倒春寒影响，会导致降水过多，田间湿度大，农田淹水，蔬菜根系生长不良，沤根，灰霉病、白粉病、菌核病等多种病害加重，快速蔓延扩散，严重时，部分或全田植株死亡。

总之，受倒春寒影响，不论是棚室蔬菜或露地蔬菜生长发育都会缓慢甚至停止，叶菜、根菜、茎菜类产量降低，果菜类易落花落果、坐果少，部分蔬菜轻微冻害，病害加重。冻害严重时植株生长点受害，顶芽冻死，生长停止；受冻叶片发黄或发白，甚至干枯；根系受到冻害时，植株生长停止，并逐渐变黄甚至死亡。

（二）倒春寒防范措施

（1）防寒保温。

①中耕培土。中耕培土可有效疏松土壤，防止根系冻伤，促进根系生长，保障根系活力。

②增加覆盖物。露地蔬菜，有条件的，在寒潮或雨雪来袭前，要尽可能采用塑料薄膜、无纺布或遮阳网等覆盖材料直接进行覆盖防寒。大棚蔬菜应适当提早密闭棚膜，采用大棚膜+中棚膜+小拱棚膜等进行多层覆盖保温，必要时夜间在小拱棚外覆盖遮阳网、无纺布等保温材料，或点白炽灯、燃煤球炉、熏烟等进行增温防寒（冻）。

③增加保温设施。育苗棚内苗床铺设电加热线，并接通电源进行增温育苗；阴雨天气持续时间较长的，要及时补光，避免秧苗徒长，成为高脚苗。露地蔬菜采用植株基部覆草和浮面覆盖稻草、遮阳网等相结合的方式进行保温防冷（冻）害；夜间在上风方向进行田间熏烟可有效地减轻、避免冻害发生。如果倒春寒强度强、持续时间短，还可以通过植株表面喷水、地面浇水等方法减轻灾害影响。

（2）除湿降渍。倒春寒会导致蔬菜表面受到冻害，造成死苗烂菜。因此，寒潮或雨雪前后，一定要及时做好菜田的清沟理墒，防止田间积水。

（3）强壮植株。在倒春寒来临前，及时补充作物营养，如适当喷施叶面肥或植物源生长调节剂，补充植株急需的中微量元素等，既能避免营养供应不足，又能提高蔬菜植株抗寒能力，强健植株，保证受冻后快速恢复。

（4）低温锻炼。在倒春寒之前 1~2 d 适度进行植株低温锻炼管理，白天和晚上温度较正常管理下降 2 ℃左右，帮助蔬菜作物提前适应低温环境，可以减少气温骤降造成的落花落果等生理障碍。

（5）增加光照。倒春寒期间要时常清理棚膜上的雾滴、灰尘，保证棚膜的透光性；清理老叶、病叶，增加植株间的散射光照；同时在温室大棚的后墙张挂反光幕；多层覆盖及阴冷天气均易致光照不足，有条件的地区要及时准备植物生长灯、LED 灯、碘钨灯、钠灯等补光设备，必要时进行适当的补光。

（6）适度施肥。倒春寒来袭前要增施有机肥，如猪粪、牛粪及堆肥等热性肥料；适度增加镁、锌、硼等中、微量元素肥料；不宜施速效氮肥，可叶面喷施 0.3%磷酸二氢钾溶液 2~3 次，提高植株抗逆性。

（7）控制浇水。倒春寒到来前的低温期严禁浇水，以免降低地温，加重冷害、冻害。要做到"三浇三不浇"，即晴天浇水、阴天不浇，午前浇水、午后不浇，浇小水、不浇大水。

（8）减少整枝。倒春寒期间要尽量减少整枝打叉，避免植株伤口在低温高湿环境下感染发病。

（9）预防病害。倒春寒期间要加强病虫监测和防控，密切关注灰霉病、霜霉病、菌核病和番茄晚疫病等低温高湿型病害的发生与危害。发现中心病株要及时清除，并采用相应防控措施，避免病害蔓延。

（10）随时关注天气预报，做好预防准备。

六、异常梅雨

梅雨季节，通常是指我国长江中下游地区出现的一段连阴雨天气。一般每年"芒种"前后（6月上中旬）开始，到"小暑"前后（7月上中旬）结束，正值梅子变黄、成熟的时候，会迎来较长时间的阴雨天气，这种天气被称为"梅雨"或者"黄梅雨"，此时段便被称作梅雨季节。在此期间，往往天空连日阴沉，降水连绵不断，时大时小。所以我国南方流行着这样的谚语："雨打黄梅头，四十五日无日头。"持续连绵的阴雨、温高湿大是梅雨的主要特征。

梅雨是一定地区和一定季节内发生的天气现象。全球范围内，只有我国长江中下游和我国台湾地区，以及日本中南部和朝鲜半岛南部有梅雨出现。也就是说，梅雨是东亚地区特有的天气现象，一般发生在春末夏初。

正常的梅雨天气有利于蔬菜生产，而异常梅雨则会对蔬菜生产造成严重影响。所谓异常梅雨，是指有的年份梅雨特别活跃，或者梅季特长，暴雨频繁，称为"长梅雨""特长梅雨"，往往会造成洪涝灾害；有的年份还会出现"倒黄梅"，雨量往往相当集中，易造成水患；有的年份梅雨不明显，出现"短梅"或"空梅"，形成干旱或大旱天气；有的年份梅雨出现过早或过迟，称为早梅雨或迟梅雨，也会对蔬菜生产造成一定损害。相对于正常的梅雨天气，早梅雨、迟梅雨、特长梅雨、长梅雨、倒黄梅、短梅和空梅等都属于异常梅雨天气。其中特别是长梅雨、短梅和空梅对蔬菜生产的影响最为严重。

宁波市异常梅雨主要发生在5—7月。

（一）异常梅雨对蔬菜生产的危害

异常梅雨对蔬菜生产的影响，主要是由长梅雨、特长梅雨和倒黄梅天气引起的连阴雨、暴雨和由此产生的洪涝灾害，以及短梅、空梅引起的干旱和烈日暴晒。

（1）长梅雨、特长梅雨和倒黄梅天气的危害。

①雨水偏多。梅雨雨季时间长、降水量大，极易造成田间长期积水和洪涝灾害，引起土壤板结、养分流失，植株根系活力下降、生长瘦弱，田间湿度增大、病虫草害滋生蔓延，甚至直接冲毁农田和农作物，造成重大灾害损失。

②阴雨寡照。长时间阴雨寡照天气，植株因为光合不正常，会造成作物叶色暗淡、生长瘦弱；田间湿度加大、病虫草害发生加重、蔓延迅速。同时，久雨转晴，气温短时间内急剧上升，蒸腾作用加强，叶片易发生萎蔫，严重的会造成植株死亡。

（2）短梅、空梅天气的危害。

①干旱缺水。短梅、空梅天气，阴雨天气明显偏少，长时期的高温和烈日天气，导致蔬菜因缺水萎蔫、生长不良、落花落果落荚，红蜘蛛等虫害明显加重；如瓜类、茄果类蔬菜，结果性差、果实偏小、商品性下降；豆类、叶菜类蔬菜，落花落荚、豆荚和茎叶加速老化、叶菜类蔬菜纤维素含量增加，品质明显下降；草莓匍匐茎抽生量减少、子苗数量少、质量变差。

②高温烈日。短梅、空梅天气，气温明显升高、日夜温差小，维持时间长，同时晴

空无云、烈日暴晒，往往造成蔬菜呼吸消耗明显大于光合积累，引起生长不良，严重的还会对蔬菜茎叶和果实表面造成灼伤，对幼嫩植株茎叶和果实的危害尤为严重。同时，也会加重虫害发生和蔓延。

长梅雨、特长梅雨和倒黄梅天气对蔬菜造成危害的原因：

（1）湿害。又称为渍害，指土壤过湿，水分处于饱和状态，土壤含水量超过了田间最大持水量，根系完全生长在泥浆中。湿害虽不是典型的涝害，但实际上也是涝害的一种类型。蔬菜受湿害影响，根部呼吸困难，根系吸水、吸肥都受到抑制；土壤缺乏氧气，使土壤中的好气性细菌（如氨化细菌、硝化细菌和硫细菌等）的正常活动受阻，影响矿质的供应；相反，嫌气性细菌（如丁酸细菌等）特别活跃，使土壤溶液的酸度增加，影响植物对矿质的吸收。同时，在缺氧条件下，还会产生硫化氢、氨等一些有毒的还原产物，直接毒害根部。

（2）涝害。涝害指地面积水，淹没了蔬菜的全部或一部分，液相代替了气相，使植物生长在缺氧的环境中，引起生长发育不良，甚至死亡。低洼地、沼泽地带、河边，在发生洪水或暴雨之后，常有涝害发生。主要表现有：一是对植物形态与生长的损害。水涝缺氧可降低植物的生长量。例如，玉米和苋菜两种 C_4 植物，生长在仅 4% 氧气的环境中，24 h 后干物质生产降低分别为 57% 和 32%~47%，受涝的植株生长矮小，叶片黄化，叶柄偏上生长，根系变得又浅又细，根毛显著减少。土壤和积水会使旱地作物根系停止生长，然后逐渐变黑、腐烂发臭、很快整个植株都会枯死。淹水对种子萌发的抑制现象最为明显。二是对代谢的损害。根据瓦布格效应，氧气是光合作用的抑制剂，但在淹水情况下，缺氧反而对光合作用产生抑制作用。研究表明，缺氧对光合作用的抑制可能是水影响了 CO_2 扩散或间接限制 CO_2 扩散。如大豆在土壤淹水条件下，光合作用本身并无改变，但同化物向外输出受阻。缺氧对呼吸作用的影响主要是抑制有氧呼吸，促进无氧呼吸。如菜豆淹水 20 h 就发现有大量无氧呼吸的产物，如丙酮酸、乙醇、乳酸等。三是植株营养失调。经水淹的植株常发生营养失调，主要有两方面原因：一方面由于缺氧降低了根对离子吸收活性，另一方面由于缺氧和嫌气性微生物活动产生大量 CO_2 和还原性有毒物质，从而降低了土壤氧化—还原势，使得土壤内形成大量有害的还原性物质，如 H_2S、Fe^{2+}、Mn^{2+} 以及醋酸、丁酸等。

短梅和空梅对蔬菜造成危害的原因主要是干旱和烈日高温灼伤，即旱害和灼伤，参阅本章本节"二、高温干旱、烈日强光、干热风"所述。

（二）异常梅雨灾前的防范与灾时的应急措施

随时掌握梅雨信息，及时将梅雨季节期间的相关信息，如梅季总体形势、入（出）梅时间、梅雨持续时间、降水情况、是否伴有大风等，通报各级农业相关部门和种植大户，及时做好相应的防范、应急和补救措施。

1. 长梅雨、特长梅雨和倒黄梅

（1）灾前防范措施：①清理沟渠，确保排水通畅；②抢收蔬菜，避免灾害损失；③加强管理，增强抗灾能力。一是进行一次全面的病虫害预防和防治，如霜霉病、炭疽病、软腐病等，降低病虫基数。二是进行一次全面的追肥，适当增施磷钾肥，增加植株的抗逆能力。三是及时清洁田园，清除杂草，加强绑蔓整枝、打顶摘叶、疏花疏果等植株整理工作，避免因梅季天气差，无法进行正常的农事操作，造成失管。

（2）灾时应急措施：①应急排水。加强田间巡视，及时疏通坍塌沟渠、清理掉落沟渠内的杂物，确保排水通畅；加固、加高、堵漏基地内的堤坝、田境、围堰等。及时采用水泵进行强制排水，排除田间积水，降低田间湿度，避免内涝、淹水和渍害发生。②应急农艺措施。梅雨期间应密闭大棚，避免雨水直接进入大棚，增加棚内湿度。利用降雨间隙，短期天气晴好的有利时机，加大棚室通风，加强绑蔓整枝、打顶摘叶、清除杂草等田间管理工作，增强通风透光，降低田间湿度。若遇长时期阴雨寡照，育苗棚内及时接通 LED 灯等进行补光，避免形成高脚苗、弱苗。

2. 短梅、空梅

（1）灾前防范措施：①加强抗旱设施和物资准备。抓紧抢修灌溉沟渠，安装铺设临时引水管道和喷（滴）灌等节水灌溉设施设备，充分发挥喷（滴）灌设施的作用；备好备足遮阳网、水泵等抗旱物资。③加强抗旱科技应用。推广应用抗旱性强的优良品种，并在播种前用氯化钙、硼酸等化学药物浸种，或叶面喷洒硫酸锌等进行化学诱导提高作物的抗旱性和抗热性；采用蹲苗、搁苗等方法进行抗旱锻炼，增强蔬菜的抗逆能力；适当增施磷肥、钾肥，以及微量元素硼和铜，调节植株体内矿质营养比例，增强植株抗旱能力；喷施一定浓度的矮壮素等生长延缓剂和抗蒸腾剂，减少蒸腾失水，提高蔬菜的抗旱性；在条件许可的情况下适当推迟播种或移栽。

（2）灾时应急措施：①科学浇（灌）水抗旱。采取多种措施，引水灌溉，适当增加浇水次数和每次的浇水量。有条件的，尽可能采用喷（滴）灌、微喷、微滴等进行节水灌溉，提高灌溉效果和水资源利用率。②落实农艺抗旱措施。一是结合除草进行浅中耕松土，切断土壤毛细管，减少水分蒸发，在植株基部覆草，能起到很好的降温保湿作用。二是设施栽培蔬菜，在中午前后高温时间在棚架上覆盖遮阳网，进行遮阴降温；露地蔬菜浮面覆盖遮阳网、稻草等遮阴降温。三是季节允许的情况下，推迟播种育苗和大田定植。四是喷施生长延缓剂、抗蒸腾剂，提高蔬菜的抗（耐）旱性。

七、洪涝灾害

洪涝灾害又称水灾，是洪灾和涝灾的统称。洪灾是指大雨、暴雨或冰雪大量融化引起水道急流、山洪暴发、河水泛滥、淹没农田、毁坏堤坝和各种农业设施等，造成作物、人、畜受损。涝灾有雨涝和渍涝，是指降水过多或过于集中，农田排水系统不良而造成的积水成灾。

自古以来，雨涝灾害一直是困扰人类社会发展的自然灾害。大禹治水是我国有文字记载开始，最早的表现劳动人民和洪水斗争典型事例。时至今日，雨涝依然是对人类影响最大的灾害，也是我国最主要的自然灾害之一。我国雨涝的发生具有出现次数频繁、旱涝交替出现等特点，如 2002 年，我国有近 2 亿人次遭受雨涝灾害。

根据洪涝灾害发生的季节，可分为春涝、春夏涝、夏涝、夏秋涝和秋涝等几种类型。春涝及春夏涝主要发生在南岭及长江中下游一带，多由连阴雨造成。夏涝在黄淮海平原、长江中下游、华南、西南、东北等地发生的概率较高，多由暴雨或连续大雨造成。夏秋涝或秋涝在西南地区发生的概率最高，其次是华南沿海一带及长江中下游地区，再次是江淮地区，多由暴雨或连阴雨造成，对蔬菜作物的产量、品质影响很大。

引起洪涝灾害的最直接、最主要的原因是自然降水强度大，水流湍急，导致排泄不畅。

浙江省每年5月至7月上旬为多雨的梅汛期。暴雨、大暴雨和连续大雨时有发生，并由此而引起洪涝灾害。山洪暴发、江河泛滥，淹没农田与村庄、毁坏水库、冲毁道路及桥梁、中断通讯和供电、工厂停工停产，给国民经济建设，特别是对农业生产和人民生命财产造成极大的危害。据近16年气象资料统计，宁波市受洪涝灾害的总面积达1 283.6万亩，即平均每年有5.7%的土地面积要遭受洪涝灾害。但发生区域不平衡，慈溪、余姚受灾最重，市区最轻。鄞州、奉化、象山各种程度的灾情分布较均匀。宁海常年有洪涝，但每年灾情都较轻。

综合宁波市的洪涝灾害发生情况，主要集中在6—9月，占全年总数的94.3%，其中7月、8月发生的为最多，分别达到28.%和20.9%，7—8月发生的重大水灾次数占全年发生总数的75%，基本上由梅雨和台风天气造成。就灾害发生的区域来说，春涝基本上多为内陆平原地区，梅雨天气造成的水灾全市各地都可发生，台风所造成的洪水灾害多发生在沿海地区，但总体上水灾南部多于北部。

2009年，宁波市出台了洪涝灾害预防和预警机制，其中包括根据防汛特征水位，对应划分预警级别，由重到轻分为一、二、三、四共4个等级，分别用红、橙、黄、蓝色表示。

（一）洪涝灾害对蔬菜作物的影响

（1）肥力下降。洪水冲刷菜地表土，使菜地土壤肥力下降，且表土易板结；同时，渍水会增加菜地土壤含水量，透气性变差，影响蔬菜作物根系发育，造成蔬菜减产。

（2）机械损伤。暴雨及洪水对蔬菜作物的直接影响是暴雨拍打和洪水冲击造成植株机械损伤。暴雨破坏露地蔬菜作物的子房及花药，对豆类、茄果类蔬菜开花授粉极为不利，容易造成落花落果，即暴雨洗花。洪水冲击使植株倒伏，沾染污泥，影响光合作用，导致蔬菜减产。

（3）烂根死苗。洪涝灾害除机械冲击破坏外，对蔬菜的影响主要是缺氧窒息。绝大多数蔬菜不耐涝，特别是豆类和茄果类蔬菜，大多数蔬菜淹水一天就可造成缺氧窒息。长期渍水会使水分充满土壤中的毛细管，把土壤中的氧气排出，致使作物根系无氧呼吸，产生酒精等有毒物质，对根系造成毒害，导致植株烂根死苗。水生蔬菜虽然比较耐涝，但淹水过顶也会导致植株窒息凋亡。

（4）诱发病害。大灾后一般有大疫，洪涝灾害后蔬菜作物抗性降低，植株伤口面积大，极易诱发葫芦科蔬菜细菌性角斑病、十字花科蔬菜软腐病、茄科蔬菜疫病等各种细菌性及真菌性病害，并导致病害加重。

洪涝灾害对蔬菜的危害主要原因是由降水过多、排水不畅引起的，表现涝害和湿害。

（二）洪涝灾害的防范应对措施

（1）加强农业风险教育和菜地规划布局。克服追求供水、交通等方面的便利，忽视地势过低带来的洪涝灾害风险倾向。各级农技推广部门应充分利用新型职业农民培训等形式，加强对菜农的农业生产风险教育培训，指导菜地规划布局，调整农业产业结构，实行防涝栽培。如调整旱作与水生作物、种植业与养殖业比重等，从源头上避免或减轻洪涝灾害的威胁。

（2）加大退耕还林、退耕还湖力度。研究表明，森林和湖泊具有蓄水滞洪作用，可减轻洪涝灾害。浙江宁波、绍兴一带支流密布、湖泊众多，应进一步加大退耕还林、退耕还湖力度，充分发挥森林、湖泊、湿地等的蓄水分洪作用，减轻洪涝灾害的危害。

（3）加快水利基础设施建设。近年来，各地投入大量资金，建设了一批大型水利设施，在防汛抗旱中发挥了重要作用。但在小型水利设施建设上的投入还远远不够，特别是一些老菜地的水利基础设施年久失修，损毁严重，难以有效抵御洪涝等灾害。当前亟须加大小型水利基础设施建设投入，加强排涝泵站建设，切实提高防汛抗旱能力，减少灾害损失。

（4）完善农业灾害预测预警机制。成功的灾害预报可以有效降低灾害损失，各级政府应完善气象灾害预测预警机制，气象部门要密切关注天气变化，加强分析研判，及时做好降水过程的监测、预报、预警工作。充分利用广播、电视、互联网、报纸、手机短信等媒体和渠道，及时发布灾害预警信息和防灾避灾提示，为菜农防灾赢得时间，同时为政府指挥防灾救灾提供科学依据。

（5）建立政府主导的农业救灾与保险机制。农业气象灾害作为一种不可抗拒的灾害，其发生后往往是依靠政府拨款救灾。农业保险是一种市场化的风险转移及分散机制，应在支持保障农业发展上做出更大贡献。但当前我国农业保险发展缓慢、规模小、范围窄，农户和保险公司积极性不高，农业保险还没有发挥其应有的作用。因此，应建立健全以政府为主导的政策性农业保险机制，加快完善农业保险法律法规，建立政策性的农业保险机构和农业气象灾害风险保障基金，以化解农业生产风险，增强防灾救灾能力。

第二节　灾后补救技术

一、台风灾害后的补救技术措施

（一）抓紧清沟排水

台风灾害过后，要及时清理河道、疏通沟渠、排除田间积水是第一要务。要想尽办法，尽快排除田间积水，降低地下水位，避免蔬菜长时间受浸，引起根系生长不良，伤根、烂根，甚至植株死亡。

（二）抓紧抢收灾后蔬菜

对受淹或经狂风暴雨吹打过，但仍有食用价值的蔬菜，要抓紧抢收上市，以挽回经济损失。如豇豆、菜用大豆等豆类蔬菜，南瓜、瓠瓜、西（甜）瓜等瓜类蔬菜，茄子、辣椒等茄果类蔬菜，以及青菜、木耳菜、空心菜等各种叶菜类蔬菜。

（三）抓紧修复棚架等设施

及时清理、修复、加固大（中）棚等设施，修补、覆盖被撕裂或揭翻的棚膜、遮阳网、防虫网，以及喷滴灌等设施，为大棚蔬菜灾后尽快恢复生长及补播改种提供设施保障。

（四）抓紧中耕培土和补施追肥

暴雨冲刷、田间水淹后，易造成土壤养分流失、根系外露、土壤板结，要及时进行浅中耕、培土、除草，以增加土壤的透气性，避免根系外露和草荒。同时，全面补（追）施一次速效肥，浓度宜淡，或喷施磷酸二氢钾、氨基酸等叶面肥进行根外追肥，提高植株对水分和养分的吸收能力，促进快速恢复生长。

（五）抓紧田间护理

及时清理被台风吹落田间的枯枝落叶、死株及其他杂物，尽快清洗受淹植株茎叶，摘除受损严重的枝叶、果实，以利于作物恢复生长，减轻病虫危害。对倒伏或倾斜的玉米、茄子、豇豆、丝瓜等高秆作物和搭架栽培作物应尽快扶正、培土和加固，摘除老叶、黄叶和病叶，促进通风透光，降低田间湿度。台风过后，往往高温烈日，要注意在蔬菜瓜果表面或棚架设施上覆盖遮阳网等遮阴降温，防止气温骤升和阳光暴晒，引起植株失水枯萎和茎叶、果实表面高温灼伤。

（六）抓紧病虫害防治

台风灾害过后，往往气温高、田间湿度大、蔬菜生长势弱、伤口多，易引发多种病害在短时间内暴发和快速蔓延，要引起高度重视，切实抓好蔬菜的病虫草害防治工作。尤其要高度重视软腐病、霜霉病、黑腐病、青枯病、枯萎病、疫病等病害的防治。要认真贯彻"预防为主、综合防治"的植保方针，根据各种蔬菜的病虫害发生规律，以农业防治为基础，因地制宜运用生物、物理、化学等手段，经济、安全、有效地控制病虫危害。结合药剂防治，喷洒磷酸二氢钾等叶面肥及一些植物生长调节剂，防治效果更佳。具体化学防治药剂及用法用量可参照本书第七章。

（七）抓紧改种补播

受台风灾害严重或绝收田块，要及时进行改种补播。在改种补播时，要注意合理安排速生蔬菜和非速生蔬菜的种类和比例，避免集中上市，造成阶段性过剩，增产不增收，甚至亏本。可抓紧播种一批青菜、苋菜等速生叶菜，一方面可保证秋淡蔬菜供应，另一方面可在较短时期内采收上市，以增加收入，弥补灾害损失。同时，7—9月正是秋西（甜）瓜、秋冬甘蓝、秋大豆、秋玉米、秋马铃薯等多种作物的播种适期，可以根据各自的实际情况进行补播改种。

二、高温干旱灾害后的补救技术措施

（一）全面补施追肥

高温干旱解除后，结合浅中耕和清除杂草，全面追施一次速效肥，浓度宜淡，促进植株恢复生长。追肥应氮、磷、钾配合施用，苗期以氮肥为主，磷钾肥为辅；结果期以磷钾肥为主，氮肥为辅。叶片黄、弱时，可叶面喷施 0.1%~0.2% 磷酸二氢钾溶液，或喷追施宝、爱农、氨基酸等，促进蔬菜生长，防止蔬菜茎、叶早衰。

（二）注意病虫害防治

夏季高温干旱的环境为病菌和害虫的繁殖提供了有利条件，灾害过后，田间湿度增加，温度仍处于高位，在植株长势瘦弱的情况下，极易诱发多种病虫暴发和快速蔓延，要及时做好防治工作。对前期失治或防治不彻底，造成基数偏大的病虫害，如番茄脐腐病、大白菜干烧心病、病毒病、红蜘蛛、粉虱等，尤其要抓紧做好补治和防治工作。病虫害防治要认真贯彻"预防为主、综合防治"的植保方针，根据各种蔬菜的病虫害发生规律，以农业防治为基础，因地制宜运用生物、物理、化学等手段，经济、安全、有效地控制病虫的危害。具体化学防治药剂及用法用量可参阅本书第七章。

（三）加强田间管理

及时清理散落田间的枯枝落叶、死株及其他杂物，摘除老叶、黄叶、病叶和受损严重的枝叶、果实，以利于作物恢复生长，减轻病虫危害。对前期因抗击高温干旱而疏于管理的田块，尤其要加强管理，促进作物快速恢复生长。

（四）抓紧播种育苗、移栽或及时补播改种

要抓紧组织力量进行播种育苗或大田移栽，尽可能降低播种或移栽时间推迟的损失。高温干旱灾害影响严重或绝收田块，要及时进行改种补播。在改种补播时，要注意合理安排速生蔬菜和非速生蔬菜的种类和比例，避免集中上市，造成阶段性过剩，增产不增收，甚至亏本。可抓紧播种一批青菜、苋菜等速生叶菜，一方面可保证秋淡蔬菜供应，另一方面可在较短时期内采收上市，以增加收入，弥补灾害损失。同时，7—10月正是秋西（甜）瓜、秋冬甘蓝、秋大豆、秋玉米、秋马铃薯等多种秋冬蔬菜播种育苗和移栽定植旺季，可以根据各自的实际情况选择合适的种类品种进行补播改种。

三、寒潮和低温冷害后补救技术措施

（一）抓紧抢收

灾害过后，要抓紧抢收一批尚有利用价值的蔬菜瓜果作物，如青菜、青花菜、松花菜、萝卜、大蒜、草莓、番茄等，抓紧上市销售，以减少经济损失。

（二）抓紧清理沟渠

风雨、降雪和冰冻过后，往往会造成田埂坍塌、沟渠堵塞，要抓紧做好清理工作，及时排出田间积水，降低地下水位。

（三）抓紧播种或移栽

寒潮过后，根据蔬菜播种或移栽季节，抢"冷尾暖头"抓紧进行播种育苗或大田移栽。

（四）抓紧修复棚架设施

及时清理、修复因灾害影响已倾斜或倒塌的大（中）棚、小拱棚设施，修补、覆盖被撕裂或揭翻的棚膜。

（五）抓紧田间管理

一是及时揭除遮阳网、无纺布、稻草等覆盖材料，增加光照。二是全面追施一次薄肥，以氮肥为主，促进植株尽快恢复生长。喷施磷酸二氢钾、动力2003、氨基酸等叶面肥，对植株恢复生长效果更好。三是及时防治病虫害，重点做好灰霉病、白粉病、烟粉虱等的防治工作。四是抓紧清洁田园，做好清除杂草、疏花疏果、整枝摘叶打顶等日常管理工作，增加通风透光，减轻病害虫害的发生和蔓延。

（六）抓紧补播改种适种作物

对因灾害错过播种或移栽季节时间较长，或受灾严重，甚至绝收田块，要及时进行补播或改种其他作物。

四、雨雪冰冻灾害后补救技术措施

雨雪冰冻灾害后，蔬菜受灾普遍，在抓好与应对寒潮与低温冷害相类似的技术措施的基础上，重点是实施分类指导，有针对性开始灾后补救工作。

（一）轻度受灾的补救措施

受灾程度较轻，植株基本完好，仅发生零星黄斑，可采取以下措施。

（1）喷施叶面肥。叶面喷肥对发生轻度冻害植株有很好的恢复作用，可叶面喷米醋 300 倍+葡萄糖粉 150 倍+甲壳素 500 倍液，喷施 0.2%磷酸二氢钾液或芸苔素、植物动力 2003、卢博士等叶面肥，补充营养，提高抗寒性，促进植株快速恢复生长；还可喷施植物抗寒保护剂增强植株抗逆性。注意叶面喷施尽可能用温水，不要使用生长素类激素，以防降低抗寒性。

（2）及时通风换气。天气转晴后，及时揭除大棚内的覆盖物，在大棚背风处通风换气。阴雨天气也要及时揭开大棚内的不透明覆盖物，并在中午前后通风换气，排除棚内有害气体，降低棚内湿度。

（3）防止"闪苗"萎蔫。通风换气时要逐渐加大通风量，防止植株突然见光、失水过快，出现萎蔫现象，如发现萎蔫，应立即用遮阳网、无纺布等覆盖，适当喷水，恢复后再揭开，反复揭盖，2~3 d 后即可转入正常管理。

（4）加强病虫害防治。低温、高湿、弱光条件极易引发灰霉病、疫病等低温病害，田间管理上注意降低棚内湿度，及时采用百菌清或腐霉利烟雾剂防治，尽量不采用水剂、乳剂进行防治。

（二）中度受灾的补救措施

蔬菜植株部分叶片萎蔫干枯，或叶缘干黄，大部分叶片及生长点完好，心叶能很快长出，为中度受害，可采取如下措施。

（1）缓慢见光。灾害过后，受冻蔬菜不宜马上接受晴天直射光照，可用遮阳网、无纺布或报纸等覆盖在棚室内的小拱棚薄膜上，也可直接浮面覆盖在受冻的蔬菜上，使受冻蔬菜缓慢解冻，恢复生长。

（2）缓慢升温。天晴后，不可采用急剧升温的措施来解冻，除遮光外，还可采取适量放风等措施，使棚温缓慢上升。

（3）施药防病。蔬菜受冻以后，生长势衰弱，易发生灰霉病等病害。可在蔬菜恢复生长后，剪除冻死部分，打掉病叶、黄叶、老叶，避免受冻组织霉变而诱发病害，并用腐霉利等烟剂烟熏防病。

（4）加强管理。受冻蔬菜恢复生长后，要努力创造适宜蔬菜生长的光、温、水、气、肥条件，使植株尽快恢复生长。通风换气时特别注意避免发生"闪苗"；苗床内或棚间走道撒草木灰或生石灰，减少土壤湿度；多中耕培土，疏松土壤；清洁田园，清除受冻部分；同时薄施肥料，少施氮肥，多施磷钾肥，适当喷施叶面肥，如磷酸二氢钾、米醋、红糖、甲壳素复配，或其他防冻剂来提高植株抗寒性，并用植物动力 2003 等根外追肥，以增强植株抗性，促进作物尽快恢复生长。

（三）重度受灾的补救措施

针对冻害严重，蔬菜全株萎蔫枯死，或生长点受严重冻害，失水萎蔫下垂，形成秃尖的蔬菜，最好是放弃管理，尽快准备育苗补栽，特别是受灾面积较大时应迅速清棚，考虑抢播一茬小白菜、油麦菜等速生蔬菜。在补播改种时，要注意合理安排速生蔬菜与非速生蔬菜的种类及比例，避免下一茬蔬菜集中上市，造成阶段性过剩，增产不增收。

具体补播改种蔬菜种类、品种要根据受灾时间、设施条件、管理水平、销售市场等综合考虑，如在1月上旬遭遇雨雪冰冻灾害，除抢播一批速生叶菜外，重点考虑1月当季可播种育苗的黄瓜、瓠瓜、西瓜、甜瓜、苦瓜、马铃薯、结球生菜等作物，也可考虑在2月播种育苗的黄瓜、瓠瓜、西瓜、甜瓜、西葫芦、春大白菜、春芹菜、春青花菜、茎用莴苣、马铃薯、特早熟菜豆、特早熟菜用大豆等。

五、倒春寒灾害后补救技术措施

（一）抓紧播种育苗或大田移栽

4月正是大量蔬菜播种育苗和大田移栽的关键季节。倒春寒过后，要抢"冷尾暖头"进行播种育苗，或大田移栽，减少因灾害对生产季节的影响。

（二）通风降湿增加光照

灾害过后，气温回升，阳光普照，要及时除去稻草、遮阳网、无纺布等覆盖材料，增加秧苗和植株光照时间和强度；及时整枝绑蔓摘叶、疏花疏果，增加通风透光；清理沟渠，排出积水，降低田间湿度；撤去中棚、小拱棚，加大棚室通风口，降低棚内湿度。

（三）追肥防病虫害

及时追施一次薄肥，或喷施磷酸二氢钾、芸苔素、氨基酸等叶面肥，促进植株快速恢复生长。同时，全面防治一次病虫害，重点防治灰霉病、白粉病、菌核病、烟粉虱等。

（四）及时补播改种

对灾害损失较重，已无法补救或没有补救价值的，要抓紧时间重新播种育苗或调运秧苗进行补种，或改种当季可以播种育苗的其他作物。

六、异常梅雨灾害后补救技术措施

（一）长梅雨、特长梅雨和倒黄梅灾后防范措施

（1）抓紧清沟排水。灾害过后，抓紧清理和疏通沟渠、排出田间积水，降低地下水位，避免蔬菜瓜果长时间受浸，引起根系生长不良，甚至植株死亡。

（2）抓紧抢收蔬菜。对受灾较重但仍有利用价值的蔬菜，如豇豆、南瓜、瓠瓜、西（甜）瓜、青菜、空心菜等，要抓紧抢收上市，以挽回部分经济损失。

（3）抓紧中耕培土和补施追肥。暴雨冲刷、田间水淹后，易造成土壤养分流失、根系外露、土壤板结，要及时进行浅中耕、培土、除草，以增加土壤的透气性，避免根系外露和草荒。同时，全面补（追）施一次速效肥，浓度宜淡，或喷施磷酸二氢钾、

氨基酸等叶面肥进行根外追肥，提高植株对水分和养分的吸收能力，促进快速恢复生长。

（4）抓紧田间护理。要及时清理被台风吹落田间的枯枝落叶、死株及其他杂物，尽快清洗受淹植株茎叶，摘除受损严重的枝叶、果实，以利于作物恢复生长，减轻病虫危害。对倒伏或倾斜的玉米、茄子、豇豆、丝瓜等高秆作物和搭架栽培作物应尽快扶正、培土和加固，摘除老叶、黄叶和病叶，促进通风透光，降低田间湿度。出梅后，往往高温烈日，要注意在蔬菜瓜果表面或棚架设施上覆盖遮阳网等遮阴降温，防止气温骤升和阳光暴晒引起植株失水枯萎和茎叶、果实表面高温灼伤。

（5）抓紧病虫害防治。灾害过后，往往气温高、田间湿度大、蔬菜生长势弱、伤口多，易引发多种病害在短时间内暴发和快速蔓延，要引起高度重视，切实抓好蔬菜的病虫草害防治工作。尤其要高度重视软腐病、霜霉病、黑腐病、青枯病、枯萎病、疫病等病害的防治。要认真贯彻"预防为主、综合防治"的植保方针，根据各种蔬菜瓜果的病虫害发生规律，以农业防治为基础，因地制宜运用生物、物理、化学等手段，经济、安全、有效地控制病虫危害。结合药剂防治，喷洒磷酸二氢钾等叶面肥及一些植物生长调节剂，防治效果更佳。具体化学防治药剂及用法用量可参照附录。

（6）抓紧改种补播。受灾严重或绝收田块，要及时进行改种补播。在改种补播时，要注意合理安排速生蔬菜和非速生蔬菜的种类和比例，避免集中上市，造成阶段性过剩，增产不增收，甚至亏本。可抓紧播种一批青菜、苋菜等速生叶菜，一方面可保证秋淡蔬菜供应，另一方面可在较短时期内采收上市，以增加收入，弥补灾害损失。同时，7月以后至9月正是秋西（甜）瓜、秋冬甘蓝、秋大豆、秋玉米、秋马铃薯等多种作物的播种适期，可以根据各自的实际情况进行补播改种。

（二）短梅、空梅灾后补救措施

（1）全面补施追肥。高温干旱解除后，结合浅中耕和清除杂草，全面追施一次速效肥，以促进植株恢复生长。追肥应氮、磷、钾配合施用，苗期以氮肥为主，磷钾肥为辅；结果期以磷钾肥为主，氮肥为辅。长势较弱的，可叶面喷施0.1%～0.2%磷酸二氢钾溶液，或喷施宝、爱农、氨基酸等，促进蔬菜生长，防止茎、叶早衰。

（2）注意病虫害防治。梅雨季节相对较高的温度环境，易滋生病虫。灾害过后，田间湿度增加，温度继续升高，在植株长势偏弱的情况下，极易诱发多种病虫暴发和快速蔓延，要及时做好防治工作。对前期失治或防治不彻底，造成基数偏大的病虫害，如番茄脐腐病、大白菜干烧心病、病毒病、红蜘蛛、粉虱等，尤其要抓紧做好补治和防治工作。病虫害防治要根据各种蔬菜的病虫害发生规律，以农业防治为基础，因地制宜运用生物、物理、化学等手段，经济、安全、有效地控制病虫危害。具体化学防治药剂及用法用量可参照附录。

（3）加强田间护理。及时清洁田园，清理散落田间的枯枝落叶及其他杂物，摘除老（黄、病）叶和受损严重的枝叶、果实。对前期因抗击高温干旱而疏于管理的田块，尤其要加强管理，促进作物快速恢复生长。

（4）抓紧播种育苗、移栽或及时补播改种。利用灾后有利时节，抓紧播种育苗或大田移栽，尽可能降低播种或移栽时间推迟的损失。灾害影响严重或绝收田块，要及时进行改种补播。可抓紧播种一批青菜、苋菜等速生叶菜，在较短时期内采收上市，以增加收入，弥补灾害损失。在改种补播时，要注意合理安排速生蔬菜和非速生蔬菜的种类和比例，避免集中上市，造成阶段性过剩。

七、洪涝灾害后的补救措施

（一）抢收抢排

及时抢收已成熟的在地蔬菜，降低灾害损失。淹水后的菜田要开好田间沟和棚间沟，排水降渍。土地翻耕后要尽量消毒处理，可以撒施噁霉灵或甲基硫菌灵，有机菜田可撒施枯草芽孢杆菌。排水后可翻晒菜地 1 个月左右，此时不要急着播种，避免因病虫害暴发造成减产。

（二）抢管抢修

雨后根据作物的长势，及时中耕培土，整枝固架，追施肥水，使存园蔬菜尽快恢复生长。对一些受淹较重的辣椒、番茄、茄子、黄瓜等茄果类蔬菜，加强植株调整，及时去除病黄老叶，也可适当疏叶，如雨后突然放晴暴晒，要盖上遮阳网，减少蒸腾，防止闪苗，造成植株萎蔫；对爬地栽培的瓜类蔬菜，加强中耕培土和整枝压蔓，促进根系发育，恢复生长；对叶菜类和豆类作物，及时冲洗叶片上的污泥，增强光合作用，并加强中耕培土。及时抢修损毁道路、疏通渠道、修复水电等各类农业基础设施。

（三）抢防抢种

洪涝过后，在高湿高温环境下，蔬菜根系活力下降，抗性减弱，极易诱发多种病虫害。对受灾菜地，要加强田间调查，实行分类指导，降低田间湿度，减少病菌侵入的机会，防止"灾后灾"。抓住阴雨间隙，及时开展专业化统防统治，减轻病虫害流行程度，重点防治根腐病、枯萎病、疫病、青枯病、霜霉病、炭疽病，以及斜纹夜蛾、小菜蛾、烟粉虱、豆野螟等病虫害。对受灾严重的菜地，罢园后抢播小白菜、大白菜秧苗、菜心、空心菜、芫荽、苋菜、叶用萝卜等速生直播类蔬菜，加强肥水管理，可采用遮阳网覆盖，防暴雨和高温。

主要参考文献

安凤霞, 李景富, 许向阳, 2005. 番茄耐热性研究现状 [J]. 东北农业大学学报 (4): 507-511.

包崇来, 毛伟海, 孙丽霞, 等, 2004a. 南方长茄杂交制种关键技术研究 [J]. 浙江农业学报, 16 (3): 148-150.

包崇来, 毛伟海, 孙丽霞, 等, 2004b. 茄子产量性状遗传研究 [J]. 上海农业学报, 20 (3): 5254.

包崇来, 汪精磊, 胡天华, 等, 2019. 我国萝卜产业发展现状与育种方向探讨 [J]. 浙江农业科学, 60 (5): 707-710.

蔡俊德, 1983. 之豇 28-2 豇豆新品种选育及遗传性状的观察 [J]. 中国蔬菜 (1): 5-9.

曹必好, 雷建军, 孙秀东, 等, 2006. 茄子 RAPD 分子标记图谱的构建 [J]. 园艺学报, 33 (5): 1092.

曹家树, 1996. 中国白菜起源、演化和分类研究进展 [M]. 北京: 科学出版社.

曹家树, 申书兴, 2001. 园艺植物育种学 [M]. 北京: 中国农业大学出版社.

曹齐卫, 张卫华, 王志峰, 等, 2008. 黄瓜产量性状的 Hayman 遗传分析 [J]. 西北农业学报, 17 (5): 252-256.

曹寿椿, 李式军, 1963. 蔬菜按栽培季节的分类及其应用 [J]. 江苏农学报, 2 (2): 81-90.

曹寿椿, 李式军, 1982. 白菜地方品种的初步研究: Ⅲ.不结球白菜品种的园艺学分类 [J]. 南京农学院学报, 5 (2): 1-8.

查丁石, 陈建林, 丁海东, 等, 2005. 茄子耐低温弱光鉴定方法初探 [J]. 上海农业学报, 21 (2): 100-103.

查素娥, 李红波, 温红霞, 等, 2008. 不同生态型黄瓜亲本杂种质量性状及杂种优势表现程度研究 [J]. 内蒙古农业科技 (2): 35-37.

陈禅友, 胡志辉, 1996. 长豇豆几个数量性状杂种优势的研究 [J]. 种子 (1): 16-20.

陈禅友, 李耀华, 胡志辉, 1996. 豇豆熟性遗传研究初报 [J]. 长江蔬菜 (2): 24-26.

陈发波, 李先艳, 傅雪梅, 2014. 中国萝卜种质资源遗传多样性研究进展 [J]. 长江蔬菜 (6): 5-9.

陈华斌, 卢水奋, 马春梅, 等, 2007. 茄子自交系种子的繁殖技术 [J]. 长江蔬菜

（6）：16-17.

陈劲枫，钱春桃，林茂松，等，2004. 甜瓜属植物种间杂交研究进展［J］. 植物学通报，21（1）：1-8.

陈青君，张海英，王永健，等，2010. 温室黄瓜产量相关农艺性状 QTLs 的定位［J］. 中国农业科学，43（1）：112-122.

陈世儒，1997. 蔬菜育种学［M］. 北京：中国农业出版社.

陈学军，陈劲枫，2006. 辣椒株高遗传分析［J］. 西北植物学报，26（7）：1342-1345.

陈延阳，姜明，赵越，2010. 甘蓝抗芜菁花叶病毒育种研究进展［J］. 中国农学学报，26（12）：160-164.

陈彦惠，王利明，戴景瑞，等，2000. 中国温带玉米种质与热带亚热带种质杂优模式研究［J］. 作物学报，26（5）：557-564.

陈远松，2017. 分子标记在我国番茄抗病育种的应用研究进展［J］. 浙江农业学报（8）.

陈再廖，周雪平，1997. 丝瓜病毒病原的初步研究［J］. 浙江农业学报，9（1）：36-39.

成妍，2009. 不结球白菜分子遗传图谱构建及数量性状位点分析［D］. 南京：南京农业大学.

程杰，2018. 我国黄瓜、丝瓜起源考［J］. 南京师大学报（社会科学版）（2）：47-53.

崔群香，郝振萍，张爱慧，等，2017. 茄子枝条扦插技术研究及其在茄子育种中的应用［J］. 金陵科技学院学报（3）：73-76.

崔彦宏，周海，李伯航，1996. 甜玉米籽粒的营养品质及影响因素［J］. 河北农业大学学报，19（4）：99-104.

戴澈，刘根新，许园园，刘哲，娄丽娜，苏小俊，2016. 丝瓜种质资源与遗传育种研究进展［J］. 黑龙江农业科学（10）：167-170.

戴惠学，熊元忠，牛海建，2007. 甜玉米品质性状遗传研究进展［J］. 长江蔬菜（10）：28-30.

戴景瑞，鄂立柱，2010. 我国玉米育种科技创新问题的几点思考［J］. 玉米科学，18（1）：1-5.

戴雄泽，2001. 辣椒制种技术［M］. 北京：中国农业出版社.

戴忠良，秦文斌，姚悦梅，等，2008. 甘蓝胞质雄性不育系的选育［J］. 江苏农业学报，24（5）：731-732.

邓代信，龚义勤，汪隆植，等，2004. 萝卜雄性不育系几种同工酶研究［J］. 西南农业学报，17（3）：348-352.

邓耀秋，刘官阳，龚文专，2021. 豇豆高产栽培技术［J］. 农家科技（下旬刊）（7）：12.

邓云，俞正旺，那丽，2007. 航天育种及其在瓜类育种上的应用［A］//刘纪原. 中国航天诱变育种［M］. 北京：中国宇航出版社.

邓云，张蜀宁，孙敏红，等，2006. 采用秋水仙碱创制优质、抗热同源四倍体不结球白菜 [J]. 武汉植物学研究，24（2）：159-162.

董艳丽，刘艳霞，徐树军. 气象灾害对蔬菜的影响 [J]. 农民致富之友（10）：43.

杜立新，曹伟平，郭庆港，等，2017. 浅析嫁接、杂交和转基因技术的异同 [J]. 现代农村科技（9）：87-88.

杜胜利，魏惠军，1999. 通过辐射花粉受粉诱导获得黄瓜单倍体植株 [J]. 中国农业科学，32（2）：107.

段莉莉，朱拼玉，李季，等，2018. 基因工程技术在甜瓜属作物分子育种中的应用与发展 [J]. 中国瓜菜（8）：1-8.

段晓铨，刘明月，周书栋，等，2013. 辣椒杂种优势利用的研究进展 [J]. 辣椒杂志（3）：1-3.

番兴明，姚文华，黄云霄，2007. 提高玉米育种效率的技术途径 [J]. 作物杂志（2）：1-4.

番兴明，张世煌，谭静，等，2003. 利用 SSR 标记对 29 个热带和温带玉米自交系进行杂种优势群的划分 [J]. 作物学报，29（6）：835-840.

樊菊花，2009. 辣椒杂交制种高产栽培技术 [J]. 陕西农业科学（2）：218-219.

范鸿凯，2008. 番茄杂种优势利用研究进展 [J]. 农业科技与装备（3）：80-81.

方木圭，毛瑞昌，谢文华，1985. 茄子胞质雄性不育系的选育 [J]. 园艺学报，12（4）：261-266.

方荣，陈学军，缪南生，等，2008. 我国蔬菜诱变育种研究进展 [J]. 江西农业学报，20（1）：56-60.

方秀娟，顾兴芳，韩旭，等，1996. 高抗黑星病的日光温室专用黄瓜新品种中农 13 号的选育初报 [J]. 中国蔬菜（2）：28-31.

方秀娟，顾兴芳，韩旭，等，1996. 露地黄瓜新品种中农 8 号的选育 [J]. 中国蔬菜（1）：12-14.

方秀娟，尹彦，韩旭，等，1990. 保护地黄瓜新品种'中农 5 号'的选育 [J]. 中国蔬菜（3）：1-3.

方智远，2016. 中国蔬菜育种学 [M]. 北京：中国农业出版社.

方智远，2021. 甘蓝类蔬菜育种团队 50 年发展的几点体会 [J]. 中国蔬菜（1）：1-3.

封林林，屈冬玉，金黎平，等，2003. 茄子青枯病抗性的遗传分析 [J]. 园艺学报，30（2）：163-166.

冯辉，1996. 大白菜核基因雄性不育性的研究 [D]. 沈阳：沈阳农业大学.

傅泽田，祁力钧，王俊红，2007. 精准施药技术研究进展与对策 [J]. 农业机械学报，38（1）：189-192.

高凤彦，2013. 温室害虫生物防治和物理防治技术 [J]. 现代农村科技，（19）：24-25.

高红治. 2017. 现代生物技术在农作物育种中的应用研究 [J]. 农业科技与装备（3）：12-13.

高丽，崔崇士，屈淑平，2010. 白菜类蔬菜转基因研究进展［J］. 中国蔬菜（12）：7-13.

高天一，任锡亮，王超，等，2021. 宁波地区 9 个春季耐抽薹白菜品种比较试验［J］. 浙江农业科学，62（5）：920-921.

高希武，2010. 我国害虫化学防治现状与发展策略［J］. 植物保护，36（4）：19-22.

高新一，林翔鹰，杨春燕，等，1983. 无籽西瓜无性系繁殖的研究［J］. 中国农业科学（2）：58-63.

葛嶙，1998. 杂交西瓜制种技术［J］. 新疆农垦科技（3）：15-16.

耿建峰，2007. 利用 DH 群体构建不结球白菜遗传连锁图谱及重要农艺性状的 QTL 定位［D］. 南京：南京农业大学.

耿建峰，侯喜林，张晓伟，等，2007. 利用 DH 群体构建不结球白菜遗传连锁图谱［J］. 南京农业大学学报，30（2）：44-49.

龚坤元，1978. 化学农药的使用前途问题［J］. 环境科学（2）：3-7.

缑艳霞，2013. 生物技术在甜瓜育种中的应用［J］. 现代农业科技（6）：87-88.

古德祥，张古忍，张润杰，等，2000. 中国南方害虫生物防治 50 周年回顾［J］. 昆虫学报，43（3）：327-335.

古勤生，2008. 我国西瓜甜瓜抗病育种工作的主要进展、存在问题和建议［J］. 中国瓜菜（6）：61-63.

古松，梅再胜，张经纶，等，2018. 长江流域主要气象灾害对蔬菜的影响及对策研究［J］. 科学种养（11）：5-9.

顾兴芳，张圣平，王烨，2005. 我国黄瓜育种研究进展［J］. 中国蔬菜（12）：1-7.

郭家珍，关俊秀，马晋辉，等，1981. 辣（甜）椒杂种一代主要性状的遗传表现初报［J］. 中国蔬菜（1）：9-12.

郭晶心，周乃元，马荣才，等，2002. 白菜类蔬菜遗传多样性的 AFLP 分子标记研究［J］. 农业生物技术学报，10（2）：138-143.

郭勤，杨诗定，2015. 台风对我国农业的影响及其防范措施［J］. 南方农业（30）：210-211.

郭守金，2000. 红色素辣椒品种简介与栽培［J］. 宁夏农林科技（4）：16.

郭斯统，朱烈，叶培根，2015. 雪菜与高菜［M］. 北京：中国科学技术出版社.

郭祥川，2014. 频振式杀虫灯物理防治水稻害虫［J］. 中国农业信息（3）：111.

哈斯阿古拉，2004. 甜瓜耐贮藏基因工程研究［D］. 呼和浩特：内蒙古大学.

韩粉霞，李桂英，丁勇，等，1999. 豇豆优异种质资源鉴定评价与利用［J］. 中国农学通报（4）：59-60.

韩建明，王颖，2010. 生物技术在黄瓜研究中的应用［J］. 生物技术通报（8）：76-81.

韩文成，李洪波，2016. 我国生物技术育种的现状与未来［J］. 乡村科技（2）：37.

郝丽珍，侯喜林，王萍，等，2002. 激光在农业领域应用研究进展 [J]. 激光生物学报，11（4）：149-154.

何建文，姜虹，赖卫，等，2012. 辣椒杂交 F_1 代主要性状杂种优势分析 [J]. 长江蔬菜（14）：19-22.

何启伟，1993. 十字花科蔬菜优势育种 [M]. 北京：中国农业出版社.

何艳，李焕秀，梁勇，等，2008. 组织培养诱导西瓜四倍体概述 [J]. 现代园艺（4）：23-24.

侯锋，李淑菊，2000，侯锋，我国黄瓜育种研究进展与展望 [J]. 中国农业科学（3）：100-102.

侯喜林，宋小明，2012. 不结球白菜种质资源的研究与利用 [J]. 南京农业大学学报，35（5）：35-42.

胡建广，王子明，李余良，等，2004. 我国甜玉米育种研究概况与发展方向 [J]. 玉米科学，12（1）：12-15.

胡少茹，关若冰，李海超，等，2019. RNAi 在害虫防治中应用的重要进展及存在问题 [J]. 昆虫学报，62（4）：506-515.

胡志辉，陈禅友，2002. 豇豆品种纯度鉴定方法及其评析 [J]. 江汉大学学报（自然科学版），19（1）：86-88.

华志明，1999. 植物自交不亲和分子机理研究的一些进展 [J]. 植物生理学通讯，35（1）：77-82.

黄炳生，张志高，1993. 利用回交转育的方法选育甜玉米杂交种 [J]. 中国农学通报（1）：31-33.

黄华宁，杨小振，马建祥，等，2014. 中国西瓜遗传育种研究进展 [J]. 北京农业（12）：22-26.

黄群策，孙敬三，1997. 植物多倍性在作物育种中的展望 [J]. 科技导报（7）：50.

黄三文，张宝玺，郭家珍，等，2001. 辣椒 RAPD 系统的建立及在杂种纯度鉴定中的应用 [J]. 园艺学报，28（1）：77-79.

黄晓明，谢晓凯，卢永奋，等，2006. 茄子果长遗传效应的初步研究 [J]. 广东农业科学（7）：25-26.

黄学森，赵福兴，王生有，2005. 西瓜优质高效栽培新技术 [M]. 北京：中国农业出版社.

黄益勤，李建生，2001. 利用 RFLP 标记划分 45 份玉米自交系杂种优势群研究 [J]. 中国农业科学，34（3）：244-250.

回时炳，刘富中，王永清，等，2003. 茄子单性结实的遗传分析 [J]. 园艺学报，30（4）：413-416.

吉加兵，徐润芳，1990. 西瓜种质资源抗枯萎病性的苗期鉴定 [J]. 中国西瓜甜瓜（2）：19-20.

季孔庶，2005. 园艺植物遗传育种 [M]. 北京：高等教育出版社.

贾文海，1983. 西瓜花芽分化的研究 [J]. 山东农业科学（3）：14-17.

姜澎，2013. 黄瓜全基因组遗传变异图谱构建完成 [J]. 前沿科技 (11)：39.

姜亦巍，胡恰，吴国胜，等，1996. 甜（辣）椒耐低温弱光品种筛选方法初探 [J]. 华北农学报，11 (4)：139-142.

蒋树德，陈虎根，杨雪梅，等，2002. Ogura 不育源不结球白菜雄性不育系的转育 [J]. 中国蔬菜 (5)：28-29.

蒋雅琴，黎炎，李文嘉，等，2014. 分子标记技术在丝瓜上的应用 [J]. 南方农业学报 (12)：2117-2122.

金丹丹，梁美霞，谢立波，等，2004. 茄子组织培养与基因工程研究进展 [J]. 分子植物育种，2 (6)：861-866.

金新文，沈征言，1997. 高温胁迫对三种蔬菜抗热性不同的品种萌动种子活力和 ATP 含量的影响 [J]. 石河子大学学报（自然科学版），1 (2)：112-116.

井立军，常彩涛，孙振久，等，2001. 茄子黄萎病抗性的杂种优势及遗传 [J]. 华北农学报，16 (2)：58-61.

井立军，崔鸿文，张秉奎，1998. 茄子品质性状遗传研究 [J]. 西北农业学报，7 (1)：45-48.

康建坂，李永平，张志忠，等，2002. 不同茄子品种的抗热性初探 [J]. 亚热带植物科学，31 (4)：17-20.

康宇静，2012. 西瓜杂种优势育种与杂交亲本选配 [J]. 北方园艺 (8)：57-58.

乐素菊，吴定华，梁承愈，1995. 番茄青枯病的抗性遗传研究 [J]. 华南农业大学学报，14 (4)：91-95.

雷春，陈劲枫，钱春桃，等，2004. 辐射花粉授粉和胚培养诱导产生黄瓜单倍体植株 [J]. 西北植物学报，24 (9)：1739-1743.

李大忠，温庆放，李永平，等，2002. 茄子杂交制种技术研究 [J]. 福建农业学报，17 (3)：166-168.

李德泽，聂立琴，刘秀杰，等，2006. 薄皮甜瓜种质资源创新与利用 [J]. 北方园艺 (2)：83-84.

李峰，曹刚强，梁会娟，2007. 转基因技术在番茄遗传改良中的应用 [J]. 长江蔬菜 (1)：33-37.

李凤霞，2015. 温室辣椒杂交育种技术 [J]. 北京农业 (36)：41-42.

李耿光，张兰英，1988. 茄子子叶原生质体再生可育植株 [J]. 遗传学报，15 (3)：181-184.

李国景，刘永华，吴晓花，等，2005. 长豇豆品种耐低温弱光性和叶绿素荧光参数等的关系 [J]. 浙江农业学报，17 (6)：359-362.

李海涛，邹庆道，吕书文，等，2002a. 茄子抗青枯病的最适鉴定方法研究 [J]. 辽宁农业科学 (1)：1-4.

李海涛，邹庆道，吕书文，等，2002b. 茄子对青枯病的抗性遗传研究Ⅰ. 茄子抗病材料 WCGR112-8 的遗传分析 [J]. 辽宁农业科学 (2)：1-5.

李海涛，邹庆道，吕书文，等，2002c. 茄子对青枯病的抗性遗传研究Ⅱ. 茄子抗病材料 LSl934 的遗传分析 [J]. 辽宁农业科学 (3)：1-3.

李海涛，邹庆道，吕书文．等，2002d. 茄子抗青枯病的育种方法研究 [J]. 辽宁农业科学 (4)：1-3.

李惠清，1988. 辣椒杂种一代的表现 [J]. 辽宁农业科学 (1)：34-37.

李加旺，李愚鹤，刘风堂，2008. 浅析我国黄瓜种质资源 [J]. 农业科技通讯 (8)：8-10.

李家文，1962. 白菜起源和进化问题的探讨 [J]. 园艺学报，1 (3-4)：297-304.

李家文，1984. 中国的白菜 [M]. 北京：农业出版社.

李景富，2011. 中国番茄育种学 [M]. 北京：中国农业出版社.

李竞雄，石德权，1992. 我国玉米育种的进展与成就 [A] //李竞雄．玉米育种研究进展 [M]. 北京：科学出版社.

李娟娟，邹学校，郑井元，等，2012. 辣椒耐贮性研究进展 [J]. 湖南农业科学 (17)：88-91.

李坤，黄长玲，2021. 我国甜玉米产业发展现状、问题与对策 [J]. 中国糖料 (1)：43-45.

李楠，2008. 黄瓜分子遗传图谱构建与整合 [D]. 兰州：甘肃农业大学.

李仁敬，孙严，许健，等，1999. 通过根癌农杆菌介导法获得新疆甜瓜抗病优质新品系 [J]. 西北农业学报，8 (1)：3-6.

李树德，1995. 中国主要蔬菜抗病育种进展 [M]. 北京：科学出版社.

李树德，方秀娟，郑光华，1991. 法国的蔬菜育种工作 [J]. 中国蔬菜 (4)：53-65.

李天春，2010. 浅谈甜玉米的起源和育种方法 [J]. 吉林农业 (8)：103.

李文嘉，2003. 广西有棱丝瓜种质资源及利用 [J]. 南方农业学报 (1)：25-26.

李文嘉，2004. 有棱丝瓜主要农艺性状的相关及通径分析 [J]. 广西农业生物科学，23 (1)：20-22.

李锡香，2002. 中国蔬菜种质资源的保护和研究利用现状与展望 [A] //全国蔬菜遗传育种学术讨论会论文集 [C]. 中国园艺学会.

李霄燕，2001. 萝卜雄性不育性遗传规律的研究 [D]. 沈阳：沈阳农业大学.

李小荣，王连生，刘志龙，2006. 影响豇豆根腐病的发病因子及防治对策 [J]. 浙江农业科学 (6)：693-695.

李晓慧，王从彦，常高正，2008. 分子标记技术在西瓜遗传育种上的应用 [J]. 分子植物育种 (2)：329-334.

李新海，焦少杰，1996. 甜玉米品质的遗传改良 [J]. 黑龙江农业科学 (3)：34-35.

李昭轩等，1954. 豇豆的分类 [J]. 植物分类学报，3 (1)：61-70.

李植良，黎振兴，何自福，等，2006. 茄子资源苗期田间青枯病抗性鉴定 [J]. 广东农业科学 (1)：39-40.

李植良，黎振兴，黄智文，等，2006. 我国茄子生产和育种现状及今后育种研究对策 [J]. 广东农业科学 (1)：24-26.

栗长兰，李佳宁，邢振兰，等，1995. 不同采收期和后熟天数对茄子种子质量的影

响 [J]. 吉林蔬菜（5）：1-2.

栗根义，高一枪，赵秀山，1993. 大白菜游离小孢子培养 [J]. 园艺学报，20（2）：167-170.

连勇，刘富中，冯东昕，等，2004. 应用原生质体融合技术获得茄子种间体细胞杂种 [J]. 园艺学报，31（1）：39-42.

梁丹，丁丹，王火旭，2009. 甘蓝与大白菜的原生质体融合 [J]. 安徽农业科学（8）：3448-3449.

梁芳芳，张新俊，梁改荣，2012. 黄瓜种质资源研究进展 [J]. 河南农业（12）：53-54.

梁志杰，陆卫平，苑荣，等，1997. 特用玉米 [M]. 北京：中国农业出版社.

廖截，孙保娟，孙光闯，等，2009. 与茄子果皮颜色相关联的 AFLP 及 SCAR 标记 [J]. 中国农业科学，42（11）：3996-4003.

林德佩，1983. 西瓜的生态型和杂种优势利用 [J]. 中国果树（2）：60-64.

林德佩，1984. 新疆野生甜瓜研究 [J]. 新疆八一农学院学报（1）：50-52.

林德佩，1993. 新疆甜瓜抗病育种研究 [J]. 中国西瓜甜瓜（4）：17-20.

林德佩，1999. 甜瓜基因及其育种利用 [J]. 长江蔬菜（1）：31-34.

林德佩，2006，甜瓜和西瓜的全雌系发展现状 [J]. 中国瓜菜（6）：27-28.

林美琛，陈华平，汪雁峰，等，1995. 长豇豆品种对豇豆煤霉病抗性鉴定研究 [J]. 作物品种资源（4）：36-37.

林密，沃金荣，槊永琴，等，1997. 茄子育种研究现状及发展趋势 [J]. 北方园艺（3）：31-32.

林亚军，岳德武，马丽娟，2006. 大白菜自交不亲和系选育注意事项 [J]. 中国种业（3）：24.

刘富中，连勇，冯东昕，等，2005. 茄子种质资源抗青枯病的鉴定与评价 [J]. 植物遗传资源学报，6（4）：381-385.

刘富中，舒金帅，张映，等，2021. "十三五" 我国茄子遗传育种研究进展 [J]. 中国蔬菜（3）：17-27.

刘富中，万翔，陈俉辉，等，2008. 茄子单性结实基因的遗传分析及 AFLP 分子标记 [J]. 园艺学报，35（9）：1305-1309.

刘建华，邹学校，张继仁，等，1991. 湖南辣椒品种资源主要品质性状与抗病性鉴定 [J]. 湖南农业科学（3）：39-41.

刘江利，任引峰，2022. 豇豆高产栽培技术 [J]. 西北园艺（综合）（1）：13-14.

刘进生，Phatak S C，1992. 茄子功能性雄性不育的遗传及其与果紫色基因连锁关系的研究 [J]. 遗传学报，19（4）：349-354.

刘进生，赵有为，1986. 番茄果实内番茄红素含量的遗传 [J]. 遗传（2）：9-12.

刘军. 许美荣，赵志伟，等，2010. 丝瓜种质资源遗传多样性的 SSR 与 SRAP 分析 [J]. 中国瓜菜（2）：1-4.

刘珊珊，秦智伟，2000. 甜瓜种质资源分类方法发展状况 [J]. 北方园艺（4）：15-16.

刘士勇，刘守伟，2006. 番茄抗病基因工程育种研究进展［J］. 东北农业大学学报（1）：102-104.

刘夙，2016. 辣椒的起源［J］. 北方人（2）：45-46.

刘英，陈柏杰，金荣荣，等，2009. 分子标记技术在甜瓜育种中的应用研究进展［J］. 中国瓜菜（5）：46-50.

刘英，王超，2006. 简述甘蓝类植物的起源及分类［J］. 北方园艺（4）：58-60.

卢柏山，史亚兴，赵久然，等，2018. 国外优异甜玉米种质的利用及优质品种京科甜533的选育［J］. 种子（5）：106-108.

陆春贵，徐鹤林，赵有为，1994. 番茄果实耐贮性遗传效应的研究［J］. 园艺学报，21（2）：170-174.

陆秀英，姚明华，邱正明，等，2004. 豇豆种质资源鉴定筛选及综合评价［J］. 湖北农业科学（2）：63-65.

陆宴辉，赵紫华，蔡晓明，等，2017. 我国农业害虫综合防治研究进展［J］. 应用昆虫学报，54（3）：349-363.

吕家龙，1987. 番茄杂种优势的利用［J］. 长江蔬菜（3）：39-40.

吕金丽，吴迪，周玉萍，2017. 现代物技术在蔬菜育种中的研究进展［J］. 农家致富顾问·下半月（11）：47.

吕玲玲，雷建军，2002. 几种主要抗虫基因及其在蔬菜育种中的应用［J］. 长江蔬菜（6）：27-29.

吕善勇，1993. 世界蔬菜诱变育种及发展趋势［J］. 北方园艺（1）：16-17.

吕淑珍，霍振荣，陈正武，等，1990. 黄瓜抗病性遗传研究初报［J］. 天津农林科技（2）：22-25.

栾春荣，2004. 鲜食甜玉米优质高效栽培技术配套技术研究［D］. 南京：南京农业大学.

栾非时，王学征，高美玲，等，2013. 西瓜甜瓜育种与生物技术［M］. 北京：科学出版社.

罗少波，罗剑宁，郑晓明，2006. 中国丝瓜育种研究进展与展望［J］. 广东农业科学（1）：15-17.

马丹丹，庞胜群，丁云花，等，2016. 甘蓝类蔬菜根肿病抗性鉴定［J］. 石河子大学学报（自然科学版），34（2）：164-169.

马德华，吕淑珍，霍振荣，等，1997. 保护地黄瓜新品种津优1号的选育［J］. 中国蔬菜（6）：21-23.

马德华，吕淑珍，沈文云，等，1994. 黄瓜主要品质性状配合力分析［J］. 华北农学报，9（4）：65-68.

马德伟，1980. 甜瓜育种与遗传规律研究［J］. 甘肃农业大学学报（3）：12-14.

马德伟，1989. 甜瓜花粉形态研究及其起源分类的探讨［J］. 中国西甜瓜（1）：19-20.

马德伟，高锁柱，孙岚，等，1989. 甜瓜花粉形态研究及其起源［J］. 园艺学报，16（2）：134-138.

马东梅, 2015. 北方大白菜自交不亲和系杂交制种技术 [J]. 吉林蔬菜 (4)：10-11.

马国斌, 陈海荣, 谢关兴, 等, 2004. 利用分子标记技术鉴定西瓜杂交种纯度 [J]. 上海农业学报, 20 (3)：58-61.

马克奇, 马德伟, 1982. 甜瓜栽培与育种 [M]. 北京：农业出版社.

马刘峰, 辛建华, 付报清, 2005. 哈密瓜花药胚的诱导 [J]. 北方园艺 (6)：83.

马刘峰, 辛建华, 付振清, 2005. 甜瓜抗病性研究进展 [J]. 中国瓜菜 (5)：28-32.

马绍鋆, 2017. 西瓜细胞工程技术研究进展 [J]. 长江蔬菜 (17)：14-15.

马双武, 王吉明, 何红华, 2006. 我国西瓜雄性不育系的研究利用 [J]. 中国瓜菜 (5)：28-30.

马双武, 王吉明, 邱江涛, 等, 2003. 我国西甜瓜种质资源收集保存现状及建议 [J]. 中国西瓜甜瓜 (5)：17-19.

马田园, 郑斯雯, 2021. 蔬菜害虫的生物防治技术措施分析 [J]. 种子科技 (14)：73-74.

毛爱军, 张峰, 张海英, 等, 2005. 两个黄瓜品种对白粉病的抗性遗传分析 [J]. 中国农学通报, 21 (6)：302-306.

毛国忠, 陆永祥, 2007. 城郊蔬菜 [M]. 北京：中国农业科学技术出版社.

孟令波, 诸向明, 秦智伟, 等, 2001. 关于甜瓜起源与分类的探讨 [J]. 北方园艺 (4)：20-21.

缪金伟, 王红梅, 丁莉, 2006. 番茄基因工程研究进展 [J]. 上海农业科技 (5)：28-30.

聂楚楚, 王秀峰, 张悦, 等, 2016. 我国辣椒育种研究现状 [J]. 吉林蔬菜 (z1)：35-36.

宁波市鄞州区雪菜开发研究中心, 浙江大学生物技术研究所, 2006. 雪菜病毒病成灾流行规律及综合防治技术研究 [R].

潘宝贵, 王述彬, 刘金兵, 等, 2006. 高温胁迫对不同辣椒品种苗期光合作用的影响 [J]. 江苏农业学报, 22 (2)：137-140.

潘大仁, FriedtW, 1999. 萝卜抗根结线虫基因导入油菜的研究 [J]. 中国油料作物学报, 21 (3)：6-9.

庞文龙, 刘富中, 陈钰辉, 等, 2008. 茄子果色性状的遗传研究 [J]. 园艺学报, 35 (7)：979-986.

彭永康, 郝泗城, 王振英, 1994. 低温处理对豇豆幼苗生长和 POD、COD、ATPase 同工酶的影响 [J]. 华北农学报, 9 (2)：76-80.

戚自荣, 张庆, 2018. 农业气象灾害与蔬菜生产 [M]. 北京：中国农业科学技术出版社.

齐三魁, 吴大康, 林德佩, 1991. 中国甜瓜 [M]. 北京：科学普及出版社.

齐藤隆, 片冈节男, 1981. 番茄生理基础 [M]. 王海廷, 等, 译. 上海：上海科学技术出版社.

眭晓蕾，张宝玺，何洪巨，等，2006. 弱光对不同基因型辣椒坐果和果实品质的影响 [J]. 沈阳农业大学学报，37（3）：356-359.

钱桂艳，2003. 薄皮甜瓜育种研究现状及发展趋势 [J]. 北方园艺（3）：19-20.

钱芝龙，丁犁平，赵华仑，等，1996. 辣椒苗期耐低温性研究 [J]. 江苏农业科学（1）：46-48，45.

乔宝建，张绍文，2009. 番茄史话 [J]. 中国瓜菜（4）：62-63.

乔军，刘富中，陈缸辉，等，2011. 茄子果形遗传研究 [J]. 园艺学报，38（11）：2121-2130.

青岛市农业科学研究所，1976. 大白菜自交不亲和系选育及杂种优势利用 [J]. 遗传学报，3（4）：313-318.

青山，1977. 茄子杂种优势利用 [J]. 农业科学实验（10）：28-30.

曲瑞芳，刘玲，2013. 甘蓝种质资源的研究和应用 [J]. 吉林农业（1）：176-177.

全国农技推广中心，2021-3-18. 2021 年保护地蔬菜重要害虫生物防治技术方案 [N]. 河北科技报（005）.

饶立兵，陈先知，陈小旭，等，2009. 长豇豆种质资源的鉴定和综合评价 [J]. 浙江农业科学（1）：39-41.

饶立兵，郑金和，熊自立，等，2005. 国内蔓性长豇豆系列品种的抽测与综合评价 [J]. 中国农学通报，7（21）：311-312，325.

任成伟，赵有为，1985. 番茄果实抗射裂性和耐压性遗传效应研究 [J]. 园艺学报，12（4）：242-248.

任俭，汤谧，杜念华，等，2013. 甜瓜多倍体育种研究进展 [J]. 湖北农业科学，52（18）：4305-4307，4327.

荣海燕，2006. 生物技术在大白菜育种上的应用 [J]. 湖北农业科学，45（5）：674-676.

山川邦夫，1982. 蔬菜抗病品种及其利用 [M]. 高振华，译. 北京：农业出版社.

邵元健，周小林，包卫红，等，2012. 甜瓜种质资源遗传多样性的鉴定与评价 [J]. 中国瓜菜，25（3）：8-11.

沈德绪，1956. 番茄有性杂交的方法 [J]. 生物学通报（4）：23.

沈德绪，徐正敏，1957. 番茄研究 [M]. 北京：科学出版社.

沈镝，李锡香，王海平等，2006. 黄瓜种质资源研究进展与展望 [J]. 中国蔬菜（z）：77-81.

沈丽平，2009. 黄瓜白粉病抗性遗传分析及相关 QTL 初步定位 [D]. 扬州：扬州大学.

沈晓贤，曹栋栋，胡晋，等，2006，应用 A-PAGE 电泳方法鉴定豇豆品种 [J]. 种子，25（3）：19-21.

石德权，郭庆法，汪黎明，等，2001. 我国玉米品质现状、问题及发展优质食用玉米对策 [J]. 玉米科学，9（2）：3-7.

石建尧，2008. 浙江省玉米种质资源的保存和利用 [J]. 中国种业（3）：19-20.

宋荣浩，顾卫红，戴富明，等，2009. 国外西瓜抗病种质在我国抗病西瓜育种中的应用［J］. 上海农业学报，25（1）：124-128.

宋志荣，2003. 干旱胁迫对辣椒生理机制的影响［J］. 西南农业学报，16（2）：53-55.

苏芳，郭绍贵，宫国义，等，2007. 甜瓜基因组学研究进展［J］. 分子植物育种，5（4）：540-547.

苏贺楠，2020. 甘蓝游离小孢子培养及胚胎发生相关基因研究［D］. 长沙：湖南农业大学.

苏咏农，2017. 豇豆文化［J］. 农家致富（15）：64-65.

孙保娟，廖毅，李植良，等，2008. 与茄子青枯病抗性相关基因连锁的 AFLP 标记研究［J］. 分子植物育种，6（5）：929-934.

孙加焱，张渭章，2007. 我国长豇豆新品种应用现状及良种繁育技术［J］. 长江蔬菜（10）：25-27.

孙世贤，张凯，杨映辉，2004，我国甜、糯玉米的发展现状与对策［J］. 中国农技推广（3）：27-29.

孙政才，陈国平，1992. 甜玉米与普通玉米籽粒发育过程中碳水化合物及氨基酸消长规律的比较研究 II 氨基酸含量的消长变化［J］. 作物学报，18（4）：307-311.

谭其猛，1980. 蔬菜育种［M］. 北京：农业出版社.

汤谧，任俭，杜念华，等，2013. 分子标记技术在西瓜和甜瓜育种中的应用进展［J］. 贵州农业科学（4）：19-22.

唐冬英，邹学校，刘志敏，等，2004. 辣椒细胞质雄性恢复基因的 RAPD 标记［J］. 湖南农业大学学报（自然科学版），30（4）：307-309.

陶正南，1987. 甜瓜花药培养诱导成植株［J］. 植物生理学通讯（5）：43.

腾文涛，曹靖生，陈彦惠，等，2004. 十年来中国玉米杂交种优势群及其模式变化的分析［J］. 中国农业科学，37（12）：1804-1811.

田时炳，黄斌，罗章勇，等，2001. 茄子功能型雄性不育系及恢复系配合力分析［J］. 西南农业学报，14（2）：58-61.

田淑芳，1984. 青椒杂种一代及主要经济性状遗传表现［J］. 吉林农业科学（1）：88-92.

万光龙，周伟军，王淑珍，等，2009. 雪菜单倍体育种方法［P］. 公告号：CN101473789A.

汪国平，袁四清，熊正葵，等，2003. 广东省番茄青枯病相关研究概况［J］. 广东农业科学（3）：32-34.

汪黎明，孙琦，孟昭东，等，2005. 我国鲜食玉米育种现状及进展分析［J］. 玉米科学，13（3）：35-38.

汪隆植，何启伟，2005. 中国萝卜［M］. 北京：科学技术文献出版社.

汪雁峰，邓青，张渭章，1992. 秋季栽培的长豇豆品种选育［J］. 浙江农业科学（4）：188-190.

汪雁峰，张渭章，高迪明，1997. 千份豇豆种质资源十大农艺性状的鉴定与分析［J］. 中国蔬菜（20）：15-18.

汪玉清，2005. 普通丝瓜主要经济性状的遗传特性分析及花芽分化与化学调控研究
[D]. 南京：南京农业大学.

王冰林，李媛媛，韩太利，等，2009. 我国萝卜分子生物学研究现状与前景展望
[J]. 长江蔬菜（8）：1-3.

王福国，2014. 蔬菜育种现状及发展趋势 [J]. 现代园艺（8）：19.

王海廷，1972. 番茄杂种优势的利用 [M]. 哈尔滨：黑龙江人民出版社.

王海廷，王鸣，李长年，1988. 番茄育种 [M]. 上海：上海科学技术出版社.

王汉荣，茹水江，张渭章，等，2000. 豇豆品种（系）对豇豆锈病的抗性鉴定与
评价研究 [J]. 中国农学通报，16（2）：60-61.

王恒明，王得元，李颖，等，2004. 国外彩色甜椒成熟果实颜色遗传研究进展
[J]. 长江蔬菜（10）：35-38.

王华新，秦勇，王雷，等，2004. 加工番茄主要品质性状的遗传变异分析 [J]. 北
方园艺（2）：52-53.

王慧莲，1999. 丝瓜组织培养和快速繁殖 [J]. 生物学通报，34（7）：41.

王吉明，马双武，2007. 西瓜甜瓜种质资源的收集、保存及更新 [J]. 中国瓜菜
（3）：27-29.

王坚，1986. 无籽、少籽西瓜的科研生产现状与在我国的发展前景 [J]. 瓜类科技
通讯（3）：4-8.

王坚，蒋有条，林德佩，等，2000. 中国西瓜甜瓜 [M]. 北京：中国农业出版社.

王坚，刘君璞，1991. 郑杂系列西瓜品种的选育与开发利用 [J]. 中国西瓜甜瓜
（1）：1-8.

王景义，梁惠芳，任建萍，等，1990. 大白菜品种资源的研究 [J]. 中国蔬菜
（5）：19-22.

王立浩，2012. 辣椒分子育种研究新进展 [J]. 辣椒杂志（4）：1-5.

王立浩，2016. "十二五"我国辣椒遗传育种研究进展及其展望 [J]. 中国蔬菜
（1）：1-7.

王立浩，2021. "十三五"我国辣椒育种研究进展、产业现状及展望 [J]. 中国蔬
菜（2）：21-29.

王立浩，王萱，张宝玺，等，2006. 利用 CAPS 标记辅助辣椒 PVY 抗性基因 *PVr4*
转育的研究 [J]. 辣椒杂志（4）：1-3，9.

王立浩，张宝玺，Caranta C，等，2008. 利用分子标记对辣椒抗马铃薯 Y 病毒的 3
个 QTLs 进行选择 [J]. 园艺学报，35（1）：53-58.

王立秋，1997. sul 型甜玉米杂种优势分析 [J]. 玉米科学，5（1）：27-29.

王鸣，1993. 高产抗病西瓜新品种——西农 8 号 [J]. 中国西瓜甜瓜（1）：5-6.

王鸣，侯沛，2006. 西瓜的起源、历史、分类及育种成就 [J]. 当代蔬菜（3）：
18-19.

王佩芝，1986. 豇豆类型及研究概况 [J]. 世界农业（5）：40-43.

王佩芝，冯庆平，阎家廉，等，1995. 豇豆优异种质资源综合评价 [J]. 中国种业
（3）：14-16.

王青青，王天文，高安辉，2019. 丝瓜种质资源与育种研究进展 [J]. 现代园艺 (21)：33-35.

王述彬，邹学校，李海涛，等，2001. 中国辣椒优质种质资源评价 [J]. 江苏农业学报，17 (4)：244-247.

王素，1989. 豇豆的起源分类和遗传资源 [J]. 中国蔬菜 (6)：49-52.

王素，2016. 辣椒育种技术 [J]. 农业工程技术 (6)：38

王益奎，黎炎，李文嘉，2009. 我国丝瓜资源及遗传育种研究进展 [J]. 北方园艺 (1)：121-124.

王益奎，黎炎，李文嘉，2009. 中国丝瓜资源及遗传育种研究进展 [J]. 北方园艺 (4)：121-124.

王莹，胡建广，李余良，等，2006. 生物新技术在甜玉米育种中的应用研究进展 [J]. 中国农学通报，22 (7)：101-104.

王玉怀，崔日山，1989. 大棚春黄瓜主要农艺性状的配合力分析 [J]. 东北农学院学报，20 (1)：18-28.

王玉秀，马乐帮，陶玉祥，2015. 结球甘蓝杂交种子生产技术 [J]. 中国农业信息 (1)：87.

王掌军，刘生祥，王建设，2006. 甜瓜分子标记的研究进展 [J]. 宁夏农林科技 (4)：39-40.

王振华，1998. 甜玉米品质性状与部分农艺性状的相关分析 [J]. 玉米科学，6 (2)：22-25.

王志强，刘声锋，郭松，等，2017. 不同整枝方式对西瓜产量的影响 [J]. 中国瓜菜 (4)：33-35.

王作义，杨凤梅，王志强，等，1998. 辣椒雄性不育两用系选育转育及利用 [J] 北方园艺 (1)：10-11.

韦健琳，秦新民，2000. 大白菜的组织培养研究 [J]. 广西师范大学学报，18 (1)：85-87.

韦顺恋，朱宗元，1979. 大白菜自交不亲和系的选育 [J]. 浙江农业科学 (6).

魏爱民，韩毅科，杜胜利，2007. 供体植株栽培季节和栽培方式对黄瓜未受精子房离体培养的影响 [J]. 西北农业学报，16 (5)：141-144.

魏毓棠，冯辉，张蜀宁，1992. 大白菜雄性不育遗传规律的研究 [J]. 沈阳农业大学学报，23 (3)：260-266.

翁祖信，徐新波，冯东昕，1989. 黄瓜枯萎病菌生理小种研究初报 [J]. 中国蔬菜 (1)：19-21.

吴光远，丁犁平，1963. 茄子杂种优势与产量遗传 [J]. 园艺学报，2 (1)：37-43.

吴敏生，戴景瑞，王守才，1998. 玉米优良自交系优势群划分的初步研究 [J]. 中国农业大学学报，3 (5)：97-100.

吴明珠，2003. 当前西瓜甜瓜育种主要动态及今后育种目标探讨 [J]. 中国西瓜甜瓜 (3)：1-3.

吴明珠，李树贤，1986. 新疆厚皮甜瓜开花习性与人工授粉技术的初步探讨 [J]. 瓜类科技通讯（2）：15-20.

吴雪霞，查丁石，杨少军，2010. 我国黄瓜育种研究进展 [J]. 江西农业学报（9）：53-55.

武玲萱，2009. 冬春萝卜栽培技术 [J]. 上海蔬菜，9（6）：28-2.

武明宇，2010. 甜玉米品种选育及产业发展现状 [J]. 农业科技与装备（5）：54-55.

夏锡桐，1986. 西瓜雄性不育两用系选育初报 [J]. 果树学报（2）：11-12.

夏阳，2018. 数据信息化在蔬菜育种中的应用及展望 [J]. 河南农业（科技版）（11）：58-59.

萧玉涛，吴超，吴孔明，2019. 中国农业害虫防治科技 70 年的成就与展望 [J]. 应用昆虫学报（6）：1115-1124.

肖杰，艾辛，邓稳桥，等，2004. 豇豆主要经济性状的遗传效应及相关分析 [J]. 湖南农业大学学报（自然科学版），30（2）：128-130.

谢文华，吕顺，1999. 有棱丝瓜授粉受精过程的观察 [J]. . 华南农业大学学报，20（3）：125-126.

谢文华，毛瑞昌，1989. 长豇豆农艺性状对产量和品质的关联性研究 [J]. 华南农业大学学报（3）：6-15.

谢文华，谢大森，1999. 棱角丝瓜不同品种对霜霉病抗性的相关研究 [J]. 华南农业大学学报，20（2）：28-31.

谢文华，谢大森，1999. 棱角丝瓜霜霉病抗性遗传分析 [J]. 华南农业大学学报，20（4）：20-23.

谢文军，樊治成，吕玉泽，2002. 丝瓜主要早熟性状的分析研究 [J]. 华北农学报，17（S1）：136-139.

星川清亲（日），1981. 栽培植物的起源和传播 [M]. 郑州：河南科学技术出版社.

熊海铮，施爱农，孙健，等，2016. 全球豇豆资源农艺性状多样性分析 [J]. 科技通报（11）：49-58，62.

徐海，卢成苗，谭云峰，等，2007. 普通丝瓜种子颜色遗传规律分析 [J]. 中国蔬菜（4）：25.

徐海钰，李雪，于磊，等，2018. 我国黄瓜品种的选育研究进展 [J]. 吉林农业（14）：84-85.

徐鹤林，李景富，2007. 中国番茄 [M]. 北京：中国农业出版社.

徐晴，张桂华. 韩毅科，等，2008. 黄瓜远缘群体分子遗传连锁图谱的构建和分析 [J]. 华北农学报，23（1）：45-49.

徐润芳，杨鼎新，1992. 我国西瓜抗枯萎病育种的进展与前景 [J]. 中国西瓜甜瓜（1）：2-5.

徐树仁，2007. 六种气象灾害对蔬菜的影响及防御对策 [J]. 上海蔬菜（6）：81.

徐文玲，何启伟，等，2009. 大白菜起源与演化研究的进展 [J]. 中国果菜（9）：4-6.

徐小万, 2009. 辣椒分子育种研究进展 [J]. 安徽农业科学 (25)：11939-11942

徐幼平, 周雪平, 2006. 侵染广西烟草的中国番茄黄化曲叶病毒及其伴随的卫星 DNA 分子的基因组特征 [J]. 微生物学报, 42 (3)：358-362.

许向阳, 王冬梅, 康立功, 等, 2008. 番茄耐热性相关的 SSR 和 RAPD 标记筛选 [J]. 园艺学报, 35 (1)：47-52.

许勇, 张海英, 1999. 分子标记技术在西瓜甜瓜上的应用研究进展 [J]. 中国西瓜甜瓜 (4)：34-38.

许勇, 张海英, 康国斌, 等, 1999. 分子标记技术在西瓜甜瓜上的应用研究进展 [J]. 中国西瓜甜瓜 (4)：34-38.

轩正英, 徐书法, 冯辉, 2005. 大白菜游离小孢子培养成胚影响因素的研究 [J]. 辽宁农业科学 (2)：18-19.

薛光荣, 费开韦, 1982. 西瓜花药培养获得花粉植株简报 [J]. 中国果树 (5)：51.

薛光荣, 余文炎, 杨振英. 等, 1988. 西瓜花粉植株的诱导及其后代初步观察 [J]. 遗传, 10 (2)：5-8.

薛珠政, 康建坂, 李永平, 等, 2003. 长豇豆主要农艺性状与产量的相关性研究 [J]. 福建农业学报, 18 (1)：38-41.

闫立英, 娄丽娜, 娄群峰, 等, 2008. 全雌黄瓜单性结实性的遗传分析 [J]. 园艺学报, 35 (10)：1441-1446.

杨健, 1995. 国外西瓜种质资源在我国的利用 [J]. 作物品种资源 (4)：43-44.

杨锦华, 姜永平, 吴俊平, 等, 2014. 小白菜杂交制种方式 [J]. 上海农业科技 (6)：86-87.

杨丽, 2018. 建立黄瓜遗传转化和基因编辑技术体系以创制黄瓜全雌系种质材料 [R]. 北京：中国农业科学院.

杨丽梅, 方智远, 张扬勇, 等, 2020. 中国结球甘蓝抗病抗逆遗传育种近年研究进展 [J]. 园艺学报, 47 (9)：1678-1688.

杨丽梅, 方智远, 张扬勇, 等, 2021. "十三五"我国甘蓝遗传育种研究进展 [J]. 中国蔬菜 (1)：15-21.

杨连勇, 管锋, 周清华, 等, 2008. 长豇豆遗传与育种研究进展 [J]. 长江蔬菜 (2)：34-39.

杨林栋, 2015. 分子标记技术及其在大白菜遗传育种中的应用 [J]. 安徽农业科学, 43 (4)：30-33.

杨柳燕, 徐永阳, 徐志红, 等, 2011. 甜瓜霜霉病研究进展 [J]. 中国瓜菜, 24 (3)：38-43.

杨宁, 王昊, 冯辉, 2011. 花心大白菜核基因雄性不育系的创制 [J]. 沈阳农业大学学报 (3)：358-36.

杨世周, 杨凤梅, 姜恩国, 等, 1995. 辣椒雄性不育两用系选育和应用新进展 [J]. 中国蔬菜 (1)：19-20.

杨世周, 赵雪云, 1984. 辣椒 8021 雄性不育系的选育星三系配套 [J]. 中国蔬菜

（3）：9-13.

杨世周，赵雪云，1985. 辣椒雄性不育两用系 MB832 配制一代杂种技术 [J]. 中国蔬菜 (4)：26-27，40.

杨义，何欢乐，李俊，等，2017. 黄瓜 ZYMV 抗性鉴定与抗性基因的分子标记辅助选择 [J]. 上海交通大学学报（农业科学版），32 (4)：48-57.

杨寅桂，李为观，娄群峰，等，2007. 黄瓜耐热性研究进展 [J]. 中国瓜菜 (5)：30-34.

姚春娜，孔英珍，王亚馥，2002. 茄子生物技术研究进展 [J]. 生命科学 (4)：245-247.

姚明华，徐跃进，李晓丽，等，2001. 茄子耐冷性生理生化指标的研究 [J]. 园艺学报，28 (6)：527-531.

姚明华，尹延旭，王飞，等，2015. 中国加工辣椒育种现状与发展对策 [J]. 湖北农业科学，54 (11)：2569-2573.

姚文华，韩学莉，汪燕芬，等，2011. 我国甜玉米育种研究现状与发展对策 [J]. 中国农业科技导报，13 (2)：1-8.

姚文华，谭静，陈洪梅，等，2006. 玉米杂种优势类群的研究进展 [J]. 玉米科学，14 (5)：30-34.

叶静渊，1995. 我国根菜类栽培史略 [J]. 古今农业 (3)：45-50.

叶志彪，张文邦，1987. 豇豆数量性状的遗传及相关性研究 [J]. 园艺学报，14 (4)：257-263.

伊鸿平，吴明珠，冯炯鑫，等，2007. 哈密瓜空间诱变育种研究与应用 [A] // 刘纪原. 中国航天诱变育种 [M]. 北京：中国宇航出版社.

殷兆炎，1987. 多倍体育种与激光育种相结合——培育三倍体无籽丝瓜 [J]. 应用激光联刊 (6)：21.

雍军，2013. 分子标记辅助选择概述 [J]. 甘肃农业科技 (6)：47-49.

于拴仓，王永健，郑晓鹰，2003. 大白菜分子遗传图谱的构建与分析 [J]. 中国农业科学，36 (2)：190-195.

于喜艳，何启伟，孔庆国，2002. 甜瓜育种研究进展及展望 [J]. 长江蔬菜（学术专刊）：6-8.

俞平高，2006. 甜玉米新品种选育现状及推广模式的探讨 [D]. 杭州：浙江大学.

袁俊水，2009. 辣椒杂种优势利用途径分析 [J]. 辣椒杂志 (4)：24-25.

袁希汉，徐海，苏小俊，等，2006. 丝瓜主要农艺性状的相关及通径分析 [J]. 江苏农业学报，22 (1)：64-67.

原静云，2016. 我国番茄种质资源研究进展 [J]. 种业导刊 (4)：9-14.

曾爱松，冯翠，高兵，等，2010. 结球甘蓝小孢子培养技术体系的优化研究 [J]. 华北农学报，25（增刊）：40-44.

曾孟潜，刘雅楠，杨涛兰，等，1999. 甜玉米、笋玉米的起源与遗传 [J]. 遗传，21 (3)：44-45.

翟文强，田清震，贾继增，等，2002. 哈密瓜杂交种纯度的 AFLP 指纹鉴定 [J].

园艺学报, 29 (6): 587.

翟文强, 伊鸿平, 冯炯鑫, 等, 2003. 新疆甜瓜的抗病性转育及其效果 [J]. 西北农业学报, 12 (1): 57-59.

张宝玺, 2003. 中国"十五"期间辣椒育种的主要目标 [J]. 中国辣椒 (1): 14.

张宝玺, 2010. "十一五"我国辣椒遗传育种研究进展 [J]. 中国蔬菜 (24): 1-9

张宝玺, 郭家珍, 杨桂梅, 等, 2001. 甜椒胞质雄性不育系的选育 [J]. 中国辣椒 (1): 10-12.

张宝玺, 王立浩, 毛胜利, 等, 2005. 中国辣椒育种研究进展 [J]. 中国蔬菜 (10): 4-7.

张德纯, 2012. 蔬菜史话·萝卜 [J]. 中国蔬菜 (7): 42.

张帆, 李姝, 肖达, 等, 2015. 中国设施蔬菜害虫天敌昆虫应用研究进展 [J]. 中国农业科学, 48 (17): 3463-3476.

张凤路, 2001. 不同玉米种质对长光周期反应的初步研究 [J]. 玉米科学, 9 (4): 54-56.

张静, 彭海, 陈禅友, 2010. 分子标记在长豇豆遗传分析中的应用进展 [J]. 长江蔬菜 (16): 1-5.

张丽荣, 阿依古丽, 2015. 利用自交不亲和系生产大白菜一代杂交种的技术要点 [J]. 农民致富之友 (5) (下半月): 95.

张佩芝, 2011. 分子标记技术在黄瓜育种中的应用 [J]. 黑龙江生态工程职业学院学报, 24 (2): 29-30.

张平平, 吴建国, 陈迈, 等, 2017. 浙江地方萝卜种质资源农艺性状研究 [J]. 长江蔬菜 (22): 35-41.

张圣平, 顾兴芳, 许文连, 等, 2006. 生物技术用于黄瓜遗传育种 [J]. 生物技术通报 (2): 37-42.

张圣平, 苗晗, 薄凯亮, 等, 2021. "十三五"我国黄瓜遗传育种研究进展 [J]. 中国蔬菜 (4): 16-26.

张爽爽, 王利波, 陈莹, 等, 2018. 分子标记辅助选择在甜瓜抗病育种研究中的应用 [J]. 吉林蔬菜 (10): 39-40.

张婷, 武喆, 张开京, 等, 2016. 黄瓜单性结实候选基因预测与表达分析 [J]. 核农学报, 30 (2): 224-230.

张伟春, 何明, 山春, 等, 2002. 我国茄子遗传与育种研究进展 [J]. 辽宁农业科学 (1): 39-41.

张渭章, 汪雁峰, 邓青, 1992. 豇豆重要性状的遗传及育种 [J]. 中国蔬菜 (1): 50-53.

张渭章, 汪雁峰, 林美琛, 等, 1994. 长豇豆地方品种的煤霉病抗性及农艺性状的遗传潜力 [J]. 浙江农业科学 (1): 14-16.

张雪梅, 姚文华, 谭静, 等, 2010. 温带高油玉米自交系与热带玉米自交系配合力分析 [J]. 玉米科学, 18 (2): 5-10.

张衍荣, 方柱, 黄健坤, 1997. 长豇豆锈病抗性遗传研究 [J]. 中国蔬菜 (6):

10-12.

张衍荣, 李桂花, 何自福, 等, 2005. 豇豆枯萎病抗病性鉴定技术研究 [J]. 华南农业大学学报, 26 (3): 22-25.

张永红, 盛孝邦, 2003. 中国西瓜种质资源的收集研究与利用现状 [J]. 湖南农业科学 (4): 21-22.

张志忠, 吴菁华, 黄碧琦, 等, 2004. 茄子耐热性苗期筛选指标的研究 [J]. 中国蔬菜 (2): 4-7.

赵福宽, 2001. 番茄分子标记的辅助选择育种 [J]. 世界农业 (5): 40-41.

赵广荣, 宋远佞, 邵景成, 等, 2000. 雄性不育基因工程及番茄杂种优势利用 [J]. 甘肃农业科技 (2): 32-34.

赵华仑, 丁犁平, 孙洁波, 等, 1995. 辣 (甜) 椒雄性不育 21A、8A、17A 的选育及鉴定 [J]. 江苏农业科学 (1): 45, 49-50.

赵建华, 2020. 甘蓝杂交制种技术 [J]. 山西农业 (8): 47-48.

赵健, 2020. 我国西瓜的起源问题 [J]. 寻根 (1): 43-49.

赵久然, 郭景伦, 郭强, 等, 1999. 应用 RAPD 分子标记技术对我国骨干玉米自交系进行类群划分 [J]. 华北农学报, 14 (1): 32-37.

赵久然, 滕海涛, 张丽萍, 等, 2003. 国内外甜玉米产业现状及发展前景 [J]. 玉米科学, 11 (2): 98-100.

赵利民, 2008. 大白菜腋芽扦插采种技术 [J]. 长江蔬菜 (17): 18-19.

赵凌侠, 李景富, 1999. 番茄起源、传播及分类的回顾 [J]. 作物品种资源 (3): 29-30.

郑红英, 陈炯, 程晔, 等, 2003. 菜豆普通花叶病毒长豇豆分离物外壳蛋白基因的序列分析及原核表达 [J]. 植物病理学报, 33 (1): 95-96.

郑洪建, 顾卫红, 陈龙英, 等, 2002. 甜玉米遗传育种研究进展及综合利用 [J]. 上海农业学报, 18 (2): 28-31.

郑锦荣, 韩福光, 李智军, 2009. 国内外甜玉米产业现状与发展趋势 [J]. 广东农业科学 (10): 35-38.

中国农业科学院蔬菜花卉研究所, 1992. 中国蔬菜品种资源目录: 第一册 [M]. 北京: 万国学术出版社.

中国农业科学院蔬菜花卉研究所, 1998. 中国蔬菜品种资源目录: 第二册 [M]. 北京: 气象出版社.

中国农业科学院蔬菜花卉研究所, 2001. 中国蔬菜品种志: 下册 [M]. 北京: 中国农业科学技术出版社.

中国农业科学院蔬菜研究所, 1987. 中国蔬菜栽培学 [M]. 北京: 农业出版社.

周长久, 1995. 蔬菜种质资源概论 [M]. 北京: 北京农业大学出版社.

周长久, 陈惠明, 1991. 中国栽培萝卜分布及起源中心的初步研究 [J]. 北京农业大学学报, 17 (4): 47-53.

周群初, 邹学校, 戴雄泽, 等, 2002. 湘辣 4 号辣椒的选育 [J]. 中国蔬菜 (6): 30-31.

周祥麟，刘翠凤，逯保德，1982. 选育大白菜自交不亲和系并利用其生产一代杂种 [J]. 中国蔬菜（1）：15-17.

朱常香，宋云枝，张松，等，2001. 抗芜菁花叶病毒转基因大白菜的培育 [J]. 植物病理学报，31（3）：257-264.

朱德蔚，1995. 充分利用国内外蔬菜种质资源，丰富中国蔬菜品种，满足城乡居民需要 [A] //中华人民共和国农业部. 中国菜篮子工程 [M]. 北京：中国农业出版社.

朱方红，喻小洪，徐小军，2000. 西甜瓜航天育种研究初报 [J]. 江西园艺（5）：36-37.

朱华武，姚元干，刘志敏，等，2004. 茄子抗青枯病遗传规律研究 [J]. 湖南农业大学学报（自然科学版），30（3）：288-289.

朱华武. 姚元干. 刘志敏，等，2005. 茄子抗青枯病基因的 RAPD 标记研究研究 [J]. 园艺学报，32（2）：321-323.

朱惠霞，陶兴林，胡立敏，等，2017. 小孢子技术在甘蓝类蔬菜育种中的应用 [J]. 蔬菜（6）：30.

朱云，杨中艺，2007. 生长在铅锌矿废水污灌区的长豇豆组织中的 Pb、Zn、Cd 含量的品种间差异 [J]. 生态学报，27（4）：1376-1386.

宗宪春，谢立波，郭亚华，等，2006. 植物基因工程在辣椒育种中的应用 [J]. 北方园艺（4）：61-62.

邹金美，2003. 大白菜花药和游离小孢子培养技术体系的研究 [D]. 武汉：华中农业大学.

邹学校，1993. 杂交辣椒制种与高产栽培技术 [M]. 长沙：湖南科学技术出版社.

邹学校，2002. 中国辣椒 [M] 北京：中国农业出版社.

邹学校，2009. 辣椒遗传育种学 [M]. 北京：科学出版社.

邹学校，周群初，戴雄泽，等，2001. 湘研辣椒品种产业化技术的创新 [J]. 长江蔬菜（5）：38-40.

邹志荣，陆帼一，1995. 辣椒种子萌发期耐冷性鉴定 [J]. 西北农业大学学报，23（1）：30-34.